面向新工科高等院校大数据专业系列教材

信息技术新工科产学研联盟数据科学与大数据技术工作委员会 推荐教材

Python Machine Learning

Python机器学习

数据建模与分析

薛 薇 等/著

机械工业出版社

CHINA MACHINE PRESS

本书采用理论与实践相结合的方式，引导读者以 Python 为工具，以机器学习为方法，进行数据的建模与分析。本书共 13 章，对机器学习的原理部分进行了深入透彻的讲解，对机器学习算法部分均进行了 Python 实现。除前两章外，各章都给出了可实现的实践案例，并全彩呈现数据可视化图形。

本书兼具知识的深度和广度，在理论上突出可读性，在实践上强调可操作性，实践案例具备较强代表性。随书提供全部案例的数据集、源代码、教学 PPT、关键知识点，教学辅导视频，具备较高实用性。

本书既可以作为数据分析从业人员的参考书，也可作为高等院校数据分析、机器学习等专业课程的教材。

扫描关注机械工业出版社计算机分社官方微信订阅号——身边的信息学，回复 67490 即可获取本书配套资源下载链接。

图书在版编目（CIP）数据

Python 机器学习：数据建模与分析 / 薛薇等著. —北京：机械工业出版社，2021.3（2024.1 重印）

ISBN 978-7-111-67490-0

Ⅰ. ①P… Ⅱ. ①薛… Ⅲ. ①软件工具－程序设计②机器学习
Ⅳ. ①TP311.561②TP181

中国版本图书馆 CIP 数据核字（2021）第 024797 号

机械工业出版社（北京市百万庄大街 22 号　邮政编码　100037）
策划编辑：王　斌　　责任编辑：王　斌　陈崇昱
责任校对：张艳霞　　责任印制：李　昂

河北宝昌佳彩印刷有限公司印刷

2024 年 1 月第 1 版第 6 次印刷
184mm×240mm・25.75 印张・636 千字
标准书号：ISBN 978-7-111-67490-0
定价：99.00 元

电话服务

客服电话：010-88361066
　　　　　010-88379833
　　　　　010-68326294

封底无防伪标均为盗版

网络服务

机　工　官　网：www.cmpbook.com
机　工　官　博：weibo.com/cmp1952
金　书　网：www.golden-book.com
机工教育服务网：www.cmpedu.com

面向新工科高等院校大数据专业系列教材
编委会成员名单

（按姓氏拼音排序）

主　　任　陈　钟

副 主 任　陈　红　　陈卫卫　　汪　卫　　吴小俊
　　　　　闫　强

委　　员　安俊秀　　鲍军鹏　　蔡明军　　朝乐门
　　　　　董付国　　李　辉　　林子雨　　刘　佳
　　　　　罗　颂　　吕云翔　　汪荣贵　　薛　薇
　　　　　杨尊琦　　叶　龙　　张守帅　　周　苏

秘 书 长　胡毓坚

副秘书长　时　静　　王　斌

出 版 说 明

　　党的二十大报告指出"加快发展数字经济，促进数字经济和实体经济深度融合，打造具有国际竞争力的数字产业集群。"当前，我国数字经济建设加速推进，作为数字经济建设的主力军，大数据专业人才需求迫切，高校大数据专业建设的重要性日益凸显，并呈现出以下四个特点：实用性、交叉性较强，专业设立日趋精细化、融合化；专业建设上高度重视产学合作协同育人，产教融合发展迅猛；信息技术新工科产学研联盟制定的《大数据技术专业建设方案》，使得人才培养体系、专业知识体系及课程体系的建设有章可循，人才培养日益规范化、标准化；大数据人才是具备编程能力、数据分析及算法设计等专业技能的专业化、复合型人才。

　　作为一个高速发展中的新兴专业，大数据专业的内涵和外延不断丰富和延伸，广大高校亟需能够系统体现大数据专业上述四个特点的教材。基于此，机械工业出版社联合信息技术新工科产学研联盟，汇集国内专家名师，共同成立教材编写委员会，组织出版了这套《面向新工科高等院校大数据专业系列教材》，全面助力高校新工科大数据专业建设和人才培养。

　　这套教材依照《大数据技术专业建设方案》组织编写，体现了国内大数据相关专业教学的先进理念和思想；覆盖大数据技术专业主干课程的同时，延伸上下游，涵盖云计算、人工智能等专业的核心课程，能够更好地满足高校大数据相关专业多样化的教学需求；引入优质合作企业的技术、产品及平台，体现产学合作、协同育人的理念；教学配套资源丰富，便于高校开展教学实践；系列教材主要参编者皆是身处教学一线、教学实践经验丰富的名师，教材内容贴合教学实际。

　　我们希望这套教材能够充分满足国内众多高校大数据相关专业的教学需求，为培养优质的大数据专业人才提供强有力的支撑。并希望有更多的志士仁人加入到我们的行列中来，集智汇力，共同推进系列教材建设，在建设数字社会的宏大愿景中，贡献出自己的一份力量！

面向新工科高等院校大数据专业系列教材编委会

前言

　　机器学习是数据科学中数据建模和分析的重要方法，既是当前大数据分析的基础和主流工具，也是通往深度学习和人工智能的必经之路；Python 是数据科学实践中最常用的计算机编程语言，既是当前最流行的机器学习实现工具，也会因其在理论和应用方面的不断发展完善而拥有长期的竞争优势。在学好机器学习的理论方法的同时，掌握 Python 语言这个实用工具，是成为数据科学人才所必不可少的。

　　笔者将多年来在机器学习、数据挖掘、统计学、计算机语言和统计应用软件等课程中的教学经验与科研实践进行归纳总结，精心编写了这本实用的图书，希望将经验和心得分享给广大从事数据科学以及 Python 机器学习的同仁和高校师生们。

　　本书的特点如下：

　　1．对原理部分做清晰的讲解

　　机器学习是一门交叉性很强的学科，涉及统计学、数据科学、计算机学科等多个领域的知识。学习者要掌握好每个模型或算法的精髓和实践，需要由浅入深地关注直观含义、方法原理、公式推导、算法实现和适用场景等多个递进层面。本书也正是基于这样的层面来组织内容。

　　2．对实践部分做全面的实现

　　机器学习也是一门实操性很强的学科。学习者需要边学边做才能获得更加深刻的认知。正是如此，本书在第 3 章～第 13 章中设置了 Python 建模实现和 Python 实践案例。一方面，通过 Python 代码和各种可再现的图形，帮助学习者理解抽象理论背后的直观含义和方法精髓。另一方面，通过 Python 代码，帮助学习者掌握和拓展机器学习的算法实现和应用实践。全书所有模型和算法都有相应的 Python 代码，并提供全部代码下载。除第 1 章外，各章结尾还配有本章总结、本章相关函数和本章习题。

　　3．适合作为机器学习或相关课程的教学及自学用书

　　本书在理论上突出可读性并兼具知识的深度和广度，实践上强调可操作性并兼具应用的广泛性。本书采用一种有效而独特的方式讲解机器学习：一方面，以数据建模和分析中的问题为导向，依知识点的难度，由浅入深地讨论了众多主流机器学习算法的原理；另一方面，通过 Python 编程和可视化图形，直观展示抽象理论背后的精髓和朴素道理；通过应用案例强化算法的应用实践。

　　在章节安排上，本书分 13 章。在第 1 章以机器学习概述开篇，第 2 章介绍 Python 机器学习基础，第 3 章集中对数据预测与预测建模的各个方面进行了整体论述，帮助读者掌握机器学习的整体知识框架。后续第 4 章～第 9 章按照由易到难的内在逻辑，顺序展开机器学习预测建模方法的介绍，包括贝叶斯分类器、近邻分析、决策树、集成学习、人工神经网络和支持向量机等众多经典机器学习算法。第 10、11 章聚焦数据建模中不可或缺的重要环节——特征工程，分别论述了特征选择和特征提取。第 12、13 章深入介绍了机器学习中的聚类算法。

在内容设计上，除前两章外的各章均由基本原理、Python 建模实现、Python 实践案例、本章总结、本章相关函数以及本章习题几部分组成。基本原理部分详细论述了机器学习的算法，旨在使读者能够知其然更知其所以然；Python 建模实现部分通过编程直观展示了抽象理论背后的朴素道理，从而帮助读者进一步加深对理论精髓的理解；Python 实践案例部分展现了机器学习在环境污染、法律裁决、大众娱乐、医药健康、汽车节能、人工智能和商业分析等众多领域的应用，旨在提升读者的算法实践水平；本章总结、本章相关函数和本章习题部分简要回顾本章理论，归纳所涉及的 Python 函数，并通过习题强化知识要点。

本书以高等院校每周 3 至 4 课时共计约 17 周的课时数安排内容。Python 建模实现部分，既可与 Python 实践案例共同作为上机实验课单独进行，也可与基本原理相结合一并讲解学习。内容设计和体量安排，不仅和数据科学与大数据技术的专业课程设置相吻合，也可满足人工智能、统计学以及计算机应用等相关专业课程的要求。本书也可作为 Python 机器学习研究应用人员的参考用书。

本书编写过程中，陈欢歌老师参与了部分章节的编写以及文献资料与数据的整理，机械工业出版社的王斌老师从选题策划到章节安排都对本书提出了宝贵的建议。在此一并表示感谢。

在以大数据与人工智能技术为代表的新一轮科技浪潮的推动下，Python 与机器学习也在迅猛发展并快速迭代，形成了方法丰富、分支多样、应用广泛的整体态势。要想全面而深入地掌握其全貌，就需要不断学习与完善、不断跟进与提高。欢迎各位读者不吝赐教，对本书不妥之处提出宝贵意见。

薛 薇
中国人民大学应用统计科学研究中心
中国人民大学统计学院

目录

前言
第1章 机器学习概述 ················ 1
1.1 机器学习的发展：人工智能中的
    机器学习 ···················· 1
    1.1.1 符号主义人工智能 ········· 1
    1.1.2 基于机器学习的人工智能 ··· 2
1.2 机器学习的核心：数据和数据建模 ·· 4
    1.2.1 机器学习的学习对象：数据集 · 4
    1.2.2 机器学习的任务：数据建模 ·· 6
1.3 机器学习的典型应用 ··········· 11
    1.3.1 机器学习的典型行业应用 ··· 11
    1.3.2 机器学习在客户细分中的应用 · 12
    1.3.3 机器学习在客户流失分析中的
          应用 ···················· 13
    1.3.4 机器学习在营销响应分析中的
          应用 ···················· 14
    1.3.5 机器学习在交叉销售中的应用 · 15
    1.3.6 机器学习在欺诈甄别中的应用 · 16
【本章总结】 ···················· 16
【本章习题】 ···················· 17
第2章 Python 机器学习基础 ········· 18
2.1 Python：机器学习的首选工具 ····· 18
2.2 Python 的集成开发环境：
    Anaconda ···················· 19
    2.2.1 Anaconda 的简介 ········· 19
    2.2.2 Anaconda Prompt 的使用 ·· 20
    2.2.3 Spyder 的使用 ··········· 22
    2.2.4 Jupyter Notebook 的使用 ·· 23
2.3 Python 第三方包的引用 ········· 24
2.4 NumPy 使用示例 ·············· 24
    2.4.1 NumPy 数组的创建和访问 ·· 25
    2.4.2 NumPy 的计算功能 ······· 26

2.5 Pandas 使用示例 ·············· 29
    2.5.1 Pandas 的序列和索引 ······ 29
    2.5.2 Pandas 的数据框 ········· 30
    2.5.3 Pandas 的数据加工处理 ···· 31
2.6 NumPy 和 Pandas 的综合应用：空气质
    量监测数据的预处理和基本分析 ·· 32
    2.6.1 空气质量监测数据的预处理 ·· 32
    2.6.2 空气质量监测数据的基本分析 · 34
2.7 Matplotlib 的综合应用：空气质量监测
    数据的图形化展示 ············· 36
    2.7.1 AQI 的时序变化特点 ······· 37
    2.7.2 AQI 的分布特征及相关性分析 · 38
    2.7.3 优化空气质量状况的统计图形 · 40
【本章总结】 ···················· 41
【本章相关函数】 ················ 41
【本章习题】 ···················· 47
第3章 数据预测与预测建模 ········· 49
3.1 数据预测的基本概念 ··········· 49
3.2 预测建模 ···················· 50
    3.2.1 什么是预测模型 ·········· 50
    3.2.2 预测模型的几何理解 ······· 53
    3.2.3 预测模型参数估计的基本策略 · 56
3.3 预测模型的评价 ·············· 59
    3.3.1 模型误差的评价指标 ······· 60
    3.3.2 模型的图形化评价工具 ····· 62
    3.3.3 泛化误差的估计方法 ······· 64
    3.3.4 数据集的划分策略 ········· 67
3.4 预测模型的选择问题 ··········· 69
    3.4.1 模型选择的基本原则 ······· 69
    3.4.2 模型过拟合 ·············· 69
    3.4.3 预测模型的偏差和方差 ····· 71

3.5　Python 建模实现 ················ 73
    3.5.1　ROC 和 P-R 曲线图的实现 ······ 74
    3.5.2　模型复杂度与误差的模拟研究 ······· 75
    3.5.3　数据集划分和测试误差估计的实现 ··· 79
    3.5.4　模型过拟合以及偏差与方差的
        模拟研究 ···················· 82
3.6　Python 实践案例 ················ 86
    3.6.1　实践案例 1：PM2.5 浓度的
        回归预测 ···················· 86
    3.6.2　实践案例 2：空气污染的分类预测 ··· 87
【本章总结】 ······················· 91
【本章相关函数】 ···················· 91
【本章习题】 ······················· 91

第 4 章　数据预测建模：贝叶斯分类器 ··· 93
4.1　贝叶斯概率和贝叶斯法则 ·········· 93
    4.1.1　贝叶斯概率 ··············· 93
    4.1.2　贝叶斯法则 ··············· 94
4.2　贝叶斯和朴素贝叶斯分类器 ········ 94
    4.2.1　贝叶斯和朴素贝叶斯分类器的
        一般内容 ···················· 94
    4.2.2　贝叶斯分类器的先验分布 ······· 96
4.3　贝叶斯分类器的分类边界 ·········· 99
4.4　Python 建模实现 ··············· 100
    4.4.1　不同参数下的贝塔分布 ········ 101
    4.4.2　贝叶斯分类器和 Logistic 回归
        分类边界的对比 ·············· 101
4.5　Python 实践案例 ··············· 103
    4.5.1　实践案例 1：空气污染的分类
        预测 ······················ 103
    4.5.2　实践案例 2：法律裁判文书中的
        案情要素分类 ················ 105
【本章总结】 ······················ 110
【本章相关函数】 ··················· 111
【本章习题】 ······················ 111

第 5 章　数据预测建模：近邻分析 ······ 112
5.1　近邻分析：K-近邻法 ············ 112
    5.1.1　距离：K-近邻法的近邻度量 ····· 113
    5.1.2　参数 K：1-近邻法还是 K-近邻法 ··· 114
    5.1.3　与朴素贝叶斯分类器和 Logistic

回归模型的对比 ················ 117
5.2　基于观测相似性的加权 K-近邻法 ··· 117
    5.2.1　加权 K-近邻法的权重 ········· 117
    5.2.2　加权 K-近邻法的预测 ········· 119
    5.2.3　加权 K-近邻法的分类边界 ····· 119
5.3　K-近邻法的适用性 ············· 120
5.4　Python 建模实现 ··············· 122
    5.4.1　不同参数 K 下的分类边界 ······ 122
    5.4.2　不同核函数的特点 ··········· 123
    5.4.3　不同加权方式和 K 下的分类边界 ··· 124
5.5　Python 实践案例 ··············· 125
    5.5.1　实践案例 1：空气质量等级的
        预测 ······················ 125
    5.5.2　实践案例 2：国产电视剧的大众
        评分预测 ··················· 127
【本章总结】 ······················ 129
【本章相关函数】 ··················· 129
【本章习题】 ······················ 130

第 6 章　数据预测建模：决策树 ········ 131
6.1　决策树概述 ··················· 131
    6.1.1　什么是决策树 ············· 131
    6.1.2　分类树的分类边界 ··········· 133
    6.1.3　回归树的回归平面 ··········· 134
    6.1.4　决策树的生长和剪枝 ········· 135
6.2　CART 的生长 ················· 139
    6.2.1　CART 中分类树的异质性度量 ··· 139
    6.2.2　CART 中回归树的异质性度量 ··· 140
6.3　CART 的后剪枝 ··············· 141
    6.3.1　代价复杂度和最小代价复杂度 ··· 141
    6.3.2　CART 的后剪枝过程 ········· 142
6.4　Python 建模实现 ··············· 143
    6.4.1　回归树的非线性回归特点 ······ 144
    6.4.2　树深度对分类边界的影响 ······ 145
    6.4.3　基尼系数和熵的计算 ········· 146
6.5　Python 实践案例 ··············· 147
    6.5.1　实践案例 1：空气污染的预测
        建模 ······················ 147
    6.5.2　实践案例 2：医疗大数据应用——
        药物适用性研究 ·············· 151

【本章总结】 ············ 154
【本章相关函数】 ········ 155
【本章习题】 ············ 155

第7章　数据预测建模：集成学习 ···· 156
7.1　集成学习概述 ········ 157
　7.1.1　高方差问题的解决途径 ··· 157
　7.1.2　从弱模型到强模型的构建 ··· 157
7.2　基于重抽样自举法的集成学习 ·· 158
　7.2.1　重抽样自举法 ······ 158
　7.2.2　袋装法 ·········· 158
　7.2.3　随机森林 ········· 161
7.3　从弱模型到强模型的构建 ··· 163
　7.3.1　提升法 ·········· 164
　7.3.2　AdaBoost.M1 算法 ···· 165
　7.3.3　SAMME 算法和 SAMME.R
　　　　算法 ·········· 170
　7.3.4　回归预测中的提升法 ··· 172
7.4　梯度提升树 ·········· 174
　7.4.1　梯度提升算法 ······ 174
　7.4.2　梯度提升回归树 ····· 178
　7.4.3　梯度提升分类树 ····· 179
7.5　XGBoost 算法 ········ 181
　7.5.1　XGBoost 的目标函数 ·· 181
　7.5.2　目标函数的近似表达 ·· 182
　7.5.3　决策树的求解 ······ 183
7.6　Python 建模实现 ······ 185
　7.6.1　单棵决策树、弱模型和提升法的
　　　　预测对比 ········ 186
　7.6.2　提升法中高权重样本观测的特点 ··· 187
　7.6.3　AdaBoost 回归预测中损失函数的
　　　　选择问题 ········ 189
　7.6.4　梯度提升算法和 AdaBoost 的
　　　　预测对比 ········ 189
7.7　Python 实践案例 ······ 191
　7.7.1　实践案例 1：PM2.5 浓度的
　　　　回归预测 ········ 191
　7.7.2　实践案例 2：空气质量等级的
　　　　分类预测 ········ 195
【本章总结】 ············ 197

【本章相关函数】 ········ 197
【本章习题】 ············ 198
第8章　数据预测建模：人工神经网络 ···· 200
8.1　人工神经网络的基本概念 ··· 201
　8.1.1　人工神经网络的基本构成 ··· 201
　8.1.2　人工神经网络节点的功能 ··· 202
8.2　感知机网络 ·········· 203
　8.2.1　感知机网络中的节点 ·· 203
　8.2.2　感知机节点中的加法器 ·· 204
　8.2.3　感知机节点中的激活函数 ··· 205
　8.2.4　感知机的权重训练 ··· 208
8.3　多层感知机及 B-P 反向传播算法 ·· 213
　8.3.1　多层网络的结构 ····· 213
　8.3.2　多层网络的隐藏节点 ·· 214
　8.3.3　B-P 反向传播算法 ··· 216
　8.3.4　多层网络的其他问题 ·· 218
8.4　Python 建模实现 ······ 220
　8.4.1　不同激活函数的特点 ·· 220
　8.4.2　隐藏节点的作用 ····· 222
8.5　Python 实践案例 ······ 223
　8.5.1　实践案例 1：手写体邮政编码的
　　　　识别 ·········· 223
　8.5.2　实践案例 2：PM2.5 浓度的回归
　　　　预测 ·········· 225
【本章总结】 ············ 227
【本章相关函数】 ········ 227
【本章习题】 ············ 227
第9章　数据预测建模：支持向量机 ···· 229
9.1　支持向量分类概述 ····· 229
　9.1.1　支持向量分类的基本思路 ··· 229
　9.1.2　支持向量分类的几种情况 ··· 232
9.2　完全线性可分下的支持向量分类 ··· 233
　9.2.1　如何求解超平面 ····· 233
　9.2.2　参数求解的拉格朗日乘子法 ··· 235
　9.2.3　支持向量分类的预测 ·· 238
9.3　广义线性可分下的支持向量分类 ··· 238
　9.3.1　广义线性可分下的超平面 ··· 239
　9.3.2　广义线性可分下的错误惩罚和
　　　　目标函数 ········ 240

9.3.3 广义线性可分下的超平面参数
求解 ································· 241
9.4 线性不可分下的支持向量分类 ····· 242
9.4.1 线性不可分问题的一般解决方式 242
9.4.2 支持向量分类克服维灾难的途径 ··· 244
9.5 支持向量回归 ·························· 247
9.5.1 支持向量回归的基本思路 ······· 247
9.5.2 支持向量回归的目标函数和
约束条件 ······················ 249
9.6 Python 建模实现 ···················· 252
9.6.1 支持向量机分类的意义 ········· 252
9.6.2 完全线性可分下的最大边界超
平面 ··························· 254
9.6.3 不同惩罚参数 C 下的最大边界
超平面 ························· 255
9.6.4 非线性可分下的空间变化 ······· 255
9.6.5 不同惩罚参数 C 和核函数下的
分类曲面 ······················ 257
9.6.6 不同惩罚参数 C 和 ε 对支持
向量回归的影响 ··············· 257
9.7 Python 实践案例 ···················· 258
9.7.1 实践案例 1：物联网健康大数据
应用——老年人危险体位预警 259
9.7.2 实践案例 2：汽车油耗的回归
预测 ··························· 263
【本章总结】 ····························· 266
【本章相关函数】 ························· 266
【本章习题】 ····························· 266
第 10 章 特征选择：过滤、包裹和
嵌入策略 ··················· 267
10.1 特征选择概述 ························· 267
10.2 过滤式策略下的特征选择 ··········· 268
10.2.1 低方差过滤法 ················· 269
10.2.2 高相关过滤法中的方差分析 ····· 270
10.2.3 高相关过滤法中的卡方检验 ····· 274
10.2.4 其他高相关过滤法 ············· 276
10.3 包裹式策略下的特征选择 ··········· 278
10.3.1 包裹式策略的基本思路 ········· 278
10.3.2 递归式特征剔除法 ············· 279

10.3.3 基于交叉验证的递归式特征
剔除法 ······················· 280
10.4 嵌入式策略下的特征选择 ··········· 281
10.4.1 岭回归和 Lasso 回归 ·········· 281
10.4.2 弹性网回归 ··················· 285
10.5 Python 建模实现 ···················· 288
10.5.1 高相关过滤法中的 F 分布和卡方
分布 ·························· 289
10.5.2 不同 L2 范数率下弹性网回归的
约束条件特征 ················· 290
10.6 Python 实践案例 ···················· 290
10.6.1 实践案例 1：手写体邮政编码数据的
特征选择——基于过滤式策略 291
10.6.2 实践案例 2：手写体邮政编码数据的
特征选择——基于包裹式策略 ··· 293
10.6.3 实践案例 3：手写体邮政编码数据的
特征选择——基于嵌入式策略 ··· 294
【本章总结】 ····························· 298
【本章相关函数】 ························· 298
【本章习题】 ····························· 299
第 11 章 特征提取：空间变换策略 ····· 300
11.1 特征提取概述 ························· 300
11.2 主成分分析 ·························· 301
11.2.1 主成分分析的基本出发点 ······· 302
11.2.2 主成分分析的基本原理 ········· 303
11.2.3 确定主成分 ··················· 305
11.3 矩阵的奇异值分解 ··················· 307
11.3.1 奇异值分解的基本思路 ········· 307
11.3.2 基于奇异值分解的特征提取 ····· 308
11.4 核主成分分析 ························· 309
11.4.1 核主成分分析的出发点 ········· 309
11.4.2 核主成分分析的基本原理 ······· 311
11.4.3 核主成分分析中的核函数 ······· 312
11.5 因子分析 ····························· 315
11.5.1 因子分析的基本出发点 ········· 315
11.5.2 因子分析的基本原理 ··········· 316
11.5.3 因子载荷矩阵的求解 ··········· 318
11.5.4 因子得分的计算 ··············· 319
11.5.5 因子分析的其他问题 ··········· 320

11.6 Python 建模实现 ·············· 323
  11.6.1 主成分分析的空间变换 ····· 323
  11.6.2 核主成分分析的空间变换 ··· 324
  11.6.3 因子分析的计算过程 ······· 328
11.7 Python 实践案例 ············· 331
  11.7.1 实践案例 1：采用奇异值分解
        实现人脸特征提取 ········· 331
  11.7.2 实践案例 2：利用因子分析进行
        空气质量的综合评价 ······· 332
【本章总结】 ····················· 334
【本章相关函数】 ················· 334
【本章习题】 ····················· 335

第 12 章 揭示数据内在结构：聚类分析··· 336
12.1 聚类分析概述 ················ 336
  12.1.1 聚类分析的目的 ··········· 336
  12.1.2 聚类算法概述 ············· 338
  12.1.3 聚类解的评价 ············· 339
  12.1.4 聚类解的可视化 ··········· 342
12.2 基于质心的聚类模型：K-均值
     聚类 ······················ 343
  12.2.1 K-均值聚类的基本过程 ····· 343
  12.2.2 K-均值聚类中的聚类数目 ··· 345
  12.2.3 基于 K-均值聚类的预测 ···· 346
12.3 基于连通性的聚类模型：系统
     聚类 ······················ 346
  12.3.1 系统聚类的基本过程 ······· 347
  12.3.2 系统聚类中距离的连通性测度 ···· 347
  12.3.3 系统聚类中的聚类数目 ····· 348
  12.3.4 系统聚类中的其他问题 ····· 350
12.4 基于高斯分布的聚类模型：EM
     聚类 ······················ 351
  12.4.1 基于高斯分布聚类的出发点：
        有限混合分布 ············· 351
  12.4.2 EM 聚类算法 ············· 353
12.5 Python 建模实现 ············· 356
  12.5.1 K-均值聚类和聚类数目 K ······· 357

12.5.2 系统聚类和可视化工具 ······ 360
12.5.3 碎石图的应用和离群点探测 ··· 361
12.5.4 EM 聚类的特点和适用性 ···· 363
12.6 Python 实践案例：各地区环境
     污染的特征的对比分析 ······· 367
【本章总结】 ····················· 370
【本章相关函数】 ················· 370
【本章习题】 ····················· 370

第 13 章 揭示数据内在结构：特色聚类···371
13.1 基于密度的聚类：DBSCAN
     聚类 ······················ 371
  13.1.1 DBSCAN 聚类中的相关概念 ··· 371
  13.1.2 DBSCAN 聚类过程 ········ 373
  13.1.3 DBSCAN 的异形聚类特点 ··· 373
13.2 Mean-Shift 聚类 ············· 375
  13.2.1 什么是核密度估计 ········· 375
  13.2.2 核密度估计在 Mean-Shift 聚类
        中的意义 ················· 377
  13.2.3 Mean-Shift 聚类过程 ······ 379
13.3 BIRCH 聚类 ················ 380
  13.3.1 BIRCH 聚类的特点 ········ 380
  13.3.2 BIRCH 算法中的聚类特征树 ··· 381
  13.3.3 BIRCH 聚类的核心步骤 ···· 384
  13.3.4 BIRCH 聚类的在线动态聚类 ··· 386
  13.3.5 BIRCH 聚类解的优化 ······ 387
13.4 Python 建模实现 ············· 387
  13.4.1 DBSCAN 聚类的参数敏感性 ··· 388
  13.4.2 单变量的核密度估计 ······· 389
  13.4.3 Mean-Shift 聚类的特点 ···· 390
  13.4.4 BIRCH 聚类与动态性特征 ··· 391
13.5 Python 实践案例：商品批发商的
     市场细分 ·················· 394
【本章总结】 ····················· 397
【本章相关函数】 ················· 398
【本章习题】 ····················· 398

第 1 章
机器学习概述

大数据是围绕具有典型 5V（Volume：海量数据规模；Velocity：快速流转且动态激增的数据体系；Variety：多样异构的数据类型；Value：潜力大但密度低的数据价值；Veracity：有噪声影响的数据质量）特征的大数据集展开的。广义上是包括大数据理论、大数据技术、大数据应用和大数据生态等方面的组合架构。其中，大数据理论从计算机科学、统计学、数学以及实践等方面汲取营养，旨在探索独立且关联于自然世界和人类社会之外的新的数据空间，构筑数据科学的理论基础和认知体系，具有鲜明的跨学科色彩；大数据技术包括大数据采集和传输、大数据集成和存储、云计算与大数据分析、大数据平台构建和大数据隐私与安全等众多技术，是推动大数据发展最活跃的因素；多领域应用场景的有效开发成为带动大数据发展的重要引擎，涉及个人、企业与行业、政府以及时空综合应用等若干方面；大数据生态通常指大数据与其相关环境所形成的相互作用、相互影响的共生系统，诸如大数据市场需求、政策法规、人才培养、产业配套与行业协调、区域协同与国际合作等。

本书将聚焦大数据分析中的经典方法和主流实现技术：机器学习基本原理，以及基于 Python 编程和机器学习的数据建模与分析。

1.1 机器学习的发展：人工智能中的机器学习

在大数据深层次量化分析的实际需求下，作为人工智能的重要组成部分和人工智能研究发展的重要阶段，机器学习理论和应用得到了前所未有的发展并大放异彩。

诞生于 20 世纪 50 年代的人工智能（Artificial Intelligence，AI），因旨在实现人脑部分思维的计算机模拟，完成人类智力任务的自动化实现，从研究伊始就具有浓厚的神秘色彩。人工智能的研究经历了从符号主义人工智能（symbolic AI），到机器学习（Machine Learning），再到深度学习（Deep Learning）的不同发展阶段。

1.1.1 符号主义人工智能

20 世纪 50 年代到 80 年代末，人工智能的主流实现范式是符号主义人工智能，即基于"一切都可规则化编码"的基本理念，通过让计算机执行事先编写好的程序（也称硬编码），依指定规则自动完成相应的处理任务，实现与人类智能水平相当的人工智能。

该实现范式的顶峰应用是 20 世纪 80 年代盛行的专家系统（Expert System）及不断涌现的各类计算机博弈系统。事实上，符号主义人工智能适合解决能够定义明确规则的逻辑问题，但存在一定的局限性。

例如，专家系统在某种意义上能够代替专家给病人看病，帮助人们甄别矿藏，但系统建立过程中的知识获取和知识表示问题一直没能得到很好解决。知识获取的难点在于如何全面系统地获取专家的领域知识，如何有效克服知识传递过程中的思维跳跃性和随意性。此外，知识表示问题更为复杂，传统"如果……则……"的简单因果式的计算机知识表示方式，显然无法表达形式多样的领域知识。更糟糕的是，专家系统几乎不存储常识性知识。有"专家系统之父"之称的爱德华·阿尔伯特·费根鲍姆（Edward Albert Feigenbaum）⊖曾估计，一般人所拥有的常识存入计算机后大约会产生 100 万条事实和抽象经验。将如此庞大的事实和抽象经验整理、表示并存储在计算机中，难度极大，而没有常识的专家系统的智能水平是令人担忧的。

再如，作为符号主义人工智能另一重大应用研究成果的计算机博弈，主要体现在国际象棋、中国象棋、五子棋、围棋等棋类应用上。其巅峰成果之一是 IBM 研制的深蓝（Deep Blue）超级智能计算机系统。1997 年 5 月，深蓝与国际象棋大师加里·卡斯帕罗夫（Garry Kasparov）进行了 6 局制比赛，结果深蓝以两胜三平一负的成绩获胜。深蓝出神入化的棋艺依赖于能快速评估每一步棋可能走法的利弊评估系统，而该系统背后除了有高性能计算机硬件系统的支撑，还有基于数千种经典对局和残局数据库的一般规则，以及人类棋手国际象棋大师乔约尔·本杰明的参谋团队针对卡斯帕罗夫的套路而专门设置的应对策略。但计算机博弈存在"致命"的"死穴"，那就是人类不按"套路出牌"会使计算机无法正确判断而导致失败。

由于符号主义人工智能很难解决诸如语言翻译、语音识别、图像分类等更加复杂和模糊的、没有明确规则定义的逻辑问题，因此需要一种替代符号主义人工智能的新策略，这就是机器学习（Machine Learning，ML）。

事实上，机器学习对计算机博弈系统的发展同样有着卓越的贡献⊖。使用特定算法和编程方法实现的、基于机器学习的计算机博弈系统，不仅能够极大地压缩原先数百万行的程序代码（包括所有的棋盘边缘情况，对手棋子的所有可能的移动等），而且能够从以前的游戏中学习策略并提高其性能。

1.1.2 基于机器学习的人工智能

如何将大型数据库、传感器、机器学习算法和大规模并行计算整合在一个体系架构下，致力于创造比人类更好的、能够完成判断策略和认知推理等更为复杂和模糊任务（例如，自然语言理解、图像识别分类等）的机器，成为人工智能探索的新热点，而其中的机器学习是关键。

机器学习概念的提出源于"人工智能之父"阿兰·图灵（Alan Turing）1950 年进行的图灵测

⊖ 爱德华·阿尔伯特·费根鲍姆：计算机人工智能领域的科学家，被誉为"专家系统之父"，1994 年获得计算机科学领域的最高奖项图灵奖——摘自 Wikipedia 百科全书。

⊖ 1952 年，亚瑟·塞缪尔（Arthur Samuel）创建了第一个真正的基于机器学习的棋盘游戏；1963 年唐纳·米基（Donald Michie）提出了强化学习的井字游戏（tic-tac-toe）。

试[⊖]。该测试令人信服地表明"思考的机器"是可能的，计算机也能像人一样具有学习与创新能力。与符号主义人工智能策略截然不同的是，机器学习的出发点是：与其明确地编写程序让计算机按规则完成智能任务，不如教计算机借助某些算法完成任务。

从计算机程序设计角度看，符号主义人工智能体现的是：给计算机输入"规则"和"数据"，计算机处理数据，并依据以程序形式明确表达的"规则"，自动输出"答案"。机器学习体现的则是：给计算机输入"数据"以及从数据中预期得到的"答案"，计算机会找到并输出"规则"，并依据"规则"给出对新数据的"答案"，从而完成各种智能任务。相对于经典的程序设计范式，机器学习是一种新的编程范式。图 1.1 是谷歌（Google）人工智能研究员、深度学习工具 Keras 之父弗朗索瓦·肖莱（Francois Chollet）对两种编程范式的基本描述。

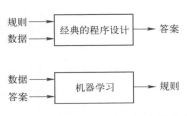

图 1.1 中，机器学习中的"规则"，是计算机基于大量数据集，借助算法解析数据的结果。"规则"通常不是，甚至根本无法通过人工程序事先明确地编写出来。从某种意义看，机器学习能够比人类做得更好。

图 1.1　机器学习：一种新的编程范式

基于速度更快的硬件与更大数据集的训练，机器学习在 20 世纪 90 年代开始蓬勃发展，并迅速成为人工智能领域最受欢迎且最成功的分支。其在自然语言理解领域的最高成就之一是 IBM 创造的、以公司创始人托马斯·沃森（Thomas J. Watson）名字命名的智能计算机——沃森（Watson）。2011 年 2 月 14 日，美国著名的问答节目《危险边缘》，拉开了沃森与人类的情人节"人机大战"的序幕。《危险边缘》是一档综合性智力竞猜电视节目，题目涵盖时事、历史、艺术、流行文化、哲学、体育、科学、生活常识等几乎所有已知的人类知识。与沃森同场竞技的两位人类选手是肯·詹宁斯（Ken Jennings）和布拉德·鲁特（Brad Rutter），他们是该节目有史以来成绩最好的两位参赛者。但是，基于数百万份的图书、新闻、电影剧本、辞海、文选资料，借助深度快速问答（DeepQA）技术中的 100 多套算法，以及 3 秒钟内的问题解析和候选答案搜索能力，沃森最终以近 8 万分的得分，将两位得分均在 2 万分左右的选手远远甩在了后面，成为《危险边缘》节目的新王者。

尽管如此，智能计算机面临的自然语言理解的挑战仍是严峻的。事实上，与其他计算机一样，沃森完成的是文字符号的处理，而无法真正理解其含义。例如，问答题"这个被信赖的朋友是一种非奶制的奶末"，标准答案应是咖啡伴侣。因为咖啡伴侣多是植物制的奶精而非奶制品，且人类做这道题时会很快想到"朋友"对应"伴侣"。但计算机却只能在数据库里寻找"朋友""非奶制""奶末"这些词的关联词，结果关联最多的是牛奶。此外，如何领悟双关、反讽之类的语言修辞，以及分析比语言理解本身更复杂的情感问题等，都是智能计算机面临的巨大挑战。

机器学习的最大突破是 2006 年提出的深度学习。深度学习是机器学习的重要分支领域，是从数据中学习"数据表示"的新方法。它强调基于训练数据，通过众多连续的神经网络层

⊖ 图灵测试：指在不接触对方的情况下，一个人通过某种特殊方式和计算机进行一系列问答。如果在相当长的时间内，人无法根据这些问答判断对方是人还是计算机，则可认为这个计算机具有同人类相当的智力，是具有智能和思维能力的。图灵测试是对机器智能的严格定义。

3

（Layer），过滤和提取数据中的、可服务于预测的重要特征。相对于拥有众多层的深度学习，机器学习有时也被称为浅层学习（Shallow Learning）。

目前，深度学习已被广泛应用于自然语言理解和语音解析中，深度学习不仅能够应对自然语言理解的挑战，更可解决以图像识别和分类等为核心任务的众多感知问题。例如，在计算机博弈上的成功案例是谷歌旗下 Deep Mind 公司开发的、中国围棋（Go）人工智能程序阿尔法围棋（AlphaGo）。2015 年 10 月，AlphaGo 以 5∶0 完胜欧洲围棋冠军、职业二段选手樊麾；2016 年 3 月，对战世界围棋冠军、职业九段选手李世石，并以 4∶1 的总比分获胜。

目前，以机器学习和深度学习为核心分析技术的人工智能，已经拥有了接近人类水平的图像识别和分类能力、手写文字转录能力、语音识别和对自然语言提问的回答能力、多国语言的翻译能力。人工智能技术也得以广泛应用。例如，智能家电等物联网（Internet of Things，IOT）设备比以往任何时候都更加聪明和智能；Slack 等聊天机器人正在提供比人类更快、更高效的虚拟客户服务；自动驾驶和无人驾驶汽车能够识别和解析交通标志，自动实现导航和维护。人工智能正改变着当今人们的日常生活方式，未来的人工智能还将继续探索机器感知和自然语言理解之外的各种应用问题，协助人类开展科学研究，自动进行软件开发等工作。

1.2　机器学习的核心：数据和数据建模

前文提到，从程序设计角度看，机器学习是一种新的编程范式。实现这种范式的核心任务是发现隐藏在"数据"和"答案"中的"规则"。其理论可行性最早可追溯到 1783 年托马斯·贝叶斯（Thomas Bayes）提出的贝叶斯定理，该定理证明了存在一种能够从历史经验，即数据集中的"数据"和"答案"中，学习两者之间关联性"规则"的数学方法。

可将"数据"和"答案"视为一种广义数据，借助数学方法学习"规则"的本质是基于数据的建模。从这个角度看，机器学习就是一种基于大型数据集，以发现其中隐藏的、有效的、可理解的规则为核心目标的数据建模过程，旨在辅助解决各行业领域的实际应用问题。

本书将聚焦机器学习解决应用问题的主流算法和 Python 应用实践。以下将围绕大众熟知的空气质量监测数据分析问题，说明机器学习的学习对象——数据集，以及与数据集相关的一些基本概念。然后，论述机器学习基于数据集建模的具体任务。

1.2.1　机器学习的学习对象：数据集

机器学习的学习对象是数据集合，简称数据集（也称样本集）。数据集一般以二维表（也称扁平表）形式组织，由多个行和列组成。表 1.1（数据来源：中国空气质量在线监测分析平台 https://www.aqistudy.cn）就是一段时期内北京市空气质量监测的数据集。

表 1.1　北京市空气质量监测数据

日期	AQI	质量等级	PM2.5	PM10	SO$_2$	CO	NO$_2$	O$_3$
2019/1/1	45	优	28	45	8	0.7	34	47
2019/1/2	78	良	57	75	12	1	56	28
2019/1/3	162	中度污染	123	136	21	1.9	82	12

（续）

日期	AQI	质量等级	PM2.5	PM10	SO₂	CO	NO₂	O₃
2019/1/4	40	优	18	40	5	0.5	26	61
2019/1/5	47	优	17	34	7	0.5	37	49
2019/1/6	88	良	64	95	12	1.4	70	13
2019/1/7	55	良	34	54	9	0.9	44	52
2019/1/8	35	优	10	29	4	0.5	28	62
2019/1/9	74	良	41	66	12	0.9	59	26
2019/1/10	100	良	75	113	14	1.5	79	17
2019/1/11	135	轻度污染	103	130	15	1.7	80	21
2019/1/12	267	重度污染	217	212	14	2.7	101	14
2019/1/13	169	中度污染	128	183	6	1.7	64	58
2019/1/14	137	轻度污染	104	143	8	1.7	72	46
2019/1/15	54	良	9	57	4	0.3	18	81
2019/1/16	73	良	38	74	10	0.9	58	37
2019/1/17	78	良	45	77	13	1.2	62	34
2019/1/18	94	良	64	105	15	1.4	75	18
2019/1/19	33	优	11	33	5	0.5	24	59
2019/1/20	33	优	9	29	3	0.3	19	66
2019/1/21	57	良	24	63	6	0.6	44	62
2019/1/22	64	良	28	70	7	0.9	51	54
2019/1/23	60	良	23	53	6	0.7	48	58
2019/1/24	79	良	58	75	12	1.2	53	41
2019/1/25	32	优	10	32	4	0.5	21	61
2019/1/26	44	优	25	40	5	0.6	35	50
2019/1/27	76	良	49	102	8	1	45	67
2019/1/28	56	良	35	61	6	0.6	33	59
2019/1/29	139	轻度污染	106	140	17	1.5	76	24
2019/1/30	63	良	28	75	5	0.6	22	61
2019/1/31	30	优	13	27	5	0.5	20	59
2019/2/1	68	良	42	85	7	0.9	49	54
2019/2/2	142	轻度污染	108	137	8	1.4	55	29

　　数据集中的一行通常称为一个样本观测。如表 1.1 中第一行是 2019 年 1 月 1 日的北京市空气质量数据，就是一个样本观测。若数据集由 N 个样本观测组成，则称该数据集的样本容量或样本量为 N。机器学习在解决复杂问题时一般要求样本量较大的数据集（也称大数据集，是相对小数据集而言的）。

　　数据集中的一列通常称为一个变量（也称特征），用于描述数据的某种属性或状态。如表 1.1 中包括了空气质量监测的日期、空气质量指数 AQI（Air Quality Index）、空气质量等级、细颗粒物（PM2.5）、可吸入颗粒物（PM10）、二氧化硫（SO_2）、二氧化氮（NO_2）、臭氧（O_3）的浓度（$\mu g/m^3$），以及一氧化碳 CO 浓度（mg/m^3）9 个变量。其中，AQI 作为空气质量状况的无量纲指数，值越大表明空气中污染物浓度越高，空气质量越差。参与 AQI 评价的主要污染物包括 PM2.5、PM10、SO_2、CO、NO_2、O_3 这 6 项。空气质量等级是 AQI 的分组结果。一般 AQI 在 0～50、51～100、101～150、151～200、201～300、大于 300 时，空气质量级别（等级）依次为一级（优）、二级（良）、三级（轻度污染）、四级（中度污染）、五级（重度污染）、六级（严重污染）。

依各变量的取值类型可将变量细分为数值型、顺序型和类别型三类，后两类统称为分类型。数值型变量是连续或非连续的数值（计算机中以整型或浮点型等存储类型存储），可以进行算术运算，如这里的 AQI、PM2.5、PM10、SO_2、CO、NO_2、O_3 等。分类型变量一般以数字（如 1、2、3 等）或字符（A、B、C 等）标签（计算机中以字符串型或布尔值等存储类型存储）表示，算术运算对其没有意义。顺序型变量的标签存在高低、大小、强弱等顺序关系，如空气质量等级。此外，诸如学历、年龄段等变量也属顺序型。类别型变量的标签没有顺序关系，如日期（可视为一个样本观测的标签）。此外，诸如性别、籍贯等变量也属类别型。

机器学习以变量为基本数据建模单元，旨在发现变量取值之间的数量关系。不同机器学习算法适用于不同类型的变量，因此，明确变量类型是极为重要的。

表 1.1 所示数据是一种结构化数据的具体体现。结构化数据是计算机关系数据库的专业术语，还包括实体和属性等概念。其中实体对应这里的样本观测，属性对应这里的变量。结构化数据通常具有以下两个方面的特征：第一，属性（变量）值通常是可定长的。例如可定长的数值型，或可定长的数字或字符标签；第二，各实体都具有共同的、确定性的属性。例如，每天的空气质量实体都通过 AQI、PM2.5 等共同的属性度量。当然，不同日期 AQI、PM2.5 的具体值不尽相同。因此，采用二维表形式组织数据不仅直观且存储效率高。

机器学习的数据对象并不局限于结构化数据，还可以包括半结构化数据和非结构化数据。半结构化数据的重要特点是：包含可定长的属性和部分非定长的属性，且无法确保每个实体都具有共同的、确定性的属性。例如，员工简历就是一个典型的半结构化数据。其中，定长属性包括性别、年龄、学历等。非定长属性，如工作履历（如职场新人的工作履历是空白的，职场精英会有曾在多家公司任职的经历）等。此外，未婚员工的配偶信息空缺，已婚员工的子女信息可能多样化等，不同的实体并非均具有共同的属性。对此，需经过一定的格式转换方可组织成二维表的形式，且表格中会存在一些数据冗余，使存储效率不高。半结构化数据往往可采用 JSON 文档格式组织（详见第 3 章）。

非结构化数据一般不方便直接采用二维表格形式组织。常见的非结构化数据主要有文本、图像、音频和视频数据等。这些数据往往是非定长的，且很难直接确定属性，需进行必要的数字化处理和格式转换（详见第 3 章、第 9 章和第 10 章）。

1.2.2 机器学习的任务：数据建模

正如前文所述，机器学习是一种基于大型数据集，发现其中隐藏的、有效的、可理解的规则为核心的数据建模过程。数据建模即为基于数据建立数据模型的过程，机器学习是目前较为前沿和有效的数据建模的方法。具体来讲可分为两个方面：

- 以数据预测为核心任务的建模。
- 以数据聚类为核心任务的建模。

1．数据预测

以下基于两个实际应用场景，说明数据预测的内涵。

【场景1】基于空气质量监测数据集。基于该数据集，希望得到以下两个问题的答案。

- 问题一：SO_2、CO、NO_2、O_3 哪些是影响 PM2.5 浓度的重要因素？
- 问题二：PM2.5、PM10、SO_2、CO、NO_2、O_3 浓度对空气质量等级大小的贡献不尽相同。
  那么，哪些污染物的减少将有效改善空气质量等级？

上述两个问题即为典型的数据预测问题。

首先，PM2.5 的主要来源是 PM2.5 的直接排放，或由某些气体污染物在空气中转变而来。直接排放主要来自诸如石化燃料（煤、汽油、柴油）的燃烧、生物质（秸秆、木柴）的燃烧、垃圾焚烧等。可在空气中转化成 PM2.5 的气体污染物，主要有二氧化硫、氮氧化物、氨气、挥发性有机物等。基于各种污染物监测数据，可以从量化角度准确发现 PM2.5 的主要来源和影响因素，并度量各污染物对 PM2.5 的数量影响。一方面将有助于制定有针对性的控制策略，通过控制二氧化硫等污染物的排放来降低 PM2.5；另一方面，也可基于其他污染物浓度对 PM2.5 浓度值进行预测。该问题就是一种数据预测问题。

其次，空气质量好坏的测度，即 AQI 编制或空气质量等级的评定也是一个复杂问题。空气污染是一个复杂现象，在特定时间和地点，空气污染物浓度会受许多因素的影响。例如，机动车的尾气，工业企业生产排放，居民生活和取暖，垃圾焚烧等。此外，城市发展密度、地形地貌和气象条件等也是影响空气质量的重要因素。目前，参与空气质量等级评定的主要污染物包括细颗粒物 PM2.5、可吸入颗粒物 PM10、SO_2、CO、NO_2、O_3。基于各种污染物监测数据和空气质量等级数据，如果能从量化角度准确找到导致空气质量等级敏感变化的污染物，不仅能通过对其控制来有效降低空气质量等级，还可基于污染物浓度对空气质量等级进行预测。该问题同样是一种数据预测问题。

数据预测，简而言之就是基于已有数据集，归纳出输入变量和输出变量之间的数量关系。基于这种数量关系，一方面，可发现对输出变量产生重要影响的输入变量；另一方面，在数量关系具有普适性和未来不变的假设下，可用于对新数据输出变量取值的预测。

数据预测可细分为回归预测和分类预测。对数值型输出变量的预测（对数值的预测）统称为回归预测。对分类型输出变量的预测（对类别的预测）统称为分类预测。如果输出变量仅有两个类别，则称其为二分类预测。如果输出变量有两个以上的类别，则称其为多分类预测。

参照 1.1.1 节介绍的机器学习编程范式，这里的输入变量对应其中的"数据"，输出变量对应"答案"。在数据集中，输入变量和输出变量的取值均是已知的，可为数值型，或顺序型或类别型。问题一中的 SO_2、CO、NO_2、O_3 是数值型输入变量，PM2.5 是数值型输出变量，属回归问题；问题二中的各种污染物浓度为数值型输入变量，空气质量等级为分类型输出变量，属多分类预测问题。

参照 1.1.1 节介绍的机器学习编程范式，发现"规则"就是寻找输入变量和输出变量取值规律和应用规律的过程。这些规律不是显性的，而是隐藏在数据集中的，需要基于对数据集的归纳进行学习。回归和分类正是具有一定关联性的归纳学习策略。

【场景 2】基于顾客特征和其近 24 个月的消费记录数据集，其中包含顾客的性别、年龄、职业、年收入等属性特征，以及顾客购买的商品、金额等消费行为数据。基于这些数据，希望得到如下问题的答案。

● 问题一：具有哪些特征（如年龄和年收入）的新顾客会购买某种商品？
● 问题二：具有哪些特征（年龄）和消费行为（购买或不购买）的顾客，其平均年收入是多少？

上述问题均属数据预测的范畴。

第一个问题的答案无非是买或者不买，显然属于分类预测问题。其中输入变量为性别、年龄、职业、年收入，输出变量为是否购买。可以通过数据建模找到顾客特征（输入变量）与其消费行为（输出变量）间的取值规律；然后依据该规律可对具有某特征的新顾客的消费行为（买或是不买）进行预测。

第二个问题是对顾客的平均年收入进行预测，属于回归预测问题。其中输入变量为性别、年龄、职业、是否购买，输出变量为年收入。可以通过数据建模找到顾客特征（输入变量）与其年收入（输出变量）间的取值规律；然后依据该规律对具有某特征的新顾客的平均年收入进行预测。

2．数据聚类

数据集可能由若干个小的数据子集组成。例如，对于前述【场景 2】的顾客特征和消费记录的数据集，通常具有相同特征的顾客群（如相同性别、年龄、收入等）消费偏好较为相似，不同特征的顾客群（如男性和女性，教师和 IT 人员等）消费偏好可能差异明显。客观上存在着属性和消费偏好等特征差异较大的若干个顾客群，发现不同顾客群是实施精细化营销的前提。

可以将各个顾客群对应到数据集的各个数据子集上。机器学习称这些数据子集为子类，或小类、簇。数据聚类的目的是发现数据中可能存在的小类，并通过小类刻画和揭示数据的内在组织结构。数据聚类的最终结果是：给每个样本观测指派一个属于哪个小类的标签，称为聚类解。聚类解将保存在一个新生成的分类型变量中。

数据聚类和数据预测中的分类问题有联系更有区别。联系在于：数据聚类是给每个样本观测一个小类标签；分类问题是给输出变量一个分类值，本质也是给每个样本观测一个标签。区别在于：分类问题中的变量有输入变量和输出变量之分，且分类标签（保存在输出变量中，如空气质量等级，顾客买或不买）的真实值是已知的；数据聚类中的变量没有输入变量和输出变量之分，所有变量都将被视为聚类变量参与数据分析，且小类标签（保存在聚类解变量中）的真实值是未知的。正是如此，数据聚类有着不同于数据分类的算法策略。

3．其他方面的应用

除数据预测和数据聚类之外，机器学习还可解决更多应用场景下多种类型的问题，如关联分析和模式诊断等。

（1）关联分析

世间万物都是有联系的，这种联系让这个世界变得丰富多彩而又生动有趣。关联分析的目的就是要寻找到事物之间的联系规律，发现它们之间的关联性。

【场景 3】一段时间内某超市会员的购物小票数据集，其中每张购物小票均记录了哪个会员在哪个时间购买了哪些商品以及购买的数量等。基于该数据集，希望得到以下问题的答案。

- 问题一：购买面包的会员中，同时购买牛奶的可能性大，还是同时购买香肠的可能性大？
- 问题二：购买电水壶的会员未来一个月内购买除垢剂的可能性有多大？

显而易见，上述问题的答案对超市的货架布置、进货计划的制订以及有针对性的营销等都有重要帮助，关联分析的目的就是为了找出这些问题的答案。

关联分析的关键是找到变量取值的内在规律性。这里，可将会员的购买行为视为一个变量，则该变量的所有可能取值即为该超市销售的所有商品的名称。关联分析就是要找到变量（如购买行为）的不同取值（如该超市销售的所有商品的名称）之间是否存在某些一般性的规律。

通过关联分析解决第一个问题的思路是：依据大量的购物篮数据（一张购物小票对应一个购物篮），计算不同商品被同时购买的概率，如购买面包的同时购买牛奶的概率等。这里的概率计算较为简单。如只需清点所有购买面包的购物小票中有多少张同时出现了牛奶，并计算百分比即可。这些概率可揭示商品购买间的简单关联关系，是商品推荐的基础。

为回答第二个问题，需依时间连续跟踪每个会员的购物行为，即清点在指定时间段内购买电水壶的会员中，有多少人在一个月内又购买了除垢剂，并计算百分比。该问题涉及时间因素，可揭示商品购买间的时序关联关系。

若将商品间的关联性和关联性强弱绘制成图，可得到如图 1.2 所示的网状图。

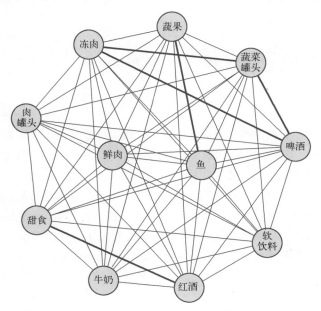

图 1.2　商品间关联性网状示意图

图 1.2 中的圆圈通常称为网状图的节点，这里代表各个商品。节点之间的连线称为节点连接，其粗细称为连接权重，这里表示商品间关联关系的大小。事实上，关联性的研究可推广到许多应用中。例如，网状图中的节点可以代表微信好友，节点连接及权重则表示好友间的私聊频率，如果两好友间从未私聊过，则相应节点间可以没有连接；网络图中的节点也可以代表各个国家，节点连接及权重则表示各个国家间的贸易状况；若网络图中的节点代表股票，则节点连接及权重表示各股票价格的相互影响关系；若网络图中的节点代表学术论文，则节点连接及权重表示学术论文间的相互引用关系；若网络图中的节点代表立交桥，则节点连接及权重表示立交桥间的车流量，等等。

（2）模式诊断

模式（Pattern）是一个数据集合，由分散于数据集中的极少量的零星数据组成。模式通常具有其他众多数据所没有的某种局部的、非随机的、非常规的特殊结构或相关性。模式诊断就是要从不同角度采用不同方法发现数据中可能存在的模式。

例如，工业生产过程中，数据采集系统或集散控制系统通过在线方式，收集大量的可反映生产过程中设备运行状况的数据，如电压、电流、气压、温度、流量、电机转速等。常规生产条件下，若设备运行正常，这些数据的取值变化很小，基本维持在一个稳定水平上。若一小段时间内数据忽然变化剧烈，但很快又回归原有水平，且类似情况多次重复出现，即显现出局部的、非随机的超出正常范围的变化，则意味着生产设备可能发生了间歇性异常。这里少量的变动数据所组成的集合即为模式，如图 1.3 左图椭圆内的数据。

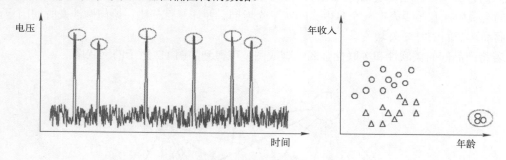

图 1.3　模式的示意图

模式具有局部性、非随机性和非常规性的特点，很可能是某些重要因素所导致的必然结果。所以模式诊断⊖是极为必要的。例如，图 1.3 右图椭圆内的数据构成了模式，表现出不同于绝大多数年龄的特征，找到该模式并探究其原因是有意义的。

模式诊断不仅可以用于设备故障诊断，还可广泛应用于众多主观故意行为的发现。例如，计算机网络入侵行为（如网络流量或访问次数出现非随机性突变等）、恶意欺诈行为（如信用卡刷卡金额、手机通话量出现非常规增加等）、虚报瞒报行为（如商品销售额的非常规变化等）等。通过模式诊断并探究模式的成因，能够为技术更新、流程优化、防范升级等方案的制订提供重要依据。

⊖ 这里模式诊断的含义与模式识别不尽相同。模式识别一般指识别图像等数据阵中的某些形状等。

需注意的是，这里的模式与统计学的从概率角度界定的离群点有一定差别。如统计学中经典的 3σ 准则认为，若某随机变量服从正态分布，则绝对值大于 3 个标准差（σ）的变量值，因其出现的概率很小（小于等于 0.3%）而被界定为离群点。尽管这些离群点与模式的数量都较少，且均表现出严重偏离数据全体的特征，但离群点通常由随机因素所致。模式则不然，它具有非随机性和潜在的形成机制。找到离群点的目的是剔除它们以消除对数据分析的影响，但模式很多时候就是人们关注的焦点，是不能剔除的。

尽管模式并非以统计学的概率标准来界定，但从概率角度诊断模式仍是有意义的。应当注意的是，小概率既可能是模式的表现，也可能是随机性离群点的表现。所以究竟是否为"真正"的模式，需要行业专家进行判断。如果能够找到相应的常识、合理的行业逻辑或有说服力的解释，则可认定为模式。否则，可能是数据记录错误而导致的"虚假"模式，或是没有意义的随机性。从统计角度诊断模式，需要已知或假定概率分布。当概率分布未知或无法做假定时，就需要从其他角度分析。对此，机器学习多采用数据聚类的方式实现模式诊断。

综上所述，作为人工智能的重要组成部分，机器学习的核心目标是数据预测和数据聚类。同时，它也正朝着智能数据分析的方向发展。随着大数据时代数据生成速度的持续加快，数据体量正以前所未有的规模增长，各种半结构化和非结构化的数据不断涌现，机器学习以及深度学习在文本分类、文本摘要提取、文本情感分析，以及图像识别、图像分类等智能化应用中将会发挥越来越重要的作用。

1.3　机器学习的典型应用

目前，机器学习在电子商务、金融、电信等行业都得到了极为广泛的应用。

1.3.1　机器学习的典型行业应用

机器学习的应用极为广泛。从应用成熟度和市场吸引力两个维度看，当前机器学习有如下典型的行业应用，其应用成熟度和市场吸引力分布⊖如图 1.4 所示。

图 1.4 表明，机器学习在电子商务领域的应用是最成熟和最具吸引力的，金融和电信行业紧随其后。机器学习在政府公共服务领域将有较大的发展潜力，其未来的应用成熟度将会有巨大的提升空间。

机器学习在电子商务中的应用价值主要体现在市场营销和个性化推荐等方面。通过机器学习，可以有效实现对用户消费行为规律的分析，制订有针对性的商品推荐方案，根据用户特征研究广告投放策略并进行广告效果的跟踪和优化；在金融行业中，机器学习主要应用于客户金融行为分析以及金融信用风险评估；机器学习在电信行业的应用主要集中在客户消费感受的分析上，目的是通过洞察客户需求，有针对性地提升电信服务的质量和安全；在政府公共服务中，机器学习可在智慧交通和智慧安防等方面发挥重要作用，实现以数据为驱动的政府公共服务；机器学习在医疗行业的应用价值集中体现在药品研发、公共卫生管理、居民健康管理以及健康危险因素分

⊖ 资料来源：易观智库（www.EnfoDesk.com）。

析等方面。

在这些行业应用中，机器学习的具体应用主要包括客户细分、客户流失分析、营销响应分析、交叉销售、信用风险评估、欺诈甄别等方面，如图 1.5 所示。

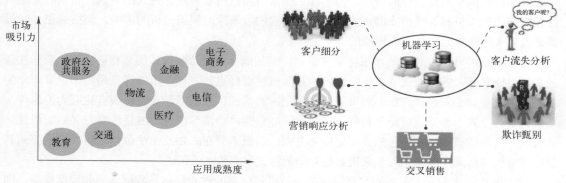

图 1.4　机器学习的典型行业应用分布图　　　　图 1.5　典型商业应用问题

1.3.2　机器学习在客户细分中的应用

客户细分（Customer Segmentation）的概念是 20 世纪 50 年代中期由美国著名营销学家温德尔·史密斯（Wendell R. Smith）提出的。客户细分是经营者在明确其发展战略、业务模式和市场的条件下，依据客户价值、需求和偏好等诸多因素，将现有客户划分为不同的客户群，属于同一客户群的消费者具有较强相似性，不同细分客户群间存在明显的差异性。

当经营者缺乏足够资源应对客户整体时，由于客户间的价值和需求存在异质性，有效的客户细分能够辅助经营者准确认识不同客户群体的价值及需求，从而制订针对不同客户群的差异化经营策略，以资源效益最大化、客户收益最大化为目标，合理分配资源，实现持续发展新客户、维系老客户、不断提升客户忠诚度的总体目标。

客户细分的核心是选择恰当的细分变量，同时还要注意细分方法以及细分结果的评价和应用等方面。

（1）客户细分变量

客户细分的核心是选择恰当的细分变量。不同的细分变量可能得到完全不同的客户细分结果。传统的客户细分主要基于诸如年龄、性别、婚姻状况、收入、职业、地理位置等客户基本属性。此外，还有基于各种主题的，如基于客户价值贡献度、基于需求偏好、基于消费行为的客户细分等。

不同行业因其业务内容不同，客户价值、需求偏好以及消费行为的具体定义也不同。需选择迎合其分析目标的细分变量。例如，电信行业客户细分，主要细分变量可以包括手机卡的使用月数、套餐金额、额外通话时长、额外流量、是否改变过套餐、是否签订过服务合约、是否办理过固定电话和宽带业务等；再如，商业银行为研发针对不同客户的有针对性的金融产品和服务，对于个人客户主要关注年龄、家庭规模、受教育程度、居住条件、收入来源、融资记录等属性。对企业客户主要关注行业、企业组织形式、企业经营年限、雇员人数、总资产规模、月销售额、月利润等。同时，关注的贷款特征包括贷款期限、贷款用途、抵押物、保证人等；对于电子商务的客户细分，除关注其收入、资产、职业特点、行业地位、关系背景等基本属性外，还需关注喜好风格、价格敏感、品牌倾向、消费方式等主观特征，以及交易记录、积分等级、退换投诉、好评传播等交易行为特征。

能否选择恰当的细分变量取决于对于业务需求的认知程度。对于不同领域的客户细分问题，客户的"好坏"标准可能不同。随着业务的推进以及外部环境的动态变化，这个标准也可能会随时间发生变化。所以，确定客户细分变量应建立在明确当前业务需求的基础之上。细分变量的个数应适中，以能否覆盖业务需求为准，同时各细分变量之间不应有较强的相关性。

（2）客户细分方法、细分结果的评价和应用

机器学习实现客户细分的主要方法是聚类分析。有关聚类分析的原理和特点将在第 12 章和第 13 章详细介绍。

客户细分的结果是划分出多个客户群。在合理的客户群基础上制订有针对性的营销策略，才可能获得资源效益的最大化以及客户收益的最大化。客户群的划分是否合理，一方面依赖于细分变量的选择，另一方面也依赖于所运用的细分方法。细分方法的核心是数据建模，而数据建模通常带有"纯粹和机械"的色彩。尽管它给出的客户群划分具有数量角度上的合理性，但并不一定都是迎合业务需求的。所以，还需从业务角度评价细分结果的实际适用性。例如，各个客户群的主要特征是否具有业务上的可理解性；客户群所包含的人数是否足够大，是否足以收回相应的营销成本；客户群的营销方案是否具有实施上的便利性等。

1.3.3 机器学习在客户流失分析中的应用

客户流失是指客户终止与经营者的服务合同或转向其他经营者提供的服务。通常，客户流失有如下三种类型。

第一，企业内部的客户转移，即客户转移到本公司的其他业务上。例如，银行因增加新业务或调整费率等所引发客户的业务转移，如储蓄账户从活期存款转移至整存整取，理财账户从购买单一类信托产品转移到组合类信托产品等。企业内部的客户转移，就某个业务来看存在客户流失现象，可能对企业收入产生一定影响，但就企业整体而言客户并没有流失。

第二，客户被动流失，即经营者主动与客户终止服务关系。例如，金融服务商由于客户欺诈等行为而主动终止与客户的关系。

第三，客户主动流失，包括两种情况：一种情况是客户出于各种理由不再接受相关服务，另一种情况则是客户终止当前服务而选择其他经营者的服务。例如，手机用户从中国联通转到中国移动。通常客户主动流失的主要原因是客户认为当前经营者无法提供其所期望的价值服务，或是希望尝试其他经营者所提供的新业务。

机器学习的客户流失分析针对的是上述第三种类型，它以客户基本属性和历史消费行为数据为基础，重点围绕客户流失原因的分析以及流失的预测这两个目标进行数据建模。

（1）客户流失原因的分析

客户流失原因的分析，即找到与客户流失高度相关的因素。如哪些特征是导致客户流失的主

要特征，具有哪些属性值或消费行为的客户容易流失等。例如，抵押放款公司需了解具有哪些特征的客户，会因为竞争对手采用低息和较宽松条款而流失；保险公司需了解取消保单的客户通常有怎样的特征或行为。只有找到客户流失的原因，才可能依此评估流失客户对经营者的价值，分析诸如哪类流失客户会给企业收入造成严重影响，哪类会影响企业的业务拓展，哪类会给企业带来人际关系上的损失等。客户流失原因分析的核心目的是为制订客户保留方案提供依据。

机器学习的数据预测中的分类预测可以应用于客户流失原因的分析。分类预测的原理和特点等将在后续章节详细介绍。

（2）客户流失的预测

客户流失的预测有以下两个主要方面：

第一，预测现有客户中哪些客户流失的可能性较高，给出一个流失概率由高到低的排序列表。对所有客户实施保留的成本很高，只对高流失概率客户开展维系，将大大降低维系成本。对流失概率较高的客户，还需进一步关注其财务特征，分析可能导致其流失的主要原因是财务的还是非财务。通常非财务原因流失的客户是高价值客户，这类人群一般正常支付服务费用并对市场活动做出响应，是经营者真正需要保留的客户。给出流失概率列表的核心目的是为测算避免流失所付出的维系成本提供依据。

客户流失概率的研究也可通过机器学习中的数据预测建模实现。这些方法的原理和特点等将在后续章节详细介绍。

第二，预测客户可能在多长时间内流失。如果说上述第一方面是预测客户在怎样的情况下将流失，这里的分析是预测客户在什么时候将会流失。

统计学中的生存分析可有效解决上述问题。生存分析以客户流失时间为响应变量建模，以客户的人口统计学特征和行为特征为解释变量，计算每个客户的初始生存率。客户生存率会随时间和客户行为的变化而变化，当生存率达到一定的阈值后，客户就可能流失。

1.3.4 机器学习在营销响应分析中的应用

为发展新客户和推广新产品，企业经营者通常需要针对潜在客户开展有效的营销活动。在有效控制营销成本的前提下，了解哪些客户会对某种产品或服务宣传做出响应，是提高营销活动投资回报率的关键，也是营销响应分析的核心内容。

营销响应分析的首要目标是确定目标客户，即营销对象。对正确的目标客户进行营销是获得较高客户响应概率的前提。由于营销通常涉及发展新客户和推广新产品两个方面，所以营销响应分析中的关注点也略有差异。

（1）发展新客户

在发展新客户的过程中，可以根据现有客户的数据分析其属性特征。通常具有相同或类似属性特征的很可能是企业的潜在客户，应视为本次营销的目标客户。

（2）推广新产品

在推广新产品的过程中，若新产品是老产品的更新换代，或与老产品有较大相似，则可通过分析购买老产品的客户数据，发现他们的属性特征。通常可视这些现有客户为本次营销的目标客户，同时具有相同或类似属性特征的潜在客户也可视为本次营销的目标客户，他们很可能对新产品感兴趣。

若新产品是全新的，尚无可供参考的市场和营销数据，可首先依据经验和主观判断来确定目标客户的范围，并随机对其进行小规模的试验性营销。然后，依据所获得的营销数据，找到对营销做出响应的客户属性特征。具有相同或类似属性特征的现有客户和潜在客户，通常可视为本次营销的目标客户。

确定目标客户之后还需进一步确定恰当的营销活动。所谓恰当的营销活动主要是指恰当的营销时间、恰当的营销渠道和恰当的营销频率，它们与目标客户共同构成营销活动的四要素。对于不同特征的目标客户，优化营销渠道和事件触发点，实施有针对性的个性化营销，获得客户偏爱和营销成本的最优结合，可进一步提升营销响应率，取得更理想的投资回报率。

机器学习中的数据预测是营销响应分析的有效工具。这些方法的原理和特点等将在后续章节详细介绍。

1.3.5　机器学习在交叉销售中的应用

交叉销售是在分析客户属性特征以及历史消费行为的基础上，发现现有客户的多种需求，向客户销售多种相关产品或服务的营销方式。

例如，保险公司在了解投保人需求的基础上，尽可能为现有客户提供其本人以及家庭所需要的其他保险产品。如在为客户介绍某款意外险产品的同时，了解客户的其他保险需求并做推荐。比如了解其房产状况，介绍适合的家庭财险产品；了解其家庭成员情况，推荐少儿保险；了解客户的支付能力，推荐寿险产品，等等。在传统管理和营销模式下，这样的交叉销售会被视为一种销售渠道的拓展方式。例如，寿险公司以寿险业务发展成熟为前提条件，通过寿险渠道代理销售财险业务等。但这种认识正在被慢慢弱化。

交叉销售的深层意义在于主动创造更多的客户与企业接触的机会。一方面使企业有更多机会深入理解客户需求，提供更适时的个性化服务。另一方面加深客户对企业的信任和依赖程度，从而形成一种基于互动的、双赢的良性循环。交叉销售是提升客户的企业忠诚度，提高客户生命周期价值的重要手段，也是一种通过低成本运作（如研究表明交叉销售的成本远低于发展新客户的成本）提高企业利润的有效途径。

交叉销售一般包括产品交叉销售和客户细分交叉销售。

（1）产品交叉销售

产品交叉销售是指通过分析客户消费行为的共同规律，从产品相关性和消费连带性角度，发现最有可能捆绑在一起销售的产品和服务，通过推出迎合客户需求的产品和服务的组合销售方式来提升客户价值。产品交叉销售并不局限于对同次消费的产品绑定，还包括基于产品使用周期的对客户未来时间段消费的预判，并由此在恰当的时间点向客户提供相关产品和服务等。

（2）客户细分交叉销售

客户细分交叉销售是对产品交叉销售的拓展。不同特征客户群体的消费规律很可能是不同的。客户细分交叉销售强调在客户细分的基础上，依据客户的自身属性特征找到所属客户群的消费规律，并依此确定交叉销售产品或服务。这种交叉销售关注客户偏好，更有助于提升交叉销售的精准性和个性化程度。

目前，产品交叉销售和客户细分交叉销售较常见于电子商务的个性化推荐系统中。个性化推荐系统是一个高级商务智能平台，它根据性别、年龄、所在城市等客户属性特征和相应的消费规律（如最热卖的商品、高概率的连带销售商品等数据），适时地向不同客户推荐其最可能感兴趣的商品。个性化推荐系统不仅有效缩短了客户浏览和挑选商品所花费的时间，更重要的是通过个性化服务，创造了更多客户与企业接触的机会。

交叉销售的核心是发现关联性。

1.3.6 机器学习在欺诈甄别中的应用

新技术的发展给各行业的欺诈防御提出了新的挑战。由于高性能的欺诈诊断程序可以不间断地执行，因此在欺诈防御失效的第一时间准确甄别出欺诈行为，是有效应对信用卡欺诈、电信欺诈、计算机入侵、洗钱、医药和科学欺诈的重要手段。

欺诈甄别依据海量历史数据进行分析，涉及两种情况：第一，甄别历史上曾经出现过的欺诈行为。第二，甄别历史上尚未出现过的欺诈行为。

（1）甄别历史上曾经出现过的欺诈行为

历史上曾经出现过的欺诈行为在数据上表现为：带有明确的是否为欺诈的标签。例如，对已知的银行信用卡恶意透支行为，各账户上均有明确的变量取值，如 1 表示欺诈，0 表示正常。可借助机器学习的数据分类预测发现欺诈行为与账户特征之间的一般性规律，并为甄别某个账户是否存在较高的欺诈风险提供依据。

由于欺诈行为的账户特征通常会因防范措施的不断改进而变化，所以欺诈甄别的模型分析结论一般只能作为参考，是否确为欺诈还需要人工判断。为此，欺诈甄别的数据分类预测不仅要给出判断结果，还应给出一个欺诈风险评分。评分越高，欺诈的可能性越大。按风险评分从高到低的顺序给出最有可能出现欺诈行为的账户列表供行业专家判断。

（2）甄别历史上尚未出现过的欺诈行为

历史上尚未出现过的欺诈行为在数据上表现为：没有明确的是否为欺诈的标签。这种情况下，欺诈可定义为前面提及的模式，它具有其他众多数据所没有的某种局部的、非随机的、非常规的特殊结构或相关性。对此，通过数据聚类实现模式诊断是发现欺诈的主要方法，且还需给出相关的欺诈风险评分或概率。

依据排序的账户列表进行人工再甄别的成本通常是较高的。模型的错判损失（原本欺诈错判为正常的损失，原本正常错判为欺诈的损失，如因质疑清白账户而给客户关系带来的负面影响等）会因行业不同而有高有低。所以，对于上述两种情况，实际的欺诈甄别均需依据行业特点，核算甄别成本和成功甄别欺诈所能挽回的损失，找到两者的平衡点，并最终确定一个欺诈评分的最低分数线。高于该分数线的账户需人工再甄别。

【本章总结】

本章简要回顾了人工智能的发展历程，分析了机器学习是人工智能不断发展的必然产物。机器学习既是一种新的编程范式，同时也是一套完整的数据建模方法论。机器学习通过数据建模实现数据的预测和聚类，有着极为广阔的实际应用价值。本章最后列举了机器学习的主要行业应用。

【本章习题】

1. 请举例说明什么是数据集里的变量？这些变量有哪些类型？
2. 请举例说明什么是机器学习中的数据预测，并指出其中的输入变量和输出变量。
3. 请举例说明机器学习中数据聚类的目的是什么？它与数据的分类预测有着怎样的联系和不同？

第 2 章
Python 机器学习基础

Python 是机器学习应用实践中的首选工具。

从加深机器学习的理论理解和探索其应用实践的角度出发，有针对性地学习 Python 十分有必要。本章并没有采用常见的函数罗列的方式介绍 Python，而是以数据建模和分析过程为线索，通过专题性的代码示例和综合应用的形式，对机器学习实践中必备的 Python 基础知识进行提炼和总结。可以帮助读者快速入门 Python，并且能够有针对性地了解 Python 在机器学习中的应用。

2.1 Python：机器学习的首选工具

Python 是一款面向对象[○]的解释型计算机语言。开源、代码可读性强，可实现高效开发等是 Python 的重要特征。

计算机语言是通过编程方式开发各种计算机应用的系统软件工具。自 1991 年吉多·范罗苏姆（Guido van Rossum）开发的 Python 第一版问世以来，其功能不断完善，性能不断提高，Python 2、Python 3 系列版本不断推陈出新，Python 已发展成为当今主流的计算机语言之一，尤其在机器学习领域独占鳌头，成为机器学习实践的首选。

Python 的官方免费下载地址为 https://www.python.org/。目前 Windows 环境的最新版本为 Python3.8.0。可选择"windows x86-64 executable installer"项，下载安装程序"Python-3.8.0-amd64.exe"完成 Python 基本环境的搭建。

Python 是一款面向对象、跨平台、开源的计算机语言，Python 在机器学习领域获得广泛使用的原因表现在以下几个方面。

（1）简明易用，严谨专业

Python 语言简明而严谨，易用而专业，其说明文档规范，代码范例丰富，便于开发者学习使用。

○ 简单讲，面向对象的程序设计（Object Oriented Programming，OOP）是相对面向过程的程序设计而言的。为提高代码开发效率和代码的重用性，加强程序调试的便利性和整个程序系统的稳定性，OOP 不再像面向过程的程序设计那样，将各处理过程以主程序或函数的形式"平铺"在一起。而是采用"封装"的思想，将具有一定独立性和通用性的处理过程和变量（数据），封装在"对象"中。其中：变量称为对象的"属性"，变量值对应属性值（有具体变量值的对象称为"对象实例"）；处理过程称为对象的"方法"。进一步，多个具有内在联系的对象可进一步封装在"类"中。

18

长期以来，Python 语言创发团队始终将程序开发效率优先于代码运行效率，将程序应用的横向扩展优先于代码执行的纵向挖潜，将程序简明一致性优先于特别技巧的使用，并打通与相关语言的接口，这些形成了 Python 语言的独特优势。

在机器学习领域，Python 丰富的数据组织形式（如元组、集合、序列、列表、字典、数据框等）和强大的数据处理函数库，使得机器学习开发者可以将主要精力用于考虑解决问题的方法，而不必过多考虑程序实现的细枝末节。

（2）良好的开发社区生态

研究并完成一个机器学习任务一般需要相关领域的专业人员、算法模型开发人员、数据统计分析人员、程序开发人员和数据管理人员等的合作配合。Python 开发社区通过网络将这些人员及其项目、程序、数据集、工具、文档和成果等资源有效地整合起来，从而将 Python 机器学习打造成为一个全球化的生态系统，集思广益，实现了更广泛的交流、讨论、评估和共享，从而极大提高了 Python 语言的开发水平、开发效率和普及程度。

（3）丰富的第三方程序包

Python 拥有庞大而活跃的第三方程序包，尤其是 NumPy、Pandas、SciPy、Matplotlib、Scikit-learn 等第三方包在数据组织、科学计算、可视化、机器学习等方面有着极为成熟、丰富和卓越的表现。需特别指出的是：在 NumPy 和 SciPy 基础上开发的 Scikit-learn，是专门面向机器学习的 Python 第三方包，可支持数据预处理、数据降维、数据的分类和回归建模、聚类、模型评价和选择等各种机器学习建模应用。Scikit-learn 中的各类算法均得到了广泛使用和验证，具有极高的权威性。依托和引用这些程序包，用户能够方便而快速地完成绝大多数机器学习任务。

2.2　Python 的集成开发环境：Anaconda

第三方程序包的管理是 Python 应用中重要而烦琐的任务。拥有一个方便包管理，并同时集程序编辑器、编译器、调试器以及图形化用户界面等工具为一体的集成开发环境（Integrated Development Environment，IDE）是极为必要的。Anaconda 就是一种被广泛应用于 Python 程序开发的 IDE。

本节将围绕 Anaconda 就如下方面进行介绍：

- 了解 Anaconda 的各组件以及与 Python 的关系。目的是在了解 Python 传统环境的基础上，掌握基于 Anaconda 中的 Jupyter Notebook。
- 掌握 Python 第三方包的基本引用方法。学会和掌握 Python 第三方包的使用。
- 了解并掌握 Numpy、Pandas 和 Matplotlib 三个包的基本使用。本章将通过示例代码和综合应用的方式，介绍 Numpy、Pandas 和 Matplotlib 在数据建模和分析中的基本功能。

2.2.1　Anaconda 的简介

在众多 IDE 中，Anaconda 是一款兼容 Linux、Windows 和 macOS X.环境、支持 Python 2 系列和 Python 3 系列的、且可方便快捷完成机器学习和数据科学任务的开源 IDE。通常将 Anaconda 视为 Python 的发行版 Anaconda®。

Anaconda 通过内置的 conda（包管理工具，是一个可执行命令）实现包和环境的管理。Anaconda 内嵌了 1500 多个第三方机器学习和数据科学程序包，可支持绝大部分的机器学习任务，同时还可通过 TensorFlow 和 Theano 实现深度学习。Anaconda 已拥有全球超过 1500 万的用户，成为 Python 机器学习的标准 IDE 工具和最受欢迎的 Python 数据科学研究平台。

Anaconda 的官方下载地址为 https://www.anaconda.com/ 。

本书选择下载支持 Python 3.7 的 Anaconda 2019.10 for Windows 版本，如图 2.1 所示。下载文件名为 Anaconda3-2019.10-Windows-x86_64.exe。此外，https://docs.anaconda.com/anaconda/user-guide/getting-started/还提供了 Anaconda 的整套使用说明文档。

按默认选项成功安装 Anaconda 之后，在 Windows "开始"菜单中可看到如图 2.2 所示窗口。

图 2.1　Anaconda 下载窗口　　　　图 2.2　Anaconda 成功安装

如图所示，Anaconda 主要包括 Anaconda Prompt、Anaconda Navigator、Spyder 和 Jupyter Notebook 等组成部分，分别服务于 Python 集成开发环境的配置和管理，Python 程序的编写、调试和运行等。

2.2.2　Anaconda Prompt 的使用

鼠标双击图 2.2 中的 Anaconda Prompt，将出现 Windows 命令行窗口。

1. 进入 Python

在命令行提示符>后输入 python 即可启动 Python。>>>是 Python 成功启动的标志，也称为 Python 提示符，所有 Python 语句需在>>>输入。

例如，输入：print("Hello Python!")，结果如图 2.3 所示。

图 2.3　Python 环境示意图

按〈CTRL+Z〉组合键或在>>>后输入 exit( )可退出 Python。

2．配置环境

在如图 2.3 所示的命令行提示符>后面简单输入若干命令，就可完成对 Python 第三方包和环境的配置管理。例如：

● >conda list，可查看 Anaconda 自带的所有内容，如图 2.4 所示。

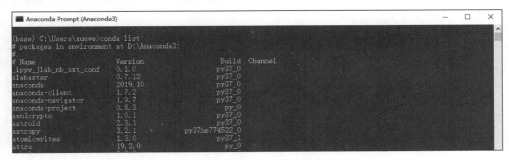

图 2.4　查看 Anaconda 自带的所有内容

● >conda --version，可查看 conda 的版本。

除此之外，还可以安装、查看、更新、删除指定包。创建和激活指定名称的其他版本的 Python 环境等。例如：

● >conda create --name MyPython python=3.4，创建一个名为 MyPython 的环境，指定 Python 版本为 3.4（conda 会自动寻找 3.4 中的最新版本）。

● >activate MyPython，激活某个指定环境。

● >conda info -e，查看已安装的环境以及当前被激活的环境（显示在圆括号内）。

3．配置环境的图形化界面

图 2.2 中的 Anaconda Navigator 其实是 Anaconda Prompt 的图形化用户界面。如图 2.5 所示。

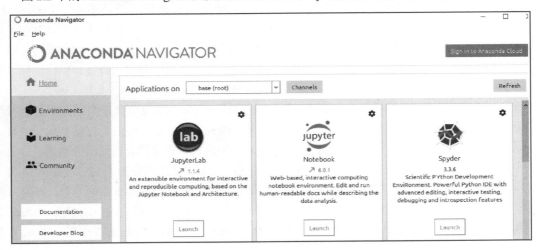

图 2.5　Anaconda Navigator 窗口

用户可通过图形化的显示和鼠标操作启动应用程序并轻松管理包和环境等。Anaconda Navigator 可在 Anaconda Cloud 或本地的 Anaconda 中搜索包。

2.2.3　Spyder 的使用

Spyder 是 Anaconda 内置的 Python 程序集成开发环境。如图 2.6 所示。

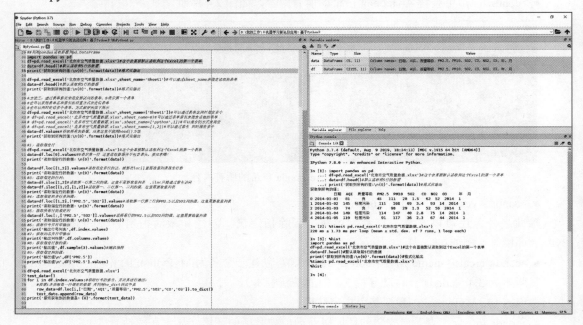

图 2.6　Spyder 界面示意图

Spyder 的界面由多个窗口构成，用户可以根据自己的喜好调整它们的位置和大小。例如，图 2.6 中左侧为编写程序（Python 程序的扩展名为.py）的区域，它提供了语法着色、语法检查、〈Tab〉键自动补全（例如，输入某对象名字和英文圆点.并按〈Tab〉键，会自动列出该对象的所有方法和属性供选择以补全后续代码；输入前若干个字符并按〈Tab〉键，会自动列出与所输入字符相匹配的对象和函数等）、运行调试、智能感知（按〈Ctrl〉键后呈现超链接，鼠标选择后给出全部相关内容）等便利功能。右上侧为显示数据对象和帮助文档的区域。

右下侧为 IPython 控制台。其中，IPython console 选项卡中不仅可显示左侧程序的运行结果，也可以是个 IPython 的命令行窗口，可直接在其中输入代码并按〈Enter〉键得到执行结果。IPython 是一个 Python 的交互式环境，在 Python 的基础上内置了许多很有用的功能和函数。

例如，能对命令提示符的每一行进行编号；具有〈Tab〉键代码补全功能；提供对象内省（在对象前或后加上问号？，可显示有关该对象的相关信息；在函数后加上双问号??，可显示函数的源代码）；提供各种宏命令（宏命令以%开头。如%timeit 显示运行指定函数的时间；%hist 显示已输入的历史代码等；IPython 中所有文档都可通过%run 命令当作 Python 程序运行）。此外，Histroy log 选项卡也会显示控制台中的历史代码。

2.2.4　Jupyter Notebook 的使用

Jupyter Notebook 是一个基于网页的交互式文本编辑器，是对唐纳德·克努特（Donald Knuth）在 1984 年提出的文字表达化编程形式的具体体现，如图 2.7 所示。

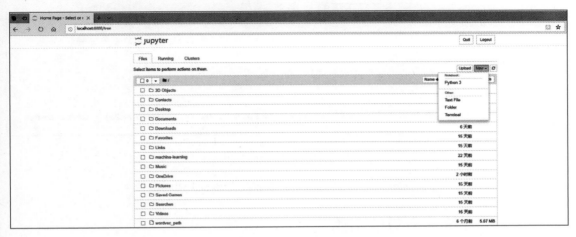

图 2.7　Jupyter Notebook 用户界面

Jupyter Notebook 的前身是 IPython Notebook，其主要特点是支持在程序代码中直接添加程序说明文档，而不必另外单独撰写。Jupyter Notebook 本质上是一个 Web 应用程序，可实现程序开发（编程时具有语法高亮、缩进、〈Tab〉键代码补全功能）和代码执行（支持 Python 等多种编程语言，以及扩展名为.ipynb 的 JSON 格式文件⊖），运行结果和可视化图形展示（直接显示在代码块下方），文字和丰富格式文本（包括 Latex 格式数学公式、Markdown⊜语法格式文本、超链接等多种元素）编辑和输出等，有助于呈现和共享可再现的研究过程和成果。

图 2.7 显示的是默认目录（C 盘"用户"下的目录）下的文件夹和文件名列表。

Jupyter Notebook 一般从默认端口启动并通过浏览器链入。浏览器地址栏的默认地址为 http://localhost:8888。其中，localhost 为域名，这里指代本机（IP 地址为 127.0.0.1），8888 是端口号。同时，在弹出的黑色命令行窗口中会实时显示本地的服务请求和工作日志等信息，使用 Jupyter Notebook 过程中不要关闭该窗口。

Jupyter Notebook 使用简单，这里仅给出用它编写一个 Python 程序的操作示例。

首先，鼠标单击图 2.7 右上的菜单项 New，在下拉菜单中选择 Python 3，新建默认文件名为 Untitle1.ipynb 的 Python 程序。在图 2.8 所示窗口的第一行单元格（默认类型为"代码"）中输入程序代码并运行该单元格。在第二行单元格中输入代码说明文档［该单元格的类型应指定为"标记"（markdown）］。

⊖　JSON 格式（JavaScript Object Notation）是一种独立于编程语言的文本格式，简洁而清晰的层次结构使得 JSON 成为目前最为理想的通用数据交换格式。

⊜　Markdown 是一种纯文本格式的标记语言。通过简单的标记语法，可以使普通文本内容具有一定的格式。

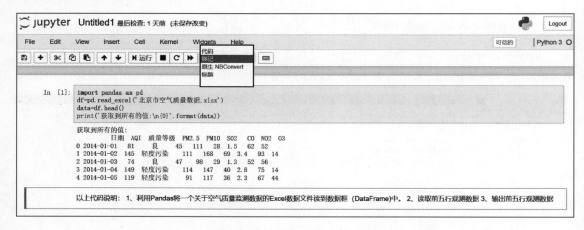

图 2.8　Jupyter Notebook 使用示例

为便于阅读，后续本书将采用 Jupyter Notebook 编写并执行 Python3 程序。

2.3　Python 第三方包的引用

Python 在机器学习领域得到广泛使用的重要原因之一是它拥有庞大而活跃的第三方程序包。依托和引用这些程序包，用户能够方便快速完成绝大多数机器学习任务。

第三方包以模块（Module，文件扩展名为.py）方式，将可以实现各种功能的程序代码（变量、函数）"打包"在一起。

引用第三方包中的模块的基本函数是 import 函数。之后，用户可在自己编写的 Python 程序中直接调用已导入模块中的函数，通过代码重用（重复使用）的方式快速实现某种特定功能。

模块导入的一般语法格式如下。

- import 模块名：导入指定模块。
- from 模块名 import 函数名：导入指定模块中的指定函数。
- from 模块名 import 函数名 1,函数名 2,…：导入指定模块中的若干个指定函数。
- from 模型名 import *：导入指定模块中的所有函数。

以上语句的最后可增加：as 别名。例如：import numpy as np，表示导入 numpy 并指定别名为 np。指定别名可以有效避免不同模块有相同函数名的问题。

NumPy、Pandas、SciPy、Matplotlib、Scikit-learn 等第三方包在数据组织、科学计算、可视化、机器学习等方面有着极为成熟、丰富和卓越的表现。本章后续将以示例代码和综合应用的形式，对 Python 机器学习中最常用的 NumPy、Pandas、Matplotlib 包做必要介绍。

2.4　NumPy 使用示例

NumPy 是 Numerical Python 的简称，是最常用的 Python 包之一。其主要特点如下：

NumPy 以 N 维（$N=1$或2 是比较常见的）数组对象（ndarray）形式组织数据集，而且要求数据集中各变量的类型相同。NumPy 的一维数组对应向量，二维数组对应矩阵。数据访问方式简单灵活，仅需通过指定位置编号（也称索引，从 0 开始编号）就可访问相应行列位置上的元素。

NumPy 拥有丰富的数学运算和统计函数，能够方便地进行基本统计分析和各种矩阵运算等。

以下通过示例代码（文件名：chapter2-1.ipynb）对 NumPy 的使用进行介绍。

2.4.1　NumPy 数组的创建和访问

NumPy 以 N 维（$N=1$ 或 2 是比较常见的）数组对象（ndarray）形式组织数据集。一般可采用将 Python 列表转换为 NumPy 数组的方式创建 NumPy 数组。

1. 创建和访问 NumPy 的一维数组和二维数组

这里将首先给出建立和访问 NumPy 一维数组的示例。然后，给出 NumPy 二维数组的建立和访问途径。应重点关注 NumPy 数组下标的使用方法。

```
1  import numpy as np
2  data=np.array([1, 2, 3, 4, 5, 6, 7, 8, 9])
3  print('Numpy的1维数组:\n{0}'.format(data))
4  print('数据类型:%s'%data.dtype)
5  print('1维数组中各元素扩大10倍:\n{0}'.format(data*10))
6  print('访问第2个元素: {0}'.format(data[1]))
7  data=np.array([[1, 3, 5, 7, 9], [2, 4, 6, 8, 10]])
8  print('Numpy的2维数组:\n{0}'.format(data))
9  print('访问2维数组中第1行第2列元素: {0}'.format(data[0, 1]))
10 print('访问2维数组中第1行第2至4列元素: {0}'.format(data[0, 1:4]))
11 print('访问2维数组中第1行上的所有元素: {0}'.format(data[0, :]))
```

```
Numpy的1维数组:
[1 2 3 4 5 6 7 8 9]
数据类型:int32
1维数组中各元素扩大10倍:
[10 20 30 40 50 60 70 80 90]
访问第2个元素: 2
Numpy的2维数组:
[[ 1  3  5  7  9]
 [ 2  4  6  8 10]]
访问2维数组中第1行第2列元素: 3
访问2维数组中第1行第2至4列元素: [3 5 7]
访问2维数组中第1行上的所有元素: [1 3 5 7 9]
```

以上方框内为程序代码，方框下方为代码执行结果。

【代码说明】

1）第 1 行：导入 NumPy 模块，并指定别名为 np。

2）第 2 行：创建一个 NumPy 的一维数组。

数组中的数据元素来自 Python 的列表（list）。Python 列表通过方括号[]和逗号将各数据元素组织在一起，这也是 Python 组织数据的最常见方式。np.array 可将列表转换为 NumPy 的 N 维数组。

3）第 3、4 行：显示数组内容和数组元素的数据类型。

.dtype 是 NumPy 数组的属性之一，用于存储数组元素的数据类型。int32 是 Python 的数据类型之一，表示包含符号位在内的 32 位整型数。还有 int64、float32、float64 等 64 位整型数、标准 32 位单精度浮点数、标准 64 位双精度浮点数，等等。

4）第 5 行：将数组中的每个元素均扩大 10 倍。

NumPy 的数据计算非常方便，只需通过 +、−、*、/ 等算术运算符就可完成对数组元素的统一批量计算，或多个数组中相同位置上元素的计算。

5）第 6 行：通过指定位置编号（也称索引，从 0 开始编号）访问相应行位置上的元素。索引需放置在数组名后的方括号内。

6）第 7 行：创建一个 NumPy 的二维数组，数组形状为 2 行 5 列。数组元素同样来自 Python 的列表。

7）第 9 至 11 行：通过索引访问相应行列位置上的元素。对于二维数组，需给出两个索引，以逗号分隔并放置在方括号内。第 1 个索引指定行，第 2 个索引指定列。可通过冒号"："指定索引范围。

2．NumPy 数组的数据来源：Python 列表

列表是 Python 非常重要的数据组织形式，也是 NumPy 数组数组的重要来源。以下代码创建列表并将其转换为 NumPy 数组。这里，应重点关注列表和数组的异同，即列表中元素的数据类型可以不同，但 NumPy 数组中的元素必须有相同的数据类型。

```
1  data=[[1,2,3,4,5,6,7,8,9],['A','B','C','D','E','F','G','H','I']]
2  print('data是Python的列表(list):\n{0}'.format(data))
3  MyArray1=np.array(data)
4  print('MyArray1是Numpy的N维数组:\n%s\nMyarray1的形状:%s'%(MyArray1,MyArray1.shape))
```

```
data是Python的列表(list):
[[1, 2, 3, 4, 5, 6, 7, 8, 9], ['A', 'B', 'C', 'D', 'E', 'F', 'G', 'H', 'I']]
MyArray1是Numpy的N维数组:
[['1' '2' '3' '4' '5' '6' '7' '8' '9']
 ['A' 'B' 'C' 'D' 'E' 'F' 'G' 'H' 'I']]
Myarray1的形状:(2, 9)
```

【代码说明】

1）第 1 行：创建名为 data 的二维 Python 列表。

可简单地将二维列表与一个平面二维表格相对应。表中各元素的数据类型可以不同（例如本例中的 1，2，3…为数值型，而'A','B','C'…则为字符型）。每行的列数可以不同。

2）第 3 行：将列表转成 NumPy 数组。

通过 np.array 将列表转成数组时，因数组要求数据类型一致，所以这里自动将数值型转换为字符型。

3）第 4 行：显示数组内容和数组形状。

.shape 是 NumPy 数组对象的属性（见本章相关函数列表）之一，用于存储数组的行数和列数。

2.4.2　NumPy 的计算功能

从数据建模和分析角度看，NumPy 数组建立好后的重要工作，是对数据进行必要的整理和加工计算。包括计算基本描述统计量，加工生成新变量等。此外，还会涉及矩阵运算。

1．NumPy 数组的计算

这里将介绍如何对 NumPy 数组中的数据计算其基本描述统计量，以及如何在现有数据基础上加工生成新变量。

```
1   MyArray2=np.arange(10)
2   print('MyArray2:\n{0}'.format(MyArray2))
3   print('MyArray2的基本描述统计量:\n均值: %f, 标准差: %f, 总和: %f, 最大值: %f'%(MyArray2.mean(),MyArray2.std(),MyArray2.sum(),MyArray2.max
4   print('MyArray2的累计和: {0}'.format(MyArray2.cumsum()))
5   print('MyArray2开平方:{0}'.format(np.sqrt(MyArray2)))
6   np.random.seed(123)
7   MyArray3=np.random.randn(10)
8   print('MyArray3:\n{0}'.format(MyArray3))
9   print('MyArray3排序结果:\n{0}'.format(np.sort(MyArray3)))
10  print('MyArray3四舍五入到最近整数:\n{0}'.format(np.rint(MyArray3)))
11  print('MyArray3各元素的正负号:{0}'.format(np.sign(MyArray3)))
12  print('MyArray3各元素非负数的显示"正",负数显示"负":\n{0}'.format(np.where(MyArray3>0,'正','负')))
13  print('MyArray2+MyArray3的结果:\n{0}'.format(MyArray2+MyArray3))
```

```
MyArray2:
[0 1 2 3 4 5 6 7 8 9]
MyArray2的基本描述统计量:
均值: 4.500000, 标准差: 2.872281, 总和: 45.000000, 最大值: 9.000000
MyArray2的累计和: [ 0  1  3  6 10 15 21 28 36 45]
MyArray2开平方:[0.         1.         1.41421356 1.73205081 2.         2.23606798
 2.44948974 2.64575131 2.82842712 3.        ]
MyArray3:
[-1.0856306   0.99734545  0.2829785  -1.50629471 -0.57860025  1.65143654
 -2.42667924 -0.42891263  1.26593626 -0.8667404 ]
MyArray3排序结果:
[-2.42667924 -1.50629471 -1.0856306  -0.8667404  -0.57860025 -0.42891263
  0.2829785   0.99734545  1.26593626  1.65143654]
MyArray3四舍五入到最近整数:
[-1.  1.  0. -2. -1.  2. -2. -0.  1. -1.]
MyArray3各元素的正负号:[-1.  1.  1. -1. -1.  1. -1. -1.  1. -1.]
MyArray3各元素非负数的显示"正",负数显示"负":
['负' '正' '正' '负' '负' '正' '负' '负' '正' '负']
MyArray2+MyArray3的结果:
[-1.0856306   1.99734545  2.2829785   1.49370529  3.42139975  6.65143654
  3.57332076  6.57108737  9.26593626  8.1332596 ]
```

【代码说明】

1）第 1 行：生成数组元素是 0 至 9 的一维数组，共包含 10 个元素。

np.arange 是 NumPy 中最常用函数之一，用于生成在指定范围内取值的一维数组。

2）第 3 行：对数组元素计算其基本描述统计量。

例如：.mean()、.std()、.sum()、.max()均是数组对象的方法（见本章的相关函数列表），分别表示计算数组元素的均值、标准差、总和、最大值。

3）第 4 行：利用数组方法.cumsum()计算数组元素的当前累计和。

4）第 5 行：利用 NumPy 函数 sqrt()对数组元素开平方。

除此之外，还可以对数组元素计算对数、指数、三角函数等。

5）第 6 行：利用 NumPy 函数 seed()指定随机数种子。

指定种子的目的是确保每次运行代码时生成的随机数可以再现。否则，每次运行代码生成的随机数会不相同。

6）第 7 行：利用 NumPy 函数 random.randn()生成包含 10 个元素且服从标准正态分布的一维数组。

7）第 9 行：利用 NumPy 函数 sort()对数组元素排序，排序结果并不覆盖原数组内容。

8）第 10 行：利用 NumPy 函数 rint()对数组元素做四舍五入。

9）第 11 行：利用 NumPy 函数 sign()求数组元素的正负符号。1 表示正号，–1 表示负号。

10）第 12 行：利用 NumPy 函数 where()依次对数组元素进行逻辑判断。

where()需指定判断条件（如 > 0），满足条件的返回第一个值（如'正'），否则返回第二个值（如'负'）。若省略第 2 和第 3 个参数，例如：where(Myarray3>0)将给出满足条件的元素索引号。

11）第 13 行：将两个数组相同位置上的元素相加。

2．创建矩阵和矩阵乘法

创建矩阵和矩阵乘法是机器学习数据建模过程中较为常见的运算。这里给出了相关示例代码。

```
1  np.random.seed(123)
2  X=np.floor(np.random.normal(5,1,(2,5)))
3  Y=np.eye(5)
4  print('X:\n{0}'.format(X))
5  print('Y:\n{0}'.format(Y))
6  print('X和Y的点积：\n{0}'.format(np.dot(X,Y)))
```

```
X:
[[3. 5. 5. 3. 4.]
 [6. 2. 4. 6. 4.]]
Y:
[[1. 0. 0. 0. 0.]
 [0. 1. 0. 0. 0.]
 [0. 0. 1. 0. 0.]
 [0. 0. 0. 1. 0.]
 [0. 0. 0. 0. 1.]]
X和Y的点积：
[[3. 5. 5. 3. 4.]
 [6. 2. 4. 6. 4.]]
```

【代码说明】

1）第 2 行：得到一个二维数组 X（其本质是个矩阵）。首先，利用 NumPy 的 random.normal()函数生成 2 行 5 列的二维数组，数组元素服从均值为 5、标准差为 1 的正态分布。然后，利用 floor 函数得到距各数组元素最近的最大整数。

2）第 3 行：利用 eye()函数生成一个 5 行 5 列的单位矩阵 Y。

3）第 6 行：利用 dot()函数计算矩阵 X 和矩阵 Y（单位矩阵）的矩阵乘积，从而得到 2 行 5 列的矩阵。

3．矩阵运算初步

除矩阵乘法之外，数据建模中还有一些较为重要的矩阵运算。如求矩阵的逆、特征值和特征向量以及奇异值分解等，如以下示例代码所示。

```
1  from numpy.linalg import inv,svd,eig,det
2  X=np.random.randn(5,5)
3  print(X)
4  mat=X.T.dot(X)
5  print(mat)
6  print('矩阵mat的逆：\n{0}'.format(inv(mat)))
7  print('矩阵mat的行列式值：\n{0}'.format(det(mat)))
8  print('矩阵mat的特征值和特征向量：\n{0}'.format(eig(mat)))
9  print('对矩阵mat做奇异值分解：\n{0}'.format(svd(mat)))
```

因代码执行结果较多，此处略去。

【代码说明】

1）第 1 行：导入 NumPy 的 linalg 模块中有关矩阵运算的函数。

2）第 2 行：生成 5 行 5 列的二维数组 X（可视为一个矩阵），数组元素服从标准正态分布。

3）第 4 行：X.T 是求 X 的转置，.dot(x)表示转置后的结果与 X 相乘，并将最终结果保存在 mat（二维数据即矩阵）中。

4）第 6 至 9 行：NumPy 可方便地计算出矩阵的逆（inv）、行列式值（det）、特征值和对应的特征向量（eig）以及对矩阵进行奇异值分解（svd）等。

2.5　Pandas 使用示例

Pandas 是 Python data analysis 的简写。

Pandas 提供了能够快速而便捷地处理结构化数据的数据结构和大量功能丰富的函数，使 Python 拥有强大而高效的数据处理和分析环境。目前，Pandas 已广泛应用于统计、金融、经济学、数据分析等众多领域，成为数据科学中重要的 Python 库。Pandas 的主要特点如下：

1）Pandas 是基于 NumPy 构建的。Pandas 在 NumPy 的 N 维数组的基础上，增加了用户自定义索引，构建了一套特色鲜明的数据组织方式。其中，序列（Series）对应一维数组，数据类型可以是整型数、浮点数、字符串、布尔型等；数据框（DataFrame）对应二维表格型数据结构，可视为多个序列的集合（因此也称数据框为序列的容器）。其中各元素的数据类型可以相同也可以不同。

2）Pandas 数据框是存储机器学习数据集的常用形式。Pandas 数据框的行对应数据集中的样本观测，列对应变量，根据实际问题，各变量的存储类型可以相同也可以不同。Pandas 对数据框的访问方式与 NumPy 类似，但因其具备复杂而精细的索引，因而通过索引能够更方便地实现数据子集的选取和访问等。此外，Pandas 提供了丰富的函数和方法，能够便捷地完成数据的预处理、加工和基本分析。

以下通过示例代码（文件名：chapter2-2.ipynb）对 Pandas 的基础知识及数据加工处理进行介绍。

2.5.1　Pandas 的序列和索引

序列是 Pandas 组织数据的常见方式，其中索引是访问序列的关键，示例代码如下所示。

```
1  import numpy as np
2  import pandas as pd
3  from pandas import Series,DataFrame
4  data=Series([1,2,3,4,5,6,7,8,9],index=['ID1','ID2','ID3','ID4','ID5','ID6','ID7','ID8','ID9'])
5  print('序列中的值:\n{0}'.format(data.values))
6  print('序列中的索引:\n{0}'.format(data.index))
7  print('访问序列的第1和第3上的值:\n{0}'.format(data[[0,2]]))
8  print('访问序列索引为ID1和ID3上的值:\n{0}'.format(data[['ID1','ID3']]))
9  print('判断ID1索引是否存在:%s；判断ID10索引是否存在:%s'%('ID1' in data,'ID10' in data))
```

```
序列中的值:
[1 2 3 4 5 6 7 8 9]
序列中的索引:
Index(['ID1','ID2','ID3','ID4','ID5','ID6','ID7','ID8','ID9'], dtype='object')
访问序列的第1和第3上的值:
ID1    1
ID3    3
dtype: int64
访问序列索引为ID1和ID3上的值:
ID1    1
ID3    3
dtype: int64
判断ID1索引是否存在:True；判断ID10索引是否存在:False
```

【代码说明】

1）第 2、3 行：导入 Pandas 且指定别名为 pd；导入 pandas 模块中的序列和数据框。

2）第 4 行：利用 Pandas 的函数 Series( )生成一个包含 9 个元素（取值为 1 至 9）的序列，且指定各元素的索引名依次为 ID1、ID2 等。后续可通过索引访问相应元素。

3）第 5 行：序列的.values 属性中存储着各元素的元素值。

4）第 6 行：序列的.index 属性中存储着各元素的索引。

5）第 7 行：利用索引号（从 0 开始）访问指定元素。应以列表形式（如[0,2]）指定多个索引号。

6）第 8 行：利用索引名访问指定元素。索引名应用单引号括起来，并以列表形式（如['ID1','ID3']）指定多个索引名。

7）第 9 行：利用 Python 运算符 in，判断是否存在某个索引名。若存在，则判断结果为 True（真），否则为 False（假）。True 和 False 是 Python 的布尔型变量仅有的两个取值。

2.5.2　Pandas 的数据框

数据框是 Pandas 另一种重要的数据组织方式，尤其适合组织二维表格式的数据，且在数据访问方面优势明显。以下给出相关示例。

```
1    import pandas as pd
2    from pandas import Series,DataFrame
3    data=pd.read_excel('北京市空气质量数据.xlsx')
4    print('date的类型：{0}'.format(type(data)))
5    print('数据框的行索引：{0}'.format(data.index))
6    print('数据框的列名：{0}'.format(data.columns))
7    print('访问AQI和PM2.5所有值：\n{0}'.format(data[['AQI','PM2.5']]))
8    print('访问第2至3行的AQI和PM2.5：\n{0}'.format(data.loc[1:2,['AQI','PM2.5']]))
9    print('访问索引1至索引2的第2和4列：\n{0}'.format(data.iloc[1:3,[1,3]]))
10   data.info()
```

```
date的类型：<class 'pandas.core.frame.DataFrame'>
数据框的行索引：RangeIndex(start=0, stop=2155, step=1)
数据框的列名：Index(['日期', 'AQI', '质量等级', 'PM2.5', 'PM10', 'SO2', 'CO', 'NO2', 'O3'], dtype='object')
访问AQI和PM2.5所有值：
     AQI  PM2.5
0    81      45
1   145     111
2    74      47
3   149     114
4   119      91
```

注意：因代码执行结果较多，以上仅给出部分结果。

【代码说明】

1）第 3 行：利用 Pandas 函数 read_excel( )将一个 Excel 文件（这里为"北京市空气质量数据.xlsx"）读入到数据框中。

2）第 4 行：利用 Python 函数 type( )浏览对象 data 的类型，结果显示为数据框。

3）第 5、6 行：数据框的.index 和.columns 属性中存储着数据框的行索引和列索引名。这里，行索引默认取值：0 至样本量 $N-1$，列索引名默认为数据文件中第一行的变量名。

4）第 7 行：利用列索引名访问指定变量。多个列索引名应以列表形式放在方括号中（如['AQI','PM2.5']）。

5）第 8 行：利用数据框的.loc 属性访问指定行索引和变量名上的元素。

注意：数据框对应二维表格，应给出两个索引。

6）第 9 行：利用数据框的.iloc 属性访问指定行索引和列索引号上的元素。

注意：使用行索引时冒号 ":" 后的行不包括在内。

7）第 10 行：利用数据框的 info( )方法显示数据框的行索引、列索引以及数据类型等信息。

2.5.3　Pandas 的数据加工处理

Pandas 拥有强大的数据加工处理能力。以下将通过示例展示 Pandas 的数据集合并、缺失值诊断和插补功能。

```
1  import numpy as np
2  import pandas as pd
3  from pandas import Series,DataFrame
4  df1=DataFrame({'key':['a','d','c','a','b','d','c'],'var1':range(7)})
5  df2=DataFrame({'key':['a','b','c','c'],'var2':[0,1,2,2]})
6  df=pd.merge(df1,df2,on='key',how='outer')
7  df.iloc[0,2]=np.NaN
8  df.iloc[5,1]=np.NaN
9  print('合并后的数据:\n{0}'.format(df))
10 df=df.drop_duplicates()
11 print('删除重复数据行后的数据:\n{0}'.format(df))
12 print('判断是否为缺失值:\n{0}'.format(df.isnull()))
13 print('判断是否不为缺失值:\n{0}'.format(df.notnull()))
14 print('删除缺失值后的数据:\n{0}'.format(df.dropna()))
15 fill_value=df[['var1','var2']].apply(lambda x:x.mean())
16 print('以均值替换缺失值:\n{0}'.format(df.fillna(fill_value)))
```

```
合并后的数据:                删除重复数据行后的数据:          判断是否为缺失值:                判断是否不为缺失值:              删除缺失值后的数据:          以均值替换缺失值:
  key var1 var2             key var1 var2            key   var1   var2          key   var1  var2            key var1 var2         key var1 var2
0  a  0.0  NaN           0  a  0.0  NaN         0 False False  True       0  True  True False       1  a  3.0  0.0       0  a  0.0  1.4
1  a  3.0  0.0           1  a  3.0  0.0         1 False False False       1  True  True  True       4  c  2.0  2.0       1  a  3.0  0.0
2  d  1.0  NaN           2  d  1.0  NaN         2 False False  True       2  True  True False       6  c  6.0  2.0       2  d  1.0  1.4
3  d  5.0  NaN           3  d  5.0  NaN         3 False False  True       3  True  True False       8  b  4.0  1.0       3  d  5.0  1.4
4  c  2.0  2.0           4  c  2.0  2.0         4 False False False       4  True  True  True                          4  c  2.0  2.0
5  c  NaN  2.0           5  c  NaN  2.0         5 False  True False       5  True False  True                          5  c  3.0  2.0
6  c  6.0  2.0           6  c  6.0  2.0         6 False False False       6  True  True  True                          6  c  6.0  2.0
7  c  6.0  2.0           8  b  4.0  1.0         8 False False False       8  True  True  True                          8  b  4.0  1.0
8  b  4.0  1.0
```

【代码说明】

1）第 4、5 行：基于 Python 字典建立数据框。

数据框中的数据不仅可以来自 Python 列表，也可以来自 Python 字典。字典也是 Python 组织数据的重要方式之一，其优势在于引入键，并通过键更加灵活地访问数据。字典由 "键"（key）和 "值"（value）两部分组成，"键" 和 "值" 一一对应。语法上以大括号{}形式表述。

例如，第 4 行的大括号即为字典，包括 key 和 var1 两个键，两组键值分别为'a','b','c','d'和 0 至 6 [Python 函数 range( )也可用来生成指定范围内的数据]。从数据集的组织角度看，key 和 var1 两个键分别对应两个变量，即数据集的两个列。两组键值对应数据集两列上的取值。换言之，本例的数据集有 7 行（7 个样本观测）2 列（2 个变量）。由此建立的数据框 df1，其行索引取值范围是 0 至 6，一一对应每个样本观测；列索引名为 key 和 var1，分别对应两个变量。

需要说明的是：字典本身并不要求各组键值的个数相等（例如，这里 df1 都是 7 个），但对应到数据集上，不相等就意味着有些样本观测在某个变量上没有具体取值。此时指定数据框的数据来自字典是不允许的。

2）第 6 行：利用 Pandas 函数 merge()将两个数据框依指定关键字做横向合并，生成一个新数据框。

这里，将数据框 df1 和 df2 按变量 key 的取值做横向"全合并"。在合并后的数据框 df 中，变量和样本观测均来自 df1 和 df2。若某个样本观测在某个变量上没有取值，则默认为缺失值，并以 NaN 表示。

3）第 7、8 行：人为指定某样本观测的某变量值为 NaN。

NaN 在 NumPy 中有特定含义，表示缺失值。一般默认缺失值是不参与数据建模分析的。

4）第 10 行：利用 Pandas 函数 drop_duplicates()剔除数据框中在全部变量上均重复取值（取相同值）的样本观测。

5）第 12、13 行：利用数据框的.isnull()和.notnull()方法，对数据框中的每个元素判断其是否为 NaN 或不是 NaN，结果为 True 或 False。

6）第 14 行：利用数据框.dropna()方法剔除取 NaN 的样本观测。

7）第 15 行：利用.apply()方法以及匿名函数计算各个变量的均值，并存储在名为 fill_value 的序列中。

.apply()方法的本质是实现循环处理，匿名函数告知了循环处理的步骤。例如，df[['var1', 'var2']].apply(lambda x:x.mean())的意思是：循环将依次对数据框 df 中的变量 var1 和 var2（均为序列）做匿名函数指定的处理。匿名函数是一种最简单的用户自定义函数⊖。其中 x 为函数所需的参数（参数将依次取值为 var1 和 var2）。处理过程是对 x 计算平均值。

8）第 16 行：利用数据框的.fillna()方法，将所有 NaN 替换为指定值（这里为 fill_value）。

2.6 NumPy 和 Pandas 的综合应用：空气质量监测数据的预处理和基本分析

本节将以第 1 章的表 1.1 所示的北京市空气质量监测数据为例，聚焦数据建模中的数据预处理和基本分析环节（文件名：chapter2-3.ipynb），说明 NumPy 和 Pandas 的数据读取、数据分组、数据重编码、分类汇总等数据加工处理功能。

2.6.1 空气质量监测数据的预处理

本节利用 NumPy 和 Pandas 实现空气质量监测数据的预处理。数据预处理的目标如下：
- 根据空气质量监测数据的日期，生成对应的季度标志变量。
- 对空气质量指数 AQI 分组，获得对应的空气质量等级。

代码及运行结果如下所示。

⊖ 用户自定义函数是相对系统函数而言的，Python 系统内置的函数均为系统函数。用户为完成特定计算而自行编写的函数称为用户自定义函数。

```
1  import numpy as np
2  import pandas as pd
3  from pandas import Series,DataFrame
4
5  data=pd.read_excel('北京市空气质量数据.xlsx')
6  data=data.replace(0,np.NaN)
7  data['年']=data['日期'].apply(lambda x:x.year)
8  month=data['日期'].apply(lambda x:x.month)
9  quarter_month={'1':'一季度','2':'一季度','3':'一季度',
10               '4':'二季度','5':'二季度','6':'二季度',
11               '7':'三季度','8':'三季度','9':'三季度',
12               '10':'四季度','11':'四季度','12':'四季度'}
13 data['季度']=month.map(lambda x:quarter_month[str(x)])
14 bins=[0,50,100,150,200,300,1000]
15 data['等级']=pd.cut(data['AQI'],bins,labels=['一级优','二级良','三级轻度污染','四级中度污染','五级重度污染','六级严重污染'])
16 print('对AQI的分组结果:\n{0}'.format(data[['日期','AQI','等级','季度']]))
```

```
对AQI的分组结果:
        日期     AQI      等级    季度
0     2014-01-01  81.0     二级良   一季度
1     2014-01-02  145.0  三级轻度污染  一季度
2     2014-01-03  74.0     二级良   一季度
3     2014-01-04  149.0  三级轻度污染  一季度
4     2014-01-05  119.0  三级轻度污染  一季度
...      ...       ...      ...    ...
2150  2019-11-22  183.0  四级中度污染  四季度
2151  2019-11-23  175.0  四级中度污染  四季度
2152  2019-11-24  30.0     一级优   四季度
2153  2019-11-25  40.0     一级优   四季度
2154  2019-11-26  73.0     二级良   四季度
```

【代码说明】

1）第 5 行：利用 Pandas 函数 read_excel( )将 Excel 格式数据（北京市空气质量数据.xlsx）读入到数据框中。

2）第 6 行：利用数据框函数 replace( )将数据框中的 0（表示无监测结果）替换为缺失值 NaN。

3）第 7、8 行：利用.apply( )方法以及匿名函数，基于"日期"变量得到每个样本观测的年份和月份。

数据中的"日期"为 Python 的 datetime 型，专用于存储日期和时间格式的变量。Python 有整套处理日期 datetime 型数据的函数、方法或属性。.year 和.month 两个属性分别用于存储年份和月份。

4）第 9 至 12 行：建立一个关于月份和季度的字典 quarter_month。

5）第 13 行：利用 Python 函数 map( )，依据字典 quarter_month，将序列 month 中的 1、2、3 等月份映射（对应）到相应的季度标签变量上。

对于一个给定的可迭代（Iterable）的对象（像字符串、列表、序列等可通过索引独立访问其中元素的，为可迭代的对象，而数值 123 等则为不可迭代的对象），Map( )可依据指定的函数，对其中的各个元素进行处理。

例如，这里的可迭代序列为 month，对该序列中的每个元素进行处理，处理方法由匿名函数指定，即输出字典 quarter_month 中给定键对应的值。

```
1  from collections import Iterable
2  isinstance(month,Iterable)  #判断month是否为可迭代的对象
3
```

True

以上通过导入 collections 模块中的 Iterable 函数，以及 Python 函数 isinstance( )判断 month 是

否为可迭代的。结果为 True，说明它是可迭代的。

6）第 14 行：生成一个列表 bins，用于后续对 AQI 分组，它描述了 AQI 和空气质量等级的数值对应关系。

7）第 15 行：利用 Pandas 的 cut()方法对 AQI 进行分组。

cut()方法主要用于对连续数据分组，也称对连续数据进行离散化处理。这里，利用 cut()，依分组标准（即列表 bins）对变量 AQI 进行分组并给出分组标签。即：AQI 在区间 (0,50] 的为一组，组标签为"一级优"，在区间 (50,100] 的为一组，组标签为"二级良"，等等。生成的"等级"变量（与数据集中原有的"质量等级"一致）为分类型（有顺序的）变量。

2.6.2 空气质量监测数据的基本分析

在 2.6.1 节的基础上，本节利用 Pandas 的数据分类汇总和列联表编制等功能，对空气质量监测数据进行基本分析。基本分析的目标如下：

- 计算各季度 AQI 和 PM2.5 的平均值等描述统计量。
- 找到空气质量较差的若干天的数据，以及各季度中空气质量较差的若干天的数据。
- 计算季度和空气质量等级的交叉列联表。
- 派生空气质量等级的虚拟变量。
- 数据集的抽样。

1. 基本描述统计

以下代码利用 Pandas 实现以上前三个目标。

```
1  print('各季度AQI和PM2.5的均值:\n{0}'.format(data.loc[:,['AQI','PM2.5']].groupby(data['季度']).mean()))
2  print('各季度AQI和PM2.5的描述统计量:\n',data.groupby(data['季度'])['AQI','PM2.5'].apply(lambda x:x.describe()))
3
4  def top(df,n=10,column='AQI'):
5      return df.sort_values(by=column,ascending=False)[:n]
6  print('空气质量最差的5天:\n',top(data,n=5)[['日期','AQI','PM2.5','等级']])
7  print('各季度空气质量最差的3天:\n',data.groupby(data['季度']).apply(lambda x:top(x,n=3)[['日期','AQI','PM2.5','等级']]))
8  print('各季度空气质量情况:\n',pd.crosstab(data['等级'],data['季度'],margins=True,margins_name='总计',normalize=False))
```

【代码说明】

1）第 1 行：利用数据框的 groupby()方法，计算各季度 AQI 和 PM2.5 的平均值。groupby()方法是将数据按指定变量分组，可以对分组结果进一步计算均值等。

2）第 2 行：计算各个季度 AQI 和 PM2.5 的基本描述统计量（均值、标准差、最小值、四分位数和最大值）。这里将 groupby( )、apply( ) 以及匿名函数集中在一起使用。首先，将数据按季度分组；然后，对分组后的 AQI 和 PM2.5，分别根据匿名函数指定的处理步骤处理（计算基本描述统计量）。

3）第 4、5 行：定义了一个名为 top 的用户自定义函数，用于对给定数据框，按指定列（默认 AQI 列）值的降序排序，并返回排在前 n（默认 10）条的数据。

4）第 6 行：调用用户自定义函数 top，对 data 数据框按 AQI 值的降序排序，并返回前 5 条数据，即 AQI 最高的 5 天的数据。

5）第 7 行：首先对数据按季度分组，依次对分组数据调用用户自定义函数 top，得到各季度 AQI 最高的 3 天数据。

6）第 8 行：利用 Pandas 函数 crosstab( ) 对数据按季度和空气质量等级交叉分组，并给出各个组的样本量。

例如，在 2014 年 1 月至 2019 年 11 月间的 2149 天中，空气质量为严重污染的天数为 46 天，集中分布在第一和第四季的冬天供暖季，分别是 21 天和 23 天。

crosstab( ) 函数可方便地编制两个分类变量的列联表。列联表单元格可以是频数，也可以是百分比，还可指定是否添加行列合计等。

2. 派生虚拟自变量

这里，利用 Pandas 派生空气质量等级的虚拟变量。

虚拟变量也称哑变量，是统计学处理分类型数据的一种常用方式。对具有 K 个类别的分类型变量 X，可生成 K 个变量如 $X_1, X_0, \cdots, X_K$，且每个变量仅有 0 和 1 两个取值。这些变量称为分类型变量 X 的虚拟变量。其中，1 表示属于某个类别，0 表示不属于某个类别。

虚拟变量在数据预测建模中将起到非常重要的作用。Pandas 生成虚拟变量的实现如下所示。

```
1  pd.get_dummies(data['等级'])
2  data.join(pd.get_dummies(data['等级']))
```

	日期	AQI	质量等级	PM2.5	PM10	SO2	CO	NO2	O3	年	季度	等级	一级优	二级良	三级轻度污染	四级中度污染	五级重度污染	六级严重污染
0	2014-01-01	81.0	良	45.0	111.0	28.0	1.5	62.0	52.0	2014	一季度	二级良	0	1	0	0	0	0
1	2014-01-02	145.0	轻度污染	111.0	168.0	69.0	3.4	93.0	14.0	2014	一季度	三级轻度污染	0	0	1	0	0	0
2	2014-01-03	74.0	良	47.0	98.0	29.0	1.3	52.0	56.0	2014	一季度	二级良	0	1	0	0	0	0
3	2014-01-04	149.0	轻度污染	114.0	147.0	40.0	2.8	75.0	14.0	2014	一季度	三级轻度污染	0	0	1	0	0	0
4	2014-01-05	119.0	轻度污染	91.0	117.0	36.0	2.3	67.0	44.0	2014	一季度	三级轻度污染	0	0	1	0	0	0

【代码说明】

1）第 1 行：利用 Pandas 的 get_dummies 得到分类型变量"等级"的虚拟变量。

例如：数据中的"等级"是包含 6 个类别的分类型变量。相应的 6 个虚拟变量依次表示：是否为一级优，是否为二级良，等等。如 2014 年 1 月 1 日的等级为二级良，是否为二级良的虚拟变量值等于 1，其他虚拟变量值等于 0。

2）第 2 行：利用数据框的 join( ) 方法，将原始数据和虚拟变量数据，按行索引进行横向合并。

使用 join( ) 方法进行数据的横向合并时，应确保两份数据的样本观测在行索引上是一一对应的，否则会出现"张冠李戴"的错误。

3. 数据集的抽样

数据集的抽样在数据建模中极为普遍，因此掌握 NumPy 的抽样实现方式是非常必要的。以下利用 NumPy 对空气质量监测数据进行了两种策略的抽样：一种是简单随机抽样；另一种是依条件抽样。

```
1  np.random.seed(123)
2  sampler=np.random.randint(0,len(data),10)
3  print(sampler)
4  sampler=np.random.permutation(len(data))[:10]
5  print(sampler)
6
7  data.take(sampler)
8  data.loc[data['质量等级']=='优',:]
```

```
[1346 1122 1766 2154 1147 1593 1761   96   47   73]
[1883  326   43 1627 1750 1440  993 1469 1892  865]
```

	日期	AQI	质量等级	PM2.5	PM10	SO2	CO	NO2	O3	年	季度	等级
7	2014-01-08	27.0	优	15.0	25.0	13.0	0.5	21.0	53.0	2014	一季度	一级优
8	2014-01-09	46.0	优	27.0	46.0	19.0	0.8	35.0	53.0	2014	一季度	一级优
11	2014-01-12	47.0	优	27.0	47.0	27.0	0.7	39.0	59.0	2014	一季度	一级优
19	2014-01-20	35.0	优	8.0	35.0	6.0	0.3	15.0	65.0	2014	一季度	一级优
20	2014-01-21	26.0	优	18.0	25.0	27.0	0.7	34.0	50.0	2014	一季度	一级优
...	...	...	...	...	...	...	...	...	...	...	...	...
2122	2019-10-25	30.0	优	8.0	20.0	2.0	0.4	24.0	55.0	2019	四季度	一级优
2131	2019-11-03	48.0	优	33.0	48.0	3.0	0.6	34.0	33.0	2019	四季度	一级优
2135	2019-11-07	47.0	优	24.0	47.0	3.0	0.5	37.0	44.0	2019	四季度	一级优
2152	2019-11-24	30.0	优	7.0	30.0	3.0	0.2	11.0	58.0	2019	四季度	一级优
2153	2019-11-25	40.0	优	13.0	30.0	3.0	0.4	32.0	29.0	2019	四季度	一级优

387 rows × 12 columns

【代码说明】

1）第 2 行：利用 Pandas 函数 random.randint( )在指定范围内随机抽取指定个数（这里是10）的随机数。

2）第 4 行：利用 Pandas 函数 random.permutation 将数据随机打乱后重排，之后再抽取前 10个样本观测。

3）第 7 行：利用数据框的 take( )方法，基于指定随机数获得数据集的一个随机子集。

4）第 8 行：利用数据框访问的方式，抽取满足指定条件（这里是质量等级为优）行的数据子集。

2.7　Matplotlib 的综合应用：空气质量监测数据的图形化展示

Matplotlib 是 Python 中最常用的绘图模块，其主要特点如下：

1）Matplotlib 的 Pyplot 子模块与 MATLAB 非常相似，可以方便地绘制各种常见统计图形，是用户进行探索式数据分析的重要图形工具。

2）可通过各种函数设置图形中的图标题、线条样式、字符形状、颜色、轴属性以及字体属性等。

由于 Matplotlib 内容丰富，以下（文件名：chapter2-4.ipynb）仅以空气质量监测数据的图形化探索分析为例，展示 Matplotlib 的主要功能和使用方法。

2.7.1　AQI 的时序变化特点

本节将基于空气质量监测数据，利用 Matplotlib 的线图展示 2014 年至 2019 年每日 AQI 的时序变化特点，代码如下。

```
1   import numpy as np
2   import pandas as pd
3   import matplotlib.pyplot as plt
4
5   %matplotlib inline
6   plt.rcParams['font.sans-serif']=['SimHei']      #解决中文显示乱码问题
7   plt.rcParams['axes.unicode_minus']=False
8
9   data=pd.read_excel('北京市空气质量数据.xlsx')
10  data=data.replace(0,np.NaN)
11
12  plt.figure(figsize=(10,5))
13  plt.plot(data['AQI'],color='black',linestyle='-',linewidth=0.5)
14  plt.axhline(y=data['AQI'].mean(),color='red',linestyle='-',linewidth=0.5,label='AQI总平均值')
15  data['年']=data['日期'].apply(lambda x:x.year)
16  AQI_mean=data['AQI'].groupby(data['年']).mean().values
17  year=['2014年','2015年','2016年','2017年','2018年','2019年']
18  col=['red','blue','green','yellow','purple','brown']
19  for i in range(6):
20      plt.axhline(y=AQI_mean[i],color=col[i],linestyle='--',linewidth=0.5,label=year[i])
21  plt.title('2014年至2019年AQI时间序列折线图')
22  plt.xlabel('年份')
23  plt.ylabel('AQI')
24  plt.xlim(xmax=len(data),xmin=1)
25  plt.ylim(ymax=data['AQI'].max(),ymin=1)
26  plt.yticks([data['AQI'].mean()],['AQI平均值'])
27  plt.xticks([1,365,365*2,365*3,365*4,365*5],['2014','2015','2016','2017','2018','2019'])
28  plt.legend(loc='best')
29  plt.text(x=list(data['AQI'].index(data['AQI'].max()),y=data['AQI'].max()-20,s='空气质量最差日',color='red')
30  plt.show()
```

【代码说明】

1）第 3 行：导入 Matplotlib 的 Pyplot 子模块，指定别名为 plt。

2）第 5 至 7 行：指定立即显示所绘图形，并通过参数设置解决图形的中文显示乱码问题。

3）第 12 行：利用函数 plt.figure 说明图形的一般特征，如这里指定整幅图的宽为 10、高 5。

4）第 13 行：利用函数 plt.plot 绘制序列的折线图（还可以绘制其他图）。同时，指定折线颜色（color）、线形（linestyle）和线宽（linewidth）等。

5）第 14 行：利用函数 plt.axhline 在参数 y 所指定的位置上画一条平行于横坐标的直线，并给出直线的图例文字（label）。plt.axvline 可在参数 x 所指定的位置上画一条平行于纵坐标的直线。

6）第 16 至 20 行：首先，分组计算各年 AQI 的平均值；然后，通过 for 循环绘制多条平行于横坐标的直线，表征各年 AQI 的平均值。

7）第 21 至 23 行：利用 title( )、xlabel( )、ylabel( )指定图的标题、横坐标和纵坐标的标签。

8）第 24、25 行：利用 xlim( )、ylim( )指定横纵坐标的取值范围。

9）第 26、27 行：利用 xticks( )、yticks( )在指定的坐标刻度位置上给出刻度标签。

10）第 28 行：利用 legend( )在指定位置（这里用 best 表示最优位置）显示图例。

11）第 29 行：利用 text( )在指定的行列位置上显示指定文字。

12）第 30 行：利用 show( )表示本次绘图结束。

所绘制图形如图 2.9 所示。显示了 AQI 呈明显的季节波动性特点，且 2018 至 2019 年以来 AQI 呈下降趋势。

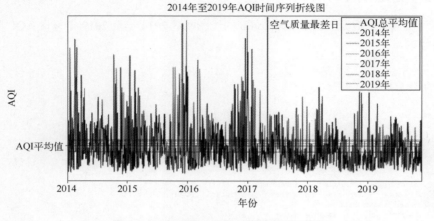

图 2.9　2014 至 2019 年 AQI 变化序列图

二维码 001

2.7.2　AQI 的分布特征及相关性分析

本节将利用 Matplotlib，对空气质量监测数据做如下图形化展示：

- 利用线图展示 2014 年至 2019 年的年均 AQI 的变化特点。
- 利用直方图展示 2014 年至 2019 年 AQI 的整体分布特征。
- 利用散点图展示 AQI 和 PM2.5 的相关性。
- 利用饼图展示空气质量等级的分布特征。

具体代码如下。

```
1   import warnings
2   warnings.filterwarnings(action = 'ignore')
3   plt.figure(figsize=(10, 5))
4   plt.subplot(2, 2, 1)
5   plt.plot(AQI_mean, color='black', linestyle='-', linewidth=0.5)
6   plt.title('各年AQI均值折线图')
7   plt.xticks([0, 1, 2, 3, 4, 5, 6], ['2014', '2015', '2016', '2017', '2018', '2019'])
8   plt.subplot(2, 2, 2)
9   plt.hist(data['AQI'], bins=20)
10  plt.title('AQI直方图')
11  plt.subplot(2, 2, 3)
12  plt.scatter(data['PM2.5'], data['AQI'], s=0.5, c='green', marker='.')
13  plt.title('PM2.5与AQI散点图')
14  plt.xlabel('PM2.5')
15  plt.ylabel('AQI')
16  plt.subplot(2, 2, 4)
17  tmp=pd.value_counts(data['质量等级'], sort=False)   #等同: tmp=data['质量等级'].value_counts()
18  share=tmp/sum(tmp)
19  labels=tmp.index
20  explode = [0, 0.2, 0, 0, 0, 0.2, 0]
21  plt.pie(share, explode = explode, labels = labels, autopct = '%3.1f%%', startangle = 180, shadow = True)
22  plt.title('空气质量整体情况的饼图')
```

本例目标是在一幅图中绘制多张刻画空气质量状况的统计图形。

【代码说明】

1）第 1、2 行：导入 warnings 模块，并指定忽略代码运行过程中的警告信息。

2）第 4 行：subplot(2,2,1)表示将绘图区域分成 2 行 2 列共 4 个单元，且下一幅图将在第 1 个单元显示。

3）第 8 行：subplot(2,2,2)表示将绘图区域分成 2 行 2 列共 4 个单元，且下一幅图将在第 2 个单元显示。

4）第 9 行：利用 hist( )绘制 AQI 的直方图，图中包含 20 个柱形条，即将数据分成 20 组。

5）第 12 行：利用 scatter( )绘制 PM2.5 和 AQI 的散点图，并指定点的大小（s），颜色（c）和形状（marker）。

6）第 21 行：利用 pie( )绘制饼图。

绘制饼图之前，需事先计算饼图各组成部分的占比，距饼图中心位置的距离（哪些组成部分需拉出来突出显示）、标签等，以及第一个组成部分排放的起始位置等。

所绘的图形如图 2.10 所示。

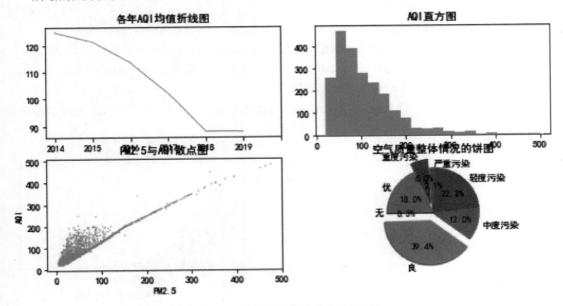

图 2.10　空气质量状况的统计图形

图 2.10 中，左上图显示，2014 年至 2019 年间，AQI 的年均值呈快速下降趋势，2018 年 AQI 较低，且 2019 年仍继续保持空气质量良好的状态。右上图显示，AQI 呈不对称分布。可见，整体上 AQI 取值水平主要集中在 100 以下，但因出现了少量天数的重度污染（AQI 值很高），从而导致 AQI 分布为右偏分布。左下图是 PM2.5 和 AQI 的散点图。图形表明，PM2.5 与 AQI 存在一定程度的正的线性相关性。右下图为 2014 年至 2019 年各空气质量等级的饼图。可见，6 年中严重污染的天数占比为 2.1%；空气质量良的天数占比为 39.4%，占比最高；空气质量

为优的占比为 18%，存在 0.3%的缺失数据。

2.7.3 优化空气质量状况的统计图形

由于图 2.10 图中四幅图出现了重叠现象，为此可采用以下方式对图形进行优化调整。

```
1  fig, axes=plt.subplots(nrows=2, ncols=2, figsize=(10, 5))
2  axes[0,0].plot(AQI_mean, color='black', linestyle='-', linewidth=0.5)
3  axes[0,0].set_title('各年AQI均值折线图')
4  axes[0,0].set_xticks([0,1,2,3,4,5,6])
5  axes[0,0].set_xticklabels(['2014','2015','2016','2017','2018','2019'])
6  axes[0,1].hist(data['AQI'], bins=20)
7  axes[0,1].set_title('AQI直方图')
8  axes[1,0].scatter(data['PM2.5'], data['AQI'], s=0.5, c='green', marker='.')
9  axes[1,0].set_title('PM2.5与AQI散点图')
10 axes[1,0].set_xlabel('PM2.5')
11 axes[1,0].set_ylabel('AQI')
12 axes[1,1].pie(share, explode = explode, labels = labels, autopct = '%3.1f%%', startangle = 180, shadow = True)
13 axes[1,1].set_title('空气质量整体情况的饼图')
14 fig.subplots_adjust(hspace=0.5)
15 fig.subplots_adjust(wspace=0.5)
```

【代码说明】

1）第 1 行：说明绘图区域的宽和高，并指定将绘图区域分成 2 行 2 列共 4 个单元。结果将赋值给 fig 和 axes 对象。可通过 fig 对整个图的特征进行设置，axes 则对应各个单元格对象。

2）通过图形单元索引的方式指定绘图单元。例如，axes[0,0]表示第 1 行第 1 列的单元格。

3）单元格对象的图标题、坐标轴标签、坐标刻度等，需采用 set_title()、set_xlabel()、set_ylabel()、set_xticks()、set_xticklabels()设置。

4）第 14、15 行：利用 subplots_adjust 调整各图形单元的行和列之间的距离。优化调整后的图形如图 2.11 所示。

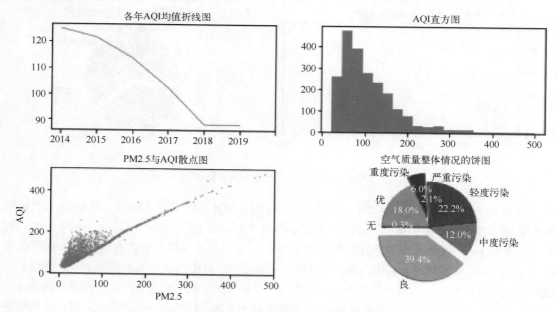

图 2.11 优化后的空气质量状况的统计图形

本章内容至此告一段落。最后需要说明的是：Scikit-learn 是专门面向机器学习的 Python 第三方包。可支持数据预处理、数据降维、数据的分类和回归建模、聚类、模型评价和选择等各种机器学习建模应用。因涉及机器学习的相关理论，所以 Scikit-learn 包的使用将在后续章节一一详细介绍。

【本章总结】

Python 作为一款面向对象、跨平台并开源的计算机语言，是机器学习实践的首选工具。入门 Python 机器学习应从了解并掌握 Python 的 NumPy、Pandas、Matplotlib 包开始。对此，本章给出了相关示例代码加以说明。学习 Python 和完成机器学习实践的有效途径是：以特定的机器学习应用场景和数据为出发点，沿着由浅入深的数据分析脉络，以逐个解决数据分析实际问题为目标，逐步展开对 Python 的学习和机器学习的实践。对此，本章通过基于空气质量监测数据的预处理和基本分析的 Python 综合应用案例加以讲解。

【本章相关函数】

1．Python 列表基本操作

功能	函数或方法	解释	示例
添加列表元素	列表名.append()	在列表最后添加一个元素	L=[] L.append(1) L [1]
	列表名.extend()	在列表最后添加多个元素	L.extend((2,3,4)) L [1, 2, 3, 4]
	列表名.insert()	在列表指定位置添加指定元素，位置是索引号(从 0 开始)	L=[1,2,3,4] L.insert(2,4) L [1, 2, 4, 3, 4]
删减列表中的元素	列表名.remove()	移除掉列表里的指定元素	L=[1,2,3,4] L.remove(2) L [1, 3, 4]
	列表名.pop()	删除并返回列表的最后一个元素	L=[1,2,3,4] L.pop() 4 L [1, 2, 3]
获取列表中的指定元素	列表名[n]	获取列表索引为 n 处的元素	L=[1,2,3,4] L[0] 1
列表切片	列表名[A:B]	获取列表索引 A 至 B-1 的元素	L=[1,2,3,4] L[1:3] [2, 3]

（续）

功能	函数或方法	解释	示例
列表操作符	+	多个列表的拼接	L1=[1,2,3,4] L2=[5,6,7] L1+L2 [1, 2, 3, 4, 5, 6, 7]
	*	列表复制和添加	L=[1,2,3,4] L*2 [1, 2, 3, 4, 1, 2, 3, 4]
	>、<、<=，>=	数值型列表元素比较	L2=[1,2,3] L1=[1,2,3,5] L1<L2 False
	and、or、not	列表的逻辑运算，可进行列表之间的逻辑判断	L1 [1, 2, 3, 5] L2 [1, 2, 3] L3=[3,2,1] L1>L2 and L1>L3 False L1>L2 and L1<L3 True L1>L2 or not(L1<L3) True
其他常见操作	列表名.count(A)	元素 A 在列表中出现的次数	L=[1,2,3,2,5,4] L.count(2) 2
	列表名.index(A)	元素 A 在列表中首次出现的索引	L=[1,2,3,2,5,4] L.index(4) 5
	列表名.reverse( )	将列表元素位置前后翻转	L [1, 2, 3, 2, 5, 4] L.reverse() L [4, 5, 2, 3, 2, 1]
	列表名.sort( )	列表元素按升序排序	L.sort() L [1, 2, 2, 3, 4, 5]
列表复制	列表名 1=列表名 2	列表复制完成后，两个列表指向相同的地址单元，且内容同步变化	L=[1,2,3,4] L1=L L1[2]=5 L1 [1, 2, 5, 4] L [1, 2, 5, 4]
	列表名 1=列表名 2[:]	列表复制完成后，两个列表指向不同的地址单元，内容不同步变化	L=[1,2,3,4] L1=L[:] L1[2]=5 L1 [1, 2, 5, 4] L [1, 2, 3, 4]

2．NumPy 常用函数

NumPy 的重要数据组织方式是数组（Array）。

功能	函数或方法	解释	示例
生成数组	np.arange(n)	生成从 0 到 n-1 的、步长为 1 的一维数组	np.arange(5) array([0, 1, 2, 3, 4])
	np.random.randn(n)	随机生成 n 个服从标准正态分布的数组	np.random.randn(2) array([-0.44344398, 0.43497892])
描述数组属性	数组名.ndim	返回数组的维度	arr = np.array([[1,2,3],[4,5,6]]) arr.ndim 2
	数组名.shape	返回数组各维度的长度	arr = np.array([[1,2,3],[4,5,6]]) arr.shape (2, 3)
	数组名.dtype	返回数组元素的数据类型	arr = np.array([[1,2,3],[4,5,6]]) arr.dtype dtype('int32')
常用统计函数	np.sum(数组名)	数组各元素求和	arr = np.array([[1,2,3],[4,5,6]]) np.sum(arr) 21
	np.mean(数组名)	数组各元素求均值	arr = np.array([[1,2,3],[4,5,6]]) np.mean(arr) 3.5
	np.max(数组名)	数组各元素求最大值	arr = np.array([[1,2,3],[4,5,6]]) np.max(arr) 6
	np.min(数组名)	数组各元素求最小值	arr = np.array([[1,2,3],[4,5,6]]) np.min(arr) 1
	np.cumsum(数组名)	数组各元素累积求和	arr = np.array([1,2,3,4]) np.cumsum(arr) array([1, 3, 6, 10], dtype=int32)
	np.sqrt(数组名)	数组各元素求平方根	arr = np.array([[1,2],[3,4]]) np.sqrt(arr) array([[1. , 1.41421356], [1.73205081, 2.]])
矩阵运算	np.dot(数组名)	矩阵乘法（指点乘）	arr1 = np.array([2,3]) arr2 = np.array([1,2]) np.dot(arr1,arr2) 8

	数组名.T	矩阵转置	arr = np.arange(6).reshape(2,3)
			
			arr.T
			array([[0, 3],
			       [1, 4],
			       [2, 5]])

	np.linalg.inv(数组名)	矩阵求逆	arr = np.array([[1,2],[3,4]]) np.linalg.inv(arr) array([[-2. , 1.], [1.5, -0.5]])
	np.linalg.det(数组名)	计算行列式	arr = np.array([[1,2],[3,4]]) np.linalg.det(arr) -2.0000000000000004

	np.linalg.eig(数组名)	求特征值和特征向量	arr = np.diag([1,2,3])
			
			np.linalg.eig(arr)
			
			(array([1., 2., 3.]), array([[1., 0., 0.],
			       [0., 1., 0.],
			       [0., 0., 1.]]))

（续）

功能	函数或方法	解释	示例

矩阵运算	np.linalg.svd(数组名)	奇异值分解	`arr = np.diag([1,2,3])`
			`u,s,vh = np.linalg.svd(arr)`
			`u.shape,s.shape,vh.shape`
			`((3, 3), (3,), (3, 3))`

其他常见操作	np.sort(数组名)	数组各元素排序	`arr = np.array([4,5,3,2,6])`
			`np.sort(arr)`
			`array([2, 3, 4, 5, 6])`

	np.rint(数组名)	数组各元素四舍五入取整	`arr = np.array([3.2,1.4,3.7,6.8])`
			`np.rint(arr)`
			`array([3., 1., 4., 7.])`

	np.sign(数组名)	数组各元素取符号值	`arr = np.array([-1.8,1.4,2,-3])`
			`np.sign(arr)`
			`array([-1., 1., 1., -1.])`

	np.where(条件,x,y)	满足条件返回 x, 不满足条件则返回 y	`arr = np.array([0,1,2,3,4])`
			`np.where(arr <= 2, arr, 2*arr)`
			`array([0, 1, 2, 6, 8])`

3. Pandas 常用函数

Pandas 的重要数据组织方式是数据框（DataFrame）。

功能	函数或方法	解释	示例

文件读取	pd.read_excel(文件名)	读取 excel 文件	`pd.read_excel("~/test.xlsx")`
			`   Year Month DayofMonth`
			`0  2006    7          6`
			`1  1997    3          2`
			`2  1994    5          2`

描述数据框属性	数据框名.values	返回数据框的值	`df`
			`   A  B    C`
			`0  0  1  2.0`
			`1  3  4  4.0`
			`2  7  9  NaN`
			`df.values`
			`array([[ 0.,  1.,  2.],`
			`       [ 3.,  4.,  4.],`
			`       [ 7.,  9., nan]])`

	数据框名.ndim	返回数据框的维度	`df`
			`   A  B    C`
			`0  0  1  2.0`
			`1  3  4  4.0`
			`2  7  9  NaN`
			`df.ndim`
			`2`

	数据框名.shape	返回数据框各维长度	`df`
			`   A  B    C`
			`0  0  1  2.0`
			`1  3  4  4.0`
			`2  7  9  NaN`
			`df.shape`
			`(3, 3)`

	数据框名.columns	返回数据框的列名	`df`
			`   A  B    C`
			`0  0  1  2.0`
			`1  3  4  4.0`
			`2  7  9  NaN`
			`df.columns`
			`Index(['A', 'B', 'C'], dtype='object')`

（续）

功能	函数或方法	解释	示例
常用统计函数	数据框名.sum( )	数据框中各列元素求和	```\ndf\n A B C\n0 0 1 2.0\n1 3 4 4.0\n2 7 9 NaN\ndf.sum()\nA 10.0\nB 14.0\nC 6.0\ndtype: float64\n```
	数据框名.mean( )	数据框中各列元素求均值	```\ndf\n A B C\n0 0 1 2.0\n1 3 4 4.0\n2 7 9 NaN\ndf.mean()\nA 3.333333\nB 4.666667\nC 3.000000\ndtype: float64\n```
	数据框名.max( )	数据框中各列元素求最大值	```\ndf\n A B C\n0 0 1 2.0\n1 3 4 4.0\n2 7 9 NaN\ndf.max()\nA 7.0\nB 9.0\nC 4.0\ndtype: float64\n```
	数据框名.min( )	数据框中各列元素求最小值	```\ndf\n A B C\n0 0 1 2.0\n1 3 4 4.0\n2 7 9 NaN\ndf.min()\nA 0.0\nB 1.0\nC 2.0\ndtype: float64\n```
	pd.crosstab( )	交叉表频数统计	```\ndf\n A B\n0 Linda Right\n1 Amy Left\n2 Peter Left\n3 Peter Right\n4 Linda Right\npd.crosstab(df.A,df.B)\nB Left Right\nA\nAmy 1 0\nLinda 0 2\nPeter 1 1\n```
空值操作	pd.isnull(数据框名)	判断数据框内元素是否为空值	```\ndf\n A B C\n0 5 4 4.0\n1 3 9 NaN\npd.isnull(df)\n A B C\n0 False False False\n1 False False True\n```
	pd.notnull(数据框名)	判断数据框内元素是否不为空值	```\ndf\n A B C\n0 5 4 4.0\n1 3 9 NaN\npd.notnull(df)\n A B C\n0 True True True\n1 True True False\n```

（续）

功能	函数或方法	解释	示例
空值操作	数据框名.dropna( )	删除含有空数据的全部行（可通过指定 axis=1 删除含有空数据的全部列）	``` df A B C 0 5 4 4.0 1 3 9 NaN df.dropna() A B C 0 5 4 4.0 ```
其他常见操作	数据框名.groupby( )	数据框按指定列进行分组计算	``` df A B C 0 0 9 3 1 0 4 4 2 2 3 4 obj = df.groupby(['A']) obj.mean() B C A 0 6.5 3.5 2 3.0 4.0 ```
	数据框名.sort_values( )	数据框按指定列的数值大小进行排序	``` df A B C 0 0 9 3 1 0 4 4 2 2 3 4 df.sort_values(by = 'B') A B C 2 2 3 4 1 0 4 4 0 0 9 3 ```
	数据框名.apply( )	对数据框中的列进行特定运算	``` df A B C 0 0 9 3 1 0 4 4 2 2 3 4 df.apply(np.mean) A 0.666667 B 5.333333 C 3.666667 dtype: float64 ```
	数据框名.drop_duplicates( )	去除指定列下面的重复行	``` df A B C 0 0 9 3 1 0 4 4 2 2 3 4 df.drop_duplicates('C') A B C 0 0 9 3 1 0 4 4 ```
	数据框名.replace( )	数值替换	``` df A B C 0 5 4 4.0 1 3 9 NaN df.replace([5,4,4],1) A B C 0 1 1 1.0 1 3 9 NaN ```
	pd.merge( )	数据框合并	``` df1 key value 0 Betty 1 1 Annie 2 2 Amy 3 3 Sam 5 df2 key value 0 Betty 5 1 Annie 6 2 John 7 3 Alice 8 pd.merge(df1,df2,on='key',how='inner') key value_x value_y 0 Betty 1 5 1 Annie 2 6 ```

（续）

功能	函数或方法	解释	示例

其他常见操作	pd.cut()	把一组数据分隔成离散的区间	`pd.cut(np.array([1, 4, 6, 2, 3, 5]), 3, labels = ['low','medium','high'])`
			
			`[low, medium, high, low, medium, high]`
			`Categories (3, object): [low < medium < high]`

	pd.get_dummies()	将分类变量转化为 0/1 的虚拟变量	`pd.get_dummies(['a','b','c','c'])`
			`   a  b  c`
			`0  1  0  0`
			`1  0  1  0`
			`2  0  0  1`
			`3  0  0  1`

4．其他编程要点

1）Python 的 for 循环是实现程序循环控制的常见途径。for 循环的基本格式如下。

for 变量 **in** 序列:
　　循环体

变量将依次从序列中取值，控制循环次数并多次执行循环体的处理工作。

2）用户自定义函数：用户自行编写的可实现某特定计算功能的程序段。该程序段具有一定的通用性，会被主程序经常调用。需首先以独立程序段的形式，定义用户自定义函数，然后才可在主程序中调用。定义用户自定义函数的基本格式如下。

def 函数名(参数):
　　函数体

其中，def 为用户自定义函数的关键字；函数名是函数调用的依据；参数是需向函数体提供的数据参数；函数体用于定义函数的具体处理流程。

3）匿名函数：一种简单、短小的用户自定义函数，一般可直接嵌在主程序中。

定义匿名函数的基本格式如下。

lambda 参数: 函数表达式

其中，lambda 为匿名函数的关键字。

【本章习题】

1．Python 编程：输出以下九九乘法表。

```
1×1=1
1×2=2   2×2=4
1×3=3   2×3=6   3×3=9
1×4=4   2×4=8   3×4=12   4×4=16
1×5=5   2×5=10  3×5=15   4×5=20   5×5=25
1×6=6   2×6=12  3×6=18   4×6=24   5×6=30   6×6=36
1×7=7   2×7=14  3×7=21   4×7=28   5×7=35   6×7=42   7×7=49
1×8=8   2×8=16  3×8=24   4×8=32   5×8=40   6×8=48   7×8=56   8×8=64
1×9=9   2×9=18  3×9=27   4×9=36   5×9=45   6×9=54   7×9=63   8×9=72   9×9=81
```

2．Python 编程：随机生成任意一个 10×10 的矩阵，计算其对角线元素之和。

3．Python 编程：学生成绩数据的处理和基本分析。

有 60 名学生的两门课程成绩的数据文件（文件名分别为 ReportCard1.txt 和 ReportCard2.txt），分别记录着学生的学号、性别以及不同课程的成绩。请将数据读入 Pandas 数据框，并做如下预处理和基本分析：

1）将两个数据文件按学号合并为一个数据文件，得到包含所有课程成绩的数据文件。

2）计算每个同学的各门课程的总成绩和平均成绩。

3）将数据按总成绩的降序排序。

4）按性别分别计算各门课程的平均成绩。

5）按优、良、中、及格和不及格，对平均成绩进行分组。

6）按性别统计优、良、中、及格和不及格的人数。

7）生成性别的虚拟自变量。

4．Python 编程：学生成绩数据的图形化展示。

对包含所有课程成绩的数据文件，做如下图形化展示：

1）绘制总成绩的直方图。

2）绘制平均成绩的优、良、中、及格和不及格的饼图。

3）绘制总成绩和数学（math）成绩的散点图。

第3章
数据预测与预测建模

机器学习通过对数据集进行学习完成数据预测任务。作为数据预测的重要章节，本章将介绍数据预测过程中所涉及的重要概念，完整阐述数据预测的基本框架和脉络。旨在为读者顺利学习和理解后续章节的各具体算法奠定理论基础。

3.1 数据预测的基本概念

数据预测，简而言之就是基于已有数据集，归纳出输入变量和输出变量之间的数量关系。基于这种数量关系，一方面，可发现对输出变量产生重要影响的输入变量；另一方面，在数量关系具有普适性和未来不变的假设下，可用于对新数据输出变量取值的预测。对数值型输出变量的预测称为回归，对分类型输出变量的预测称为分类。

数据预测将涉及如下方面的问题：

（1）预测建模（Modeling）

参照 1.1.1 节介绍的机器学习的编程范式，输入变量对应于"数据"，输出变量对应于"答案"，输入变量和输出变量的取值规律则对应于"规则"。"规则"是隐藏于数据集中的，需要基于一定的学习策略归纳出来，并通过预测模型的形式表述出来，该过程称为预测建模，包括回归建模和分类建模。预测建模将涉及预测模型的形式、几何意义和模型参数估计等重要方面，以下将对这些问题一一展开讨论。

（2）模型评价（Model Assessment）

预测模型将会应用到对新数据的预测中。性能良好（即预测精度较高或预测误差较低）的预测模型，在对新数据的预测中将有良好的表现。如何对预测模型进行客观、全面的评价，是数据预测中的一个重要问题。模型评价将涉及模型的误差度量指标、预测模型的图形化评价工具和预测误差的估计方法等一系列问题。

（3）模型选择（Model Selection）

若存在多个预测精度或预测误差接近的预测模型，应以怎样的策略选出其中的"佼佼者"并加以应用，也是数据预测要关注的重要问题。模型选择已成为预测建模中不能忽视的重要环节。

最理想的模型具有哪些特征，各种模型选择策略有哪些特点，后续将做详细论述。

3.2 预测建模

预测建模涉及许多相关问题，主要有以下三个方面：

- 预测模型的形式；
- 预测模型的几何意义；
- 模型参数的估计。

了解并掌握这些内容，对整体上把握机器学习的理论精髓，具有极为重要的意义。以下将做详细论述。

3.2.1 什么是预测模型

预测模型一般以数学形式展现，以便精确刻画和表述输入变量与输出变量取值之间的数量关系。预测模型可细分为回归预测模型和分类预测模型，分别适用于回归问题和分类问题。

1. 回归预测模型

最常见的回归预测模型为

$$y = \beta_0 + \beta_1 X_1 + \beta_2 X_2 + \cdots + \beta_p X_p + \varepsilon \qquad (3.1)$$

该模型被称为一般线性模型。其中，y 为数值型的输出变量；$X_i (i = 1, 2, \cdots, p)$ 为输入变量（这里有 p 个输入变量）。

例如，对于 1.2.2 节提出的问题一：SO_2、CO、NO_2、O_3 哪些是影响 PM2.5 浓度的重要因素？PM2.5 即为一般线性模型中的 y，其他 4 种污染物浓度为 $X_i (i = 1, 2, 3, 4)$。

式（3.1）中，$\beta_i (i = 0, 1, 2, \cdots, p)$ 为模型参数；β_0 为截距项，其他参数称为回归系数，度量了 X_i 取值的单位变化给 y 带来的数量变动；ε 为随机误差项，体现了模型之外的其他输入变量对 y 的影响。

若将式（3.1）改写为 $y = f(\boldsymbol{X}) + \varepsilon$，则 $f(\boldsymbol{X})$ 即为输入变量和输出变量间的真实数量关系，是数据无法直接呈现的。预测建模的目的就是要基于数据集得到 $f(\boldsymbol{X})$ 的估计 $\hat{f}(\boldsymbol{X})$。

一般线性模型假设 $f(\boldsymbol{X})$ 为式（3.1）所示的线性关系，并在这样的假设前提下，基于数据集并通过估计策略估计出模型参数，进而最终得到 $\hat{f}(\boldsymbol{X})$。

2. 分类预测模型

最常见的分类预测模型为

$$\log\left(\frac{P}{1-P}\right) = \beta_0 + \beta_1 X_1 + \beta_2 X_2 + \cdots + \beta_p X_p + \varepsilon \qquad (3.2)$$

该模型被称 Logistic 回归模型，适用于输出变量仅有 0、1 两个类别（或分类）值的二分类预测。

例如，基于顾客的历史购买行为，如购买某类商品的次数（X_1）与平均购买金额（X_2）

等，预测其是否会参与本次对该类商品的促销。输出变量记为 y ， $y=0$ 表示不参与， $y=1$ 表示参与。

再如，对于 1.2.2 节提出的问题二：PM2.5、PM10、SO$_2$、CO、NO$_2$、O$_3$ 浓度对空气质量等级大小的贡献不尽相同，哪些污染物的减少将有效降低空气质量等级？研究时可将其简化为一个二分类预测问题。如：将一级优、二级良合并为一类，令其类别值为 0（无污染）。将三级轻度污染、四级中度污染、五级重度污染、六级严重污染合并为一类，令其类别值为 1（有污染）。进一步，将合并结果（只有 0、1 两个取值）作为输出变量（记为 y ），其他 6 种污染物浓度作为输入变量 $X_i(i=1,2,\cdots,6)$ ，于是该研究就简化为一个二分类预测问题。

式（3.2）中， log 表示以 e 为底的自然对数$^{\ominus}$。其中， P 为输出变量（记为 y ）取类别值 1 的概率； $X_i(i=1,2,\cdots,p)$ 为输入变量（这里有 p 个输入变量）； $\beta_i(i=0,1,2,\cdots,p)$ 为模型参数，即回归系数，度量了 X_i 取值的单位变化给 $\log\left(\frac{P}{1-P}\right)$ 带来的数量变动； ε 为随机误差项，体现了模型之外的其他输入变量对 $\log\left(\frac{P}{1-P}\right)$ 的影响。

式（3.2）的 Logistic 回归模型表明， $\log\left(\frac{P}{1-P}\right)$ 是输入变量 $X_i(i=1,2,\cdots,p)$ 的线性函数，模型右边与式（3.1）的一般线性模型形式相同： $\log\left(\frac{P}{1-P}\right)=f(\boldsymbol{X})+\varepsilon$ ，故也称其为广义线性模型。此时， $P=\dfrac{1}{1+\exp(-f(\boldsymbol{X}))}$ ，意味着 P 是输入变量 $X_i(i=1,2,\cdots,p)$ 的非线性函数，因此是对现实问题的很好刻画。

例如，顾客参与促销的概率 $P(y=1)$ ，通常不是其购买次数（ X_1 ）与平均购买金额（ X_2 ）的线性函数。换言之，参与促销的概率 $P(y=1)$ 往往是非线性的，并不会随购买次数与平均购买金额的增加，而永远保持相同速度的增加或减少。事实上，若 $P(y=1)$ 随输入变量线性增加或减少，将致使 $P(y=1)>1$ 或 $P(y=1)<0$ ，从而超出概率的合理取值范围。

一般，也将 $\log\left(\frac{P}{1-P}\right)$ 记为 Logit$P$ ，意思是对 P 做二元 Logistic 变换。其中的 $\dfrac{P}{1-P}$ 称为优势（Odds），即输出变量 $y=1$ 的概率 $P(y=1)$ 与 $y=0$ 的概率 $P(y=0)$ 之比。更宽泛意义上指某事件发生（如参与促销、有污染）概率与不发生概率（如不参与促销、无污染）之比。利用优势比（Odds Ratio，OR）可进行风险对比。

例如，设是否出现空气污染的 Logistic 回归模型为 $\log\left(\frac{P}{1-P}\right)=\beta_0+\beta_1\mathrm{PM2.5}+\varepsilon$ ，且假设 PM2.5 为顺序型分类变量，有 1 和 2 两个类别（水平）值。若 PM2.5 浓度在 1 水平时出现空气污染的概率为 $P(y=1|\mathrm{PM2.5}=1)=0.75$ ，PM2.5 浓度在 2 水平时出现空气污染的概率为 $P(y=1|\mathrm{PM2.5}=2)=0.1$ ，则两个水平的优势比为 $\mathrm{OR}=\dfrac{P(y=1|\mathrm{PM2.5}=1)}{1-P(y=1|\mathrm{PM2.5}=1)}\Big/\dfrac{P(y=1|\mathrm{PM2.5}=2)}{1-P(y=1|\mathrm{PM2.5}=2)}=\dfrac{3}{1/9}=27$ ，表示 PM2.5 浓度在 1 水平下的优势是 2 水平的 27 倍。在一定条件下，优势比近似等于相对风险

$\ominus$ 如不特殊说明，本书中的对数均为自然对数。

$\dfrac{P(y=1 \mid PM2.5=1)}{P(y=1 \mid PM2.5=2)}$，即 PM2.5 浓度在 1 水平下出现污染的概率近似是 2 水平的 27 倍。进一步发现，优势比 $OR = e^{\beta_1}$，其中 β_1 为 PM2.5 的回归系数。

可见，在 Logistic 回归模型中，e^{β_i} 的含义比回归系数 β_i 更直观，它度量的是在其他输入变量值不变的条件下，输入变量 X_i 的单位变化将导致的相对风险，近似等于 e^{β_i}。

3．用于预测的回归方程

在回归预测模型和分类预测模型中，模型参数 $\beta_i (i=0,1,2,\cdots,p)$ 度量了输入变量和输出变量取值的数量关系，因未知，故称为待估参数。预测建模的核心任务就是要基于数据集，给出在某种估计原则（后续将详细讨论该问题）下的待估参数 β_i 的估计值，记为 $\hat{\beta}_i$。于是可得到以下两个用于预测的回归方程 $\hat{y} = \hat{f}(\boldsymbol{X})$。具体为

$$\hat{y} = \hat{\beta}_0 + \hat{\beta}_1 X_1 + \hat{\beta}_2 X_2 + \cdots + \hat{\beta}_p X_p \tag{3.3}$$

$$\mathrm{Logit}\hat{P} = \log\left(\frac{\hat{P}}{1-\hat{P}}\right) = \hat{\beta}_0 + \hat{\beta}_1 X_1 + \hat{\beta}_2 X_2 + \cdots + \hat{\beta}_p X_p \tag{3.4}$$

其中，因 $\hat{y}$ 和 $\mathrm{Logit}\hat{P}$ 均由回归方程计算得到，故称为模型的预测值。进一步，$\hat{y}$ 是回归预测中输出变量的预测值；$\mathrm{Logit}\hat{P}$ 是分类预测中输出变量等于 1 的概率的非线性单调函数，可依此计算出 $\hat{P}$。

于是，对于前述问题一：给定各 $X_i (i=1,2,3,4)$ 的值，即可依式（3.3）计算得到 y 的预测值 $\hat{y}$。进一步，找到 $\hat{\beta}_i (i=1,2,3,4)$ 最大值对应的 X_i，即可知道 SO_2、CO、NO_2、O_3 中哪个是对 PM2.5 有最大影响的因素。

同理，对于前述问题二：给定各 $X_i (i=1,2,\cdots,6)$ 的值，即可依式（3.4）计算得到 $\mathrm{Logit}\hat{P}$ 和 $\hat{P}$（有污染概率的预测值）。$\hat{P}$ 越大，预测为有污染犯错的可能性越低，反之犯错的可能性越大。进一步，找到 $\hat{\beta}_i (i=1,2,\cdots,6)$ 最大值所对应的 X_i，即可知道哪种污染物对空气污染有最大影响。

4．预测模型的其他形式

预测模型还可通过某些更为直观易懂的形式展现，其中的典型代表是推理规则，推理规则通过逻辑判断的形式反映输入变量和输出变量之间的取值规律。

例如：基于空气质量的监测数据有：PM2.5 小于 75.5[⊖]并且 PM10 低于 50.5[⊖]，则空气质量等级为一级优，就是一条推理规则。其中的输入变量是 PM2.5 和 PM10，输出变量是空气质量等级。依据该规则可对空气质量等级做出预测。其中，75.5、50.5 可视为模型待估参数的估计结果。进一步，多个推理规则可构成一个推理规则集，它不仅有文字表达的形式，也可以呈现出如图 3.1 所示的图形形式。

⊖ 计量单位：µg/m³。
⊖ 计量单位：µg/m³。

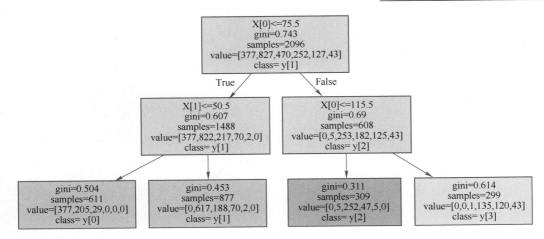

图 3.1　规则集的图形化表示

图 3.1 是推理规则集的树形表示，称为决策树。具体含义将在第 6 章详细介绍。

3.2.2　预测模型的几何理解

预测建模的出发点，是将数据集中的 N 个样本观测数据，视为 p 维实数空间 $\mathbb{R}^p$ 中的 N 个点。p 的取值与所研究的问题和输入变量的个数及类型有关。例如，数值型输入变量可作为 p 维空间的实数坐标。如果输入变量中有分类型变量，则需采用一定策略将其用一组实数的排列组合（例如虚拟变量）表示，于是 p 将增大。因有多种处理策略，为简化问题，以下仅对输入变量均为数值型的情况，分别从回归预测建模和分类预测建模这两个方面进行讨论。

1. 回归预测建模

首先，基于 p 个输入变量进行回归预测建模时，将数据集中的 N 个样本观测数据视为 $p+1$ 维空间中的 N 个点，增加了一个关于输出变量的维度。

例如，对前述问题一，将 $N=2096$ 个样本观测（共有 2096 天的完整监测数据）视为 6+1 维空间中的 2096 个点。为便于直观观察，首先仅考虑 CO（X_1）一个输入变量（作为第 1 个维度，第 2 个维度为 PM2.5）的情况，如图 3.2 左图所示的各个点。此时用于预测的回归方程为 $\hat{y}=\hat{\beta}_0+\hat{\beta}_1\text{CO}$，与图 3.2 左图所示的直线（称为回归直线）相对应（Python 代码详见 3.6.1 节）。依据回归方程，当给定 CO 时，PM2.5 的预测值均落在回归直线上。实际数据集中的某些样本观测点落在回归直线上方，表明其输出变量的实际值大于预测值。而有些点落在回归直线下方，表明其实际值小于预测值。

进一步，考虑 SO_2（X_1）和 CO（X_2）两个输入变量（作为第 1 和第 2 个维度，第 3 个维度为 PM2.5）的情况，如图 3.2 右图所示的各个点。此时，用于预测的回归方程为 $\hat{y}=\hat{\beta}_0+\hat{\beta}_1SO_2+\hat{\beta}_2\text{CO}$，与图 3.2 右图所示的平面（称为回归平面）相对应。依据回归方程，当给定 SO_2 和 CO 时，PM2.5 的预测值均落在回归平面上。图中一部分的样本观测点位于回归平面上方，说明这些点的输出变量的实际值大于预测值。位于回归平面下方的点，其实际值小于预测值。

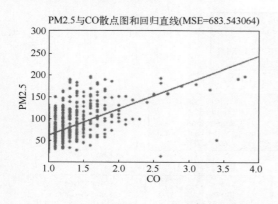

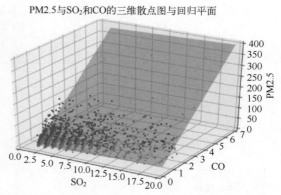

图 3.2　二维（或三维）空间中的观测点和回归直线（平面）

我们总是希望输出变量的预测值与实际值相差很小，即希望大多数的样本观测点落在很靠近回归直线或平面的位置上，即希望回归平面能够对样本观测点有较好的拟合。由于回归平面的位置由参数 $\beta_i(i=0,1,\cdots,p)$ 决定，所以回归预测建模需要基于数据集来给出合理的参数估计值，以确保回归平面能够很好地拟合样本观测点。

需说明的是：当线性回归方程中只包含一个输入变量时，对应着一条回归直线；有两个输入变量时，对应着一个回归平面；当包含更多输入变量时，回归平面将是一个超平面（hyperplane）。

2．分类预测建模

首先，基于 p 个输入变量进行分类预测建模时，将数据集中的 N 个样本观测数据视为 p 维空间中的 N 个点。其次，由于 N 个样本观测的输出变量取值不同，相应的样本观测点可用不同颜色或形状表示。

例如，对前述有无污染的二分类预测问题，将 $N=2096$ 个样本观测（共有 2096 天的完整监测数据）视为 6 维空间中的 2096 个点。其中 1204 天无污染，892 天有污染，对应的点分别用加号和圆圈表示。为便于直观理解，这里仅考虑 PM2.5（X_1）、PM10（X_2）两个输入变量的情况。如图 3.3 所示（Python 代码详见 3.6.2 节），圆圈表示输出变量取值为 0（无污染），加号表示输出变量取值为 1（有污染）。

二分类预测建模的目的，就是找到一条能够将不同形状或颜色的样本观测点"有效分开"的分类直线，也称其为分类边界，如图 3.3 所示的虚线。在该分类直线一侧的大部分的点，有相同的形状或颜色（输出变量的取值相同），分类直线另一侧大部分的点，有另外的形状或颜色。

分类直线可以用直线方程 $\beta_0+\beta_1X_1+\beta_2X_2=0$ 表示。显然，分类直线在空间中的位置由其中的参数 $\beta_i(i=0,1,2)$ 决定。所以分类建模需要基于数据集给出参数的估计值，以实现"有效分开"。一旦确定好分类直线的位置，便可基于它对新数据的输出变量取值进行预测。例如，对图 3.3 中的 3 个黑色三角形（对应 3 个样本观测点），其位于分类直线的哪一侧，其形状就应为相应侧多数点的形状。如右上侧的三角形应为加号形状，左下侧的三角形应为圆圈。输出变量的预测值即为相应形状对应的类别，如分别为有污染 1 和无污染 0。对落在分类直线上的黑色三角形，无法确定其形状和对应的输出变量取值。

进一步，在考虑 PM2.5（X_1）、PM10（X_2）和 SO₂（X_2）三个输入变量时，分类直线将演变为一个分类平面，平面方程为 $\beta_0 + \beta_1 X_1 + \beta_2 X_2 + \beta_3 X_3 = 0$。如图 3.4 所示，图中叉子表示无污染，圆圈表示有污染。

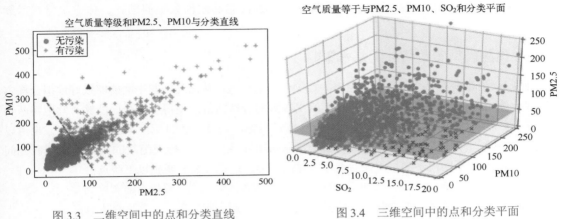

图 3.3　二维空间中的点和分类直线　　　　　图 3.4　三维空间中的点和分类平面

进一步，在更多输入变量的更高维情况下，分类平面将演变成一个超平面，该超平面的方程为 $\beta_0 + \beta_1 X_1 + \beta_2 X_2 + \cdots + \beta_p X_p = 0$。

总之，分类预测建模需要基于数据集，给出分类直线或平面或超平面参数的估计值，以实现"有效分开"的目标。

3．从平面到曲面

并非所有情况下回归平面都能对样本观测点有较好的拟合，并非所有情况下分类平面都能将不同类别的样本观测点有效分开，如图 3.5 所示。

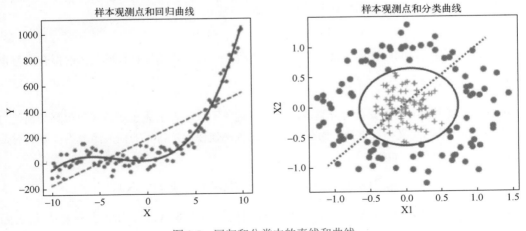

图 3.5　回归和分类中的直线和曲线

图 3.5 左图表明，虚直线无法较好地拟合样本观测点，但曲线却可以。图 3.5 右图也表明

虚直线无法将圆圈和加号两类样本观测点分开，但曲线可以。可见，回归预测有时需要采用回归曲面，分类预测有时需要采用分类曲面。前者用于解决非线性回归问题，后者用于解决非线性分类问题。一般，可从两个角度看待回归或分类曲面。第一，曲面是许多个平面平滑连接的结果。第二，I 维空间 $\mathbb{R}^I$ 中的曲面是高维 $G(G>I)$ 维空间 $\mathbb{R}^G$ 中平面的一种呈现。因此，可将非线性回归和非线性分类问题转换为线性回归和线性分类问题。具体方法将在后续章节讨论。

3.2.3 预测模型参数估计的基本策略

回归预测建模需要基于数据集给出参数的合理估计值，从而使回归平面能够很好地拟合样本观测点。分类预测建模也需要基于数据集给出参数的合理估值，使得分类平面能够有效地将两类（或多类）样本观测点分开。为此需设置一个度量指标，测度上述目标尚未达成的程度（也可以是达成程度），一般称之为损失函数（Loss Function），记为 L。损失函数的具体形式因研究问题、算法策略的不同而不同，将在后续章节详细介绍。这里仅需要明确以下两点：

第一，预测建模的参数估计通常以损失函数最小为目标，通常采用有监督学习算法。

第二，预测建模的参数估计通常借助特定的搜索策略进行。

1. 有监督学习算法与损失函数

首先，参照 1.1.1 节机器学习的编程范式，其中的"数据"即为预测建模中的输入变量，"答案"为输出变量，"规则"由模型参数的估计值体现。可见，寻找"规则"的过程不仅需要"答案"已知，更需要"答案"参与。换言之，需在输出变量的"监督"或指导下进行。通常，模型的参数估计以损失函数最小为指导目标。

损失函数 L 是误差 e 的函数，记为 $L(e)$，与 e 成正比，用于度量预测模型对数据的拟合误差。回归建模中的误差通过残差来估计，是输出变量实际值 y_i 和预测值 $\hat{y}_i$ 的差 $e_i=y_i-\hat{y}_i(i=1,2,\cdots,N)$。为有助于后续评价预测模型对数据全体的拟合效果，损失函数通常采用平方误差（解决误差正负抵消问题）的形式，即

$$L(e)=L(y_i,\hat{y}_i)=(y_i-\hat{y}_i)^2 \tag{3.5}$$

称为平方损失函数，是回归建模中最常见的损失函数。于是预测模型对数据全体的拟合误差也称总损失为 $\sum_{i=1}^{N}L(y_i,\hat{y}_i)=\sum_{i=1}^{N}(y_i-\hat{y}_i)^2$。

在分类建模中，因输出变量为分类型，误差 e 通常不直接表示成实际类别和预测类别差的形式，因此损失函数的定义相对复杂。而在 K 分类的预测建模中，常见的损失函数为概率的对数形式，称为交互熵（cross-entropy）：

$$L(y_i,\hat{P}_k(\boldsymbol{X}_i))=-\sum_{k=1}^{K}I(y_i=k)\log(\hat{P}_k(\boldsymbol{X}_i))=-\log\hat{P}_{y_i}(\boldsymbol{X}_i) \tag{3.6}$$

式（3.6）中，y_i 为样本观测 $\boldsymbol{X}_i$ 的输出变量（分类型，类别取值范围为 $1,2,\cdots,K$），是实际类别；$\hat{P}_k(\boldsymbol{X}_i)$ 是样本观测 $\boldsymbol{X}_i$ 的输出变量预测为 k 类的概率，且满足 $\sum_{k=1}^{K}\hat{P}_k(\boldsymbol{X}_i)=1$。$\hat{P}_k(\boldsymbol{X}_i)$ 越小，

预测为 k 类犯错的可能性越大。可见，分类建模中的损失函数是实际类别 y_i 和预测概率 $\hat{P}_k(\boldsymbol{X}_i)$ 的函数。

式（3.6）中的 $I(\cdot)$ 称为示性函数，仅有 0 和 1 两个函数值。其后面圆括号中为判断条件。条件成立函数值等于 1，否则等于 0。这里规定：若 $y_i = k$ 成立，则 $I(y_i = k) = 1$；反之，若 $y_i = k$ 不成立，则 $I(y_i = k) = 0$。所以求和项的最终结果为：样本观测 $\boldsymbol{X}_i$ 输出变量的预测类别等于实际类别 y_i 的概率的对数，记为 $\log \hat{P}_{y_i}(\boldsymbol{X}_i)$ 其中，负号的作用是使损失函数非负。显然，若模型预测性能良好，总损失 $\sum_{i=1}^{N} L(y_i, \hat{P}_k(\boldsymbol{X}_i)) = -\sum_{i=1}^{N} \log \hat{P}_{y_i}(\boldsymbol{X}_i)$ 较小。

具体到 y_i 取 1 和 0 的二分类情况，损失函数简化为 $L(y_i, \hat{P}(\boldsymbol{X}_i)) = -y_i \log \hat{P}(\boldsymbol{X}_i) - (1 - y_i) \log(1 - \hat{P}(\boldsymbol{X}_i))$。$\hat{P}(\boldsymbol{X}_i)$ 表示预测类别等于 1 的概率。针对式（3.4）的 Logistic 回归方程，由于 $\hat{P}(\boldsymbol{X}_i) = \dfrac{1}{1 + \exp(-\hat{f}(\boldsymbol{X}_i))}$，代入整理后的损失函数为

$$L(y_i, \hat{f}(\boldsymbol{X}_i)) = -y_i \hat{f}(\boldsymbol{X}_i) + \log[1 + \exp(\hat{f}(\boldsymbol{X}_i))] \tag{3.7}$$

称为二项偏差损失函数（Binomial Deviance Loss Function）。

对于 y_i 取 +1 和 -1 的二分类的情况，二项偏差损失函数为 $\log[1 + \exp(-y_i \hat{f}(\boldsymbol{X}_i))]$。多为以下形式

$$L(y_i, \hat{f}(\boldsymbol{X}_i)) = \exp(-y_i \hat{f}(\boldsymbol{X}_i)) \tag{3.8}$$

称为指数损失函数（Exponential Loss Function）。y_i 为 $K(K > 2)$ 分类的情况，损失函数一般定义为

$$L(y_i, \hat{f}_k(\boldsymbol{X}_i)) = -\sum_{k=1}^{K} I(y_i = k) \log \left[\frac{\exp(\hat{f}_k(\boldsymbol{X}_i))}{\sum_{l=1}^{K} \exp(\hat{f}_l(\boldsymbol{X}_i))} \right] \tag{3.9}$$

也称 $\dfrac{\exp(\hat{f}_k(\boldsymbol{X}_i))}{\sum_{l=1}^{K} \exp(\hat{f}_l(\boldsymbol{X}_i))}$ 为 softmax 函数。

综上所述，以损失函数最小为目标的参数估计过程离不开输出变量 y_i，参数的估计值是在输出变量 y_i 的"监督"或指导下获得的。有很多算法可以实现该目标，统称为有监督学习（Supervised Learning）算法。

2. 参数解空间和搜索策略

损失函数是关于输出变量实际值和模型参数的函数。例如：回归建模中的平方损失函数可进一步细化为

$$\sum_{i=1}^{N} L(y_i, \hat{y}_i) = \sum_{i=1}^{N} L(y_i, \hat{f}(\boldsymbol{X}_i)) = \sum_{i=1}^{N} [y_i - (\hat{\beta}_0 + \hat{\beta}_1 X_{i1} + \hat{\beta}_2 X_{i2} + \cdots + \hat{\beta}_p X_{ip})]^2 \tag{3.10}$$

其中，损失函数 L 是模型参数 $\beta_i (i = 0, 1, \cdots, p)$ 的二次函数，存在最小值。为求能使损失函数 L 取得最小值的参数 $\hat{\beta}_i (i = 0, 1, \cdots, p)$，只需对参数求偏导，令导数等于零并解方程组得到：

$$
\begin{cases}
\left.\dfrac{\partial L}{\partial \beta_0}\right|_{\beta_0=\hat{\beta}_0} = -2\sum_{i=1}^{N}(y_i - \hat{\beta}_0 - \hat{\beta}_1 X_{i1} - \hat{\beta}_2 X_{i2} - \cdots - \hat{\beta}_p X_{ip}) = 0 \\[2mm]
\left.\dfrac{\partial L}{\partial \beta_1}\right|_{\beta_1=\hat{\beta}_1} = -2\sum_{i=1}^{N}(y_i - \hat{\beta}_0 - \hat{\beta}_1 X_{i1} - \hat{\beta}_2 X_{i2} - \cdots - \hat{\beta}_p X_{ip})X_{i1} = 0 \\[2mm]
\left.\dfrac{\partial L}{\partial \beta_2}\right|_{\beta_2=\hat{\beta}_2} = -2\sum_{i=1}^{N}(y_i - \hat{\beta}_0 - \hat{\beta}_1 X_{i1} - \hat{\beta}_2 X_{i2} - \cdots - \hat{\beta}_p X_{ip})X_{i2} = 0 \\[2mm]
\left.\dfrac{\partial L}{\partial \beta_p}\right|_{\beta_p=\hat{\beta}_p} = -2\sum_{i=1}^{N}(y_i - \hat{\beta}_0 - \hat{\beta}_1 X_{i1} - \hat{\beta}_2 X_{i2} - \cdots - \hat{\beta}_p X_{ip})X_{ip} = 0
\end{cases}
\tag{3.11}
$$

这种参数求解方法称为最小二乘法。它有以下特点：

- 要求 $N \geqslant p+1$，即样本量 N 不少于模型中待估参数的个数。如果数据集的样本量 N 较大，输入变量相对较少，该要求通常可以满足。
- 输入变量和输出变量取值的线性假设。但这种假设的合理性并非一定能够满足。
- 损失函数 L 是模型参数的二次函数，即要求预测模型为线性模型。如果输入变量和输出变量的取值关系，不能通过线性模型表示或无法转换为线性模型形式，而是某种非线性形式，则损失函数 L 可能就是模型参数的更复杂的形式。若存在多个极小值，上述方式不一定能够得到损失函数取得最小值时的参数估计值。

因此，机器学习常在预测模型参数的解空间中，采用一定的搜索策略估计参数。

预测模型参数的解空间（Solution Space），简单讲就是由所有模型参数解的集合构成的空间，通常是一个高维空间。这里的模型参数不局限于一般线性或广义线性模型中的参数，还包括其他任意非线性模型中的参数。如果将机器学习视为一个学习系统，则预测建模过程可用图 3.6 示意。

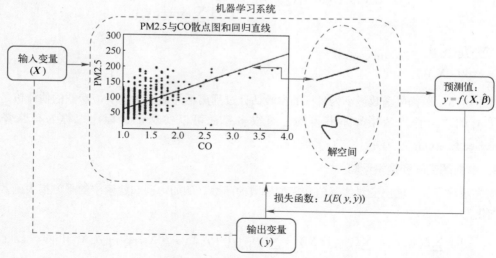

图 3.6 机器学习的预测建模过程

首先，将输入变量 X 和输出变量 y 值均"喂入"机器学习系统。然后，学习系统在解空

间所有可能的解集 $f(X, \hat{\beta})$ 中，搜索与系统的输入和输出数量关系较为接近的第 j 组参数解 $\hat{\beta}(j)$，并给出该模型参数下的预测值 $\hat{y} = \hat{f}(X) = f(X, \hat{\beta}(j))$。进一步，计算损失函数并将其"喂入"机器学习系统，继续在解空间中搜索更贴近输入和输出数量关系的参数解。该过程将不断反复多次，直到损失函数达到最小为止。此时，参数估计值为 $\hat{\beta}$，模型的预测值为 $\hat{f}(X) = f(X, \hat{\beta})$，相应的"规则"对数据集存在最好的拟合。

然而，在整个解空间搜索并确保得到能使损失函数取最小值的参数解，通常不一定具有计算或时间上的可行性，需要一定的搜索策略。

例如，梯度下降法。若总损失 $\sum_{i=1}^{N} L(y_i, f(X_i, \hat{\beta}))$ 为一个连续函数，它在高维参数空间中将以如图 3.7 所示的曲面呈现。

图 3.7 展示了仅包含 β_1、β_2 两个待估参数下的总损失函数曲面。其预测模型为一个复杂模型。梯度下降法认为，参数解搜索的优化路径应是能够快速抵达损失最小（曲面波谷）处，即应一直沿着损失函数曲

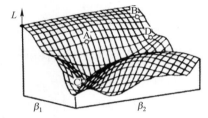

图 3.7　以损失函数为指导的搜索过程示意图

面下降最快的路径走。当然，"起点"不同（图 3.7 所示 A、B 两个圆圈）所获得的参数解也可能不同。可能为全局最小处的解，称为全局最优解（如图 3.7 所示 C 点），也可能仅是局部最小处的解，称为局部最优解（如图 3.7 所示 D 点）。

再如，贪心搜索策略。在参数解空间搜索时，贪心策略反复采用"局部择优"原则，通过不断找到"当前最优解"而努力获得全局最优解。但并非所有场合都适合采用贪心搜索策略，除非能够确保基于所有的"当前最优解"一定可获得全局最优解。

有多种既有共性也有特性的预测建模方法以及各种参数搜索策略可供选择，详细内容将在后续章节讨论。

3.3　预测模型的评价

预测模型应用到对新数据的预测之前，需首先对其预测性能做一个全面且客观的评价。如果预测模型的预测精度较高或预测误差较低，才能认为模型对新数据的预测会有良好表现。这里需首先明确以下两个重要概念：

（1）模型误差

模型误差，简称误差，是基于数据集，对模型预测值和实际值不一致程度的数值化度量。它包括对每个样本观测的度量和对数据集整体的度量两个部分。

通常，回归预测模型和分类预测模型的误差度量方法不同。具体的度量方法或称评价指标也有很多，另外还有一些派生的辅助性图形工具。

（2）预测误差或泛化误差

预测误差，是预测模型对新数据集进行预测时，给出的预测值和实际值不一致程度的数值化度量。预测误差测度模型在未来新数据集上的预测性能。若值较低，说明模型具有一般预测场景

下的普适性和推广性，认为模型有较高的泛化能力。因此，预测误差也称为泛化误差（Generalization Error）。后续在称谓上将统一采用泛化误差。

泛化误差和模型误差的不同在于，预测建模时可直接计算出模型误差的具体值，但因泛化误差聚焦于对预测模型未来表现的评价，且建模时未来新数据集是未知的，因此无法直接计算，只能给出一个相对客观的估计值。

接下来将就 3 方面内容进行介绍：

● 模型误差的评价指标；
● 模型的图形化评价工具；
● 泛化误差的估计方法。

3.3.1 模型误差的评价指标

目前已有多种模型误差的评价指标，它们适用于哪些场合，各自有怎样的特点，是本节讨论的重要内容。由于回归预测和分类预测中输出变量的类型不同，评价指标的设计也会有所差异，以下将分别讨论。

1. 回归预测模型中的误差评价指标

正如前面提到的，回归预测模型的误差，是输出变量预测值和实际值的差：$e_i = y_i - \hat{y}_i$ $(i = 1, 2, \cdots, N)$。数据集误差程度的整体水平可在总平方损失函数 $\sum_{i=1}^{N} L(y_i, \hat{y}_i)^2 = \sum_{i=1}^{N} (y_i - \hat{y}_i)^2$ 的基础上做适当调整。平方损失函数值受到样本量 N 的大小的影响，不能直接作为评价指标。均方误差（Mean Square Error，MSE）很好地消除了此影响，其定义为

$$\text{MSE} = \frac{1}{N} \sum_{i=1}^{N} (y_i - \hat{y}_i)^2 = E(L(y_i, \hat{f}(X_i))) \tag{3.12}$$

MSE 是误差总和的平均值，也是平方损失函数的期望（E 表示期望）。MSE 值越大表明误差越大，反之误差越小。

回归预测模型的评价指标还有平均绝对误差、平均绝对误差百分比等多种指标，但 MSE 是最常用的一个。

2. 二分类预测模型中的误差评价指标

分类预测模型中输出变量为类别标签，理论上计算预测类别值与实际类别值的差是没有意义的，因此对于分类问题，误差通常基于混淆矩阵计算。

混淆矩阵通过矩阵表格形式展示预测类别值与实际类别值的差异程度或一致程度。表 3.1 为仅有 0、1 两个类别的二分类预测问题的混淆矩阵。

表 3.1　二分类预测问题的混淆矩阵

实际类别值	预测类别值	
	1	0
1	TP	FN
0	FP	TN

通常将二分类中的 1 类称为正类，0 类称为负类。表 3.1 中的字母均为英文缩写。其中，*TP* 表示"真正"（True Positive，TP），是实际类别值和预测类别值均为 1 的样本观测数；*FN* 表示"假负"（False Negative，FN），是实际类别值为 1，但预测类别值为 0 的样本观测数；*FP* 表示"假正"（False Positive，FP），是实际类别值为 0，但预测类别值为 1 的样本观测数；*TN* 表示"真负"（True Negative，TN），是实际类别值和预测类别值均为 0 的样本观测。*TP+TN +FN+FP=N*。*TP+TN* 为正确预测的样本量，*FN+FP* 为错误预测的样本量。

基于该混淆矩阵，可派生出若干取值范围在[0,1]之间的错判率或正确率指标，以度量模型误差或精度。

（1）总正确率=$\dfrac{TP+TN}{N}$

总正确率越大，越接近 1，表明模型的总误差越小，反之越大。

（2）总错判率=$\dfrac{FN+FP}{N}$

总错误率越大，越接近 1，表明模型的总误差越大，反之越小。这里，错判是指模型对输出变量的类别给出了错误判断（预测类别错误）。

（3）敏感性=$\dfrac{TP}{TP+FN}$

敏感性（Sensitivity）是实际类别值等于 1 的样本中被模型判为 1 类的比率，记为 *TPR*（True Positive Ratio，TPR）。该值越大，越接近 1，表明模型对 1 类判断的误差越小，反之越大。若特别关注预测模型在 1 类上的表现，则应采用 *TPR*。

（4）特异性=$\dfrac{TN}{TN+FP}$

特异性（Specificity）是实际类别值等于 0 的样本中模型判为 0 类的比率，记为 *TNR*（True Negative Ratio，TNR）。进一步，称 1–*TNR* 为假正率，记为 *FPR*（False Positive Ratio，FPR）。*TNR* 越大，越接近 1，即 *FPR* 越小越接近 0，表明模型对 0 类判断的误差越小，反之越大。若特别关注预测模型在 0 类上的表现，则应采用 *TNR* 或 *FPR*。

（5）查准率=$\dfrac{TP}{TP+FP}$ 和查全率=$\dfrac{TP}{TP+FN}$

查准率（Precision）是被模型判为 1 类的样本中实际确为 1 类的比率，记为 *P*。查全率（Recall）记为 *R*，等价于敏感性，和查准率被同时提出，专用于评价信息检索算法的性能。从检索角度看，总希望与检索内容相关的信息能被尽量多地检索出来，即查全率 *R* 越高越好。同时，检索结果中的绝大部分是真正想要的检索内容，即查准率 *P* 越高越好。

目前，查准率 *P* 和查全率 *R* 已被广泛用于预测模型的评价方面。查准率 *P* 是对模型正确命中 1 类能力的度量，查全率 *R* 则是对模型覆盖 1 类能力的度量，关注对 1 类的预测效果。应该看到的是，虽然我们希望两者同时大，但并无法实现。例如，只需将所有样本观测均判为 1 类，则可使查全率 *R* 达到最大值 1，但此时查准率 *P* 一定是最低的。既然无法使两者同时达到最大，那么能够使两者之和或均值到达最大的预测模型应是较为理想的。为此，又派生出 F1 分数等评价指标，以及 P-R 曲线等图形化评价工具。

（6）F1 分数 $= \dfrac{2 \times P \times R}{P + R} = \dfrac{2 \times TP}{N + TP - TN}$

F1 分数（F1 Score）是查准率 P 和查全率 R 的调和平均值。调和平均值也称倒数平均值，是倒数的算术平均数的倒数。$\dfrac{1}{F1} = \dfrac{1}{2}\left(\dfrac{1}{P} + \dfrac{1}{R}\right)$，其倒数为 F1 分数，值越大越好。

进一步，实际应用中，有时可能希望模型有较高的查准率 P 而弱化查全率 R，或者有较高的查全率 R 而弱化查准率 P。此时应如何客观评价模型呢？为此，在计算 F1 分数时引入了权重 $\beta > 0$。若定义：$\dfrac{1}{F_\beta} = \dfrac{1}{1+\beta^2}\left(\dfrac{1}{P} + \dfrac{\beta^2}{R}\right)$，有 $F_\beta = \dfrac{(1+\beta^2) \times P \times R}{\beta^2 \times P + R}$。$\beta < 1$（如 β^2 接近 0）时，与 F1 分数相比，该评估结果主要取决于查全率 R，所以以此为侧重点评价模型时应令 $\beta < 1$；$\beta > 1$ 时，查准率将对结果有更大影响，侧重模型查准率 P 时应令 $\beta > 1$。$\beta = 1$ 即为 F1 分数，查准率 P 和查全率 R 对评估结果有同等权重的影响。

3．多分类预测模型中的误差评价指标

基于二分类混淆矩阵的误差评价指标可推广到多分类预测建模中。通常多分类预测可间接通过多个二分类预测实现，可采用 1 对 1（one-versus-one）策略或 1 对多（one-versus-all）两种策略。

对具有 K 个类别的多分类预测问题，1 对 1 策略是：令第 k 类为一类（如记为 1），其余类依次作为另一类（如记为 0），分别构建 $M = C_K^2$ 个二分类预测模型。1 对多策略是：令第 k 类为一类（如记为 1），其余 $K-1$ 个类别都归为另一类（如记为 0），分别构建 $M = K$ 个二分类预测模型。预测时依据"少数服从多数"原则，由 M 个二分类模型投票最终确定类别预测值。

无论采用哪种策略都会计算出 M 个二分类的混淆矩阵。一方面，可先分别计算出 TP_i、FN_i、FP_i、$TN_i (i = 1, 2, \cdots, M)$ 的均值 $\overline{TP}$、$\overline{FN}$、$\overline{FP}$、$\overline{TN}$，然后依据这些均值计算上述评价指标。由此得到的评价指标统称为微平均（Micro-averaged）意义下的评价指标。另一方面，也可先计算出基于 M 个混淆矩阵的评价指标，如查准率 $P_i (i = 1, 2, \cdots, M)$ 和查全率 $R_i (i = 1, 2, \cdots, M)$，然后再对其取平均（如 $\overline{P}$ 和 $\overline{R}$），由此得到的评价指标统称为宏平均（Macro-averaged）意义下的评价指标（如宏 F1-分数）。

3.3.2 模型的图形化评价工具

基于评价指标选择恰当的图形工具，将更利于直观和精细刻画模型的预测性能。较为常见的图形有 ROC 曲线和 P-R 曲线等。

绘制 ROC 曲线和 P-R 曲线时，需以式（3.4）中的 $\hat{P}$（输出变量类别值为 1 的概率）的各个取值为阈值并进行相应计算。分类预测模型会给出每个样本观测的 $\hat{P}_i (i = 1, 2, \cdots, N)$，并基于 $\hat{P}_i$ 确定 $\hat{y}_i$ 的类别预测值（1 或 0）。通常，若 $\hat{P}_i > P_c = 0.5$，即有一半以上的概率类别预测值等于 1，则 $\hat{y}_i = 1$；否则，若 $\hat{P}_i \leqslant P_c = 0.5$，则 $\hat{y}_i = 0$。这里，P_c 称为概率阈值（取值在 0 至 1 之间），一般为常数默认取 0.5。

事实上，概率阈值 P_c 的取值与预测置信度 c（Confidence level）有关。一方面，$\hat{P}_i$ 越大令 $\hat{y}_i = 1$ 的置信度越大，错误预测的可能性较低；$\hat{P}_i$ 越小 $\hat{y}_i = 1$ 的置信度也越小，错误预测的可能性较高。另一方面，若提高 P_c （如极端情况下令 $P_c = 0.99$ ），因只有那些 $\hat{P}_i > P_c$ 的样本观测其 $\hat{y}_i = 1$，预测是在高置信度水平下进行的，错判的可能性低。同理，若降低 P_c （如极端情况下令 $P_c \approx 0$），由于很容易满足：$\hat{P}_i > P_c$，则 $\hat{y}_i = 1$。因预测是在较低置信度水平下进行的，错判的可能性高。

为全面评价预测模型，可借助 ROC 曲线和 P-R 曲线等图形工具，观察随着预测置信度的降低，P_c 取值由大到小逐渐减少，模型主要评价指标（如 TPR 和 FPR、P 和 R）的变化情况。通常会首先将 $\hat{P}_i (i = 1, 2, \cdots, N)$ 按降序排序，并依次令 $P_c = \hat{P}_i$。显然，随着概率阈值 P_c 的降低，会有越来越多的样本观测的 $\hat{y}_i = 1$，并导致假正率 FPR 增加。一方面，在假正率 FPR 随之增加的初期，预测性能良好模型的敏感性 TPR，即查全率 R 也会很快到达一个较高水平。另一方面，随着查全率 R 的增加，预测性能良好模型的查准率 P 不会快速下降。

1. ROC 曲线和 AUC 值

作为一种直观易懂的图形，接受者操作特征（Receiver Operating Characteristic，ROC）⊖曲线已成为机器学习中，二分类预测模型图形化评价的首选工具。ROC 曲线的横坐标为 FPR，纵坐标为 TPR。取值范围是[0,1]区间。如图 3.8 左图所示（Python 代码详见 3.5.1 节）。

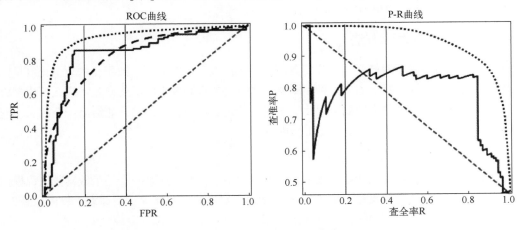

图 3.8　ROC 曲线和 P-R 曲线

图 3.8 中，虚线对应的数据点较多、曲线较平滑（一般理论情况），而实线对应的数据点较少、呈不平滑折线（现实情况）。左图的 ROC 曲线中，(0,0)点对应概率阈值 $P_c = 1$，此时的 TPR 和 FPR 均等于零。之后概率阈值 P_c 逐渐降低，TPR 和 FPR 也逐渐增加。当概率阈值 $P_c = \min(\hat{P}_i)$ 取最小值时，所有样本观测的预测类别 $\hat{y}_i = 1$，TPR 和 FPR 同时到达最大值 1，对应(1,1)点。如前文所述，在 FPR 增加的初期，

二维码 002

TPR 很快达到一个较高水平的模型是预测性能较好的模型。图中，虚线对角线为基准模型，在其上方且越远离它的模型越优。可见，点虚线对应的模型优于长虚线，原因是点虚线"包裹"住了

⊖ ROC 曲线，最初应用在第二次世界大战期间敌机监测雷达信号的分析中，后来被大量应用于心理学和医学试验等方面。

长虚线，使得两个模型的 *FPR* 相等时（如 0.2 或 0.4），点虚线模型的 *TPR* 均大于长虚线模型。

实线和长虚线模型的对比则相对复杂些。*FPR*=0.2 时实线优于长虚线，但 *FPR*=0.4 时长虚线优于实线，两条线出现了交叉。对此，可计算曲线下方的面积（Area Under Curve，AUC），具有更大 AUC 值的模型更优。

2. P-R 曲线

P-R 曲线是基于查准率 *P* 和查全率 *R* 绘制的曲线，也是一种评价分类预测模型的整体预测性能的图形化工具。将 1 类样本的占比记为 π。P-R 曲线的横坐标为查全率 *R*，取值范围是(0,1)区间。纵坐标为查准率 *P*，取值范围是[π,1] 区间，如图 3.8 右图所示（Python 代码详见 3.5.1 节）。

P-R 曲线图中，当概率阈值 $P_c = \max(\hat{P})$ 取最大值时，查全率 *R* 较小可能近似 0，查准率 *P* 通常等于或近似等于 1，接近(0,1)点。之后概率阈值 P_c 逐渐降低，查全率 *R* 逐渐增加，查准率 *P* 上下波动且总体呈下降趋势。概率阈值 $P_c = \min(\hat{P}_i)$ 时，所有观测的预测类别 $\hat{y}_i = 1$，查全率 *R* 到达最大值 1，查准率 *P* 等于 π。如前文所述，随着查全率 *R* 的增加，查准率 *P* 不会快速下降的模型是预测性能较好的模型。图中，虚线对角线为基准模型，在其上方且越远离的模型越优。可见，点虚线对应的模型优于实线，原因是点虚线"包裹"住了实线，使两个模型的查全率 *R* 相等时（如 0.2 或 0.4），点虚线模型的查准率 *P* 均大于实线模型。

3.3.3 泛化误差的估计方法

泛化误差是预测模型对新数据集进行预测时，预测值和实际值不一致程度的数值化度量。预测模型的泛化误差越低越好，如果一种预测模型比另一种具有更小的泛化误差，那么该模型将更有效。因建模时新数据集是未知的，因此泛化误差是无法直接计算的，只能给出一个相对客观的估计值。如何估计泛化误差是本节介绍主要内容。

1. 训练误差

预测建模的核心目标是基于数据集估计出预测模型的参数，这是一个基于数据集训练模型的过程。用于训练模型的数据集称为训练集（training set），其中的样本观测称为"袋内观测"。基于训练集"袋内观测"，建立模型并计算得到的模型误差，称为训练误差或经验误差。

回归预测中典型的训练误差，是基于训练集（样本量为 $N_{training} < N$）的 MSE：

$$\overline{err} = E(L(y_i, \hat{f}(X_i)) = \frac{1}{N_{training}} \sum_{i=1}^{N_{training}} (y_i - \hat{y}_i)^2$$

例如，基于式（3.6）分类预测中基于训练集的训练误差为

$$\overline{err} = E(L(y_i, \hat{P}(X_i)) = -\frac{1}{N_{training}} \sum_{i=1}^{N_{training}} \log \hat{P}_{y_i}(X_i)$$

训练误差的大小与模型复杂度和训练样本量有关。模型复杂度一般可用模型中的待估参数的个数来度量。一方面，待估参数越多，模型复杂度越高。例如，式（3.1）或式（3.2）中 β_i 的个数越多，模型的复杂度越高。反之复杂度越低。在恰当的训练样本量条件下，增加模型的复杂度会带来训练误差的降低。原因是高复杂度模型对数据中隐藏规律的刻画更细致，从而使得训练误

差减少。另一方面，在模型复杂度确定的条件下，训练误差会随样本量增加而下降。原因是较小规模的训练集无法全面囊括输入变量和输出变量取值的规律性，建立在其上的预测模型会因不具备"充分学习"的数据条件而导致训练误差较大。随着样本量的增加，这种情况会得到有效改善。如图 3.9 所示（Python 代码详见 3.5.2 节）。

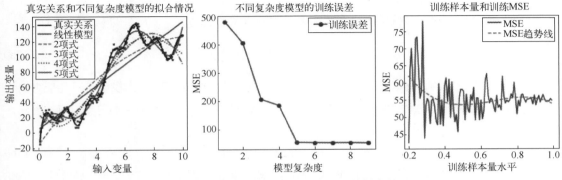

图 3.9　训练误差与模型复杂度和训练样本量

图 3.9 左图是基于随机模拟数据建立回归预测模型的一个示例。首先，假设输入变量 X 和输出变量 y 之间的真实关系，用黑色实线表示。然后，因其他随机因素会对输出变量产生影响，为模拟这种影响，令 $y_i = y_i + \varepsilon_i$，其中，$\varepsilon_i$ 为服从均值为 0、方差为 σ^2 的正态分布随机数。各个样本观测对应图中的圆点，可见并非所有圆点都在黑色实线上。

二维码 003

预测建模时，首先，建立最简单的回归预测方程：$\hat{y} = \hat{\beta}_0 + \hat{\beta}_1 X$，对应图中的实直线。该模型对样本观测点的拟合不理想。进一步，建立多项式模型，逐渐增加回归预测模型的复杂度，分别得到二项式方程：$\hat{y} = \hat{\beta}_0 + \hat{\beta}_1 X + \hat{\beta}_2 X^2$，三项式方程：$\hat{y} = \hat{\beta}_0 + \hat{\beta}_1 X + \hat{\beta}_2 X^2 + \hat{\beta}_3 X^3$，等等。这里，最复杂的回归预测方程为五项式形式：$\hat{y} = \hat{\beta}_0 + \hat{\beta}_1 X + \cdots + \hat{\beta}_5 X^5$。各回归方程对应的回归线如图 3.9 左

图所示。显然，最复杂模型对样本观测的拟合最理想。正如图 3.9 中图所示，训练误差随模型复杂度（这里最复杂的模型为九项式）的增加而下降。图 3.9 右图展示了五项式模型的训练误差随训练样本量增加而变化的情况。前期训练误差呈波动式下降。当样本量达到一定规模后，训练误差将基本持续维持在一个平稳水平。训练样本量和训练误差的理论关系如图 3.10 所示。

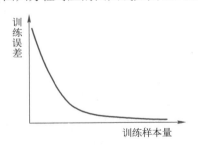

图 3.10　训练误差和训练样本量的关系

2. 测试误差

能否将训练误差作为泛化误差的估计呢？答案是否定的。

首先，在建模的当下时刻，因未来新数据集未知，所以不可能作为训练集。相对于"袋内观测"，新数据都是"袋外观测"（Out of Bag，OOB）。因此，泛化误差是基于"袋外观测"的误差，而非训练误差。其次，损失函数最小原则下的模型参数估计策略决定了训练误差是基于"袋内观测"的当下最小值，对基于 OOB 的误差来讲，它是个偏低的估计。换言之，训练误差是泛

化误差的乐观估计。

为满足泛化误差应基于 OOB 计算的特点，预测建模时通常只抽取数据集中的部分样本观测组成训练集（这里记为 T）并训练模型。剩余的样本观测全体称为测试集（test set）。评价模型时将计算模型在测试集上的误差，该误差称为测试误差（test error）。因测试误差基于 OOB 计算，通常作为模型泛化误差的估计。

例如，回归预测中典型的测试误差是针对测试集（样本量为 $N_{\text{test}} < N$）的 MSE：

$$Err_T = E[L(y_i, \hat{f}(X_i))|T] = \frac{1}{N_{\text{test}}} \sum_{i=1}^{N_{\text{test}}} (y_i - \hat{y}_i)^2 \tag{3.13a}$$

其中，T 为某个特定的训练集。因此，Err_T 是对基于特定训练集 T 所建特定模型 $\hat{f}$ 泛化能力的估计。进一步，测试集是总体的随机独立抽样结果，测试误差可能会因测试集不同而不同。因此，可计算测试误差 Err_T 的期望：

$$Err = E[L(y_i, \hat{f}(X_i))] = E(Err_T) \tag{3.13b}$$

Err 是对随机样本所有可能下的测试误差的平均，包括了训练集 T 随机变化导致的 $\hat{f}$ 的变化。因此，Err 是对一类预测模型 f 泛化误差的理论估计。

大量随机模拟研究表明，训练误差不仅低于测试误差（因为它是泛化误差的乐观估计），而且随着模型复杂度的增加，训练误差和测试误差将有不同的变化趋势。如图 3.11 所示（Python 代码详见 3.5.2 节）。

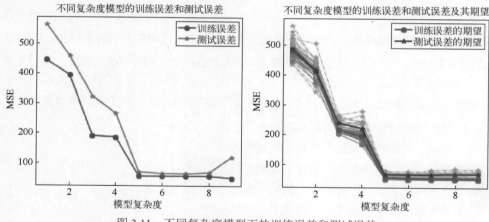
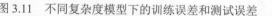

图 3.11　不同复杂度模型下的训练误差和测试误差

二维码 004

图 3.11 左图展示了图 3.9 中图不同复杂度模型下，训练误差（$\overline{err}$）和测试误差（Err_T）的变化趋势图。横坐标为复杂度，纵坐标为 MSE。训练误差是模型复杂度的函数，随复杂度的增加单调下降。模型复杂度增加初期，训练误差快速下降，但后期下降较小并基本保持不变。测试误差也是模型复杂度的函数，但它高于训练误差。在复杂度增加初期呈快速下降，但后期（如六项式之后）不再单调下降而是开始增加，呈 U 字形。

测试误差 Err_T 的结果会因测试集不同而不同，如图 3.11 右图所示。这里，对数据集进行了 20 次随机抽样，获得 20 个独立的训练集和测试集。图 3.11 右图中的浅色实线和浅色点线分别对应不同训练集和测试集下模型的 $\overline{err}$ 和 Err_{T}。各数值的差异源于训练集、预测模型 $\hat{f}$ 或测试集的随机性变化。有哪些获得训练集和测试集的策略，它们又会对泛化误差的估计产生怎样的影响，这些将在 3.3.4 节讨论。图 3.11 右图中的深色实线和深色点线分别为 $\overline{err}$ 和 Err_{T} 的均值线，即分别为期望的训练误差 $E(\overline{err})$ 和期望的测试误差 $E(Err_{\mathrm{T}})$。图形同样体现了与图 3.11 左图相同的结论，其一般理论特征如图 3.12 所示。

图 3.12 中，复杂度增加到竖线以后，表示训练误差的实线仍降低，但表示测试误差的虚线开始增加。

总之，训练误差和测试误差有不同特点，总结如下：

第一，训练误差是对泛化误差的偏低估计，应采用测试误差估计泛化误差。

第二，训练误差最小时的测试误差不一定最小，即训练误差最小时的预测模型，其泛化能力不一定最强。

第三，理想的预测模型应是泛化能力最强的模型，是测试误差最小的模型。

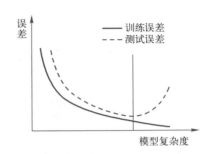

图 3.12　预测模型的训练误差和测试误差

3.3.4　数据集的划分策略

数据集划分是将所得数据集划分为训练集和测试集。在训练集上训练模型，在测试集上计算模型的测试误差，进而估计模型的泛化误差，评价模型的预测性能。测试误差会因数据集的不同划分策略而存在一定差异。若将建立在训练集上的预测模型记为 $\hat{f}^{-\kappa(i)}$，其中，$-\kappa(i)$ 表示除 $\kappa(i)$ 之外的样本观测的集合，即为训练样本集，则可将测试误差定义为

$$CV(\hat{f},\alpha) = \frac{1}{N}\sum_{i=1}^{N}L(y_i,\hat{f}^{-\kappa(i)}(\boldsymbol{X}_i,\alpha))\qquad(3.14)$$

其中，α 表示人为指定的数据集划分策略。数据集的划分一般有旁置法（Hold out）、留一法（Leave One Out，LOO）和 K 折交叉验证法（Cross-Validation，CV）。α 不同所导致的训练集不同将最终体现在预测模型上，因此将预测模型记为 $\hat{f}^{-\kappa}(\boldsymbol{X},\alpha)$，表示第 α 个预测模型（基于删去第 κ 部分数据之外的数据）。

1. 旁置法

旁置法将整个数据集随机划分为两个部分。一部分作为训练集（通常包含原有数据集 60%～70% 的样本观测），用于训练预测模型：$\hat{f}^{-\kappa}(\boldsymbol{X},\alpha)$。剩余的样本观测组成测试集，用于计算测试误差：$CV(\hat{f},\alpha) = \frac{1}{N_{\text{test}}}\sum_{i=1}^{N_{\text{test}}}L(y_i,\hat{f}^{-\kappa(i)}(\boldsymbol{X}_i,\alpha))$，如图 3.13 所示。

图 3.13 中，1,2,3…为样本观测的编号。通过随机划分形成深色部分的训练集，以及浅色部分的测试集。图 3.11 右图为旁置法计算的测试误差。

旁置法仅适合数据集样本量 N 较大的情况。样本量 N 较小时训练集会更小，此时模型不具备"充分学习"的数据条件，将出现测试误差偏大而高估模型泛化误差的悲观倾向。为此可采用留一法。

2．留一法

留一法，用 $N-1$ 个样本观测作为训练集训练模型，用剩余的一个样本观测作为测试集计算模型的测试误差。该过程需重复 N 次，将建立 N 个预测模型。针对留一法，式（3.14）中的 $\kappa(i)=i$。$\hat{f}^{-\kappa}(\boldsymbol{X},\alpha)$ 表示删除第 i 个样本观测后建立的第 α 个预测模型。留一法的示意图如图 3.14 所示。

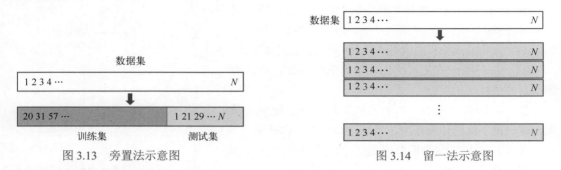

图 3.13 旁置法示意图

图 3.14 留一法示意图

图 3.14 中深色数字表示测试集合。留一法中每次均有 $N-1$ 个样本观测（绝大多数观测）参与建模。样本量较小时，留一法策略下的训练集大于旁置法。因没有破坏"充分学习"的条件，其测试误差低于旁置法，是模型泛化误差的近似无偏估计。但是计算成本较高，尤其是在样本量 N 较大时。为此可采用 K 折交叉验证法。

3．K 折交叉验证法

K 折交叉验证首先将数据集随机近似等分为不相交的 K 份，称为 K 折；然后，令其中的 $K-1$ 份为训练集训练模型，剩余的 1 份为测试集计算测试误差。该过程需重复 K 次，将建立 K 个预测模型。针对 K 折交叉验证法，式（3.14）中 κ 的样本量近似等于 $\dfrac{N}{K}$。$\hat{f}^{-\kappa}(x,\alpha)$ 表示删除第 κ 份样本观测后建立的第 α 个预测模型［训练样本量近似等于 $(K-1)N/K$］。事实上，可视 α 为模型的可调整参数。例如，$\alpha=K=5$ 或 $\alpha=K=10$ 分别对应 5 折交叉验证或 10 折交叉验证。图 3.15 是 10 折交叉验证的示意图。

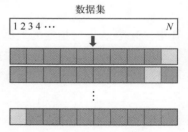

图 3.15 10 折交叉验证示意图

图 3.15 中的深色部分为训练集，浅色部分为测试集。

K 折交叉验证法与留一法既有联系也有区别。首先，当 $\alpha=K=N$ 时，K 折交叉验证法就是留一法，留一法即为 $K=N$ 时的交叉验证法，或称 N 折交叉验证法；其次，留一法（N 折交叉验证法）中的 N 个训练集差异都很小，都是原数据集的近似，所以留一法是对 Err_T 的估计。K 折交叉验证中，K 个训练集中的每个训练集都可能与原数据集有较大不同，因此是对 Err_T 期望 Err 的估计。一般采用 10 折交叉验证。

K 折交叉验证法还可用于模型选择。正是由于 α 为模型的可调整参数，可尝试不断调节 α 的值，找到使 $CV(\hat{f},\alpha)$ 最小下的 $\hat{\alpha}$。最终的模型为基于数据集全体的 $f(\boldsymbol{X},\hat{\alpha})$。关于模型选择的更多内容，将在 3.4 节讨论。

3.4　预测模型的选择问题

若存在多个预测精度或误差接近的预测模型，应以怎样的策略选出其中的最优者并加以应用？这也是数据预测中关注的重要问题。也是本节要说明的主要问题。

3.4.1　模型选择的基本原则

预测模型选择有如下的基本原则：

第一、预测模型选择的理论依据是"奥卡姆剃刀"（Occam's Razor）[一]原则。"奥卡姆剃刀"原则的基本内容是，如果对于同一现象有两种不同的假说，应该采取比较简单的那一种。应用到预测建模中即为：在所有可能选择的模型中，应选择能够很好地解释已知数据且十分简单的模型。若存在多个预测精度或误差接近的预测模型，应选择其中复杂度较低的模型。预测建模中选择简单模型的理由很直接，因为简单模型不仅需要的输入变量较少，待估参数较少，而且简单模型更易被正确解释和应用。

第二、通常，简单模型的训练误差高于复杂模型，但若其泛化误差低于复杂模型，则应选择简单模型。因为泛化误差较低的模型在预测中将有更好的表现。

第三、预测模型中的最优者应具有两个重要特征：训练误差应在可接受的范围内。应具有一定的预测稳健性。

以追求训练误差最低为预测建模准则，意味着倾向选择复杂模型。这显然违背了"奥卡姆剃刀"原则。由此引发的问题是：选择复杂模型将导致怎样的后果？答案是：①模型过拟合（Over-Fitting）而导致的高泛化误差。②模型过拟合而导致的低稳健性。因此，通常需适当"妥协"，选择误差在可接受范围内的中等复杂度的模型。"妥协"带来的益处是：减少模型的过拟合，降低泛化误差，提高预测稳健性。

这里涉及几个基本问题：什么是模型过拟合？如何度量模型的稳健性？以下将围绕上述两点，通过阐述过拟合、预测模型的偏差（Bias）和方差（Variance）等问题，厘清预测建模选择的基本原则以及相应的建模策略。

3.4.2　模型过拟合

模型过拟合，是指在以训练误差最小原则下可能出现的，预测模型远远偏离输入变量和输出变量的真实关系，从而在新数据集上产生较大预测误差的现象。预测模型的训练误差较小但测试误差较大，是模型过拟合的重要表现之一。

图 3.16（Python 代码详见 3.5.4 节）左图是基于随机模拟数据建立回归预测模型的一个示例。首先，假设输入变量 X 和输出变量 y 之间的真实关系，用黑色实线表示。然后，因其他随机因素会对输出变量产生影响，为模拟这种影响，令：$y_i = y_i + \varepsilon_i$。其中，$\varepsilon_i$ 为服从均值为 0、方差为 σ^2 的正态分布随机数。各个样本观测对应图中的圆点，可见并非所有圆点都在黑色实线上。

[一]　奥卡姆剃刀（Occam's Razor）：常被称为简约原则（Principle of Parsimony），由 14 世纪最有影响力的哲学家和有争议的神学家奥卡姆提出，已被公认为科学建模和理论的基础。

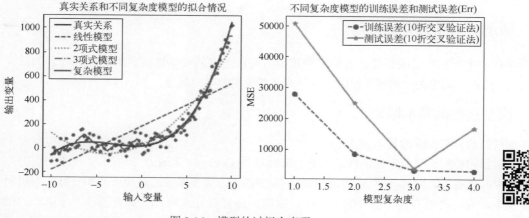

图 3.16 模型的过拟合表现

二维码 005

预测建模时，首先建立最简单的回归预测方程：$\hat{y} = \hat{\beta}_0 + \hat{\beta}_1 X$，对应图 3.16 右图中的虚直线。因该模型对样本观测点的拟合不够理想，训练误差较高。所以需要逐渐增加回归预测模型的复杂度，建立多项式模型：$\hat{y} = \hat{\beta}_0 + \hat{\beta}_1 X + \hat{\beta}_2 X^2$（二项式），$\hat{y} = \hat{\beta}_0 + \hat{\beta}_1 X + \hat{\beta}_2 X^2 + \hat{\beta}_3 X^3$（三项式），以及更复杂的非线性复杂模型（K 近邻法，详见第 5 章）。4 个预测模型对应的回归线如图 3.16 左图所示。虽然三项式模型对应的回归线与真实关系线基本重合，但对样本观测点的拟合程度却不及复杂模型。

同时，观察 4 个模型的训练误差和采用 10 折交叉验证法计算的测试误差 *Err*，如图 3.16 右图所示。随着复杂度的增加，4 个模型的训练误差单调下降，但测试误差出现开始下降后又上升的现象。复杂模型的训练误差最小但测试误差并非最小，是过拟合的典型表现。究其原因是，尽管复杂模型的训练误差最低，但事实上它已经开始偏离真实关系线（如图 3.16 左图），进而导致测试误差增加，模型是过拟合的，有较高的泛化误差。因三项式模型最贴近真实关系，所以应选择该模型。当然，这是以牺牲精度为代价的"妥协"方案。尽管其训练误差不是最低的（默认在可接受范围内），但测试误差最低，泛化性能最优，是个具有中等复杂度的恰当模型。虽然实际预测建模中无法知道真实关系，但模型选择依据是不变的。

进一步，图 3.17 左图（Python 代码详见 3.5.4 节），利用箱线图并添加中位数折线（虚线），展示了 4 个模型在采用 10 折交叉验证的情况下各折测试误差的分布特征。可见，线性模型（最简单模型）的测试误差的中位数（刻画平均水平）最大，四分位差（箱体高度，刻画离散程度）也最大。后续随模型复杂度增加，二项式和三项式模型测试误差的平均水平和离散程度依次降低后，复杂模型均又增大。图 3.17 右图更清晰地展示了测试误差平均水平和离散程度（这里采用方差度量）的变化情况。理想模型的 K 折交叉验证测试误差的分布，通常具有平均水平和离散程度均较低的特征。

与模型过拟合相对立的另一种情况式模型欠拟合。模型欠拟合也是指预测模型远远偏离输入变量和输出变量的真实关系，表现为模型在训练集和测试集上均有较大的误差。如图 3.16 左图中虚直线所对应的线性模型和二项式模型。

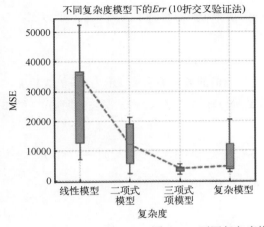
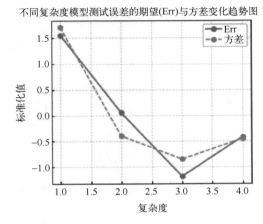

图 3.17　不同复杂度模型下的 10 折交叉验证

3.4.3　预测模型的偏差和方差

预测模型中的最优者不仅应有较低的泛化误差（这决定了它在未来预测中将有较低的预测误差），而且还应能给出稳健性较高的预测，即模型具有鲁棒性（Robustness）。预测模型的稳健性也决定了其泛化误差仅在一个很小的范围内波动，泛化误差的估计具有可靠性。模型的复杂度与鲁棒性及其泛化误差有怎样的关系是本节要说明的主要问题。这里将引入预测模型偏差和方差的概念，旨在从理论上给出这些问题的答案。

1. 概念和直观理解

预测模型的偏差（Bias）是指对新数据集中的样本观测 X_0（是模型的 OOB 观测），模型给出的多个预测值 $\hat{y}_0^i(i=1,2,\cdots)$ 的期望 $E(\hat{y}_0^i)$ 与其实际值 y^0 的差，测度了预测值与实际值不一致程度的大小。理论上，预测模型的偏差越小越好，表明模型泛化误差小。

预测模型的方差是指对新数据集中的样本观测 X_0，模型给出的多个预测值 $\hat{y}_0^i$ 的方差，它测度了多个预测值波动程度的大小。理论上，预测模型的方差越小越好，表明模型具有鲁棒性，泛化误差的估计可靠。

以下以一名射击选手的多次射击为例，直观讲解偏差和方差的含义。一名优秀的射击选手在射击比赛中应具备较高的准确性和稳定性，即在射击比赛中（多次射击机会）会枪枪射中靶心。这里，射中靶心表示高准确性（即低偏差），枪枪击中点重合表示高稳定性（即低方差）。图 3.18 刻画了多次射击的结果。

图 3.18 中，圆点为 10 次射击结果，靶心为最内圈。左上图枪枪射中靶心且很多击中点重合，为低偏差和低方差。右上图 10 枪射在靶心内但击中点不重

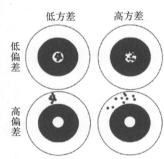

图 3.18　偏差和方差的直观理解

 鲁棒性原为统计学术语，现多见于控制论研究中。鲁棒性是指控制系统在一定特征或参数摄动下，仍维持其某些性能的特性，用以表征控制系统对特性或参数摄动的不敏感性。

合，为低偏差和高方差。左下图枪枪射在靶心之外但很多击中点重合，为高偏差和低方差。右下图枪枪射在靶心之外且击中点不重合，为高偏差和高方差。

2. 偏差和方差的理论定义

这里以回归预测为例讨论。输入变量和输出变量取值的数量关系可表示为 $y = f(\boldsymbol{X}) + \varepsilon$，其中 $E(\varepsilon) = 0, Var(\varepsilon) = \sigma_\varepsilon^2$ 且独立于 $\boldsymbol{X}$。对样本观测 $\boldsymbol{X}_0$ 的 $Err(\boldsymbol{X}_0)$（$\boldsymbol{X}_0$ 测试误差的期望），做如下的偏差-方差分解（Bias-Variance Decomposition）：

$$Err(\boldsymbol{X}_0) = E[(y_0 - \hat{y}_0)^2] = E\left[f(\boldsymbol{X}_0) + \varepsilon - \hat{f}(\boldsymbol{X}_0)\right]^2 = E\left[f(\boldsymbol{X}_0) - \hat{f}(\boldsymbol{X}_0)\right]^2 + Var(\varepsilon)$$

$$= [E\hat{f}(\boldsymbol{X}_0) - f(\boldsymbol{X}_0)]^2 + E[\hat{f}(\boldsymbol{X}_0) - E\hat{f}(\boldsymbol{X}_0)]^2 + \sigma_\varepsilon^2$$

$$= [Bias(\hat{y}_0)]^2 + Var(\hat{y}_0) + \sigma_\varepsilon^2 \tag{3.15}$$

其中，第三项为随机误差项的方差。无论怎样调整模型，第三项都不可能消失，除非 $\sigma_\varepsilon^2 = 0$；第一项为上述的偏差的平方，它度量了预测值的平均值与真实值的差；第二项为上述的方差，它度量了预测值与其期望间的平均性平方差异。

结合射击的例子，$\boldsymbol{X}_0$ 表示射击选手；$f(\boldsymbol{X}_0)$ 表示该选手自身具备的射击成绩；$\hat{f}(\boldsymbol{X}_0)$ 表示一次射击成绩；$E\hat{f}(\boldsymbol{X}_0)$ 表示比赛中多次射击的平均成绩。σ_ε^2 表示比赛时的外界随机干扰因素。可见，偏差度量了这次比赛成绩和该射击选手自身具备成绩间的差异。方差度量了该选手比赛发挥的稳定性。$Err(\boldsymbol{X}_0)$ 刻画了比赛的综合表现（不足）。只有成绩间的差异小（偏差小）且发挥稳定（方差小），比赛时的综合不足才会低。

因实际预测建模中，真实值 $f(\boldsymbol{X}_0)$ 是未知的，且只能得到预测模型 $\hat{f}$ 对样本观测 $\boldsymbol{X}_0$ 的一个预测值 $\hat{y}_0 = \hat{f}(\boldsymbol{X}_0)$，所以式（3.15）为理论表达。

人们总是希望 $Err(\boldsymbol{X}_0)$ 越小越好。一方面，由前面的论述可知，增加模型复杂度可减少偏差 $[Bias(\hat{y}_0)]^2$，并为降低 $Err(\boldsymbol{X}_0)$ 做出贡献。但因 $Err(\boldsymbol{X}_0) \geqslant Var(\varepsilon)$，所以 $Err(\boldsymbol{X}_0)$ 的最小值为 $Var(\varepsilon)$，无论多么优秀的模型也无法使 $Err(\boldsymbol{X}_0)$ 低于 $Var(\varepsilon)$。另一方面，增加模型复杂度在减少 $[Bias(\hat{y}_0)]^2$ 的同时，方差 $Var(\hat{y}_0)$ 又会有怎样的变化呢？这里通过数据模拟给出答案（Python 的代详见 3.5.4 节）。

图 3.19 是对前述 4 个模型的 $Err(\boldsymbol{X}_0)$ 以及偏差和方差变化趋势的模拟结果。显然，线性模型（最简单的欠拟合模型）的偏差最大但方差最小，$Err(\boldsymbol{X}_0)$ 位于最高点。二项式模型的偏差明显下降且方差略有增加，由于偏差减少的幅度远大于方差增加的幅度，故 $Err(\boldsymbol{X}_0)$ 从最高点快速下降。三项式模型仍保持偏差减少和方差增加且 $Err(\boldsymbol{X}_0)$ 继续下降。复杂模型的偏差小幅度增加，但方差的明显增加导致 $Err(\boldsymbol{X}_0)$ 从最低点上升。由此可见，模型复杂度增加在带来 $[Bias(\hat{y}_0)]^2$ 减少的同时，也使方差 $Var(\hat{y}_0)$ 随之增加。如果偏差的减少可以抵消方差的增加，$Err(\boldsymbol{X}_0)$ 会继续降低。但如果偏差的减少无法抵消方差的增加，$Err(\boldsymbol{X}_0)$ 则会增加。

简单模型具有高偏差和低方差，模型的预测稳健性高。例如，对于 1.2.2 节提出的问题一，预测 PM2.5 浓度的最简单模型是：不考虑任何输入变量（其他各污染物浓度）的取值，并直接令所有预测值均为 PM2.5 均值。显然，这个偏差一定很大，但因为预测值都相等，使得方差为 0 是最小的。这意味着训练集可以变化，但只要 PM2.5 均值不变，就不会对预测结果产生任何影响，模型具有最强的鲁棒性。复杂模型具有低偏差和高方差，模型的预测稳健性低。因为复杂模型的特点是"紧随数据点"。训练集的微小变化都有可能会使模型参数的估计结果产生较大波动，进而使 $\hat{y}_0$ 有较大的不同（高方差），预测结果不稳定，模型鲁棒性较差。因此，"低偏差和低方差"是不可兼得的。理论上，训练误差、测试误差以及偏差和方差的关系如图 3.20 所示。

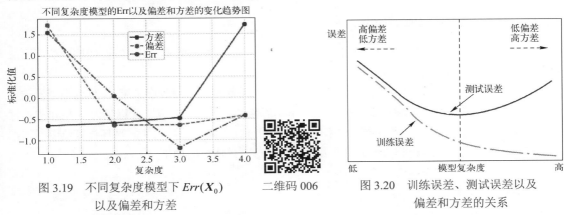

图 3.19　不同复杂度模型下 $Err(X_0)$　　二维码 006　　　图 3.20　训练误差、测试误差以及
　　　　　以及偏差和方差　　　　　　　　　　　　　　　　偏差和方差的关系

图 3.20 虚线右侧的模型是过拟合的，预测的稳健性低，鲁棒性差。总之，在模型选择时，最优者应在泛化误差最低的点画线处。它具有中等复杂度，训练误差在可接受水平并具有一定的预测稳健性。

3.5　Python 建模实现

本节将给出前述建模理论的 Python 代码实现，通过 Python 代码得到对应的算法执行结果，可以直观和深入地理解理论知识。

以下是为实现本章介绍的算法模型而要导入的 Python 模块。

```
1   #本章需引用的模块
2   import numpy as np
3   import pandas as pd
4   import matplotlib.pyplot as plt
5   %matplotlib inline
6   plt.rcParams['font.sans-serif']=['SimHei']  #解决中文显示乱码问题
7   plt.rcParams['axes.unicode_minus']=False
8   import warnings
9   warnings.filterwarnings(action = 'ignore')
10  from sklearn.metrics import confusion_matrix,f1_score,roc_curve, auc, precision_recall_curve,accuracy_score
11  from sklearn.model_selection import train_test_split,KFold,LeaveOneOut,LeavePOut # 数据集划分方法
12  from sklearn.model_selection import cross_val_score,cross_validate # 计算交叉验证下的测试误差
13  from sklearn import preprocessing
14  import sklearn.linear_model as LM
15  from sklearn import neighbors
```

其中新增模块如下：

1）第 10 行：sklearn.metrics 模块中的 confusion_matrix 等函数，用于计算预测模型的各种评价指标。

2）第 11 行：sklearn.model_selection 模块中的 train_test_split 等函数，用于数据集的划分。

3）第 12 行：sklearn.model_selection 模块中的 cross_val_score 等函数，用于计算基本不同数据集划分下的测试误差。

4）第 13 行：sklearn 模块中的 preprocessing 子模块，用于数据预处理。

5）第 14 行：sklearn.linear_model 模块，用于建立线性回归模型和 Logistic 回归模型。

6）第 15 行：sklearn 模块中的 neighbors 子模块，用于建立 K-近邻复杂模型（详见第 5 章）。

3.5.1 ROC 和 P-R 曲线图的实现

本节介绍如何利用 Python（文件名：chapter3-2.ipynb）绘制 ROC 和 P-R 曲线图，从而加深对两种图形含义的理解。

绘图数据来自名为"类别和概率.csv"的文本文件，其包括两列数据：第 1 列为模型预测为 1 类的概率值，第 2 列为实际标签（0 或 1）。基本思路是：首先，计算实际标签为 1 和 0 类的样本量（pos 和 neg）；之后，将数据按概率值降序重新排列；随后，利用 for 循环计算绘图所需数据：FPR、TPR、查全率 R 和查准率 P；最后绘制图形。具体代码如下。

```
1   data = pd.read_csv('类别和概率.csv')
2   label=data['label']
3   prob=data['prob']
4   pos = np.sum(label == 1)
5   neg = np.sum(label == 0)
6   prob_sort = np.sort(prob)[::-1]
7   index = np.argsort(prob)[::-1]
8   label_sort = label[index]
9
10  Pre = []
11  Rec = []
12  tpr=[]
13  fpr=[]
14  for i, item in enumerate(prob_sort):
15      Rec.append(np.sum((label_sort[:(i+1)] == 1)) /pos)
16      Pre.append(np.sum((label_sort[:(i+1)] == 1))/(i+1))
17      tpr.append(np.sum((label_sort[:(i+1)] == 1))/pos)
18      fpr.append(np.sum((label_sort[:(i+1)] == 0)) /neg)
19
20  fig, axes=plt.subplots(nrows=1, ncols=2, figsize=(10, 4))
21  axes[0].plot(fpr, tpr, 'k')
22  axes[0].set_title('ROC曲线')
23  axes[0].set_xlabel('FPR')
24  axes[0].set_ylabel('TPR')
25  axes[0].plot([0, 1], [0, 1], 'r—')
26  axes[0].set_xlim([-0.01, 1.01])
27  axes[0].set_ylim([-0.01, 1.01])
28  axes[1].plot(Rec, Pre, 'k')
29  axes[1].set_title('P-R曲线')
30  axes[1].set_xlabel('查全率R')
31  axes[1].set_ylabel('查准率P')
32  axes[1].plot([0,1], [1, pos/(pos+neg)], 'r—')
33  axes[1].set_xlim([-0.01, 1.01])
34  axes[1].set_ylim([pos/(pos+neg)-0.01, 1.01])
```

【代码说明】

1）第 4、5 行：分别计算数据集中取 1 和 0 类的样本量。

2）第 6 至 8 行：对概率按降序排序。降序排序的预测概率存在 prob_sort 中，排序后实际标签保存在 label_sort 中。

其中，pandas 的函数 sort() 实现升序排序，利用 "::-1" 实现元素倒排，即降序。

74

3）第 10 至 13 行：创建 4 个空列表，分别存储查准率 P、查全率 R、TPR 和 FPR。

4）第 14 至 18 行：利用 for 循环分别计算概率阈值 P_c 由大到小依次取值时的查准率 P、查全率 R、TPR 和 FPR。

其中，列表的.append( )方法可以实现在列表尾部添加元素。

循环中的 i 为索引，item 为 prob_sort 的具体值（预测概率）。这里采用 enumerate( )函数给出一个可迭代数据对象（如列表等）的索引和对应的数值。

5）第 20 至 27 行：绘制 ROC 曲线图。

6）第 28 至 34 行：绘制 P-R 曲线图。

所得图形如图 3.8 所示，曲线越远离基准线，表明模型的整体预测性能越高。

3.5.2　模型复杂度与误差的模拟研究

本节通过 Python 编程（文件名：chapter3-3.ipynb），利用模拟数据，直观展示以下理论。

- 模型复杂度和训练误差的关系：随着模型复杂度的提高，训练误差单调下降。
- 考察特定模型时，样本量增加对训练 MSE 的影响。
- 随着模型复杂度的增加，训练误差和测试误差的变化：随着模型复杂度的提高，训练误差单调下降，测试误差呈先下降后来上升的 U 字形。

1．模型复杂度和训练误差的关系

（1）指定变量间的真实关系，生成模拟数据，建立一般线性回归模型

首先，指定预测模型中输出变量和输入变量之间存在某种可泰勒展开的真实关系，奠定后续讨论的数据基础。然后，建立基于一元线性回归模型和不同多项式的一般线性回归模型。具体代码如下。

```
1   np.random.seed(123)
2   N=200
3   x=np.linspace(0.1,10, num=N)
4   y=[]
5   z=[]
6   for i in range(N):
7       tmp=10*np.math.sin(4*x[i])+10*x[i]+20*np.math.log(x[i])+30*np.math.cos(x[i])
8       y.append(tmp)
9       tmp=y[i]+np.random.normal(0,3)
10      z.append(tmp)
11
12  fig,axes=plt.subplots(nrows=1,ncols=3,figsize=(15,4))
13  axes[0].scatter(x,z,s=5)
14  axes[0].plot(x,y,'k-',label="真实关系")
15
16  modelLR=LM.LinearRegression()
17  X=x.reshape(N,1)
18  Y=np.array(z)
19  modelLR.fit(X,Y)
20  axes[0].plot(x,modelLR.predict(X),label="线性模型")
21  linestyle=['--','-.',':','-']
22  for i in np.arange(1,5):
23      tmp=pow(x,(i+1)).reshape(N,1)
24      X=np.hstack((X,tmp))
25      modelLR.fit(X,Y)
26      axes[0].plot(x,modelLR.predict(X),linestyle=linestyle[i-1],label=str(i+1)+"项式")
27  axes[0].legend()
28  axes[0].set_title("真实关系和不同复杂度模型的拟合情况")
29  axes[0].set_xlabel("输入变量")
30  axes[0].set_ylabel("输出变量")
```

【代码说明】

1）第 1 至 10 行：指定输入变量和输出变量的真实关系，样本量 N = 200 。

首先，设定输入变量(x)和输出变量(y)的真实关系；然后，通过加上服从正态分布（均值为0、标准差为 3）的随机数来模拟其他随机因素对输出变量的影响。这里观测到的输出变量为 z。由于设定的真实关系函数可以被泰勒展开，因此一定是次数越高的多项式模型越贴近真实观测值。

2）第 12 至 14 行：绘制反映真实关系的曲线。

3）第 16 至 21 行：建立最简单的线性模型并在图中添加回归直线。

创建一个名为 modelLR 的对象，对应一个回归模型；基于输入变量矩阵（X）和输出变量向量（Y），估计回归模型参数拟合。此时 ModelLR 为回归模型实例，回归模型的参数估计值保存在其属性中。

4）第 22 至 26 行：利用 for 循环分别建立 2 项式至 5 项式模型，并在图中添加回归线。

其中，pow()函数用来计算指定次数的幂；hstack()函数实现数据的横向拼接。所绘图形如图 3.9 左图所示。图形显示，随着模型复杂度的增加，模型对样本数据点的拟合越来越好。

（2）计算各个模型的训练误差

接下来，计算上述各模型的训练误差，代码如下所示。

```
32  X=x.reshape(N,1)
33  Y=np.array(z)
34  modelLR.fit(X,Y)
35  MSEtrain=[np.sum((Y-modelLR.predict(X))**2)/(N-2)]
36  for i in np.arange(1,9):
37      tmp=pow(x,(i+1)).reshape(N,1)
38      X=np.hstack((X,tmp))
39      modelLR.fit(X,Y)
40      MSEtrain.append(np.sum((Y-modelLR.predict(X))**2)/(N-(i+2)))
41  axes[1].plot(np.arange(1,10),MSEtrain,marker='o',label='训练误差')
42  axes[1].legend()
43  axes[1].set_title("不同复杂度模型的训练误差")
44  axes[1].set_xlabel("模型复杂度")
45  axes[1].set_ylabel("MSE")
```

【代码说明】

1）第 32 至 35 行：建立线性模型，计算模型的训练 MSE。

MSE 计算时，分母部分为自由度 $N-p-1$ （这里 p=1），旨在消除输入变量个数对 MSE 计算结果的影响。.predict(X)方法可直接生成预测值。

2）第 36 至 40 行：利用 for 循环分别建立 2 项式至 9 项式模型，并计算训练 MSE。

由于到达 9 阶后再继续增加阶数，对参数估计结果的影响很小，可以忽略，因此只建立至 9 项式。

3）第 41 至 45 行：绘制各阶模型的训练 MSE 折线图，如图 3.9 中图所示。可以看出，随着模型复杂度的增加，模型训练误差单调下降。

（3）研究样本量对训练误差的影响

以下将基于 5 项式的一般线性回归模型，考察训练集样本量对模型学习充分性和训练误差的影响。样本量依次为原数据集的 20%～99%，观察训练 MSE 的变化。代码如下所示。

```
47  X=x. reshape(N, 1)
48  Y=np. array(z)
49  for i in np. arange(1, 5): #采用5项式模型
50      tmp=pow(x, (i+1)). reshape(N, 1)
51      X=np. hstack((X, tmp))
52  np. random. seed(0)
53  size=np. linspace(0. 2, 0. 99, 100)
54  MSEtrain=[]
55  for i in range(len(size)):
56      Ntraining=int(N*size[i])
57      id=np. random. choice(N, Ntraining, replace=False)
58      X_train=X[id]
59      y_train=Y[id]
60      modelLR. fit(X_train, y_train)
61      MSEtrain. append(np. sum((y_train-modelLR. predict(X_train))**2)/(Ntraining-6))
62
63  tmpx=np. linspace(1, len(size), num=len(size)). reshape(len(size), 1)   #拟合MSE
64  tmpX=np. hstack((tmpx, tmpx**2))
65  tmpX=np. hstack((tmpX, tmpx**3))
66  modelLR. fit(tmpX, MSEtrain)
67
68  axes[2]. plot(size, MSEtrain, linewidth=1. 5, linestyle='-', label='MSE')
69  axes[2]. plot(size, modelLR. predict(tmpX), linewidth=1. 5, linestyle='—', label='MSE趋势线')
70  axes[2]. set_title("训练样本量和训练MSE")
71  axes[2]. set_xlabel("训练样本量水平")
72  axes[2]. set_ylabel("MSE")
73  axes[2]. legend()
74  plt. show()
```

【代码说明】

1）第 47 至 51 行：准备建立 5 项式模型的数据集。

2）第 53 行：给出后续建模的 100 个样本量。总样本量 N = 200，训练样本量将依次取 N 的 20%～99%。

3）第 55 至 61 行：利用 for 循环分别基于不同样本量的随机样本建立 5 项式模型，并计算训练 MSE。

4）第 63 至 66 行：为刻画不同样本量下训练 MSE 的变化趋势，建立多项式模型 $MSE = \alpha_0 + \alpha_1 t + \alpha_2 t^2 + \alpha_2 t^3$，即利用 3 次曲线拟合 MSE 的变化。

5）第 68 至 74 行：绘制不同样本量下训练 MSE 的变化曲线和 3 次拟合曲线，如图 3.9 右图所示。图形显示，增加样本量有助于降低训练误差。

2. 模型复杂度变化时的训练误差和测试误差

为对比模型复杂度变化时，训练误差和测试误差的变化情况，首先，通过 Python 编程实现旁置法，即按 70∶30 的比例将数据集划分为训练集和测试集；然后，分别计算不同模型复杂度下的训练误差和测试误差，并做对比。

（1）单次旁置法下的训练误差和测试误差

以下采用旁置法仅对数据集进行一次随机划分，并计算各模型的训练误差和测试误差。代码如下所示。

```
1   fig, axes=plt. subplots (nrows=1, ncols=2, figsize=(10, 4))
2   modelLR=LM. LinearRegression ()
3
4   np. random. seed (123)
5   Ntraining=int (N*0. 7)
6   Ntest=int (N*0. 3)
7   id=np. random. choice (N, Ntraining, replace=False)
8   X_train=x[id]. reshape (Ntraining, 1)
9   y_train=np. array (z) [id]. reshape (Ntraining, 1)
10  modelLR. fit (X_train, y_train)
11  MSEtrain=[np. sum ((y_train-modelLR. predict (X_train))**2)/(Ntraining-2)]
12
13  xtest= np. delete (x, id). reshape (Ntest, 1)
14  X_test= np. delete (x, id). reshape (Ntest, 1)
15  y_test=np. delete (z, id). reshape (Ntest, 1)
16  MSEtest=[np. sum ((y_test-modelLR. predict (X_test))**2)/(Ntest-2)]
17
18  for i in np. arange (1, 9):
19      tmp=pow (x[id], (i+1)). reshape (Ntraining, 1)
20      X_train=np. hstack ((X_train, tmp))
21      modelLR. fit (X_train, y_train)
22      MSEtrain. append (np. sum ((y_train-modelLR. predict (X_train))**2)/(Ntraining-(i+2)))
23      tmp=pow (xtest, (i+1)). reshape (Ntest, 1)
24      X_test=np. hstack ((X_test, tmp))
25      MSEtest. append (np. sum ((y_test-modelLR. predict (X_test))**2)/(Ntest-(i+2)))
26
27  axes[0]. plot (np. arange (1, 10, 1), MSEtrain, marker='o', label='训练误差')
28  axes[0]. plot (np. arange (1, 10, 1), MSEtest, marker='*', label='测试误差')
29  axes[0]. legend ()
30  axes[0]. set_title ("不同复杂度模型的训练误差和测试误差")
31  axes[0]. set_xlabel ("模型复杂度")
32  axes[0]. set_ylabel ("MSE")
```

【代码说明】

1）第 4 至 9 行：通过 Pandas 的随机数指定训练集包含的样本观测（占总样本的 70%）。

其中，Pandas 的函数 random.choice( )可以实现在指定范围内随机抽取数据，这里为样本观测的编号。

2）第 10 至 11 行：基于训练集建立最简单的线性模型，并计算训练 MSE。

3）第 13 至 16 行：基于训练集之外的样本观测构建测试集，并计算线性模型的测试 MSE。

其中，Pandas 的函数 delete( )可删除指定索引上的元素。

4）第 18 至 25 行：利用 for 循环分别建立 2 项式至 9 项式模型，并计算训练 MSE 和测试 MSE。

5）第 27 至 32 行：绘制不同复杂度模型的训练 MSE 和测试 MSE 变化折线图，如图 3.11 左图所示。图形显示，随着模型复杂度的增加，训练误差单调下降，而测试误差则是呈先下降后上升的 U 字形。

（2）多次旁置法下的训练误差和测试误差

进一步考察并消除旁置法的随机性对训练 MSE 和测试 MSE 的影响。首先，利用 Python 编程实现 20 次旁置法。样本观测的随机抽取必然会导致 20 个训练集包含不尽相同的样本观测，由此模型的参数估计值会有差别，从而使 20 个训练误差和测试误差的数值结果不尽相等；然后，基于每个训练集建立模型并计算训练 MSE 以及测试 MSE；最后，分别计算 20 个训练 MSE 和测试 MSE 的均值，从更为稳健的角度，对比训练 MSE 和测试 MSE 随模型复杂增加的变化。代码如下所示。

```
34  MSEtrain=[]
35  MSEtest=[]
36  for j in range(20):
37      x=np.linspace(0.1,10, num=N)
38      id=np.random.choice(N,Ntraining,replace=False)
39      X_train=x[id].reshape(Ntraining,1)
40      y_train=np.array(z)[id].reshape(Ntraining,1)
41      modelLR.fit(X_train,y_train)
42      mse_train=[np.sum((y_train-modelLR.predict(X_train))**2)/(Ntraining-2)]
43
44      xtest= np.delete(x, id).reshape(Ntest,1)
45      X_test= np.delete(x, id).reshape(Ntest,1)
46      y_test=np.delete(z,id).reshape(Ntest,1)
47      mse_test=[np.sum((y_test-modelLR.predict(X_test))**2)/(Ntest-2)]
48
49      for i in np.arange(1,9):
50          tmp=pow(x[id],(i+1)).reshape(Ntraining,1)
51          X_train=np.hstack((X_train,tmp))
52          modelLR.fit(X_train,y_train)
53          mse_train.append(np.sum((y_train-modelLR.predict(X_train))**2)/(Ntraining-(i+2)))
54          tmp=pow(xtest,(i+1)).reshape(Ntest,1)
55          X_test=np.hstack((X_test,tmp))
56          mse_test.append(np.sum((y_test-modelLR.predict(X_test))**2)/(Ntest-(i+2)))
57      plt.plot(np.arange(1,10),mse_train,marker='o',linewidth=0.8,c='lightcoral',linestyle='-')
58      plt.plot(np.arange(1,10),mse_test,marker='*',linewidth=0.8,c='lightsteelblue',linestyle='-.')
59      MSEtrain.append(mse_train)
60      MSEtest.append(mse_test)
61
62  MSETrain=pd.DataFrame(MSEtrain)
63  MSETest=pd.DataFrame(MSEtest)
64  axes[1].plot(np.arange(1,10),MSETrain.mean(),marker='o',linewidth=1.5,c='red',linestyle='-',label="训练误差的期望")
65  axes[1].plot(np.arange(1,10),MSETest.mean(),marker='*',linewidth=1.5,c='blue',linestyle='-',label="测试误差的期望")
66  axes[1].set_title("不同复杂度模型的训练误差和测试误差及其期望")
67  axes[1].set_xlabel("模型复杂度")
68  axes[1].set_ylabel("MSE")
69  axes[1].legend()
70  plt.show()
```

【代码说明】

（1）第 36 至 60 行：利用 for 循环实现 20 次旁置法。循环体部分用于计算不同复杂度模型下的训练误差和测试误差。

（2）第 62、63 行：将 20 个训练 MSE 和测试 MSE 分别以 Pandas 的数据框形式存储。

（3）第 64、65 行：分别计算 20 个训练 MSE 和测试 MSE 的均值，并绘制均值随模型复杂度变化的折线图。如图 3.11 右图所示。图形显示，尽管个别模型的测试误差低于训练误差，但平均来看，测试误差高于训练误差，且前者单调下降，后者大致呈 U 字形的变化态势。

3.5.3　数据集划分和测试误差估计的实现

本节说明如何利用 Python 快速实现数据集的划分并计算测试误差（文件名：chapter3-

4.ipynb）。

1. 不同策略下的数据集划分

首先，采用旁置法对数据集进行随机划分；然后，采用留一法划分数据集；最后，采用 K 折交叉验证法划分数据集。代码及结果如下所示。

```
1   np.random.seed(123)
2   N=200
3   x=np.linspace(0.1,10, num=N)
4   y=[]
5   z=[]
6   for i in range(N):
7       tmp=10*np.math.sin(4*x[i])+10*x[i]+20*np.math.log(x[i])+30*np.math.cos(x[i])
8       y.append(tmp)
9       tmp=y[i]+np.random.normal(0,3)
10      z.append(tmp)
11  X=x.reshape(N,1)
12  Y=np.array(z)
13  for i in np.arange(1,5):   #采用5项式模型
14      tmp=pow(x,(i+1)).reshape(N,1)
15      X=np.hstack((X,tmp))
16
17  X_train, X_test, Y_train, Y_test = train_test_split(X,Y,train_size=0.70, random_state=123)   #旁置法
18  print("旁置法的训练集:%s ；测试集：%s" % (X_train.shape,X_test.shape))
19  loo = LeaveOneOut()   #留一法
20  for train_index, test_index in loo.split(X):
21      print("留一法训练集的样本量：%s；测试集的样本量：%s" % (len(train_index), len(test_index)))
22      break
23  lpo = LeavePOut(p=3)   # 留p法
24  for train_index, test_index in lpo.split(X):
25      print("留p法训练集的样本量：%s；测试集的样本量：%s" % (len(train_index),len(test_index)))
26      break
27  kf = KFold(n_splits=5, shuffle=True, random_state=123)   # K折交叉验证法
28  for train_index, test_index in kf.split(X):   #给出索引
29      print("5折交叉验证法的训练集：", train_index,"\n测试集：", test_index)
30      break
```

```
旁置法的训练集:(140, 5) ；测试集：(60, 5)
留一法训练集的样本量：199；测试集的样本量：1
留p法训练集的样本量：197；测试集的样本量：3
5折交叉验证法的训练集： [  0   1   2   3   5   6   7   8   9  10  11  12  13  14  15  16  17  18
  21  22  23  24  25  27  28  29  30  32  33  34  35  36  38  39  40  41
  42  43  44  45  46  47  48  49  51  54  55  56  57  58  59  60  61  62
  63  64  65  66  67  68  69  70  71  73  74  75  76  77  78  80  81  83
  84  86  87  89  90  91  92  94  96  97  98  99 100 101 102 103 105 106
 107 109 110 111 112 113 114 115 116 117 118 120 122 123 124 125 126 129
 130 131 132 134 135 136 137 138 141 142 143 145 146 147 148 150 151 152
 153 154 155 156 157 159 160 161 163 164 165 167 168 169 171 173 174 175
 176 177 181 186 187 188 190 191 192 193 194 195 196 197 198 199]
测试集： [  4  19  20  26  31  37  50  52  53  72  79  82  85  88  93  95 104 108
 119 121 127 128 133 139 140 144 149 158 162 166 170 172 178 179 180 182
 183 184 185 189]
```

【代码说明】

1）第 1 至 15 行：生成模拟数据。数据的样本量 $N = 200$，X 包含 $p = 5$ 个输入变量。y 为输出变量。

2）第 17、18 行：将数据集按旁置法划分为训练集和测试集，并显示划分结果。

其中，train_test_split()函数可以自动实现旁置法。这里，训练集的占比为 70%。通过指

定 random_state 为一个常数（这里为 123）重现样本的随机性划分结果。函数将依次返回训练集和测试集的输入变量，训练集和测试集的输出变量。训练集和测试集的样本量分别为 140 和 60。

3）第 19 行：利用 LeaveOneOut( )函数，定义一个留一法对象 loo。

4）第 20 至 22 行：利用留一法对象的 split( )方法实现留一法，并浏览数据集的划分结果。

划分结果为训练集和测试集的样本观测索引（编号）。因原数据集样本量为 200，留一法将做 200 次训练集和测试集的轮换，可利用 for 循环浏览每次的划分结果。这里利用 break 跳出循环，只看第 1 次的划分结果。

5）第 23 至 26 行：LeavePOut(p=3)是对留一法的拓展，即留 p 法。

这里，测试集的样本量为 3。

6）第 27 至 30 行：利用 KFold( )函数实现 K 折交叉验证法。

这里取 K = 5。函数中指定 shuffle=True，表示将数据顺序随机打乱后再做 K 折划分。这里仅显示了 1 次划分的结果（样本观测索引）。

2．计算 K 折交叉验证下的测试误差

计算基于 5 项式的一般线性回归模型的 K 折交叉验证下的测试误差。代码如下所示。

```
1   modelLR=LM. LinearRegression()
2   k=10
3   CVscore=cross_val_score(modelLR, X, Y, cv=k, scoring='neg_mean_squared_error')   #sklearn.metrics. SCORERS. keys()
4   print("k=10折交叉验证的MSE:", -1*CVscore. mean())
5   scores = cross_validate(modelLR, X, Y,  scoring='neg_mean_squared_error',cv=k, return_train_score=True)
6   print("k=10折交叉验证的MSE:", -1*scores['test_score'].mean())   # scores为字典
7
8   #N折交叉验证:LOO
9   CVscore=cross_val_score(modelLR, X, Y, cv=N, scoring='neg_mean_squared_error')
10  print("LOO的MSE:", -1*CVscore.mean())
11
```

```
k=10折交叉验证的MSE: 103. 51193551109296
k=10折交叉验证的MSE: 103. 51193551109296
LOO的MSE: 56.840587762694724
```

【代码说明】

1）第 1 行：定义一个线性模型的对象 modelLR。

2）第 2 至 4 行：基于数据集估计线性模型的参数，并给出 10 折交叉验证下的测试误差。

其中，cross_val_score( )函数可自动给出模型在 K 折交叉验证下的测试误差。参数 scoring 为模型预测精度的度量，可指定特定字符串，计算相应评价指标的结果。

sklearn.metrics 模块中的函数 SCORERS.keys( )，可给出评价指标的字符串称谓。例如，'neg_mean_squared_error'表示计算负的 MSE 等。

3）第 5、6 行：实现功能同第 2 至 4 行。

这里，利用 cross_validate( )函数，指定参数 cv=k，不仅可以给出 K 折交叉验证下的测试误差，还可指定（return_train_score=True）给出训练误差。cross_validate( )函数的返回值为字典，指定键'test_score'可得到 K 个测试误差。

4）第 9、10 行：利用 cross_validate( )函数，指定 cv 等于样本量 N，可得到 N 折交叉验证法，即留一法 LOO 下的测试误差。

3.5.4 模型过拟合以及偏差与方差的模拟研究

本节通过 Python 编程（文件名：chapter3-5.ipynb），基于模拟数据，说明预测模型选择问题，从而加深对模型的过拟合以及偏差和方差的理解。

首先，本节与 3.5.3 节有类似之处。尽管 3.5.3 节考察了随模型复杂度增加测试误差的变化特点，但其中的测试误差是基于旁置法的，这里将采用 K 折交叉验证法，并希望进一步突出过拟合下的测试误差的特点。其次，本节重点探讨过拟合模型的诊断，以及模型方差和偏差间的关系。

1. 过拟合模型的诊断

过拟合模型的重要特征是，尽管模型的训练误差很小，但事实上已偏离数据的真实关系，从而导致测试误差较高。为此，需首先指定数据变量间的真实关系，然后再验证过拟合模型的特点。

（1）指定变量间的真实关系，生成模拟数据，建立不同复杂度的模型

具体代码如下所示。

```
1   np.random.seed(123)
2   N=100
3   x=np.linspace(-10,10, num=N)
4   y=14+5.5*x+4.8*x**2+0.5*x**3
5   z=[]
6   for i in range(N):
7       z.append(y[i]+np.random.normal(0,50))
8
9   fig,axes=plt.subplots(nrows=1,ncols=2,figsize=(10,4))
10  axes[0].scatter(x,z,s=10)
11  axes[0].plot(x,y,'k-',label="真实关系")
12  modelLR=LM.LinearRegression()
13  X=x.reshape(N,1)
14  Y=np.array(z)
15  modelLR.fit(X,Y)
16  axes[0].plot(x,modelLR.predict(X),linestyle='—',label="线性模型")
17  linestyle=[':','-.']
18  degree=[2,3]
19  for i in range(len(degree)):
20      tmp=pow(x,degree[i]).reshape(N,1)
21      X=np.hstack((X,tmp))
22      modelLR.fit(X,Y)
23      axes[0].plot(x,modelLR.predict(X),linestyle=linestyle[i],label=str(degree[i])+"项式模型")
24  KNNregr=neighbors.KNeighborsRegressor(n_neighbors=5)
25  X=x.reshape(N,1)
26  KNNregr.fit(X,Y)
27  axes[0].plot(X,KNNregr.predict(X),linestyle='-',label="复杂模型")
28  axes[0].legend()
29  axes[0].set_title("真实关系和不同复杂度模型的拟合情况")
30  axes[0].set_xlabel("输入变量")
31  axes[0].set_ylabel("输出变量")
```

【代码说明】

1）第 1 至 11 行：首先，假设输入变量和输出变量间的真实关系为指定的函数关系；然后，在真实关系的基础上添加一个随机变量（服从均值为 0、标准差为 50 的正态分布），其中的 z 为观测

到的输出变量；最后，绘制散点图和真实关系的曲线，如图 3.16 左图所示的散点图和黑色曲线。

2）第 12 至 23 行：依次建立简单线性回归模型、二项式模型和三项式模型，并在图中添加回归线。

3）第 24 至 31 行：建立一个复杂的非线性模型（K 近邻法，详见第 5 章），并在图中添加相应的回归线。

最终图形如图 3.16 左图所示。显然，K 近邻法的回归线对样本数据的拟合是最好的。

（2）计算各模型的测试误差

接下来，计算各个模型的 10-折交叉验证下的测试误差。代码如下所示。

```
33  X=x.reshape(N,1)
34  Y=np.array(z)
35  modelLR.fit(X,Y)
36  np.random.seed(123)
37  k=10
38  scores = cross_validate(modelLR,X,Y, scoring='neg_mean_squared_error',cv=k, return_train_score=True)
39  MSEtrain=[-1*scores['train_score'].mean()]
40  MSEtest=[-1*scores['test_score'].mean()]
41  degree=[2,3]
42  for i in range(len(degree)):
43      tmp=pow(x,degree[i]).reshape(N,1)
44      X=np.hstack((X,tmp))
45      modelLR.fit(X,Y)
46      scores = cross_validate(modelLR,X,Y, scoring='neg_mean_squared_error',cv=k, return_train_score=True)
47      MSEtrain.append((-1*scores['train_score']).mean())
48      MSEtest.append((-1*scores['test_score']).mean())
49
50  KNNregr=neighbors.KNeighborsRegressor(n_neighbors=5)
51  X=x.reshape(N,1)
52  KNNregr.fit(X,Y)
53  scores = cross_validate(KNNregr,X,Y, scoring='neg_mean_squared_error',cv=k, return_train_score=True)
54  MSEtrain.append((-1*scores['train_score']).mean())
55  MSEtest.append((-1*scores['test_score']).mean())
56
57  axes[1].plot(np.arange(1,len(degree)+3),MSEtrain,marker='o', label='训练误差(10折交叉验证法)',linestyle='—')
58  axes[1].plot(np.arange(1,len(degree)+3),MSEtest,marker='*', label='测试误差(10折交叉验证法)')
59
60  axes[1].legend()
61  axes[1].set_title("不同复杂度模型的训练误差和测试误差(Err)")
62  axes[1].set_xlabel("模型复杂度")
63  axes[1].set_ylabel("MSE")
64  fig.show()
```

【代码说明】

1）第 33 至 48 行：采用 cross_validate() 函数计算线性模型，二项式、三项式模型的 10 折交叉验证下训练误差和测试误差的均值。

2）第 50 至 55 行：采用 cross_validate() 函数计算 K 近邻法模型的 10 折交叉验证下训练误差和测试误差的均值。

3）第 57 至 64 行：绘制各模型训练误差和测试误差的折线图，如图 3.16 右图所示。

图形明显表明，K 近邻模型出现了过拟合。

2. 探讨过拟合模型测试误差的分布特点

过拟合模型的另一个重要特征是，模型参数对训练集过于"敏感"，数据集的微小变动都可能导致模型参数的较大变化，使得 K 折交叉验证下的测试误差，其分布的离散程度较大。以下通过绘制箱线图刻画这种特性。代码如下所示。

```
1   fig, axes = plt. subplots(1, 2, figsize=(10, 4))
2   modelLR=LM. LinearRegression()
3   X=x. reshape(N, 1)
4   Y=np. array(z)
5   modelLR. fit(X, Y)
6   np. random. seed(123)
7   k=10
8   scores = cross_validate(modelLR, X, Y, scoring='neg_mean_squared_error', cv=k, return_train_score=True)
9   fdata=pd. Series(-1*scores['test_score'])
10  axes[0]. boxplot(x=fdata, sym='rd', patch_artist=True, boxprops={'color':'blue','facecolor':'pink'}, labels =["线性模型"], showfliers=False)
11  MSEMedian=[np. median(-1*scores['test_score'])]
12  MSEVar=[(-1*scores['test_score']). var()]
13  MSEMean=[(-1*scores['test_score']). mean()]
14
15  degree=[2, 3]
16  lab=['二项式模型','三项式模型']
17  for i in range(len(degree)):
18      tmp=pow(x, degree[i]). reshape(N, 1)
19      X=np. hstack((X, tmp))
20      modelLR. fit(X, Y)
21      scores = cross_validate(modelLR, X, Y, scoring='neg_mean_squared_error', cv=k, return_train_score=True)
22      fdata=pd. Series(-1*scores['test_score'])
23      axes[0]. boxplot(x=fdata, sym='rd', positions=[i+2], patch_artist=True, boxprops={'color':'blue','facecolor':'pink'}, labels =[lab[i]],
24          showfliers=False)
25      MSEMedian. append(np. median(-1*scores['test_score']))
26      MSEVar. append((-1*scores['test_score']). var())
27      MSEMean. append((-1*scores['test_score']). mean())
28
29  KNNregr=neighbors. KNeighborsRegressor(n_neighbors=5)
30  X=x. reshape(N, 1)
31  KNNregr. fit(X, Y)
32  scores = cross_validate(KNNregr, X, Y, scoring='neg_mean_squared_error', cv=k, return_train_score=True)
33  fdata=pd. Series(-1*scores['test_score'])
34  axes[0]. boxplot(x=fdata, sym='rd', positions=[4], patch_artist=True, boxprops={'color':'blue','facecolor':'pink'}, labels =["复杂模型"],
35          showfliers=False)
36  MSEMedian. append(np. median(-1*scores['test_score']))
37  MSEVar. append((-1*scores['test_score']). var())
38  MSEMean. append((-1*scores['test_score']). mean())
```

【代码说明】

1）第 1 至 13 行：建立简单线性模型，得到 10 折交叉验证下的 10 个测试误差，并绘制箱线图。计算 10 个测试误差的中位数、方差和均值。

2）第 15 至 27 行：建立二项式和三项式模型。同理，分别得到 10 折交叉验证下的 10 个测试误差，并绘制箱线图。分别计算 10 个测试误差的中位数、方差和均值。

3）第 29 至 38 行：建立 K 近邻法模型。同理，分别得到 10 折交叉验证下的 10 个测试误差，并绘制箱线图。分别计算 10 个测试误差的中位数、方差和均值。

四组箱线图如图 3.17 左图所示。图形显示，简单线性模型和二项式模型表现出欠拟合，因模型没有"抓住"数据中的规律，进而导致测试误差较高且波动性高。三项式模型是比较理想的模型，测试误差和波动性均较小。与三项式模型相比，K 近邻法模型的过拟合特征比较明显，测试误差和波动性均较高。以下代码生成的图形更具说服力。

```
46  axes[1]. plot(np. arange(1, 5), preprocessing. scale(MSEMean), marker='o', linestyle='-', label="Err")
47  axes[1]. plot(np. arange(1, 5), preprocessing. scale(MSEVar), marker='o', linestyle='--', label="方差")
48  axes[1]. grid(linestyle="--", alpha=0. 3)
49
50  axes[1]. set_title('不同复杂度模型测试误差的期望(Err)与方差变化趋势图')
51  axes[1]. set_xlabel('复杂度')
52  axes[1]. set_ylabel('标准化值')
53  plt. legend(loc='best', bbox_to_anchor=(1, 1))
```

【代码说明】

第 46 至 53 行：希望将上述 4 个模型在 10 折交叉验证下的测试误差的均值和方差情况显示

在一幅图中。因有量级上的差异，首先采用 preprocessing.scale( )函数分别对均值和方差进行标准化处理，然后再绘制图形，如图 3.17 右图所示。图形显示，三项式模型较为理想，具有低的测试误差且误差波动较小。K 近邻法的过拟合模型，测试误差较高且波动性较大。

3．讨模型偏差和方差的关系

模型的偏差和方差是一对"矛盾体"。通常，简单模型的偏差大、方差小，复杂模型的偏差小、方差大。为验证整个结论，首先给定一个已知真值的样本观测点 x0；然后，利用 K 折交叉验证模拟多个随机变动的训练集，建立模型并对 x0 进行预测；最后，对比不同复杂度模型对 x0 预测的偏差和方差。

```
 1  x0=np.array([x.mean(), x.mean()**2, x.mean()**3])
 2  y0=14+5.5*x0[0]+4.8*x0[1]+0.5*x0[2]
 3  X=x.reshape(N, 1)
 4  Y=np.array(z)
 5  degree=[2, 3]
 6  for i in range(len(degree)):
 7      tmp=pow(x, degree[i]).reshape(N, 1)
 8      X=np.hstack((X, tmp))
 9  modelLR=LM.LinearRegression()
10  KNNregr=neighbors.KNeighborsRegressor(n_neighbors=5)
11  model1, model2, model3, model4=[], [], [], []
12  kf = KFold(n_splits=10, shuffle=True, random_state=123)
13  for train_index, test_index in kf.split(X):
14      Ntrain=len(train_index)
15      XKtrain=X[train_index,]
16      YKtrain=Y[train_index,]
17      modelLR.fit(XKtrain[:,0].reshape(Ntrain, 1), YKtrain)
18      model1.append(modelLR.predict(x0[0].reshape(1, 1)))
19      modelLR.fit(XKtrain[:,0:2].reshape(Ntrain, 2), YKtrain)
20      model2.append(modelLR.predict(x0[0:2].reshape(1, 2)))
21      modelLR.fit(XKtrain[:,0:3].reshape(Ntrain, 3), YKtrain)
22      model3.append(modelLR.predict(x0[0:3].reshape(1, 3)))
23      KNNregr.fit(XKtrain[:,0].reshape(Ntrain, 1), YKtrain)
24      model4.append(KNNregr.predict(x0[0].reshape(1, 1)))
25
26  fig, axes = plt.subplots(1, 1, figsize=(6, 4))
27  VI=[np.var(model1)/np.mean(model1), np.var(model2)/np.mean(model2), np.var(model3)/np.mean(model3), np.var(model4)//np.mean(model4)]
28  Err=[np.mean(model1)-y0, np.mean(model2)-y0, np.mean(model3)-y0, np.mean(model4)-y0]
29  Err=pow(np.array(Err), 2)
30
31  axes.plot(np.arange(1, 5), preprocessing.scale(VI), marker='o', linestyle='--', label='方差')
32  axes.plot(np.arange(1, 5), preprocessing.scale(Err), marker='o', linestyle='--', label='偏差')
33  axes.plot(np.arange(1, 5), preprocessing.scale(MSEMean), marker='o', linestyle='-.', label='Err')
34  axes.set_ylabel('标准化值')
35  axes.set_xlabel('复杂度')
36  axes.set_title('不同复杂度模型的Err以及偏差和方差的变化趋势图')
37  axes.grid(linestyle='--', alpha=0.3)
38  plt.legend(loc='center', bbox_to_anchor=(0.5, 0.8))
39  fig.show()
```

【代码说明】

1）第 1、2 行：指定 x0 并依据模拟数据的生成规则确定其输出变量的真值 y0。

2）第 3 至 11 行：建模的数据准备。

3）第 12 至 24 行：采用 10 折交叉验证，基于 10 个不同的训练集，分别建立 4 个模型（线性、二项式、三项式和 K 近邻），并对 x0 进行预测。最终，得到每个模型对 x0 的 10 个预测值。

4）第 27 至 29 行：对每个模型计算预测值的方差（这里采用变异系数，以消除量级影响）以及偏差的平方。

5）第 31 至 39 行：画图展示 4 个模型的方差、偏差以及 10 折交叉验证的测试误差，如图 3.19 所示。图形显示：简单模型（线性模型）的偏差大、方差小，复杂模型（K 近邻）的偏差小、方差大，但出现了模型过拟合。

3.6 Python 实践案例

围绕本章的主要机器学习理论观点和模型，本节将以空气质量监测数据的分析为案例，说明如何利用回归预测和分类预测模型解决实际应用问题。

3.6.1 实践案例 1：PM2.5 浓度的回归预测

本节基于空气质量监测数据（北京市空气质量数据.xlsx），讨论如何对 PM2.5 的浓度进行预测。由于 PM2.5 为数值型变量，其预测属于回归预测问题。首先，建立一元线性回归模型，通过分析 CO 对 PM2.5 的数量影响，对 PM2.5 进行预测；然后，将 SO_2 的影响考虑进来，通过多元线性回归模型对 PM2.5 进行预测。

1. 建立 PM2.5 预测的一元线性回归模型

建立 PM2.5 预测的一元线性回归模型（文件名：chapter3-1-1.ipynb），其中输入变量为 CO，输出变量为 PM2.5。具体代码及结果如下所示。

```
1   data=pd.read_excel('北京市空气质量数据.xlsx')
2   data=data.replace(0,np.NaN)
3   data=data.dropna()
4   data=data.loc[(data['PM2.5']<=200) & (data['SO2']<=20)]
5
6   ###一元回归
7   X=data[['CO']]
8   y=data['PM2.5']
9   modelLR=LM.LinearRegression()
10  modelLR.fit(X,y)
11  print("一元回归模型的截距项:%f"%modelLR.intercept_)
12  print("一元回归模型的回归系数:",modelLR.coef_)
13  plt.scatter(data['CO'],data['PM2.5'],c='green',marker='.')
14  plt.title('PM2.5与CO散点图和回归直线(MSE=%f)'%(sum((y-modelLR.predict(X))**2)/len(y)))
15  plt.xlabel('CO')
16  plt.ylabel('PM2.5')
17  plt.xlim(xmax=4, xmin=1)
18  plt.ylim(ymax=300, ymin=1)
19  plt.plot(data['CO'],modelLR.predict(X),linewidth=0.8)
20  plt.show()
21
```

一元回归模型的截距项:0.955268
一元回归模型的回归系数: [60.58696023]

【代码说明】

1）第 1 至 5 行：首先，读入空气质量监测数据到 Pandas 的数据框；然后，对数据进行必要的预处理，如将数据集中的 0 值替换为缺失值 NaN；剔除取缺失值的样本观测；仅针对 PM2.5 浓度低于 200 且 SO_2 浓度低于 20 的数据子集建模。

2）第 7 行：指定回归预测中的输入变量为 CO。Python 回归建模中要求输入变量为矩阵形式。注意：利用 data[['CO']]的结果为仍为数据框（对应矩阵），data['CO']的结果为序列不符合回归建模的数据要求。

3）第 8 行：指定回归预测中的输出变量为 PM2.5。Python 回归建模中要求输出变量为向量。

4）第 9 行：创建一个名为 modelLR 的对象，对应一个回归模型。

5）第 10 行：基于输入变量矩阵和输出变量向量，利用最小二乘法估计回归模型的参数，此时 modelLR 为回归模型的对象实例。

6）第 11、12 行：输出回归模型的参数估计结果。

其中，modelLR 对象实例的.intercept_和.modelLR.coef_两个属性，分别用来存储回归模型的截距项和回归系数。所得模型为

$$PM2.5 = 0.96 + 60.59CO$$

上式表示，CO 每增加一个单位浓度，PM2.5 将平均增加 60.59 单位浓度。

7）第 13 至 19 行：绘制 PM2.5 和 CO 的散点图，并添加回归直线。其中，modelLR 对象实例的.predict(X)方法，用于基于所建立的回归模型，计算输出变量的预测值。进一步可依据式（3.12）计算 MSE，这里 MSE 等于 683.5，如图 3.2 左图所示。

2. 建立 PM2.5 预测的多元线性回归模型

仅依据 CO 对 PM2.5 进行预测是比较简单的。为此，还要将 SO_2 的影响考虑进来，通过多元线性回归模型对 PM2.5 进行预测。其中，输入变量包括 CO 和 SO_2，输出变量为 PM2.5。具体代码及结果如下所示。

```
1  ##多元回归
2  X=data[['SO2','CO']]
3  y=data['PM2.5']
4  modelLR=LM.LinearRegression()
5  modelLR.fit(X,y)
6  print("多元回归模型的截距项:%f"%modelLR.intercept_)
7  print("多元回归模型的回归系数:",modelLR.coef_)
8  print("多元回归模型的MSE:%f"%(sum((y-modelLR.predict(X))**2)/len(y)))
```

多元回归模型的截距项:-1.249076
多元回归模型的回归系数: [0.85972339 56.85521851]
多元回归模型的MSE:672.048805

通过上述代码所得的回归模型为 $PM2.5 = -1.25 + 0.86SO_2 + 56.86CO$。表示在 SO_2 浓度不变的条件下，CO 每增加一个单位浓度，PM2.5 将平均增加 56.86 单位浓度。在 CO 浓度不变的条件下，SO_2 每增加一个单位浓度，PM2.5 将平均增加 0.86 单位浓度。显然，CO 对 PM2.5 的正向贡献大于 SO_2。多元回归模型的 MSE 等于 672.05，较前述一元回归模型有所降低，说明多元回归模型的预测效果更理想些。

3.6.2 实践案例 2：空气污染的分类预测

本节基于空气质量监测数据（北京市空气质量数据.xlsx），建立 Logistic 回归模型，对是否出现污染进行二分类的分类预测（文件名：chapter3-1-2.ipynb），有污染的日子用 1 表示，无污染的日子用 0 表示；通过 ROC 和 P-R 曲线来评价模型的分类预测效果。

1. 建立空气污染预测的 Logistic 回归模型

依据 PM2.5 和 PM10 数据，建立用来预测是否出现污染的 Logistic 回归模型。具体代码及结果如下所示。

```
1   data=pd.read_excel('北京市空气质量数据.xlsx')
2   data=data.replace(0,np.NaN)
3   data=data.dropna()
4   data['有无污染']=data['质量等级'].map({'优':0,'良':0,'轻度污染':1,'中度污染':1,'重度污染':1,'严重污染':1})
5   print(data['有无污染'].value_counts())
6
7   fig = plt.figure()
8   ax = fig.add_subplot(111)
9   flag=(data['有无污染']==0)
10  ax.scatter(data.loc[flag,'PM2.5'],data.loc[flag,'PM10'],c='cornflowerblue',marker='o',label='无污染',alpha=0.6)
11  flag=data['有无污染']==1
12  ax.scatter(data.loc[flag,'PM2.5'],data.loc[flag,'PM10'],c='grey',marker='+',label='有污染',alpha=0.4)
13  ax.set_xlabel('PM2.5')
14  ax.set_ylabel('PM10')
15  plt.legend()
16
17  ##Logistic回归
18  X=data[['PM2.5','PM10']]
19  y=data['有无污染']
20  modelLR=LM.LogisticRegression()
21  modelLR.fit(X,y)
22  print("截距项:%f"%modelLR.intercept_)
23  print("回归系数:",modelLR.coef_)
24  print("优势比{0}".format(np.exp(modelLR.coef_)))
25  yhat=modelLR.predict(X)
26  print("预测结果：",yhat)
27  print("总的错判率：%f"%(1-modelLR.score(X,y)))
28
```

```
0    1204
1     892
Name: 有无污染, dtype: int64
截距项:-4.858429
回归系数: [[0.05260358 0.01852681]]
优势比[[1.05401173 1.0186995 ]]
预测结果： [0 1 0 ... 0 0 0]
总的错判率：0.153149
```

【代码说明】

1）第 1 至 3 行：首先，读入空气质量监测数据到 Pandas 的数据框；然后对数据进行必要的预处理，将数据集中的 0 值替换为缺失值 NaN，剔除取缺失值的样本观测。

2）第 4 行：利用 map 函数将研究简化为二分类预测问题。

3）第 5 行：统计有无污染的天数。结果表明：1204 天无污染，892 天有污染。

4）第 7 至 15 行：绘制在有污染和无污染下，PM2.5 和 PM10 的分类散点图，如图 3.3 所示。

5）第 18、19 行：指定 Logistic 回归模型的输入变量为 PM2.5 和 PM10，输出变量为二分类有无污染。

6）第 20、21 行：创建对应 Logistic 回归模型的对象 modelLR，并基于输入变量和输出变量估计模型参数。

7）第 22 至 24 行：输出模型参数，模型为

$$\text{Logit}P = -4.85 + 0.05\text{PM2.5} + 0.02\text{PM10}$$

上式表明：在 PM10 不变的条件下，PM2.5 每增加一个单位浓度，$\text{Logit}\ P$ 将平均增加 0.05；进一步，因 $\dfrac{P}{1-P} = \exp(0.05) = 1.05$，意味着 PM2.5 每增加一个单位浓度，将导致出现污染的概率是原来的 1.05 倍。PM10 对有污染的影响低于 PM2.5。

8）第 25、26 行：基于预测模型进行预测并输出预测结果（1 或 0）。

9）第 27 行：计算预测模型的总的错判率。

这里直接采用模型对象 modelLR 的 score( ) 方法。只需指定输入变量和输出变量，score( ) 方法可自动基于 modelLR 进行预测并计算总的正确率。1 − 正确率，得到总错判率，约为 15.4%。

2．优化模型及模型评价

为进一步降低预测模型的错判率，增加输入变量，包括 PM2.5、PM10、SO_2、CO、NO_2、O_3 等污染物浓度，重新建立 Logistic 回归模型，对是否有污染进行预测。进一步，利用 ROC 曲线、AUC 值、P-R 曲线以及 F1 分数等对模型进行评价。具体代码及结果如下所示。

```
1   X=data.loc[:,['PM2.5','PM10','SO2','CO','NO2','O3']]
2   Y=data.loc[:,'有无污染']
3   modelLR=LM.LogisticRegression()
4   modelLR.fit(X,Y)
5   print('训练误差:',1-modelLR.score(X,Y))    #print(accuracy_score(Y,modelLR.predict(X)))
6   print('混淆矩阵:\n',confusion_matrix(Y,modelLR.predict(X)))
7   print('F1-score:',f1_score(Y,modelLR.predict(X),pos_label=1))
8   fpr,tpr,thresholds = roc_curve(Y,modelLR.predict_proba(X)[:,1],pos_label=1)  ###计算fpr和tpr
9   roc_auc = auc(fpr,tpr)   ###计算auc的值
10  print('AUC:',roc_auc)
11  print('总正确率',accuracy_score(Y,modelLR.predict(X)))
12  fig,axes=plt.subplots(nrows=1,ncols=2,figsize=(10,4))
13  axes[0].plot(fpr,tpr,color='r',linewidth=2,label='ROC curve (area = %0.5f)' % roc_auc)
14  axes[0].plot([0,1],[0,1],color='navy',linewidth=2,linestyle='—')
15  axes[0].set_xlim([-0.01,1.01])
16  axes[0].set_ylim([-0.01,1.01])
17  axes[0].set_xlabel('FPR')
18  axes[0].set_ylabel('TPR')
19  axes[0].set_title('ROC曲线')
20  axes[0].legend(loc="lower right")
21
22  pre,rec,thresholds = precision_recall_curve(Y,modelLR.predict_proba(X)[:,1],pos_label=1)
23  axes[1].plot(rec,pre,color='r',linewidth=2,label='总正确率 = %0.3f)' % accuracy_score(Y,modelLR.predict(X)))
24  axes[1].plot([0,1],[1,pre.min()],color='navy',linewidth=2,linestyle='—')
25  axes[1].set_xlim([-0.01,1.01])
26  axes[1].set_ylim([pre.min()-0.01,1.01])
27  axes[1].set_xlabel('查全率R')
28  axes[1].set_ylabel('查准率P')
29  axes[1].set_title('P-R曲线')
30  axes[1].legend(loc='lower left')
31  plt.show()
```

```
训练误差: 0.07919847328244278
混淆矩阵:
 [[1128   76]
 [  90  802]]
F1-score: 0.9062146892655367
AUC: 0.9817750621992462
总正确率 0.9208015267175572
```

【代码说明】

1）第 1 至 4 行：重新指定模型的输入变量，并建立 Logistic 回归模型拟合数据。

2）第 5 行：计算 Logistic 回归模型的总错判率。这里为 7.9%，较前述模型错判率有所降低。

3）第 6 行：计算混淆矩阵。

直接利用函数 confusion_matrix( )，并指定实际值和预测值参数，便可自动计算混淆矩阵。结果表明：实际为 0 预测为 0 的有 1128 天，实际为 1 预测为 1 的有 802 天。实际为 0 预测为 1、实际为 1 预测为 0 的分别有 76 天和 90 天。

4）第 7 行：计算 F1 分数。

直接利用函数 f1_score( )，并指定实际值和预测值参数以及类别（这里为 1），可自动计算指定类（这里为 1）的 F1 分数。本例结果为 0.91。

5）第 8 行：计算 ROC 曲线中的 FPR 和 TPR 等。

直接利用函数 roc_curve( )，并指定实际值和预测值参数以及类别（这里为 1），可自动计算指定类（这里为 1）的 FPR 和 TPR。其中，概率阈值 P_c 依次取 modelLR.predict_proba(X)[:,1]。这里，predict_proba(X)方法给出的预测值是各样本观测为 0 类和 1 类的概率。第 2 列为取 1 类的概率。roc_curve( )函数将返回三组值——对应的 FPR、TPR 和 P_c。

6）第 9 行：计算 AUC 值。

直接利用函数 auc( )并指定 FPR 和 TPR，可自动计算 ROC 曲线下的面积。本例结果为 0.98，比较理想。

7）第 11 行：计算总正确率。

直接利用函数 accuracy_score( )，并指定实际值和预测值，可自动计算总的正确率。本例结果约为 92%，比较理想。

8）第 13 至 20 行：绘制 ROC 曲线

9）第 22 行：计算绘制 P-R 曲线中的查准率 P 和查全率 R 等。

直接利用函数 precision_recall_curve( )，并指定实际值和预测值参数以及类别（这里为 1），便可自动计算指定类（这里为 1）的 P 和 R。其中，概率阈值 P_c 依次取 modelLR.predict_proba(X)[:,1]，含义同第 8 行。

10）第 23 至 31 行：绘制 P-R 曲线。

本例的 ROC 曲线图和 P-R 曲线图如图 3.21 所示。

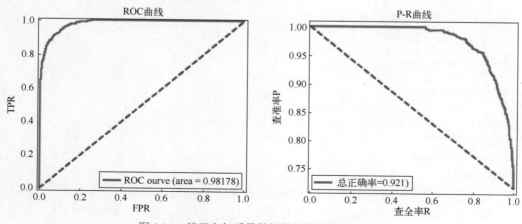

图 3.21　基于空气质量数据的污染预测图形评价

图 3.21 中的曲线远离基准线。ROC 曲线和 AUC 值以及 P-R 曲线均表明，Logistic 回归模型的预测误差（训练误差）很小，模型较好地实现了空气有无污染的二分类预测。

【本章总结】

本章对预测建模的三个重要方面进行了论述。首先，说明了预测模型的一般数学形式及其几何意义，以及模型参数估计的一般策略；然后，对预测模型评价中的评价指标、图形化工具以及泛化误差、数据集的划分等问题进行了详尽讲解；最后，论述了预测模型的过拟合所导致的问题，揭示了模型偏差和方差的理论关系。

本章还通过 Python 代码编程，基于数据模拟对理论加以印证。通过 Python 实践案例，基于实际数据结合理论进行应用实践。需要说明的是，Python 编程并不是本书的重点，介绍 Python 编程的目的是因为，编程可以再现理论研究成果，有助于读者对理论的直观理解。同时，本书均采用直接调用 Python 机器学习相关函数的方式实现各种建模。不仅代码简单，同时更便于实际应用。

【本章相关函数】

围绕本章学习，应重点掌握 Python 模块中的以下函数。函数的具体格式参见 Python 帮助，在此不再赘述。

1．Python 建立线性模型的函数

（1）modelLR=LM.LinearRegression()；modelLR.fit(X,Y)；modelLR.predict(X)；modelLR.score(y,yhat)

（2）modelLR=LM.LogisticRegression()；modelLR.fit(X,y)；modelLR.predict(X)；modelLR.score(y,yhat)；modelLR.predict_proba(X)

2．Python 的数据集划分函数和计算基于交叉验证的测试误差函数

（1）train_test_split()；LeaveOneOut()；KFold()

（2）cross_val_score()；cross_validate()

3．Python 的各种模型评价函数

（1）confusion_matrix()；f1_score()；accuracy_score()

（2）roc_curve()；auc(fpr,tpr)；precision_recall_curve()

【本章习题】

1．请给出回归预测中常用的一般线性回归模型的数学表达式，并解释模型参数的实际含义。

2．请简述 Logistic 回归模型的一般应用场景，并解释模型参数的实际含义。

3．回归模型和分类模型的常用评价指标有哪些？

4．什么是 ROC 曲线和 P-R 曲线。优秀的二分类预测模型其 ROC 曲线有怎样的特点？

5．经验误差和泛化误差有怎样的联系和不同？

6．数据集划分的意义是什么？

7．什么是预测模型的偏差和方差，两者有怎样的关系？

8．Python 编程题：基于空气质量监测数据，给出一个最优的 PM2.5 回归预测模型（提示：从模型泛化能力角度考虑）。

第4章
数据预测建模：贝叶斯分类器

贝叶斯方法是一种研究不确定性问题的决策方法。通过概率描述不确定性，引入效用函数并采用效用函数最大的决策，实现对不确定性问题的推理。目前，贝叶斯方法已广泛应用于数据的分类预测建模中。

如果数据分类预测是基于贝叶斯方法实现的，该分类预测模型称为贝叶斯分类器。本章将从以下几方面介绍贝叶斯分类器的基本原理：

- 贝叶斯概率和贝叶斯法则。
- 贝叶斯和朴素贝叶斯分类器。
- 朴素贝叶斯分类的决策边界。
- 贝叶斯分类器的 Python 应用实践。

4.1 贝叶斯概率和贝叶斯法则

为理解贝叶斯分类器的基本原理，应首先了解贝叶斯概率和贝叶斯法则。

4.1.1 贝叶斯概率

贝叶斯概率（Bayesian Probability）是一种主观概率，有别于频率学派的频率概率。

数理统计领域有两大学派：频率学派（古典学派）和贝叶斯学派，这两个学派对世界的认知有着本质不同。频率学派认为事物的某个特征是确定性的，存在恒定不变（常量）的特征真值，研究的目标就是找到真值或真值所在的范围。贝叶斯学派则认为事物的某个特征的真值具有不确定性，是服从某种概率分布的随机变量。首先，需要对分布有个预判，然后通过观察学习不断对预判做出调整。贝叶斯学派研究的目的是要找到该概率分布的最优表达。

例如，对投掷硬币正面朝上的概率 P 问题，频率学派认为应从频率概率，即对概率的频率解释进行研究。频数概率的定义是，在 N 次重复独立投币的试验中，硬币正面朝上的频率 f/N（f 为正面朝上的次数），将在常数 α 附近波动，且随着 N 的增大，波动幅度会越来越小。于是正面朝上的概率 $P = \alpha$。可见，频率概率是事物"物理属性"的体现，是事件某个特征的客观反映，不会随人们主观认识的改变而改变。由于频率概率需要基于大量的独立重复试验，而这对于许多现实问题来讲可能是无法实现的。

贝叶斯概率是人们对某事物发生概率的信任程度的度量，是一种主观概率。取决于对事物的先

93

验认知，以及新信息加入后对先验认知的不断修正。因此，贝叶斯概率会随主观认知的改变而改变。

例如，对于投掷硬币问题，贝叶斯概率反映的是人们相信有一定的概率正面朝上的把握程度。这既取决于先验认知，如假设正面朝上的概率等于 π，同时也取决于若干次投币试验的结果 L。显然，投币结果 L 会对可能不尽正确的先验认识 π 进行调整，使之趋于正确。

总之，贝叶斯概率是通过先于试验数据的概率描述最初的不确定性 π，然后与试验数据 L 相结合而产生的一个由试验数据修正了的概率。

4.1.2 贝叶斯法则

贝叶斯法则（Bayes Rule）是对贝叶斯概率的理论表达。

首先，它基于概率论的基本运算规则。设 $P(X)$ 和 $P(Y)$ 分别是随机事件 X 和 Y 发生的概率。若事件 X 独立于事件 Y，则事件 X 和 Y 同时发生的概率 $P(XY)=P(X)P(Y)$；若事件 X 不独立于事件 Y，则 $P(XY)=P(X)P(Y|X)=P(Y)P(X|Y)$。

于是，基于基本运算规则和贝叶斯概率，贝叶斯法则为：如果有 k 个互斥事件 $y_1, y_2, \cdots, y_k$，且 $P(y_1)+P(y_2)+\cdots+P(y_k)=1$，以及一个可观测到的事件 X，则有

$$P(y_i|X)=\frac{P(Xy_i)}{P(X)}=\frac{P(y_i)P(X|y_i)}{P(X)}, (i=1,2,\cdots,k) \tag{4.1}$$

其中，$P(y_i)$ 称为先验概率（Prior），是未见到事件 X 前对事件 y_i 发生概率的假设，测度了未见到试验数据前对事物的先验认知程度；条件概率 $P(y_i|X)$ 称为后验概率（Posterior），是事件 X 发生条件下事件 y_i 发生的概率，测度了见到试验数据后对事物的后验认知程度；条件概率 $P(X|y_i)$：称为数据似然（Likelihood），是事件 y_i 发生条件下事件 X 发生的概率，该值越大，表明事件 y_i 发生越助于事件 X 发生。数据似然测度了在先验认知下观察到当前试验数据的可能性，值越大表明先验认知对试验数据的解释程度越高。

进一步，依据全概率公式，$y_1, y_2, \cdots, y_k$ 构成一个完备事件组且均有正概率，式（4.1）可写为

$$P(y_i|X)=\frac{P(Xy_i)}{P(X)}=\frac{P(y_i)P(X|y_i)}{P(X)}=\frac{P(y_i)P(X|y_i)}{\sum_{i=1}^{k}P(y_i)P(X|y_i)} \tag{4.2}$$

可见，后验概率是数据似然对先验概率的修正结果。

4.2 贝叶斯和朴素贝叶斯分类器

4.2.1 贝叶斯和朴素贝叶斯分类器的一般内容

贝叶斯法则刻画了两类事件发生概率和条件概率之间的关系，将其应用到数据的分类预测中的典型代表是贝叶斯分类器（Bayes Classifier）。这里，以表 4.1 的顾客数据为例进行讨论。

表 4.1 顾客特征和是否购买的数据

性别（X_1）	1	1	0	1	0	0	0	0	1	0	1	1	0	0
年龄段（X_2）	B	A	A	C	B	B	C	C	C	A	B	A	A	C
是否购买（y）	yes	yes	yes	no	yes	yes	yes	yes	no	no	yes	no	no	yes

表 4.1 是顾客特征和是否购买某种商品的示例数据。其中，性别（X_1 是二分类变量，取值为 1、0）和年龄段（X_1 是多分类变量，取值为 A、B、C）为输入变量。是否购买（y 是二分类变量，yes 表示购买，no 表示不购买）为输出变量。这里假设对于给定的购买行为，性别和年龄段条件独立。现采用贝叶斯分类器，对性别等于 1、年龄段为 A 的顾客是否购买进行预测。

解决此问题的直观考虑是：该类顾客有购买和不购买两种可能，预测时应考虑两方面的影响因素：

第一，如果目前市场上大部分顾客都购买该商品，商品的大众接受度高，则该顾客也购买的概率会较高。反之该顾客可能不会购买。第二，如果购买的顾客中，很大部分都和该顾客有相同的特征，即有同样的性别和年龄段，则该顾客也会有较大的概率购买。反之，该顾客可能不属于此商品的消费群体，购买的可能性较低。

当然，以上两种因素结合也会导致不同的结果。例如，如果市场上大部分顾客没有购买该商品，但购买顾客中的绝大多数和该顾客有相同的特征，则该顾客也有可能购买。或者，购买顾客中的绝大多数和该顾客没有相同的特征，但市场上大部分顾客购买了该商品，则该顾客也有可能购买，等等。

贝叶斯分类器应能体现和刻画上述方面。若输出变量 y 为具有 k 个类别的分类型变量，k 个类别值记为 $y_1, y_2, \cdots, y_k$，X 为输入变量，式（4.2）可写为如下贝叶斯分类器：

$$P(y = y_i \mid X) = \frac{P(y = y_i)P(X \mid y = y_i)}{\sum_{i=1}^{k} P(y = y_i)P(X \mid y = y_i)} \tag{4.3}$$

其中，$P(y = y_i)$ 为先验概率；$P(X \mid y = y_i)$ 为数据似然；$P(y = y_i \mid X)$ 为后验概率。

可依据式（4.3）分别计算 $P(y = y_i \mid X), i = 1, 2, \cdots, k$。若将式（4.3）视为一种效用函数，依据贝叶斯方法的基本决策原则：采用效用函数最大的决策，则输出变量的预测类别应为后验概率最大的类别：$\underset{y_i}{\arg\max} P(y = y_i \mid X) = \dfrac{P(y = y_i)P(X \mid y = y_i)}{\sum_{i=1}^{k} P(y = y_i)P(X \mid y = y_i)}$，该原则称为最大后验概率估计（Maximum A Posterior，MAP）原则。

式（4.3）中，先验概率 $P(y = y_i)$ 和数据似然 $P(X \mid y = y_i)$ 均可通过以下极大似然估计（Maximum Likelihood Estimation，MLE）得到：

$$P(y = y_i) = \hat{P}(y = y_i) = \frac{N_{y_i}}{N} \tag{4.4}$$

$$P(X = X_j^m \mid y = y_i) = \hat{P}(X = X_j^m \mid y = y_i) = \frac{N_{y_i X_j^m}}{N_{y_i}} \tag{4.5}$$

其中，N 为训练集的样本量；N_{y_i} 为训练集中输出变量 $y = y_i$ 的样本量；$N_{y_i X_j^m}$ 为训练集中输出变量 $y = y_i$ 且输入变量 $X = X_j^m$（X 为有 m 个类别的输入变量）的样本量。

具体到表 4.1，$\boldsymbol{X} = (X_1, X_2)$，$k = 2, y_1 = \text{yes}, y_2 = \text{no}$，这是个二分类问题。分别计算该顾客购买和不购买的概率。

购买的概率为

$$P(y=\text{yes}\,|\,X_1=1, X_2=\text{A})$$

$$=\frac{P(y=\text{yes})P(X_1=1, X_2=\text{A}\,|\,y=\text{yes})}{P(y=\text{yes})P(X_1=1, X_2=\text{A}\,|\,y=\text{yes})+P(y=\text{no})P(X_1=1, X_2=\text{A}\,|\,y=\text{no})}$$

$$=\frac{P(y=\text{yes})P(X_1=1, X_2=\text{A}\,|\,y=\text{yes})}{\sum\limits_{i=1}^{k}P(y=y_i)P(X_1=1, X_2=\text{A}\,|\,y=y_i)}$$

因假定对于给定的购买行为，性别和年龄段条件独立，有

$$P(y=\text{yes}|X_1=1, X_2=A)=\frac{P(y=\text{yes})P(X_1=1|y=\text{yes})P(X_2=\text{A}|y=\text{yes})}{\sum\limits_{i=1}^{k}P(y=y_i)P(X_1=1, X_2=\text{A}\,|\,y=y_i)}$$

$$=\frac{\dfrac{9}{14}\times\dfrac{3}{9}\times\dfrac{2}{9}}{\dfrac{9}{14}\times\dfrac{3}{9}\times\dfrac{2}{9}+\dfrac{5}{14}\times\dfrac{3}{5}\times\dfrac{3}{5}}=\frac{10}{37}$$

同理，计算不购买的概率为

$$P(y=\text{no}|X_1=1, X_2=A)=\frac{P(y=\text{no})P(X_1=1|y=\text{no})P(X_2=\text{A}|y=\text{no})}{\sum\limits_{i=1}^{k}P(y=y_i)P(X_1=1, X_2=\text{A}\,|\,y=y_i)}$$

$$=\frac{\dfrac{5}{14}\times\dfrac{3}{5}\times\dfrac{3}{5}}{\dfrac{9}{14}\times\dfrac{3}{9}\times\dfrac{2}{9}+\dfrac{5}{14}\times\dfrac{3}{5}\times\dfrac{3}{5}}=\frac{27}{37}$$

根据最大后验概率原则，该顾客不购买的概率大于购买的概率，应预测为 no，即不购买。

至此，总结如下：

1）贝叶斯分类器中的先验概率度量了上述第一方面的因素，第二方面因素通过数据似然 L 测度。

2）最大化后验概率原则中并不需要计算式（4.3）分母上的值。后验概率正比于分子，$P(y=y_i\,|\,X)\propto P(y=y_i)P(X\,|\,y=y_i)$，只需计算和比较分子的大小即可进行决策。

3）该示例中假设性别和年龄段对于给定购买行为是条件的独立，即 $P(X_1, X_2\,|\,y_i)=P(X_1\,|\,y_i)P(X_2\,|\,y_i)$。在假定输入变量对于给定输出变量是条件独立的条件下，该分类器称为朴素贝叶斯分类器（Naive Bayes Classifier）。尽管假定输入变量条件独立并不一定合理，但大量应用实践证明，朴素贝叶斯分类器在很多分类场景（如文本分类）下都有较好的表现。

4）对于数值型输入变量 X，数据似然一般采用高斯分布密度函数 $f(X\,|\,y=y_i)=\dfrac{1}{\sqrt{2\pi}\sigma}e^{\frac{(X-\bar{X})^2}{2\sigma^2}}$，其中，$\bar{X}$ 和 σ^2 分别为 X 的期望和方差。相应分类器称为高斯朴素贝叶斯（Gaussian Naive Bayes，GNB）分类器。

4.2.2　贝叶斯分类器的先验分布

对上述顾客购买问题，预测时任一顾客都有购买或不购买两种可能。在拿到数据之前，确切

讲在没有观测到现有顾客的购买行为和特征之前，是具有先验不确定性的。如何给定这个先验信息，即如何确定先验分布（Prior Distribution）是个关键问题。一般有共轭先验和无信息先验两种策略。

1. 共轭先验

贝叶斯学派认为，事物某个特征的真值（也称参数）具有不确定性，是服从某种概率分布的随机变量 θ。首先，需要对分布有个预判，即给出所谓的先验分布，它可以是参数空间 Θ 上的任一概率分布。可用 $\pi(\theta)$ 表示随机变量 θ 的概率函数。θ 为连续型（数值型）随机变量时，$\pi(\theta)$ 为密度函数；θ 为离散型（分类型）随机变量时，$\pi(\theta)$ 为概率。先验分布 $\pi(\theta)$ 是未见到数据 $\boldsymbol{D}$ 前对参数 θ 可能取值初始认知。获取数据 $\boldsymbol{D}$ 后，由于 $\boldsymbol{D}$ 中，准确讲是数据似然中包含了 θ 的信息，故对 θ 的初始认知也会随之发生变化。

采用贝叶斯法则利用数据 $\boldsymbol{D}$ 对 θ 调整的结果，就是参数 θ 的后验分布（Posterior Distribution）$\pi(\theta|\boldsymbol{D})$。$\theta$ 为连续型随机变量时的后验分布为 $\pi(\theta|\boldsymbol{D}) = \dfrac{f(\boldsymbol{D}|\theta)\pi(\theta)}{\int_{\Theta} f(\boldsymbol{D}|\theta)\pi(\theta)\mathrm{d}\theta}$。$\theta$ 为离散型随机变量时的后验分布为 $\pi(\theta = \theta_i|\boldsymbol{D}) = \dfrac{f(\boldsymbol{D}|\theta_i)\pi(\theta_i)}{\sum\limits_{i=1}^{k} f(\boldsymbol{D}|\theta_i)\pi(\theta_i)}$。其中，$f(\boldsymbol{D}|\theta)$ 是条件概率的形式。当 θ 已知而 $\boldsymbol{D}$ 为随机变量的情况下，$f(\boldsymbol{D}|\theta)$ 是 $\boldsymbol{D}$ 的概率密度函数。但这里 $\boldsymbol{D}$ 已知、θ 为随机变量，$f(\boldsymbol{D}|\theta)$ 描述的是不同参数 θ 下 $\boldsymbol{D}$ 出现的概率，也称为参数 θ 的似然函数。

可见，一个"好"的先验分布，将有助于对数据 $\boldsymbol{D}$ 的认识，并导致一个"好"的后验分布的产生。换言之，先验分布的确定是具有主观性和随意性的。若所给的先验分布与事物之间的实际偏差较小，贝叶斯解分类器的预测性能就会较为理想。

进一步，"经历"了数据似然的修正，先验分布将使自己"变为"后验分布。从这个意义上讲，先验分布 $\pi(\theta)$ 应与后验分布 $\pi(\theta|\boldsymbol{D})$ 有相同的数学形式，即属于同一类分布。问题的关键在于，确定的 $f(\boldsymbol{D}|\theta)$ 下应选择怎样的先验分布 $\pi(\theta)$。一方面，$f(\boldsymbol{D}|\theta)\pi(\theta)$ 的计算要简单。另一方面，应确保后验分布与先验分布具有相同的数学形式。基于上述考虑，应选择共轭先验（Conjugate Priors）。

若后验分布 $\pi(\theta|\boldsymbol{D})$ 与先验分布 $\pi(\theta)$ 具有相同的数学形式，即 $\pi(\theta)$ 与 $\pi(\theta|\boldsymbol{D})$ 属于同一类分布（如均属于指数分布族[注]），此时 $\pi(\theta)$ 和 $\pi(\theta|\boldsymbol{D})$ 被称为共轭分布（Conjugate Distribution），$\pi(\theta)$ 被称为似然函数 $f(\boldsymbol{D}|\theta)$ 的共轭先验（Conjugate Priors）。共轭先验的好处在于代数上的方便性，可直接给出后验分布的闭式解形式（Closed-form expression），同时也可直观展现数据似然对先验分布的修正和更新。

例如，二分类预测问题中可指定先验分布 $\pi(\theta)$ 为服从参数为 α 和 β 的贝塔分布（Beta Distribution）：$\pi(\theta) = \dfrac{\Gamma(\alpha+\beta)}{\Gamma(\alpha)\Gamma(\beta)}\theta^{\alpha-1}(1-\theta)^{\beta-1} = \dfrac{1}{B(\alpha,\beta)}\theta^{\alpha-1}(1-\theta)^{\beta-1} \sim Beta(\alpha,\beta)$。其中，$\Gamma(\alpha)$ 为

[注] 指数分布族（exponential family of distributions）：也称指数型分布族，是统计中最重要的参数分布族。包括正态分布、二项分布、泊松分布和伽马分布等。

伽马函数，$\Gamma(\alpha+1)=\alpha!$；$B(\alpha,\beta)$ 为贝塔函数。$\theta=P(y=1), 0\leqslant\theta\leqslant 1$ 为输出变量等于 1 的概率。贝塔分布俗称为"关于概率的分布"。不同分布参数下的贝塔分布如图 4.1 所示（Python 代码详见 4.4.1 节）。

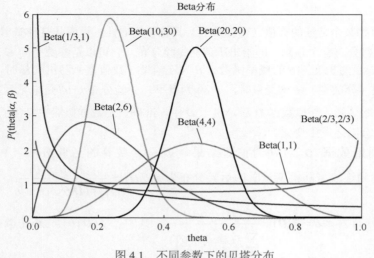

图 4.1　不同参数下的贝塔分布

二维码 007

图 4.1 表明，$\alpha=\beta=1$ 时，为均匀分布，大于 1 时为对称的"钟形"分布，且随着 α 和 β 的增加，分布会变得越来越"陡峭"；$\alpha\neq\beta$ 时，为非对称分布。

进一步，若 θ 的似然函数为二项分布 $f(\boldsymbol{D}|\theta)=\mathrm{C}_{n_1+n_2}^{n_1}\theta^{n_1}(1-\theta)^{n_2}$，$f(\boldsymbol{D}|\theta)\propto\theta^{n_1}(1-\theta)^{n_2}$，则有后验分布 $\pi(\theta|\boldsymbol{D})=\dfrac{\theta^{n_1+\alpha-1}(1-\theta)^{n_2+\beta-1}}{B(n_1+\alpha,n_2+\beta)}\sim Beta(n_1+\alpha,n_2+\beta)$。

可见，后验分布和先验分布互为共轭分布，贝塔分布是二项分布的共轭先验。此外，当样本量 n_1+n_2 趋于无穷时，先验分布的影响会不断减小。当样本量较小时，先验分布有很重要的作用。

多分类预测问题中的共轭先验是服从参数为 $\alpha_1,\alpha_2,\cdots,\alpha_k$ 的狄利克雷分布（Dirichlet Distribution）：$\pi(\theta_1,\theta_2,\cdots,\theta_k)=\dfrac{\Gamma\left(\sum\limits_{i=1}^{K}\alpha_i\right)}{\prod\limits_{i=1}^{k}\Gamma(\alpha_i)}\prod\limits_{i=1}^{k}\theta_i^{\alpha_i-1}$，其中 $\sum\limits_{i=1}^{k}\theta_i=1$。$k=2$ 时即为贝塔分布，狄利克雷分布是对贝塔分布的推广。

2. 无信息先验

在不确定共轭先验的情况下，也可采用无信息先验。一般有以下两种原则：

（1）依据样本分布原则

依据样本分布原则，即直接基于数据集计算。如上例中，直接计算购买和不购买的样本比率作为先验概率。

（2）熵值最大法原则

熵值最大法原则中涉及熵的概念。首先，讨论什么是熵。

熵（Entropy）也称信息熵。1948 年，香农（C. E. Shannon）借用热力学的热熵○概念，提出用信息熵度量信息论中信息传递过程中的信源不确定性。可将信源 U 视为某种随机过程。若其发送的信息为 $u_k(k=1,2,\cdots,K)$，发送信息 u_k 的概率为 $P(u_k)$，且 $\sum_{k=1}^{K}P(u_k)=1$，则熵的数学定义为

$$Ent(U)=-\sum_{k=1}^{K}P(u_k)\log_2 P(u_k) \tag{4.6}$$

熵为非负数。如果 $Ent(U)=0$ 最小，表示只存在唯一的信息发送方案：$P(u_k)=1,P(u_j)=0,j\neq k$，意味着没有信息发送的不确定性。如果信源的 K 个信息有相同的发送概率 $P(u_k)=\frac{1}{K}$，此时信息发送的不确定性最大，熵达到最大 $Ent(U)=-\log_2\frac{1}{K}$。所以，信息熵越大表示平均不确定性越大。反之，信息熵越小，表示平均不确定性越小。

可见，熵值最大法原则意味着先验分布为均匀分布。

4.3　贝叶斯分类器的分类边界

贝叶斯分类器作为一种数据分类的预测方法，最终会给出一个或多个分类边界。如图 4.2 所示（Python 代码详见 4.4.2 节）。

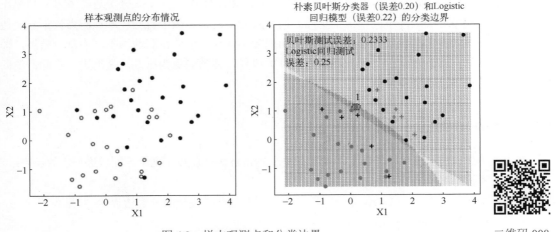

图 4.2　样本观测点和分类边界　　　　　　　　　二维码 008

图 4.2 左图中的所有点为训练集的样本观测点，训练集的样本量 $N=50$。用深浅色的两种圆圈表示输出变量的实际类别值，空心圆圈表示 0 类，实心圆圈表示 1 类。现要找到一个可将两类点分开的分类线以实现分类预测。

图 4.2 右图中展示了采用贝叶斯分类器和 Logistic 回归模型的分类预测情况。与左图类似，用深浅色表示点的实际类别，但这里规定：实心圆表示朴素贝叶斯分类器正确预测的点，加号（+）表示预测错误的点。这里有 5 个 0 类点（右上区域的浅色加号）和 5 个 1 类点（左下区域的深色加

○ 热熵：度量分子状态混乱程度的物理量。

号）被预测错误。图中有以色差区分的两个分类边界，也就是第 2 章提及的分类线（或面）。

深色区域下方和上方区域间的弧形边界线为贝叶斯分类器的分类边界，也称贝叶斯决策边界。首先，基于训练集建立朴素贝叶斯分类器，然后利用该分类器对图中所示位置上的任意点预测其类别，从而得到贝叶斯决策边界。落入决策边界右上区域的观测点将被预测为 1 类，落入左下区域预测将为 0 类。可见，有 5 个 0 类点（右上区域的浅色加号）和 5 个 1 类点（左下区域的深色加号）落入了错误的区域，总的预测误误率为 $\frac{5+5}{50} = 20\%$。

浅色区域和深色区域间的直线边界线为 Logistic 回归的分类直线。首先，基于训练集建立 Logistic 回归模型，然后利用该模型对图中所示位置上的任意点预测其类别，从而得到 Logistic 决策边界。落入直线下方和上方的点将被分别预测为 0 类和 1 类。Logistic 回归模型的总预测误误率等于 $\frac{5+6}{50} = 22\%$。

本例中的朴素贝叶斯决策边界是一条曲线，Logistic 决策边界为一条直线。这表明朴素贝叶斯分类器能够解决非线性分类问题，模型的复杂度高于 Logistic 回归。进一步，计算 10 折交叉验证的训练误差和测试误差。朴素贝叶斯分类器分别为 21.34% 和 23.33%，Logistic 回归模型分别 22.69% 和 25%。贝叶斯分类器的预测性能均高于 Logistic 回归，且没有出现模型过拟合。

此外，两个分类模型对图 4.2 中 1 号点的预测结果不一致。Logistic 回归模型预测为 1 类（落入分类边界上方）预测错误，但朴素贝叶斯分类器预测为 0 类（落入分类边界下方）预测正确，这是两个模型分类边界不同（模型不同）而导致的。此外，图中有些样本观测点位于分类边界附近。若训练数据的随机变动导致分类边界出现微小移动，便会得到截然不同的预测结果，即预测方差大。如何找到尽量远离样本观测点的分类边界，使预测更为稳健，是需进一步探讨的问题。该问题将在第 9 章集中讨论。

4.4 Python 建模实现

在对基本原理进行阐述的基础上，本节将通过 Python 编程就以下两个方面做进一步的说明：
- 探索不同参数下的贝塔分布特点。
- 对比贝叶斯分类器和 Logistic 回归模型，绘制两个分类模型的分类边界。

本章需导入的 Python 模块如下：

```
1   #本章需导入的模块
2   import numpy as np
3   import pandas as pd
4   import matplotlib.pyplot as plt
5   %matplotlib inline
6   plt.rcParams['font.sans-serif']=['SimHei']    #解决中文显示乱码问题
7   plt.rcParams['axes.unicode_minus']=False
8   import warnings
9   warnings.filterwarnings(action = 'ignore')
10  from scipy.stats import beta
11  from sklearn.naive_bayes import GaussianNB
12  import sklearn.linear_model as LM
13  from sklearn.model_selection import cross_val_score, cross_validate, train_test_split
14  from sklearn.metrics import classification_report
15  from sklearn.metrics import roc_curve, auc, accuracy_score, precision_recall_curve
```

其中新增部分如下。

1）第 10 行：scipy.stats 模块中的 beta 函数，用于计算贝塔分布。

2）第 11 行：sklearn.naive_bayes 模块下的 GaussianNB 函数，用于实现朴素贝叶斯分类器。

3）第 15 行：sklearn.metris 模块下的 roc_curve 等函数，用于计算分类器的各种评价指标。

4.4.1　不同参数下的贝塔分布

可通过以下代码（文件名：chapter4-1.ipynb）直观理解 4.2.2 节先验分布中提及的贝塔分布的特点。首先，指定贝塔分布中两个参数的取值；然后，绘制不同分布参数下的概率密度曲线图。代码如下所示。

```
1  alphas= [1/3, 2/3, 1, 2, 4, 10, 20]
2  betas = [1, 2/3, 1, 6, 4, 30, 20]
3  colors = ['blue', 'orange', 'green', 'red', 'purple', 'brown', 'black']
4  theta = np.linspace(0, 1, 100)
5  fig, ax = plt.subplots(figsize=(9,6))
6  for a, b, c in zip(alphas, betas, colors):
7      dist = beta(a, b)
8      plt.plot(theta, dist.pdf(theta), c=c)
9  plt.xlim(0, 1)
10 plt.ylim(0, 6)
11 plt.xlabel("theta")
12 plt.ylabel(r' $p(theta|\alpha, \beta)$')
13 plt.title('Beta分布')
14 ax.annotate('Beta(1/3, 1)', xy=(0.014, 5), xytext=(0.04, 5.2), arrowprops=dict(facecolor='black', arrowstyle='-'))
15 ax.annotate('Beta(10,30)', xy=(0.276, 5), xytext=(0.3, 5.4), arrowprops=dict(facecolor='black', arrowstyle='-'))
16 ax.annotate('Beta(20,20)', xy=(0.5, 5), xytext=(0.52, 5.4), arrowprops=dict(facecolor='black', arrowstyle='-'))
17 ax.annotate('Beta(2,6)', xy=(0.256, 2.41), xytext=(0.2, 3.1), arrowprops=dict(facecolor='black', arrowstyle='-'))
18 ax.annotate('Beta(4,4)', xy=(0.53, 2.15), xytext=(0.45, 2.6), arrowprops=dict(facecolor='black', arrowstyle='-'))
19 ax.annotate('Beta(1, 1)', xy=(0.8, 1), xytext=(0.7, 2), arrowprops=dict(facecolor='black', arrowstyle='-'))
20 ax.annotate('Beta(2/3, 2/3)', xy=(0.99, 2.4), xytext=(0.86, 2.8), arrowprops=dict(facecolor='black', arrowstyle='-'))
21 plt.show()
```

【代码说明】

1）第 1、2 行：给定贝塔分布中参数 α 和 β 的各种可能取值。如 $\alpha = \frac{1}{3}, \beta = 1$；$\alpha = \frac{2}{3}$，$\beta = \frac{2}{3}$，等等。

2）第 4 行：给定参数 θ 的 100 个可能取值，取值范围是[0,1]。

3）第 6 至 8 行：通过 for 循环计算不同参数下贝塔分布的概率密度并绘制概率密度曲线。

其中，函数 zip() 可以实现对多个列表元素按位置的一一匹配，结果如：$a = \frac{1}{3}, b = 1$，$c = 'blue'$，$a = \frac{2}{3}, b = \frac{2}{3}, c = 'orange'$。循环中，首先利用函数 beta() 创建一个指定参数 α、β 的贝塔分布对象 dist；然后，通过.pdf()方法计算特定贝塔分布的概率密度值，并画图。

4）第 14 至 20 行：利用.annotate()方法对图中元素添加说明信息。

所得图形如图 4.1 所示。可见，贝塔分布中横坐标 θ 的取值范围在[0,1]，纵坐标给出的是对于不同参数 α、β 下的贝塔分布 $\theta = \theta_i$ 的概率密度。

4.4.2　贝叶斯分类器和 Logistic 回归分类边界的对比

本节（文件名：chapter4-2.ipynb）基于模拟数据分别建立朴素贝叶斯分类器和 Logistic 回归模型，并绘制两个分类模型的分类边界，旨在直观展示朴素贝叶斯分类器的特点，以及与

Logistic 回归分类边界的不同。

1. 生成模拟数据

这里，模拟数据的生成方案为：随机生成两组各 50 个服从标准正态分布的随机数，分别作为输入变量 X_1 和 X_2；指定相应样本观测点 (X_1, X_2) 对应的输出变量 y 取值为 0 或 1，这里 0 和 1 各占 50%；调整输出变量 y 等于 0 的样本观测点在二维输入变量空间中的位置。代码如下所示。

```
1   np.random.seed(123)
2   N=50
3   n=int(0.5*N)
4   X=np.random.normal(0,1,size=100).reshape(N,2)
5   Y=[0]*n+[1]*n
6   X[0:n]=X[0:n]+1.5
7
8   fig,axes=plt.subplots(nrows=1,ncols=2,figsize=(15,6))
9   axes[0].scatter(X[:n,0],X[:n,1],color='black',marker='o')
10  axes[0].scatter(X[(n+1):N,0],X[(n+1):N,1],edgecolors='magenta',marker='o',c='')
11  axes[0].set_title("样本观测点的分布情况")
12  axes[0].set_xlabel("X1")
13  axes[0].set_ylabel("X2")
```

模拟数据的样本观测点的分布情况如图 4.2 左图所示。

2. 朴素贝叶斯分类器和 Logistic 回归模型

基于上述模拟数据，首先，建立朴素贝叶斯分类器和 Logistic 回归模型；然后，分别绘制两个模型的分类边界。代码如下所示。

```
15  modelNB = GaussianNB()
16  modelNB.fit(X, Y)
17  modelLR=LM.LogisticRegression()
18  modelLR.fit(X,Y)
19  Data=np.hstack((X,np.array(Y).reshape(N,1)))
20  Yhat=modelNB.predict(X)
21  Data=np.hstack((Data,Yhat.reshape(N,1)))
22  Data=pd.DataFrame(Data)
23
24  X1,X2 = np.meshgrid(np.linspace(X[:,0].min(),X[:,0].max(),100), np.linspace(X[:,1].min(),X[:,1].max(),100))
25  New=np.hstack((X1.reshape(10000,1),X2.reshape(10000,1)))
26  YnewHat1=modelNB.predict(New)
27  DataNew=np.hstack((New,YnewHat1.reshape(10000,1)))
28  YnewHat2=modelLR.predict(New)
29  DataNew=np.hstack((DataNew,YnewHat2.reshape(10000,1)))
30  DataNew=pd.DataFrame(DataNew)
31
32  for k,c in [(0,'silver'),(1,'red')]:
33      axes[1].scatter(DataNew.loc[DataNew[2]==k,0],DataNew.loc[DataNew[2]==k,1],color=c,marker='o',s=1)
34  for k,c in [(0,'silver'),(1,'mistyrose')]:
35      axes[1].scatter(DataNew.loc[DataNew[3]==k,0],DataNew.loc[DataNew[3]==k,1],color=c,marker='o',s=1)
```

【代码说明】

1）第 15、16 行：建立朴素贝叶斯分类器，并拟合数据。

2）第 17、18 行：建立 Logistic 回归模型，并拟合数据。

3）第 19 至 22 行：构建数据框 Data（包含 50 个样本观测、4 个变量）为绘图做准备。

数据框 Data 的前两列为输入变量 X_1 和 X_2，后两列为输出变量的实际类别和朴素贝叶斯分类器的预测类别。

4）第 24 至 30 行：绘制分类器的分类边界。

首先，做好数据准备，利用 Numpy 的 meshgrid() 函数分别生成 X_1 和 X_2 取值范围内均匀分布的 $10000\,(100\times100)$ 个样本观测点；然后，两个分类模型分别给出 10000 个样本观测点的预测类别。结果保存到数据框 DataNew（包含 10000 个样本观测、4 个变量）中：前两列为输入变量 X_1 和 X_2，后两列分别为朴素贝叶斯分类器和 Logistic 回归的预测类别。

5）第 32、33 行：绘制朴素贝叶斯分类边界（曲线），0 类区域用银色（silver）表示，1 类区域用红色（red）表示。

6）第 34、35 行：绘制 Logistic 回归的分类边界（直线），0 类区域用银色（silver）表示，1 类区域用玫瑰色（mistyrose）表示。将与贝叶斯分类区域产生颜色重叠。

接下来，将数据集中的样本观测点添加到当前图中。

```
37  axes[1]. scatter (X[:n, 0], X[:n, 1], color=' black', marker=' + ')
38  axes[1]. scatter (X[(n+1):N, 0], X[(n+1):N, 1], color=' magenta', marker=' + ')
39  for k, c in [(0,' black'), (1,' magenta')]:
40      axes[1]. scatter (Data. loc[(Data[2]==k) & (Data[3]==k),0], Data. loc[(Data[2]==k) & (Data[3]==k),1], color=c, marker=' o')
41  axes[1]. set_title("朴素贝叶斯分类器(误差%. 2f)和Logistic回归模型(误差%. 2f)的分类边界"%(1-modelNB. score(X, Y), 1-modelLR. score(X, Y)))
42  axes[1]. set_xlabel("X1")
43  axes[1]. set_ylabel("X2")
44
45  np. random. seed(123)
46  k=10
47  CVscore=cross_validate(modelNB, X, Y, cv=k, scoring=' accuracy', return_train_score=True)
48  axes[1]. text (-2, 3. 5,' 贝叶斯测试误差: %. 4f' %(1-CVscore['test_score']. mean()), fontsize=12, color=' r')
49  CVscore=cross_validate(modelLR, X, Y, cv=k, scoring=' accuracy', return_train_score=True)
50  axes[1]. text (-2, 3, "Logistic回归测试误差: %. 2f" %(1-CVscore['test_score']. mean()), fontsize=12, color=' r')
51  plt. show()
```

【代码说明】

这里规定：实心圆表示朴素贝叶斯分类器正确预测的点，加号（+）表示预测错误的点。

1）第 37、38 行：以不同颜色将两类样本观测点添加到图中（点的形状均为加号+）。

2）第 39、40 行：将图中贝叶斯分类器正确预测的点的形状改为实心圆圈。

3）第 41 行：在图形标题中给出两个预测模型的训练误差[直接利用.score()方法计算]。

4）第 45 至 50 行：分别计算两个分类模型在 10 折交叉验证下的测试误差，并将计算结果以文字方式标注到图的指定位置上。

最终所得图形如图 4.2 右图所示。图形显示，本例中的朴素贝叶斯决策边界是一条曲线，Logistic 决策边界为一条直线，表明朴素贝叶斯分类器能够解决非线性分类问题，且模型的复杂度高于 Logistic 回归。

4.5　Python 实践案例

本节将通过两个实践案例，讲解如何利用朴素贝叶斯分类器解决实际应用中的二分类和多分类预测问题。其中一个案例是基于空气质量监测数据对空气污染进行分类预测。另一个案例则是对法律裁判文书中的案情要素进行的多分类研究。

4.5.1　实践案例 1：空气污染的分类预测

本节（文件名：chapter4-3.ipynb）聚焦朴素贝叶斯分类器的二分类预测应用。

首先，基于空气质量监测数据（仍然是第 1 章中的数据集），采用朴素贝叶斯分类器对是否出现空气污染进行二分类预测；然后，采用各种方式对预测模型进行评价。代码及结果如下所示。

```
1   data=pd. read_excel('北京市空气质量数据.xlsx')
2   data=data. replace(0, np. NaN)
3   data=data. dropna()
4   data['有无污染']=data['质量等级'].map({'优':0,'良':0,'轻度污染':1,'中度污染':1,'重度污染':1,'严重污染':1})
5   data['有无污染']. value_counts()
6   X=data. loc[:,['PM2.5','PM10','SO2','CO','NO2','O3']]
7   Y=data. loc[:,'有无污染']
8
9   modelNB = GaussianNB()
10  modelNB. fit(X, Y)
11  modelLR=LM. LogisticRegression()
12  modelLR. fit(X,Y)
13  print('评价模型结果：\n', classification_report(Y,modelNB. predict(X)))
14
```

评价模型结果：

	precision	recall	f1-score	support
0	0.86	0.94	0.90	1204
1	0.90	0.79	0.84	892
accuracy			0.88	2096
macro avg	0.88	0.87	0.87	2096
weighted avg	0.88	0.88	0.87	2096

【代码说明】

1）第 1 至 7 行：读入空气质量监测数据；进行数据预先处理；确定输入变量矩阵 X 和输出变量 y。

2）第 9 至 12 行：依次构建朴素贝叶斯分类器（默认采用无信息先验分布中的依据样本分布原则）和 Logistic 回归模型，并拟合数据。

3）第 13 行：计算各种模型评价指标对朴素贝叶斯分类器进行评价。

这里，直接采用函数 classification_report( )，给定输出变量的实际类别和预测类别后，可计算总正确率（0.88）、查准率 P、查全率 R、F1 分数以及各类的样本量。这里关注对 1 类（有污染共 892 天）的评价：查准率 P、查全率 R 分别为 0.90 和 0.79，F1 分数为 0.84。评价结果中的 macro avg 为宏意义上的评价指标，这里为各类结果的平均值。如 $\frac{1}{2}(0.86+0.90)=0.88$ 等。

接下来，利用 ROC 和 P-R 曲线对比朴素贝叶斯分类器和 Logistic 回归模型的预测性能。代码及结果如下所示。

```
1   fig, axes=plt. subplots(nrows=1, ncols=2, figsize=(10, 4))
2   fpr, tpr, thresholds = roc_curve(Y, modelNB. predict_proba(X)[:, 1], pos_label=1)
3   fpr1, tpr1, thresholds1 = roc_curve(Y, modelLR. predict_proba(X)[:, 1], pos_label=1)
4   axes[0].plot(fpr, tpr, color='r', label='贝叶斯ROC (AUC = %0.5f)' % auc(fpr, tpr))
5   axes[0].plot(fpr1, tpr1, color='blue', linestyle='-.', label='Logistic回归ROC(AUC = %0.5f)' % auc(fpr1, tpr1))
6   axes[0].plot([0, 1], [0, 1], color='navy', linewidth=2, linestyle='--')
7   axes[0]. set_xlim([-0.01, 1.01])
8   axes[0]. set_ylim([-0.01, 1.01])
9   axes[0]. set_xlabel('FPR')
10  axes[0]. set_ylabel('TPR')
11  axes[0]. set_title('两个分类模型的ROC曲线')
12  axes[0]. legend(loc="lower right")
13
14  pre, rec, thresholds = precision_recall_curve(Y, modelNB. predict_proba(X)[:, 1], pos_label=1)
15  pre1, rec1, thresholds1 = precision_recall_curve(Y, modelLR. predict_proba(X)[:, 1], pos_label=1)
16  axes[1].plot(rec, pre, color='r', label='贝叶斯总正确率 = %0.3f)' % accuracy_score(Y, modelNB. predict(X)))
17  axes[1].plot(rec1, pre1, color='blue', linestyle='-.', label='Logistic回归总正确率 = %0.3f)' % accuracy_score(Y, modelLR. predict(X)))
18  axes[1].plot([0, 1], [1, pre. min()], color='navy', linewidth=2, linestyle='--')
19  axes[1]. set_xlim([-0.01, 1.01])
20  axes[1]. set_ylim([pre. min()-0.01, 1.01])
21  axes[1]. set_xlabel('查全率R')
22  axes[1]. set_ylabel('查准率P')
23  axes[1]. set_title('两个分类模型的P-R曲线')
24  axes[1]. legend(loc='lower left')
25  plt. show()
```

【代码说明】

1）第 2、3 行：分别得到朴素贝叶斯分类器和 Logistic 回归模型在不同分类阈值下的 FPR 和 TPR。

2）第 4 至 12 行：分别绘制朴素贝叶斯分类器和 Logistic 回归模型的 ROC 曲线，并计算两个 ROC 曲线下的面积。

3）第 14、15 行：分别得到朴素贝叶斯分类器和 Logistic 回归模型在不同分类阈值下的查准率 P 和查全率 R。

4）第 16 至 25 行：分别绘制朴素贝叶斯分类器和 Logistic 回归模型的 P-R 曲线，并计算两个模型的总正确率。

最终图形如图 4.3 所示。

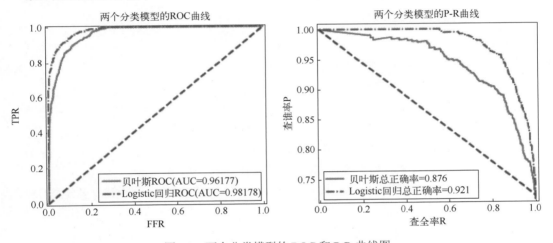

图 4.3　两个分类模型的 ROC 和 P-R 曲线图

图 4.3 中，朴素贝叶斯分类器和 Logistic 回归模型的 ROC 曲线均远离基准线，且曲线下的面积分别约等于 0.96 和 0.98，表明朴素贝叶斯模型虽然较好地实现了二分类预测，但整体性能略低于 Logistic 回归模型。在 P-R 曲线中，随着查全率 R 的增加，Logistic 回归模型的查准率 P 并没有快速下降，优于朴素贝叶斯分类器，且前者的预测总正确率（0.92）高于后者（0.88）。可见，对该问题 Logistic 回归模型有更好的表现。

4.5.2　实践案例 2：法律裁判文书中的案情要素分类

裁判文书是人民法院公开审判活动、裁判理由、裁判依据和裁判结果的重要载体，反映了案件审理过程中的裁判过程、事实、理由和判决依据等。自动提取案件描述中的重要事实，即案情要素，对裁判文书司法摘要的自动化生成，可解释性的类案推送等，均有重要意义。

本节（文件名：chapter4-4.ipynb）以"中国裁判文书网"公开的有关婚姻家庭领域的 2665 条裁判文书为例，基于文书句子文本和每个句子对应的要素标签（多分类），探索朴素贝叶斯分类器在文本分类中的应用。

文本分类的目的是依据文本内容，建立分类模型预测文本所属的类别。例如，通过新闻文本的内容判断其是娱乐新闻还是体育新闻，又或者是社会新闻，等等。文本分类是文本挖掘研究的重要组成部分，它涉及如下两个重要方面：

1）文本分类预测建模的数据预处理。

文本是文字形式的，一般无法直接进行分类预测。因此文本的数字化处理是非常重要的。需要先得到量化的文本，然后才可以进行分类建模。后续将对文本量化的主要问题进行介绍。

2）文本和文本标签的一般组织形式。

文本是可变长度的，每个文本的字数都可能不相同。和相关其他数据共同构成了半结构化的数据。通常采用 JSON 格式组织文本和对应的文本分类标签。什么是 JSON 格式文本，Python 如何读取 JSON 格式等，也将在下面给出简要说明。

以下为本节新增的导入模块：

```
16  #本节增加导入的模块
17  import jieba
18  import jieba.analyse
19  from sklearn.feature_extraction.text import TfidfVectorizer
20  import json
21  from sklearn.naive_bayes import MultinomialNB
```

其中：

1）第 17、18 行：jieba 模块，用于文本分词和分析。

2）第 19 行：jieba.analyse 模块，用于文本量化计算。

3）第 20 行：json 模块，用于处理 JSON 格式文件。

4）第 21 行：sklearn.naive_bayes 模块中的 MultinomialNB 函数，用于建立多分类的朴素贝叶斯分类器。

1. 文本分类的数据预处理：文本分词

文本是由句子组成的。例如："中国的发展是开放的发展"，"中国经济发展的质量在稳步提升，人民生活在持续改善"，等等。文本分类的数据并非句子而是词。也就是说需要先将句子分割成若干个词，该过程称为分词。例如：上述两个句子的分词是："中国　的　发展　是　开放　的　发展"，"中国　经济　发展　的　质量　在　稳步　提升，人民生活　在　持续　改善"。这里以空格作为各个词的分割符。

此外，对不同领域的文本进行分词时将涉及专用词汇问题。例如，对"故宫的著名景点包括乾清宫、太和殿和黄琉璃瓦等"进行分词时，需指定"乾清宫""太和殿""黄琉璃瓦"等为专用词汇，即不能在这些词中间做分割。

目前有多种中文分词工具，其中"结巴"（jieba）是使用较为普遍的 Python 中文分词组件之一。作为第三方库，"结巴"尚没有进入 Anaconda 的内置库，需单独下载和安装。这里介绍一种在 Anaconda 中安装"结巴"的基本操作。

1）在官网（https://pypi.org/project/jieba/）下载"结巴"安装压缩包，如 jieba 0.42.1。

2）将安装压缩包解压到 Anaconda 的 pkgs 目录下。

3）从 Windows "开始"菜单处启动 Anaconda Prompt，利用 cd 命令进入 anaconda/pkgs/

jieba-0.42.1 目录，应能够看到一个名为 setup.py 的程序文件。

4）输入命令：python setup.py install，即可完成安装。

2. 文本分类的数据预处理：文本量化

文本量化的本质是词的量化。量化后的词将作为分类模型的输入变量。直观上，可将词在文本中出现的次数作为一个基本量化指标，但并非出现次数越多的词对文本分类越有意义。例如，"的""地""得"等字的出现次数通常是很高的，但对文本分类并没有帮助。因此，文本挖掘中多采用 TF-IDF 作为词的基本量化指标。

TF-IDF（Term Frequency-Inverse Document Frequency），TF 是词频，IDF 是逆文本频率，两者结合用于度量词对于某篇文本的重要程度。通常，词的重要程度会随其在所属文本中出现次数的增加而增加，同时也会随其在文本集合中出现次数的增加而降低。例如，"游戏"这个词在一篇文本中多次出现，可视"游戏"是该文本的典型代表词。但如果"游戏"也在其他多个文本中多次出现，就不能认为"游戏"是该文本的典型代表词了。TF-IDF 很好地兼顾了这两个方面。

一方面，词 i 在文本 j 中的词频（TF）定义为

$$TF_{ji} = \frac{N_{ji}}{\sum_{k=1}^{K} N_{jk}} \tag{4.7}$$

其中，N_{ji} 表示词 i 在文本 j 中出现的次数；文本 j 共包含 K 个不同的词，$\sum_{k=1}^{K} N_{jk}$ 表示总词数。TF_{ji} 越大，词 i 对文本 j 可能越重要。

另一方面，词 i 的逆文本频率（IDF）定义为

$$IDF_i = \log\left(\frac{总文本数}{包含词 i 的文本数}\right) \tag{4.8}$$

IDF_i 越大，词 i 可能越重要。词 i 在文本 j 中的 TF-IDF 定义为

$$TF - IDF_{ji} = TF_{ji} \times IDF_i \tag{4.9}$$

$TF - IDF_{ji}$ 越大，词 i 对文本 j 越重要。

例如，"游戏"这个词在文本 j 中多次出现，其 TF_{ji} 较大，但如果"游戏"也在其他多个文本中多次出现，其 IDF_i 就较小。此时 TF $-$ IDF$_{ji}$ 也会较小，即不能认为"游戏"是文本 j 的典型代表词。

文本量化时应计算各个词的 TF-IDF。通常选择若干 TF-IDF 较大的词作为文本的典型代表词，并将相应的 TF-IDF 值作为输入变量参与文本的分类建模。

需要注意的是，如果分词结果中包含了很多对文本预测没有意义的词，将会影响 TF-IDF 的计算结果并对后续的分类建模产生负面作用。通常将意义模糊、语气助词、标点符号等对文本分类没有意义的词称为停用词。可事先准备停用词表并在指定过滤掉文本中的停用词后再计算 TF-IDF。

3. 文本分类的数据预处理：量化文本的重新组织

文本分类建模是要预测各个文本的类别，通常将 TF-IDF 组织成矩阵形式。其中，行为文本，列为词。如表 4.2 所示。

表 4.2   文本分类中的数据组织

	词 1	词 2	⋯	词 K	文本类别
文本 1	$TF-IDF_{11}$	$TF-IDF_{12}$	⋯	$TF-IDF_{1K}$	2
文本 2	$TF-IDF_{21}$	$TF-IDF_{22}$	⋯	$TF-IDF_{2K}$	1
⋮	⋮	⋮		⋮	⋮
文本 N	$TF-IDF_{N1}$	$TF-IDF_{N2}$	⋯	$TF-IDF_{NK}$	1

表 4.2 中，共有 N 个文本、K 个词。若词 i 未出现在文本 j 中，则 $TF-IDF_{ij}$。前 K 列将作为输入变量，最后一列为输出变量。接下来通过一个文本处理的示例加以说明。代码如下所示。

```
1    documents = ["中国的发展是开放的发展",
2        "中国经济发展的质量在稳步提升，人民生活在持续改善",
3        "从集市、超市到网购，线上年货成为中国老百姓最便捷的硬核年货",
4        "支付体验的优化以及物流配送效率的提升，线上购物变得越来越便利"]
5    documents = [" ".join(jieba.cut(item)) for item in documents]
6    print("文本分词结果：\n", documents)
7    vectorizer = TfidfVectorizer()    #定义TF-IDF对象
8    X = vectorizer.fit_transform(documents)
9
10   words=vectorizer.get_feature_names()
11   print("特征词表：\n", words)
12   print("idf:\n", vectorizer.idf_)    #idf
13   X=X.toarray()    #print(X.toarray())    #文本-词的tf-idf矩阵
14   for i in range(len(X)):    ##打印每类文本的tf-idf词语权重，第一个for遍历所有文本，第二个for便利某一类文本下的词语权重
15       for j in range(len(words)):
16           print(words[j], X[i][j])
```

【代码说明】

1）第 1 至 4 行：给出 4 个小文本（一个文本只有一句话）

2）第 5 行：利用 jieba 分词，并将分词结果存入列表 documents 中。

这里采用了综合的 for 循环语句写法，表示对每个小文本（item）进行分词，且分词结果通过 join 方法用空格连接，并添加到当前列表的后面，结果如下所示。

文本分词结果：
['中国 的 发展 是 开放 的 发展', '中国 经济 发展 的 质量 在 稳步 提升 ，人民 生活 在 持续 改善', '从 集市 、 超市 到 网购 ， 线上 年货 成为 中国 老百姓 最 便捷 的 硬核 年货', '支付 体验 的 优化 以及 物流配送 效率 的 提升 ， 线上 购物 变得 越来越 便利']

3）第 7、8 行：定义 TF-IDF 对象，对分词结果计算 TF-IDF。

这里，vectorizer 中保存了文本的词表和对应的 TF-IDF 等。

4）第 11、12 行：输出文本的词表和 IDF。

特征词表：
['中国', '人民', '以及', '优化', '体验', '便利', '便捷', '发展', '变得', '年货', '开放', '成为', '持续', '提升', '支付', '改善', '效率', '物流配送', '生活', '硬核', '稳步', '线上', '经济', '网购', '老百姓', '质量', '购物', '超市', '越来越', '集市']
idf:
[1.22314355 1.91629073 1.91629073 1.91629073 1.91629073 1.91629073
1.91629073 1.51082562 1.91629073 1.91629073 1.91629073 1.91629073
1.91629073 1.51082562 1.91629073 1.91629073 1.91629073 1.91629073
1.91629073 1.91629073 1.91629073 1.51082562 1.91629073 1.91629073
1.91629073 1.91629073 1.91629073 1.91629073 1.91629073 1.91629073]

5）第 13 行：得到如表 4.2 所示的 TF-IDF 矩阵（4 行、30 列对应 4 个小文本、30 个词）

6）第 14 至 16 行：依次显示每个小文本中的词和 TF-IDF。如第 1 个小文本的部分结果如下所示。

中国 0.32346721385745636
人民 0.0
以及 0.0
优化 0.0
体验 0.0
便利 0.0
便捷 0.0
发展 0.7990927223856119
变得 0.0
年货 0.0
开放 0.5067738969102946

其中，"人民""以及""优化"等词没有在第 1 个小文本中出现，因此 TF-IDF 等于 0。"发展"出现两次 TF-IDF 值更大些。"中国"在其他小文本中出现过，因此 TF-IDF 小于"开放"的 TF-IDF。

4. 文本和文本标签的一般组织形式

文本是可变长度的，每个文本的字数都可能不相同。通常采用 JSON 格式组织文本和对应的文本分类标签。JSON（JavaScript Object Notation） 是一种典型的便于数据共享的格式文本，在 Python 中与字典结构相对应。

Python 字典由多个键（Key）-值（Value）对组成。例如，namebook={"张三":"001","李四":"002","王五":"003"}即为关于学生姓名和学号的字典。其中，张三、李四、王五为键，001、002、003 为对应的值，用 ":" 隔开，用 "{}" 括起来。键不仅是字符串，也可以是数值或元组等。可通过键快速访问对应的值。

再例如，本例诉讼离婚文本和类别标签，对应的字典示例为

{"labels": [], "sentence": "原告林某某诉称：我与被告经人介绍建立恋爱关系，于 1995 年在菏泽市民政局办理结婚登记手续。"}。

其中，labels、sentence 是文本标签和文本内容的键；":" 后为键对应的值。键 labels 对应的值（即文本标签）以列表形式组织，有时为空[]，有时为 DV1，DV2，…，DV20 中的一个或多个元素。

这里略去诉讼离婚文本标签的具体含义，且仅对只有一个标签的文本进行分类建模，有效诉讼文本 2665 条，节选如下所示。

[{"labels": [], "sentence": "原告林某某诉称：我与被告经人介绍建立恋爱关系，于1995年在菏泽市民政局办理结婚登记手续。"}, ……
{"labels": [], "sentence": "案件受理费100元，由原告黄某某负担。"}]

首先，读入 JSON 格式的离婚诉讼文本并以字典对象形式存储。然后，利用旁置法划分文本数据；后续，对训练样本集进行分词处理，计算 TF-IDF 并建立朴素贝叶斯分类器；最后，对测试样本集进行分词处理，计算 TF-IDF 并计算模型的测试误差。具体代码如下所示。

```
1  alltext=[]
2  label=[]
3  fenceText=[]
4  fn = open('离婚诉讼文本.json', 'r', encoding='utf-8')
5  line = fn.readline()
6  while line:
7      data = json.loads(line)
8      for sent in data:
9          if len(sent['labels']) ==1:
10             label.append(sent['labels'])
11             alltext.append(sent['sentence'])
12     line=fn.readline()
13 fn.close()
14 X_train, X_test, Y_train, Y_test = train_test_split(alltext,label,train_size=0.60, random_state=123)
15 fenceText=[" ".join(jieba.cut(item)) for item in X_train]
16 with open("停用词表.txt", "r", encoding='utf-8') as fn:
17     stpwrdlst = fn.read().splitlines()
18 fn.close()
19 vectorizer = TfidfVectorizer(stop_words=stpwrdlst, max_features=400)
20 X_train = vectorizer.fit_transform(fenceText)
21 X_train=X_train.toarray()
22 modelNB = MultinomialNB()
23 modelNB.fit(X_train, Y_train)
24 print("朴素贝叶斯分类器的训练误差:%.3f"%(1-modelNB.score(X_train,Y_train)))
25
26 fenceText=[" ".join(jieba.cut(item)) for item in X_test]
27 X_test = vectorizer.fit_transform(fenceText)
28 X_test=X_test.toarray()
29 print("朴素贝叶斯分类器的测试误差:%.3f"%(1-modelNB.score(X_test,Y_test)))
30
```

朴素贝叶斯分类器的训练误差:0.191
朴素贝叶斯分类器的测试误差:0.521

【代码说明】

1）第 1 至 3 行：分别定义 3 个列表，依次存放诉讼文本（alltext）、文本标签（label）和分词结果（fenceText）。

2）第 4 至 13 行：读入 JSON 格式的诉讼文本并保存到字典中。

其中，

- fn = open('离婚诉讼文本.json', 'r',encoding='utf-8')：以读方式打开诉讼文本文件。中文采用 utf-8 编码方式⊖。
- line = fn.readline( )：逐行读入文本到 line（JSON 格式）中。
- 通过 while 循环反复做以下处理：
  - 通过 json.loads( )将 line 转化成字典。其中，labels、sentence 分别是文本标签和文本内容的键；
  - 分别将文本标签和文本内容保存到相应列表中；
  - 读入下一行文本到 line（JSON 格式）中。

3）第 14 行：采用旁置法对文本和标签进行数据集划分，从而得到训练集和测试集。

4）第 15 行：对训练集中的文本进行分词。

5）第 16 至 18 行：读取一个存储停用词的文本文件，读入停用词。

6）第 19 至 21 行：对训练集的分词结果，在剔除停用词的条件下计算 TF-IDF，此时，X_train 的格式如表 4.2 所示。其中只包括 TF-IDF 值较大的前 400 个词。

7）第 22 至 24 行：基于训练集建立多分类朴素贝叶斯分类器，拟合数据并输出评价指标。

这里，采用的是多项式朴素贝叶斯分类器（MultinomialNB），它适合基于计数的整型（离散型）输入变量。尽管这里的输入变量（TF-IDF）是小数（连续型），但也可将其视为基于词频计算的特殊的小数型计数。

8）第 26 至 28 行：处理测试集，进行分词和文本量化。

测试集需独立进行分词和文本量化。若与训练集一同进行分词和文本量化，将导致"数据泄露"，即将测试集的信息"泄露"给模型，测试集将不再是真正意义上的"袋外观测"。

9）第 29 行：计算多分类朴素贝叶斯分类器的测试误差。

本例的文本分类预测效果并不理想，训练误差为 19%，测试误差高达 52%。该问题所涉及的方面较多且相对复杂。一方面可优化分词和 TF-IDF 计算。例如，补充法律专业用词，完善停用词表等。事实上，TF-IDF 量化文本并非最佳方案。目前，较为流行的文本量化方式是采用基于 word2vec 等的词向量。有兴趣的读者可参考相关资料。另一方面也可进一步尝试采用其他的分类算法，如目前较为流行的基于深度学习的算法等。

【本章总结】

本章重点介绍了朴素贝叶斯分类器的基本原理，对其中涉及的先验分布、数据似然、后验分布等概念进行了讲解。进一步，基于模拟数据说明了朴素贝叶斯分类边界和 Logistic 回归分类边

⊖ utf-8 是目前使用最为广泛的一种统一码（unicode）实现方式。

界的不同特点，并通过 Python 编程给出了直观展现。本章的 Python 实践案例，分别展示了朴素贝叶斯分类器在二分类和多分类预测两个场景下的应用。

【本章相关函数】

围绕本章学习，应重点掌握 Python 模块中的以下函数。函数的具体格式参见 Python 帮助。

1．建立朴素贝叶斯分类器

```
modelNB = GaussianNB(); modelNB.fit(X, Y)
```

2．绘制分类边界时数据点的生成

```
np.meshgrid()
```

3．分类模型的综合评价

```
classification_report()
```

【本章习题】

1．朴素贝叶斯分类器的基本假设是什么？
2．贝叶斯分类器的先验概率、数据似然和后验概率有怎样的联系？
3．为什么说朴素贝叶斯分类器可以解决非线性分类问题。
4．Python 编程题：消费券核销预测。

有超市部分顾客购买奶制品和使用优惠券的历史数据（文件名：优惠券核销数据.csv），包括性别（Sex:女 1、男 2），年龄段（Age:中青年 1、中老年 2），液奶品类（Class:低端 1、中档 2、高端 3），单均消费额（AvgSpending），是否核销优惠券（Accepted:核销 1、未核销 0）。现要进行新一轮的优惠券推送促销，为实现精准营销，需确定有大概率核销优惠券的顾客群。

请分别采用 Logistic 回归模型和朴素贝叶斯分类器，对奶制品优惠券是否核销进行二分类预测，并分析哪些因素是影响消费券核销的重要因素。

5．Python 编程题：药物的适应性推荐。

有大批患有同种疾病的不同病人，服用五种药物中的一种（Drug 分为 Drug A、Drug B、Drug C、Drug X、Drug Y）之后都取得了同样的治疗效果。案例数据（文件名：药物研究.txt）是随机挑选的部分病人服用药物前的基本临床检查数据，包括血压（BP 分为高血压 High、正常 Normal、低血压 Low）、胆固醇（Cholesterol 分为正常 Normal 和高胆固醇 High）、血液中钠（Na）元素和钾（K）元素含量，病人年龄（Age）、性别（Sex 包括男 M 和女 F）等。现需发现以往药物处方适用的规律，给出不同临床特征病人更适合服用哪种药物的推荐建议，从而为医生开具处方提供参考。

请分别采用 Logistic 回归模型和朴素贝叶斯分类器，从多分类预测角度对药物的适应性进行研究，并分析哪些因素是影响药物适用性的重要因素。

第5章
数据预测建模：近邻分析

一般线性模型、广义线性模型以及贝叶斯分类器都是数据预测建模的常用方法。这些方法的共同特点是需要满足某些假定。例如，一般线性模型需假定输入变量全体和输出变量具有线性关系；广义线性模型中的 Logistic 回归模型需假定输入变量全体和 Logit P 具有线性关系；朴素贝叶斯分类器需假定输入变量条件独立。计算数据似然时，需假定数值型输入变量服从高斯分布，离散型输入变量服从多项式分布等。

如果无法确定假定能否满足，应如何进行预测建模呢？近邻分析法是一种简单有效的方法，本章将从以下四方面进行讲解：

- K-近邻分析。
- 加权 K-近邻分析。
- K-近邻分析的适用性。
- K-近邻分析的 Python 应用实践。

5.1 近邻分析：K-近邻法

近邻分析法实现数据预测的基本思想是：为预测样本观测 X_0 的输出变量 y_0 的取值，首先，在训练集中找到与 X_0 相似的若干个（如 K 个）样本观测，记为 $(X_1, X_2, \cdots, X_K)$。这些样本观测称为 X_0 的近邻。然后，对近邻 $(X_1, X_2, \cdots, X_K)$ 的输出变量 $(y_1, y_2, \ldots, y_K)$，计算算术平均值（或加权均值或中位数或众数），并以此作为样本观测 X_0 的输出变量取值 y_0 的预测值 $\hat{y}_0$。可见，近邻分析并不需要假定输入变量和输出变量之间关系的具体形式，只需指定 $\hat{y}_0$ 是 $(y_1, y_2, \cdots, y_K)$ 的函数 $\hat{y}_0 = f(y_1, y_2, \cdots, y_k)$ 即可。

典型的近邻分析法是 K-近邻法（K-Nearest Neighbor，KNN），它将训练集合中的 N 个样本观测看成为 p 维（p 个数值型输入变量）空间 $\mathbb{R}^p$ 中的点，并根据 X_0 的 K 个近邻 $(y_1, y_2, \cdots, y_K)$ 依函数 $f(y_1, y_2, \cdots, y_k)$ 计算 $\hat{y}_0$。通常，函数 f 的定义为

$$\hat{y}_0 = \frac{1}{K} \sum_{X_i \in N_K(X_0)} y_i \tag{5.1}$$

式（5.1）中，$N_K(X_0)$ 表示 X_0 的 K 个近邻的集合。

对于二分类（只有 0 和 1 两个类别）的预测问题：$\hat{y}_0$ 是近邻中输出变量的类别值取 1 的概

率，即 $\hat{y}_0 = P(y_i = 1 \mid N_K(\boldsymbol{X}_0))$。通常若概率大于 0.5，意味着有超过半数的近邻的类别值为 1，则预测值应为 1 类，否则，预测为 0 类。

对于多分类的预测问题：$\hat{y}_0 = P(y_i = c \mid N_K(\boldsymbol{X}_0))$，即类别值取类别 c 的概率。预测值应为最大概率值所对应的类别 c，即 c 是众数类。

对于回归预测问题：$\hat{y}_0$ 是近邻输出变量的均值。

总之，K-近邻法体现了"近朱者赤，近墨者黑"的思想。K-近邻法的核心问题有如下两方面：
- 依怎样的标准测度样本观测点与 $\boldsymbol{X}_0$ 的近邻关系，即如何确定 $(\boldsymbol{X}_1, \boldsymbol{X}_2, \cdots, \boldsymbol{X}_K)$。
- 依怎样的原则确定 K 的取值，即应找到 $\boldsymbol{X}_0$ 的几个近邻。

5.1.1　距离：K-近邻法的近邻度量

K-近邻法将样本观测点看成为 p 维（p 个数值型输入变量）空间 $\mathbb{R}^p$ 中的点，所以可在空间 $\mathbb{R}^p$ 中定义某种距离，并依此作为测度样本观测点与 $\boldsymbol{X}_0$ 近邻关系的依据。常用的距离包括闵可夫斯基距离（Minkowski distance）、欧几里得距离（Euclidean distance）、曼哈顿距离（Manhattan distance）、切比雪夫距离（Chebyshev distance）、夹角余弦距离（Cosine distance）等。

对两个样本观测点 $\boldsymbol{X}_i$ 和 $\boldsymbol{X}_j$，若 X_{ik} 和 X_{jk} 分别是 $\boldsymbol{X}_i$ 和 $\boldsymbol{X}_j$ 的第 k 个输入变量的值。两样本观测点 $\boldsymbol{X}_i$ 和 $\boldsymbol{X}_j$ 的上述距离定义如下。

1. 闵可夫斯基距离

两样本观测点 $\boldsymbol{X}_i$ 和 $\boldsymbol{X}_j$ 间的闵可夫斯基距离，是两点 p 个变量值绝对差 m 次方总和的 m 次方根（m 可以任意指定），数学表达式为

$$d_{\text{Minkowski}}(\boldsymbol{X}_i, \boldsymbol{X}_j) = \sqrt[m]{\sum_{k=1}^{p} \mid X_{ik} - X_{jk} \mid^m} \tag{5.2}$$

2. 欧几里得距离

两样本观测点 $\boldsymbol{X}_i$ 和 $\boldsymbol{X}_j$ 间的欧几里得距离，是两点 p 个变量值之差的平方和再开平方，数学表达式为

$$d_{\text{Euclidean}}(\boldsymbol{X}_i, \boldsymbol{X}_j) = \sqrt{\sum_{k=1}^{p} (X_{ik} - X_{jk})^2} \tag{5.3}$$

欧几里得距离是闵可夫斯基距离 $m=2$ 时的特例。

3. 曼哈顿距离

两样本观测点 $\boldsymbol{X}_i$ 和 $\boldsymbol{X}_j$ 间的曼哈顿距离，是两点 p 个变量值绝对差的总和，数学表达式为

$$d_{\text{Manhattan}}(\boldsymbol{X}_i, \boldsymbol{X}_j) = \sum_{k=1}^{p} \left| X_{ik} - X_{jk} \right| \tag{5.4}$$

曼哈顿距离是闵可夫斯基距离 $m=1$ 时的特例。

4. 切比雪夫距离

两样本观测点 $\boldsymbol{X}_i$ 和 $\boldsymbol{X}_j$ 间的切比雪夫距离，是两点 p 个变量值绝对差的最大值，数学表达式为

$$d_{\text{Chebyshev}}(\boldsymbol{X}_i, \boldsymbol{X}_j) = \text{Max}(|X_{ik} - X_{jk}|), k = 1, 2, \cdots, p \tag{5.5}$$

5. 夹角余弦距离

两样本观测点 $\boldsymbol{X}_i$ 和 $\boldsymbol{X}_j$ 间的夹角余弦距离的数学表达式为

$$d_{\text{Cosine}}(\boldsymbol{X}_i, \boldsymbol{X}_j) = \frac{\sum_{k=1}^{p}(X_{ik}X_{jk})}{\sqrt{\left(\sum_{k=1}^{p}X_{ik}^2\right)\left(\sum_{k=1}^{p}X_{jk}^2\right)}} \tag{5.6}$$

夹角余弦距离从两样本观测的变量整体结构相似性的角度测度距离。夹角余弦距离越大，结构相似度越高。

值得注意的是：若 p 个输入变量取值存在数量级差异，数量级较大的变量对距离值的贡献会大于数量级较小的变量。为使各输入变量对距离有"同等"贡献，计算距离之前应对数据进行预处理以消除数量级差异。常见的预处理方法是极差法和标准分数法。

若 X_{*k} 是样本观测点 $\boldsymbol{X}_*$ 的第 k 个输入变量的值，对 X_{*k} 做标准化处理。采用极差法：

$$X'_{*k} = \frac{X_{*k} - \min(X_{1k}, X_{2k}, \cdots, X_{Nk})}{\max(X_{1k}, X_{2k}, \cdots, X_{Nk}) - \min(X_{1k}, X_{2k}, \cdots, X_{Nk})} \tag{5.7}$$

其中，$\max()$ 和 $\min()$ 分别表示求最大值和最小值。采用标准分数法：

$$X'_{*k} = \frac{X_{*k} - \bar{X}_k}{\sigma_{X_k}} \tag{5.8}$$

其中，$\bar{X}_k$ 和 σ_{X_k} 分别表示第 k 个输入变量的均值和标准差。

综上所述，计算训练集中样本观测点 $\boldsymbol{X}_i(i=1,2,\cdots)$ 到 $\boldsymbol{X}_0$ 的距离 $d_i = d(\boldsymbol{X}_i, \boldsymbol{X}_0)$，并根据距离的大小确定其是否与 $\boldsymbol{X}_0$ 有近邻关系。距离小（夹角余弦距离越大）表明与 $\boldsymbol{X}_0$ 具有相似性，存在近邻关系。距离大（夹角余弦距离越小）表明与 $\boldsymbol{X}_0$ 不具有相似性，不存在近邻关系。

5.1.2 参数 K：1-近邻法还是 K-近邻法

尽管距离是确定 $\boldsymbol{X}_0$ 近邻关系的重要指标，但更重要的是应选择距离最近的多少个样本观测来参与对 y_0 的预测，即如何确定 K。K 是 K-近邻法的关键参数。若 K 取一个很大的值，意味着很可能所有样本观测点都是 $\boldsymbol{X}_0$ 的近邻。此时就不必再用距离对近邻关系进行度量。

1. 1-近邻法

最简单的情况下，可只找到距离 $\boldsymbol{X}_0$ 最近的一个近邻 $\boldsymbol{X}_i$，即参数 $K=1$，称为 1-近邻法。此时 $\hat{y}_0 = y_i$，表示以最近一个近邻的输出变量值作为 y_0 的预测值，如图 5.1 左图所示。

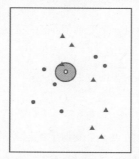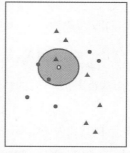

图 5.1 1-近邻法（左图）和 3-近邻法（右图）示意图

图 5.1 左图为 2 个输入变量下的 1-近邻法示意图。实心圆圈和三角分别表示输出变量的两个类别（如 0 类和 1 类），现希望预测图中空心圆圈位置上的样本观测点 X_0 应属于哪类。设 X_i 与 X_0 的距离为 $d_{0i}(d_{0i} \geqslant 0, d_{0i} \in \mathbb{R})$。依据 1-近邻法，将以 X_0 为圆心、$\min(d_{0i})$ 为半径画圆，得到除 X_0 之外只包含一个样本观测点 X_i 的邻域圆。这里，对 X_0 的预测结果为三角类。

可依据预测误差来度量 1-近邻法的预测性能。1967 年，Cover 和 Hart[⊖]的研究结论是：1-近邻法的错判率不会高于贝叶斯分类器错判率的 2 倍。若输出变量共有 C 个类别，样本观测点 X 的真实类别是 c^*，$P_c(X)$ 表示 X 属于 c 类的条件概率，则贝叶斯分类器的错判率为 $1 - P_{c*}(X)$。1-近邻法的错判率为 $\sum_{k=1}^{K} P_c(X)[1 - P_c(X)] \geqslant 1 - P_{c*}(X)$。

采用 1-近邻法对 X_0 进行预测（假设其真实类别是 $c^* = 1$），仅取决于 X_0 的一个近邻。当 $K = 2$ 时，若该近邻以 $P_1(X)$ 的概率取类别 1，则预测 X_0 的类别为 1 时犯错的概率为 $1 - P_1(X)$；若该近邻以 $P_0(X)$ 的概率取类别 0，则预测 X_0 的类别为 0 时犯错的概率为 $1 - P_0(X)$。1-近邻法的错判率等于 $2P_{c*}(X)[1 - P_{c*}(X)] \leqslant 2[1 - P_{c*}(X)]$，不会高于贝叶斯方法的 2 倍。

2．K-近邻法

1-近邻法简单且预测精度高，但由于只依据单个近邻类别进行预测，预测结果受近邻差异的影响较大。可通过增加近邻个数 K 解决该问题。图 5.1 右图显示了 $K = 3$，即 3-近邻法的示意图。依据 3-近邻法，得到以空心圆圈 X_0 为圆心、$Top3(d_{0i})$ 为半径的 X_0 邻域圆。因邻域内实心圆圈占多数，所以 X_0 的预测结果为实心圆圈类。

需要说明的是，可能出现在以 X_0 为圆心、$TopK(d_{0i})$ 为半径的邻域圆内，样本观测点集合 $N_K(X_0)$ 的样本量大于 K 的情况。主要原因是：样本观测点 X_i 和 X_j 与 X_0 的距离相等，即 $d_{0i} = d_{0j}(i \neq j)$。此时一般处理策略有两个：第一，在所有 $d_{0i} = d_{0j}(i \neq j)$ 中随机抽取一个样本观测点参与预测；第二，$N_K(X_0)$ 中的全部观测均参与预测。

随着近邻个数 K 的增加，从 1-近邻法到 K-近邻法会有怎样的特点？可从图 5.2 直观得到答案。

图 5.2 展示了基于 4.3 节的图 4.2 的模拟数据，依次采用 1-近邻法、5-近邻法、30-近邻法、49-近邻法进行分类预测的分类边界（Python 代码详见 5.4.1 节）。图中的圆圈和加号分别表示输出变量的两个类别（0 类和 1 类）。深色区域和浅色区域的边界为分类边界（分类线）。若样本观测点落入深色区域，类别值预测为 0。落入浅色区域类别值预测为 1。可见，除左上图的 1-近邻法之外，其他三幅图中均存在预测错误的点。

图 5.2 中，1-近邻法给出了三条分类边界且形状很不规则，这是高复杂度模型"紧随数据点"的典型表现。同时，所有圆圈和加号均落入了应落入的区域，对训练集有 100% 的正确预测（训练误差等于 0）。所以，1-近邻法特别适用于样本观测的实际类别边界极不规则的情况。随着 K-近邻法参数 K 由小变大，分类边界越来越趋于规则和平滑，边界不再"紧随数据点"，模型复杂度由高到低，训练误差由小到大。例如，本例中 5-近邻法的训练误差为 16%，30-近邻法为 22%，49-近邻法为 26%。

⊖ COVER, T M, HART P. Nearest neighbor pattern classification[J]. IEEE Transactions on Information Theory, 1967:21-27.

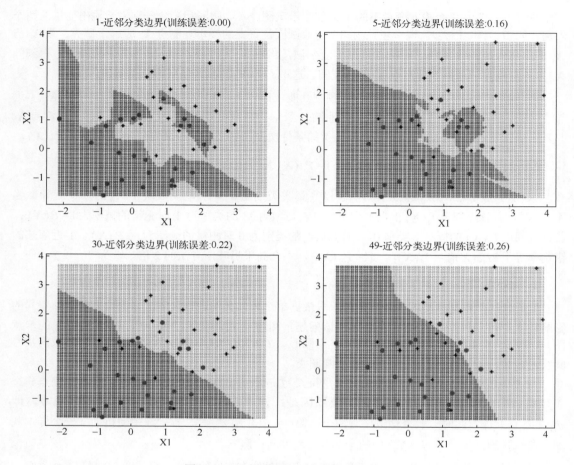

图 5.2　1-近邻法和 K-近邻法的分类边界

　　此外，当训练集出现随机变动时，因 1-近邻法"紧随数据点"，预测偏差应该仍是最小的。同时，由于其分类边界对训练集变化最为"敏感"，很可能导致预测结果（尤其是对处在分类边界附近的点）随训练集的随机变动而变动，即预测方差较大，鲁棒性低。训练集的随机变动对参数 K 很大的 K-近邻法影响不大，其鲁棒性高但预测偏差较大。

二维码 009

　　可见，参数 K 不能过小或过大。过小则模型复杂度高，很可能出现模型过拟合。过大则模型太简单，很可能出现模型欠拟合，预测性能低下。应如何选择模型呢？答案是：可采用旁置法或 K 折交叉验证法，找到测试误差最小下的参数 K。以测试误差作为模型选择的依据，是为了避免 3.4.2 节讨论的模型过拟合问题。对于 K-近邻法，测试误差是指对测试集的每个样本观测寻找其在训练集中的 K 个近邻，预测并计算得到的误差。

5.1.3 与朴素贝叶斯分类器和 Logistic 回归模型的对比

首先，观察图 5.3（同图 4.2 右图）中朴素贝叶斯分类器和 Logistic 回归模型分类边界，并与图 5.2 进行对比可知，K-近邻法的模型复杂度更高（K 较小时），更适合解决非线性分类问题。

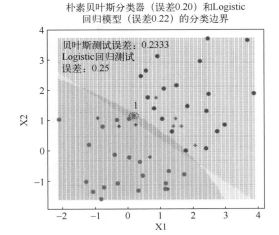

朴素贝叶斯分类器（误差0.20）和Logistic 回归模型（误差0.22）的分类边界

图 5.3　朴素贝叶斯分类器和 Logistic 回归模型的分类边界

其次，相对朴素贝叶斯分类器和 Logistic 回归模型而言，K-近邻法是一种基于局部的学习。主要特征是：无论朴素贝叶斯分类器还是 Logistic 回归模型，都是基于训练集的全部样本观测，估计预测模型的参数并根据所得模型完成预测。而 K-近邻法仅基于部分样本观测直接完成预测，是一种基于以 X_0 为圆心、较短长度为半径的邻域圆（或球）的局部方法（Local Methods）。

5.2　基于观测相似性的加权 K-近邻法

K-近邻法预测时，X_0 的 K 个近邻对 X_0 的预测有同等的影响力度。直观上，距离 X_0 较近的近邻对预测的贡献应大于距离较远的近邻，应是较为合理的。为此，克劳斯·赫琴比切勒（Klaus Hechenbichler）在 2004 年对 K-近邻法进行了改进，提出了加权 K-近邻法。

加权 K-近邻法中的权重是针对样本观测 X_i 的权重。权重值的大小取决于 X_i 与 X_0 的相似性。其核心思想是：将相似性定义为 X_i 与 X_0 距离的某种非线性函数。距离越近，X_i 与 X_0 的相似性越强，权重值越高，预测时的影响力度越大。

如何设置权重，加权 K-近邻法的分类边界和预测效果如何，是以下要说明的主要问题。

5.2.1 加权 K-近邻法的权重

设 X_i 与 X_0 的距离为 $d_{0i}(d_{0i} \geqslant 0, d_{0i} \in \mathbb{R})$。若函数 $K(d_{0i})$ 可将距离 d_{0i} 转换为 X_i 与 X_0 的相似性，则函数 $K(d_{0i})$ 应有以下三个主要特性：

- $K(d_{0i}) \geqslant 0$；
- $d_{0i} = 0$ 时，$K(d_{0i})$ 取最大值，即零距离时相似性最大；
- $K(d_{0i})$ 是 d_{0i} 的单调减函数，即距离越大相似性越小。

显然，d_{0i} 的倒数函数符合这些特性。

此外，核函数（Kernel Function）也符合这些特性。核函数是关于样本观测距离的一类函数的总称。常用的核函数有均匀核（Uniform kernel）函数和高斯核（Gauss kernel）函数。

设函数 $I(d_{0i})$ 为示性函数，只有 0 和 1 两个值：

$$I(d_{0i}) = \begin{cases} 1, |d_{0i}| \leqslant 1 \\ 0, |d_{0i}| > 1 \end{cases} \quad (5.9)$$

均匀核函数的定义为

$$K(d_{0i}) = \frac{1}{2} \cdot I(|d_{0i}| \leqslant 1) \quad (5.10)$$

高斯核函数的定义为

$$K(d_{0i}) = \frac{1}{\sqrt{2\pi}} \exp\left(-\frac{d_{0i}^2}{2}\right) \cdot I(|d_{0i}| \leqslant 1) \quad (5.11)$$

两种核函数的曲线如图 5.4 所示。

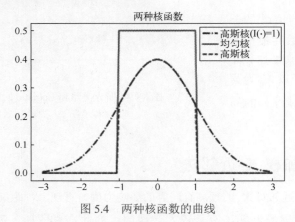

图 5.4　两种核函数的曲线　　　　　　　二维码 010

图 5.4 中（Python 代码详见 5.4.2 节），横坐标为距离 d_{0i}。因距离 $d_{0i} \geqslant 0$，所以仅有图的右半部分。实线表示均匀核函数，虚线表示高斯核函数。当 $|d_{0i}| \leqslant 1$ 时：均匀核函数表示，无论 d_{0i} 值大或小，X_i 与 X_0 的相似性都等于 0.5。对于基于观测相似性的加权 K-近邻法来说，即为等权重，等同于不做加权处理，也即 5.1 节的 K-近邻法。高斯核函数表示，X_i 与 X_0 的相似性是 d_{0i} 的非线性单调减函数。当 $|d_i| > 1$ 时：均匀核函数和高斯核函数定义的相似性都等于 0，意味着此时的 X_i 不是 X_0 的近邻。

这里需注意的问题是：如何保证 X_0 的 K 个近邻与 X_0 的距离 $|d_i| \leqslant 1$。通常有以下两种计算策略。

（1）找到 X_0 的 $K+1$ 个近邻，调整距离 d_{0i} 的取值范围

为保证 X_0 的 K 个近邻与 X_0 的距离 $|d_{0i}| \leqslant 1$，可找到 X_0 的 $K+1$ 个近邻，并采用［式（5.12）］调整距离的取值范围。调整后的距离记为

$$D_{0i} = \frac{d(X_i, X_0)}{d(X_{(K+1)}, X_0)}, i = 1, 2, \cdots, K \quad (5.12)$$

其中，$d(X_i, X_0)$ 表示 X_0 的 K 近邻 X_i 与 X_0 的距离 d_{0i}；$X_{(K+1)}$ 为 X_0 的第 $K+1$ 个近邻，$d(X_{(K+1)}, X_0)$ 表示第 $K+1$ 个近邻与 X_0 的距离。因第 $K+1$ 个近邻距 X_0 最远，所以可保证

$0 \leqslant D_{0i} \leqslant 1$。尽管需要找出 $\boldsymbol{X}_0$ 的 $K+1$ 个近邻，但第 $K+1$ 个近邻对预测结果并没有影响。

（2）通过标准化处理，调整距离 d_{0i} 的取值范围

如果距离 d_{0i} 的数量较大，所有样本观测点与 $\boldsymbol{X}_0$ 的距离 $|d_{0i}| > 1$，上述核函数的结果均等于 0，意味着不存在 $\boldsymbol{X}_0$ 的近邻，这是不合理的。为此，可对 d_{0i} 进行标准化处理：$D_{0i} = \dfrac{d_{0i} - \overline{d}_{0i}}{\sigma_{d_{0i}}}$。其中，$\overline{d}_{0i}$ 是 d_{0i}（$i=1,2,\cdots,N$）的均值；$\sigma_{d_{0i}}$ 是 d_{0i} 的标准差。标准化处理后的 D_{0i}，均值等于 0、标准差等于 1，使得图 5.4 左、右两部分都存在。

此时，根据高斯核函数的定义，$|D_{0i}| > 1$ 的样本观测点将不是 $\boldsymbol{X}_0$ 的近邻。由高斯分布的 3σ 准则可知，$|D_{0i}|$ 较小的前 68% 的 $\boldsymbol{X}_i$ 将都是 $\boldsymbol{X}_0$ 的近邻，此时近邻个数不再依赖参数 K。解决该问题的一种办法是，忽略高斯函数中的 $I(|d_{0i}| \leqslant 1)$，令 $I(\cdot) = 1$。此时相似性（也即权重）曲线如图 5.4 中的点画线所示。这意味着尽管每个样本观测都有一定的权重参与对 $\boldsymbol{X}_0$ 的预测，都是 $\boldsymbol{X}_0$ 的近邻，但真正参与预测的仅是 $|D_{0i}|$ 较小的前 K 个近邻，与参数 K 有关。

最终，核函数是关于 D_{0i} 的函数 $K(D_{0i})$，$\boldsymbol{X}_0$ 的第 i 个近邻的权重为 $w_i = K(D_{0i})$。

5.2.2 加权 K-近邻法的预测

利用加权 K-近邻法预测时，回归预测中，预测值是近邻输出变量值的加权平均值：

$$\hat{y}_0 = \frac{1}{K}\left(\sum_{i=1}^{K} w_i y_i\right) \tag{5.13}$$

分类预测中，预测值为

$$\hat{y}_0 = \arg\max_c \sum_{i=1}^{K} w_i I(y_i = c) \tag{5.14}$$

其中，$I(\cdot)$ 仍为示性函数。因 $\boldsymbol{X}_0$ 的 K 个近邻中属于 c 类的近邻权重之和最大，所以预测结果 $\hat{y}_0$ 为 c 类。概率为 $P(\hat{y}_0 = c \mid X_0) = \dfrac{\sum\limits_{i=1}^{K} w_i I(y_i = c)}{\sum\limits_{i=1}^{K} w_i}$。

5.2.3 加权 K-近邻法的分类边界

分别采用倒数加权以及高斯核函数加权，绘制加权的 30-近邻法和 40-近邻法的分类边界（Python 代码详见 5.4.3 节），如图 5.5 所示。

与图 5.2 中训练误差为 22% 的普通 30-近邻法相比，采用倒数加权的 30-近邻法的分类边界（左上图）不规则，且浅色和深色分别在对方区域中"开辟"了属于自己的新区域，训练误差得到有效降低（降为 0），与普通 1-近邻法比肩。采用高斯核函数加权的 30-近邻法（右上图），训练误差也有所下降，降低到 20%。加权 40-近邻法也有类似的特点。总之，这里的加权 K-近邻法，不仅预测效果与普通 1-近邻法持平，较为理想，而且更重要的是，能够有效克服 1-近邻法方差大、鲁棒性低的不足。

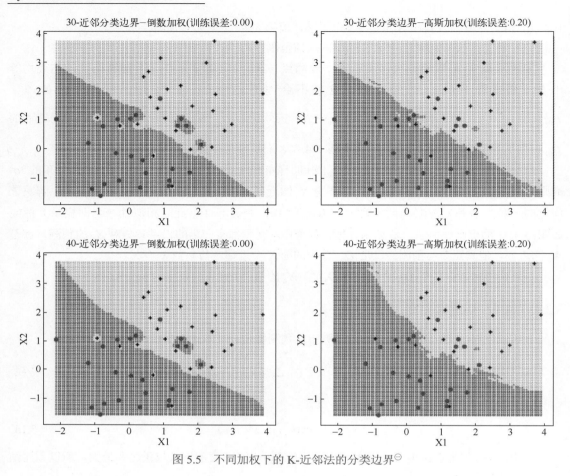

图 5.5 不同加权下的 K-近邻法的分类边界

5.3 K-近邻法的适用性

K-近邻法适用于输入变量空间 $\mathbb{R}^p$ 维度较低，且实际类别边界或回归线不规则情况下的分类预测和回归预测。

二维码 011

K-近邻法在实际类别边界不规则情况下具有优异的预测性能，前面已经介绍过，在此不再赘述。本节主要探讨空间维度高低所导致的问题。

如前文所述，K-近邻法是一种基于以 X_0 为圆心、较短长度为半径的邻域圆（或球）的局部方法。当空间维度 p 较低时，大数据集下样本观测在空间中分布的密集程度高于小样本，会有更多的样本观测点进入 X_0 的邻域并参与预测，从而弱化样本观测点随机变动对预测的影响。在空间维度 p 较高时，情况会变得较为复杂。最突出的问题是，随着空间维度 p 的增加，K-近邻法基于"邻域"的局部性特征将逐渐丧失，从而导致预测误差增大。

⊖ 说明：左上图分类边界上侧独立圆点所在区域为深色，深色区域被深色圆圈覆盖。

这里，引用 Avrim Blum 等学者的观点进行说明。

图 5.6⊖中的圆表示以 $(0,0)$ 为圆心、半径为 1 的 X_0 的邻域，邻域内的样本观测均参与对 X_0 的预测。假设样本观测点均匀分布在 $\left[-\dfrac{1}{2},+\dfrac{1}{2}\right]$ 的单位正方形内（$p=2$ 时为单位正方形；$p=3$ 时为单位正立方体；$p>3$ 时为单位超立方体）。图 5.6 左图是 $p=2$ 维空间的情况。距 X_0 最远的点在单位正方形的顶点上，记为 X_v。坐标为 $(0.5,0.5)$ 的顶点 X_v 到 X_0 的欧几里得距离 $d(X_v,X_0)=\dfrac{\sqrt{2}}{2}<1$。显然，$X_v$ 在 X_0 的邻域内将参与预测。可见，$p=2$ 维空间中的全部点都在 X_0 邻域范围内，将有足够多的样本观测参与预测。

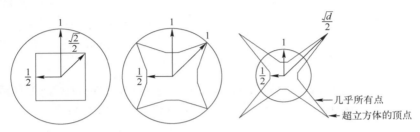

图 5.6　2 维、4 维和更高维空间中的距离和邻域

图 5.6 中图是 $p=4$ 维空间的情况：$d(X_v,X_0)=\dfrac{\sqrt{4}}{2}=1$，$X_v$ 在 X_0 的邻域边界上，仍将参与预测。图 5.6 右图是 $p>4$ 时更高维空间的情况：$d(X_v,X_0)=\dfrac{\sqrt{p}}{2}>1$，$X_v$ "跨出"了 X_0 的邻域边界将不再参与预测。事实上，此时超立方体中的绝大多数点都"跨出"了 X_0 的邻域，跨到图所示的位置上。这意味着 X_0 邻域内点的个数会远远小于 K-近邻法的参数 K（即使 K 较小）。为此不得不做的是：第一，牺牲原有的局部性，扩大邻域范围，去到更远的地方找到 K 个近邻。第二，增大样本量 N，确保 X_0 原有邻域存在 K 个近邻。当然这需要具备增大样本量的数据条件。

进一步，引用 Trevor Hastie 等学者在其著作《统计学习基础》（*The Elements of Statistical Learning*）中的观点进行说明。

图 5.7⊖左图中，样本观测点均匀分布在单位超立方体中，且设 X_0 位于 $(0,0,0)$ 位置上。左下角正方体为 X_0 的邻域。当样本量 N 和参数 K 确定后，X_0 的近邻占比率 $r=\dfrac{K}{N}$ 也就随之确定。研究表明：若要找到近邻占比率等于 r 的 X_0 的近邻，邻域边长的期望为 $E(d_p(r))=r^{1/p}$。例如，在 $p=10$ 维空间中，若要找到 $r=0.01$ 和 $r=0.1$ 的近邻，$E(d_{10}(0.01))=0.01^{1/10}=0.63$，$E(d_{10}(0.1))=0.1^{1/10}\approx0.8$，即 10 维空间中 X_0 的近邻边长将分别占到超立方体边长的 63% 和 80%。显然，超出了 X_0 的邻域正方体，导致 K-近邻法原本的局部性质丧失。

减少近邻占比率 r 对解决问题并没有显著帮助，如图 5.7 右图所示。在 $p=10$ 维空间中，近

⊖ 出自 Avrim Blum 等所著《数据科学基础》（*Foundations of Data Science*）一书中的图 2.3。
⊖ 出自 Trevor Hastie 等所著《统计学习基础》（The Elements of Statistical Learning）一书中的图 2.6。

邻占比率 r 从 0.3 减少至 0.2 或 0.1 时，邻域边长期望的减少程度并不明显。同时产生的负面影响是，随近临占比率 r 的减小，模型的预测稳定性降低。

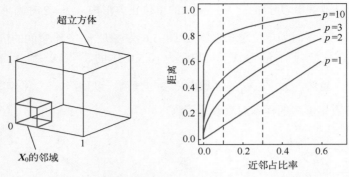

图 5.7 超立方体（左图）以及近邻占比率与距离

总之，K-近邻法适用于空间维度较低的情况。降低空间维度，选择对输出变量预测有重要影响的输入变量是非常重要的。关于这个问题将在第 10 章和第 11 章集中讨论。

5.4 Python 建模实现

为进一步加深对 K-近邻法理论的理解，本节通过 Python 编程对该算法加以实现：
- 利用模拟数据直观展示 K-近邻法在不同参数 K 下的分类边界。
- 直观观察加权 K-近邻法中不同核函数的特点。
- 利用模拟数据直观展示加权 K-近邻法在不同参数 K 和不同加权策略下的分类边界。

以下为本章需导入的 Python 模块：

```
1   #本章需导入的模块
2   import numpy as np
3   import pandas as pd
4   import matplotlib.pyplot as plt
5   import warnings
6   warnings.filterwarnings(action = 'ignore')
7   %matplotlib inline
8   plt.rcParams['font.sans-serif']=['SimHei']   #解决中文显示乱码问题
9   plt.rcParams['axes.unicode_minus']=False
10  import sklearn.linear_model as LM
11  from sklearn.metrics import classification_report
12  from sklearn.model_selection import cross_validate,train_test_split
13  from sklearn import neighbors,preprocessing
```

其中，第 13 行的 neighbors 为新增模块，用于实现 K-近邻分析。

5.4.1 不同参数 **K** 下的分类边界

本节（文件名：chapter5-1.ipynb）基于图 4.2 相同的模拟数据，绘制 K-近邻法在不同参数 K 下的分类边界。一方面，可帮助读者直观理解参数 K 对预测误差和预测稳定性的影响；另一方面，可便于对比 K-近邻法与朴素贝叶斯分类器及 Logistic 回归模型的特点。具体代码如下所示。

```
1   np.random.seed(123)
2   N=50
3   n=int(0.5*N)
4   X=np.random.normal(0,1,size=100).reshape(N,2)
5   Y=[0]*n+[1]*n
6   X[0:n]=X[0:n]+1.5
7   X1,X2 = np.meshgrid(np.linspace(X[:,0].min(),X[:,0].max(),100), np.linspace(X[:,1].min(),X[:,1].max(),100))
8   data=np.hstack((X1.reshape(10000,1),X2.reshape(10000,1)))
9
10  fig,axes=plt.subplots(nrows=2,ncols=2,figsize=(15,12))
11  for K,H,L in [(1,0,0),(5,0,1),(30,1,0),(49,1,1)]:
12      modelKNN=neighbors.KNeighborsClassifier(n_neighbors=K)
13      modelKNN.fit(X,Y)
14      Yhat=modelKNN.predict(data)
15      for k,c in [(0,'silver'),(1,'red')]:
16          axes[H,L].scatter(data[Yhat==k,0],data[Yhat==k,1],color=c,marker='o',s=1)
17      axes[H,L].scatter(X[:n,0],X[:n,1],color='black',marker='+')
18      axes[H,L].scatter(X[(n+1):N,0],X[(n+1):N,1],color='magenta',marker='o')
19      axes[H,L].set_title("%d-近邻分类边界(训练误差:%.2f)"%((K,1-modelKNN.score(X,Y))))
20      axes[H,L].set_xlabel("X1")
21      axes[H,L].set_ylabel("X2")
22
23  plt.show()
```

【代码说明】

1）第 1 至 6 行：生成与图 3.2 相同的模拟数据，便于对比 K-近邻法与朴素贝叶斯分类器及 Logistic 回归模型的特点。

2）第 7、8 行：为绘制分类边界准备数据。

利用 NumPy 的 meshgrid()函数分别生成两个输入变量取值范围内，均匀分布的 10000 个样本观测点。

3）第 11 至 21 行：利用 for 循环建立不同参数 K 下的 K-近邻预测模型，并绘制分类边界。

可直接利用函数 neighbors.KNeighborsClassifier()，指定参数 n_neighbor 实现基于 K-近邻法的分类预测。

首先，参数 K 将依次为 1、5、30、49。H 和 L 分别为四幅图在整幅画板上的坐标；其次，利用预测模型给出 10000 个样本观测点的预测类别；后续，绘制 K-近邻的分类边界（曲线），0 类区域用银色（silver）表示，1 类区域用红色（red）表示；最后，将数据集中的样本观测点添加到图中，并计算训练误差。

所得图形如图 5.2 所示。图形显示，K-近邻法可以解决非线性分类问题。1-近邻法的分类边界形状很不规则，"紧随数据点"变动。随着参数 K 由小增大，分类边界越来越趋于规则和平滑，模型复杂度由高到低，训练误差由小到大。当训练集出现随机变动时，1-近邻法预测偏差小，但分类边界对训练集变化"敏感"，可能导致预测方差较大。

5.4.2 不同核函数的特点

本节通过 Python 编程（文件名：chapter5-2.ipynb）直观展示加权 K-近邻法中不同核函数的特点。

```
1   d=np.linspace(-3, 3, 100)
2   y1=[0.5]*100
3   y2=1/np.sqrt(2*np.pi)*np.exp(-d*d/2)
4   plt.plot(d, y2, label="高斯核(I(.)=1)", linestyle='-.')
5   y1, y2=np.where(d<-1, 0, (y1, y2))
6   y1, y2=np.where(d>1, 0, (y1, y2))
7   plt.plot(d, y1, label="均匀核", linestyle='--')
8   plt.plot(d, y2, label="高斯核", linestyle='—')
9   plt.legend()
10  plt.title("两种核函数")
```

【代码说明】

1）第 1 行：指定样本观测 X_i 与 X_0 的距离 d_{0i} 的 100 个取值。为便于展示核函数的特点，令取值范围为[-3,+3]。

2）第 2、3 行：忽略示性函数 $I(\cdot)$ 时的均匀核函数和高斯核函数。

3）第 5、6 行：示性函数 $I(\cdot)$ 在不同取值下的均匀核函数和高斯核函数。

利用 np.where 函数实现依条件的分支处理。例如，y1,y2=np.where(d<-1,0,(y1,y2)) 表示：若 d<-1 成立，输出结果等于 0；否则，输出 y1 和 y2。这里对 np.where 函数的结果进行元组解包依次赋值给 y1 和 y2。

所得图形如图 5.4 所示。图形显示：均匀核函数中，无论 d_i 值大或小，X_i 与 X_0 的相似性都等于 0.5。高斯核函数中，X_i 与 X_0 的相似性是 d_{0i} 的非线性单调减函数。

5.4.3 不同加权方式和 *K* 下的分类边界

本节（文件名：chapter5-3.ipynb）基于图 4.2 相同的模拟数据，绘制加权 K-近邻法在不同参数 *K* 和不同加权策略下的分类边界，以直观展示加权 K-近邻法的优势。

```
1   def guass(x):
2       x=preprocessing.scale(x)
3       output=1/np.sqrt(2*np.pi)*np.exp(-x*x/2)
4       return output
5
6   np.random.seed(123)
7   N=50
8   n=int(0.5*N)
9   X=np.random.normal(0, 1, size=100).reshape(N, 2)
10  Y=[0]*n+[1]*n
11  X[0:n]=X[0:n]+1.5
12  X1, X2 = np.meshgrid(np.linspace(X[:,0].min(),X[:,0].max(), 100), np.linspace(X[:,1].min(),X[:,1].max(), 100))
13  data=np.hstack((X1.reshape(10000,1), X2.reshape(10000,1)))
14
15  fig, axes=plt.subplots(nrows=2, ncols=2, figsize=(15, 12))
16  for W, K, H, L, T in [('distance', 30, 0, 0, '倒数加权'), (guass, 30, 0, 1, '高斯加权'), ('distance', 40, 1, 0, '倒数加权'), (guass, 40, 1, 1, '高斯加权')]:
17      modelKNN=neighbors.KNeighborsClassifier(n_neighbors=K, weights=W)
18      modelKNN.fit(X, Y)
19      Yhat=modelKNN.predict(data)
20      for k, c in [(0,'silver'), (1,'red')]:
21          axes[H,L].scatter(data[Yhat==k, 0], data[Yhat==k, 1], color=c, marker='o', s=1)
22      axes[H,L].scatter(X[:n,0], X[:n,1], color='black', marker='+')
23      axes[H,L].scatter(X[(n+1):N, 0], X[(n+1):N, 1], color='magenta', marker='o')
24      axes[H,L].set_xlabel("X1")
25      axes[H,L].set_ylabel("X2")
26      axes[H,L].set_title("%d-近邻分类边界-%s(训练误差%.2f)"%((K, T, 1-modelKNN.score(X, Y))))
27  plt.show()
```

【代码说明】

1）第 1 至 4 行：编写用户自定义函数，实现基于高斯核函数的加权。

2）第 6 至 13 行：生成与图 4.2 相同的模拟数据。为绘制分类边界准备数据。

3）第 16 至 26 行：利用 for 循环建立不同参数 *K* 、不同加权策略下的加权 K-近邻法预测模型，并绘制分类边界。

可直接利用函数 neighbors.KNeighborsClassifier( )，并指定 weight 参数实现基于加权 K-近邻法的分类预测。weight='distance'为倒数加权，也可指定为一个用户自定义函数，实现特定的加权。

首先，参数 K 将依次为 30、30、40、40。H 和 L 分别为四幅图在整幅画板上的坐标。W 为加权策略；其次，利用预测模型给出 10000 个样本观测点的预测类别；后续，绘制加权 K-近邻的分类边界（曲线），0 类区域用银色（silver）表示，1 类区域用红色（red）表示；最后，将数据集中的样本观测点添加到图中，并计算训练误差。

所得图形如图 5.5 所示。图形显示，加权 K-近邻法一般优于相同参数 K 下的普通 K-近邻法。不仅可达到普通 1-近邻法的预先效果，而且能够有效克服 1-近邻法方差大、鲁棒性低的不足。

5.5　Python 实践案例

本节将通过两个实践案例，说明如何利用 K-近邻法解决实际应用中多分类预测问题和回归预测问题。其中一个案例是基于空气质量监测数据，对空气质量等级进行分类预测；另一个案例是基于国产电视剧播放数据，对电视剧的大众评分进行回归预测。

5.5.1　实践案例 1：空气质量等级的预测

本案例（文件名：chapter5-4.ipynb）将基于空气质量监测数据，采用基于倒数加权的 K-近邻法对空气质量等级进行多分类预测，重点聚焦于如何基于测试误差确定最优参数 K 。

1. 确定加权 K-近邻法的最优参数 K

以下将首先读入数据，并采用旁置法将数据集划分为训练集和测试集。然后，基于训练集建立不同参数 K 下的加权 K-近邻分类模型，并计算测试误差，绘制测试误差随参数 K 增加的变化折线图。代码如下所示。

```python
1  data=pd.read_excel('北京市空气质量数据.xlsx')
2  data=data.replace(0,np.NaN)
3  data=data.dropna()
4  X=data.loc[:,['PM2.5','PM10','SO2','CO','NO2','O3']]
5  Y=data.loc[:,'质量等级']
6
7  testPre=[]
8  X_train, X_test, Y_train, Y_test = train_test_split(X,Y,train_size=0.70, random_state=123)
9  Ntrain=len(Y_train)
10 K=np.arange(1,int(Ntrain*0.20),10)
11 for k in K:
12     modelKNN=neighbors.KNeighborsClassifier(n_neighbors=k,weights='distance')
13     modelKNN.fit(X_train,Y_train)
14     testPre.append(modelKNN.score(X_test,Y_test))
15 plt.figure(figsize=(9,6))
16 plt.grid(True, linestyle='-.')
17 plt.xticks(K)
18 plt.plot(K,testPre,marker='.')
19 plt.xlabel("K")
20 plt.ylabel("测试精度")
21 bestK=K[testPre.index(np.max(testPre))]
22 plt.title("加权K-近邻的测试精度(1-测试误差)变化折线图\n(最优参数K=%d)"%bestK)
```

【代码说明】

1）第 1 至 5 行：读入空气质量监测数据，确定输入变量和输出变量。

2）第 7 行：创建列表存储测试精度。测试精度＝1－测试误差。

3）第 8 行：利用旁置法将数据集按 70% 和 30% 划分成训练集和测试集。

4）第 10 行：指定加权 K-近邻法中参数 K 的可能取值。

5）第 11 至 14 行：建立基于倒数加权的，参数 K 取不同值下的加权 K-近邻预测模型，并计算测试精度。

6）第 15 至 22 行：绘制测试精度随参数 K 增加的折线图，令测试精度最大时的参数 K 为最优参数 K。图形如图 5.8 所示。

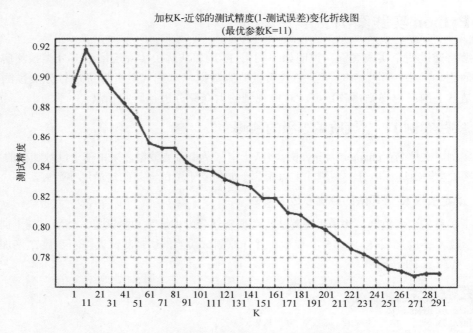

图 5.8　空气质量等级预测中的参数 K 和测试精度

图 5.8 中，从右向左观察精度曲线。随着参数 K 从最大值 291 开始逐步减少，模型复杂度不断增加，测试精度呈先上升后下降，也即测试误差呈先下降后上升的形态。当 $K=11$ 时测试精度最高，测试误差最小。K 小于 11 后测试精度下降，误差上升，表明出现了模型过拟合。因此，参数 K 不能小于 11，最优参数 K 值应为 11。

2. 基于最优参数 K 下的加权 K-近邻法预测空气质量等级

上述分析结果表明，最优参数 K 值为 11。故应选择该参数下的 K-近邻法进行分类预测。

```
1  modelKNN=neighbors.KNeighborsClassifier(n_neighbors=bestK,weights='distance')
2  modelKNN.fit(X_train,Y_train)
3  print('评价模型结果：\n',classification_report(Y,modelKNN.predict(X)))
```

```
评价模型结果：
              precision    recall  f1-score   support

      严重污染       0.98      0.98      0.98        43
      中度污染       0.95      0.95      0.95       252
         优       0.99      0.98      0.98       377
         良       0.98      0.99      0.98       827
      轻度污染       0.97      0.97      0.97       470
      重度污染       0.98      0.93      0.96       127

    accuracy                           0.98      2096
   macro avg       0.97      0.97      0.97      2096
weighted avg       0.98      0.98      0.98      2096
```

这里，利用基于最优参数 K 的加权 K-近邻法来拟合训练集，并直接利用 classification_report() 函数计算模型在整个数据集的预测精度。结果表明：该分类预测模型的总的预测精度为98%。相比较而言，模型对中度污染的预测稍逊一筹，查准率 P、查全率 R 和 F1 分数均等于0.95。对重度污染预测中，模型的查准率 P 较高而查全率 R 略低。

5.5.2　实践案例 2：国产电视剧的大众评分预测

本案例（文件名：chapter5-5.ipynb）基于某段时间国产电视剧的播放量和大众评分数据，采用 K-近邻法，通过观众给出的点赞数和差评数，对电视剧的大众评分进行回归预测，并与一般线性回归模型进行对比。

1．建立预测大众评分的回归预测模型

这里分别采用 20-近邻法和一般线性回归模型，对电视剧的大众评分进行回归预测。具体代码如下所示。

```
1  data=pd.read_excel('电视剧播放数据.xlsx')
2  data=data.replace(0,np.NaN)
3  data=data.dropna()
4  data=data.loc[(data['点赞']<=2000000) & (data['差评']<=2000000)]
5  data.head()
```

	剧名	类型	播放量	点赞	差评	得分	采集日期
0	花千骨2015	言情剧\n\n穿越剧\n\n网络剧	3.07亿	992342	357808.0	7.3	2015-9-23 23:48:48
1	还珠格格2015	古装剧\n\n喜剧\n\n网络剧	73.3万	2352	7240.0	2.5	2015-9-23 23:48:48
2	天局	武侠剧\n\n古装剧\n\n悬疑剧\n\n网络剧	3454万	38746	3593.0	9.2	2015-9-23 23:48:52
3	明若晓溪	青春剧\n\n言情剧\n\n偶像剧	1.57亿	518660	72508.0	8.8	2015-9-23 23:48:51
4	多情江山	言情剧\n\n古装剧\n\n宫廷剧	1126万	22553	6955.0	7.6	2015-9-23 23:48:52

【代码说明】
1）第 1 至 3 行：读入电视剧播放数据到数据框，并删除缺失数据。
2）第 4 行：仅对点赞数和差评数低于 200 万以下的电视剧进行分析。

接下来，采用 20-近邻法和一般线性回归模型，基于点赞数和差评数对大众得分进行预测建模。

```
1   X=data.loc[:,['点赞','差评']]
2   Y=data.loc[:,'得分']
3   X_train, X_test, Y_train, Y_test = train_test_split(X, Y, train_size=0.70, random_state=123)
4   modelKNN=neighbors.KNeighborsRegressor(n_neighbors=20)
5   modelKNN.fit(X_train, Y_train)
6   print('K-近邻：测试精度=%f总预测精度=%f'%(modelKNN.score(X_test, Y_test), modelKNN.score(X, Y)))
7   modelLR=LM.LinearRegression()
8   modelLR.fit(X_train, Y_train)
9   print('一般线性回归模型：测试精度=%f;总预测精度=%f'%(modelLR.score(X_test, Y_test), modelLR.score(X, Y)))
```

K-近邻：测试精度=0.969754总预测精度=0.971691
一般线性回归模型：测试精度=0.179853;总预测精度=0.176142

【代码说明】

1）第 1、2 行：确定输入变量和输出变量。

2）第 3 行：将数据集按 70%和 30%随机划分为训练集和测试集。

3）第 4、5 行：利用函数 neighbors.KNeighborsRegressor( )，指定参数 n_neighbors=20，即采用 20-近邻法并拟合数据。

4）第 6 行：输出 20-近邻法的测试精度以及对数据集（训练集和测试集）全体的预测精度分别为 0.969 和 0.971。这里的预测精度为拟合优度 R^2，取值范围在[0,1]，越接近 1 模型越理想，是回归预测中的常用评价指标。

5）第 7 至 9 行：建立一般线性回归模型，拟合数据，并输出模型的测试精度以及对数据集全体的预测精度，仅分别为 0.179 和 0.176。

结果表明，本例中 20-近邻法的预测性能显著优于一般线性回归模型。以下将从一个侧面探讨其中的原因。

2. 两个回归预测模型的对比分析

以下将通过图形方式，对 20-近邻法和一般线性回归模型的预测性能进行对比。重点考察不同点赞数下的预测效果。

```
1    fig, axes=plt.subplots(nrows=1, ncols=2, figsize=(12, 4))
2    axes[0].scatter(X.iloc[:,0], Y, s=2, c='r')
3    index = np.argsort(X.iloc[:,0])
4    axes[0].plot(X.iloc[index,0], modelKNN.predict(X.iloc[index,:]), linewidth=0.5, label="K-近邻")
5    axes[0].plot(X.iloc[index,0], modelLR.predict(X.iloc[index,:]), linestyle='—', linewidth=1, label="一般线性回归模型")
6    axes[0].set_title('点赞数和得分', fontsize=12)
7    axes[0].set_xlabel('点赞数', fontsize=12)
8    axes[0].set_ylabel('得分', fontsize=12)
9    axes[0].legend()
10
11   data=data.loc[(data['点赞']<=250000)]
12   axes[1].scatter(data['点赞'], data['得分'], s=2, c='r')
13   T=X.loc[(X['点赞']<=250000)]
14   index = np.argsort(T.iloc[:,0])
15   axes[1].plot(T.iloc[index,0], modelKNN.predict(T.iloc[index,:]), linewidth=0.5, label="K-近邻")
16   axes[1].plot(T.iloc[index,0], modelLR.predict(T.iloc[index,:]), linestyle='—', linewidth=1, label="一般线性回归模型")
17   axes[1].set_title('点赞数和得分', fontsize=12)
18   axes[1].set_xlabel('点赞数', fontsize=12)
19   axes[1].set_ylabel('得分', fontsize=12)
20   axes[1].legend()
```

【代码说明】

1）第 2 行：绘制数据集全体的散点图，横坐标为点赞数，纵坐标为得分。

2）第 3 至 5 行：绘制折线图刻画各个点赞数对应的得分预测值，所得图形如图 5.9 左图所示。

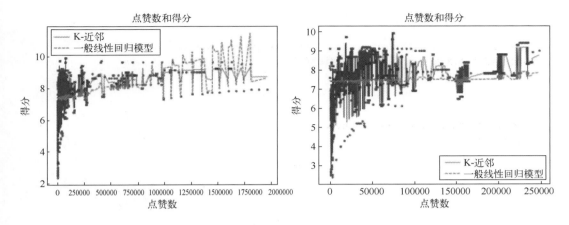

图 5.9　两个回归模型的预测对比折线图

图 5.9 左图中，实线对应 20-近邻法的预测结果，虚线对应一般线性回归模型的预测结果。整体上似乎并没有一般线性回归模型不理想的明显特点，且在图形的右侧区域一般线性回归模型对点的拟合还优于 20-近邻法。那么为什么一般线性回归模型的 R^2 很低呢？原因在于得分和点赞数之间并没有显著的线性关系。

图 5.9 左图显示大部分电视剧的点赞数低于 25 万。为此，代码的第 11 至 20 行仅展示了点赞数低于 25 万电视剧的点赞数和得分预测值的情况，如图 5.9 右图所示。可见，20-近邻法对这部分数据点的拟合明显好于一般线性回归模型，且整体上得分和点赞数之间并不存在显著的线性关系。

二维码 012

【本章总结】

本章首先介绍了 K-近邻分析的基本原理，重点讲述了 K-近邻法的关键参数 K 对分类模型的影响。然后，介绍了基于样本观测的加权 K-近邻法，论述了核函数对加权的意义。后续又对 K-近邻法的适用性进行了论述。最后，基于 Python 编程，通过模拟数据直观说明了参数 K 对分类边界带来的影响。本章的 Python 实践案例，分别讲解了 K-近邻法在多分类预测和回归预测两个场景下的应用，以及 K-近邻法在非线性数据预测中的优势。

【本章相关函数】

本章学习中，应重点掌握 Python 模块中的以下函数。函数的具体格式参见 Python 帮助。

1. 建立基于 K-近邻法的分类预测模型

```
modelKNN=neighbors.KNeighborsClassifier(n_neighbors=K);
modelKNN.fit(X,Y); modelKNN.predict(X)
```

2．建立基于加权 K-近邻法的分类预测模型

```
modelKNN=neighbors.KNeighborsClassifier(n_neighbors=K,weight=");
modelKNN.fit(X,Y)；modelKNN.predict(X)
```

3．建立基于 K-近邻法的回归预测模型

```
KNNregr=neighbors.KNeighborsRegressor(n_neighbors=K);
KNNregr.fit(X,Y)
```

【本章习题】

1．什么是 K-近邻分析？为什么说 K-近邻分析法具有更广泛的应用场景？

2．请简述 K-近邻法的参数 K 的含义，并论述参数 K 从小变大时对预测模型产生的影响？

3．什么是基于样本观测的加权 K-近邻法？

4．请简述 K-近邻法的适用条件。

5．Python 编程题：探究 K-近邻分析法。

（1）自行生成用于二分类预测研究的模拟数据；

（2）采用 K-近邻法对模拟数据进行分类预测；

（3）探讨参数 K 对模型预测偏差和方差的影响。

6．Python 编程：在 5.5.2 节案例的基础上，考虑电视剧播放量对国产电视剧大众评分的预测可能产生的影响，建立基于 K-近邻法的回归预测模型（注意消除数量级对模型的影响），并分析电视剧播放量是否是影响评分预测的重要因素。

第6章
数据预测建模：决策树

决策树（Decision Tree）是机器学习的核心算法之一，也是目前应用最为广泛的分类预测和回归预测方法。

决策树很好地规避了一般线性模型、广义线性模型以及贝叶斯分类器等经典方法对数据分布的要求，在无分布限制的"宽松"条件下，找出数据中输入变量和输出变量取值间的逻辑对应关系或规则，并实现对新数据输出变量取值的预测。特别适合输入变量为分类型变量的场景。

本章将从以下方面讨论决策树的基本原理：

● 决策树的核心问题。
● 分类回归树的生成。
● 分类回归树的剪枝。
● 决策树的 Python 应用实践。

6.1 决策树概述

决策树概述主要涉及以下几方面内容：

● 什么是决策树。
● 分类树的分类边界。
● 回归树的回归平面。
● 决策树的生长和剪枝。

6.1.1 什么是决策树

作为一种经典的数据分类预测和回归预测算法，决策树得名于其分析结果的展示方式类似一棵倒置的树。决策树又分为分类树和回归树，分别实现分类预测和回归预测。

1. 决策树的组成

图 6.1（Python 代码详见 6.5.1 节）是基于空气质量监测数据，为预测空气质量等级所建立的、树根在上、树叶在下的决策树示意图。

131

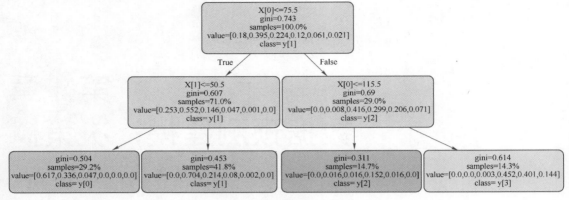

图 6.1　决策树示意图

图 6.1 中是一棵树深度等于 2 的决策树。树深度是树根到树叶的最大层数，通常作为决策树模型复杂度的一种度量。图中的一个方框表示树的一个节点，相关说明信息显示在方框中。有向箭头将各层节点连在一起构成树的一个分枝（图中共有 4 个分枝）。一个分枝中的下层节点称为相邻上层节点的子节点，上层节点称为相邻下层节点的父节点。每个父节点下均仅有两个子节点的决策树称为 2 叉树（此图为 2 叉树），有两个以上子节点的称为多叉树。因 2 叉树较为常见，若不做特殊说明后续均指 2 叉树。

根据节点所在层，节点由上至下分为根节点、中间节点和叶节点。根节点是仅有子节点没有父节点的节点，其中包含了训练集的全部样本观测（样本量最大）。中间节点是既有父节点又有子节点的节点，仅包含其父节点中的部分样本观测；叶节点是仅有父节点没有子节点的节点，也仅包含其父节点中的部分样本观测。

例如，图 6.1 最上层的方框为根节点，包含训练集的 100% 的样本观测（samples= 100.0%）。空气质量等级（一级优至六级严重污染）由低至高的样本观测占比依次为 18%、39.5%、22.4%、12%、6.1% 和 2.1%（value=[0.18,0.395,0.224,0.12,0.061,0.021]）。因二级良的占比最高（众数类），根节点的类别标签为二级良（class=y[1]⊖）。

图 6.1 中有 2 个位于第一层的中间节点。例如，根节点的右侧子节点，包含训练集 29.0% 的样本观测。空气质量各等级的样本观测占比依次为 0.0%、0.8%、41.6%、29.9%、20.6% 和 7.1%。因三级轻度污染的占比最高（众数类），该节点的类别标签为三级轻度污染（class=y[2]）。

图 6.1 有 4 个位于第二层的叶节点。例如，最左侧的叶节点，包含训练集 29.2% 的样本观测，空气质量各等级的样本观测占比依次为 61.7%、33.6%、4.7%、0.0%、0.0% 和 0.0%。因一级优的占比最高，该节点的类别标签为一级优（class=y[0]）。

2. 决策树是数据反复分组的图形化体现

决策树是数据反复分组的图形化体现。

例如，图 6.1 根节点是以 PM2.5 小于 75.5⊖（X[0]<75.5⊜）为条件，将训练集全体分成左、右

⊖ 这里显示的是 Python 从 0 开始的索引号。

⊜ 计量单位：μg/m³。

⊜ 输入变量 X[0] 为 PM2.5。

两组，完成第一次分枝，形成第一层的两个子节点，分别称为左子节点和右子节点（样本量分别占总样本量的 71.0%和 29.0%）。接下来将第一层左子节点中的样本观测，以 PM10 低于 50.5[⊖]（X[1]<50.5[⊖]）为条件，分成第二层左侧分枝中的左、右两个子节点（样本量分别占总样本量的 29.2%和 41.8%），完成第二次分枝。同理，将第一层右子节点中的样本观测，以 PM2.5 小于 115.5（X[0]<115.5）为条件，分成第二层右侧分枝中的左、右两个子节点（样本量分别占总样本量的 14.7%和 14.3%），完成第三次分枝。最终得到对训练集的四个分组。

事实上，这样的数据分组还可以不断继续下去。于是将会得到更细的分组和树深度更大的决策树。极端情况下经过 $N-1$ 次分枝得到 N 个组，每个组只包含一个样本观测。

3. 决策树是推理规则的图形化展示

决策树中每个节点对应一条推理规则，决策树是推理规则集的图形化展示。推理规则通过逻辑判断的形式反映输入变量和输出变量之间的取值规律。

例如，图 6.1 第一层左侧节点对应的推理规则是：如果 PM2.5 小于 75.5 则空气质量等级为二级良。规则置信度[⊜]等于众数类占比 0.552；再如，图 6.1 最左侧叶节点对应的推理规则是：如果 PM2.5 小于 75.5 且 PM10 小于 50.5，则空气质量等级为一级优。规则置信度等于众数类占比 0.617 等。

可见，若节点越靠近根节点，对应的推理规则越简单。越靠近叶节点，对应的推理规则越复杂。决策树的深度越大分枝越多，叶节点的推理规则越复杂，推理规则集也就越庞大。

4. 决策树的预测

决策树基于叶节点的推理规则能够实现对新数据的分类预测或回归预测。

对于样本观测 $\boldsymbol{X}_0$，预测只需从根节点开始，依次根据输入变量取值，沿着决策树的不同分枝"走到"样本量等于 n 的叶节点。对于分类树（输出变量有 K 个类别）：$\hat{y}_0 = \underset{y_k}{\arg\max}(n_{y_1}, n_{y_2}, \cdots, n_{y_K})$，其中 $n_{y_1}, n_{y_2}, \cdots, n_{y_K}$ 表示叶节点中各类别的样本量。预测类别为叶节点输出变量的众数类 y_k。规则置信度为众数类占比 $\dfrac{n_{y_k}}{n}$；对于回归树：$\hat{y}_0 = \dfrac{1}{n}\sum_{i=1}^{n} y_i$，即叶节点输出变量的均值。

6.1.2 分类树的分类边界

一条推理规则对应一条分类直线，实现对 p 维（p 个输入变量）空间的两区域划分。多条推理规则对应多条分类直线，它们将 p 维空间划分成若干个小的、某条边平行于某个坐标轴的矩形区域。这些矩形区域边界的连接，便形成整棵分类树的分类边界。如图 6.2 所示。

图 6.2 左图（以下简称左图）展示了 $p=2$ 维空间在输入变量 X_1、X_2 不同取值下，各样本观测输出变量的类别分布情况。八边形和三角形分别对应输出变量的两个类别。现基于所建立的决策树[如图 6.2 右图（以下简称右图）所示]，对图中空心加号所在位置上的点的类别进行预测。

⊖ 计量单位：μg/m³。

⊖ 输入变量 X[1]为 PM10。

⊜ 规则置信度仅针对分类预测。

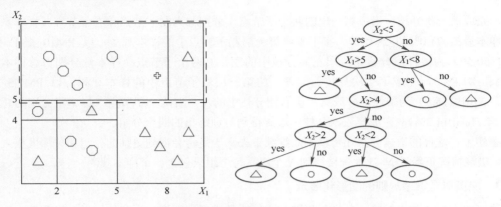

图 6.2　空间划分和决策树

首先，右图的决策树依 $X_2 < 5$ 生成第一层的左、右两个子节点，分别对应左图水平线 $X_2 = 5$ 分割形成的上、下两个区域。之后，对于第一层的右子节点依 $X_1 < 8$ 生成第二层的左、右两个子节点，分别对应左图虚线区域中垂直线 $X_1 = 8$ 分割形成的左、右两个区域，其他同理。可见，经过决策树的 6 次分枝得到 7 个叶节点，对应形成 7 个矩形区域。因空心加号落入左上区域内且该区域的众数类别是八边形，所以其预测类别为八边形类。

二维码 013

总之，决策树各个子节点以及分枝决定了 p 维空间划分的先后顺序和位置。叶节点的各个推理规则和矩形区域一一对应。决策树的深度越大，相邻的矩形区域就越多。这些矩形区域边界（直线）的平滑连接将形成一个极不规则的分类边界（曲线），可有效解决非线性分类预测问题。

如何确定 p 维空间划分的先后顺序和位置是分类树算法的核心。

直观上，每一步空间划分时应同时兼顾由此形成的两个区域。应努力使两个区域所包含的样本观测点尽量"纯正"，异质性（Impurity）低。即一个区域中多数样本观测点有相同的形状，尽量少地掺杂其他形状的点。换言之，使得同一区域中样本观测点的输出变量尽可能取同一类别值。原因在于，低异质性下的分类其预测错判率低，推理规则的置信度高，这是优秀分类预测模型所必备的重要特征之一。

6.1.3　回归树的回归平面

回归树的本质也是对 $p+1$ （p 个输入变量）维空间的划分。图 6.3 是回归树空间划分的示例。

图 6.3 展示了基于两个输入变量 X_1 和 X_2 以及一个输出变量 Y，利用回归树进行预测时的空间划分情况。分别对 X_1、X_2 分组。当 $X_1 > 6, X_2 < 5$ 时，Y 的预测值为 $\hat{Y} = 0$，回归平面为图中 1 区域；当 $X_1 < 6, X_2 < 5$ 时，Y 的预测值为 $\hat{Y} = 2$，回归平面为图中 2 区域；当 $5 < X_2 < 7$ 时，Y 的预测值为 $\hat{Y} = 8$，回归平面为图中 3 区域等。每个

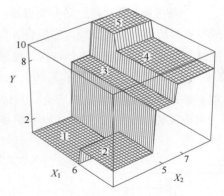

图 6.3　回归树对空间的划分示例

区域都有自己的回归平面，回归平面的高低取决于相应区域内样本观测点输出变量均值的大小。

若对 X_1、X_2 做更细的分组，将会得到更多相邻的回归平面。回归树的深度越大，相邻的回归平面就越多。这些平面的平滑连接将形成一个极不规则的回归曲面。

图 6.4 左图是对模拟数据，采用线性回归模型 $Y = \beta_0 + \beta_1 X_1 + \beta_2 X_2 + \varepsilon$ 所得的回归平面，图 6.4 右图是回归树的回归面（Python 代码详见 6.4.1 节）。图中深色观测点的输出变量实际值大于预测值，样本观测点位于回归面上方。浅色点的实际值小于预测值，样本观测点位于回归面下方。可见，回归树的模型复杂度较高，能够有效分析输入变量和输出变量间的非线性关系，解决非线性回归问题。

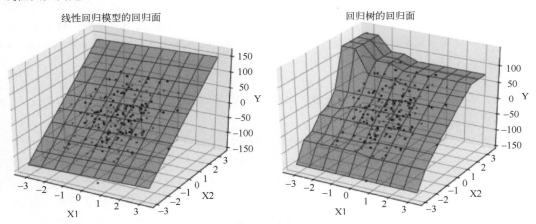

图 6.4　线性回归模型和回归树的回归面

如何确定 p 维空间划分的先后顺序和位置是回归树算法的核心。

与分类树类似，直观上，每一步空间划分时应同时兼顾由此形成的两个区域。应努力使两个区域所包含的观测点的输出变量取值差异尽量小，异质性尽量低。原因在于，低异质性下的回归预测误差小，即由此得到的两个区域是离差平方和（或 MES）最小时的两个区域：

二维码 014

$$\min \sum_{X_i \in R_1} (y_i - \hat{y}_{R_1})^2 + \sum_{X_i \in R_2} (y_i - \hat{y}_{R_2})^2 \tag{6.1}$$

其中，R_1、R_2 分别表示划分所得的两个区域；$\hat{y}_{R_1}$、$\hat{y}_{R_2}$ 为两个区域输出变量的预测值。

6.1.4　决策树的生长和剪枝

决策树有两大核心问题：
- 决策树的生长，即如何基于训练集建立决策树，得到推理规则集。
- 决策树的剪枝，即如何对决策树进行必要精简，得到具有恰当复杂度的推理规则集。

1. 决策树的生长

决策树的生长过程是对训练集不断进行分组的过程。决策树的各个分枝是在数据不断分组过程中逐渐生长出来的。当对某组数据的继续分组不再有意义时，它所对应的分枝便不再生长；当所有数据组的继续分组均不再有意义时，决策树生长结束。此时将得到一棵完整的决策树。因此，决策树生长的关键有两点：第一，确定数据分组的基本原则；第二，确定决策树继续生长的条件。

（1）确定数据分组的基本原则

正如前面所述，无论是分类树还是回归树，数据分组的基本原则都是：使每次分枝所得的两个区域内的输出变量取值的异质性尽量低。应依据该原则从众多输入变量中选择一个当前的"最佳"分组变量和组限值。

例如，图 6.2 中根节点选择以输入变量 X_2 为分组变量、组限值等于 5 的原因是，与其他分组方案相比，这样划分所得两个区域内的输出变量类别的异质性是最低的。之后，对于图中的虚线区域，选择以输入变量 X_1 为分组变量、组限值等于 8，是因为这样划分所得的两个区域，输出变量的类别均相同。

需说明的是，借助数据分组，决策树能够给出输入变量重要性的排序。从根节点开始，若 X_i 比 X_j "更早"成为"最佳"分组变量，说明当下 X_i 降低输出变量异质性的能力强于 X_j，X_i 对预测的重要性高于 X_j。

此外还需说明的是：决策树的输入变量可以是数值型的，也可以是多分类型的。首先，决策树在生长过程中将自动完成对数值型输入变量的离散化（分组）。因是在输出变量"监督"下进行的分组，所以也称有监督分组。其次，决策树在生长过程中将自动完成对多分类型输入变量的类合并。例如，若输入变量有 A、B、C 三个类别，对于 2 叉树而言，分组时需判断应将 A、B 合并为一类，还是将 A、C 或 B、C 合并为一类。决策树在处理分类型输入变量方面具有优势。

（2）确定决策树继续生长的条件

若不加限制条件，决策树会不断生长，树深度也会不断增加。事实上，树生长过程是模型复杂度不断增加，训练误差不断降低的过程。可从图 6.5 中得到直观印证。

图 6.5 展示了基于与图 4.2 相同的模拟数据，采用不同深度的决策树进行分类预测时，2 维空间划分所形成的多个矩形区域以及所构成的分类边界（Python 代码详见 6.4.2 节）。树深度为 2 时，整体分类边界比较规则，训练误差为 18%（较高）。树深度为 4 和 6 时，区域划分更加细致，分类边界增加且整体上逐渐复杂，训练误差分别为 14%和 2%。树的深度为 8 时的区域划分进一步细致，整体上分类边界复杂，训练误差降至 0.0%。

决策树生长的极端情况是对 N 个样本观测做 N−1 次分枝得到 N 个组对应 N 个叶节点。此时决策树的深度达到最大。规则集中叶节点的推理规则，不仅条数最多而且规则最为复杂，分类边界或回归面最不规则，模型复杂度最高。由此带来的问题是模型过拟合。3.4.2 节已经对模型过拟合的"负作用"进行了较为充分的讨论。

图 6.6 是利用不同深度的回归树对 PM2.5 进行回归预测的情况（Python 代码详见 6.5.1 节）。图 6.6 左图的横坐标为树深度。利用旁置法计算训练误差和测试误差，并计算 5 折交叉验证下的测试误差。可见，训练误差随树深度增加单调下降，但测试误差先降后升。树深度大于 3 的决策树都是过拟合的。图 6.6 右图为树深度等于 3 和 5 时的回归面。相对深度等于 3 的回归面（不带网格线的浅色曲面）而言，深度等于 5 的回归面（带网格线的深色曲面）更"曲折"。

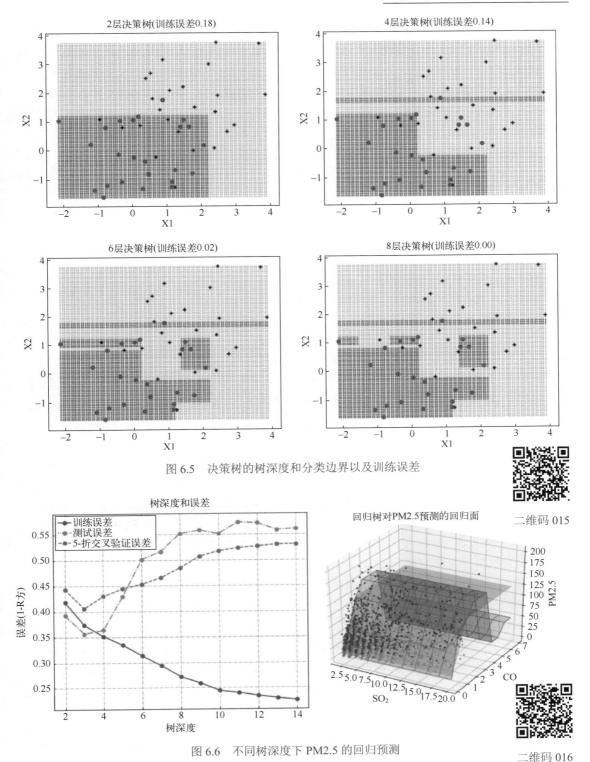

图 6.5 决策树的树深度和分类边界以及训练误差

二维码 015

图 6.6 不同树深度下 PM2.5 的回归预测

二维码 016

决策树避免过拟合的有效方式是预设参数值，限制树的"过度"生长。通常有"最大树深度""最小样本量""最小异质性下降值"三个预设参数。可事先指定决策树的最大树深度，到达指定深度后就不再继续生长；可事先指定节点的最小样本量，节点样本量不应低于最小值，否则相应节点将不能继续分枝；可事先指定节点异质性下降的最小值，异质性下降不应低于最小值，否则相应节点将不能继续分枝。一般将通过预设参数值限制树生长的策略，称为对决策树做预剪枝（pre-pruning）。

预剪枝能够有效阻止决策树的充分生长，但要求对数据有较为精确的了解，需反复尝试预设参数值的大小。否则，很可能会因参数值不合理而导致决策树深度过小，模型复杂度过低，预测性能低下。或者，决策树深度仍过大，模型复杂度高且仍存在模型过拟合。

2．决策树剪枝

决策树剪枝是对所得的决策树，按照从叶节点向根节点的方向，逐层剪掉某些节点分枝的过程。相对于预剪枝，这里的剪枝也称为后剪枝（post-pruning）。剪枝后的决策树，树深度减少，规则集中叶节点的推理规则不再那么复杂。

决策树剪枝的过程是模型复杂度不断降低的过程，涉及的关键问题是采用怎样的策略剪枝，以及何时停止剪枝。不同决策树算法的剪枝策略不尽相同，6.3 节将详细讨论这个问题。这里仅通过图 6.7 的树深度和误差之间的关系，说明停止剪枝的理论时刻。

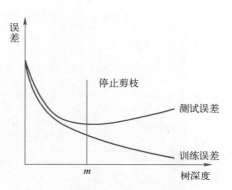

图 6.7　树深度和误差之间的关系

图 6.7 中，横坐标为树深度，测度了决策树模型的复杂度，纵坐标为误差，有训练误差和测试误差两条误差曲线。首先，从决策树生长过程看，生长初期训练误差和测试误差均呈快速减少。但随着树深度的增加，训练误差和测试误差的减少速度开始放缓。当树深度大于 m 后，训练误差仍继续缓慢减少，但测试误差却开始增大。正如 3.4.2 节所述，树深度大于 m 的决策树出现了典型的模型过拟合特征（随着模型复杂度的增加，训练误差单调下降，测试误差先降后升呈 U 字形）。适当剪枝以降低过拟合模型的复杂度极为必要。

其次，从决策树剪枝过程看，训练误差会随树深度的减少、模型复杂度的下降而单调上升。但测试误差会先下降再上升。这意味着虽然需对决策树进行剪枝但不能"过度"剪枝。停止剪枝的时刻应是测试误差达到最低的时刻。

综上所述，决策树的核心问题讨论至此，但仍存在需进一步细致论述的方面。例如，如何度量输出变量的异质性，决策树剪枝的具体策略等。目前，有很多决策树算法，其中应用较广的是分类回归树[⊖]（Classification And Regression Tree，CART）和 C4.5、C5.0 算法

⊖　分类回归树是由美国斯坦福大学和加州大学伯克利分校的 Leo Breiman 等学者于 1984 年提出的，同年出版了相关专著 *Classification and Regression Trees*。

系列[⊖]等。不同算法对上述问题的处理策略略有不同，以下将重点说明分类回归树 CART。

6.2 CART 的生长

分类回归树 CART 为二叉树，包括分类树和回归树。

CART 的建模过程同样涉及树生长和剪枝两个阶段。从算法效率角度考虑，树生长过程采用贪心算法[⊜]，确定当前"最佳"分组变量和组限值，并通过自顶向下的递归二分策略[⊜]实现空间区域的划分。因 CART 的分类树和回归树研究的输出变量类型不同，树在生长过程中测度输出变量异质性的指标不同，以下将分别进行讨论。

6.2.1 CART 中分类树的异质性度量

分类树的输出变量为分类型，其异质性度量通常采用基尼（Gini）系数和熵［Entropy，详见式（3.6）］。

分类树节点 t 的基尼系数的数学定义为

$$G(t) = 1 - \sum_{k=1}^{K} P^2(k|t) = \sum_{k=1}^{K} P(k|t)[1 - P(k|t)] \tag{6.2}$$

其中，K 为输出变量的类别数；$P(k|t)$ 是节点 t 中输出变量取第 k 类的概率。

当节点 t 中输出变量均取同一类别值，且输出变量没有取值异质性时，基尼系数等于 0。当各类别取值概率相等，且输出变量取值的异质性最大时，基尼系数取最大值 $1-1/K$。换言之，基尼系数等于 0 意味着节点 t 中输出变量没有异质性。取最大值则意味着节点 t 中输出变量的类别有着最大的不一致。

若节点 t 为父节点，分枝时应依据树生长中确定数据分组的基本原则，找到能够使 t 的左子节点 t_{left} 的基尼系数 $G(t_{left})$，以及右子节点 t_{right} 的基尼系数 $G(t_{right})$，均取最小值时的分组变量和分组组限。由于通常无法确保两者同时最小，因此只需两者的加权平均值

⊖ C4.5、C5.0 算法系列是人工智能专家 Quinlan 对鼻祖级决策树 ID3 算法的延伸。

⊜ 贪心算法是一种不断寻找当前局部最优解的算法。

⊜ 相对左图而言，右图即是一种递归二分策略。引自 Gareth James 所著的 *An Introduction to Statistical Learning with Applications in R*。

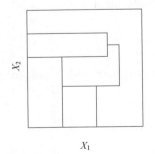
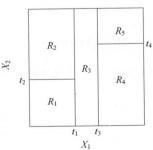

$\frac{N_{t_{\text{left}}}}{N_t} G(t_{\text{left}}) + \frac{N_{t_{\text{right}}}}{N_t} G(t_{\text{right}})$ 最小即可。 $N_{t_{\text{left}}}$、$N_{t_{\text{right}}}$、N_t 分别为左、右子节点的样本量和父节点的样本量，样本量占比即为权重。可见，从父节点到子节点，输出变量的异质性下降为

$$\Delta G(t) = G(t) - \left[\frac{N_{t_{\text{left}}}}{N_t} G(t_{\text{left}}) + \frac{N_{t_{\text{right}}}}{N_t} G(t_{\text{right}}) \right] \tag{6.3}$$

"最佳"分组变量和组限应是使 $\Delta G(t)$ 取最大的输入变量和组限值。

同理，依式（4.6）中熵的定义，熵等于 0 意味着节点 t 中输出变量没有异质性。取最大值 $-\log_2 \frac{1}{K}$，意味着节点 t 中输出变量的类别有着最大的不一致。若父节点 t 的熵记为 $Ent(t)$，左、右子节点的熵记为 $Ent(t_{\text{left}})$ 和 $Ent(t_{\text{right}})$，"最佳"分组变量和组限应是使：

$$\Delta Ent(t) = Ent(t) - \left[\frac{N_{t_{\text{left}}}}{N_t} Ent(t_{\text{left}}) + \frac{N_{t_{\text{right}}}}{N_t} Ent(t_{\text{right}}) \right] \tag{6.4}$$

取最大的输入变量和组限值。其中，也称 $\Delta Ent(t)$ 为信息增益。

图 6.8 左图是二分类预测中，取 1 类的概率 P 从 0 至 1 变化时，基尼系数和熵的计算结果曲线（Python 代码详见 6.4.3 节）。图 6.8 右图为基尼系数和信息熵归一化处理后的情况。处理后两测度曲线基本重合，差异并不明显。

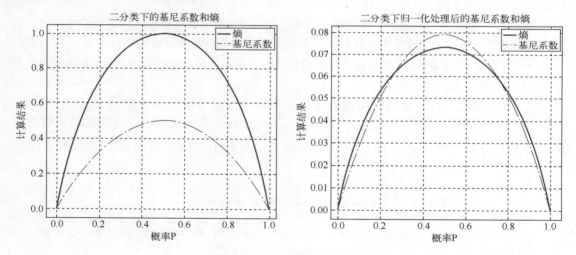

图 6.8　基尼系数和熵的比较

6.2.2　CART 中回归树的异质性度量

回归树的输出变量为数值型，其异质性度量通常采用方差。回归树节点 t 的方差的数学定义为

$$S^2(t) = \frac{1}{N_t} \sum_{i=1}^{N_t} [y_i(t) - \overline{y}(t)]^2 \tag{6.5}$$

其中，$y_i(t)$ 为节点 t 中样本观测 $\boldsymbol{X}_i$ 的输出变量值；$\bar{y}(t)$ 为节点 t 中输出变量的平均值。

若节点 t 为父节点，分枝时应依据树生长过程中确定数据分组的基本原则，找到能够使 t 的左子节点 t_{left} 的方差 $S^2(t_{\text{left}})$ 与右子节点 t_{right} 的方差 $S^2(t_{\text{right}})$ 的加权均值 $\dfrac{N_{t_{\text{left}}}}{N_t}S^2(t_{\text{left}})+\dfrac{N_{t_{\text{right}}}}{N_t}S^2(t_{\text{right}})$ 取最小值时的分组变量和分组组限。从父节点到子节点，输出变量的异质性下降为

$$\Delta S^2(t) = S^2(t) - \left[\frac{N_{t_{\text{left}}}}{N_t}S^2(t_{\text{left}}) + \frac{N_{t_{\text{right}}}}{N_t}S^2(t_{\text{right}})\right] \tag{6.6}$$

上式说明，"最佳"分组变量与组限应是使 $\Delta S^2(t)$ 取最大值的输入变量与组限值。

6.3　CART 的后剪枝

CART 的后剪枝采用最小代价复杂度剪枝法（Minimal Cost Complexity Pruning，MCCP）。6.1.4 节已说明，决策树剪枝的目的是解决模型的过拟合，以得到测试误差最小时的树。

本质上，测试误差最小时的决策树是具有恰当复杂度，且偏差和方差均不大的最优树。构建一个综合度量树优劣的指标，依此修剪树并最终得到指标最优时的树，这是 CART 剪枝的基本出发点，而代价复杂度就是这样一个度量指标。

6.3.1　代价复杂度和最小代价复杂度

决策树剪枝的目标是希望得到一棵大小"恰当"的树。决策树的低误差是以高复杂度为代价的，而过于精简的决策树又无法给出满意的预测效果。复杂度和误差之间的权衡，在决策树剪枝中非常关键。既要尽量使修剪后的决策树不再有很高的复杂度，又要保证其测试误差不明显高于修剪之前的树。

可借助叶节点的个数来测度决策树的复杂程度，叶节点个数与决策树的复杂度成正比。如果将误差看作树的"预测代价"，以叶节点的个数作为树的复杂度的度量，则树 T 的代价复杂度 $R_\alpha(T)$ 的定义为

$$R_\alpha(T) = R(T) + \alpha|\tilde{T}| \tag{6.7}$$

其中，$|\tilde{T}|$ 表示树 T 的叶节点个数；α 为复杂度参数（Complexity Parameter，也称 CP 参数），表示每增加一个叶节点所带来的复杂度单位，其取值范围是 $[0,+\infty]$；$R(T)$ 表示树 T 的测试误差。测试误差是基于测试集的，即计算误差时输出变量的实际值 y_i 来自测试集，但预测值是基于训练集的预测结果。对于分类树，$R(T)$ 为错判率。对于回归树，$R(T)$ 为均方误差或离差平方和，展开表述为

$$\sum_{m=1}^{|\tilde{T}|}\sum_{x_i \in R_m}(y_i - \hat{y}_{R_m})^2 + \alpha|\tilde{T}| \tag{6.8}$$

其中，R_m 表示区域 m。这里的 y_i 来自测试集，$\hat{y}_{R_m}$ 是基于训练集的预测结果。

通常，希望模型的测试误差 $R(T)$ 和模型的复杂度 $\alpha|\tilde{T}|$ 都比较低。但因测试误差 $R(T)$ 低的模型其复杂度 $\alpha|\tilde{T}|$ 高，而复杂度 $\alpha|\tilde{T}|$ 低的模型其测试误差 $R(T)$ 大，所以 $R(T)$ 和 $\alpha|\tilde{T}|$ 不可能

同时小。所以只要满足 $R(T)+\alpha\,|\tilde{T}|$，即代价复杂度 $R_\alpha(T)$ 较小即可。代价复杂度最小的树就是最优树。

此外，树 T 的代价复杂度 $R_\alpha(T)$ 是 α 的函数。CP 参数 α 等于 0 表示不考虑复杂度对 $R_\alpha(T)$ 的影响。基于代价复杂度最小的树是最优树的原则，此时的"最优树"是叶节点最多的树，因为其测试误差是最小的（在未出现过拟合时）；CP 参数 α 逐渐增大时，复杂度对 $R_\alpha(T)$ 的影响也随之增加。当 CP 参数 α 足够大时，$R(T)$ 对 $R_\alpha(T)$ 的影响可以忽略，此时的"最优树"是只有一个根节点的树，因为其复杂度是最低的。显然，最优树与 CP 参数 α 的取值大小有关。$\alpha=0$ 和 $\alpha=+\infty$ 时的树并不是真正的最优树。通过调整 CP 参数 α 的取值，可以得到一系列的当前"最优树"，真正的最优树就在其中。

6.3.2 CART 的后剪枝过程

在从叶节点逐渐向根节点方向剪枝的过程中，会涉及先剪哪一枝的问题。换言之，在 CP 参数 α 当前取值下可否剪枝。判断能否剪掉中间节点 $\{t\}$ 下的子树 T_t 时，应计算中间节点 $\{t\}$ 和其子树 T_t 的代价复杂度，其树结构如图 6.9 所示。

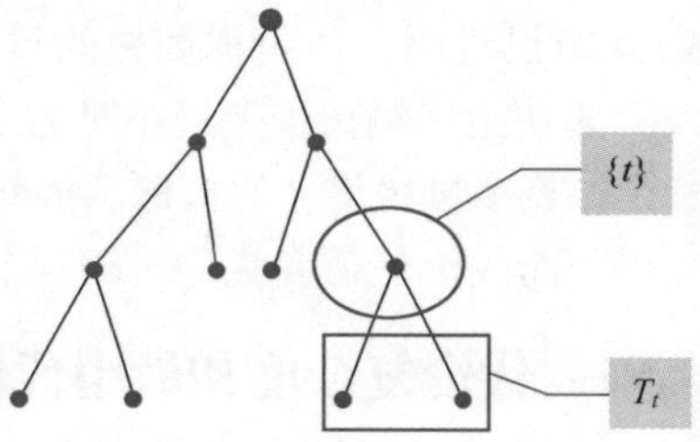

首先，中间节点 $\{t\}$ 的代价复杂度 $R_\alpha(\{t\})$，通常视为减掉其所有子树 T_t 后的代价复杂度：

$$R_\alpha(\{t\}) = R(\{t\}) + \alpha \qquad (6.9)$$

其中，$R(\{t\})$ 为中间节点 $\{t\}$ 对应推理规则的测试误差。此时仅有一个叶节点。

图 6.9 中间节点 $\{t\}$ 和它的子树 T_t

其次，中间节点 $\{t\}$ 的子树 T_t 的代价复杂度 $R_\alpha(T_t)$ 定义为

$$R_\alpha(T_t) = R(T_t) + \alpha\,|\tilde{T}_t| \qquad (6.10)$$

其中，$R(T_t)$ 是左、右两个子节点对应推理规则的测试误差的加权平均值（权重为左、右两个子节点的样本量占比）。

基于代价复杂度最小的树是最优树的原则，如果 $R_\alpha(\{t\}) > R_\alpha(T_t)$，则应该保留子树 T_t，此时 $\alpha < \dfrac{R(\{t\})-R(T_t)}{|\tilde{T}_t|-1}$ 成立；如果 $\alpha \geqslant \dfrac{R(\{t\})-R(T_t)}{|\tilde{T}_t|-1}$，并导致 $R_\alpha(\{t\}) \leqslant R_\alpha(T_t)$，显然应剪掉子树 T_t。

可见，$\dfrac{R(\{t\})-R(T_t)}{|\tilde{T}_t|-1}$ 越小，且小于当前 α 时，说明子树 T_t 对降低测试误差的贡献很小，越应该首先剪掉子树 T_t。

CART 后剪枝过程分为两个阶段：第一个阶段的任务是：通过不断调整 CP 参数 α，得到 K 个当前"最优树"。第二个阶段的任务是：在 K 个当前"最优树"中选出真正的最优树。

第一阶段，开始时 $\alpha=\alpha_1=0$，当前的"最优树"为未进行任何剪枝的最大树，记为 T_{α_1}。后续逐渐增大 CP 参数 α 的取值，其间 $R_\alpha(\{t\})$ 和 $R_\alpha(T_t)$ 会同时增大。尽管子树 T_t 的叶节点多，复杂度 $\alpha\,|\tilde{T}_t|>\alpha$，但因此时 α 较小，$R(\{t\})$ 和 $R(T_t)$ 仍起决定性作用。若当下 $R(T_t) << R(\{t\})$，就不能剪掉子树 T_t。继续增大 CP 参数 α 的取值。当 CP 参数 α 从 α_1 经若干步长增大至 α_2 时，$R_\alpha(\{t\}) \leqslant R_\alpha(T_t)$，即子树 T_t 的代价复杂度开始大于 $\{t\}$ 时，应剪掉子树 T_t，得到一个"次茂盛"

的树，记为 T_{α_2}。

重复上述步骤，直到树只剩下一个根节点为止。此时有 $\alpha_1 > \alpha_2 > \alpha_3 > \cdots > \alpha_K$，并一一对应若干个具有包含关系的当前"最优树"序列 $T_{\alpha_1}, T_{\alpha_2}, \cdots, T_{\alpha_K}$。它们的叶节点个数依次减少，$T_{\alpha_K}$ 中只有根节点。

第二阶段，在 K 个当前"最优树"序列中确定一个真正的最优树作为最终的剪枝结果。真正的最优树 T_{opt}，其代价复杂度 $R(T_{\text{opt}}) \leqslant \min_{k}[R_{\alpha}(T_{\alpha_k}) + m \times \text{SE}(R(T_{\alpha_k}))], k = 1, 2, \cdots, K$。其中，$m$ 称为放大因子；$\text{SE}(R(T_{\alpha_k}))$ 为子树 T_{α_k} 的测试误差的标准误差（standard Error），其定义为

$$\text{SE}(R(T_{\alpha_k})) = \sqrt{\frac{R(T_{\alpha_k})[1 - R(T_{\alpha_k})]}{N'}} \tag{6.11}$$

其中，N' 为测试集的样本量。$m \times \text{SE}(R(T_{\alpha_k}))$ 是对 T_{α_k} 测试误差的真值进行区间估计时的边界误差[⊖]。

图 6.10 为代价[⊖]、复杂度以及代价复杂度随树深度增加的理论曲线。$m = 0$ 时，最优树 $T_{\text{opt}(m=0)}$ 是 K 棵树中代价复杂度最小者，即图中虚线箭头所指位置上的树。$m > 0$ 时，最优树 $T_{\text{opt}(m>0)}$ 的代价复杂度 $R(T_{\text{opt}(m>0)}) > R(T_{\text{opt}(m=0)})$。尽管虚线箭头左、右两侧的树均满足 $R(T_{\text{opt}(m>0)}) > R(T_{\text{opt}(m=0)})$，但依据奥卡姆剃刀原则，$T_{\text{opt}(m>0)}$ 应在树集合 1 中。

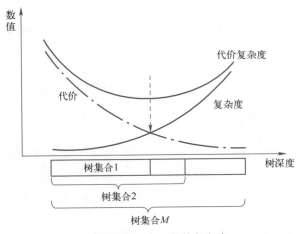

图 6.10 树深度和代价复杂度

6.4 Python 建模实现

为进一步加深读者对决策树方法的理论理解，本节通过 Python 编程，对决策树的算法加以

⊖ 推论统计中，总体参数的置信区间为 $[$样本统计量 $\pm$ 边界误差$]$。例如，总体均值的置信区间为 $\left[\overline{X} \pm Z_{\alpha/2} \times \dfrac{S}{\sqrt{N}}\right]$。$\overline{X}$ 为样本均值，$\dfrac{S}{\sqrt{N}}$ 为样本均值的标准误差，$Z_{\alpha/2}$ 为正态分布的临界值，与置信水平 α 有关；总体比例的置信区间为 $\left[P \pm Z_{\alpha/2} \times \sqrt{\dfrac{P(1-P)}{N}}\right]$。$P$ 为样本比例，$\sqrt{\dfrac{P(1-P)}{N}}$ 为样本比例的标准误差。

⊖ 这里的代价采用指数损失函数形式：$\exp(-y_i \hat{f}(X_i))$。

实现：

- 利用模拟数据直观展示回归树的回归面。
- 利用模拟数据直观展示不同树深度下分类树的分类边界。
- 比较分类树中的基尼系数和熵。

以下是本章需导入的 Python 模块：

```
1   import numpy as np
2   import pandas as pd
3   import matplotlib.pyplot as plt
4   from mpl_toolkits.mplot3d import Axes3D
5   import warnings
6   warnings.filterwarnings(action = 'ignore')
7   %matplotlib inline
8   plt.rcParams['font.sans-serif']=['SimHei']   #解决中文显示乱码问题
9   plt.rcParams['axes.unicode_minus']=False
10  import sklearn.linear_model as LM
11  from sklearn.metrics import classification_report
12  from sklearn.model_selection import cross_val_score,train_test_split
13  from sklearn.datasets import make_regression
14  from sklearn import tree
15  from sklearn.preprocessing import LabelEncoder
```

其中新增模块如下。

1）第 13 行：sklearn.datasets.samples_generator 模块下的 make_regression 函数，用于生成回归预测建模的模拟数据。

2）第 14 行：sklearn 中的 tree 子模块，用于实现决策树建模。

3）第 15 行：sklearn.preprocessing 中的 LabelEncoder 函数，用于分类型变量的数字化编码。

6.4.1　回归树的非线性回归特点

本节（文件名：chapter6-1.ipynb）基于模拟数据，绘制一般线性回归模型的回归平面，以及回归树的回归曲面，旨在帮助读者直观理解回归树的非线性回归特点。

```
1   X,Y=make_regression(n_samples=200,n_features=2,n_informative=2,noise=10,random_state=666)
2   modelLR=LM.LinearRegression()
3   modelLR.fit(X,Y)
4   modelDTC = tree.DecisionTreeRegressor(max_depth=5,random_state=123)
5   modelDTC.fit(X,Y)
6   data=pd.DataFrame(X)
7
8   x,y = np.meshgrid(np.linspace(X[:,0].min(),X[:,0].max(),10), np.linspace(X[:,1].min(),X[:,1].max(),10))
9   Xtmp=np.column_stack((x.flatten(),y.flatten()))  #Xtmp=np.hstack((x.reshape(100,1),y.reshape(100,1)))
10
11  fig = plt.figure(figsize=(15,6))
12  ax0 = fig.add_subplot(121, projection='3d')
13  data['col']='grey'
14  data.loc[modelLR.predict(X)<=Y,'col']='blue'
15  ax0.scatter(X[:,0],X[:,1],Y,marker='o',s=6,c=data['col'])
16  ax0.plot_wireframe(x, y, modelLR.predict(Xtmp).reshape(10,10),linewidth=1)
17  ax0.plot_surface(x, y, modelLR.predict(Xtmp).reshape(10,10), alpha=0.3)
18  ax0.set_xlabel('X1')
19  ax0.set_ylabel('X2')
20  ax0.set_zlabel('Y')
21  ax0.set_title('线性回归模型的回归面')
```

【代码说明】

1）第 1 行：产生用于回归预测建模的模拟数据。

这里直接采用函数 make_regression( )随机产生样本量为 200 的模拟数据集。其中包含 2 个输入变量（n_features）。输入变量和输出变量之间为线性关系，且随机误差项（noise）的标准差等于 10。

2）第 2、3 行：建立一般线性回归模型并拟合数据。

3）第 4、5 行：建立树深度等于 5 的回归树并拟合数据。

这里，直接采用函数 tree.DecisionTreeRegressor( )建立回归树。可指定树深度 max_depth 等参数。为提高算法效率，函数 tree.DecisionTreeRegressor( )可采用随机方式选择最佳输入变量，为重现模型结果可指定 random_state 为任意整数。也可选择以基尼系数的变化量确定最佳分组变量和组限值。

4）第 6 行：为便于后续画图，将输入变量 X 转化为数据框。

5）第 8、9 行：为绘制回归平面准备数据。

利用 NumPy 的 meshgrid( )函数分别生成在两个输入变量的取值范围内均匀分布的 100 (10×10) 个样本观测点，并组织成建模要求的格式。

6）第 12 行：将整幅画板划分成 1 行 2 列，即包含两幅子图的区域。其中第 1 幅子图区域将显示三维图形。

7）第 13 至 15 行：指定预测值小于实际值的点为蓝色，其余为灰色，并绘制散点图。

8）第 16、17 行：绘制一般线性回归模型的回归平面网格图和表面图。

同理，下面绘制回归树的回归平面网格图和表面图：

```
23  ax1 = fig.add_subplot(122, projection='3d')
24  data['col']='grey'
25  data.loc[modelDTC.predict(X)<=Y,'col']='blue'
26  ax1.scatter(X[:,0],X[:,1],Y,marker='o',s=6,c=data['col'])
27  ax1.plot_wireframe(x, y, modelDTC.predict(Xtmp).reshape(10,10),linewidth=1)
28  ax1.plot_surface(x, y, modelDTC.predict(Xtmp).reshape(10,10), alpha=0.3)
29  ax1.set_xlabel('X1')
30  ax1.set_ylabel('X2')
31  ax1.set_zlabel('Y')
32  ax1.set_title('回归树的回归面')
33  #fig.subplots_adjust(hspace=0.5)
34  fig.subplots_adjust(wspace=0)
```

所得图形如图 6.4 所示。图形显示，一般线性回归模型的回归面为一个平面，而回归树的回归面则是一个曲面，其模型复杂度较高，进而能够有效分析输入变量和输出变量间的非线性关系，解决非线性回归问题。

6.4.2　树深度对分类边界的影响

随着树深度的增加，分类树可以解决一些较为复杂的分类问题。本节（文件名：chapter6-

2.ipynb），对图 4.2 所示的模拟数据，使用 Python 绘制不同树深度下分类树的分类边界。一方面，可以帮助读者直观了解分类树的特点；另一方面，也便于对不同分类模型的分类边界进行对比。

```
1   np.random.seed(123)
2   N=50
3   n=int(0.5*N)
4   X=np.random.normal(0,1,size=100).reshape(N,2)
5   Y=[0]*n+[1]*n
6   X[0:n]=X[0:n]+1.5
7   X1,X2 = np.meshgrid(np.linspace(X[:,0].min(),X[:,0].max(),100), np.linspace(X[:,1].min(),X[:,1].max(),100))
8   data=np.hstack((X1.reshape(10000,1),X2.reshape(10000,1)))
9
10  fig,axes=plt.subplots(nrows=2,ncols=2,figsize=(15,12))
11  for K,H,L in [(2,0,0),(4,0,1),(6,1,0),(8,1,1)]:
12      modelDTC = tree.DecisionTreeClassifier(max_depth=K,random_state=123)
13      modelDTC.fit(X,Y)
14      Yhat=modelDTC.predict(data)
15      for k,c in [(0,'silver'),(1,'red')]:
16          axes[H,L].scatter(data[Yhat==k,0],data[Yhat==k,1],color=c,marker='o',s=1)
17      axes[H,L].scatter(X[:n,0],X[:n,1],color='black',marker='+')
18      axes[H,L].scatter(X[(n+1):N,0],X[(n+1):N,1],color='magenta',marker='o')
19      axes[H,L].set_xlabel("X1")
20      axes[H,L].set_ylabel("X2")
21      axes[H,L].set_title("%d层决策树(训练误差%.2f)"%((K,1-modelDTC.score(X,Y))))
22
```

【代码说明】

1）第 1 至 8 行：生成与图 4.2 相同的模拟数据，为绘制分类边界做数据准备（10000 个样本观测）。

2）第 11 至 21 行：利用 for 循环分别建立树深度等于 2、4、6、8 的分类树。H 和 L 分别为四幅图在整幅画板上的坐标。

这里，首先，直接采用 tree.DecisionTreeClassifier()函数建立分类树并拟合数据；其次，利用分类树给出 10000 个样本观测点的预测类别；接下来，绘制分类树的分类边界，0 类区域用银色（silver）表示，1 类区域用红色（red）表示；最后，将数据集中的样本观测点添加到图中，并计算训练误差。

所得图形如图 6.5 所示。图形显示，随着树深度的增加区域，划分愈发细致，分类边界增加且整体上逐渐复杂，训练误差不断降低。可见，分类树可解决非线性分类问题。读者也可自行将其与第 4 章和第 5 章的贝叶斯分类边界以及 K-近邻分类边界做对比。

6.4.3 基尼系数和熵的计算

分类树中节点的异质性可通过基尼系数和熵来度量，它们是两个非常重要的指标。本节（文件名：chapter6-3.ipynb）通过 Python 编程，直观展示基尼系数和熵的特点。

```
1   fig,axes=plt.subplots(nrows=1,ncols=2,figsize=(15,6))
2   P=np.linspace(0,1,20)
3   Ent=[]
4   Gini=[]
5   for p in P:
6       if (p==0) or (p==1):
7           ent=0
8       else:
9           ent = -p * np.log2(p)-(1-p)*np.log2(1-p)
10      Ent.append(ent)
11      gini=1-(p**2+(1-p)**2)
12      Gini.append(gini)
13  axes[0].plot(P,Ent,label='熵')
14  axes[0].plot(P,Gini,label='基尼系数',linestyle='-.')
15  axes[0].set_title('二分类下的基尼系数和熵')
16  axes[0].set_xlabel('概率P')
17  axes[0].set_ylabel('计算结果')
18  axes[0].grid(True, linestyle='-.')
19  axes[0].legend()
20
21  axes[1].plot(P,Ent/sum(Ent),label='熵')
22  axes[1].plot(P,Gini/sum(Gini),label='基尼系数',linestyle='-.')
23  axes[1].set_title('二分类下归一化处理后的基尼系数和熵')
24  axes[1].set_xlabel('概率P')
25  axes[1].set_ylabel('计算结果')
26  axes[1].grid(True, linestyle='-.')
27  axes[1].legend()
```

【代码说明】

1）第 2 行：指定节点中输出变量等于 1 类的概率 P 的 20 个不同取值。

2）第 5 至 10 行：依熵的定义计算概率 P 在不同取值下的熵。

3）第 11、12 行：依基尼系数的定义计算概率 P 在不同取值下的基尼系数。

4）第 13 至 19 行：绘制熵和基尼系数曲线图。

5）第 21 至 27 行：计算归一化的熵和基尼系数并画图。

所得图形如图 6.8 所示。图形显示，经过归一化处理后，两条用来测度异质性的指标曲线基本重合，差异并不明显。

6.5　Python 实践案例

本节通过两个实践案例，说明如何利用决策树解决实际应用中多分类预测问题和回归预测问题。其中一个实践案例是基于空气质量监测数据，对空气质量等级进行预测，并分析影响 PM2.5 浓度的主要因素；另一个实践案例是关于医疗大数据领域中的药物适用性的研究。

6.5.1　实践案例 1：空气污染的预测建模

本节将基于空气质量监测数据，采用决策树方法，一方面，建立空气质量等级的分类预测模型。另一方面，建立 PM2.5 浓度的回归预测模型，并对影响 PM2.5 浓度的主要因素进行分析。

1. 空气质量等级的分类预测

本节（文件名：chapter6-4.ipynb）基于空气质量监测数据（仍为第 1 章的北京市空气质量数据.xlsx），通过 Python 编程，利用分类树对空气质量等级进行多分类预测。一方面说明决策树的实际应用，另一方面说明获得决策树图形表示的操作步骤。

（1）建立和输出分类树

以下将首先建立空气质量等级的分类树预测模型。然后，以文本化方式输出分类树。具体代码及结果如下。

```
1   data=pd.read_excel('北京市空气质量数据.xlsx')
2   data=data.replace(0,np.NaN)
3   data=data.dropna()
4   X_train=data.iloc[:,3:-1]
5   y_train=data['质量等级']
6   print(y_train.value_counts())
7   print("输入变量:\n",X_train.columns)
8   y_train=y_train.map({'优':'1','良':'2','轻度污染':'3','中度污染':'4','重度污染':'5','严重污染':'6'})
9   modelDTC = tree.DecisionTreeClassifier(max_depth=2,random_state=123)
10  modelDTC.fit(X_train, y_train)
11  print(tree.export_text(modelDTC))
12  #print(tree.plot_tree(modelDTC))
13  print("训练精度:%f"%(modelDTC.score(X_train,y_train)))
14
15  with open("D:\juceshu.dot", 'w') as f:
16      f = tree.export_graphviz(modelDTC, out_file = f,filled=True,class_names=True,proportion=True,rounded=True)
17
```

```
良          827
轻度污染      470
优          377
中度污染      252
重度污染      127
严重污染       43
Name: 质量等级, dtype: int64
输入变量:
 Index(['PM2.5', 'PM10', 'SO2', 'CO', 'NO2'], dtype='object')
|--- feature_0 <= 75.50
|   |--- feature_1 <= 50.50
|   |   |--- class: 1
|   |--- feature_1 >  50.50
|   |   |--- class: 2
|--- feature_0 >  75.50
|   |--- feature_0 <= 115.50
|   |   |--- class: 3
|   |--- feature_0 >  115.50
|   |   |--- class: 4
```

训练精度:0.658874

【代码说明】

1）第 1 至 5 行：读入空气质量监测数据。进行数据预处理。

2）第 6 至 8 行：分析空气质量等级的分布特征。例如，有 827 天空气质量等级为二级良，有 470 天为三级轻度污染等；显示输入变量名称。例如，第 1 个输入变量（索引号为 0）为 PM2.5，第 2 个输入变量（索引号为 1）为 PM10 等；最后，对输出变量进行重新编码。

3）第 9、10 行：建立树深度等于 2 的分类树模型，并拟合数据。

4）第 11 行：输出分类树的文本化表达结果。

文本化表达是以字符形式展示分类树的构成，树根在左，树叶在右。规则集包含 4 推理规则。例如，PM2.5 浓度低于 75.5 且 PM10 不大于 50.5 时，空气质量等级为一级优（class=1）等。

5）第 13 行：计算分类树的训练精度。因树深度较浅，预测效果不理想，训练集上的预测正确率（训练精度）仅为 65.9%。

（2）决策树的图形化保存

这里给出如何以图形化方式保存决策树的实现方法。

上述代码的第 15、16 行指定将分类树的图形结果保存到指定文件中。其中，利用函数 tree.export_graphviz()将分类树的图形化结果（见图 6.1）保存到指定目录（D 盘根目录）的指定文件（jueceshu.dot）文件中。后续可将其转成 PDF 格式文件，具体操作步骤如下。

1）下载可视化包 GraphViz（例如 graphviz-2.38.msi 文件）并安装［如安装目录为 C:\Program Files (x86)\Graphviz2.38\bin］。

2）将 GraphViz 的 bin 目录添加到系统 path 环境变量中，如图 6.11 所示。

图 6.11　添加到环境变量中

3）在 Anaconda Prompt 窗口中安装 GraphViz。

输入：conda install python -graphviz

4）在 Windows 的命令行窗口（CMD）中，进入 GraphViz 的 bin 目录。

输入：cd C:\Program Files (x86)\Graphviz2.38\bin

5）利用 dot 命令将指定的 dot 文件转成 PDF 格式文件（如文件名为 output.pdf）。

输入：dot -Tpdf D:\jueceshu.dot -o D:\output.pdf

（3）分类树的优化

由于上述分类树的预测效果并不理想，为此可通过增加树深度的方式优化模型。这里建立树深度等于 10 的分类树，代码及结果如下所示。

```
1  modelDTC = tree.DecisionTreeClassifier(max_depth=10, random_state=123)
2  modelDTC.fit(X_train, y_train)
3  print("训练精度:%f"%(modelDTC.score(X_train, y_train)))
```

训练精度:0.880725

此时，分类树在训练集上的预测正确率提高至 88.1%。显然，增加树深度和提高模型的复杂度是提高训练精度的有效方式，但可能会导致模型的过拟合问题，且推理规则的可解释性也会因此而大大降低。因此，尽管之前分类树的预测性能较低无法用于预测，但却可用于确定空气质量等级的重要影响因素。这里最重要的影响因素为 PM2.5，其次为 PM10。

2．PM2.5 浓度影响的回归预测和影响因素分析

本节（文件名：chapter6-5.ipynb）将基于空气质量监测数据，利用回归树对 PM2.5 进行预测，重点聚焦如何基于测试误差确定合理的树深度参数，以及分析影响 PM2.5 的重要因素。

（1）基于测试误差，确定合理的树深度参数

```
1   data=pd.read_excel('北京市空气质量数据.xlsx')
2   data=data.replace(0, np.NaN)
3   data=data.dropna()
4   data=data.loc[(data['PM2.5']<=200) & (data['SO2']<=20)]
5
6   X=data[['SO2','CO']]
7   Y=data['PM2.5']
8   X_train, X_test, Y_train, Y_test = train_test_split(X,Y, train_size=0.70, random_state=123)
9   trainErr=[]
10  testErr=[]
11  CVErr=[]
12  for k in np.arange(2, 15):
13      modelDTC = tree.DecisionTreeRegressor(max_depth=k, random_state=123)
14      modelDTC.fit(X_train, Y_train)
15      trainErr.append(1-modelDTC.score(X_train, Y_train))
16      testErr.append(1-modelDTC.score(X_test, Y_test))
17      Err=1-cross_val_score(modelDTC, X, Y, cv=5, scoring='r2')
18      CVErr.append(Err.mean())
19
20  fig = plt.figure(figsize=(15,6))
21  ax1 = fig.add_subplot(121)
22  ax1.grid(True, linestyle='-.')
23  ax1.plot(np.arange(2, 15), trainErr, label="训练误差", marker='o', linestyle='-')
24  ax1.plot(np.arange(2, 15), testErr, label="测试误差", marker='o', linestyle='-.')
25  ax1.plot(np.arange(2, 15), CVErr, label="5-折交叉验证误差", marker='o', linestyle='--')
26  ax1.set_xlabel("树深度")
27  ax1.set_ylabel("误差（1-R方）")
28  ax1.set_title('树深度和误差')
29  ax1.legend()
```

【代码说明】

1）第 1 至 7 行：读入空气质量监测数据，进行数据预处理，确定建模的输入变量（SO_2、CO）和输出变量 PM2.5。

2）第 8 行：利用旁置法，按 70% 和 30% 的比例将数据集划分成训练集和测试集。

3）第 9 至 11 行：创建 3 个列表，分别存储训练误差、基于旁置法的测试误差和基于 5 折交叉验证的测试误差。

4）第 12 至 18 行：利用 for 循环，分别建立树深度等于 2,3,…,15 的回归树，然后拟合数据并计算误差。这里误差采用回归预测中的 $1-R^2$。R^2 为拟合优度，越接近 1 越好。$1-R^2$ 越接近 0 误差越低。

5）第 21 至 29 行：绘制随树深度增加，各种误差的变化曲线，如图 6.6 左图所示。

图形显示，训练误差随着树深度的增加而单调下降，但两个测试误差均先降后升。树深度等于 3 时测试误差最低，因此树深度等于 3 是比较恰当的。大于 3 的决策树都是过拟合的。

（2）回归面和变量重要性分析

以下将直观展示未出现过拟合以及出现过拟合的回归平面的情况，并基于合理模型确定影响 PM2.5 的重要因素。具体代码及结果如下所示。

```
31  modelDTC = tree.DecisionTreeRegressor(max_depth=3, random_state=123)
32  modelDTC.fit(X, Y)
33  print("输入变量重要性: ", modelDTC.feature_importances_ )
34  data['col']= 'grey'
35  data.loc[modelDTC.predict(X)<=Y, 'col']= 'blue'
36  ax2 = fig.add_subplot(122, projection='3d')
37  ax2.scatter(data['SO2'], data['CO'], data['PM2.5'], marker='o', s=3, c=data['col'])
38  ax2.set_xlabel('SO2')
39  ax2.set_ylabel('CO')
40  ax2.set_zlabel('PM2.5')
41  ax2.set_title('回归树对PM2.5预测的回归面')
42
43  x, y = np.meshgrid(np.linspace(data['SO2'].min(), data['SO2'].max(), 10), np.linspace(data['CO'].min(), data['CO'].max(), 10))
44  Xtmp=np.column_stack((x.flatten(), y.flatten()))
45  ax2.plot_surface(x, y, modelDTC.predict(Xtmp).reshape(10, 10), alpha=0.3, label="树深度=3")
46  modelDTC = tree.DecisionTreeRegressor(max_depth=5, random_state=123)
47  modelDTC.fit(X, Y)
48  ax2.plot_wireframe(x, y, modelDTC.predict(Xtmp).reshape(10, 10), linewidth=1)
49  ax2.plot_surface(x, y, modelDTC.predict(Xtmp).reshape(10, 10), alpha=0.3, label="树深度=5")
50  fig.subplots_adjust(wspace=0.05)
```

输入变量重要性: [0. 1.]

【代码说明】

1）第 31 至 32 行：基于数据集全体建立树深度等于 3 的较为合理的回归树。

2）第 34 至 41 行：绘制散点图，令预测值小于实际值的点为蓝色（blue），其余为灰色（grey）。

3）第 43、44 行：为绘制回归面准备数据（100 个样本观测点）。

4）第 45 行：绘制树深度等于 3 的回归树的回归面。

5）第 46 至 50 行：建立树深度等于 5 的过拟和回归树，并绘制对应的回归面。

所得图形如图 6.6 右图所示。图形显示，相对于树深度等于 3 的回归面（不带网格线的浅色曲面），树深度等于 5 的回归面（带网格线的深色曲面）更"曲折"，模型复杂度高。尽管其训练误差较低，但是个过拟合模型泛化能力较弱。

代码的第 33 行显示了输入变量的重要性，它存储在决策树对象实例的.feature_importances_ 属性中。各个输入变量的重要性之和等于 1。可见，CO 是影响 PM2.5 的重要因素，相比之下 SO_2 的影响非常小。

6.5.2　实践案例 2：医疗大数据应用——药物适用性研究

大批患有同种疾病的不同病人，服用五种药物中的一种（Drug 分为 Drug A、Drug B、Drug C、Drug X、Drug Y）之后都取得了同样的治疗效果。案例数据（药物研究.txt）是随机挑选的部分病人服用药物前的基本临床检查数据，包括血压（BP 分为高血压 High、正常 Normal、低血压 Low）、胆固醇（Cholesterol 分为正常 Normal 和高胆固醇 High）、血液中钠（Na）元素和钾（K）元素含量，病人年龄（Age）、性别（Sex 包括男 M 和女 F）等。现需发现以往药物处方适用的规律，给出不同临床特征病人更适合服用哪种药物的推荐建议，从而为医生开具处方提供参考。可采用决策树建模方法，建立以药物为输出变量，其他变量为输入变量的多分类预测模型，并找到影响药物适用性的重要影响因素（文件名：chapter6-6.ipynb）。

1. 读取数据，进行数据预处理

首先，读取数据（药物研究.txt），并对该数据进行预处理，具体代码及处理结果如下所示。

```
1  data=pd.read_csv('药物研究.txt')
2  le = LabelEncoder()
3  le.fit(data["Sex"])
4  data["SexC"]=le.transform(data["Sex"])
5  data["BPC"]=le.fit(data["BP"]).transform(data["BP"])
6  data["CholesterolC"]=le.fit(data["Cholesterol"]).transform(data["Cholesterol"])
7  data["Na/K"]=data["Na"]/data["K"]
8  data.head()
```

	Age	Sex	BP	Cholesterol	Na	K	Drug	SexC	BPC	CholesterolC	Na/K
0	23	F	HIGH	HIGH	0.792535	0.031258	drugY	0	0	0	25.354629
1	47	M	LOW	HIGH	0.739309	0.056468	drugC	1	1	0	13.092530
2	47	M	LOW	HIGH	0.697269	0.068944	drugC	1	1	0	10.113556
3	28	F	NORMAL	HIGH	0.563682	0.072289	drugX	0	2	0	7.797618
4	61	F	LOW	HIGH	0.559294	0.030998	drugY	0	1	0	18.042906

【代码说明】

1）第 1 行：读入药物研究数据到数据框。

药物研究数据的性别、血压以及胆固醇均为以字符串为类别标签的分类型变量，为便于后续建模，需将它们重新编码为数字。

2）第 2 至 6 行：定义一个用于数据重编码的 LabelEncoder 对象 le。依次拟合性别、血压以及胆固醇，并将重编码结果保存到数据框的新变量中。

3）第 7 行：从医学角度看，计算微量元素钠与钾的比值更有意义，因此新生成该比值变量并保存到数据框中。前 5 行数据如上所示。

2. 确定合理的树深度参数

建立基于分类树的多分类预测模型，并基于测试误差确定合理的树深度参数。具体代码如下所示。

```
1   X=data[['Age','SexC','BPC','CholesterolC','Na/K']]
2   Y=data['Drug']
3   X_train, X_test, Y_train, Y_test = train_test_split(X,Y,train_size=0.70, random_state=123)
4   trainErr=[]
5   testErr=[]
6   K=np.arange(2,10)
7   for k in K:
8       modelDTC = tree.DecisionTreeClassifier(max_depth=k,random_state=123)
9       modelDTC.fit(X_train,Y_train)
10      trainErr.append(1-modelDTC.score(X_train,Y_train))
11      testErr.append(1-modelDTC.score(X_test,Y_test))
12  fig,axes=plt.subplots(nrows=1,ncols=2,figsize=(12,4))
13  axes[0].grid(True, linestyle='-.')
14  axes[0].plot(np.arange(2,10),trainErr,label="训练误差",marker='o',linestyle='--')
15  axes[0].plot(np.arange(2,10),testErr,label="测试误差",marker='o',linestyle='-.')
16  axes[0].set_xlabel("树深度")
17  axes[0].set_ylabel("误差")
18  axes[0].set_title('树深度和误差')
19  axes[0].legend()
```

【代码说明】

1）第 1 至 3 行：指定分类模型的输入变量和输出变量。将数据集按 70%和 30%的比例随机划分为训练集和测试集。

2）第 6 行：指定树深度的取值范围为 2 至 9[⊖]。

3）第 7 至 11 行：利用 for 循环分别建立树深度为 2 至 9 的分类树，拟合数据计算训练误差和测试误差，并分别保存到 trainErr 和 testErr 列表中。

4）第 13 至 19 行：分别绘制分类树的训练误差和测试误差，随树深度增加变化的折线图，如图 6.12 左图所示。

图 6.12 左图显示，树深度等于 4 时的训练误差和测试误差均达到最小，因此最优树深度为 4。

3．建立最优树深度下的分类树，发现影响药物适用性的重要因素

建立最优树深度下的分类树，依据变量重要性分析影响药物适用性的重要因素。具体代码如下所示。

```
21  bestK=K[testErr.index(np.min(testErr))]
22  modelDTC = tree.DecisionTreeClassifier(max_depth=bestK, random_state=123)
23  modelDTC.fit(X_train, Y_train)
24  axes[1].bar(np.arange(5), modelDTC.feature_importances_)
25  axes[1].set_title('输入变量的重要性')
26  axes[1].set_xlabel('输入变量')
27  axes[1].set_xticks(np.arange(5))
28  axes[1].set_xticklabels(['年龄','性别','血压','胆固醇','Na/K'])
29  plt.show()
```

【代码说明】

1）第 21 行：得到测试误差最小时的树深度值。

2）第 22、23 行：建立最优树深度下的分类树。

3）第 24 至 28 行：绘制输入变量重要性的柱形图，如图 6.12 右图所示。图形显示，影响药物适用性的最重要的变量是钠与钾的比值，其次是血压。性别对此没有影响。

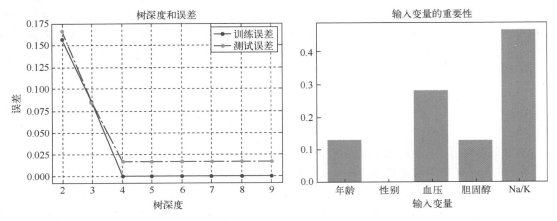

图 6.12　随树深度变化的误差和变量重要性柱形图

⊖ np.arrange(2,10)虽然表面来看是"10"，但 Python 规定执行时是不包含上限"10"的，因此实际的取值范围是 2～9。

4．模型评价，给出药物适用性的规则

评价分类树模型的整体分类预测性能，并给出药物适用性的推理规则集。具体代码及结果如下所示。

```
1  print("模型的评价：\n", classification_report(Y, modelDTC.predict(X)))
2  print(tree.export_text(modelDTC))
3
```

模型的评价：

	precision	recall	f1-score	support
drugA	1.00	0.96	0.98	23
drugB	0.94	1.00	0.97	16
drugC	1.00	1.00	1.00	16
drugX	1.00	1.00	1.00	54
drugY	1.00	1.00	1.00	91
accuracy			0.99	200
macro avg	0.99	0.99	0.99	200
weighted avg	1.00	0.99	1.00	200

```
|--- feature_4 <= 14.83
|   |--- feature_2 <= 0.50
|   |   |--- feature_0 <= 49.50
|   |   |   |--- class: drugA
|   |   |--- feature_0 >  49.50
|   |   |   |--- class: drugB
|   |--- feature_2 >  0.50
|   |   |--- feature_2 <= 1.50
|   |   |   |--- feature_3 <= 0.50
|   |   |   |   |--- class: drugC
|   |   |   |--- feature_3 >  0.50
|   |   |   |   |--- class: drugX
|   |   |--- feature_2 >  1.50
|   |   |   |--- class: drugX
|--- feature_4 >  14.83
|   |--- class: drugY
```

上述结果表明，分类树的整体预测正确率为 99%。对 B 种药的查准率 P 相对较低，但整体的查准率 P 和查全率 R 均到达 99%，模型的分类预测性能理想。推理规则集显示，当钠与钾的比值高于 14.83 时，最佳适用性药物为 Y 类药。当钠与钾的比值低于 14.83 时，方需再考察血压情况：X 类药适用于血压正常的患者；A 类药物对 49.5 岁以下的高血压患者更具适用性，49.5 岁以上的高血压患者倾向推荐 B 类药。

【本章总结】

本章首先介绍了决策树的基本概念，包括什么是决策树，决策树中的推理规则及分类或回归边界等。指出决策树算法尤其适合输入变量为分类型变量的情况，树生成和树剪枝是决策树算法的两个重要组成部分。然后，讲解了分类回归树（CART）的树生长和后剪枝算法。最后，基于 Python 编程，通过模拟数据直观展示了决策树的非线性回归特点，以及树深度对分类边界的影响等。本章的 Python 实践案例，分别展示了决策树最优树深度的确定策略，以及算法在多分类预测和回归预测两个场景下的应用。

【本章相关函数】

围绕本章学习，应重点掌握 Python 模块中的以下函数。函数的具体格式参见 Python 帮助。

1．建立基于分类树的分类预测模型

```
modelDTC = tree.DecisionTreeClassifier(); modelDTC.fit(X,Y)
```

2．建立基于回归树的回归预测模型

```
modelDTC = tree.DecisionTreeRegressor(); modelDTC.fit(X,Y)
```

3．生成用于回归预测的模拟数据

```
X,Y=make_regression()
```

【本章习题】

1．如何理解决策树的生长过程是对变量空间的反复划分过程？

2．请简述决策树生长的基本原则。

3．请简述决策树预剪枝和后剪枝的意义。

4．什么是最小代价复杂度剪枝法？其含义是什么？

5．Python 编程题：优惠券核销预测。

有超市部分顾客购买液奶和使用优惠券的历史数据（文件名：优惠券核销数据.csv），包括：性别（Sex：女 1、男 2），年龄段（Age：中青年 1、中老年 2），液奶品类（Class：低端 1、中档 2、高端 3），平均消费额（AvgSpending），是否核销优惠券（Accepted：核销 1、未核销 0）。现要进行新一轮的优惠券推送促销，为实现精准营销，需确定有大概率核销优惠券的顾客群。

请采用决策树算法找到优惠券核销人群的特点和规律。

6．Python 编程题：电信用户流失预测。

有关于某电信运营商用户手机号码的某段时间的使用数据（电信客户数据.xlsx），包括：使用月数（某段时间用户使用服务月数）；是否流失（观测期内，用户是否已经流失。1=是，0=否）；套餐金额（用户购买的月套餐金额，1 为 96 元以下，2 为 96~225 元，3 为 225 元以上）；额外通话时长[实际通话时长减去套餐内通话时长的月均值（单位：min），这部分需要额外交费]；额外流量[实际流量减去套餐内流量的月均值（单位：MB），这部分需要额外交费]；改变行为（是否曾经更改过套餐金额，1=是，0=否）；服务合约（是否与运营商签订过服务合约，1=是，0=否）；关联购买[用户在移动服务中是否同时办理其他业务（主要是固定电话和宽带业务），1=同时办理一项其他业务，2=同时办理两项其他业务，0=没有办理其他业务]；集团用户（办理的是否是集团业务，相比个人业务，集体办理的号码在集团内拨打有一定优惠。1=是，0=否）。

请采用决策树算法对用户流失进行预测，并分析具有哪些特征的用户易流失。

第 7 章
数据预测建模：集成学习

与其他分类预测和回归预测模型相比，决策树有一种"天然"的高方差特征，即模型参数（分组变量和组限等）会随训练集的变化出现较大变动，导致各模型对样本观测 X_0 的预测值差异较大，表现出预测的高方差。图 7.1 是基于空气质量监测数据，采用线性回归模型和回归树，分别对样本观测 X_0 的 PM2.5 浓度进行预测时的情况（Python 代码详见 7.7.1 节）。

图 7.1 中的线性模型为 $PM2.5 = \beta_0 + \beta_1 SO_2 + \beta_2 CO + \varepsilon$，回归树输入变量也是 SO_2 和 CO 且树深度等于 3（6.5.1 节确定的最优决策树）。现将采用 10-折交叉验证法，分别建立 10 个线性模型和回归树，各得到 10 个 X_0（SO_2 的均值、CO 的均值）的 PM2.5 浓度的预测值，并分别绘制预测值的箱线图。图 7.1 中，回归树的箱体高度明显高于线性模型，两者的方差分别等于 1.932 和 0.027，是决策树"天然"高方差特征的具体体现。事实上，树深度越大的决策树，其高方差的特征越突出。

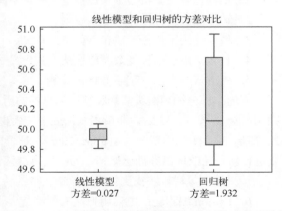

图 7.1 PM2.5 预测中的线性模型和回归树的方差对比图

解决预测高方差问题的一般方法是集成学习（Ensemble Learning）。此外，集成学习还可给出预测性能更理想的预测。本章将从以下方面介绍集成学习：

- 集成学习概述。集成学习概述将重点讨论集成学习的意义。
- 基于重抽样自举法的集成学习。围绕减少模型方差的问题，重点讨论基于重抽样自举法下的袋装法和随机森林算法。
- 从弱模型到强模型的构建。集成学习的重要优势就是具有较高的预测精度。本章将通过对弱模型到强模型的讨论，探究集成学习具有该优势的成因。
- 梯度提升树。梯度提升树是当前应用最为广泛的决策树算法。在前述讨论的基础上，进一步认识梯度提升树具有重要的现实意义。
- XGBoost 算法。XGBoost 算法的计算效率高更，也是当下决策树算法的热点。理解算法

156

的基本原理和特点，是正确应用算法的前提。

- 决策树的 Python 应用实践。

从循序渐进的学习角度看，相比之前的章节，本章的理论性有较大提升，学习难度也增大许多。为此建议读者首先聚焦方法主要解决什么问题，以怎样的核心思路解决问题。阅读本章的 Python 代码将对此很有帮助。然后，在有能力的条件下可进一步深入理论细节。

7.1　集成学习概述

集成学习的基本思路是：建模阶段，基于一组独立的训练集，分别建立与之对应的一组回归或分类预测模型。这里的每个预测模型称为基础学习器（Base Learner）。预测阶段，基础学习器将分别给出各自的预测结果。对各预测结果进行平均或投票，确定最终的预测结果。

一方面，集成学习可以解决预测模型的高方差。另一方面，集成学习可将一组弱模型联合起来使其成为一个强模型。

7.1.1　高方差问题的解决途径

集成学习能够解决高方差问题，其基本理论依据来源于统计学。统计学指出，对来自同一总体、方差等于 σ^2 的 N 个独立的随机样本观测 $Z_1, Z_2, \cdots, Z_N$，其均值 $\bar{Z}$ 的方差等于 σ^2/N，即一组样本观测平均值的方差仅是原方差的 $1/N$，样本观测个数 N 越大，方差越小。

借鉴该思想，集成学习认为，若能够基于来自同一总体的 B 个独立的训练集 $S_b(b=1,2,\cdots,B)$，建立 B 个基础学习器，从而得到对 $\boldsymbol{X}_0$ 的方差等于 σ^2 的 B 个回归预测值 $\hat{f}^{(1)}(\boldsymbol{X}_0), \hat{f}^{(2)}(\boldsymbol{X}_0), \cdots, \hat{f}^{(B)}(\boldsymbol{X}_0)$，则 B 个回归预测值的平均值 $\hat{f}_{\text{avg}}(\boldsymbol{X}_0)=\frac{1}{B}\sum_{i=1}^{B}\hat{f}^{(i)}(\boldsymbol{X}_0)$，其方差将降低到 σ^2/B。需特别指出的是，这里的 B 个预测模型是彼此独立的。

当然，实际中人们无法获得这 B 个独立的训练集 $S_b^*(b=1,2,\cdots,B)$，通常会采用某种策略模拟生成 B 个独立的训练集，并由此建立 B 个独立的基础学习器，得到对 $\boldsymbol{X}_0$ 的 B 个回归预测值 $\hat{f}^{*(1)}(\boldsymbol{X}_0), \hat{f}^{*(2)}(\boldsymbol{X}_0), \cdots, \hat{f}^{*(B)}(\boldsymbol{X}_0)$。$\boldsymbol{X}_0$ 的最终回归预测结果为 $\hat{f}_{\text{avg}}^*(\boldsymbol{X}_0)=\frac{1}{B}\sum_{i=1}^{B}\hat{f}^{*(i)}(\boldsymbol{X}_0)$。

同理，对分类预测问题，最终的分类预测结果是 B 个分类预测值的"投票"结果，一般为其中的众数类。

模拟生成 B 个独立训练集的常见策略是重抽样自举法（Bootstrap）。基于重抽样自举法的常见集成学习法有袋装（Bagging）法和随机森林（Random Forests）。

集成学习聚焦解决高方差问题，但不关注可能带来的模型过拟合。因此，评价袋装法和随机森林的预测性能时，应尤其关注测试误差。

7.1.2　从弱模型到强模型的构建

复杂模型导致高方差以及模型过拟合。为解决这个问题，集成学习的另一种策略是将一组弱模型组成一个"联合委员会"，并最终成为强模型。弱模型一般指比随机猜测[⊖]的误差略低的模型。

⊖ 例如，二分类预测中的随机猜测误差等于 0.5。

零模型（Zero Model）就是一种典型的弱模型，它是一种只关注输出变量取值本身而不考虑输入变量的模型。例如，零模型对 PM2.5 浓度的回归预测值，等于训练集中 PM2.5 的均值，并不考虑 SO_2、CO 等对 PM2.5 有重要影响的其他输入变量的取值。再例如，零模型对空气质量等级的分类预测值，等于训练集中空气质量等级的众数类，不考虑 PM2.5、PM10 等对空气质量等级有重要影响的其他输入变量的取值。

比零模型略好的弱模型考虑了输入变量，但因模型过于简单等原因，训练误差较高且不会出现模型过拟合。借鉴"三个臭皮匠顶上一个诸葛亮"的朴素思想，集成学习认为，若将多个弱模型集成起来，让它们联合预测，将会得到理想的预测效果。

从弱模型到强模型的常见集成学习法有提升（Boosting）法和梯度提升树等。需特别指出的是，与 7.1.1 节不同的是，这里的 B 个弱模型具有顺序（Sequential）相关性。

7.2 基于重抽样自举法的集成学习

重抽样自举法是模拟生成 B 个独立训练集的常见策略。基于重抽样自举法的常见的集成学习法有：袋装法和随机森林。

7.2.1 重抽样自举法

重抽样自举法，也称 0.632 自举法。对样本量为 N 的数据集 S，重抽样自举法的基本做法是：对 S 做有放回的随机抽样，共进行 B 次，分别得到 B 个样本容量均为 N 的随机样本 $S_b^*(b=1,2,\cdots,B)$，称 S_b^* 为一个自举样本，B 为自举次数。

对每个样本观测 $\boldsymbol{X}_i$，一次被抽中进入 S_b^* 的概率为 $\frac{1}{N}$，未被抽中的概率为 $1-\frac{1}{N}$。当 N 较大时，N 次均未被抽中的概率为 $\left(1-\frac{1}{N}\right)^N \approx \frac{1}{e}=0.368$（e 是自然对数的基数 2.7183）。这意味着整体上有 $1-36.8\%=63.2\%$ 的样本观测可以作为自举样本，这也就是重抽样自举法被称为 0.632 自举法的原因。

重抽样自举法在统计学中的最常见应用是估计统计量的标准误（Standard errors）。例如，在没有任何理论假定下，估计线性回归模型中回归系数估计值 $\hat{\beta}_i(i=0,1,\cdots,p)$ 的标准误。具体做法是：首先，基于 B 个自举样本 $S_b^*(b=1,2,\cdots,B)$ 分别建立 B 个回归模型，得到回归系数 β_i 的 B 个估计值 $\hat{\beta}_i^{*(b)}(b=1,2,\cdots,B)$；然后，计算 $\hat{\beta}_i^{*(b)}$ 的标准差 $\sqrt{\frac{1}{B-1}\sum_{b=1}^{B}(\hat{\beta}_i^{*(b)}-\overline{\beta_i^*})^2}$，（$\overline{\beta_i^*}=\frac{1}{B}\sum_{b=1}^{B}\hat{\beta}_i^{*(b)}$）作为 $\hat{\beta}_i(i=0,1,\cdots,p)$ 标准差的估计称为标准误，并由此得到回归系数真值的置信区间。

在机器学习中，重抽样自举法用于模拟生成前述的独立训练集。B 个自举样本 $S_b^*(b=1,2,\cdots,B)$ 对应 B 个独立的训练集，后续将被应用于袋装法和随机森林中。

7.2.2 袋装法

袋装法的英文 Bagging，是 Bootstrap Aggregating 的缩略词。袋装法是一种基于重抽样自举法的常见集成学习策略，在单个学习器具有高方差和低偏差的情况下非常有效。

袋装法涉及基于 B 个自举样本 $S_b^*(b=1,2,\cdots,B)$ 的建模、预测和模型评估，以及输入变量重要性度量等方面。

1. 袋装法的建模

基于 B 个自举样本 $S_b^*(b=1,2,\cdots,B)$ 建模的核心是训练 B 个基础学习器。通常基础学习器是训练误差较低的、相对复杂的模型。回归预测中可以是一般线性模型、K-近邻以及回归树等等。分类预测中可以是 Logistic 回归模型、贝叶斯分类器、K-近邻以及分类树等。本章仅特指回归树和分类树。

2. 袋装法的预测

回归预测中，基于 B 个自举样本 $S_b^*(b=1,2,\cdots,B)$ 建立回归树，得到 $\boldsymbol{X}_0$ 的 B 个回归预测值 $\hat{T}^{*(b)}(\boldsymbol{X}_0),(b=1,2,\cdots,B)$，其中，$\hat{T}^{*(b)}$ 表示第 b 棵回归树。计算 $\hat{T}^{*(b)}(\boldsymbol{X}_0)$ 的均值，得到 $\boldsymbol{X}_0$ 的袋装预测值：

$$\hat{f}_{\text{bag}}^*(\boldsymbol{X}_0)=\frac{1}{B}\sum_{b=1}^{B}\hat{T}^{*(b)}(\boldsymbol{X}_0) \tag{7.1}$$

K 分类预测中，基于 B 个自举样本 $S_b^*(b=1,2,\cdots,B)$ 建立分类树，得到 $\boldsymbol{X}_0$ 的 B 个分类预测值 $\hat{G}^{*(b)}(\boldsymbol{X}_0)=\arg\max_k \hat{T}^{*(b)}(\boldsymbol{X}_0),(k=1,2,\cdots,K;b=1,2,\cdots,B)$。计算预测 $\boldsymbol{X}_0$ 属第 k 类的分类树的占比 $\hat{f}_{\text{bag}}^*(\boldsymbol{X}_0)=(P_1(\boldsymbol{X}_0),P_2(\boldsymbol{X}_0),\cdots,P_K(\boldsymbol{X}_0))$，得到 $\boldsymbol{X}_0$ 的袋装预测值：

$$\hat{G}_{\text{bag}}^*(\boldsymbol{X}_0)=\arg\max_k \hat{f}_{\text{bag}}^*(\boldsymbol{X}_0) \tag{7.2}$$

即得票数最高的类。需说明的是，二分类预测中通常对预测值等于 1 和 0 的 B 个概率值进行平均，袋装预测值为概率均值最大的类。袋装法工作原理示意图如图 7.2 所示。

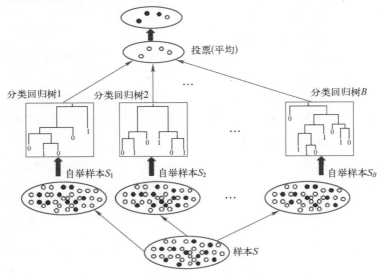

图 7.2　袋装法工作原理示意图

图 7.2 中，基于 B 个自举样本建立 B 棵分类回归树，并共同对 4 个样本观测进行分类预测。投票结果表明，其中 3 个样本观测应预测为实心类。

无论是回归预测中求均值，还是分类预测中的投票，本质上都是对基础学习器预测结果，而随自举样本随机性差异而变化的平滑，则是消除随机性影响后的结果。理论上，经平均或投票所得的预测结果是真值的无偏估计⊖。由此计算所得的测试误差也是泛化误差真值的无偏估计。

3. 袋装法测试误差的估计

计算基于袋装法的测试误差时，应特别注意 3.3.3 节提及的测试误差基于"袋外观测"（OOB）计算的特征。这里，基础学习器 $\hat{T}^{*(b)}$ 的 OOB 是未出现在 S_b^* 内的样本观测。计算分类预测的测试误差时，应对每个样本观测 $X_i(i=1,2,\cdots,N)$，得到其作为 OOB 时基础学习器所给出的预测结果。即若 $X_i(i=1,2,\cdots,N)$ 在建模过程中有 $q(q<B)$ 次作为 OOB 观测，则只有 q 个基础学习器提供预测值，最终预测结果是这个 q 值的均值或投票。在此基础上计算的误差才是具有 OOB 特征的测试误差。袋装法可以方便地计算出具有 OOB 特征的测试误差，不必再利用 3.3.4 节讨论的旁置法或 K-折交叉验证法。

图 7.3 是分别采用单棵回归树和袋装法（以单棵回归树为基础学习器）下的回归树，预测 PM2.5 浓度时（输入变量是 SO_2 和 CO）的测试误差（Python 代码详见 7.7.1 节）。虚线是单棵回归树测试误差的 10 折交叉验证估计。实线是采用袋装法建立回归树，树的棵数 B 从 10 增至 199 过程中的测试误差。B 大于 100 后误差曲线趋于平稳，表现出测试误差估计的一致性⊖。此外，袋装法回归树的测试误差是自举次数 B 的函数。B 越大越有助于消除测试误差计算结果中的随机性，且有助于降低方差。这里的方

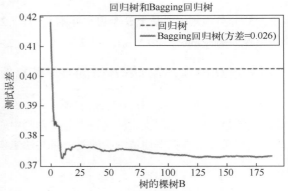

图 7.3　PM2.5 预测中单棵回归树和袋装法
回归树的测试误差

差等于 0.026，显著小于图 7.1 中单棵回归树的方差，有效减小了方差。同时，随迭代次数增加，袋装法回归树的测试误差"断崖"式下降并不低于单棵回归树，泛化能力优于单棵回归树。

4. 袋装法中的输入变量重要性度量

对于单棵决策树，越接近根节点的输入变量（作为分组变量）其重要性越高。袋装法度量输

⊖ 无偏估计是推论统计中衡量一个估计是否为好估计的标准之一。待估参数的真值记为 θ，估计值记为 $\hat{\theta}$。若 $E(\hat{\theta})=\theta$，则 $\hat{\theta}$ 是 θ 的无偏估计。

⊖ 一致性估计也是推论统计中衡量一个估计是否为好估计的标准之一。待估参数的真值记为 θ，估计值记为 $\hat{\theta}$。若 $\lim_{N\to\infty} P((|\theta-\hat{\theta}|)<\epsilon)=1$，即不断增加样本量，估计值 $\hat{\theta}$ 和真值 θ 之差小于一个很小的正数 ϵ 的概率等于 1，则 $\hat{\theta}$ 是 θ 的一致性估计。

入变量重要性需基于多棵树计算。一般度量方法是：每个输入变量作为最佳分组变量，都会使输出变量的异质性下降。计算 B 棵树异质性下降的总和。总和最大值对应的输入变量重要性最高，总和最小值对应的输入变量重要性最低。

7.2.3　随机森林

随机森林也是一种基于重抽样自举法的集成学习方法。顾名思义，随机森林是用随机方式建立包含多棵决策树的森林。其中每棵树都是一个基础学习器，"整片"森林对应着集成学习。

与袋装法类似的是，随机森林中的多棵树将共同参与预测。不同的是，随机森林通过随机，努力使每棵树的"外观"因彼此"看上去不相同"而不相关。

袋装法可降低预测方差的基本理论是：来自同一总体的、方差等于 σ^2 的 B 个预测值 $\hat{T}^{*(b)}(X_0)$，因彼此独立使得其均值 $\hat{f}_{\text{bag}}^*(X_0)$ 的方差降至 σ^2/B。事实上，这种"独立"往往很难保证，因为袋装法中树之间的差异很小，导致预测结果有很高的一致性。此时，若预测值两两相关系数均等于 ρ，则方差等于 $\rho\sigma^2 + \dfrac{1-\rho}{B}\sigma^2$ [⊖]。

可见，随着 B 的增加第二项趋于 0，仅剩下第一项。此时方差的降低取决于相关系数 ρ（σ^2 确定）的大小。若相关系数 ρ 较大，方差也会较高。随机森林通过减少预测值的相关性，换言之，通过降低树间的相似性（高相似的决策树必然给出高相关的预测值）的策略来降低方差。

降低树间相似性的基本策略是采用多样性增强。所谓多样性增强，就是在机器学习过程中增加随机性扰动，包括对训练数据增加随机性扰动，对输入变量增加随机性扰动以及对算法参数增加随机性扰动等。

随机森林涉及如何实现多样性增强，以及输入变量重要性度量等方面。

1. 随机森林的实现

随机森林采用多样性增强策略，通过对训练数据以及输入变量增加随机性扰动以降低树间的相似性。其中，重抽样自举是实现对训练数据增加随机性扰动的最直接的方法。对输入变量增加随机性扰动的具体实现策略是：决策树建立过程中的当前"最佳"分组变量，是来自输入变量的一个随机子集 $\boldsymbol{\Theta}_b$ 中的变量。于是分组变量具有了随机性。多样性增强策略可以使多棵树"看上去不相同"。

具体讲，需进行 $b = 1, 2, \cdots, B$ 次如下迭代，得到包括 B 棵树的随机森林。

第一步，对样本量等于 N 的数据集进行重抽样自举，得到自举样本 S_b^*。

第二步，基于自举样本 S_b^* 建立回归树或分类树 $\hat{T}^{*(b)}$。决策树从根节点开始按如下方式不断生长，直到满足树的预剪枝参数为止：

1）从 p 个输入变量中随机选择 m 个输入变量构成输入变量的一个随机子集 $\boldsymbol{\Theta}_b$。通常，

⊖　统计学证明：对来自总体方差等于 σ^2 的总体的 N 个随机观测 $Z_i (i = 1, 2, \cdots, N)$，若两两相关系数等于 ρ，则均值 $\bar{Z}$ 的方差：$Var(\bar{Z}) = Var\left(\dfrac{1}{N}\sum_{i=1}^{N} Z_i\right) = \dfrac{1}{N^2}[N\sigma^2 + N(N-1)\rho\sigma^2] = \dfrac{\sigma^2 + (N-1)\rho\sigma^2}{N} = \rho\sigma^2 + \dfrac{1-\rho}{N}\sigma^2$。当 $\rho = 0$ 时，$Var(\bar{Z}) = \dfrac{\sigma^2}{N}$。

$m = [\sqrt{p}]$ 或者 $m = [\log_2 p]$ 。 [] 表示取整。

2）从 $\boldsymbol{\Theta}_b$ 中确定当前 "最佳" 分组变量，分组并生成两个子节点。

第三步，输出包括 B 棵树 $\{\hat{T}^{*(b)}\}^B$ 的随机森林。

第四步，预测。回归预测结果为 $\hat{f}_{\text{rf}}^{*}(\boldsymbol{X}_0) = \frac{1}{B}\sum_{b=1}^{B}\hat{T}^{*(b)}(\boldsymbol{X}_0)$ ；分类预测结果为得票数最高的类。

随机森林的评价也需计算基于 OOB 的测试误差。

2．随机森林中的输入变量重要性度量

随机森林通过添加随机化噪声的方式度量输入变量的重要性。基本思路是：若某输入变量对输出变量预测有重要作用，那么在模型 OOB 的该输入变量上添加随机噪声，将显著影响模型 OOB 的计算结果。首先，对 $\hat{T}^{*(b)}(b=1,2,\cdots,B)$ 计算基于 OOB 的测试误差，记为 $e(\hat{T}^{*(b)})$ 。然后，为测度第 j 个输入变量对输出变量的重要性，进行如下计算：

1）随机打乱 $\hat{T}^{*(b)}$ 的 OOB 在第 j 个输入变量上的取值顺序，重新计算 $\hat{T}^{*(b)}$ 的基于 OOB 的误差，记为 $e^j(\hat{T}^{*(b)})$ 。

2）计算第 j 个输入变量添加噪声前后 $\hat{T}^{*(b)}$ 的 OOB 误差的变化： $c_{\hat{T}^{*(b)}}^{j} = e^j(\hat{T}^{*(b)}) - e(\hat{T}^{*(b)})$ 。

重复上述步骤 B 次，得到 B 个 $c_{\hat{T}^{*(b)}}^{j},(b=1,2,\cdots,B)$ 。计算均值 $\frac{1}{B}\sum_{b=1}^{B}c_{\hat{T}^{*(b)}}^{j}$ ，它是第 j 个输入变量添加噪声后所导致的随机森林总的 OOB 误差变化，变化值越大，第 j 个输入变量越重要。

图 7.4 是分别采用袋装法和随机森林预测 PM2.5 浓度（输入变量包括 SO_2 和 CO ）的情况（Python 代码详见 7.7.1 节）。

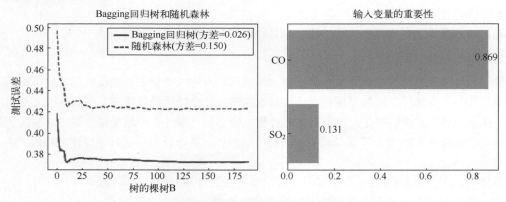

图 7.4　袋装法和随机森林预测 PM2.5（一）

图 7.4 左图为在不同树的棵数下，袋装法和随机森林的测试误差。可见，两测试误差在大约 50 次迭代后基本保持水平不变。随机森林的测试误差大于袋装法，且其方差为 0.15，尽管高于袋装法，但仍低于单棵回归树。本例中只有 2 个输入变量，随机森林无法充分发挥树生长中可以随机生成输入变量子集 $\boldsymbol{\Theta}_b$ 并确定 "最佳" 分组变量的算法特点（输入变量的多样性增强）。图 7.4 右图是随机森林（树棵树 B=199）给出的变量重要性测度的归一化结果。CO 的重要性为 0.869，SO_2 为 0.131，因此 CO 对 PM2.5 有更重要的影响。

在输入变量较多的情况下，随机森林的算法优势才能得以充分体现，如图 7.5 所示（Python 代码详见 7.7.1 节）。

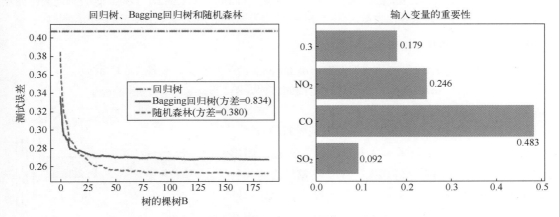

图 7.5　袋装法和随机森林预测 PM2.5（二）

图 7.5 是输入变量包括 SO_2、CO、NO_2 和 O_3 时，分别采用单棵回归树、袋装法（以单棵回归树为基础学习器）和随机森林预测 PM2.5 浓度的情况。首先，建立单棵回归树，依据测试误差的旁置法和 5 折交叉估计，确定树深度等于 5 时的回归树最优。该树的测试误差 10 折交叉验证估计值约等于 0.4（见图 7.5 左图）。然后，建立袋装法回归树（Bagging 回归树）和随机森林，并绘制随树棵数增加的测试误差曲线。其中，令随机森林中的 $m=[\sqrt{p}]$。可见，两种集成学习方法的测试误差都低于单棵回归树，而随机森林低于袋装法回归树且有更小的方差，突出展现了随机森林的算法优势。

图 7.5 右图是随机森林（树棵树 B=199）给出的变量重要性测度的归一化结果。CO 最重要，其次是 NO_2，而 SO_2 的重要性最低。

7.3　从弱模型到强模型的构建

集成学习的另一种策略是：将 B 个具有顺序相关性的弱模型组成一个"联合委员会"，并最终成为强模型。借鉴"三个臭皮匠顶上一个诸葛亮"的朴素思想，这种集成学习策略认为，若将多个弱模型（即基础学习器，可以是树深度很小的决策树等）集成起来让它们联合预测，将会得到理想的预测效果，即一组弱模型的联合将变成训练误差较低的强模型，且这个强模型不会像单个复杂模型那样存在过拟合问题。

回归预测中，若 B 个弱模型对 X_0 的回归预测值分别为 $\hat{f}^{*(1)}(X_0),\hat{f}^{*(2)}(X_0),\cdots,\hat{f}^{*(B)}(X_0)$，则"联合委员会"的联合预测结果为 $\hat{f}_w^*(X_0)=\alpha_1\hat{f}^{*(1)}(X_0)+\alpha_2\hat{f}^{*(2)}(X_0)+\cdots+\alpha_B\hat{f}^{*(B)}(X_0)$，$\alpha_b(b=1,2,\cdots,B)$ 为模型权重。同理，分类预测中，"联合委员会"的联合预测结果是 B 个弱模型分类预测值的加权"投票"结果，即为权重之和最大的类。

从弱模型到强模型的常见集成学习法有提升（Boosting）法和梯度提升树等。

7.3.1 提升法

提升法是一类集成学习策略的统称，其中的经典是 AdaBoost（Adaptive Boosting），即适应性提升法，这种方法主要用于解决输出变量仅有 -1 和 $+1$ 两个类别，即 $y \in \{-1, +1\}$ 时的分类预测问题。

1. AdaBoost 的基本框架

这里以 -1 和 $+1$ 的二分类预测为例给出 AdaBoost 的基本框架，如图 7.6 所示。

图 7.6 表示了 AdaBoost 的 B 次迭代建模的过程。第一次迭代，首先基于权重 $w^{(1)}$ 下的训练集 S_1（样本量等于 N）建立弱模型 $G_1(X)$，然后基于 $w^{(1)}$ 得到更新的 $w^{(2)}$；第二次迭代，首先基于权重 $w^{(2)}$ 下的训练集 S_2 建立弱模型 $G_2(X)$，然后基于 $w^{(2)}$ 得到更新的 $w^{(3)}$；第三次迭代仍首先基于权重 $w^{(3)}$ 下的训练集 S_3 建立弱模型 $G_3(X)$，然后再基于 $w^{(3)}$ 得到更新的 $w^{(4)}$。等等。算法的适应性提升（Adaptive Boosting）特点主要表现在：基于 $w^{(b-1)}$ 得到 $w^{(b)}$。经过 B 次迭代，将得到 B 个弱模型的预测值：$G_1(X), G_2(X), G_3(X), \cdots, G_B(X)$。它们将组成一个弱模型的"联合委员会"。

样本观测 X_i 的类别预测结果是"联合委员会"中，B 个弱模型 $G_1(X_i), G_2(X_i), G_3(X_i), \cdots, G_B(X_i)$ 的加权 $\sum_{b=1}^{B} \alpha_b G_b(X_i)$。其中，$\alpha_b (b = 1, 2, \cdots, B)$ 为联合预测中的模

联合委员会对 X_i 的联合预测：
$$G(X_i) = \text{sign}\left(\sum_{b=1}^{B} \alpha_b G_b(X_i)\right)$$

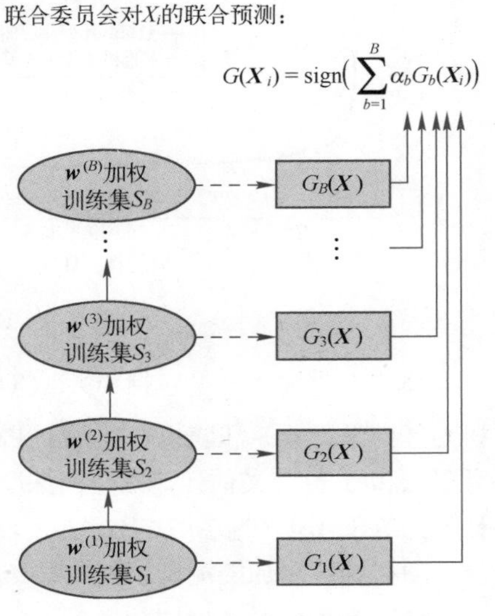

图 7.6 AdaBoost 的基本框架

型权重，$\alpha_b (b = 1, 2, \cdots, B)$ 越大，$G_b(X)$ 对预测结果的影响越大。由于预测值 $G_b(X_i) \in \{-1, +1\}$，所以只需根据 $\sum_{b=1}^{B} \alpha_b G_b(X_i)$ 的符号 $\text{sign}\left(\sum_{b=1}^{B} \alpha_b G_b(X_i)\right)$ 便可给出联合预测的类别 $G(X_i)$。

以上建模过程涉及两个权重：权重 $w^{(b)}$ 和权重 α_b。各种算法的具体计算方法略有不同，后续将具体讨论。

最终，AdaBoost 框架构成的集成学习器的训练误差为 $err = \frac{1}{N}\sum_{i=1}^{N} I(y_i \neq G(X_i))$，其中，$I(\cdot)$ 为示性函数，$y_i \neq G(X_i)$ 成立时，函数值等于 1，否则等于 0。测试误差仍为基于 OOB 计算的误差。B 个弱模型的"联合委员会"有着较高的预测性能，可从图 7.7 中直观体现。

图 7.7 是基于模拟数据的二分类预测建模的结果（Python 代码详见 7.6.1 节）。数据集包含 10 个输入变量、12000 个样本观测。利用旁置法将其划分成训练集（70%）和测试集（30%）。分别建立单棵树深度等于 9 的复杂模型、树深度等于 1 的简单模型（弱模型）以及将多个弱模型按照 AdaBoost 框架构成的集成学习器，并分别计算三个模型的测试误差。图中最上方的实线为单个弱模型的测试误差，最下方的实线为复杂模型的测试误差。虚线和点画线是分别采用 AdaBoost 框架的两种算法（详见 7.3.3 节），迭代次数 B 从 1 增加至 400 过程中的测试误差曲线。显然，单个弱模型的测试误差最高，复杂模型有效降低了测试误差。尽管单个弱模型预测误差很高，但它们

组成的"联合委员会"，当"成员数 B"到达 250 时，测试误差已降至复杂模型的水平，之后甚至比复杂模型的测试误差还低。可见，弱模型"联合委员会"有着较高的预测性能。

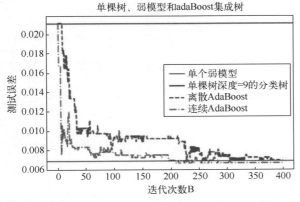

图 7.7　单个模型、弱模型和集成学习的预测对比　　　　　　　二维码 017

2. 提升法的深入理解

若将联合预测中的 $\sum_{b=1}^{B} \alpha_b G_b(\boldsymbol{X}_i)$ 记为 $f_B(\boldsymbol{X}_i)$。提升法的预测过程可表述如下：

$$f_B(\boldsymbol{X}_i) = \sum_{b=1}^{B} \alpha_b G_b(\boldsymbol{X}_i) = \sum_{b=1}^{B-1} \alpha_b G_b(\boldsymbol{X}_i) + \alpha_B G_B(\boldsymbol{X}_i) = f_{B-1}(\boldsymbol{X}_i) + \alpha_B G_B(\boldsymbol{X}_i)$$

一般写法为

$$f_b(\boldsymbol{X}_i) = f_{b-1}(\boldsymbol{X}_i) + \alpha_b G_b(\boldsymbol{X}_i) \tag{7.3}$$

即迭代次数每增加 1 次，就有一个新的弱模型 $\alpha_b G_b(\boldsymbol{X}_i)$ 添加到当前的"联合委员会"中并参与预测，这种建模是向前式分步可加建模（Forward Stagewise Additive Modeling）的具体体现。

向前式分步可加建模的基本特征是：迭代过程中，模型成员 $G_b(\boldsymbol{X})$ 不断进入"联合委员会"。先前进入"联合委员会"的模型 $G_b(\boldsymbol{X})$ 参数和模型权重 α_b 不受后续进入模型的影响，且每次迭代仅需估计当前模型的参数和权重。

综上，AdaBoost 涉及两个权重：权重 $w^{(b)}$ 和权重 α_b。同时，实际中会涉及二分类预测和多分类预测问题。对此，各种算法有各自的具体计算方法。以下将主要讨论 AdaBoost.M1 算法及其推广的 SAMME 等算法。

7.3.2　AdaBoost.M1 算法

AdaBoost 中应用最为广泛的算法是 1997 年弗罗恩德（Freund）和沙皮雷（Schapire）提出的 AdaBoost.M1 算法。

1. AdaBoost.M1 算法的基本内容

AdaBoost.M1 算法主要用于解决二分类预测问题[⊖]。其中将输出变量的两个类别分别用 –1 和 +1 表示，即 $y \in \{-1, +1\}$。

⊖ AdaBoost.M1 也可解决多分类预测问题，但更多应用于二分类预测中。

AdaBoost.M1 算法是 AdaBoost 的具体体现，基本框架同图 7.6。这里首先结合图 7.6，详细说明其中的两个权重：权重 $\boldsymbol{w}^{(b)}$ 和权重 α_b，然后给出算法的基本步骤。

每个样本观测在每次迭代中都有自己的权重 $\boldsymbol{w}^{(b)} = \left(w_1^{(b)}, w_2^{(b)}, \cdots, w_N^{(b)}\right)$。

第一次迭代时，权重 $\boldsymbol{w}^{(1)} = (w_1^{(1)}, w_2^{(1)}, \cdots, w_N^{(1)})$ 都等于初始值 $\frac{1}{N}$。权重相等等同于不加权，因此基于权重 $\boldsymbol{w}^{(1)}$ 下的训练集 S_1 就是原有数据集，由此将得到弱模型 $G_1(\boldsymbol{X})$。接下来需基于 $\boldsymbol{w}^{(1)}$ 得到更新的 $\boldsymbol{w}^{(2)}$：首先，计算弱模型 $G_1(\boldsymbol{X})$ 的训练误差：$err^{(1)} = \frac{1}{N}\sum_{i=1}^{N} I(y_i \neq G_1(\boldsymbol{X}_i)) = \dfrac{\sum_{i=1}^{N} w_i^{(1)} I(y_i \neq G_1(\boldsymbol{X}_i))}{\sum_{i=1}^{N} w_i^{(1)}} < 0.5$ ⊖。然后，依据训练误差 $err^{(1)}$ 设置联合预测中 $G_1(\boldsymbol{X})$ 的模型权重：$\alpha_1 = \log\left(\dfrac{1-err^{(1)}}{err^{(1)}}\right)$。可见，$\alpha_1 > 0$ 且训练误差 $err^{(1)}$ 越小，权重 α_1 越大，$G_1(\boldsymbol{X})$ 对预测结果的影响也就越大；最后，基于 α_1 和 $\boldsymbol{w}^{(1)}$ 得到更新的 $\boldsymbol{w}^{(2)}$：$w_i^{(2)} = w_i^{(1)} \exp[\alpha_1 I(y_i \neq G_1(\boldsymbol{X}_i))], i=1,2,\cdots,N$。若 $G_1(\boldsymbol{X})$ 对 $\boldsymbol{X}_i$ 的预测正确，则 $w_i^{(2)} = w_i^{(1)}$，权重不变。若预测错误，则 $w_i^{(2)} = w_i^{(1)} \times \dfrac{1-err^{(1)}}{err^{(1)}}$ ⊖，$w_i^{(2)} > w_i^{(1)}$，权重增大。可见，被 $G_1(\boldsymbol{X})$ 预测错误的样本观测的权重将会大于预测正确的。

第二次迭代时，首先依 $\boldsymbol{w}^{(2)}$ 对 S_1 进行加权，有放回地随机抽样得到 S_2（样本量等于 N）。显然，$G_1(\boldsymbol{X})$ 预测错误的样本观测有更大的概率进入训练集 S_2。换言之，S_2 中的样本观测大多是 $G_1(\boldsymbol{X})$ 没有正确预测的。将基于 S_2 建立 $G_2(\boldsymbol{X})$，因此模型 $G_2(\boldsymbol{X})$ 关注的是 $G_1(\boldsymbol{X})$ 没有正确预测的样本。从这个角度看，$G_1(\boldsymbol{X})$ 和 $G_2(\boldsymbol{X})$ 存在前后的顺序相关性。接下来仍需计算模型 $G_2(\boldsymbol{X})$ 的训练误差 $err^{(2)}$，并依此计算模型权重 α_2 和基于 $\boldsymbol{w}^{(2)}$ 得到更新的 $\boldsymbol{w}^{(3)}$。第三次至第 B 次的迭代同理。由于 $G_b(\boldsymbol{X})$ 专注的是 $G_{b-1}(\boldsymbol{X})$ 没有正确预测的观测，所以 $G_b(\boldsymbol{X})$ 和 $G_{b-1}(\boldsymbol{X})$ 之间也存在前后的顺序相关性。

AdaBoost.M1 算法的基本步骤如下：

首先，初始化每个样本观测的权值：$w_i^{(1)} = \dfrac{1}{N}, i=1,2,\cdots,N$。然后，进行 $b=1,\cdots,B$ 次如下迭代：

第一步，基于权重 $\boldsymbol{w}^{(b)}$ 下的训练集 S_b 建立弱模型 $G_b(\boldsymbol{X})$。

第二步，计算 $G_b(\boldsymbol{X})$ 的训练误差：

$$err^{(b)} = \frac{\sum_{i=1}^{N} w_i^{(b)} I(y_i \neq G_b(\boldsymbol{X}_i))}{\sum_{i=1}^{N} w_i^{(b)}} \tag{7.4}$$

⊖ 二分类预测中，因随机猜测误差等于 0.5，所以弱模型的训练误差小于 0.5。

⊖ 因模型权重和样本观测权值分别采用对数和指数形式，消去了模型权值 α_b。采用其他形式时，模型权值 α_b 将直接影响样本观测的权值。

预测错误的样本观测，若其权重 $w_i^{(b)}$ 越大，则其对 $err^{(b)}$ 的贡献也越大。这里分母的作用是确保各样本观测对 $err^{(b)}$ 的权重之和等于 $1\left[\sum_{i=1}^{N}w_i^{(b)}=1\right]$。

第三步，设置联合预测中 $G_b(\boldsymbol{X})$ 的模型权重：

$$\alpha_b = \log\left(\frac{1-err^{(b)}}{err^{(b)}}\right) \tag{7.5}$$

其中，α_b 是 $err^{(b)}$ 的单调减函数。$err^{(b)}$ 越小，权重越大。要满足权重 $\alpha_b > 0$，需 $err^{(b)} < 0.5$ 成立，且 $G_b(\boldsymbol{X})$ 应是个弱模型。

第四步，基于 $w_i^{(b)}$ 得到更新的 $w_i^{(b+1)}$：

$$w_i^{(b+1)} = w_i^{(b)}\exp[\alpha_b I(y_i \neq G_b(\boldsymbol{X}_i))], i=1,2,\cdots,N \tag{7.6}$$

被 $G_b(\boldsymbol{X})$ 错误预测的样本观测的权重将是正确预测的 $\exp[\alpha_b I(y_i \neq G_b(\boldsymbol{X}_i))] = \frac{1-err^{(b)}}{err^{(b)}}$ 倍。

同理，应满足 $\frac{1-err^{(b)}}{err^{(b)}} > 1$，即要求 $err^{(b)} < 0.5$，$G_b(\boldsymbol{X})$ 应是个弱模型。由于错误预测的样本观测有较高的权重，在 $b+1$ 次迭代进行加权，有放回地随机抽样时将有更大的概率进入训练集 S_{b+1}。

迭代结束时会得到包括 B 个弱模型的"联合委员会"。将依据 $\mathrm{sign}\left(\sum_{b}^{B}\alpha_b G_b(\boldsymbol{X}_i)\right)$ 预测 $\boldsymbol{X}_i$ 的类别。

图 7.8 是基于模拟数据的算法示例。

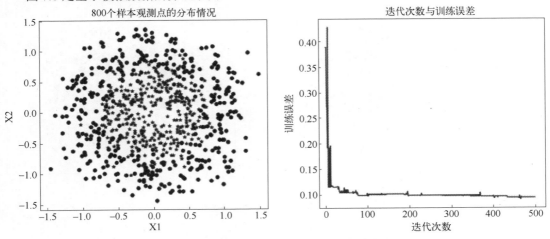

图 7.8　模拟数据和集成学习的训练误差

图 7.8 左图展示了模拟数据集中 800 个样本观测点在 X_1、X_2 两个输入变量上的联合分布情况（Python 代码详见 7.6.2 节）。圆圈和五角星分别代表输出变量的两个类别。现利用以决策树为基础学习器的集成学习方法进行二分类预测。图 7.8 右图为决策树深度等于 1 的基础学习器个数从 1 增加至 500（迭代次数）过程中训练误差的变化曲

二维码 018

线。可见，训练误差在迭代次数小于 100 之前快速减小，之后又缓慢下降，并最终保持基本不变。算法迭代效率较高。

图 7.9 展示了不同迭代次数下高权重样本观测点的分布情况（Python 代码详见 7.6.2 节）。圆圈和五角星仍代表两个类别。这里用符号的大小表示样本观测 $\boldsymbol{X}_i$ 在第 b 次迭代后的更新权重 $w_i^{(b+1)}$。符号越大，进入训练集合 S_{b+1} 的概率越大。四幅图依次展示了 5、10、20、450 次迭代后的各样本观测更新权重的大小。较大的点都是之前的弱模型没有正确预测的点，且基本集中在两类的边界处。随迭代次数的增加这个特点愈发明显。

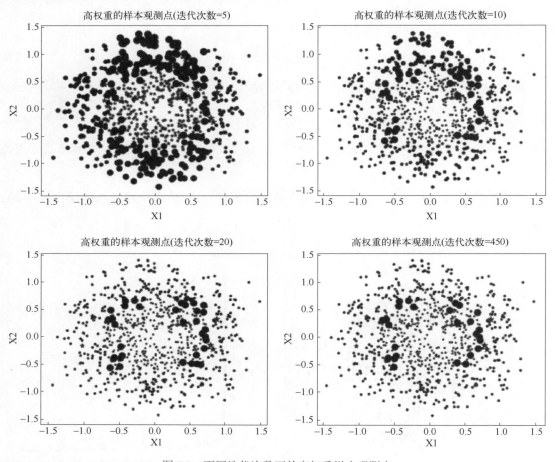

图 7.9　不同迭代次数下的高权重样本观测点

2. AdaBoost.M1 算法的深入理解

AdaBoost.M1 算法是式（7.3）的向前式分步可加建模的具体体现。迭代过程中，模型成员不断进入"联合委员会"。先前进入"联合委员会"的模型不受后续进入模型的影响，且每次迭代仅需估计当前模型的参数和模型系数。

模型 $\boldsymbol{G}_b(\boldsymbol{X})$ 的参数包括每棵树（弱模型）的最佳分组变量和组限以及样本

二维码 019

观测权重 $\boldsymbol{w}^{(b)}$ 等，参数集合记为 $\boldsymbol{\gamma}_b$。按照向前式分步可加建模思路，可将 AdaBoost.M1 算法模型写为

$$f_B(\boldsymbol{X}) = \sum_{b=1}^{B} \beta_b G_b(\boldsymbol{X}; \boldsymbol{\gamma}_b) = f_{B-1}(\boldsymbol{X}) + \beta_B G_B(\boldsymbol{X}; \boldsymbol{\gamma}_B) \tag{7.7}$$

第 b 次迭代时：

$$f_b(\boldsymbol{X}) = f_{b-1}(\boldsymbol{X}) + \beta_b G_b(\boldsymbol{X}; \boldsymbol{\gamma}_b) \tag{7.8}$$

其中，β_b 为模型系数，是式（7.3）中模型权重 α_b 的函数。

进一步，若将第 b 次迭代时的总损失函数记为 $\sum_{i=1}^{N} L[y_i, f_{b-1}(\boldsymbol{X}_i) + \beta_b G_b(\boldsymbol{X}_i; \boldsymbol{\gamma}_b)]$，则 $G_b(\boldsymbol{X}_i; \boldsymbol{\gamma}_b)$ 模型的待估参数 $\boldsymbol{\gamma}_b$ 和待估模型系数 β_b 应取损失函数最小下的值，即

$$(\beta_b, \boldsymbol{\gamma}_b) = \arg\min_{\beta, \boldsymbol{\gamma}} \sum_{i=1}^{N} L[y_i, f_{b-1}(\boldsymbol{X}_i) + \beta G_b(\boldsymbol{X}_i; \boldsymbol{\gamma})] \tag{7.9}$$

由于 AdaBoost.M1 算法中的 $y \in \{-1, +1\}$，算法采用了指数损失函数：$L(y, f) = \exp(-yf(\boldsymbol{X}))^{\ominus}$。所以，式（7.9）的具体形式为

$$\begin{aligned}(\beta_b, \boldsymbol{\gamma}_b) &= \arg\min_{\beta, \boldsymbol{\gamma}} \sum_{i=1}^{N} \exp[-y_i(f_{b-1}(\boldsymbol{X}_i) + \beta G_b(\boldsymbol{X}_i; \boldsymbol{\gamma}))] \\ &= \arg\min_{\beta, \boldsymbol{\gamma}} \sum_{i=1}^{N} w_i^{(b)} \exp(-\beta y_i G_b(\boldsymbol{X}_i; \boldsymbol{\gamma}))\end{aligned} \tag{7.10}$$

其中，$w_i^{(b)} = \exp(-y_i f_{b-1}(\boldsymbol{X}_i))$，仅取决于 $b-1$ 次迭代的结果。进一步，因 $G_b(\boldsymbol{X}_i; \boldsymbol{\gamma}) \in \{-1, +1\}$，有

$$\sum_{i=1}^{N} w_i^{(b)} \exp(-\beta y_i G_b(\boldsymbol{X}_i; \boldsymbol{\gamma})) = \mathrm{e}^{-\beta} \sum_{y_i = G(\boldsymbol{X}_i)} w_i^{(b)} + \mathrm{e}^{\beta} \sum_{y_i \neq G(\boldsymbol{X}_i)} w_i^{(b)} \tag{7.11}$$

其中，第一项为预测正确的样本观测，第二项为预测错误的样本观测。也可以写为

$$(\mathrm{e}^{\beta} - \mathrm{e}^{-\beta}) \sum_{i=1}^{N} w_i^{(b)} I(y_i \neq G(\boldsymbol{X}_i)) + \mathrm{e}^{-\beta} \sum_{i=1}^{N} w_i^{(b)} \tag{7.12}$$

可解得最小化式（7.12）下的 β_b：$\beta_b = \frac{1}{2} \log\left(\frac{1 - err^{(b)}}{err^{(b)}}\right)$。$err^{(b)}$ 是最小化的加权错误率[见式（7.4）]。于是有 $f_b(\boldsymbol{X}) = f_{b-1}(\boldsymbol{X}) + \beta_b G_b(\boldsymbol{X}; \boldsymbol{\gamma}_b)$，并导致各样本观测权重，依其损失下一次迭代为

$$w_i^{(b+1)} = w_i^{(b)} \exp[-\beta_b y_i G_b(\boldsymbol{X}_i; \boldsymbol{\gamma}_b)] \tag{7.13}$$

因 $-y_i G_b(\boldsymbol{X}_i) = 2 \cdot I(y_i \neq G_b(\boldsymbol{X}_i)) - 1$，有

$$w_i^{(b+1)} = w_i^{(b)} \exp[2\beta_b I(y_i \neq G_b(\boldsymbol{X}_i))] \exp(-\beta_b) \tag{7.14}$$

由于每个样本观测的权重都乘以相同的值 $\exp(-\beta_b)$，它对差异化观测权重并没有影响，所以等价于式（7.6）：$w_i^{(b+1)} = w_i^{(b)} \exp[\alpha_b I(y_i \neq G_b(\boldsymbol{X}_i))]$。其中，$\alpha_b = 2\beta_b$ 即为式（7.5）中的模型权重 $\alpha_b = \log\left(\frac{1 - err^{(b)}}{err^{(b)}}\right)$。

$\ominus$ 分类预测中还有其他损失函数，如对数损失函数。

以上为 AdaBoost.M1 算法的理论陈述。可见，AdaBoost.M1 算法是一种最小化指数损失函数的向前式分步可加建模方法。指数损失函数对参数估计值变化的敏感程度大于训练误差，应用更为广泛。

7.3.3 SAMME 算法和 SAMME.R 算法

有很多基于 AdaBoost 框架的多分类预测算法，其中应用较为广泛的是 SAMME（Stagewise Additive Modeling using a Multi-class Exponential loss function）⊖算法和其改进的 SAMME.R 算法。

1. SAMME 算法的基本内容

SAMME 将 AdaBoost.M1 算法的基本思路推广到 $K(K>2)$ 分类（输出变量 $c \in \{1,2,\cdots,K\}$，记为 c 的原因见后）预测中，具体步骤与 AdaBoost.M1 算法类似。

首先，初始化每个观测的权值：$w_i^{(1)} = \frac{1}{N}, i=1,2,\cdots,N$。然后进行 $b=1,\cdots,B$ 次如下迭代：

第一步，基于权重 $\boldsymbol{w}^{(b)}$ 下的训练集 S_b 建立弱模型 $G_b(\boldsymbol{X})$。

第二步，计算 $G_b(\boldsymbol{X})$ 的训练误差：$err^{(b)} = \dfrac{\sum\limits_{i=1}^{N} w_i^{(b)} I(c_i \neq G_b(\boldsymbol{X}_i))}{\sum\limits_{i=1}^{N} w_i^{(b)}}$。

第三步，设置联合预测中 $G_b(\boldsymbol{X})$ 的模型权重：

$$\alpha_b = \log\left(\frac{1-err^{(b)}}{err^{(b)}}\right) + \log(K-1) \tag{7.15}$$

$K=2$ 时即为原 AdaBoost.M1 算法。为使 $\alpha_b > 0$，需使得 $G_b(\boldsymbol{X})$ 的训练精度 $(1-err^{(b)}) > \frac{1}{K}$ 成立，而弱模型可以满足这个要求。

第四步，基于 $w_i^{(b)}$ 得到更新的 $w_i^{(b+1)}$：

$$w_i^{(b+1)} = w_i^{(b)} \exp(\alpha_b I(c_i \neq G_b(\boldsymbol{X}_i))), i=1,2,\cdots,N \tag{7.16}$$

迭代结束时会得到包括 B 个弱模型的"联合委员会"。$\boldsymbol{X}_i$ 的类别预测值为

$$\arg\max_k \sum_{b=1}^{B} \alpha_b I(G_b(\boldsymbol{X}_i) = k) \tag{7.17}$$

即对 B 个模型，计算其中预测类别是 $k=1,2,\cdots,K$ 的模型权重之和。$\boldsymbol{X}_i$ 的类别预测值为权重之和最大的类别。

2. SAMME 算法的深入理解

SAMME 算法也是一种最小化指数损失函数的向前式分步可加建模方法。

首先，算法用 K 维向量⊖ $\boldsymbol{y} = (y_1, y_2, \cdots, y_K)^{\mathrm{T}}$ 描述输出变量 c 取第 $k(k=1,2,\cdots,K)$ 个类别的情况。

$$y_k = \begin{cases} 1, & c=k, \\ -\dfrac{1}{K-1}, & c \neq k. \end{cases}$$ 例如，若样本观测 $\boldsymbol{X}_i$ 的类别 $c=2$，则 $\boldsymbol{y}_i = \left(-\dfrac{1}{K-1}, 1, -\dfrac{1}{K-1}, \cdots, -\dfrac{1}{K-1}\right)^{\mathrm{T}}$。所以 $\boldsymbol{y}$

⊖ J. Zhu 等学者在题为"Multi-class AdaBoost"的论文中提出的算法，SAMME 算法已内置在 Python 的 Scikit-learn 中。
⊖ T 表示转置。

是一个 K 维向量的集合：$\boldsymbol{y} = \left\{ \begin{array}{l} \left(1, -\dfrac{1}{K-1}, \cdots, -\dfrac{1}{K-1}\right)^{\mathrm{T}}, \\ \left(-\dfrac{1}{K-1}, 1, \cdots, -\dfrac{1}{K-1}\right)^{\mathrm{T}}, \\ \qquad\qquad\vdots \\ \left(-\dfrac{1}{K-1}, -\dfrac{1}{K-1}, \cdots, 1\right)^{\mathrm{T}} \end{array} \right\}$。

建模的目的是找到损失函数最小下的 $\boldsymbol{f}(\boldsymbol{X}) = (f_1(\boldsymbol{X}), f_2(\boldsymbol{X}), \cdots, f_K(\boldsymbol{X}))^{\mathrm{T}}$，即

$$\min_{\boldsymbol{f}(\boldsymbol{X})} \sum_{i=1}^{N} L(\boldsymbol{y}_i, \boldsymbol{f}(\boldsymbol{X}_i)) \tag{7.18}$$

同时满足约束条件：$f_1(\boldsymbol{X}) + f_2(\boldsymbol{X}) + \cdots + f_K(\boldsymbol{X}) = 0$。

进一步，根据向前式分步可加建模策略可知[⊖]：$\boldsymbol{f}^{(b)}(\boldsymbol{X}) = \boldsymbol{f}^{(b-1)}(\boldsymbol{X}) + \beta \boldsymbol{G}^{(b)}(\boldsymbol{X})$。$\beta$ 为待估的模型系数。$\boldsymbol{G}^{(b)}(\boldsymbol{X}) = (G_1^{(b)}(\boldsymbol{X}), G_2^{(b)}(\boldsymbol{X}), \cdots, G_K^{(b)}(\boldsymbol{X}))$，且 $G_1^{(b)}(\boldsymbol{X}) + G_2^{(b)}(\boldsymbol{X}) + \cdots + G_K^{(b)}(\boldsymbol{X}) = 0$。于是式（7.18）可写为

$$(\beta_b, \boldsymbol{G}^{(b)}(\boldsymbol{X})) = \arg\min_{\beta, \boldsymbol{G}} \sum_{i=1}^{N} L[\boldsymbol{y}_i, \boldsymbol{f}^{(b-1)}(\boldsymbol{X}_i) + \beta \boldsymbol{G}(\boldsymbol{X}_i)] \tag{7.19}$$

SAMME 采用多分类的指数损失函数：

$$L(\boldsymbol{y}, \boldsymbol{f}) = \exp\left(-\frac{1}{K}(y_1 f_1 + y_2 f_2 + \cdots + y_K f_K)\right) = \exp\left(-\frac{1}{K}\boldsymbol{y}^{\mathrm{T}}\boldsymbol{f}\right) \tag{7.20}$$

于是式（7.19）具体写为

$$(\beta_b, \boldsymbol{G}^{(b)}(\boldsymbol{X})) = \arg\min_{\beta, \boldsymbol{G}} \sum_{i=1}^{N} \exp\left[-\frac{1}{K}\boldsymbol{y}_i^{\mathrm{T}}\left(\boldsymbol{f}^{(b-1)}(\boldsymbol{X}_i) + \beta \boldsymbol{G}(\boldsymbol{X}_i)\right)\right] \tag{7.21}$$

$$(\beta_b, \boldsymbol{G}^{(b)}(\boldsymbol{X})) = \arg\min_{\beta, \boldsymbol{G}} \sum_{i=1}^{N} w_i^{(b)} \exp\left(-\frac{1}{K}\beta \boldsymbol{y}_i^{\mathrm{T}}\boldsymbol{G}(\boldsymbol{X}_i)\right) \tag{7.22}$$

其中，$w_i^{(b)} = \exp\left(-\frac{1}{K}\boldsymbol{y}_i^{\mathrm{T}}\boldsymbol{f}^{(b-1)}(\boldsymbol{X}_i)\right)$。进一步可解得

$$\beta_b = \frac{(K-1)^2}{K}\left[\log\left(\frac{1-err^{(b)}}{err^{(b)}}\right) + \log(K-1)\right] \tag{7.23}$$

于是有 $\boldsymbol{f}^{(b)}(\boldsymbol{X}) = \boldsymbol{f}^{(b-1)}(\boldsymbol{X}) + \beta_b \boldsymbol{G}^{(b)}(\boldsymbol{X})$，并导致各样本观测权重，依其损失下一次迭代为

$$w_i^{(b+1)} = w_i^{(b)} \exp\left(-\frac{1}{K}\beta_b \boldsymbol{y}_i^{\mathrm{T}}\boldsymbol{G}^{(b)}(\boldsymbol{X}_i)\right), i = 1, 2, \cdots, N \tag{7.24}$$

上式等价于 $w_i^{(b+1)} = w_i^{(b)} \mathrm{e}^{-\frac{(K-1)^2}{K^2}\alpha_b \boldsymbol{y}_i^{\mathrm{T}}\boldsymbol{G}^{(b)}(\boldsymbol{X}_i)}$。$\alpha_b$ 即为式（7.15）中的 $\alpha_b = \log\left(\frac{1-err^{(b)}}{err^{(b)}}\right) + \log(K-1)$。对正确预测的观测 $\boldsymbol{y}_i^{\mathrm{T}}\boldsymbol{G}^{(b)}(\boldsymbol{X}_i) = \frac{K}{K-1}$，权重更新为 $w_i^{(b+1)} = w_i^{(b)} \mathrm{e}^{-\frac{K-1}{K}\alpha_b}$。对错误预测

⊖ 为使后续表述清晰明了，这里将前文中的 $f_b(\boldsymbol{X})$ 用 $f^{(b)}(\boldsymbol{X})$ 的形式表述。

的观测 $\boldsymbol{y}_i^T \boldsymbol{G}^{(b)}(\boldsymbol{X}_i) = -\dfrac{K}{(K-1)^2}$，权重更新为 $w_i^{(b+1)} = w_i^{(b)} \mathrm{e}^{\frac{1}{K}\alpha_b}$。

以上为 SAMME 算法的理论陈述。与 AdaBoost.M1 算法中的 $G_b(\boldsymbol{X})$ 类似，SAMME 算法中的 $\boldsymbol{G}^{(b)}(\boldsymbol{X})$ 也取离散值，因此 AdaBoost.M1 和 SAMME 均属于离散型提升（Discrete AdaBoost）算法。

3. SAMME.R 算法

可将 AdaBoost.M1 算法和 SAMME 等算法拓展到连续数值型的范畴。前者派生出诸如 AdaBoost.R⊖ 和 AdaBoost.RT⊖ 等算法，通过改进的分类预测方法解决回归预测问题。而在后者基础上改进的算法名为 SAMME.R⊖ 算法。

SAMME.R 算法也是一种最小化指数损失函数的向前式分步可加建模方法。

建模过程仍表述为 $f_b(\boldsymbol{X}) = f_{b-1}(\boldsymbol{X}) + \beta_b G_b(\boldsymbol{X}; \gamma_b)$。所不同的是，基础学习器的输出为连续型，一般为类别概率的预测值 $\hat{P}(y_i = 1)$ ⑭。$\beta_b G_b(\boldsymbol{X}; \gamma_b)$ 为概率预测值的非线性函数。因此，SAMME.R 属连续型提升（Real AdaBoost）算法。

该算法首先初始化每个观测的权值：$w_i^{(1)} = \dfrac{1}{N}, i = 1, 2, \cdots, N$，然后进行 $b = 1, \cdots, B$ 次迭代。每次迭代均基于权重 $\boldsymbol{w}^{(b)}$ 下的训练集 S_b 建立弱模型 $g_b(\boldsymbol{X}) = \hat{P}(y = 1|\boldsymbol{X}) \in (0,1)$。$\beta_b G_b(\boldsymbol{X}) = \dfrac{1}{2}\log\left(\dfrac{g_b(\boldsymbol{X})}{1-g_b(\boldsymbol{X})}\right)$，且基于 $w_i^{(b)}$ 得到更新的 $w_i^{(b+1)}$：$w_i^{(b+1)} = w_i^{(b)} \exp(-y_i \beta_b G_b(\boldsymbol{X}_i))$，$i = 1, 2, \cdots, N$。

迭代结束时会得到包括 B 个弱模型的"联合委员会"，它将依据 $\mathrm{sign}\left(\sum_b^B \beta_b G_b(\boldsymbol{X}_i)\right)$ 预测 $\boldsymbol{X}_i$ 的类别。对第 b 个弱模型，若 $g_b(\boldsymbol{X}_i) = \hat{P}(y = 1|\boldsymbol{X}_i) > 0.5$，通常 $\hat{P}(y = 1|\boldsymbol{X}_i) > 0.5$ 类别预测值等于 1，则 $\log\left(\dfrac{g_b(\boldsymbol{X}_i)}{1-g_b(\boldsymbol{X}_i)}\right) > 0$；反之，则 $\log\left(\dfrac{g_b(\boldsymbol{X}_i)}{1-g_b(\boldsymbol{X}_i)}\right) < 0$。所以，若 $\sum_b^B \beta_b G_b(\boldsymbol{X}_i)$ 的符号为正，则预测类别为 1 类。

图 7.7 中，SAMME.R 算法的误差曲线是点画线，虚线为 SAMME 算法的误差曲线。可见，相比于 SAMME 算法，SAMME.R 算法的效率更高，在迭代次数较少的情况下就可以获得较低的测试误差。

7.3.4 回归预测中的提升法

回归预测中的提升法通常采用 H. Drucker 等学者 1997 年在题为 "Improving Regressors Using Boosting Techniques" 中提出的算法。该算法是 AdaBoost.R 的改进算法，整体框架与 AdaBoost 类似。具体过程不再赘述，这里重点讨论以下几个关键点。

⊖ Fredund 等学者 1997 年在题为 "A decision-theoretic generalization of on-line learning and application of boosting" 的论文中提出。

⊖ D. P. Solomatine 等学者 2004 年在题为 "AdaBoost.RT: A Boosting algorithm for regression problems" 的论文中提出。

⊖ SAMME.R 算法已内置在 Python 的 Scikit-learn 中。

⑭ 对多分类预测问题采用 1 对 1 或 1 对多策略转换为二分类预测问题。

1．损失函数

若已进行了 b 次迭代，此时样本观测 $\boldsymbol{X}_i$ 的预测值为 $\hat{y}_i^{(b)}$。定义三种损失函数，并确保损失函数值在 $[0,1]$ 间取值。

1）线性损失函数：$L_i = \dfrac{|\hat{y}_i^{(b)} - y_i|}{D}$，其中 $D = \max\limits_{L_i}(L_i = |\hat{y}_i^{(b)} - y_i|)$；

2）平方损失函数：$L_i = \dfrac{|\hat{y}_i^{(b)} - y_i|^2}{D^2}$；

3）指数损失函数：$L_i = 1 - \exp\left(\dfrac{-|\hat{y}_i^{(b)} - y_i|}{D}\right)$。

基于上述损失函数定义，计算平均损失 $\overline{L} = \sum\limits_{i=1}^{N} L_i p_i$。其中，$p_i = \dfrac{w_i^{(b)}}{\sum\limits_{i=1}^{N} w_i^{(b)}}$，为归一化的样本观测的权重。

2．预测置信度

基于平均损失，构造已完成 b 次迭代下的预测置信度：$\beta_b = \dfrac{\overline{L}}{1 - \overline{L}}$，$0 < \beta_b < 1$。可见，$\overline{L}$ 越小，β_b 越小，当前的预测置信度也越高。反之，$\overline{L}$ 越大，β_b 越大，当前的预测置信度也就越低。

3．样本观测的权值更新

基于 $w_i^{(b)}$ 得到更新的 $w_i^{(b+1)}$：$w_i^{(b+1)} = w_i^{(b)} \beta_b^{\exp(1-L_i)}, i = 1, 2, \cdots, N$。可见，损失 L_i 越小，$w_i^{(b+1)}$ 越小，观测进入训练集 S_{b+1} 的概率越小。所以，预测误差大的样本观测，比预测误差小的观测有更大的概率进入 S_{b+1}。

4．联合预测

迭代结束后，B 个弱模型组成的"联合委员会"对样本观测 $\boldsymbol{X}_i$ 进行联合预测。B 个弱模型各自的预测值记为 $\hat{\boldsymbol{y}}_i = (\hat{y}_i^{(1)}, \hat{y}_i^{(2)}, \cdots, \hat{y}_i^{(B)})$，模型权重记为 $\boldsymbol{\alpha}_b = (\alpha_1, \alpha_2, \cdots, \alpha_B) = 1/\boldsymbol{\beta}$，预测值等于以 $\boldsymbol{\alpha}_b$ 为权重的 $\hat{\boldsymbol{y}}_i$ 的加权中位数。

首先，将 $\hat{\boldsymbol{y}}_i$ 按升序排序，权重 $\boldsymbol{\alpha}_b$ 也随之排序；然后，对排序后的权重计算累计的 $\log\left(\dfrac{1}{\beta_b}\right)$，即 $\sum\limits_{b=1}^{t} \log\left(\dfrac{1}{\beta_b}\right)$，$t$ 是满足 $\sum\limits_{b=1}^{t} \log\left(\dfrac{1}{\beta_b}\right) \geqslant \dfrac{1}{2} \sum\limits_{b=1}^{B} \log\left(\dfrac{1}{\beta_b}\right)$ 时的最小值。联合预测结果为 $\hat{y}_i = \hat{y}_i^{(t)}$。可见，若 B 个弱模型的权重相等，预测值就是 $(\hat{y}_i^{(1)}, \hat{y}_i^{(2)}, \cdots, \hat{y}_i^{(B)})$ 的中位数。

图 7.10 展示了对模拟数据采用集成学习策略进行回归预测时，不同损失函数定义下，误差随弱模型个数（迭代次数）变化而变化的情况（Python 代码详见 7.6.3 节）。横坐标为弱模型个数，纵坐标为误差。这里采用 $1 - \overline{R}^2$。$\overline{R}^2$ 为多元线性回归中的调整的判定系数。首先，随机生成样本量为 1000 的数据集，包括 10 个输入变量，输出变量服从高斯分布。然后，利用旁置法将数据集划分为训练集（70%）和测试集（30%）。之后，选择树深度为 1 的回归树作为弱模型进行集成学习。可见，随着迭代次数的增加，初始阶段误差曲线（细线为训练误差，粗线为测试误差）

均快速下降，100 次迭代后的训练误差和测试误差下降并不明显。本例中，平方损失函数下模型的测试误差（点画线），低于其他两种损失定义下模型的测试误差，所以应选择平方损失函数下的集成学习预测模型。

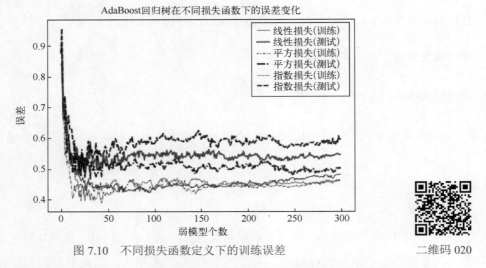

图 7.10 不同损失函数定义下的训练误差

二维码 020

此外，H.Drucker 等学者的研究表明，上述算法在大多情况下优于袋装回归树。

至此，从弱模型到强模型的集成学习的内容告一段落。需要强调的是：该集成学习的核心思想是基于 AdaBoost 的提升法。所谓提升主要针对样本观测的权重 w^b 而言。即通过不断迭代以不断调整样本观测的权重，从而不断确定各弱模型建模的侧重对象（训练集），并通过"联合委员会"得到最终的预测结果。

7.4 梯度提升树

作为梯度提升算法（Gradient Boost Algorithm）的典型代表，梯度提升树（Gradient Boosted Decision Tree，GBDT）是当下最为流行的集成学习算法之一，是 2001 年 Jerome H. Friedman 提出的。梯度提升树采用向前式分步可加建模方式。

一方面，采用提升法，迭代过程中模型成员将不断进入"联合委员会"。先前进入"联合委员会"的模型不受后续进入模型的影响，且每次迭代仅需估计当前模型。

另一方面，迭代过程中基于损失函数，采用梯度下降法，找到使损失函数下降最快的模型（基础学习器或弱模型）。

以下将首先介绍梯度提升算法，然后再分别介绍梯度提升分类树和梯度提升回归树。

7.4.1 梯度提升算法

本节将从以下 3 个方面介绍梯度提升算法：

⊖ Jerome H. Friedman 在题为 "Greedy Function Approximation: A Gradient Boosting Machine" 的论文中提出。

- 提升的含义
- 梯度下降和模型参数
- 梯度提升算法的参数优化过程。

1．提升的含义

与前文所述不同的是，这里的提升是针对预测模型而言的。梯度提升算法沿用向前式分步可加方式，提升过程是通过不断迭代，不断将预测模型添加到"联合委员会"，进而不断对当前预测值进行调整的过程。最终的预测结果是经过"联合委员会"成员多次调整的结果。以下对输出变量为数值型的情况进行讨论。

迭代开始前，令当前预测值 $f_0(X) = 0$。然后，开始 $b = 1, \cdots, B$ 次的迭代。其间模型"联合委员会"成员（即基础学习器）不断增加，预测值不断调整：$f_1(X) = f_0(X) + \beta_1 h_1(X; \alpha_1)$，$f_2(X) = f_1(X) + \beta_2 h_2(X; \alpha_2)$，$f_3(X) = f_2(X) + \beta_3 h_3(X; \alpha_3)$，等等。即

$$f_b(X) = f_{b-1}(X) + \beta_b h_b(X; \alpha_b) \tag{7.25}$$

B 次迭代结束时的预测值为 $f_B(X) = \sum_{b=1}^{B} \beta_b h_b(X; \alpha_b)$。其中，$h_b(X; \alpha_b)$ 是基础学习器，是"联合委员会"中的模型成员。从预测角度看，$h_b(X; \alpha_b)$ 的本质是用于修正当前预测值的增量函数（incremental functions）。α_b 为基础学习器的参数集合。如果 h_b 为决策树，则 α_b 为决策树参数集合，包括"最佳"分组变量、组限值以及树深度等。系数 β_b 决定 $h_b(X; \alpha_b)$ 对预测结果的实际影响大小。该过程可形象地用图 7.11 表示。

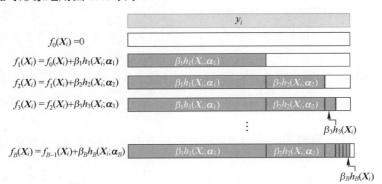

图 7.11　梯度提升算法中的提升过程

图 7.11 形象地展示了对样本观测 X_i 预测的提升过程。这里用最上方的带浅色纹理的矩形面积表示 y_i 的大小，深色矩形面积表示当前预测值。可见每次迭代预测值都增加 $\beta_b h_b(X; \alpha_b)$，从而使深色矩形面积不断接近带浅色纹理的矩形面积。

2．梯度下降和模型参数

应如何确定模型参数和模型系数呢？正如之前章节论述的，应以损失函数最小为原则确定 $\beta_b h_b(X; \alpha_b)$。具体而言，基于训练集进行第 b 次迭代的目的是要找到损失函数最小下的由参数集合 α_b 所决定的模型 $h(X_i; \alpha)$ 以及 β_b，即

$$(\beta_b, \boldsymbol{a}_b) = \underset{\beta, \boldsymbol{a}}{\arg\min} \sum_{i=1}^{N} L(y_i, f_{b-1}(\boldsymbol{X}_i) + \beta h(\boldsymbol{X}_i; \boldsymbol{a})) \tag{7.26}$$

并在此基础上得到更新后的预测值 $f_b(\boldsymbol{X}) = f_{b-1}(\boldsymbol{X}) + \beta_b h_b(\boldsymbol{X}; \boldsymbol{a}_b)$。

如果式（7.26）中的基础学习器或损失函数比较复杂，一般的求解方法是：基于训练集，在给定 $f_{b-1}(\boldsymbol{X})$ 的条件下，采用梯度下降法在函数 $h(\boldsymbol{X}; \boldsymbol{a})$ 集合中寻找使当前损失函数最小的 $h_b(\boldsymbol{X}; \boldsymbol{a}_b)$。

梯度下降法通常是用于估计复杂模型参数的一种优化方法。为便于理解，通过一个简单例子进行说明。

假设有函数 $f(w) = w^2 + 1$，现需要求解 $f(w)$ 最小时的 w 的值，如图 7.12 左图所示。

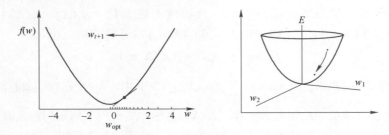

图 7.12　一维（左图）和二维（右图）情况下的梯度下降法示意图

模型 $f(w)$ 很简单，图形仅是一条抛物线。可以通过对 w 求导并令导数等于 0 的方法直接计算出 w 的值。显然，最优解为 $w_{\text{opt}} = 0$，此时 $f(w)$ 到达最小。当然，这种方法只适合于 $f(w)$ 具有单峰的情况。更一般的情况是采用多次迭代，计算 $f(w)$ 在 w_t 处的导数并不断更新 w 的方法求解。

例如，若图 7.12 左图中 w 的初始值为 4，记为 $w(0) = 4$。计算 $f(w)$ 在 $w(0)$ 处导数的导数：$\left[\dfrac{\partial f(w)}{\partial w}\right]_{w=4} = 8 > 0$，意味着 $w = 4$ 时 $f(w)$ 的斜率为正。此时只有减小 w 的值，才可能得到更小的 $f(w)$。所以 $\left[\dfrac{\partial f(w)}{\partial w}\right]_{w=4}$ 的符号决定了对 w 更新的方向（如这里是向右还是向左），是与 $\left[\dfrac{\partial f(w)}{\partial w}\right]_{w=4}$ 符号相反的方向。进一步，若确定了 w 更新"步伐" Δw，便可以得到一个更新的 w：$w(1) = w(0) + \Delta w = w(0) - \rho\left[\dfrac{\partial f(w)}{\partial w}\right]_{w=w(0)}$。其中，$\rho$ 称为学习率。若假设 $\rho = 0.1$，则 3 次迭代的结果为依次为

$$w(1) = 4 - 0.1 \times (2 \times 4) = 3.2$$

$$w(2) = 3.2 - 0.1 \times (2 \times 3.2) = 2.56$$

$$w(3) = 2.56 - 0.1 \times (2 \times 2.56) = 2.048$$

可见，随着 w 的不断更新，$f(w)$ 逐渐逼近曲线最低处的最小值，最终的 $w = w_{\text{opt}}$ 为最优解，该过程即为一个参数优化过程。

在二维 $\boldsymbol{w} = (w_1, w_2)$ 情况下， w_1 与 w_2 在不同取值下都会对应一个 $f(\boldsymbol{w})$ 值。 w_1 与 w_2 的多个不同取值的组合将对应很多的 $f(\boldsymbol{w})$ 值，它们将形成一个面，即图 7.12 左图的抛物线会演变成图 7.12 右图中类似 "碗" 的形状（"碗" 的纵切面是抛物线，横切面一般是椭圆）。同样需要找到使 $f(\boldsymbol{w})$ 减少最快的方向，这个方向即为 $f(\boldsymbol{w})$ 的负梯度方向[⊖]。同理，在更高维 $\boldsymbol{w} = (w_1, w_2, \cdots, w_p)$ 情况下，第 t 次迭代时 $\boldsymbol{w}$ 更新的方向是 $f(\boldsymbol{w})$ 在 $\boldsymbol{w}_{t-1}$ 处的负梯度方向。

需要说明的是，学习率 ρ 会影响 $\Delta \boldsymbol{w}$，不可以太大或太小。若太大会导致 w 更新的 "步伐" 过大，呈现如图 7.13 所示的一维情况下，$w(t)$ 在 w_{opt} 两侧不断 "震荡"，但无法到达 w_{opt} 的情况。若太小会导致 w 更新的 "步伐" 过小，$w(t)$ 不能很快到达 w_{opt}。

在预测模型的参数求解中，上述 $\boldsymbol{w}$ 对应模型的参数，$f(\boldsymbol{w})$ 对应损失函数 $L(y, f(\boldsymbol{X}; \boldsymbol{w}))$。这就是梯度下降法在估计模型参数中的基本思路。

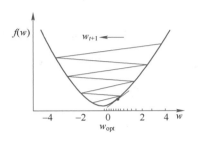

图 7.13 学习率对 w 求解的影响

3．梯度提升算法的参数优化过程

回到梯度提升算法。与上述参数优化过程相对应，也可将 $f_b(\boldsymbol{X}_i) = f_{b-1}(\boldsymbol{X}_i) + \beta_b h_b(\boldsymbol{X}_i; \boldsymbol{a}_b)$ 视为一个优化过程，但这里是个模型的优化过程：在 $f_{b-1}(\boldsymbol{X}_i)$ 的基础上，通过增加更新值 $\beta_b h_b(\boldsymbol{X}_i; \boldsymbol{a}_b)$，得到一个更新的 $f_b(\boldsymbol{X}_i)$ 的过程。

按照梯度下降的思路，$\beta_b h_b(\boldsymbol{X}_i; \boldsymbol{a}_b)$ 取决于损失函数 $L(y_i, f(\boldsymbol{X}_i))$ 在 $f_{b-1}(\boldsymbol{X}_i)$ 处的负梯度和学习率 ρ，即

$$\beta_b h_b(\boldsymbol{X}_i; \boldsymbol{a}_b) = -\rho_b g_b(\boldsymbol{X}_i) \tag{7.27}$$

其中，负号表示负梯度方向。对样本观测 $\boldsymbol{X}_i$，有 $-g_b(\boldsymbol{X}_i) = -\left[\dfrac{\partial L(y_i, f(\boldsymbol{X}_i))}{\partial f(\boldsymbol{X}_i)}\right]_{f(\boldsymbol{X}_i) = f_{b-1}(\boldsymbol{X}_i)}$。对 N 个样本观测，$-\boldsymbol{g}_b(\boldsymbol{X}_i) = (-g_b(\boldsymbol{X}_1), -g_b(\boldsymbol{X}_2), \cdots, -g_b(\boldsymbol{X}_N))$ 是已知的。

事实上，尽管当前模型 h 的参数 $\boldsymbol{a}_b$ 和 β_b 是未知的，但可参照最小二乘法，求解在 $-g_b(\boldsymbol{X}_i)$ 和 $\beta h(\boldsymbol{X}_i; \boldsymbol{a})$ 离差平方和最小下时参数：

$$\boldsymbol{a}_b = \underset{\boldsymbol{a}, \beta}{\arg\min} \sum_{i=1}^{N} [-g_b(\boldsymbol{X}_i) - \beta h(\boldsymbol{X}_i; \boldsymbol{a})]^2 \tag{7.28}$$

若 $\tilde{y}_i = -g_b(\boldsymbol{X}_i)$，则 $\boldsymbol{a}_b = \underset{\boldsymbol{a}, \beta}{\arg\min} \sum_{i=1}^{N} [\tilde{y}_i - \beta h(\boldsymbol{X}_i; \boldsymbol{a})]^2$。一般称 $\tilde{y}$ 为伪响应（pseudo responses）变量[⊖]。

此外，学习率 ρ_b 可通过线搜索[⊖]（line search）获得：

$$\rho_b = \underset{\rho}{\arg\min} \sum_{i=1}^{N} L(y_i, f_{b-1}(\boldsymbol{X}_i) + \rho h_b(\boldsymbol{X}_i; \boldsymbol{a}_b)) \tag{7.29}$$

此时将得到一个近似更新：$f_b(\boldsymbol{X}) = f_{b-1}(\boldsymbol{X}) + \rho_b h_b(\boldsymbol{X}; \boldsymbol{a}_b)$。

⊖ 梯度方向是函数值增加最快的方向，梯度的反方向则是函数值减小最快的方向。

⊖ 输出变量又称为响应变量。

⊖ 线搜索是求解最优化问题中的重要迭代算法。迭代过程为 $x_{k+1} = x_{k+1} + \alpha_k p_k$，其中，$\alpha_k$ 和 p_k 分别表示搜索步长和搜索方向。线搜索需关注如何求解步长和确定搜索方向。该内容超出本书范围，感兴趣的读者可参考优化算法的相关文献。

以上就是梯度提升算法的基本思路。总结如下：

迭代开始前，令当前预测值 $f_0(\boldsymbol{X})=0$。然后进行 $b=1,\cdots,B$ 次的如下迭代。

第一步，计算伪响应变量：$\tilde{y}_i = -g_b(\boldsymbol{X}_i) = -\left[\dfrac{\partial L(y_i, f(\boldsymbol{X}_i))}{\partial f(\boldsymbol{X}_i)}\right]_{f(\boldsymbol{X}_i)=f_{b-1}(\boldsymbol{X}_i)}, i=1,2,\cdots,N$。

第二步，求解模型参数：$\boldsymbol{\alpha}_b = \underset{\boldsymbol{\alpha},\beta}{\arg\min} \sum_{i=1}^{N}[\tilde{y}_i - \beta h(\boldsymbol{X}_i; \boldsymbol{\alpha})]^2$。

第三步，线搜索学习率：$\rho_b = \underset{\rho}{\arg\min} \sum_{i=1}^{N} L(y_i, f_{b-1}(\boldsymbol{X}_i) + \rho h_b(\boldsymbol{X}_i; \boldsymbol{\alpha}_b))$。

第四步，更新：$f_b(\boldsymbol{X}) = f_{b-1}(\boldsymbol{X}) + \rho_b h_b(\boldsymbol{X}; \boldsymbol{\alpha}_b)$

算法结束。

7.4.2 梯度提升回归树

梯度提升回归树用于回归预测，将梯度提升算法具体到回归预测中有两个特点。

第一，损失函数一般定义为平方损失：$L(y_i, f(\boldsymbol{X}_i)) = \dfrac{1}{2}[y_i - f(\boldsymbol{X}_i)]^2$。于是伪响应变量 $\tilde{y}_i = y_i - f(\boldsymbol{X}_i)$ 就是当前的残差。

第二，基于损失函数的定义，上述梯度提升算法第三步中的 ρ 即为 β。

基于上述两点，回归预测中的梯度提升算法总结如下。

迭代开始前，令当前预测值 $f_0(\boldsymbol{X}) = \bar{y}$，然后进行 $b=1,\cdots,B$ 次的如下迭代。

第一步，计算伪响应变量：$\tilde{y}_i = y_i - f_{b-1}(\boldsymbol{X}_i), i=1,2,\cdots,N$。

第二步，求解模型参数：$(\boldsymbol{\alpha}_b, \rho_b) = \underset{\boldsymbol{\alpha},\rho}{\arg\min} \sum_{i=1}^{N}[\tilde{y}_i - \rho h(\boldsymbol{X}_i; \boldsymbol{\alpha})]^2$。

第三步，更新：$f_b(\boldsymbol{X}) = f_{b-1}(\boldsymbol{X}) + \rho_b h_b(\boldsymbol{X}; \boldsymbol{\alpha}_b)$

算法结束。

对于梯度提升回归树，其基础学习器 $h_b(\boldsymbol{X}; \boldsymbol{\alpha}_b)$ 为含有 J 个叶节点的回归树，可表示为

$$h(\boldsymbol{X}; \{b_j, R_j\}^J) = \sum_{j=1}^{J} b_j I(\boldsymbol{X} \in R_j) \tag{7.30}$$

其中，$I(\cdot)$ 为示性函数。回归树将输入变量和输出变量组成的空间划分成 J 个不相交的区域 $\{R_j\}^J$。若样本观测点落入区域 R_j，预测值为 b_j，否则为 0。若将 $\{b_j\}^J$ 视为 J 个模型的参数，梯度提升回归树每次迭代的预测值将更新为

$$f_b(\boldsymbol{X}) = f_{b-1}(\boldsymbol{X}) + \rho_b \sum_{j=1}^{J} b_{jb} I(\boldsymbol{X} \in R_{jb}) \tag{7.31}$$

其中，R_{jb} 为第 b 次迭代基于伪响应变量 $\tilde{y}$ 建立回归树获得的区域划分；$b_{jb} = \underset{\boldsymbol{X}_i \in R_{jb}}{\text{ave}} \tilde{y}_i$，即预测值为落入 R_{jb} 区域的样本观测点的 $\tilde{y}_i$ 的均值；ρ_b 为线搜索所得。若令 $\gamma_{jb} = \rho_b b_{jb}$，则式（7.31）可写为

$$f_b(\boldsymbol{X}) = f_{b-1}(\boldsymbol{X}) + \sum_{j=1}^{J} \gamma_{jb} I(\boldsymbol{X} \in R_{jb}) \tag{7.32}$$

这意味着，可将每次迭代的更新视为 J 个在 $I(\boldsymbol{X} \in R_{jb})$ 基础上的基础学习器 γ_{jb} 的叠加，应找到使损失函数最小下的 J 个 γ_{jb}，记为 $\{\gamma_{jb}\}^J$：

$$\{\gamma_{jb}\}^J = \underset{\{\gamma_j\}^J}{\arg\min}\left[\sum_{i=1}^{N}L(y_i, f_{b-1}(\boldsymbol{X}_i) + \sum_{j=1}^{J}\gamma_j I(\boldsymbol{X} \in R_{jb})\right] \tag{7.33}$$

此时，学习率等于 1。由于 J 个区域不相交，所以对每个区域有

$$\gamma_{jb} = \underset{\gamma}{\arg\min}\sum_{\boldsymbol{X}_i \in R_{jb}}L(y_i, f_{b-1}(\boldsymbol{X}_i) + \gamma) \tag{7.34}$$

于是，上述第二步由 J 个小步组成：$\gamma_{jb} = \underset{\gamma}{\arg\min}\sum_{\boldsymbol{X}_i \in R_{jb}}(\tilde{y}_i - \gamma)^2$。显然，$\gamma_{jb} = \underset{\boldsymbol{X}_i \in R_{jb}}{\text{ave}}\tilde{y}_i$，且第三步的更新为式（7.32）。

图 7.14 是梯度提升树和 AdaBoost 回归树的预测对比。

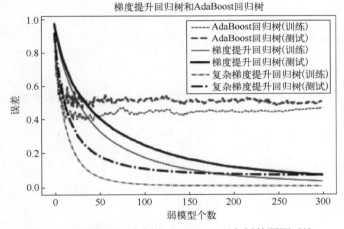

图 7.14　梯度提升回归树和 AadBoost 回归树的预测对比

二维码 021

这里仍采用图 7.10 中的模拟数据，考察采用 AadBoost 集成学习策略的回归树和梯度提升回归树的预测性能（Python 代码详见 7.6.4 节）。图中粗线为测试误差，细线为训练误差。实线表示梯度提升回归树的情况，虚线则对应 AadBoost 集成学习策略，两种算法的基础学习器都是树深度为 1 的回归树。可见，大约 25 次迭代后，AadBoost 集成学习策略的训练误差下降不明显（基本保持不变），但梯度提升树的训练误差呈现持续降低的趋势，这是梯度提升树的算法机理决定的，且没有出现模型过拟合。梯度提升树优于 AadBoost 集成学习策略。进一步，提高梯度提升算法中基础学习器的复杂度（这里指定树深度等于 3），其误差用点线来表示。显然，该模型的训练误差和测试误差在迭代次数较少时就快速下降到一个较低水平。

7.4.3　梯度提升分类树

梯度提升分类树用于分类预测。这里仅对 $y \in \{-1, +1\}$ 的二分类预测问题进行讨论。

首先，将梯度提升算法具体到 $y \in \{-1, +1\}$ 的二分类预测时，损失函数一般定义为

$$L(y_i, f(\boldsymbol{X}_i)) = \log(1 + \exp(-2y_i f(\boldsymbol{X}_i))) \tag{7.35}$$

上式称为负二项对数似然（Negative Binomial Log-Likelihood）损失。其中，$f(\boldsymbol{X}_i) = \frac{1}{2}\log\left[\frac{P(y_i = 1 \mid \boldsymbol{X}_i)}{P(y_i = -1 \mid \boldsymbol{X}_i)}\right]$。于是，伪响应变量为

$$\tilde{y}_i = -\left[\frac{\partial L(y_i, f(\boldsymbol{X}_i))}{\partial f(\boldsymbol{X}_i)}\right]_{f(\boldsymbol{X}) = f_{b-1}(\boldsymbol{X})} = 2y_i / [1 + \exp(2y_i f_{b-1}(\boldsymbol{X}_i))] \tag{7.36}$$

其次，与梯度提升回归树类似，分类树也将空间划分成 J 个不相交区域，所以对每个区域有：$\gamma_{jb} = \underset{\gamma}{\arg\min} \sum_{\boldsymbol{X}_i \in R_{jb}} L(y_i, f_{b-1}(\boldsymbol{X}_i) + \gamma)$。因采用式（7.35）中的损失函数，有

$$\gamma_{jb} = \underset{\gamma}{\arg\min} \sum_{\boldsymbol{X}_i \in R_{jb}} \log(1 + \exp(-2y_i(f_{b-1}(\boldsymbol{X}_i) + \gamma)))$$

依据 Jerome H. Friedman 的论文，其近似解为 $\gamma_{jb} = \sum_{\boldsymbol{X}_i \in R_{jb}} \tilde{y}_i \Big/ \sum_{\boldsymbol{X}_i \in R_{jb}} |\tilde{y}_i| (2 - |\tilde{y}_i|)$。

学习率仍通过线搜索获得：

$$\rho_b = \underset{\rho}{\arg\min} \sum_{i=1}^{N} \log(1 + \exp(-2y_i(f_{b-1}(\boldsymbol{X}_i) + \rho h(\boldsymbol{X}_i; \alpha_b)))) \tag{7.37}$$

二分类预测的梯度提升分类树算法总结如下。

迭代开始前，令当前预测值 $f_0(\boldsymbol{X}) = \frac{1}{2}\log\frac{1 + \overline{y}}{1 - \overline{y}}$。然后进行 $b = 1, \cdots, B$ 次的如下迭代。

第一步，计算伪响应变量：$\tilde{y}_i = \dfrac{2y_i}{1 + \exp(2y_i f_{b-1}(\boldsymbol{X}_i))}, i = 1, 2, \cdots, N$。

第二步，求解模型参数：$\gamma_{jb} = \sum_{\boldsymbol{X}_i \in R_{jb}} \tilde{y}_i \Big/ \sum_{\boldsymbol{X}_i \in R_{jb}} |\tilde{y}_i| (2 - |\tilde{y}_i|)$。

第三步，更新：$f_b(\boldsymbol{X}) = f_{b-1}(\boldsymbol{X}) + \sum_{j=1}^{J} \gamma_{jb} I(\boldsymbol{X} \in R_{jb})$。

算法结束。最终的预测结果为 $f_B(\boldsymbol{X}_i) = \frac{1}{2}\log\left[\dfrac{P(y_i = 1 \mid \boldsymbol{X}_i)}{P(y_i = -1 \mid \boldsymbol{X}_i)}\right]$。

进一步，可依据 $f_B(\boldsymbol{X}_i)$ 计算 $\boldsymbol{X}_i$ 输出变量取 +1 类和 –1 类的概率：$\hat{P}(y_i = 1 \mid \boldsymbol{X}_i) = \dfrac{1}{1 + \exp(-2f_B(\boldsymbol{X}_i))}$，$\hat{P}(y_i = -1 \mid \boldsymbol{X}_i) = \dfrac{1}{1 + \exp(2f_B(\boldsymbol{X}_i))}$。若 $\hat{P}(y_i = 1 \mid \boldsymbol{X}_i) > \hat{P}(y_i = -1 \mid \boldsymbol{X}_i)$，则预测类别为 +1 类，否则为 –1 类。

图 7.13 是基于空气质量监测数据，以 PM2.5、PM10、SO_2、CO、NO_2 为输入变量，采用不同集成学习策略对空气质量等级进行预测的情况（Python 代码详见 7.7.2 节）。

图 7.15 的横坐标为迭代次数，纵坐标为测试误差。图中实线对应梯度提升树，虚线对应 AdaBoost 分类树，粗点画线对应袋装法（Bagging 分类树），细点画线对应随机森林。基础学习器均为树深度等于 3 的分类树。可见，100 次迭代后随机森林和袋装法的测试误差基本保持在各自的水平上。梯度提升树的测试误差最低，但大约迭代 70 次后出现了过拟合线性，70 次的迭代模型是较为理想的。迭代 300 次时 AdaBoost 分类树的测试误差仍有较大波动，表明还需更多次的迭代。

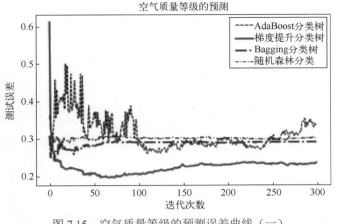

空气质量等级的预测

图 7.15　空气质量等级的预测误差曲线（一）　　　　二维码 022

综上，梯度提升树采用向前式分步可加建模方式，基于损失函数采用梯度下降法，通过不断迭代最终获得理想的预测模型。至此，关于梯度提升树的内容告一段落。

7.5　XGBoost 算法

XGBoost 也是目前流行的集成学习算法之一。与梯度提升树类似，同样采用向前式分步可加建模方式，且基础学习器为包含 J 个叶节点的决策树，表示为

$$f_b(\boldsymbol{X}) = f_{b-1}(\boldsymbol{X}) + \beta_b h_b(\boldsymbol{X}; \boldsymbol{a}_b) = f_{b-1}(\boldsymbol{X}) + \sum_{j=1}^{J} \gamma_{jb} I(\boldsymbol{X} \in R_{jb}) \tag{7.38}$$

XGBoost 的算法关键点如下：
- 每次迭代均针对目标函数进行。
- 通过泰勒展开得到损失函数在 $f_b(\boldsymbol{X})$ 处的近似表达。
- 依据结构分数最小求解决策树。

7.5.1　XGBoost 的目标函数

XGBoost 算法每次迭代，不再仅仅以损失函数最小为目标求解决策树参数，而是构造目标函数（Object Function），求得目标函数最小下的决策树。目标函数由损失函数和复杂度函数两个部分组成：

$$
\begin{aligned}
obj_B(\boldsymbol{\Theta}) &= \sum_{i=1}^{N} L(y_i, f_B(\boldsymbol{X}_i)) + \Omega(f_B(\boldsymbol{X})) \\
&= \sum_{i=1}^{N} L\left(y_i, \sum_{b=1}^{B}\sum_{j=1}^{J} \gamma_{jb} I(\boldsymbol{X} \in R_{jb})\right) + \Omega(f_B(\boldsymbol{X}))
\end{aligned}
\tag{7.39}
$$

其中，$L(y_i, f_B(\boldsymbol{X}_i))$ 为损失函数（回归预测可采用平方损失函数，分类预测可采用交互熵，详见 3.2.3 节）；$\Omega(f_B(\boldsymbol{X}))$ 表示模型（决策树）的复杂度。对第 b 次迭代，目标函数为

$$obj_b(\boldsymbol{\Theta}) = \sum_{i=1}^{N} L\left(y_i, f_{b-1}(\boldsymbol{X}_i) + \sum_{j=1}^{J} \gamma_{jb} I(\boldsymbol{X} \in R_{jb})\right) +$$

$$\Omega(f_{b-1}(\boldsymbol{X})) + \Omega\left(\sum_{j=1}^{J} \gamma_{jb} I(\boldsymbol{X} \in R_{jb})\right) \tag{7.40}$$

其中，$\Omega(f_{b-1}(\boldsymbol{X}))$ 为 $f_{b-1}(\boldsymbol{X})$ 的复杂度；$\Omega\left(\sum_{j=1}^{J} \gamma_{jb} I(\boldsymbol{X} \in R_{jb})\right)$ 为第 b 次迭代新增决策树的复杂度。XGBoost 以损失函数和复杂度之和最小为目标，每次迭代的目的是要找到目标函数最小下的新增决策树。

7.5.2 目标函数的近似表达

XGBoost 算法通过泰勒展开得到损失函数在 $f_b(\boldsymbol{X})$ 处的近似值，并得到 b 次迭代结束后目标函数的近似表达。

首先，设有函数 $F(x)$ 在 x_0 处可导且高阶导数存在，则 $F(x)$ 的泰勒展开为

$$F(x_0 + \Delta x) = F(x_0) + \left[\frac{\partial F(x)}{\partial x}\right]_{x=x_0} (\Delta x) + \left[\frac{\partial^2 F(x)}{\partial x^2}\right]_{x=x_0} \frac{(\Delta x)^2}{2!} + \cdots$$

其中，$\left[\dfrac{\partial F(x)}{\partial x}\right]_{x=x_0}$ 和 $\left[\dfrac{\partial^2 F(x)}{\partial x^2}\right]_{x=x_0}$ 分别为 $F(x)$ 在 x_0 处的一阶导数和二阶导数。泰勒展开可通过以导数值为系数构建多项式，得到函数 $F(x)$ 在 $x_0 + \Delta x$ 处的近似值。

这里，$F(x)$ 对应损失函数 $L\left(y_i, f_{b-1}(\boldsymbol{X}_i) + \sum_{j=1}^{J} \gamma_{jb} I(\boldsymbol{X} \in R_{jb})\right)$。$x_0$ 对应 $f_{b-1}(\boldsymbol{X}_i)$，$\Delta x$ 对应 $\sum_{j=1}^{J} \gamma_{jb} I(\boldsymbol{X} \in R_{jb})$。如果损失函数处处可导且高阶导数存在，对 $L\left(y_i, f_{b-1}(\boldsymbol{X}_i) + \sum_{j=1}^{J} \gamma_{jb} I(\boldsymbol{X} \in R_{jb})\right)$ 做泰勒展开，就可得到损失函数在 $f_{b-1}(\boldsymbol{X}_i) + \sum_{j=1}^{J} \gamma_{jb} I(\boldsymbol{X} \in R_{jb})$ 处的近似值。

记 $\xi_b(\boldsymbol{X}) = \sum_{j=1}^{J} \gamma_{jb} I(\boldsymbol{X} \in R_{jb})$。若 $L(y_i, f_{b-1}(\boldsymbol{X}_i) + \xi_b(\boldsymbol{X}_i))$ 在 $f_{b-1}(\boldsymbol{X}_i)$ 处的一阶导数记为 $g_i = \left[\dfrac{\partial L(y_i, f(\boldsymbol{X}_i))}{\partial f(\boldsymbol{X}_i)}\right]_{f(\boldsymbol{X}_i)=f_{b-1}(\boldsymbol{X}_i)}$，二阶导数记为 $h_i = \left[\dfrac{\partial^2 L(y_i, f(\boldsymbol{X}_i))}{\partial f(\boldsymbol{X}_i)^2}\right]_{f(\boldsymbol{X}_i)=f_{b-1}(\boldsymbol{X}_i)}$，则 b 次迭代结束时损失函数的近似值为

$$L(y_i, f_{b-1}(\boldsymbol{X}_i)) + g_i \xi_b(\boldsymbol{X}_i) + \frac{1}{2} h_i [\xi_b(\boldsymbol{X}_i)]^2 \tag{7.41}$$

于是，b 次迭代结束后的目标函数近似为

$$obj_b(\boldsymbol{\Theta}) \approx \sum_{i=1}^{N} \left[L(y_i, f_{b-1}(\boldsymbol{X}_i)) + g_i \xi_b(\boldsymbol{X}_i) + \frac{1}{2} h_i [\xi_b(\boldsymbol{X}_i)]^2 \right] + \Omega(f_{b-1}(\boldsymbol{X})) + \Omega(\xi_b(\boldsymbol{X}))$$

其中，$L(y_i, f_{b-1}(\boldsymbol{X}_i))$ 和 $\Omega(f_{b-1}(\boldsymbol{X}))$ 取决于第 $b-1$ 次迭代，与第 b 次迭代无关可以略去。略去后的目标函数近似为

$$obj_b(\boldsymbol{\Theta}) \approx \sum_{i=1}^{N}\left\{g_i\xi_b(\boldsymbol{X}_i) + \frac{1}{2}h_i[\xi_b(\boldsymbol{X}_i)]^2\right\} + \Omega(\xi_b(\boldsymbol{X})) \tag{7.42}$$

可见，目标函数值取决于损失函数的一阶和二阶导数在每个样本观测 $\boldsymbol{X}_i$ 上的取值，以及新增决策树 $\xi_b(\boldsymbol{X})$ 的复杂度。

XGBoost 算法定义的模型复杂度为

$$\Omega(\xi_b(\boldsymbol{X})) = \omega J + \frac{1}{2}\alpha\sum_{j=1}^{J}\gamma_{jb}^2 I(\boldsymbol{X} \in R_{jb}) \tag{7.43}$$

其中，J 为叶节点个数；γ_{jb} 为新增决策树的 j 个叶节点的预测值（待估参数），这里称为预测得分；ω 为复杂度系数，度量了每增加一个叶节点对模型复杂度的实际影响力度，可指定为某特定值；α 为收缩参数，可指定为某特定值。

于是，目标函数近似为

$$obj_b(\boldsymbol{\Theta}) \approx \sum_{i=1}^{N}\left\{g_i\xi_b(\boldsymbol{X}_i) + \frac{1}{2}h_i[\xi_b(\boldsymbol{X}_i)]^2\right\} + \omega J + \frac{1}{2}\alpha\sum_{j=1}^{J}\gamma_{jb}^2 I(\boldsymbol{X}_i \in R_{jb})$$

$$= \sum_{i=1}^{N}\left\{g_i\sum_{j=1}^{J}\gamma_{jb}I(\boldsymbol{X}_i \in R_{jb}) + \frac{1}{2}h_i\left[\sum_{j=1}^{J}\gamma_{jb}I(\boldsymbol{X}_i \in R_{jb})\right]^2\right\} + \omega J + \frac{1}{2}\alpha\sum_{j=1}^{J}\gamma_{jb}^2 I(\boldsymbol{X}_i \in R_{jb})$$

$$= \sum_{j=1}^{J}\left\{\gamma_{jb}I(\boldsymbol{X}_i \in R_{jb})\sum_{\boldsymbol{X}_i\in\{j\}}g_i + \gamma_{jb}^2 I(\boldsymbol{X}_i \in R_{jb})\frac{1}{2}\left(\sum_{\boldsymbol{X}_i\in\{j\}}h_i + \alpha\right)\right\} + \omega J$$

其中，$\boldsymbol{X}_i \in \{j\}$ 表示被分组归入第 j 个叶节点的样本观测。进一步，记 $G_j = \sum_{\boldsymbol{X}_i\in\{j\}}g_i$，$H_j = \sum_{\boldsymbol{X}_i\in\{j\}}h_i$，$\gamma_{jb}I(\boldsymbol{X}_i \in R_{jb}) = \Theta_{jb}$ 有

$$obj_b(\boldsymbol{\Theta}) \approx \sum_{j=1}^{J}\left[G_j\Theta_{jb} + \frac{1}{2}(H_j + \alpha)\Theta_{jb}^2\right] + \omega J \tag{7.44}$$

7.5.3　决策树的求解

由式（7.44）可知，G_j 和 H_j 已知，$G_j\Theta_{jb} + \frac{1}{2}(H_j + \alpha)\Theta_{jb}^2$ 是 Θ_{jb} 的二次函数，且存在最小值。于是可对 Θ_{jb} 求导并令导数等于 0，求得

$$\Theta_{jb} = -\frac{G_j}{H_j + \alpha} \tag{7.45}$$

即 $\Theta_{jb} = -\dfrac{G_j}{H_j + \alpha}$ 时，目标函数最小且等于

$$obj_b(\boldsymbol{\Theta}) \approx -\frac{1}{2}\sum_{j=1}^{J}\frac{G_j^2}{H_j + \alpha} + \omega J \tag{7.46}$$

上式称为新增决策树的结构分数。显然，决策树的结构分数越低，说明该树的结构越合理。图 7.16 为一个计算示意图。

假设训练样本的样本量 $N=8$。若决策树首先以

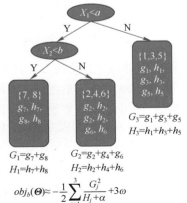

图 7.16　决策树的结构分数计算示意图

183

$X_1 < a$，再以 $X_2 < b$ 为分组标准，将样本观测分成 3 组，得到如图 7.16 所示的包含 3 个叶节点的决策树。分别计算每个叶子的 G_j 和 H_j，并计算决策树的结构分数。如果该树的结构分数小于任何其他树的结构分组，则该树就为新增决策树。树生长过程中，XGBoost 通过贪心算法，在预修剪参数确定（如最大树深度、叶节点样本量、结构分数下降的最小值等）的条件下，依据结构分数下降最大为标准，确定当前最佳分组变量（如 X_1 还是 X_2）和组限（如 a、b 或是其他等），进而找到结构分数最小下的决策树，作为新增决策树的解。为提高算法效率，通常用以下标准确定当前最佳分组变量和组限值：

$$L_{\text{split}} = \frac{1}{2}\left(\frac{G_{\text{left}}^2}{H_{\text{left}}+\alpha} + \frac{G_{\text{right}}^2}{H_{\text{right}}+\alpha} - \frac{G_j^2}{H_j+\alpha} \right) - \omega \tag{7.47}$$

其中，G_j^2 表示父节点样本观测一阶导数之和的平方，H_j 为其二阶导数之和；G_{left}^2 和 G_{right}^2 分别为父节点的左、右两个子节点的一阶导数之和平方；H_{left} 和 H_{right} 分别为二阶导数之和。式（7.47）度量了相对于父节点来说，其新"长出"的子节点所带来的目标函数的减少程度。显然该值越大越好，当前最佳分组变量和组限值所带来的 L_{split} 应至少大于某个阈值。

图 7.17 是基于空气质量监测数据，以 PM2.5、PM10、SO$_2$、CO、NO$_2$ 为输入变量，采用不同集成学习策略对空气质量等级进行预测的情况（Python 代码详见 7.7.2 节）。

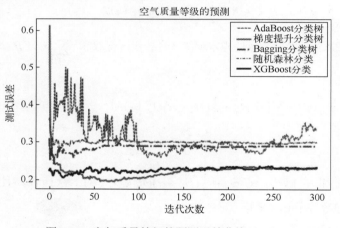

图 7.17　空气质量等级的预测误差曲线（二）　　　　　二维码 023

　　图 7.17 在图 7.15 的基础上增加了 XGBoost 的测试误差曲线。显然，XGBoost 的收敛速度最快，大约经 20 次左右的迭代就可到达较低的测试误差，这是其他集成学习算法无法实现的。尽管梯度提升树的测试误差最低，但要求的迭代却较多（大约 70 次）。

　　XGBoost 可以根据成为最佳分组变量的次数或者根据 L_{split} 的平均值的大小来评价变量的重要性。如图 7.18 所示。

　　图 7.18 图中，纵坐标上的 f0 对应 PM2.5，f1 对应 PM10，f2 对应 SO$_2$，f3 对应 CO，f4 对应 NO$_2$。依据成为最佳分组变量的次数，PM10 的重要性最高、CO 最低。依分组有效性（信息增益），PM2.5 的重要性最高、SO$_2$ 最低。

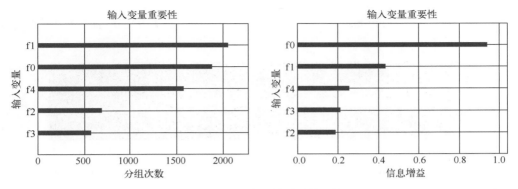

图 7.18 输入变量的重要性评价

7.6 Python 建模实现

为进一步加深对集成学习方法的理论理解，本节将利用 Python 编程，通过模拟数据直观展示如下几方面内容。

- 对比单棵决策树、弱模型以及提升法的预测效果。
- 探讨提升法中高权重样本观测的特点。
- 探讨 AdaBoost 回归预测中损失函数的选择问题。
- 对比梯度提升算法和 AdaBoost 的集成学习效果。

以下是本章需导入的 Python 模块。

```
1   #本章需导入的模块
2   import numpy as np
3   import pandas as pd
4   import warnings
5   warnings.filterwarnings(action = 'ignore')
6   import matplotlib.pyplot as plt
7   %matplotlib inline
8   plt.rcParams['font.sans-serif']=['SimHei']  #解决中文显示乱码问题
9   plt.rcParams['axes.unicode_minus']=False
10  from sklearn.model_selection import train_test_split,KFold,cross_val_score
11  from sklearn import tree
12  import sklearn.linear_model as LM
13  from sklearn import ensemble
14  from sklearn.datasets import make_classification,make_circles,make_regression
15  from sklearn.metrics import zero_one_loss,r2_score,mean_squared_error,accuracy_score
16  import xgboost as xgb
```

其中新增模块如下。

1）第 13 行：sklearn 的 ensemble 子模块，用于实现集成学习。

2）第 14 行：sklearn.datasets 中的 make_classification 等函数，用于方便生成各种模拟数据。

3）第 15 行：sklearn.metrics 中的 zero_one_loss 等函数，用于方便计算各种误差。

4）第 16 行：xgboost 模块，用于实现 XGBoost 算法。

需要说明的是，目前 XGBoost 算法尚未内置在 Python 的 Scikit-learn 包中，需首先在

Anaconda Prompt 下输入：pip install xgboost 进行在线安装（见图 7.19），然后才可以导入 xgboost 模块。

```
(base) C:\Users\xuewe>pip install xgboost
Collecting xgboost
  Downloading https://files.pythonhosted.org/packages/68/38/fc6b5c3c69b3ed31ed316b83a7baf02dd3b70b58
/xgboost-1.1.0-py3-none-win_amd64.whl (37.7MB)
     |████████████████████████████████| 37.7MB 92kB/s
Requirement already satisfied: numpy in d:\anaconda3\lib\site-packages (from xgboost) (1.16.5)
Requirement already satisfied: scipy in d:\anaconda3\lib\site-packages (from xgboost) (1.3.1)
Installing collected packages: xgboost
Successfully installed xgboost-1.1.0
```

图 7.19　xgboost 模块的在线安装

7.6.1　单棵决策树、弱模型和提升法的预测对比

将多个弱模型（即基础学习器，可以是树深度很小的决策树等）集成起来将会得到理想的预测效果。一组弱模型的联合将变成训练误差较低的强模型。本节（文件名：chapter7-2.ipynb）将基于模拟数据，直观展示提升法的这个特点。

```
1  X,Y=make_classification(n_samples=12000,n_features=10,n_redundant=0,n_informative=2,random_state=123,n_clusters_per_class=1)
2  X_train, X_test, Y_train, Y_test = train_test_split(X,Y,train_size=0.70, random_state=123)
3  dt_stump = tree.DecisionTreeClassifier(max_depth=1, min_samples_leaf=1)
4  dt_stump.fit(X_train, Y_train)
5  dt_stump_err = 1.0 - dt_stump.score(X_test, Y_test)
6  dt = tree.DecisionTreeClassifier(max_depth=9, min_samples_leaf=1)
7  dt.fit(X_train, Y_train)
8  dt_err = 1.0 - dt.score(X_test, Y_test)
9
10 B=400
11 ada_discrete = ensemble.AdaBoostClassifier(base_estimator=dt_stump,n_estimators=B,algorithm="SAMME")
12 ada_discrete.fit(X_train, Y_train)
13 ada_real = ensemble.AdaBoostClassifier(base_estimator=dt_stump,n_estimators=B,algorithm="SAMME.R")
14 ada_real.fit(X_train, Y_train)
15
16 ada_discrete_err = np.zeros((B,))
17 for i,Y_pred in enumerate(ada_discrete.staged_predict(X_test)):
18     ada_discrete_err[i] = zero_one_loss(Y_pred, Y_test)
19 ada_real_err = np.zeros((B,))
20 for i, Y_pred in enumerate(ada_real.staged_predict(X_test)):
21     ada_real_err[i] = zero_one_loss(Y_pred, Y_test)
```

【代码说明】

1）第 1、2 行：利用函数 make_classification()生成样本量等于 12000，输入变量等于 10 个，输出变量为二分类的模拟数据集。利用旁置法将其划分为训练集和测试集。

2）第 3 至 5 行：建立树深度等于 1 的弱模型，拟合训练集并计算测试误差。

3）第 6 至 8 行：建立树深度等于 9 的复杂决策树，拟合训练集并计算测试误差。

4）第 10 至 14 行：采用提升法（集成学习器为前述弱模型）迭代 400 次，分别采用 SAMME 和 SAMME.R 算法拟合训练集。

5）第 16 至 21 行：计算不同迭代次数下的提升法的测试误差。

这里直接采用提升法对象的.staged_predict()方法，访问迭代过程中的每个中间模型，并对测试集预测。利用函数 zero_one_loss()计算测试集上的错判率，即测试误差。

以下绘制各个测试误差的可视化图形。

```
1   fig = plt.figure()
2   axes = fig.add_subplot(111)
3   axes.axhline(y=dt_stump_err, c='red', linewidth=0.8, label='单个弱模型')
4   axes.axhline(y=dt_err, c='blue', linewidth=0.8, label='单棵树深度=9的分类树')
5   axes.plot(np.arange(B), ada_discrete_err, linestyle='--', label='离散AdaBoost')
6   axes.plot(np.arange(B), ada_real_err, linestyle='-.', label='连续AdaBoost')
7   axes.set_xlabel('迭代次数B')
8   axes.set_ylabel('测试误差')
9   axes.set_title('单棵树、弱模型和adaBoost集成树')
10  axes.legend()
11  #leg = axes.legend(loc='upper right', fancybox=True)
12  #leg.get_frame().set_alpha(0.7)
13  plt.show()
```

【代码说明】

1）第3、4行：绘制弱模型和复杂模型的测试误差线。

2）第5至10行：绘制两种提升法算法的测试误差随迭代次数增加的变化折线图，如图7.7所示。图形显示，单个弱模型的测试误差最高，复杂模型有效降低了测试误差。尽管单个弱模型预测误差很高，但它们组成的"联合委员会"的预测误差低于复杂模型。弱模型"联合委员会"的预测性能优异。

7.6.2　提升法中高权重样本观测的特点

提升法集成学习的核心是通过不断改变样本观测的权重来调整训练集，使得模型可依顺序关注以前模型无法正确预测的样本。本节（文件名：chapter7-3.ipynb）将直观展示迭代过程中样本观测权重的变化，并展现高权重样本观测的特点。

首先，对于生成的模拟数据，进行基于指定弱分类器的提升法建模。然后，利用图形直观展示每次迭代各样本观测的权重变化。

1．提升法建模，计算各迭代次数下的训练误差

```
1   N=800
2   X,Y=make_circles(n_samples=N, noise=0.2, factor=0.5, random_state=123)
3   unique_lables=set(Y)
4   fig,axes=plt.subplots(nrows=1,ncols=2,figsize=(15,6))
5   colors=plt.cm.Spectral(np.linspace(0,1,len(unique_lables)))
6   markers=['o','*']
7   for k,col,m in zip(unique_lables,colors,markers):
8       x_k=X[Y==k]
9       #plt.plot(x_k[:,0], x_k[:,1], 'o', markerfacecolor=col, markeredgecolor="k", markersize=8)
10      axes[0].scatter(x_k[:,0], x_k[:,1], color=col, s=30, marker=m)
11  axes[0].set_title('%d个样本观测点的分布情况' %N)
12  axes[0].set_xlabel('X1')
13  axes[0].set_ylabel('X2')
14  dt_stump = tree.DecisionTreeClassifier(max_depth=1, min_samples_leaf=1)
15  B=500
16  adaBoost = ensemble.AdaBoostClassifier(base_estimator=dt_stump, n_estimators=B, algorithm="SAMME", random_state=123)
17  adaBoost.fit(X,Y)
18  adaBoostErr = np.zeros((B,))
19  for b,Y_pred in enumerate(adaBoost.staged_predict(X)):
20      adaBoostErr[b] = zero_one_loss(Y,Y_pred)
21  axes[1].plot(np.arange(B), adaBoostErr, linestyle='-')
22  axes[1].set_title('迭代次数与训练误差')
23  axes[1].set_xlabel('迭代次数')
24  axes[1].set_ylabel('训练误差')
```

【代码说明】

1）第 1 至 3 行：随机生成样本量 $N=800$ 的一组模拟数据。函数 make_circles( )可生成两类分布大致呈圆形的一组随机数。包含 2 个输入变量和一个二分类的输出变量。

2）第 4 至 13 行：绘制数据集的散点图，展现样本观测点的分布特点，如图 7.8 左图所示。图形显示，模拟数据中两类的分类边界大致为圆形，是个非线性分类样本。

3）第 14 至 17 行：创建一个弱分类器（树深度等于 1）作为提升法的基础学习器。指定迭代次数等于 500。利用提升法拟合数据集。

4）第 18 至 20 行：计算各迭代次数下提升法的训练误差。

5）第 21 至 24 行：绘制训练误差随迭代次数增加的变化曲线图，如图 7.8 右图所示。图形显示，训练误差在迭代次数小于 100 之前快速减小，之后又缓慢下降最终基本不变。算法迭代效率较高。

2．图形化展示不同迭代次数下各样本观测的权重变化

利用图形展示不同迭代次数下各样本观测的权重变化，代码如下所示。

```
26  fig = plt.figure(figsize=(15,12))
27  data=np.hstack((X.reshape(N,2),Y.reshape(N,1)))
28  data=pd.DataFrame(data)
29  data.columns=['X1','X2','Y']
30  data['Weight']=[1/N]*N
31  for b,Y_pred in enumerate(adaBoost.staged_predict(X)):
32      data['Y_pred']=Y_pred
33      data.loc[data['Y']!=data['Y_pred'],'Weight'] *= (1.0-adaBoost.estimator_errors_[b])/adaBoost.estimator_errors_[b]
34      if b in [5,10,20,450]:
35          axes = fig.add_subplot(2,2,[5,10,20,450].index(b)+1)
36          for k,col,m in zip(unique_lables,colors,markers):
37              tmp=data.loc[data['Y']==k,:]
38              tmp['Weight']=10+tmp['Weight']/(tmp['Weight'].max()-tmp['Weight'].min())*100
39              axes.scatter(tmp['X1'],tmp['X2'],color=col,s=tmp['Weight'],marker=m)
40              axes.set_xlabel('X1')
41              axes.set_ylabel('X2')
42              axes.set_title("高权重的样本观测点(迭代次数=%d)"%b)
```

【代码说明】

1）第 26 至 30 行：为方便处理，将输入变量、输出变量以及各样本观测的权重（初始为等权重 $1/N$）组织成 Pandas 的数据框。

2）第 31 至 42 行：利用 for 循环得到每次迭代的预测值和模型误差，并更新各样本观测的权重。

其中，对于预测值不等于实际值（预测错误）的观测，依式（7.6）更新权重。预测正确的权重不变。进一步，指定展示迭代次数分别为 5、10、20、450 时各样本观测的权重。为便于图形展示，调整了权值的取值范围，并通过符号的大小表示权重大小，所得图形如图 7.9 所示。图形显示，较大的点（高权重）即未被之前的弱模型正确预测的点，基本集中在两类的边界圆处。随着迭代次数的增加，这个特点愈发明显。

7.6.3　AdaBoost 回归预测中损失函数的选择问题

本节（文件名：chapter7-4.ipynb）基于模拟数据，采用提升法建立回归树。目的是对比不同损失函数下的回归预测误差，展示不同损失函数的特点，以及应用中损失函数选择的必要性。

```
1  N=1000
2  X,Y=make_regression(n_samples=N, n_features=10, random_state=123)
3  X_train, X_test, Y_train, Y_test = train_test_split(X, Y, train_size=0.70, random_state=123)
4
5  B=300
6  dt_stump = tree.DecisionTreeRegressor(max_depth=1, min_samples_leaf=1)
7  Loss=['linear', 'square', 'exponential']
8  LossName=['线性损失','平方损失','指数损失']
9  Lines=['-','-.','--']
10 plt.figure(figsize=(9,6))
11 for lossname, loss, lines in zip(LossName, Loss, Lines):
12     TrainErrAdaB=np.zeros((B,))
13     TestErrAdaB=np.zeros((B,))
14     adaBoost = ensemble.AdaBoostRegressor(base_estimator=dt_stump, n_estimators=B, loss=loss, random_state=123)
15     adaBoost.fit(X_train, Y_train)
16     for b,Y_pred in enumerate(adaBoost.staged_predict(X_train)):
17         TrainErrAdaB[b]=1-r2_score(Y_train, Y_pred)
18     for b,Y_pred in enumerate(adaBoost.staged_predict(X_test)):
19         TestErrAdaB[b]=1-r2_score(Y_test, Y_pred)
20     plt.plot(np.arange(B), TrainErrAdaB, linestyle=lines, label="%s(训练)"%lossname, linewidth=0.8)
21     plt.plot(np.arange(B), TestErrAdaB, linestyle=lines, label="%s(测试)"%lossname, linewidth=2)
22 plt.title("不同损失下的误差变化", fontsize=15)
23 plt.xlabel("弱模型个数", fontsize=12)
24 plt.ylabel("误差", fontsize=12)
25 plt.legend()
```

【代码说明】

1）第 1 至 3 行：生成样本量为 1000，包含 10 个输入变量，且输入变量和输出变量具有一定线性关系的一组随机数集合。利用旁置法将数据集按 70%和 30%划分成训练集和测试集。

2）第 5、6 行：构建以树深度等于 1 的弱模型为基础学习器的 AdaBoost 回归树，并指定迭代 300 次。

3）第 11 至 21 行：指定三种损失函数，利用 for 循环分别基于各损失函数，训练提升法回归树。计算不同迭代次数下的训练误差和测试误差，并绘图。

所得图形如图 7.10 所示。图形显示，随着迭代次数增加，初始阶段误差曲线均快速下降后续基本平稳。平方损失函数下，模型的测试误差低于其他两种损失定义下模型的测试误差。所以本例应选择平方损失函数。

7.6.4　梯度提升算法和 AdaBoost 的预测对比

本节（文件名：chapter7-5.ipynb）旨在直观展现梯度提升算法的优异预测性能。

首先，基于与 7.6.3 节相同的数据集，以相同的学习器分别构建 AdaBoost 回归树和梯度提升回归树。然后，对比两者的训练误差和测试误差，展示梯度提升算法的特点。最后，增加基础学习器的复杂度，考察梯度提升回归树误差的变化情况。

```
1    N=1000
2    X, Y=make_regression(n_samples=N, n_features=10, random_state=123)
3    X_train, X_test, Y_train, Y_test = train_test_split(X, Y, train_size=0.70, random_state=123)
4
5    B=300
6    dt_stump = tree.DecisionTreeRegressor(max_depth=1, min_samples_leaf=1)
7    TrainErrAdaB=np.zeros((B,))
8    TestErrAdaB=np.zeros((B,))
9    adaBoost = ensemble.AdaBoostRegressor(base_estimator=dt_stump, n_estimators=B, loss='square', random_state=123)
10   adaBoost.fit(X_train, Y_train)
11   for b, Y_pred in enumerate(adaBoost.staged_predict(X_train)):
12       TrainErrAdaB[b]=1-r2_score(Y_train, Y_pred)
13   for b, Y_pred in enumerate(adaBoost.staged_predict(X_test)):
14       TestErrAdaB[b]=1-r2_score(Y_test, Y_pred)
15
16   GBRT=ensemble.GradientBoostingRegressor(loss='ls', n_estimators=B, max_depth=1, min_samples_leaf=1, random_state=123)
17   GBRT.fit(X_train, Y_train)
18   TrainErrGBRT=np.zeros((B,))
19   TestErrGBRT=np.zeros((B,))
20   for b, Y_pred in enumerate(GBRT.staged_predict(X_train)):
21       TrainErrGBRT[b]=1-r2_score(Y_train, Y_pred)
22   for b, Y_pred in enumerate(GBRT.staged_predict(X_test)):
23       TestErrGBRT[b]=1-r2_score(Y_test, Y_pred)
24
25   GBRTO=ensemble.GradientBoostingRegressor(loss='ls', n_estimators=B, max_depth=3, min_samples_leaf=1, random_state=123)
26   GBRTO.fit(X_train, Y_train)
27   TrainErrGBRTO=np.zeros((B,))
28   TestErrGBRTO=np.zeros((B,))
29   for b, Y_pred in enumerate(GBRTO.staged_predict(X_train)):
30       TrainErrGBRTO[b]=1-r2_score(Y_train, Y_pred)
31   for b, Y_pred in enumerate(GBRTO.staged_predict(X_test)):
32       TestErrGBRTO[b]=1-r2_score(Y_test, Y_pred)
33
34   plt.plot(np.arange(B), TrainErrAdaB, linestyle='--', label="AdaBoost回归树(训练)", linewidth=0.8)
35   plt.plot(np.arange(B), TestErrAdaB, linestyle='--', label="AdaBoost回归树(测试)", linewidth=2)
36   plt.plot(np.arange(B), TrainErrGBRT, linestyle='-', label="梯度提升回归树(训练)", linewidth=0.8)
37   plt.plot(np.arange(B), TestErrGBRT, linestyle='-', label="梯度提升回归树(测试)", linewidth=2)
38   plt.plot(np.arange(B), TrainErrGBRTO, linestyle='-.', label="复杂梯度提升回归树(训练)", linewidth=0.8)
39   plt.plot(np.arange(B), TestErrGBRTO, linestyle='-.', label="复杂梯度提升回归树(测试)", linewidth=2)
40   plt.title("梯度提升回归树和AdaBoost回归树")
41   plt.xlabel("弱模型个数")
42   plt.ylabel("误差")
43   plt.legend()
```

【代码说明】

1）第 1 至 3 行：生成与 7.6.3 节相同的一组随机数便于对比，并将数据集划分为训练集和测试集。

2）第 5 至 14 行：以树深度等于 1 的回归树作为基础学习器构建 AdaBoost 回归树，指定迭代次数为 300。拟合训练集并计算各迭代次数下的训练误差和测试误差。

3）第 16 至 23 行：建立梯度提升回归树，采用线性损失函数，基础学习器为树深度等于 1 的回归树。指定迭代次数为 300。拟合训练集并计算各迭代次数下的训练误差和测试误差。

4）第 25 至 32 行：增加基础学习器的复杂度（树深度等于 3 的回归树），建立梯度提升回归树，采用线性损失函数。指定迭代次数为 300。拟合训练集并计算各迭代次数下的训练误差和测试误差。

5）第 34 至 43 行：绘制三种建模策略下的训练误差和测试误差随迭代次数增加的变化曲线，如图 7.14 所示。图形显示，大约 25 次迭代后，AadBoost 回归树的训练误差下降不明显基本保持不变，但梯度提升树的训练误差呈现持续降低的趋势，且没有出现模型过拟合。提高基础学习器的复杂度后，梯度提升回归树的训练误差和测试误差在迭代次数较少时就快速下降到一个较低水平，收敛速度较快。

7.7　Python 实践案例

本节将基于空气质量监测数据，分别采用集成学习对 PM2.5 浓度进行回归预测，对空气质量等级进行多分类预测，从而说明集成学习方法的优秀预测性能和不同方法的特点。

7.7.1　实践案例 1：PM2.5 浓度的回归预测

3.6.1 节已采用一般线性回归模型对 PM2.5 浓度进行了预测，6.5.1 节又采用回归树对该问题进行了研究，本节（文件名：chapter7-1.ipynb）将应用集成学习的方法，再次对该案例进行剖析，以说明袋装法和随机森林对降低方差的作用，袋装法和随机森林对降低预测误差的作用。

1. 袋装法和随机森林对降低方差的作用

决策树具有"天然"高方差的特点。集成学习中的袋装法和随机森林，能够很好地克服这个问题。

本节将首先直观展现决策树高方差的特点；然后，分别采用袋装法和随机森林，建立 PM2.5 浓度的回归预测模型，计算 OOB 误差和预测方差；最后，将计算结果可视化。

（1）建立 PM2.5 浓度的回归预测，对比不同模型的预测方差

以下基于 10-折交叉验证法，分别建立 PM2.5 浓度预测的一般线性回归模型，以及树深度等于 3 的回归树模型。计算两个模型对新样本观测 X_0 多个预测结果的均值和方差，并绘制可视化图形。

```
 1  data=pd.read_excel('北京市空气质量数据.xlsx')
 2  data=data.replace(0, np.NaN)
 3  data=data.dropna()
 4  data=data.loc[(data['PM2.5']<=200) & (data['SO2']<=20)]
 5  X=data[['SO2','CO']]
 6  Y=data['PM2.5']
 7  X0=np.array(X.mean()).reshape(1,-1)
 8
 9  modelDTC = tree.DecisionTreeRegressor(max_depth=3, random_state=123)
10  modelLR=LM.LinearRegression()
11  model1, model2=[], []
12  kf = KFold(n_splits=10, shuffle=True, random_state=123)
13  for train_index, test_index in kf.split(X):
14      Ntrain=len(train_index)
15      XKtrain=X.iloc[train_index]
16      YKtrain=Y.iloc[train_index]
17      modelLR.fit(XKtrain, YKtrain)
18      modelDTC.fit(XKtrain, YKtrain)
19      model1.append(float(modelLR.predict(X0)))
20      model2.append(float(modelDTC.predict(X0)))
21
22  plt.boxplot(x=model1, sym='rd', patch_artist=True, boxprops={'color':'blue','facecolor':'pink'},
23              labels ={"线性模型\n方差=%.3f"%np.var(model1)}, showfliers=False)
24  plt.boxplot(x=model2, sym='rd', positions=[2], patch_artist=True, boxprops={'color':'blue','facecolor':'pink'},
25              labels ={"回归树\n方差=%.3f"%np.var(model2)}, showfliers=False)
26  plt.title("线性模型和回归树的方差对比")
```

【代码说明】

1）第 1 至 7 行：读入空气质量监测数据。数据预处理。确定输入变量（SO_2、CO）和输出变量（PM2.5）。确定待预测的新样本观测 X_0。

2）第 9、10：指定建立用于预测 PM2.5 的树深度等于 3 的回归树（为 6.5.1 节确定的最优决策树）和一般线性回归模型。

3）第 12 至 20 行：采用 10 折交叉验证，依次基于 10 个存在随机性差异的训练集，分别建立一般线性回归模型和回归树，并给出对 X_0 的各 10 个预测结果。

4）第 22 至 26 行：分别绘制一般线性模型和回归树预测结果的箱线图。

所得图形如图 7.1 所示。图形显示，回归树的箱体高度明显高于线性模型，决策树的方差明显大于线性模型。事实上，树深度越大的决策树，其高方差的特征越突出。

（2）采用袋装法和随机森林法，建立 PM2.5 浓度的回归预测

采用袋装法和随机森林预测 PM2.5 浓度。计算 OOB 误差，并保存不同迭代次数下 X_0 的预测结果。具体代码如下所示。

```
1   dtrErr=1-cross_val_score(modelDTC, X, Y, cv=10, scoring='r2')
2   BagY0=[]
3   bagErr=[]
4   rfErr=[]
5   rfY0=[]
6   for b in np.arange(10, 200):
7       Bag=ensemble.BaggingRegressor(n_estimators=b, oob_score=True, random_state=123, bootstrap=True)
8       Bag.fit(X, Y)
9       bagErr.append(1-Bag.oob_score_)
10      BagY0.append(float(Bag.predict(X0)))
11      RF=ensemble.RandomForestRegressor(n_estimators=b, oob_score=True, random_state=123, bootstrap=True)
12      RF.fit(X, Y)
13      rfErr.append(1-RF.oob_score_)
14      rfY0.append(float(RF.predict(X0)))
```

【代码说明】

1）第 1 行：计算前述单棵回归树的 10 折交叉验证下的测试误差。

2）第 2 至 5 行：创建 4 个列表，分别存储不同迭代次数下，袋装法和随机森林对 X_0 的预测结果和 OOB 误差。

3）第 6 至 14 行：指定迭代 10 次、11 次……199 次，共 190 个迭代方案。

在每个迭代方案下，均依次采用袋装法和随机森林，计算 OOB 误差，得到对 X_0 的预测结果。

（3）袋装法和随机森林法预测效果的可视化

对上述模型的计算结果进行可视化，比对单棵回归树以及不同集成学习算法的特点。具体代码如下所示。

```
1   plt.axhline(y=dtrErr.mean(), linestyle='—', label='回归树')
2   plt.plot(bagErr, linestyle='-', label='Bagging回归树(方差=%.3f)'%np.var(BagY0))
3   plt.title("回归树和Bagging回归树")
4   plt.xlabel("树的棵树B")
5   plt.ylabel("测试误差")
6   plt.legend()
7   plt.show()
8
9   fig, axes=plt.subplots(nrows=1, ncols=2, figsize=(12, 4))
10  axes[0].plot(bagErr, linestyle='-', label='Bagging回归树(方差=%.3f)'%np.var(BagY0))
11  axes[0].plot(rfErr, linestyle='—', label='随机森林(方差=%.3f)'%np.var(rfY0))
12  axes[0].set_title("Bagging回归树和随机森林")
13  axes[0].set_ylim((0.42, 0.45))
14  axes[0].set_xlabel("树的棵树B")
15  axes[0].set_ylabel("测试误差")
16  axes[0].legend()
17  axes[1].barh(y=(1, 2), width=RF.feature_importances_, tick_label=X.columns)
18  axes[1].set_title("输入变量的重要性")
19  for x, y in enumerate(RF.feature_importances_):
20      axes[1].text(y+0.01, x+1, '%s' %round(y, 3), ha='center')
```

【代码说明】

1）第 1 行：绘制单棵回归树 10 折交叉验证下的测试误差均值线。

2）第 2 行：绘制不同迭代次数下袋装法的 OOB 测试误差曲线并显示对 X_0 的预测方差，如图 7.3 所示。图形显示随着迭代次数增加，袋装法回归树的测试误差"断崖"式下降并低于单棵回归树，泛化能力优于单棵回归树。同时，袋装法回归树（Bagging 回归树）的方差显著小于图 7.1 中单棵回归树的方差，对减少方差有较好的作用。

3）第 10 至 16 行：绘制不同迭代次数下袋装法和随机森林的 OOB 测试误差曲线，并显示对 X_0 的预测方差。

4）第 17 至 20 行：绘制随机森林中变量重要性的条形图，并标出重要性得分。变量重要性的信息存储在.feature_importances_ 属性中。所得图形如图 7.4 所示。图形显示，两种集成学习的误差在大约 50 次迭代后基本保持水平不变，但随机森林的测试误差大于袋装法。两种集成学习策略对降低方差都有较好的作用。

2．袋装法和随机森林对降低预测误差的作用

调整预测模型。为充分发挥随机森林，可引入输入变量多样性增强的优势，增加输入变量（输入变量包括 SO_2、CO、NO_2、O_3），重新建立 PM2.5 浓度的回归预测模型。

（1）利用旁置法和 5-折交叉验证法，确定单棵回归树的最佳树深度参数

增加输入变量，重新建立单棵回归树。利用旁置法和 5-折交叉验证法，确定单棵回归树的最佳树深度参数。代码如下所示。

```
1   X=data[['SO2','CO','NO2','O3']]
2   X0=np.array(X.mean()).reshape(1,-1)
3   X_train, X_test, Y_train, Y_test = train_test_split(X,Y,train_size=0.70, random_state=123)
4   trainErr=[]
5   testErr=[]
6   CVErr=[]
7   K=np.arange(2,15)
8   for k in K:
9       modelDTC = tree.DecisionTreeRegressor(max_depth=k,random_state=123)
10      modelDTC.fit(X_train,Y_train)
11      trainErr.append(1-modelDTC.score(X_train,Y_train))
12      testErr.append(1-modelDTC.score(X_test,Y_test))
13      Err=1-cross_val_score(modelDTC,X,Y,cv=5,scoring='r2')
14      CVErr.append(Err.mean())
15
16  fig = plt.figure(figsize=(15,6))
17  ax1 = fig.add_subplot(121)
18  ax1.grid(True, linestyle='-.')
19  ax1.plot(K,trainErr,label="训练误差",marker='o',linestyle='-')
20  ax1.plot(K,testErr,label="旁置法测试误差",marker='o',linestyle='-.')
21  ax1.plot(K,CVErr,label="5-折交叉验证测试误差",marker='o',linestyle='--')
22  ax1.set_xlabel("树深度")
23  ax1.set_ylabel("误差（1-R方）")
24  ax1.set_title('树深度和误差')
25  ax1.legend()
```

【代码说明】

1）第 1 至 6 行：确定输入变量。确定新样本观测 X_0。将数据集划分为训练集和测试集。创建用来存储训练误差和测试误差的列表。

2）第 7 至 14 行：建立不同树深度的回归树，计算其训练误差、基于旁置法的测试误差和 5 折交叉验证的测试误差。

3）第 16 至 25 行：绘制回归树的训练误差、基于旁置法的测试误差和 5 折交叉验证的测试误差随树深度增加的变化折线图，如图 7.20 所示。

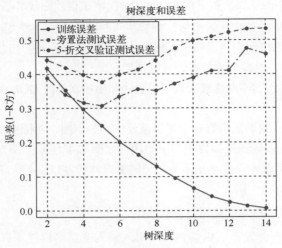

图 7.20　树深度和误差

图 7.20 显示，随着树深度的增加，尽管回归树的训练误差单调下降，但两个测试误差估计均出现先下降后上升的情况。树深度的合理取值等于 5，大于 5 的回归树均为过拟合的。

（2）建立最优树深度下的单棵回归树和集成学习模型

以下将建立最优树深度下的回归树，并计算 10 折交叉验证测试误差。进一步，以此为集成学习器，采用袋装法和随机森林法建立预测模型，计算 OOB 误差。代码如下所示。

```
1   modelDTC = tree.DecisionTreeRegressor(max_depth=5, random_state=123)
2   dtrErr=1-cross_val_score(modelDTC, X, Y, cv=10, scoring='r2')
3   BagY0=[]
4   bagErr=[]
5   rfErr=[]
6   rfY0=[]
7   for b in np.arange(10, 200):
8       Bag=ensemble.BaggingRegressor(base_estimator=modelDTC, n_estimators=b, oob_score=True, random_state=123, bootstrap=True)
9       Bag.fit(X, Y)
10      bagErr.append(1-Bag.oob_score_)
11      BagY0.append(float(Bag.predict(X0)))
12      RF=ensemble.RandomForestRegressor(n_estimators=b, oob_score=True, random_state=123, bootstrap=True, max_features="sqrt")
13      RF.fit(X, Y)
14      rfErr.append(1-RF.oob_score_)
15      rfY0.append(float(RF.predict(X0)))
```

进一步，指定 190 个迭代方案，在每个方案下分别采用袋装法（以最优树深度下的回归树为基础学习器）和随机森林建立预测模型，计算 OOB 误差，给出 X_0 的预测值。代码如下所示。

```
1   fig, axes=plt.subplots(nrows=1, ncols=2, figsize=(12, 4))
2   axes[0].axhline(y=dtrErr.mean(), linestyle='-.', label='回归树')
3   axes[0].plot(bagErr, linestyle='--', label='Bagging回归树(方差=%.3f)'%np.var(BagY0))
4   axes[0].plot(rfErr, linestyle='—', label='随机森林(方差=%.3f)'%np.var(rfY0))
5   axes[0].set_title("回归树、Bagging回归树和随机森林")
6   axes[0].set_xlabel("树的棵树B")
7   axes[0].set_ylabel("测试误差")
8   axes[0].legend()
9
10  axes[1].barh(y=(1, 2, 3, 4), width=RF.feature_importances_, tick_label=X.columns)
11  axes[1].set_title("输入变量的重要性")
12  for x, y in enumerate(RF.feature_importances_):
13      axes[1].text(y+0.01, x+1, '%s' %round(y, 3), ha='center')
```

最后，对误差曲线进行可视化，并绘制随机森林中变量重要性的条形图，如图 7.5 所示。图 7.5 左图显示，两种集成学习方法的测试误差都低于单棵回归树，随机森林低于袋装回归树且有更小的方差，随机森林的算法优势较为突出。此外，图 7.5 右图说明 CO 对预测 PM2.5 浓度有很重要的影响。

7.7.2　实践案例 2：空气质量等级的分类预测

本节（文件名：chapter7-6.ipynb）将基于空气质量监测数据，采用本章介绍的各种集成学习方法，对空气质量等级进行分类预测，旨在综合展现各种集成学习方法的特点。

首先，将以树深度等于 3 的分类树为基础学习器，构建 AdaBoost 分类模型、梯度提升分类树、袋装法和随机森林分类模型。然后，计算各模型的测试误差，通过可视化图形对比各模型的预测性能。最后，建立 XGBoost 分类树，并与前述模型进行对比。

1．构建集成学习模型

这里以树深度等于 3 的分类树为基础学习器，构建 AdaBoost 分类模型、梯度提升分类树、袋装法和随机森林分类模型，并计算各模型的测试误差。

```
1   data=pd.read_excel('北京市空气质量数据.xlsx')
2   data=data.replace(0, np.NaN)
3   data=data.dropna()
4   X=data.iloc[:,3:-1]
5   Y=data['质量等级']
6   Y.map({'优':'1','良':'2','轻度污染':'3','中度污染':'4','重度污染':'5','严重污染':'6'})
7   X_train, X_test, Y_train, Y_test = train_test_split(X,Y, train_size=0.70, random_state=123)
8
9   B=300
10  dt_stump = tree.DecisionTreeClassifier(max_depth=3, min_samples_leaf=1)
11  TestErrAdaB=np.zeros((B,))
12  adaBoost = ensemble.AdaBoostClassifier(base_estimator=dt_stump, n_estimators=B, random_state=123)
13  adaBoost.fit(X_train, Y_train)
14  for b,Y_pred in enumerate(adaBoost.staged_predict(X_test)):
15      TestErrAdaB[b]=zero_one_loss(Y_test, Y_pred)
16
17  TestErrGBRT=np.zeros((B,))
18  GBRT=ensemble.GradientBoostingClassifier(loss='deviance', n_estimators=B, max_depth=3, min_samples_leaf=1, random_state=123)
19  GBRT.fit(X_train, Y_train)
20  for b,Y_pred in enumerate(GBRT.staged_predict(X_test)):
21      TestErrGBRT[b]=zero_one_loss(Y_test, Y_pred)
22
23  TestErrBag=np.zeros((B,))
24  TestErrRF=np.zeros((B,))
25  for b in np.arange(B):
26      Bag=ensemble.BaggingClassifier(base_estimator=dt_stump, n_estimators=b+1, oob_score=True, random_state=123, bootstrap=True)
27      Bag.fit(X_train, Y_train)
28      TestErrBag[b]=1-Bag.score(X_test, Y_test)
29      RF=ensemble.RandomForestClassifier(max_depth=3, n_estimators=b+1, oob_score=True, random_state=123,
30                          bootstrap=True, max_features="auto")
31      RF.fit(X_train, Y_train)
32      TestErrRF[b]=1-RF.score(X_test, Y_test)
```

【代码说明】

1）第 1 至 8 行：读入空气质量监测数据。进行数据预处理。确定输入变量和输出变量。利用旁置法将数据集划分成训练集和测试集。

2）第 9 至 15 行：指定树深度等于 3 的分类树为基础学习器。构建 AdaBoost 分类树。迭代 300 次。拟合训练集，计算各迭代次数下 AdaBoost 分类树的测试误差。

3）第 17 至 21 行：构建梯度提升分类树，基础学习器仍为树深度等于 3 的分类树。迭代

300 次。拟合训练集，计算各迭代次数下梯度提升分类树的测试误差。

4）第 23 至 32 行：采用袋装法和随机森林建立分类模型（基础学习器仍为树深度等于 3 的分类树），迭代 300 次。拟合训练集合，计算各迭代次数下两种方法的测试误差。

2．可视化各模型的测试误差

绘制各集成学习模型的测试误差随迭代次数增加的变化曲线。代码如下所示。

```
1  plt.figure(figsize=(6,4))
2  plt.plot(np.arange(B), TestErrAdaB, linestyle='—', label="AdaBoost分类树", linewidth=1)
3  plt.plot(np.arange(B), TestErrGBRT, linestyle='-', label="梯度提升分类树", linewidth=2)
4  plt.plot(np.arange(B), TestErrBag, linestyle='-.', label="Bagging分类树", linewidth=2)
5  plt.plot(np.arange(B), TestErrRF, linestyle='-.', label="随机森林分类", linewidth=1)
6  plt.title("空气质量等级的预测", fontsize=12)
7  plt.xlabel("迭代次数", fontsize=12)
8  plt.ylabel("测试误差", fontsize=12)
9  plt.legend()
```

各集成学习模型的测试误差随迭代次数增加的变化曲线，如图 7.15 所示。图形显示，100 次迭代后随机森林与袋装法的测试误差基本保持在各自的水平上。梯度提升树的测试误差最低，70 次的迭代模型是较为理想的。AdaBoost 分类树需要更多次的迭代才可得到稳定的测试误差估计。

3．建立 XGBoost 分类树

建立 XGBoost 分类树。代码和结果如下所示。

```
1  Xtrain=np.array(X_train)
2  Ytrain=np.array(Y_train)
3  Xtest=np.array(X_test)
4  Ytest=np.array(Y_test)
5  modelXGB=xgb.XGBClassifier(max_depth=3, learning_rate=1, n_estimators=B, objective='multi:softmax', random_state=123)
6  modelXGB.fit(Xtrain,Ytrain, eval_set=[(Xtrain, Ytrain), (Xtest, Ytest)], verbose=True)
7  result=modelXGB.evals_result()
8  #print(accuracy_score(Ytrain, modelXGB.predict(Xtrain)))
9  #print(1-zero_one_loss(Ytest, modelXGB.predict(Xtest)))
```

```
[0]     validation_0-merror:0.20791     validation_1-merror:0.22417
[1]     validation_0-merror:0.20109     validation_1-merror:0.22893
[2]     validation_0-merror:0.18200     validation_1-merror:0.22099
[3]     validation_0-merror:0.16905     validation_1-merror:0.22099
[4]     validation_0-merror:0.16769     validation_1-merror:0.20986
[5]     validation_0-merror:0.16155     validation_1-merror:0.21145
[6]     validation_0-merror:0.15065     validation_1-merror:0.22258
[7]     validation_0-merror:0.14383     validation_1-merror:0.22417
```

【代码说明】

1）第 1 至 4 行：将训练集和测试集数据转成 NumPy 数组形式，便于后续建模。

2）第 5 行：建立 XGBoost 分类树。

这里直接采用 XGBClassifier() 函数，指定树深度（max_depth）为 3，迭代次数（n_estimators）为 B（300）。指定 Objective 建立多分类器（multi:softmax）。线性回归分析时 objective 需指定为 "reg:linear"；二分类预测时 objective 需指定为 "binary:logistic" 等。

3）第 6 行：拟合训练集。为观察训练误差和测试误差随迭代次数增大而变化的特点，需指定 eval_set 参数。

4）第 7 行：将各迭代次数下的训练误差和测试误差保存到 result 对象中。该对象为一个 Python 字典，包括 validation_0 和 validation_1 两个键，分别对应训练集合和测试集，其下的键

merror 和对应的键值为误差值。

进一步，绘制各个集成学习模型的测试误差曲线变化图，观察误差变化的情况。代码如下所示。

```
1   plt.figure(figsize=(8,5))
2   plt.plot(np.arange(B),TestErrAdaB,linestyle='—',label="AdaBoost分类树",linewidth=1)
3   plt.plot(np.arange(B),TestErrGBRT,linestyle='-',label="梯度提升分类树",linewidth=2)
4   plt.plot(np.arange(B),TestErrBag,linestyle='-.',label="Bagging分类树",linewidth=2)
5   plt.plot(np.arange(B),TestErrRF,linestyle='-.',label="随机森林分类",linewidth=1)
6   plt.plot(np.arange(B),result['validation_1']['merror'],linestyle='-',label="XGBoost分类",linewidth=2)
7   plt.title("空气质量等级的预测",fontsize=15)
8   plt.xlabel("迭代次数",fontsize=15)
9   plt.ylabel("测试误差",fontsize=15)
10  plt.legend()
```

可视化结果如图 7.17 所示。图形显示，XGBoost 的收敛速度最快，大约经 20 次左右的迭代就可到达较低的测试误差。尽管梯度提升树的测试误差最低，但要求的迭代较多（大约 70 次）。

XGBoost 分类树能够给出变量重要性的评价得分，重要性得分的可视化代码如下所示。

```
1   xgb.plot_importance(modelXGB,title="输入变量重要性",ylabel="输入变量",xlabel="分组次数",importance_type="weight",show_values=False)
2   xgb.plot_importance(modelXGB,title="输入变量重要性",ylabel="输入变量",xlabel="信息增益",importance_type="gain",show_values=False)
```

可视化结果如图 7.18 所示。综合来看，PM2.5 和 PM10 是决定空气质量等级的重要因素，CO 和 SO_2 的影响较低。

【本章总结】

本章聚焦集成学习的各种策略。首先，从降低预测方差角度，讨论了袋装法和随机森林。然后，从弱模型到强模型构建角度，讨论了提升法，并对其中的 AdaBoost 算法进行了较为详尽的论述。进一步，从降低误差和提升算法效率角度，分别介绍了梯度提升算法的基本思路和原理，以及 XGBoost 的算法精要。最后，基于 Python 编程，通过模拟数据直观展示了上述理论结果。本章的 Python 应用案例，分别展示了集成学习在回归预测和多分类预测两个场景下的应用。

【本章相关函数】

围绕本章学习，应重点掌握 Python 模块中的以下函数。函数的具体格式参见 Python 帮助。

1. 建立基于袋装法的回归树和分类树

```
Bag=ensemble.BaggingRegressor()；Bag.fit(X,Y)
Bag=ensemble.AdaBoostClassifier；Bag.fit(X,Y)
```

2. 建立随机森林实现的回归预测和分类预测

```
RF=ensemble.RandomForestRegressor()；RF.fit(X,Y)
```

```
RF=ensemble.RandomForestClassifier(); RF.fit(X,Y)
```

3．建立提升法的回归预测和分类预测模型

```
Ada=ensemble.AdaBoostRegressor(); Ada.fit(X,Y)
Ada=ensemble.AdaBoostClassifier(); Ada.fit(X,Y)
```

获得各迭代次数下的预测模型：Ada.staged_predict( )

4．建立梯度提升树的回归预测和分类预测模型

```
GBRT=ensemble.GradientBoostingRegressor(); GBRT.fit(X,Y)
GBRT=ensemble.GradientBoostingClassifier(); GBRT.fit(X,Y)
```

5．建立 XBGoost 的分类树和回归树

```
XGB=xgb.XGBClassifier();XGB.fit(X,Y)
XGB=xgb.XGBRegressor ();XGB.fit(X,Y)
```

6．生成用于分类预测的模拟数据

```
X,Y=make_circles()
X,Y=make_classification()
```

【本章习题】

1．袋装法是目前较为流行的集成学习策略之一。请简述袋装法的基本原理，并说明其有怎样的优势。

2．请简述随机森林与袋装法的联系和不同，并说明为什么随机森林可以有效降低预测的方差。

3．请简述 AdaBoost 算法的基本原理，并说明 AdaBoost 算法迭代过程中各模型间的关系。

4．请简述梯度提升算法的基本原理。

5．请说明 XGBoost 算法的目标函数，并论述目标函数的一阶导数和二阶导数在 XGBoost 中的意义。

6．Python 编程题：植物物种的分类。

据统计，目前仅被植物学家记录的植物物种就有 25 万种之多。植物物种的正确分类对保护和研究植物多样性具有重要意义。这里以 kaggle (www.kaggle.com) 上的植物叶片数据集为研究对象，希望基于叶片特征，通过机器学习自动实现植物物种的分类。数据集（文件名：叶子形状.csv）是关于 990 张植物叶片灰度图像（见图 7.21）的转换数据。

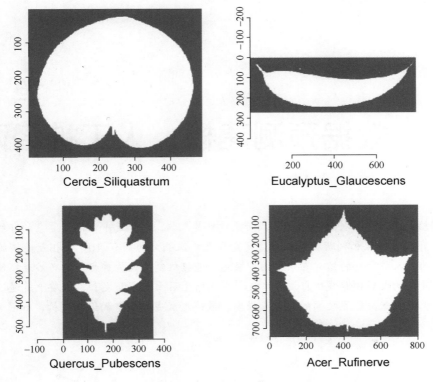

图 7.21 习题 6 图

描述植物叶片的边缘（margin）、形状（shape）、纹理（texture）这三个特征的数值型变量各有 64 个（共 192 个输入变量）。此外，还有 1 个分类型变量记录了每片叶片所属的植物物种（species）。总共有 193 个变量。请首先建立单棵回归树的分类模型，然后采用各种集成算法进行分类预测，并基于单棵回归树和集成学习的误差对比，选出最优预测模型。

第8章
数据预测建模：人工神经网络

神经网络起源于生物神经元的研究，研究对象是人脑。人脑是一个高度复杂的非线性并行处理系统，具有联想推理和判断决策能力。研究发现，人脑大约拥有 10^{11} 个相互连接的生物神经元。通常认为，人脑智慧的核心在于生物神经元的连接机制。大量神经元的巧妙连接使得人脑成为一个高度复杂的大规模非线性自适应系统。婴儿出生后大脑不断发育，本质上是通过外界刺激信号不断调整或加强神经元之间的连接及强度，最终形成成熟稳定的连接结构，如图 8.1 所示。

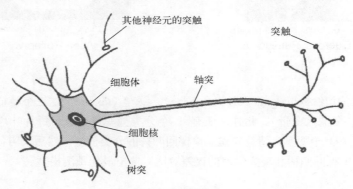

图 8.1　生物神经元

人工神经网络（Artificial Neural Network, ANN）是一种人脑的抽象计算模型，是一种模拟人脑思维的计算机建模方式。自 20 世纪 40 年代开始，人们对人工神经网络的研究已达半个多世纪。随着计算机技术的迅猛发展，人们希望通过计算机程序实现对人脑系统的模拟。通过类似于生物神经元的处理单元，以及处理单元之间的有机连接，解决现实世界的模式识别、联想记忆、优化计算等复杂问题。目前，人工神经网络在聚焦人工智能应用领域的同时，也成为机器学习中解决数据预测问题的重要的黑箱（Black Box）方法[注]。

本章重点围绕人工神经网络如何实现数据预测进行介绍，将涉及如下几方面内容：

● 人工神经网络的基本概念。人工神经网络的基本概念是人工神经网络学习的基础，应关注

[注]　黑箱方法是把研究对象作为黑箱，在不直接观察研究对象内部结构的前提下，仅仅通过考察对象的输入和输出特征，探索和揭示其内在结构机理的研究方法。

不同网络的拓扑结构，以及网络节点的实际意义。

- 感知机网络。感知机网络是人工神经网络中的经典网络，其核心思想尤其是网络权重的更新策略，被广泛推广应用到后续很多的复杂网络中。理解感知机网络的基本原理是学习其他复杂网络的基础。
- 多层感知机及 B-P 反向传播算法。多层感知机网络是一种更具实际应用价值的感知机网络。应重点关注隐藏节点的意义，以及预测误差的反向传播机制。
- 人工神经网络的 Python 应用实践。

8.1　人工神经网络的基本概念

8.1.1　人工神经网络的基本构成

与人脑类似，人工神经网络由相互连接的神经元（这里称为节点或处理单元）组成。人脑神经元的连接和连接强弱，在人工神经网络中体现为节点间的连线（称为连接或边）以及连接权重的大小上。

人工神经网络种类繁多。根据网络的层数，从拓扑结构上神经网络可分为：两层神经网络、三层及以上的神经网络或多层神经网络。图 8.2a 和图 8.2b 所示的就是经典的两层神经网络和三层神经网络。

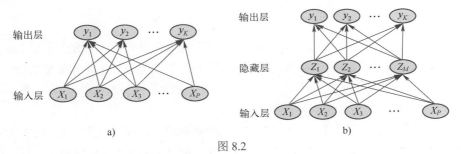

图 8.2

a) 两层神经网络图　b) 三层神经网络

图 8.2 中，神经网络的最底层称为输入层（Input Layer），最顶层称为输出层（Output Layer），中间层称为隐藏层（Hidden Layers）。两层神经网络没有隐藏层，多层神经网络具有两层及以上的隐藏层。因绘图时还可以将神经网络倒置或旋转 90°，为便于论述，后续统称接近输入层的层为上层，接近输出层的层为下层。

图中的椭圆表示节点，有向线段表示节点之间的连接。连接的方向是由上至下，即从输入层到隐藏层再到输出层。带这种方向性连接的网络也称前馈式网络。各层的节点之间是全连接的，是一种全连接网络。

图 8.2a 所示的是最早的名为感知机（Perception）的网络。它通过模拟人脑神经元对刺激信号的激活反应和传导机制，解决输入变量不相关时的回归和分类预测问题。感知机的预测能力十分有限，于是后续又出现了如图 8.2b 所示的三层网络以及包含更多隐藏层的多层网

络，称为多层感知机（Multiple Layers Perception），它能够解决更为复杂的回归和分类预测问题。

目前流行的深度学习框架中的卷积网络和循环网络等是对上述网络的进一步拓展，它们的网络层数可高达千层[一]，节点数量最大的可达到上亿[二]个；节点间的连接不仅有由上至下的全连接，而且还有反向连接、部分连接以及同层节点间的侧向连接等，主要用于解决图像识别和语音识别等人工智能中的复杂问题。

本章将以感知机和多层感知机为对象，重点对实现数据分类和回归预测的基本原理进行说明。

8.1.2 人工神经网络节点的功能

正如图 8.2b 所示，人工神经网络中的节点按层次分布于神经网络的输入层、隐藏层和输出层中，因而得名输入节点、隐藏节点和输出节点，它们有各自的职责。

1. 输入节点

图 8.2 中标为 $X_1, X_2, \cdots, X_P$ 的椭圆即为输入节点，负责接收和传送刺激信号。这里的刺激信号为训练集中样本观测 $\boldsymbol{X}_i$ 的 P 个输入变量 $(X_{i1}, X_{i2}, \cdots, X_{iP}), i=1,2,\cdots,N$。输入节点将以一次仅接收一个样本观测的方式接收数据，然后按"原样"将其分别传送给与其连接的下层节点。对于两层网络，直接传送给输出节点；对于三次或多层网络则先传送给隐藏节点。输入节点的个数取决于输入变量的个数。通常一个数值型输入变量对应一个输入节点，一个分类型变量依类别个数对应多个输入节点。

2. 隐藏节点

图 8.2b 中标为 $Z_1, Z_2, \cdots, Z_M$ 的椭圆即为隐藏节点，负责对所接收的刺激信号进行加工处理，并将处理结果传送出去。在三层网络中，刺激信号是输入节点传送的样本观测 $\boldsymbol{X}_i$ 的 P 个输入变量 $(X_{i1}, X_{i2}, \cdots, X_{iP}), i=1,2,\cdots,N$。在多层网络中，则是上个隐藏层传送的处理结果。统一讲就是，上层节点输出的处理结果就是下层节点的输入。

从预测建模角度看，隐藏节点将通过对输入的某种计算，完成非线性样本的线性变换，或输入变量相关性时的特征提取等。之后，再将计算结果（即自身的输出）分别传送给与其连接的下层隐藏节点或输出节点。通常，可根据所建模型的预测误差来调整隐藏层的层数和隐藏节点个数。层数和节点个数越多，预测模型越复杂。

3. 输出节点

图 8.2 中标为 $y_1, y_2, \cdots, y_K$ 的椭圆即为输出节点。与隐藏节点类似，输出节点也将上层节点的输出作为自身的输入，并对输入加工处理后给出输出。对于预测建模，输出即为预测值。

输出节点的个数取决于进行的是回归预测还是分类预测。回归预测（只针对仅一个输出变量的情况）时只有一个输出节点，处理结果为样本观测 $\boldsymbol{X}_i$ 输出变量的预测值 $\hat{y}_i$。K 分类预测时，通常输出节点的个数等于 K，每个输出节点对应一个类别 $k(k=1,2,\cdots,K)$，处理结果为样本观测

[一] 如微软研究院的 ResNet 卷积神经网络等。
[二] 如谷歌的 AlphaGo 等。

X_i 属于类别 k 的概率：$\hat{P}(y = k \mid X_i)$。

节点和节点之间的连接权重是人工神经网络的重点，也是人工神经网络能够实现数据预测的核心所在。以下将从最简单的感知机网络开始介绍。

8.2 感知机网络

如图 8.2a 所示，感知机是一种最基本的前馈式两层神经网络模型，它仅由输入层和输出层构成。虽然感知机处理问题的能力有限，但其核心原理却在人工神经网络的众多改进模型中得到了广泛应用。

8.2.1 感知机网络中的节点

节点是感知机网络的核心。生物神经元会对不同类型和强度的刺激信号呈现出不同的反应状态（State）或激活水平（Activity Level）。同理，感知机的节点也会对不同的输入给出不同的输出。如图 8.3 所示，其中大的椭圆部分展示了节点的内部构成情况。

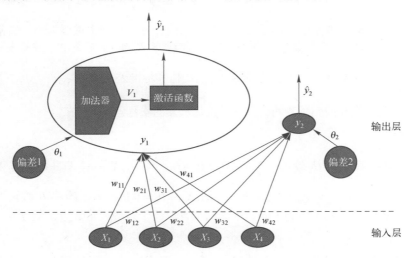

图 8.3 感知机网络中的节点

图 8.3 为一个感知机的示意图。输入层包含 4 个输入节点 X_1、X_2、X_3、X_4，分别对应 4 个输入变量。有 y_1、y_2 两个输出节点，每个输出节点都有各自的输出（预测结果）记为 $\hat{y}_1$、$\hat{y}_2$。连接输入节点和输出节点的 w_{11}、w_{12} 等，表示输入节点与输出节点的连接权重。例如，w_{11} 表示第 1 个输入节点与第 1 个输出节点的连接权重，w_{21} 表示第 2 个输入节点与第 1 个输出节点的连接权重等。

此外，除输入节点外，图中的输出节点 y_1、y_2 都另有一个统称为偏差的节点与之相连接。例如，偏差 1 和偏差 2，θ_1 和 θ_2 称为偏差节点的连接权重。事实上，为简化问题，若将每个输出节点的偏差节点视为一种"虚拟"的输入节点 X_0 且 $X_0 \equiv 1$，则 θ_1 和 θ_2 的含义便无异于 w_{11}、w_{12} 等。

输入节点没有计算功能，不做介绍，只需关注输出节点。输出节点将上层节点的输出作为自身的输入并进行计算。计算包括两部分：加法器和激活函数（activation function）。如图 8.3 中的大椭圆部分所示。

8.2.2　感知机节点中的加法器

感知机节点中的加法器是对生物神经元接受的刺激信号的模拟。在图 8.3 所示的感知机中，输出节点 y_1 的加法器记为 V_1，其定义为 $V_1 = w_{11}X_1 + w_{21}X_2 + w_{31}X_3 + w_{41}X_4 + \theta_1 = \sum_{p=1}^{P} w_{p1}X_p + \theta_1$，这里 $P = 4$。同理，若节点 y_2 的加法器记为 V_2，则有 $V_2 = w_{12}X_1 + w_{22}X_2 + w_{32}X_3 + w_{42}X_4 + \theta_2 = \sum_{p=1}^{P} w_{p2}X_p + \theta_2$。

推广到一般情况，节点 k 的加法器记为 $V_k = \sum_{p=1}^{P} w_{pk}X_p + \theta_k$。$P$ 为输入变量个数。由定义可知，加法器是 P 个输入变量 $X_1, X_2, \cdots, X_P$ 的线性组合，权重 w_{pk} 为线性组合的系数，θ_k 为常数项，都是未知的模型参数。当然，若将偏差节点视为一种"虚拟"的输入节点 X_0，$X_0 \equiv 1$ 并令 $w_{0k} = \theta_k$，则节点 k 的加法器也可统一表示为 $V_k = \sum_{p=0}^{P} w_{pk}X_p = \boldsymbol{w}_k^{\mathrm{T}}\boldsymbol{X}$。$\boldsymbol{w}_k^{\mathrm{T}}$ 为权重的行向量。

需要说明的是：输入变量的不同量级会对加法器的计算结果产生重要影响。通常，可通过数据的标准化处理来消除这种影响。例如，对样本观测 $\boldsymbol{X}_i$ 中的变量 X_{ip} 进行标准化处理：$Z_{ip} = \dfrac{X_{ip} - \overline{X}_p}{\sigma_{X_p}}$，其中，$\overline{X}_p$ 和 σ_{X_p} 分别为变量 X_p 的均值和标准差。

以下将从分类预测和回归预测两个方面讨论加法器的实际意义。

1. 分类预测

分类预测中，若令加法器 $V_k = \sum_{p=1}^{P} w_{pk}X_p + \theta_k = 0$，即 $w_{1k}X_1 + w_{2k}X_2 + \cdots + w_{Pk}X_P + \theta_k = 0$。正如 3.2.2 节曾讨论过的，$w_{1k}X_1 + w_{2k}X_2 + \cdots + w_{Pk}X_P + \theta_k = 0$ 恰恰表示的是 P 维输入变量空间中的一个超平面。该超平面就是分类平面，平面的位置取决于连接权重 $w_{pk}(p = 1, 2, \cdots, P)$ 和偏差权重 θ_k。

从这个意义上看，感知机解决分类预测问题时，每个输出节点在几何上与一个超平面对应，将空间划分成两个区域以实现二分类预测。K 个输出节点与 K 个超平面对应，将空间至少划分为 $K+1$ 个区域以实现多分类预测。例如，图 8.3 左图的网络可用于 3 分类预测。两个输出节点 y_1、y_2 的输出 $\hat{y}_1$、$\hat{y}_2$ 将共同决定最终的预测结果。例如，两输出结果依概率取值为 $(\hat{y}_1 = 0, \hat{y}_2 = 1)$ 代表预测结果为 1 类，$(\hat{y}_1 = 1, \hat{y}_2 = 0)$ 代表 2 类，$(\hat{y}_1 = 1, \hat{y}_2 = 1)$ 代表 3 类等。此样本观测 $\boldsymbol{X}_i$ 的输出变量的实际值 y_i 也需用 (y_{i1}, y_{i2}) 两个值表示。对多分类问题，样本观测 $\boldsymbol{X}_i$ 的输出变量的实际值 y_i 需拆分为多个变量值：$(y_{i1}, y_{i2}, \cdots, y_{iK})$，对应的输出单元的预测值依概率取值为 $(\hat{y}_{i1}, \hat{y}_{i2}, \cdots, \hat{y}_{iK})$。

进一步，感知机中的输入节点在不同时刻的输入是不同的，在时刻 t，节点 k 的加法器记为 $V_k(t) = \sum_{p=1}^{P} w_{pk}(t)X_p(t) + \theta_k(t) = \boldsymbol{w}_k^{\mathrm{T}}(t)\boldsymbol{X}(t) + \theta_k(t)$。其中，$t$ 的取值范围与样本量 N 以及训练周期（Training Epoch）有关（详见 8.2.4 节）。$w_{pk}(t)$ 和 $\theta_k(t)$ 表明，不同时刻 t 的权重 w_{pk} 和偏差权重

θ_k 不尽相等，意味着分类平面在不同时刻 t 的位置是不同的，会随输入节点不断接收和传递数据而不断移动。

再进一步，对于样本观测点 $\boldsymbol{X}_i$，t 时刻的加法器为 $V_{ik}(t)=\sum\limits_{p=1}^{P}w_{pk}(t)X_{ip}+\theta_k(t)=\boldsymbol{w}_k^{\mathrm{T}}(t)\boldsymbol{X}_i+$ $\theta_k(t)$。若 $V_{ik}(t)=0$，表明点 $\boldsymbol{X}_i$ 落在分类平面上；若 $V_{ik}(t)>0$，表明点 $\boldsymbol{X}_i$ 落在分类平面一侧；若 $V_{ik}(t)<0$，表明点 $\boldsymbol{X}_i$ 落在分类平面另一侧。可见，$V_{ik}(t)$ 反映了 t 时刻样本观测点 $\boldsymbol{X}_i$ 与分类平面的位置关系。

2．回归预测

回归预测中，$V_k=\sum\limits_{p=1}^{P}w_{pk}X_p+\theta_k$ 表示的是一个回归面，V_k 就是回归预测值 $\hat{y}_k$。由此可知，感知机进行回归预测时仅需一个输出节点。

同理，时刻 t 节点 k 的加法器记为 $V_k(t)=\boldsymbol{w}_k^{\mathrm{T}}(t)\boldsymbol{X}(t)+\theta_k(t)$。表明不同时刻 t 的权重 w_{pk} 和偏差权重 θ_k 不尽相等，意味着回归平面在不同时刻 t 的位置是不同的，会随输入节点不断接收和传递数据而不断移动。对于样本观测点 $\boldsymbol{X}_i$，t 时刻的加法器为 $V_{ik}(t)=\boldsymbol{w}_k^{\mathrm{T}}(t)\boldsymbol{X}_i+\theta_k(t)$。若 $V_{ik}(t)=y_{ik}$，表明点 $\boldsymbol{X}_i$ 落在回归平面上；若 $V_{ik}(t)>y_{ik}$，表明点 $\boldsymbol{X}_i$ 落在回归平面一侧；若 $V_{ik}(t)<y_{ik}$，表明点 $\boldsymbol{X}_i$ 落在回归平面另一侧。可见，$V_{ik}(t)$ 同样反映了 t 时刻样本观测点 $\boldsymbol{X}_i$ 与回归平面的位置关系。

8.2.3　感知机节点中的激活函数

感知机节点中的激活函数是对生物神经元的状态或激活水平的模拟。节点 k 的激活函数的定义为 $\hat{y}_k=f(V_k)$。其中，$\hat{y}_k$ 是激活函数值也是节点 k 的输出；f 是加法器 V_k 的函数。

有多种不同形式的激活函数 f。此外，激活函数在分类预测和回归预测中的作用也不尽相同。

1．常见的激活函数

激活函数有如下两种最常见的形式。

（1）[0,1] 阶跃函数（step function）

感知机解决分类预测问题时常采用 [0,1] 阶跃函数。

[0,1] 阶跃函数的定义为

$$f(V_k)=\begin{cases}1,V_k>0,\\0,V_k<0\end{cases}\qquad(8.1)$$

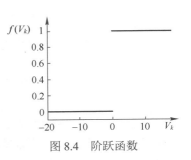

图 8.4　阶跃函数

阶跃函数的图形如图 8.4 所示。

图 8.4 中，横坐标为加法器，纵坐标为激活函数，表示：若加法器大于 0，则 $\hat{y}_k=f(V_k)=1$。若加法器小于 0，则 $\hat{y}_k=f(V_k)=0$。对应生物神经元来说，激活函数刻画了神经元对不同强度刺激信号的不同反应状态。对分类预测来说，若 t 时刻样本观测点 $\boldsymbol{X}_i$ 的加法器 $V_{ik}(t)=\sum\limits_{p=1}^{P}w_{pk}(t)X_{ip}+\theta_k(t)=\boldsymbol{w}_k^{\mathrm{T}}(t)\boldsymbol{X}_i+\theta_k(t)>0$，即点 $\boldsymbol{X}_i$ 落在平面一侧，则指派其类别为 1 类；若 $V_{ik}(t)<0$，即点 $\boldsymbol{X}_i$ 落在平面的另一侧，则指派其类别为 0 类；若 $V_{ik}(t)=0$，即点 $\boldsymbol{X}_i$ 落在平面

上，则因无法确定而不指派类别。

可见，分类预测中[0,1]阶跃函数的作用是依据 $V_{ik}(t)$ 所反映的点 $\boldsymbol{X}_i$ 与 t 时刻分类平面的位置关系，直接预测 $\boldsymbol{X}_i$ 所属的类别。

需要说明的是，感知机中的偏差节点具有实际意义。在没有偏差节点的情况下，如果 $\boldsymbol{X}_i = \boldsymbol{0}$，则 $V_{ik}(t) = 0$ 一定成立，点 $\boldsymbol{X}_i$ 落在平面上一定与 $\boldsymbol{w}_k(t)$ 无关，这显然是不合理的。加法器中引入偏差节点的目的就是要解决这个问题。它模拟生物神经元对刺激信号的激活门槛（Activity Threshold）反应机制，只有输入水平达到 $-\theta_k$ 这个门槛值，即 $V_{ik} = \sum_{p=1}^{P} w_{pk} X_{ip} = -\theta_k$ 时，点 $\boldsymbol{X}_i$ 才落在平面上。$V_{ik} = \sum_{p=1}^{P} w_{pk} X_{ip} > -\theta_k$ 或 $V_{ik} = \sum_{p=1}^{P} w_{pk} X_{ip} < -\theta_k$，点 $\boldsymbol{X}_i$ 落在平面的两侧，分别指派为 1 类或 0 类。若不特殊说明，后续加法器均包含偏差节点。[0,1]阶跃函数是个非连续函数，不适用于回归预测问题。

（2）(0,1) 型 Logistic 函数

(0,1) 型 Logistic 激活函数是感知机中常用的激活函数，其定义为

$$f(V_k) = \frac{1}{1 + e^{-V_k}} \tag{8.2}$$

Logistic 函数是统计学中 Logistic 随机变量的累计分布函数，其图形如图 8.5 所示。

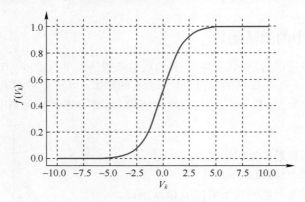

图 8.5 Logistic 函数

图 8.5 中，横坐标为加法器，纵坐标为激活函数，取值在 0 至 1 之间。可见，Logistic 函数是加法器的非线性函数，属非线性激活函数。

Logistic 激活函数在分类预测和回归预测中有着不同的意义和作用。

2. 激活函数的作用

激活函数在分类预测和回归预测中的作用不尽相同。

（1）分类预测中激活函数的作用

分类预测中，3.2.1 节曾经出现过 Logistic 函数的形式：$P = \frac{1}{1 + e^{-V_k}}$。与此对应，激活函数为 $f(V_k) = P(y=1)$，即输出变量等于 1 的概率值。通常，若 $P(y=1) > 0.5$，则预测类别为 1；若

$P(y=1)<0.5$，则预测类别等于 0。具体而言，若 t 时刻样本观测点 $\boldsymbol{X}_i$ 的加法器 $V_{ik}(t)>0$，即点 $\boldsymbol{X}_i$ 落在平面一侧，因 $P(y=1|\boldsymbol{X}_i)>0.5$，指派为 1 类；若 $V_{ik}(t)<0$，即点 $\boldsymbol{X}_i$ 落在平面的另一侧，因 $P(y=1|\boldsymbol{X}_i)<0.5$，指派为 0 类；若 $V_{ik}(t)=0$，即点 $\boldsymbol{X}_i$ 落在平面上，因 $P(y=1|\boldsymbol{X}_i)=0.5$，无法确定类别。可见，$(0,1)$ 型 Logistic 函数在分类预测中的作用，是依据 $V_{ik}(t)$ 所反映的点 $\boldsymbol{X}_i$ 与分类平面的位置关系，给出 $\boldsymbol{X}_i$ 属于 1 类的概率。图 8.6 左图展示了输入变量 X_1、X_2 和概率 P 之间的非线性关系（Python 代码详见 8.4.1 节），其中的激活函数为 $\hat{y}_k=f(V_k)=1\Big/\Big[1+\mathrm{e}^{-\left(\frac{1}{\sqrt{2}}X_1+\frac{1}{\sqrt{2}}X_2+0.5\right)}\Big]$。

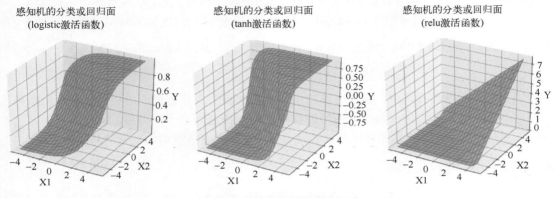

图 8.6　感知机的分类或回归面

此外，分类预测中还采用其他形式的激活函数。例如，双曲正切（tanh）函数 $f(V_k)=\dfrac{\mathrm{e}^{V_k}-\mathrm{e}^{-V_k}}{\mathrm{e}^{V_k}+\mathrm{e}^{-V_k}}$ 和整流线性单元（Rectified Linear Unit，ReLU，也称修正线性单元激活函数） $f(V_k)=\max(V_k,0)$。[当 $V_k>0$ 时，$f(V_k)=V_k$，是加法器的分段线性函数，如图 8.7 所示。]

图 8.6 的中图和右图分别展示了双曲正切函数和 ReLU 函数下输入变量 X_1、X_2 和 $f(V_k)$ 间的关系。

（2）回归预测中激活函数的作用

激活函数应用到回归预测中实现的是非线性的投影寻踪回归

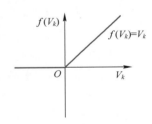

图 8.7　ReLU 激活函数

（Projection Pursuit Regression，PPR）[注]。投影寻踪是处理和分析高维数据的一类统计方法，其基本思想是通过数据变换，将样本观测点投影到一个待估计的新空间中。确定最优新空间的依据是：在这个空间易于找到变换后的输入变量和输出变量间的数量关系，且回归预测的误差较低。

投影寻踪回归的模型形式为

$$f(\boldsymbol{X})=\sum_{k=1}^{K}g_k(\boldsymbol{w}_k^{\mathrm{T}}\boldsymbol{X}) \tag{8.3}$$

式（8.3）表明，首先将原空间中的样本观测点投影到包含 P 个元素的单位向量 $\boldsymbol{w}_k^{\mathrm{T}}(k=1,2,\cdots,K)$ 决定的方向上，然后采用称为岭函数（Ridge Function）$g_k()$ 去拟合变换后的样

⊖ 投影寻踪回归是美国斯坦福大学的 Friedman 和 Tukey 在 1974 年首次提出的。

本 观 测 点 $w_k^T X_i (i=1,2,\cdots,N)$ 。此外，投影寻踪回归模型是可加式模型，由 K 个模型 $g_k(w_k^T X), k=1,2,\cdots,K$ 组成。其中， $w_k^T X = w_{1k} X_1 + w_{2k} X_2 + \cdots + w_{Pk} X_P$ ，即为不带常数项的回归模型，对应一个过原点的回归平面。在带常数项的一般情况下， $w_k^T X$ 即为感知机中的加法器 $V_k = w_k^T X + \theta_k$ 。显然， $g_k(w_k^T X)$ 对应感知机中的激活函数 $f(V_k) = \hat{y}_k$ 。对感知机的一个输出节点来说， $K=1$ 。

总之，感知机中一个输出节点的加法器和激活函数相结合，实现了最简单的投影寻踪回归，通过恰当的激活函数，能够揭示输入变量和输出变量间的非线性关系，实现非线性回归预测。

事实上，式（8.3）的模型形式同样适用于图 8.3 所示的进行多分类预测的感知机网络。如前文所述，由于最终的预测结果由两个输出节点 y_1、y_2 的输出 $\hat{y}_1$、$\hat{y}_2$ 共同决定，此时 $f(X) = \sum_{k=1}^{K} g_k(w_k^T X)$ 中的 $K=2$ 。

综上所述，分类预测中，加法器给出了样本观测点与当前超平面的相对位置，激活函数依据这个位置关系，将位于超平面两侧的样本观测点指派为不同的类别，或给出属于某类的概率。回归预测中，加法器和激活函数的组合实现了输入变量和输出变量的非线性回归。

8.2.4 感知机的权重训练

人工神经网络建立的过程是通过恰当的网络结构，探索输入变量和输出变量间的数量关系，并体现于连接权重中的过程。因此，神经网络训练的核心是连接权重不断地迭代更新。

1. 连接权重更新的一般步骤

就单个输出节点 k 而言，感知机将首先初始化连接权重向量 w_k 。初始值默认为来自均值为 0、取值区间较小的均匀分布的随机数。令初始权重均值为 0 的原因是，对于 Logistic 激活函数而言，初始阶段的节点模型会退化为近似线性的模型。因此，模型训练是从简单的接近线性的模型开始，然后随连接权重的调整逐步演变成相对复杂的非线性模型。初始权重取值区间较小的原因是，避免各节点连接权重差异过大，以确保各节点学习进度的均衡与协调，从而使各权重大致同时达到稳态。

初始时，因输出节点 k 对应的超平面的位置由随机取值的连接权重 w_k 决定，无法保证分类预测中的大部分样本观测点都能落入超平面的正确一侧（预测类别等于实际类别），或者回归预测中的预测值（由回归曲面决定）与实际值吻合或误差较小。

所以，后续感知机需不断向训练样本学习，通过不断迭代的方式，基于训练集和当前的误差情况，在 t 时刻 $w_k(t)$ 的基础上，得到更新后 $t+1$ 时刻的 $w_k(t+1)$ 。迭代的过程是超平面不断移动的过程。以分类为例，对于实际类别 $y_i=0$ 的样本观测点 X_i ，若 t 时刻落在超平面的上方一侧且该侧的指派类别为 1 类，说明点 X_i 落入了错误的一侧。此时，只有将超平面继续向上方移动，不断靠近并最终"跨过"点 X_i ，才会得到正确的预测结果。可见，迭代过程是超平面不断向错误点（错误分类或有较大的回归预测误差的点）靠近和跨越的过程。最终，应将超平面定位到整体错判率或误差最小的位置上。

感知机的迭代步骤如下：

第一步，计算各节点的加法器和激活函数，给出节点的输出结果，即样本观测的预测值。

第二步，计算样本观测的预测值与实际值之间的误差，根据误差重新调整各连接权重。

反复执行上述两步。其间将依次逐个向每个样本观测学习。对所有样本观测学习结束后，如果模型误差仍然较大，则需重新开始新一轮（周期）的学习。如果第二轮学习后仍不理想，还需进行第三轮、第四轮等的学习，直到满足迭代终止条件为止。迭代结束后将得到一组合理的连接权重以及与其对应的理想超平面。后续将依据超平面进行预测。

以上仅是训练连接权重的大体过程，其中会涉及的具体细节问题包括：如何度量误差；如何通过迭代逐步调整网络权重。

2. 如何度量误差

理想的超平面应是总的误差最小时的超平面，严谨的表述是：理想的超平面应是损失函数最小时的超平面。

对于回归预测问题，损失函数常采用平方损失函数：$L(y_i, \hat{y}_i) = (y_i - \hat{y}_i)^2$。这里为方便计算采用 $L(y_i, \hat{y}_i) = \frac{1}{2}(y_i - \hat{y}_i)^2$ 的形式。总的损失为 $\sum_{i=1}^{N} L(y_i, \hat{y}_i) = \frac{1}{2}\sum_{i=1}^{N}(y_i - \hat{y}_i)^2$。因此，对单个输出节点 k 来讲，最优的网络权重和偏差权重为

$$(\hat{w}_k, \hat{\theta}_k) = \underset{w_k, \theta_k}{\arg\min} \sum_{i=1}^{N}\left[y_i - \frac{1}{2}f(w_k^{\mathrm{T}}X + \theta_k)\right]^2 \tag{8.4}$$

对 $y \in \{0, 1\}$ 的二分类预测问题，损失函数一般为：$L(y_i, \hat{P}(X_i)) = -y_i\log\hat{P}(X_i) - (1 - y_i)\log(1 - \hat{P}(X_i))$。$\hat{P}(X_i)$ 为预测类别为 1 类的概率。这种损失函数适合节点能够给出概率（例如，节点采用 Logistic 激活函数）的情况。若激活函数采用阶跃函数，该损失函数就不再适用。为此，感知机采用基于错误分类的样本观测点定义损失函数，并将输出变量类别值重新编码为 $y_i \in \{-1, +1\}$。

具体讲，感知机输出节点 k 对应的超平面方程：$\theta_k + w_k^{\mathrm{T}}X = 0$。同时，指定阶跃为

$$\hat{y}_i = f(V_k) = \begin{cases} +1, \theta_k + w_k^{\mathrm{T}}X_i > 0 \\ -1, \theta_k + w_k^{\mathrm{T}}X_i < 0 \end{cases} \tag{8.5}$$

于是，对正确分类的样本观测，有 $y_i(\theta_k + w_k^{\mathrm{T}}X_i) > 0$ 成立；对错误分类的样本观测，有 $y_i(\theta_k + w_k^{\mathrm{T}}X_i) < 0$ 成立。错误分类的样本观测点 X_i 到超平面的距离为 $d_i = \dfrac{\left|\theta_k + w_k^{\mathrm{T}}X_i\right|}{\|w_k\|} = \dfrac{-y_i(\theta_k + w_k^{\mathrm{T}}X_i)}{\|w_k\|}$，其中，$\|w_k\| = \sqrt{w_k^{\mathrm{T}}w_k}$。对此，总的损失函数定义为

$$\sum_{X_i \in E} L(w_k, \theta_k) = -\sum_{X_i \in E} y_i(\theta_k + w_k^{\mathrm{T}}X_i) \tag{8.6}$$

E 表示错误分类的样本观测集合。可见，总的损失函数为正数，值越大表示错误分类的样本观测越多，或者错误分类的样本观测点到超平面的距离越大。对单个输出节点 k 来讲，最优的网络权重为

$$(\hat{w}_k, \hat{\theta}_k) = \underset{w_k, \theta_k}{\arg\min} \left[- \sum_{X_i \in E} y_i (\theta_k + w_k^{\mathrm{T}} X_i) \right]$$

3．如何通过迭代逐步调整网络权重

对于感知机的输出节点 k，其迭代过程如下：

第一步，迭代开始前即 0 时刻，初始化各个连接权重和偏差权重，记为 $w_k(0) = \{w_{pk}(0) \,|\, 1 \leqslant p \leqslant P,$ $1 \leqslant k \leqslant K\}$ 和 $\theta_k(0), 1 \leqslant k \leqslant K$。图 8.3 中，$K = 2$。

第二步，t 时刻输入节点接收并传递一个样本观测 X_i 给下层节点。此时的连接权重记为 $w_k(t)$。输出节点 k 依据加法器和激活函数计算并给出预测结果：$\hat{y}_{ik}(t) = f\left(\sum_{p=1}^{P} w_{pk}(t) X_{ip} + \theta_k(t) \right),$ $k = 1, 2, \cdots, K$。

第三步，计算 t 时刻总的损失函数：

$$E_i(t) = \sum_{k=1}^{K} L(y_{ik}, \hat{y}_{ik}(t)) \tag{8.7}$$

这里的损失函数仅为 t 时刻读入的样本观测 X_i 的损失。

第四步，在 $w_k(t)$ 和 $\theta_k(t)$ 的基础上，得到更新的连接权重 $w_k(t+1)$ 和 $\theta_k(t+1)$。

这里可采用梯度下降法，权重更新应沿着损失函数在 $w_k(t)$ 处的负梯度方向进行，即 $w_k(t+1) = w_k(t) - \rho \left[\dfrac{\partial E}{\partial w_k} \right]_{w_k = w_k(t)}$，$\theta_k(t+1) = \theta_k(t) - \rho \left[\dfrac{\partial E}{\partial \theta_k} \right]_{\theta_k = \theta_k(t)}$。其中，负号表示负梯度方向；$\rho$ 为学习率。有时第一项也可分别为 $\alpha w_k(t)$ 和 $\alpha \theta_k(t)$，其中 α 称为冲量，可加速参数 w_k 和 $\theta_k(t)$ 收敛的速度并避免局部最优。

具体讲，对于平方损失函数，有

$$w_k(t+1) = w_k(t) + \rho e_i(t) X_i \tag{8.8}$$

$$\theta_k(t+1) = \theta_k(t) + \rho e_i(t) \tag{8.9}$$

其中，$e_i(t) = y_i - \hat{y}_i(t)$ 为残差（损失）。如果将偏差节点看作输入 X_0 等于常数 1 的特殊输入节点，那么偏差权重的更新方法与连接权重的相同。以后将不再重复给出偏差权重的更新。

对于式（8.6）的损失函数：$w_k(t+1) = w_k(t) + \rho y_i X_i$。因 $y_i \in \{-1, +1\}$ 等价为

$$w_k(t+1) = w_k(t) + \frac{1}{2} \rho e_i(t) X_i \tag{8.10}$$

式（8.8）至式（8.10）的第二项为权重的调整量，记为 $\Delta w(t)$，有 $w_k(t+1) = w(t) + \Delta w(t)$。这种连接权重的更新规则是 delta 规则（delta rule）的具体体现，即权重的调整量应与损失及节点的输入成正比。

第五步，判断是否满足迭代终止条件。

如果满足，则算法终止。否则，重新回到第二步，直到满足终止条件为止。

迭代终止条件一般包括迭代次数等于指定的迭代次数；或者训练周期等于指定的次数；或者

权重的最大调整量小于一个指定值，权重基本稳定；或者 $\sum_{i=1}^{N} E_i(t) < \varepsilon$ ， ε 为一个很小的正数。其中一个条件满足即结束迭代。

用一个简单的回归预测示例说明以上计算过程。表 8.1 中， X_1 、 X_2 、 X_3 为输入变量， y 为数值型输出变量，样本量 $N=3$ 。

表 8.1　连接权重更新计算示例数据

样本观测	X_1	X_2	X_3	y
1	1	1	0.5	0.7
2	-1	0.7	-0.5	0.2
3	0.3	0.3	-0.3	0.5

为便于计算，设 $\rho = 0.1$ ，激活函数 $f = V$ 。对如图 8.8 所示的感知机，0 时刻连接权重 $\boldsymbol{w}(0)^{\mathrm{T}} = (0.5, -0.3, 0.8)$ 。

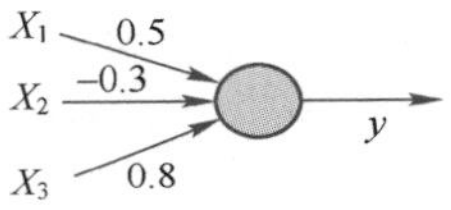

$V(0) = 0.5 \times 1 + (-0.3) \times 1 + 0.8 \times 0.5 = 0.6$ ；预测值 $\hat{y}(0) = f(0.6) = 0.6$ ；残差 $e(0) = y(0) - \hat{y}(0) = 0.7 - 0.6 = 0.1$ 。 $t = 1$ 时刻各连接权重更新为：

图 8.8　连接权重调整示例

$$\Delta w_1(1) = 0.1 \times 0.1 \times 1 = 0.01 , \quad w_1(1) = w_1(0) + \Delta w(1) = 0.5 + 0.01 = 0.51$$

$$\Delta w_2(1) = 0.1 \times 0.1 \times 1 = 0.01 , \quad w_2(1) = w_2(0) + \Delta w(1) = -0.3 + 0.01 = -0.29$$

$$\Delta w_3(1) = 0.1 \times 0.1 \times 0.5 = 0.005 , \quad w_3(1) = w_3(0) + \Delta w(1) = 0.8 + 0.005 = 0.805$$

同理，可依据第 2、3 个样本观测进行第 2、3 次迭代。第 2、3 次迭代后的权重更新值分别为 $\boldsymbol{w}(2)^{\mathrm{T}} = (0.6, -0.35, 0.85)$ 和 $\boldsymbol{w}(3)^{\mathrm{T}} = (0.45, -0.25, 0.78)$ 。此时，总的损失为 1.165 。后续可能还需新一轮的学习等。

连接权重的更新将会导致超平面移动。这里以分类预测为例，通过近似度量错误分类点 $\boldsymbol{X}_i$ 到超平面的距离变化，进一步证明前文所述的超平面移动的方向。设 $d_i(t+1)$ 与 $d_i(t)$ 分别为权重调整之后和之前，错误分类点 $\boldsymbol{X}_i$ 到超平面的距离。当学习率 ρ 很小时，距离的变化量为

$$\Delta d_i = d_i(t+1) - d_i(t) = \frac{-y_i[\theta_k(t+1) + \boldsymbol{w}_k^{\mathrm{T}}(t+1)\boldsymbol{X}_i]}{\|\boldsymbol{w}_k(t+1)\|} - \frac{-y_i[\theta_k(t) + \boldsymbol{w}_k^{\mathrm{T}}(t)\boldsymbol{X}_i]}{\|\boldsymbol{w}_k(t)\|}$$

$$\approx -\frac{y_i}{\|\boldsymbol{w}_k(t)\|}\{[\boldsymbol{w}_k^{\mathrm{T}}(t+1) - \boldsymbol{w}_k^{\mathrm{T}}(t)]\boldsymbol{X}_i + [\theta_k(t+1) - \theta_k(t)]\}$$

$$= -\frac{y_i}{\|\boldsymbol{w}_k(t)\|}[\rho y_i \boldsymbol{X}_i^T \cdot \boldsymbol{X}_i + \rho y_i] = -\frac{\rho y_i^2}{\|\boldsymbol{w}_k(t)\|}(\boldsymbol{X}_i^T \cdot \boldsymbol{X}_i + 1) < 0$$

可见，经过一次迭代后，错误分类的样本观测点更接近新的超平面，所以连接权重更新的过程是将超平面向错误分类的样本观测点移动的过程。

此外需要说明的是，由于连接权重和偏差权重的初始值是随机的，因此在相同的迭代策略下，迭代结束时的权重最终值可能是不等的，有些可能是最优解有些可能仅是局部最优解。如图 8.9 所示。

图 8.9　不同参数初始值下的解　　　　　二维码 024

图 8.9 中，损失曲面上的起点位置由权重的初始值确定。之后，每步都沿着曲面向使损失函数下降最快的方向移动。两次起点位置不同，最终所得的参数解也不同。图 8.9 上图达到了损失函数的最低处，得到的是全局最优解。图 8.9 下图只是局部最优解。一般可通过迭代的多次重启动方式来解决这个问题。

4．在线更新、批量更新和小批量更新

以上连接权重更新的策略称为在线（On-line）更新，即每次迭代的损失定义为当前 t 时刻输入的单个样本观测的损失。因这里的权重更新只与当前输入的单个样本观测有关，且针对当前样本观测都实时进行一次权重更新，因此称为在线更新。进一步，由于样本观测输入的顺序是随机的，导致损失函数的梯度（详见 8.3 节）具有随机性，所以这种方法也被视为随机梯度下降法（Stochastic Gradient Descent，SGD）的特例。

随机梯度下降法是指基于随机抽取的一个样本观测上的损失更新参数。这里，当每个样本观测均参与过一次权重更新，即在所有训练数据上均迭代一次时，称为完成了一个训练周期或轮次（Training Epoch）。在线更新策略中的学习率 ρ 通常是迭代次数 t 的非线性减函数，迭代次数 $t \to \infty$，$\rho \to 0$。

在线更新的计算效率很高，但存在的问题是：单个样本观测损失函数 $E_i(t) = \sum_{k=1}^{K} L(y_{ik}, \hat{y}_{ik}(t))$ 的负梯度方向，并不一定是总损失函数 $E(t) = \sum_{i=1}^{N} \sum_{k=1}^{K} L(y_{ik}, \hat{y}_{ik}(t))$ 损失下降最快的方向，从而导致每一次的更新不一定准确。为此应采用批量（Batch）更新策略。

批量更新策略中每次迭代均基于数据全体的总损失，即式（8.7）的损失函数改为：

$$E(t) = \sum_{i=1}^{N} \sum_{k=1}^{K} L(y_{ik}, \hat{y}_{ik}(t)) \tag{8.11}$$

在批量更新策略中，每个训练周期只更新一次权重，可指定进行多周期的训练。批量更新策略中的学习率 ρ 通常为常数，以保证整个训练期保持不变。

尽管批量更新策略每次的权重更新更加准确，但计算代价很高。为兼顾计算效率和准确性两个方面，可采用小批量随机梯度下降法（Mini-Batch Stochastic Gradient Descent）。即基于随机抽取的部分样本（$n < N$）上的损失更新函数。在线更新策略是 $n = 1$ 时的小批量随机梯度下降法的特例，因而称为真 SGD 策略。小批量 SGD 是针对真 SGD 而言的，其中随机样本的样本量 $n < N$ 且 $n > 1$。每个训练周期更新 N/n 次权重，可指定进行多个周期的训练。有很多有关随机梯度下降法的改进算法，如带动量的 SGD、AdaGrad、RMSProp 等。因相关内容属优化算法的范畴超出本书范围，有兴趣的读者可自行参考相关资料学习。

8.3　多层感知机及 B-P 反向传播算法

多层感知机网络一般为图 8.2b 所示的前馈式三层网络，以及包含更多隐藏层的多层网络。多层感知机是对感知机的有效拓展，它们的基本原理大致相同但多层感知机有很多新的亮点。因连接权重的更新通常采用反向传播算法，所以有时也称多层感知机网络为 B-P（Back Propagation）反向传播网络。本节将首先对多感知机的结构做简单说明，然后重点介绍网络中隐藏层的意义，以及连接权重（包括偏差权重）的反向传播更新策略。

8.3.1　多层网络的结构

多层网络一般为前馈式多层感知机网络。其中，简单的三层网络和节点情况如图 8.10 所示。

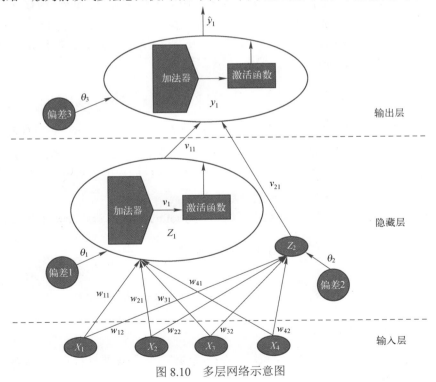

图 8.10　多层网络示意图

图 8.10 为三层网络，增加了包含 Z_1、Z_2 两个隐藏节点的隐藏层。输入节点和隐藏节点连接

上的 w_{11}、w_{12} 等，表示输入节点与隐藏节点的连接权重。偏差节点 θ_1、θ_2 分别与两个隐藏节点相连。隐藏层数和隐藏节点个数决定了网络的复杂程度。层数和节点个数越少网络越简单，训练误差越高。反之，层数和节点个数越多网络越复杂，训练误差越低但也可能会出现过拟合。因此，两者的权衡是值得关注的。实验表明，一般较为简单的预测问题建议采用仅包含一个隐藏层的三层网络。图 8.10 中输出节点仅有 y_1，输出（预测结果）记为 $\hat{y}_1$。隐藏节点和输出节点连接上的 v_{11}、v_{12} 表示隐藏节点与输出节点的连接权重。偏差节点 θ_3 与输出节点相连。

与感知机网络类似，多层网络中的隐藏节点也由加法器 V 和激活函数 f 组成。图 8.10 中 t 时刻隐藏节点 $Z_m(m=1,2)$ 可表示为 $Z_m(t)=f(V_m(t))=f\left(\sum_{p=1}^{P}w_{pm}(t)X_p(t)+\theta_m(t)\right)=f(\boldsymbol{w}_m^{\mathrm{T}}(t)\boldsymbol{X}(t)+\theta_m(t))$。

对有多个隐藏层的更一般情况，t 时刻对上层有 L 个隐藏节点与其连接的隐藏节点 Z_m 可表示为

$$Z_m(t)=f\left(\sum_{l=1}^{L}w_{lm}(t)O_l(t)+\theta_m(t)\right)=f(\boldsymbol{w}_m^{\mathrm{T}}(t)\boldsymbol{O}(t)+\theta_m(t)) \tag{8.12}$$

其中，$O_l(t)$ 表示 t 时刻上层第 l 个隐藏节点的输出。

三层或多层网络的输出节点，如图 8.10 中的 y_1，也由加法器 V 和激活函数 f 组成。通常，回归预测中的激活函数 $f=V$，分类预测中的激活函数 f 常采用 softmax 函数（多分类）或 Logistic 函数（二分类）。设输出节点的上层有 M 个隐藏节点与之相连（如图 8.2b 所示），t 时刻输出节点 $y_k(k=1,2,\cdots,K)$ 的输出，因回归预测和分类预测采用的激活函数不同而不同。

回归预测中，t 时刻输出节点 y_k 的输出为

$$\hat{y}_k=f(V_{y_k}(t))=f\left(\sum_{m=1}^{M}v_{mk}O_m(t)+\theta_{y_k}(t)\right)=\boldsymbol{v}_k^{\mathrm{T}}(t)\boldsymbol{O}(t)+\theta_{y_k}(t) \tag{8.13}$$

$\theta_{y_k}(t)$ 为 t 时刻输出节点 y_k 的偏差权重。激活函数 f 为一个线性函数，也可视为未设置激活函数。进一步，将图 8.10 所示的三层网络中隐藏节点的输出展开：$\boldsymbol{O}(t)=\boldsymbol{Z}(t)=(f(\boldsymbol{w}_1^{\mathrm{T}}(t)\boldsymbol{X}(t)),f(\boldsymbol{w}_2^{\mathrm{T}}(t)\boldsymbol{X}(t)),\cdots,f(\boldsymbol{w}_M^{\mathrm{T}}(t)\boldsymbol{X}(t)))^{\mathrm{T}}$。结合式（8.3）可见，三层网络恰恰是投影寻踪回归的具体体现。其中，式（8.3）中的 $K=M$，且模型系数为 $\boldsymbol{v}_k^{\mathrm{T}}(t)$。

多分类预测中，输出节点的激活函数多采用如下的 softmax 函数。t 时刻输出节点 y_k 的输出为

$$\hat{y}_k=f(V_{y_k}(t))=\frac{\mathrm{e}^{V_{y_k}(t)}}{\sum_{k=1}^{K}\mathrm{e}^{V_{yk}(t)}}=\frac{\mathrm{e}^{[\boldsymbol{v}_k^{\mathrm{T}}(t)\boldsymbol{O}(t)+\theta_{y_k}(t)]}}{\sum_{k=1}^{K}\mathrm{e}^{[\boldsymbol{v}_k^{\mathrm{T}}(t)\boldsymbol{O}(t)+\theta_{y_k}(t)]}} \tag{8.14}$$

显然，输出结果在区间 $(0,1)$ 内，可视为是输出变量预测为类别 k 的概率。

8.3.2 多层网络的隐藏节点

多层网络的重要特征之一是包含隐藏层。在分类预测中，隐藏层有着非常重要的作用，可实现非线性样本的线性化变换。

分类预测中的线性样本是指，对 P 维输入变量空间的两类样本，若能找到一个超平面将两类

分开，则该样本为线性样本，否则为非线性样本。

实际问题中的非线性样本普遍存在。例如，表 8.2 所示就是典型的二维非线性样本。

表 8.2　二维非线性样本

X_1	X_2	y
0	0	0
0	1	1
1	0	1
1	1	0

X_1、X_2 输入变量空间中的 4 个样本观测点的分布如图 8.11 所示。其中，实心点表示 0 类，空心点表示 1 类。

解决非线性样本的分类问题的一般方式是通过一定的变换，将非线性样本变成在另一新空间中的线性样本，然后再分类。多层网络中的隐藏层节点的意义就在此。为阐明这个问题，仍以表 8.2 的数据为例。设三层网络结构为：2 个输入节点，分别对应输入变量 X_1、X_2。1 个隐藏层，包含 2 个隐藏节点 Z_1、Z_2，1 个输出节点 y，3 个偏差节点，如图 8.12 所示。

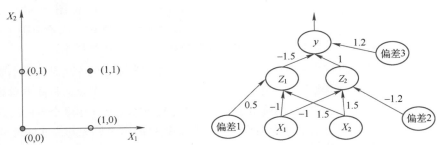

图 8.11　非线性样本示例　　　　　图 8.12　非线性样本的线性变换

图 8.12 中的连接权重和偏差权重是迭代结束后的结果。为便于理解，激活函数采用 [0,1] 阶跃函数。对于样本观测点 $(X_1 = 1, X_2 = 1)$，有

- Z_1 节点的输出为 $f(V_{Z_1}) = f((-1) \times 1 + 1.5 \times 1 + 0.5) = 1$；
- Z_2 节点的输出为 $f(V_{Z_2}) = f((-1) \times 1 + 1.5 \times 1 - 1.2) = 0$；
- y 节点的输出为 $f(V_y) = f((-1.5) \times 1 + 1 \times 0 + 1.2) = 0$；

可见，样本观测点 $(X_1 = 1, X_2 = 1)$ 经过隐藏节点的作用，最终输出节点 y 的输出为 0。

同理，对于样本观测点 $(X_1 = 0, X_2 = 1)$，有

- Z_1 节点的输出为 $f(V_{Z_1}) = f((-1) \times 0 + 1.5 \times 1 + 0.5) = 1$；
- Z_2 节点的输出为 $f(V_{Z_2}) = f((-1) \times 0 + 1.5 \times 1 - 1.2) = 1$；
- y 节点的输出为 $f(V_y) = f((-1.5) \times 1 + 1 \times 1 + 1.2) = 1$；

可见，样本观测点 $(X_1 = 0, X_2 = 1)$ 经过隐藏节点的作用，最终输出节点 y 的输出为 1。

其他类似。事实上，正如前文所述，隐藏节点 Z_1、Z_2 分别代表两个超平面（这里为直线），将输入变量 (X_1, X_2) 构成的空间划分为 3 个区域，如图 8.13 左图所示

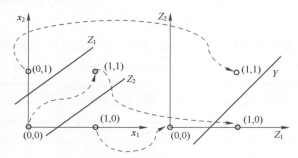

图 8.13　隐藏节点的空间变换以及超平面

在输入变量 (X_1, X_2) 空间中，隐藏节点对应的两条直线 Z_1、Z_2 将 4 个样本观测点划分在 3 个区域内：

- 点 $(X_1 = 0, X_2 = 0)$ 和点 $(X_1 = 1, X_2 = 1)$ 落入两条直线 Z_1、Z_2 的中间区域，两个隐藏节点的输出分别为 $(f(V_{Z_1}) = 1, f(V_{Z_2}) = 0)$。
- 点 $(X_1 = 0, X_2 = 1)$ 和点 $(X_1 = 1, X_2 = 0)$ 落入两条直线 Z_1、Z_2 的外侧区域，两个隐藏节点的输出分别为 $(f(V_{Z_1}) = 1, f(V_{Z_2}) = 1)$ 和 $(f(V_{Z_1}) = 0, f(V_{Z_2}) = 0)$。

将 (X_1, X_2) 空间中的点变换到 (Z_1, Z_2) 空间中，如图 8.13 右图所示。其中，点 $(X_1 = 0, X_2 = 0)$ 和点 $(X_1 = 1, X_2 = 1)$ 在 Z_1、Z_2 空间中重合为一个点 $(Z_1 = 1, Z_2 = 0)$。可见，在 Z_1、Z_2 空间中节点 y 可将两类样本分开。原来的非线性样本变换为线性样本。

进一步，与投影寻踪回归的模型形式相结合可知，一个隐藏节点的作用是将样本观测点投影到由连接权重（权重取决于预测误差）决定的一个方向上。多个隐藏节点会将样本观测点投影到由多组连接权重决定的多个方向上。隐藏节点的输出就是样本观测点在由多个方向决定的新空间中的坐标。通过多个隐藏节点的空间变换作用，多层感知机能够很好地解决非线性分类预测问题，如图 8.14 所示（Python 代码详见 8.4.2 节）。

仍采用图 6.8 左图所示的模拟数据，不同符号（圆圈和五角星）的点分别代表输出变量的两个类别（0 和 1 类，各占约 50%），显然这是个非线性样本。这里采用三层感知机进行分类预测。四幅图中背景为浅色和深色的两块区域分别代表预测类别为 0 类和 1 类的区域。第一行中的两幅图为隐藏节点数分别等于 1 和 2 的情况。尽管两模型的训练误差都等于 0.5，但第 1 幅图将整个区域都预测为 1 类没有分类边界，而第 2 幅图则给出了分类边界。左下图的预测效果明显改善，其隐藏节点数等于 4，分类边界也从右上图的直线变成了曲线，错误率（训练误差）降低到 0.16。右下图为隐藏节点为 30 个时的情况，分类边界变成了圆圈，错误率降至 0.11。可见，隐藏节点的增加可导致分类边界从直线逐步变为曲线和圆圈，从而实现了非线性样本的分类。

此外，隐藏节点的个数远远小于输入变量的个数时，隐藏节点可起到降维作用，并可类似主成分回归那样解决原始输入变量存在相关性下的非线性预测问题。

8.3.3　B-P 反向传播算法

反向传播是多层网络权重更新的重要特点。正如前文所述，输入节点和输出节点之间的权重更新是基于输出节点的误差。二层感知机网络中输出变量的实际值已知，误差可直接计算并用于权重更新。但该策略无法直接应用于三层或多层反向传播网络，原因在于隐藏节点并没有"实际输出"。为此，多层网络引入了反向传播机制以便传递误差并完成权重更新。

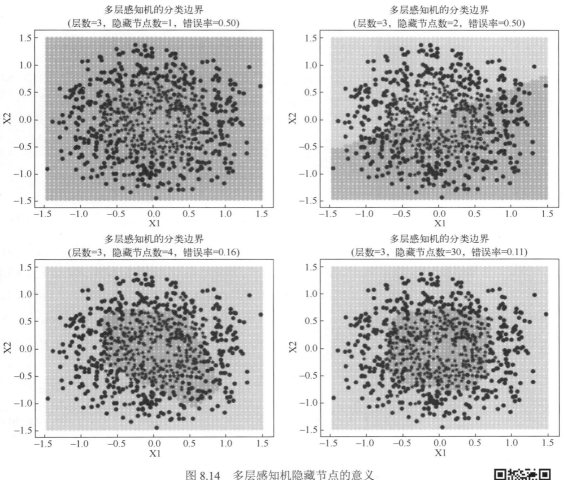

图 8.14　多层感知机隐藏节点的意义

二维码 025

B-P 反向传播算法包括正向传播和反向传播两个阶段。正向传播阶段，样本信息从输入层开始，由上至下逐层经隐藏节点计算处理，上层节点的输出作为下层节点的输入，最终样本信息被传递到输出层节点，得到预测结果和预测误差。正向传播期间所有权重保持不变。计算出预测误差后，进入反向传播阶段。B-P 反向传播算法将输出节点的预测误差反方向逐层传播到上层隐藏节点，并逐层更新权重，直至隐藏节点和输出节点、输入节点和隐藏节点间的权重全部更新为止。以下仅给出三层 B-P 反向传播算法在回归预测中的权重更新。

t 时刻隐藏节点 Z_m 和输出节点 y_k 的权重更新，以及输入节点 X_p 和隐藏节点 Z_m 的权重更新，可分别表示为

$$v_{mk}(t+1) = v_{mk}(t) + \Delta v_{mk}(t)$$

$$w_{pm}(t+1) = w_{pm}(t) + \Delta w_{pm}(t)$$

t 时刻，为更新隐藏节点 Z_m 和输出节点 y_k 的权重，计算仅针对样本观测 $\boldsymbol{X}_i$ 损失的梯度：

$$\left[\frac{\partial E_i}{\partial v_{mk}} \right]_{v_{mk}=v_{mk}(t)} = -(y_{ik} - \hat{y}_{ik}) f'(\boldsymbol{v}_k^{\mathrm{T}} \boldsymbol{Z}_i) Z_{im} \tag{8.15}$$

并令

$$\delta_{ik} = (y_{ik} - \hat{y}_{ik}) f'(\boldsymbol{v}_k^{\mathrm{T}} \boldsymbol{Z}_i) \tag{8.16}$$

称为输出节点 y_k 的局部梯度。可见，局部梯度中包含了误差信息 $(y_{ik} - \hat{y}_{ik})$。

t 时刻，为更新输入节点 X_p 和隐藏节点 Z_m 的权重，计算仅针对样本观测 $\boldsymbol{X}_i$ 损失的梯度：

$$\left[\frac{\partial E_i}{\partial w_{pm}} \right]_{w_{pm}=w_{pm}(t)} = -\sum_{k=1}^{K} (y_{ik} - \hat{y}_{ik}) f'(\boldsymbol{v}_k^{\mathrm{T}} \boldsymbol{Z}_i) v_{mk} f'(\boldsymbol{w}_m^{\mathrm{T}} \boldsymbol{X}_i) X_{ip} \tag{8.17}$$

并令：

$$S_{mi} = f'(\boldsymbol{w}_m^{\mathrm{T}} \boldsymbol{X}_i) \sum_{k=1}^{K} (y_{ik} - \hat{y}_{ik}) f'(\boldsymbol{v}_k^{\mathrm{T}} \boldsymbol{Z}_i) v_{mk} = f'(\boldsymbol{w}_m^{\mathrm{T}} \boldsymbol{X}_i) \sum_{k=1}^{K} \delta_{ik} v_{mk} \tag{8.18}$$

称为隐藏节点 Z_m 的局部梯度。可见，隐藏节点的局部梯度受与之相连的 K 个下层节点（这里为输出节点）的局部梯度 δ_{ik} 的影响，可将 v_{mk} 视为影响的权重。δ_{ik} 中包含的误差信息 $(y_{ik} - \hat{y}_{ik})$ 也传递到这里的局部梯度中，这正是误差反向传播的具体体现，并对输入节点和隐藏节点间的权重更新产生影响。

对于批量更新策略，权重更新量分别为

$$\Delta v_{mk}(t) = -\rho \left(-\sum_{i=1}^{N} \delta_{mi} Z_{im} \right) \tag{8.19}$$

$$\Delta w_{pm}(t) = -\rho \left(-\sum_{i=1}^{N} S_{mi} X_{ip} \right) \tag{8.20}$$

权重更新分别为

$$v_{mk}(t+1) = v_{mk}(t) + \rho \sum_{i=1}^{N} \delta_{mi} Z_{im} \tag{8.21}$$

$$w_{pm}(t+1) = w_{pm}(t) + \rho \sum_{i=1}^{N} S_{mi} X_{ip} \tag{8.22}$$

综上所述，B-P 反向传播算法的最大特点就是误差的反向传播。误差以局部梯度的形式逐层反向传递给下层的所有隐藏节点，体现在下层隐藏节点的局部梯度中，并最终影响各个权重的更新。

8.3.4 多层网络的其他问题

本节，将对多层网络中由于隐藏节点较多（模型复杂度高）而导致的过拟合问题，多层网络中由于隐藏层较多而导致的梯度消失问题（Vanishing Gradient Problem），以及 B-P 反向传播算法的执行效率较低这三个问题做简要说明。

1. 多层网络中若隐藏节点较多（模型复杂度高）会导致过拟合问题

在式（8.11）的损失函数中增加复杂模型，得到目标函数：$E(t)+\alpha J(t)$，并估计目标函数最小下的连接权重。其中，$\alpha \geqslant 0$ 为一个可调的复杂度参数，它度量了模型复杂度增加对目标函数的影响系数；$J(t)$ 为模型复杂度，如定义为 $J(t)=\sum_{mk}v_{mk}^2(t)+\sum_{pm}w_{pm}^2(t)$，或者定义为

$$J(t)=\sum_{mk}\frac{v_{mk}^2(t)}{1+v_{mk}^2(t)}+\sum_{pm}\frac{w_{pm}^2(t)}{1+w_{pm}^2(t)}$$。在以目标函数最小为目标下，当 α 设置为较大值时，$J(t)$ 趋

于 0。这意味着有些连接权重近似等于 0，本质上实现了减少隐藏节点个数、降低模型复杂度的目的。相关内容还会在第 9.4 节讨论。

2. 多层网络中若隐藏层较多会导致梯度消失问题（Vanishing Gradient Problem）

在 B-P 反向传播过程中，由式（8.22）可知，输入节点 X_p 和隐藏节点 Z_m 间的连接权重 w_{pm} 的更新，取决于隐藏节点 Z_m 的局部梯度 S_{mi}，而 S_{mi} 又受下层输出节点局部梯度 δ_{ik} 的影响，即受激活函数导数 $f'(v_k^{\mathrm{T}}Z_i)$ 的影响。在如图 8.15 所示的多层网络中，这种情况表现为左侧层的局部梯度受右侧层局部梯度的影响，输入层与隐藏层间的连接权重的更新，将受逐层激活函数导数的连乘积影响。若单个节点激活函数的导数较小（如采用 Logistic 激活函数，当加法器的绝对值较大时，激活函数的导数近似为 0），导数的多个连乘将更小并接近于 0。这样不仅会导致预测误差信息的反向传播随层次的增加而不断衰减，也使得连接权重的更新量近似为 0，这就是所谓的梯度消失问题。

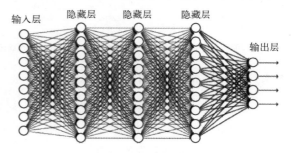

图 8.15　多层网络示意图

为此，解决方案之一就是隐藏节点的激活函数采用 ReLU 激活函数：$f(V_k)=\max(V_k,0)$。

因 ReLU 激活函数的导数等于 1（在正数区间上），可有效解决梯度消失问题。此外，大量实践表明，采用 ReLU 激活函数的多层网络，权重更新更准确，计算效率更高，收敛速度更快。

3. B-P 反向传播算法的执行效率较低

B-P 反向传播算法的执行效率是较低的。为此涌现了一些高效率的基于随机梯度下降（SGD）的优化算法。例如，2011 年 Duchi 等学者提出的适用于稀疏梯度（Spares Gradients）的 AdaGrad 算法⊖，2012 年 Tieleman 等学者提出的适用于在线和非稳定梯度的 RMSProp 算法⊜，以及 2015 年 Diederik P. Kingma 等学者提出的基于 AdaGrad 和 RMSProp 结合的 Adam 算法⊜等。有

⊖ DUCHI, et al. Adaptive subgradient methods for online learning and stochastic optimization[J]. The Journal of Machine Learning Research, 2011, 12:2121–2159.

⊜ TIELEMAN T, HINTON G. Lecture 6.5 - RMSProp, COURSERA: Neural Networks for Machine Learning[J]. Technical report, 2012.

⊜ KINGMA D P, et al. ADAM: A method for stochastic optimization[C]//conference paper at ICLR 2015.

兴趣的读者可查阅相关文献。

8.4　Python 建模实现

为进一步加深对神经网络的理论理解，本节通过 Python 编程，基于模拟数据直观说明如下两个方面的问题

- 二层感知机输出节点中不同激活函数的特点。
- 多层感知机网络中隐藏节点的作用。

以下是本章需导入的 Python 模块：

```
1   #本章需导入的模块
2   import numpy as np
3   import pandas as pd
4   import matplotlib.pyplot as plt
5   from pylab import *
6   import matplotlib.cm as cm
7   import warnings
8   warnings.filterwarnings(action = 'ignore')
9   %matplotlib inline
10  plt.rcParams['font.sans-serif']=['SimHei']    #解决中文显示乱码问题
11  plt.rcParams['axes.unicode_minus']=False
12  from mpl_toolkits.mplot3d import Axes3D
13  from sklearn.datasets import make_circles
14  from sklearn.model_selection import train_test_split
15  from sklearn.metrics import zero_one_loss,r2_score,mean_squared_error
16  import sklearn.neural_network as net
```

其中，第 16 行为新增的 sklearn.neural_network 模块，用于实现感知机网络。

8.4.1　不同激活函数的特点

激活函数是感知机网络的重要组成部分，对数据预测起着非常重要的作用。本节（文件名：chapter8-1.ipynb）将基于模拟数据，说明二层感知机网络中不同激活函数对预测结果的影响。

1. Logistic 激活函数的特点

以下将首先指定加法器为 $\frac{1}{\sqrt{2}}X_1 + \frac{1}{\sqrt{2}}X_2 + 0.5$，并采用 Logistic 激活函数：

$$\hat{y} = \frac{1}{1 + \exp\left(-\left(\frac{1}{\sqrt{2}}X_1 + \frac{1}{\sqrt{2}}X_2 + 0.5\right)\right)}$$。然后，绘制激活函数随变量 X_1、X_2 不同取值而变化的曲

面图。代码如下所示。

```
1   x1=np.linspace(-5,5,20)
2   x2=np.linspace(-5,5,20)
3   X1,X2= np.meshgrid(np.linspace(x1.min(),x1.max(),20), np.linspace(x2.min(),x2.max(),20))
4   w=[1/np.sqrt(2),1/np.sqrt(2)]
5   V=w[0]*X1+w[1]*X2+0.5
6   Y=1/(1+np.exp(-V))
7   fig = plt.figure(figsize=(20,6))
8   ax1 = fig.add_subplot(131, projection='3d')
9   ax1.plot_wireframe(X1,X2,Y,linewidth=0.5)
10  ax1.plot_surface(X1,X2,Y,alpha=0.3)
11  ax1.set_xlabel('X1')
12  ax1.set_ylabel('X2')
13  ax1.set_zlabel('Y')
14  ax1.set_title('感知机的分类或回归面(logistic激活函数)')
```

【代码说明】

1）第 1 至 3 行：生成变量 X_1、X_2，变量值为[−5,+5]间均匀分布的 20 个值。为展示二层感知机网络输出节点的预测结果准备数据：生成 [−5,+5]间均匀分布的 400 个样本观测数据。

2）第 4、5 行：指定二层感知机网络中，输入节点 X_1、X_2 与输出节点 y 的连接权重为 $\left(\dfrac{1}{\sqrt{2}}, \dfrac{1}{\sqrt{2}}\right)^{\mathrm{T}}$，偏差权重等于 0.5。因此，加法器为 $\dfrac{1}{\sqrt{2}}X_1 + \dfrac{1}{\sqrt{2}}X_2 + 0.5$。

3）第 6 行：指定激活函数为 Logistic 函数，于是输出节点的输出为 $\hat{y} = \dfrac{1}{1+\exp\left(-\left(\dfrac{1}{\sqrt{2}}X_1 + \dfrac{1}{\sqrt{2}}X_2 + 0.5\right)\right)}$。

4）第 8 至 14 行：绘制输入节点 X_1、X_2 的取值与输出节点预测值间的关系曲面图，如图 8.6 左图所示。图形显示，输入节点 X_1、X_2 与输出节点预测值间的关系呈一个曲面，表明 Logistic 激活函数可以刻画和体现输入变量和输出变量间的非线性关系。

2. tanh 激活函数

以下将首先指定加法器为 $\dfrac{1}{\sqrt{2}}X_1 + \dfrac{1}{\sqrt{2}}X_2 + 0.5$，并采用 tanh 激活函数：$\hat{y} = \dfrac{\mathrm{e}^{V_k} - \mathrm{e}^{-V_k}}{\mathrm{e}^{V_k} + \mathrm{e}^{-V_k}}$。然后，绘制激活函数随变量 X_1、X_2 不同取值变化的曲面图。代码如下所示。

```
16  Y=(np.exp(V)-np.exp(-V))/(np.exp(V)+np.exp(-V))
17  ax2 = fig.add_subplot(132, projection='3d')
18  ax2.plot_wireframe(X1, X2, Y, linewidth=0.5)
19  ax2.plot_surface(X1, X2, Y, alpha=0.3)
20  ax2.set_xlabel('X1')
21  ax2.set_ylabel('X2')
22  ax2.set_zlabel('Y')
23  ax2.set_title('感知机的分类或回归面(tanh激活函数)')
24  #fig.subplots_adjust(hspace=0.5)
25  fig.subplots_adjust(wspace=0)
```

【代码说明】

1）第 16 行：计算输出节点的加法器等于 $V_k = \dfrac{1}{\sqrt{2}}X_1 + \dfrac{1}{\sqrt{2}}X_2 + 0.5$ 时，tanh 激活函数的输出结果 $\hat{y} = \dfrac{\mathrm{e}^{V_k} - \mathrm{e}^{-V_k}}{\mathrm{e}^{V_k} + \mathrm{e}^{-V_k}}$。

2）第 18 至 23 行：绘制输入节点 X_1、X_2 的取值与输出节点预测值间的关系曲面图，如图 8.6 中图所示。图形显示，输入节点 X_1、X_2 与输出节点预测值间的关系呈一个更为陡峭的曲面，这表明 tanh 激活函数也可以刻画和体现输入变量和输出变量间的非线性关系。

3. ReLU 激活函数

以下将首先指定加法器为 $\dfrac{1}{\sqrt{2}}X_1 + \dfrac{1}{\sqrt{2}}X_2 + 0.5$，并采用 ReLU 激活函数：$\hat{y} = \max(V_k, 0)$。然后，绘制激活函数随变量 X_1、X_2 不同取值变化的曲面图。代码如下所示。

【代码说明】

1）第 27 至 29 行：计算输出节点 y 的加法器等于 $V_k = \dfrac{1}{\sqrt{2}}X_1 + \dfrac{1}{\sqrt{2}}X_2 + 0.5$ 时，ReLU 激活函

数的输出结果 $\hat{y} = \max(V_k, 0)$。

```
27  Y=np.zeros((V.shape))
28  id=np.where(V>0)
29  Y[id]=V[np.where(V>0)]
30  ax3 = fig.add_subplot(133, projection='3d')
31  ax3.plot_wireframe(X1,X2,Y,linewidth=0.5)
32  ax3.plot_surface(X1,X2,Y,alpha=0.3)
33  ax3.set_xlabel('X1')
34  ax3.set_ylabel('X2')
35  ax3.set_zlabel('Y')
36  ax3.set_title('感知机的分类或回归面(relu激活函数)')
```

2）第 31 至 36 行：绘制输入节点 X_1、X_2 的取值与输出节点预测值间的关系曲面图，如图 8.6 右图所示。图形显示，输入节点 X_1、X_2 与输出节点 y 预测值间的关系具有分段特点。从定义上看，$V_k \leq 0$ 时，$\hat{y}=0$；$V_k > 0$ 时，$\hat{y}=V_k$。V_k 为 X_1、X_2 的线性组合。ReLU 激活函数可展示输入变量和输出变量间更复杂的关系。

8.4.2 隐藏节点的作用

多层感知机网络的重要特征是拥有隐藏层。隐藏层能够有效实现非线性样本的线性变换。这里（文件名：chapter8-2.ipynb）将以分类边界的形式直观展示多层感知机的这个特点。代码如下所示。

```
1   N=800
2   X,Y=make_circles(n_samples=N, noise=0.2, factor=0.5, random_state=123)
3   unique_lables=set(Y)
4   X1,X2= np.meshgrid(np.linspace(X[:,0].min(),X[:,0].max(),50),np.linspace(X[:,1].min(),X[:,1].max(),50))
5   X0=np.hstack((X1.reshape(len(X1)*len(X2),1),X2.reshape(len(X1)*len(X2),1)))
6
7   fig,axes=plt.subplots(nrows=2,ncols=2,figsize=(15,12))
8   colors=plt.cm.Spectral(np.linspace(0,1,len(unique_lables)))
9   markers=['o','*']
10  for hn,H,L in [(1,0,0),(2,0,1),(4,1,0),(30,1,1)]:
11      NeuNet=net.MLPClassifier(hidden_layer_sizes=(hn,),random_state=123)
12      NeuNet.fit(X,Y)
13      Y0=NeuNet.predict(X0)
14      axes[H,L].scatter(X0[np.where(Y0==0),0],X0[np.where(Y0==0),1],c='mistyrose')
15      axes[H,L].scatter(X0[np.where(Y0==1),0],X0[np.where(Y0==1),1],c='lightgray')
16      axes[H,L].set_xlabel('X1')
17      axes[H,L].set_ylabel('X2')
18      axes[H,L].set_title('多层感知机的分类边界(层数=%d,隐藏节点数=%d,错误率=%.2f)'%(NeuNet.n_layers_,hn,1-NeuNet.score(X,Y)))
19      for k,col,m in zip(unique_lables,colors,markers):
20          axes[H,L].scatter(X[Y==k,0],X[Y==k,1],color=col,s=30,marker=m)
```

【代码说明】

1）第 1、2 行：生成如图 6.8 左图所示的模拟数据，这是一个典型的非线性样本。

2）第 3、4 行：为绘制分类边界准备数据：生成位于两个输入变量的取值范围内的 $2500(50 \times 50)$ 个样本观测点。

3）第 10 至 20 行：利用 for 循环分别建立四个具有不同数量（1，2，4，30）隐藏节点的多层感知机网络。拟合训练数据并计算训练误差。预测 2500 个样本观测点的类别。指定 0 类区域为浅色，1 类区域为深色，形成两类的分类边界。最后，将样本数据添加到图上。所得四幅图如图 8.14 所示。图形显示，隐藏节点的增加导致分类边界从直线逐步变为曲线和圆圈，实现了非线性样本的分类。

这里，利用函数 MLPClassifier()实现多层感知机分类。其中，参数 hidden_layer_sizes 用于指定隐藏层和隐藏节点个数。如：(100,20)表示有两个隐藏层分别包含 100 和 20 个隐藏节点。

MLPClassifier()默认的激活函数为 ReLU 函数，最大迭代次数为 200，三层网络（一个隐藏层包含 100 个隐藏节点），并采用 Adam 随机梯度优化算法。

8.5 Python 实践案例

本节通过两个实践案例，说明如何利用人工神经网络解决实际应用中多分类预测问题和回归预测问题。第一个例子是基于手写体邮政编码点阵数据，实现数字的识别分类；另一个案例则是基于空气质量监测数据对 PM2.5 的浓度进行回归预测。重点说明不同激活函数对分类预测和回归预测的影响。

8.5.1 实践案例 1：手写体邮政编码的识别

本例为（文件名：chapter8-3.ipynb）基于手写体邮政编码点阵数据，利用多层感知机网络实现数字识别分类，并比较不同激活函数对分类预测的影响。

1. 手写体邮政编码点阵数据的可视化

以下将根据手写体邮政编码的点阵数据，还原邮政编码的灰度图像。

```
1  data=pd.read_table('邮政编码数据.txt',sep=' ',header=None)
2  X=data.iloc[:,1:-1]
3  Y=data.iloc[:,0]
4  #print(Y.unique())
5  np.random.seed(1)
6  ids=np.random.choice(len(Y),25)
7  plt.figure(figsize=(8,8))
8  for i,item in enumerate(ids):
9      img=np.array(X.iloc[item,]).reshape((16,16))
10     plt.subplot(5,5,i+1)
11     plt.imshow(img,cmap=cm.gray_r)
12  plt.show()
```

【代码说明】

1）第 1 至 3 行：读入手写体邮政编码数字数据。

手写体邮政编码数字以文本文件格式存储。数据为16×16的灰度点阵值，存放在 2 至 257 列上，将作为输入变量。第 1 列为灰度点阵数据对应的实际数字，将作为输出变量。

2）第 5、6 行：随机抽取 25 个邮政编码数字以备后续展现。

3）第 8 至 11 行：利用 for 循环展现 25 个邮政编码数字。

对每个数字，需首先将以行组织的数据转换成16×16的二维数组，然后采用函数 imshow()将存储在数组中的点阵数据显示为图像。图像数据通常用数组的第三维表示颜色。因本例没有颜色，可将参数 cmap 指定为 cm.gray_r，表示以白色为背景、显示灰度图像。所得图形如图 8.16 所示。

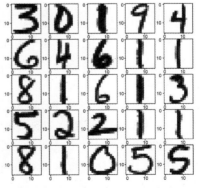

图 8.16 手写体邮政编码的灰度图

2．数字的识别分类

基于点阵数据采用三层感知机网络对手写体邮政编码数字进行识别分类。

首先，在数据集划分的基础上，将建立拥有不同个数隐藏节点的三层感知机网络，激活函数依次为 ReLU 函数和 Logistic 函数。然后，绘制各网络的训练误差和测试误差随隐藏节点增加而变化的曲线图。代码如下所示。

```
1  X_train, X_test, Y_train, Y_test = train_test_split(X, Y, train_size=0.60, random_state=123)
2  #NeuNet=net.MLPClassifier(activation='logistic', solver='sgd', batch_size=50)
3  nodes=np.arange(1,20,2)
4  acts=['relu','logistic']
5  errTrain=np.zeros((len(nodes),2))
6  errTest=np.zeros((len(nodes),2))
7  for i,node in enumerate(nodes):
8      for j,act in enumerate(acts):
9          NeuNet=net.MLPClassifier(hidden_layer_sizes=(node,),activation=act,random_state=1)
10         NeuNet.fit(X_train,Y_train)
11         errTrain[i,j]=1-NeuNet.score(X_train,Y_train)
12         errTest[i,j]=1-NeuNet.score(X_test,Y_test)
```

【代码说明】

1）第 1 行：利用旁置法，将数据集按 60%和 40%的比例划分成训练集和测试集。

2）第 3 至 6 行：建模准备。指定激活函数分别为 ReLU 函数和 Logistic 函数。隐藏节点个数为 1、3、5 至 19。定义两个数组分别存储不同激活函数下模型的训练误差和测试误差。

3）第 7 至 12 行：通过两个 for 循环依次建立拥有不同个数隐藏节点的三层感知机网络，激活函数依次为 ReLU 函数和 Logistic 函数。并拟合训练集，计算训练误差和测试误差。

绘制不同激活函数下的人工神经网络，其训练误差和测试误差随隐藏节点增加而变化的曲线图。

```
1  plt.plot(nodes, errTest[:,0], label="relu激活(测试误差)", linestyle='-')
2  plt.plot(nodes, errTest[:,1], label="logistic激活(测试误差)", linestyle='-.')
3  plt.plot(nodes, errTrain[:,0], label="relu激活(训练误差)", linestyle='-', linewidth=0.5)
4  plt.plot(nodes, errTrain[:,1], label="logistic激活(训练误差)", linestyle='-.', linewidth=0.5)
5  plt.title('隐藏节点数与误差')
6  plt.xlabel('隐藏节点数')
7  plt.ylabel('误差')
8  plt.xticks(nodes)
9  plt.legend()
```

【代码说明】

1）第 1、2 行：绘制采用 ReLU 激活函数和 Logistic 激活函数时，测试误差随隐藏节点个数增加的变化曲线。

2）第 3、4 行：绘制采用 ReLU 激活函数和 Logistic 激活函数时，训练误差随隐藏节点个数增加的变化曲线。

所得图形如图 8.17 所示。

图 8.17 为分别采用 ReLU 激活函数和 Logistic 激活函数，训练得到的两个网络其训练误差和测试误差随隐藏节点数增加的变化曲线。显然，当隐藏节点个数等于 3 时，ReLU 激活函数的测试误差约为 0.15，但 Logistic 激活函数的测试误差约为 0.32。当隐藏节点个数等于 5 时，ReLU 激活函数的测试误差约为 0.1，Logistic 激活函数的测试误差约降至 0.20。后续继续增加隐藏节点，两种激活函数的测试误差基本维持在同一水平上，且 ReLU 激活函数略优于 Logistic 激活函数。可见，ReLU 激活函数可在很简单的网络结构下获得比较理想的预测效果，有利于避免模型

的过拟合问题。

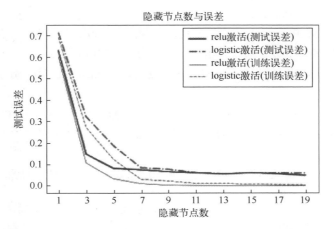

图 8.17　数字识别中的 ReLU 激活函数与 Logistic 激活函数

总之，这里较为理想的模型是采用 ReLU 激活函数且包含 7 个隐藏节点的人工神经网络，它有较为理想的预测效果且泛化能力较强。

8.5.2　实践案例 2：PM2.5 浓度的回归预测

本例（文件名：chapter8-4.ipynb）基于空气质量监测数据，采用人工神经网络对 PM2.5 浓度进行回归预测。这个案例将说明如何利用 Python 实现基于人工神经网络的回归预测，以及展示随迭代次数增加，不同激活函数下的损失函数的变化情况。

首先，分别采用 ReLU 激活函数和 Logistic 激活函数，建立包含 100 个隐藏节点的三层感知机网络。然后，采用 ReLU 激活函数，建立包含两个隐藏层（分别包括 100 和 50 个隐藏节点）的多层感知机网络。代码如下所示。

```
1   data=pd.read_excel('北京市空气质量数据.xlsx')
2   data=data.replace(0, np.NaN)
3   data=data.dropna()
4   data=data.loc[(data['PM2.5']<=200) & (data['SO2']<=20)]
5   X=data[['SO2','CO','NO2','O3']]
6   Y=data['PM2.5']
7   X_train, X_test, Y_train, Y_test = train_test_split(X,Y,train_size=0.70, random_state=123)
8
9   acts=['relu','logistic']
10  lts=['-','-.']
11  for lt,act in zip(lts,acts):
12      NeuNet=net.MLPRegressor(activation=act,random_state=123,hidden_layer_sizes=(100,))
13      NeuNet.fit(X_train,Y_train)
14      Y_pred=NeuNet.predict(X_test)
15      plt.plot(NeuNet.loss_curve_,label=act+"(测试1-R方=%.2f)"%(1-r2_score(Y_test,Y_pred)),linestyle=lt)
```

【代码说明】

1）第 1 至 7 行：读入空气质量数据。数据预处理。确定输入变量和输出变量。将数据集划分成训练集和测试集。

2）第 9 至 10 行：建模准备。将采用 ReLU 激活函数和 Logistic 激活函数。

3）第 11 至 15 行：利用 for 循环，分别采用 ReLU 激活函数和 Logistic 激活函数，建立包含 100 个隐藏节点的三层感知机网络。

这里，直接采用 MLPRegressor()函数实现回归预测，并拟合训练集。计算测试误差，绘制随迭代次数增加，两种激活函数下的损失函数的变化曲线。MLPRegressor 对象有很多属性，其中 loss_curve_存储了各次迭代时的损失值。此外还有 coefs_、intercepts_等，分别用于存储各个节点的连接权重和偏差权重。

Python 中默认采用小批量随机梯度下降法来估计参数。默认计算 $n = 200$ 的随机样本的总损失并迭代更新一次权重。本例训练集的样本量等于 1257，一个训练周期约迭代更新 $1257 / 200 \approx 6$ 次权重。

接下来，采用 ReLU 激活函数，建立包含两个隐藏层（分别包括 100 和 50 个隐藏节点）的多层感知机网络。代码如下所示。

```
17  NeuNet=net.MLPRegressor(activation='relu',random_state=123,hidden_layer_sizes=(100,50))
18  NeuNet.fit(X_train,Y_train)
19  Y_pred=NeuNet.predict(X_test)
20  plt.plot(NeuNet.loss_curve_,label="四层网络relu激活(测试1-R方=%.2f)"%(1-r2_score(Y_test,Y_pred)),linestyle='--')
21  plt.legend()
22  plt.title("ReLu和Logistic激活函数的损失对比")
23  plt.xlabel("迭代次数")
24  plt.ylabel("平方损失值")
```

利用基于 ReLU 激活函数的、包含两个隐藏层的多层感知机网络来拟合训练集。计算测试误差，并绘制随迭代次数增加损失函数的变化曲线。本例所得图形如图 8.18 所示。

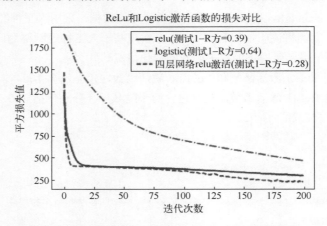

图 8.18　PM2.5 预测中的 ReLU 与 Logistic 激活函数

图 8.18 中，横坐标为迭代次数，纵坐标为平方损失值，展示了分别采用 ReLU 激活函数和 Logistic 激活函数时平方损失随迭代次数增加而下降的情况。实线和点直线分别为三层网络下采用 ReLU 激活函数和 Logistic 激活函数的损失值。可见，ReLU 激活函数可使损失值很快下降并快速收敛。迭代 100 次后平方损失变化并不大，表明权重趋于收敛。Logistic 激活函数的平方损失降低较慢。从趋势看还需更多次数的迭代方可收敛。此外，ReLU 激活函数下的损失值始终小于 Logistic 激活函数，ReLU 激活函数的权重更新更准确。但因三层网络层数不大，两种激活函数下的测试误差 $(1 - R^2)$ 均很高。进一步，对于优化模型（包含两个隐藏层的四层网络并采用

ReLU 激活函数），平方损失随迭代次数增加下降的情况如虚线所示。可以看到，增加网络结构的复杂度需要更多次的迭代。迭代 100 次之后平方损失仍继续下降，大约 175 次迭代后权重趋于收敛，模型预测效果得到改善。

总之，本例中 ReLU 激活函数可使平方损失值很快下降并快速收敛。ReLU 激活函数下的损失值始终小于 Logistic 激活函数，ReLU 激活函数的权重更新更准确。包含两个隐藏层的四层网络需要更多次的迭代，且模型预测效果有所提高。

【本章总结】

本章介绍了人工神经网络的基本原理。首先，讲解了不同人工神经网络的拓扑结构，论述了各节点的作用和意义。然后，聚焦感知机网络，阐述了其权重调整的基本方式。接下来，重点介绍了多层感知机网络中隐藏节点的作用，以及权重调整过程中的 B-P 反向传播算法。最后，基于 Python 编程，通过模拟数据直观展示了不同激活函数的特点以及隐藏节点个数对预测的影响。本章的 Python 实践案例，分别展示了人工神经网络在多分类预测和回归预测两个场景下的应用。

【本章相关函数】

围绕本章学习，应重点掌握 Python 模块中的以下函数。函数的具体格式参见 Python 帮助。

1. 建立用于分类预测的人工神经网络

```
NeuNet=net.MLPClassifier(); NeuNet.fit(X,Y)
```

2. 建立用于回归预测的人工神经网络

```
NeuNet=net.MLPRegressor(); NeuNet.fit(X,Y)
```

【本章习题】

1. 请简述人工神经网络的基本构成，以及各层节点的作用。
2. 请结合几何意义说明人工神经网络中节点加法器的意义，以及激活函数的作用。
3. 请简述二层感知机网络的权重更新过程。
4. 请简述三层或多层网络中隐藏节点的意义。
5. Python 编程题：脸部表情的分类预测。

这里以 kaggle(www.kaggle.com)上 48×48 点阵的人脸灰度数据集为研究对象，利用人工神经网络对脸部表情进行分类预测。数据集（文件名：脸部表情.txt）中的脸部灰度图如图 8.19 所示。其中图形上方的数字分别代表 6 类表情（0：生气；1：厌恶；2：害怕；3：高兴；4：悲

227

伤；5：惊讶, 6：平静）。

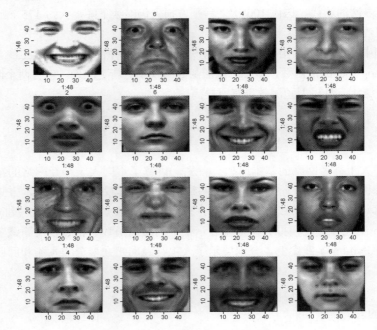

图 8.19　数据集中的脸部灰度图

第9章
数据预测建模：支持向量机

支持向量机（Support Vector Machine，SVM）是在统计学习理论（Statistical Learning Theory，SLT）基础上发展起来的一种机器学习方法。1992 年由 Boser、Guyon 和 Vapnik 提出，在解决小样本、非线性和高维的分类预测和回归预测问题上有许多优势。

支持向量机分为支持向量分类机和支持向量回归机。顾名思义，支持向量分类机用于研究输入变量与二分类输出变量间的数量关系和分类预测，简称为支持向量分类（Support Vector Classification，SVC）；支持向量回归机用于研究输入变量与数值型输出变量间的数量关系和回归预测，简称为支持向量回归（Support Vector Regression，SVR）。

本章将从分类预测和回归预测两个方面，分别介绍支持向量机的基本原理。将涉及如下方面：

- 支持向量分类概述。支持向量分类概述中将聚焦讨论支持向量分类的意义，以及支持向量分类中最大边界超平面的特点。
- 完全线性可分下的支持向量分类。完全线性可分下的支持向量分类是一种非常理想情况下的分类建模策略，是后续进一步学习的基础。
- 广义线性可分下的支持向量分类。相对于完全线性可分下的支持向量分类，广义线性可分下的支持向量分类更具现实意义。
- 线性不可分下的支持向量分类。线性不可分下的支持向量分类是支持向量机的灵魂，如何通过核函数巧妙解决非线性可分问题，是本节关注的重点。
- 常见的支持向量回归算法。支持向量机同样可以实现回归预测，它与一般线性回归有怎样的联系和不同，是本节讨论的重要问题。
- 支持向量机的 Python 应用实践。

9.1 支持向量分类概述

支持向量分类以训练集为数据对象，分析输入变量和二分类输出变量之间的数量关系，并实现对新数据输出变量类别的预测。

9.1.1 支持向量分类的基本思路

正如以前章节介绍的，在分类预测问题时，需将训练集中的 N 个样本观测看成 p 维输入变

量空间中的 N 个点，以点的不同形状（或颜色）代表输出变量的不同类别取值。支持向量分类建模目的是，基于训练集在 p 维空间中找到能将两类样本有效分开的分类超平面。以二维空间为例，分类超平面为一条直线，如图 9.1 中的直线所示。

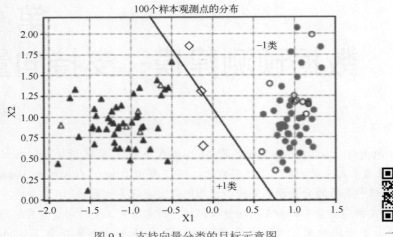

图 9.1　支持向量分类的目标示意图　　　　二维码 026

图 9.1 中展示了 100 个样本观测点在输入变量 X_1、X_2 的二维空间中的分布情况。三角形代表的样本观测属于一类（如输出变量 $y = +1$），圆点代表的样本观测属于另一类（输出变量 $y = -1$）。图中菱形对应的样本观测是输出变量取值未知的新样本观测，记为 X_0。预测 X_0 的输出变量类别时需考察样本观测点 X_0 位于直线的哪一侧。图 9.1 中，位于直线右上方的菱形所代表的样本观测 X_0，其输出变量的类别预测值应为 -1；直线左下方菱形代表的样本观测 X_0，类别预测值应为 $+1$；位于直线上的菱形代表的样本观测 X_0，无法给出类别预测值。可见，支持向量分类的核心目标就是要基于训练集（图中实心点），估计分类直线对应的方程：$b + w_1 X_1 + w_2 X_2 = 0$，进而确定这条直线在二维平面上的位置，并基于测试集（图中空心点）估计测试误差，为后续预测服务。

在 p 维输入变量空间中，分类直线将演变为一个分类超平面：$b + w_1 X_1 + w_2 X_2 + \cdots + w_p X_p = 0$，即 $b + \boldsymbol{w}^{\mathrm{T}} \boldsymbol{X} = 0$。分类超平面的位置由待估参数 b 和 $\boldsymbol{w}$ 决定。如果参数 b 和 $\boldsymbol{w}$ 的估计值 $\hat{b}$ 和 $\hat{\boldsymbol{w}}$ 是合理的，那么，对实际属于某一类的样本观测点 X_i，代入 $\hat{b} + \hat{\boldsymbol{w}}^{\mathrm{T}} X_i$ 计算，绝大部分的计算结果应大于 0。对实际属于另一类的样本观测点 X_i，代入 $\hat{b} + \hat{\boldsymbol{w}}^{\mathrm{T}} X_i$ 计算，绝大部分的计算结果应小于 0。支持向量机规定：对于 $\hat{b} + \hat{\boldsymbol{w}}^{\mathrm{T}} X_i > 0$ 的样本观测（位于超平面的一侧），输出变量 $\hat{y}_i = 1$；对于 $\hat{b} + \hat{\boldsymbol{w}}^{\mathrm{T}} X_i < 0$ 的样本观测（位于超平面的另一侧），输出变量 $\hat{y}_i = -1$。

前面章节已介绍过超平面方程中参数估计的多种策略和具体方法。但可能出现这样的情况：如果两类样本观测点能够被超平面有效分开，则可能会找到多个这样的超平面。应采用哪个超平面进行预测呢？这里以二维空间为例说明。

图 9.2 是三层神经网络，采用 Logistic 激活函数，连接权重初始值不同，迭代 200 次后的多个分类直线的情况（Python 代码详见 9.6.1 节）。其中，实心点表示样本观测来自训练集，空心

点表示来自测试集。深色和浅色区域的边界即为分类直线。落入两个区域的点预测类别分别为三角形类和圆点类。可直观看出，图 9.2 中四个分类直线的训练误差都等于零，但值得注意的是：左侧两条分类直线均距训练集中的圆点类很近，有些点几乎贴在分类直线上。右侧两条分类直线则距两类点都比较远。从预测置信度上考虑，利用右侧两条分类直线进行预测的把握程度是比较高的。此外，从测试误差看，左侧两条分类直线下的测试误差都大于零，右侧均等于 0。显然，应选择右侧两条距两类别边缘上的点较远的分类直线。

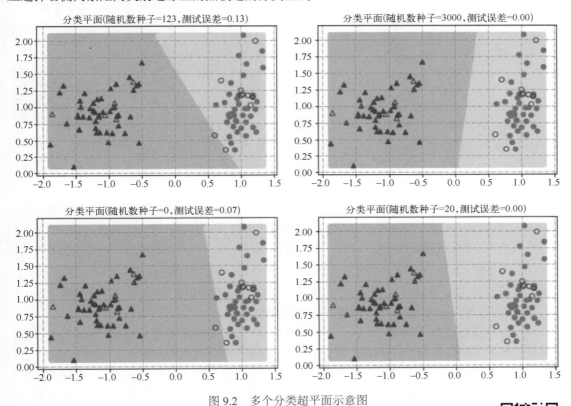

图 9.2　多个分类超平面示意图

　　与此类似，支持向量分类的意义在于：算法确定的分类超平面，是具有最大边界的超平面，是距两类别的边缘观测点最远的超平面。

　　具体讲，图 9.3（参考图 9.2 右侧的两幅图）中训练集的两类的边缘点分别位于两条虚线上。因左图的两条虚线边界间的宽度大于右图，所以支持向量分类的最大边界超平面，应是左图中平行于虚线边界且位于两边界中间的实线。可见，它并没有与三层神经网络给出的分类直线重合。

　　基于最大边界超平面 $b + \boldsymbol{w}^{\mathrm{T}}\boldsymbol{X} = 0$ 进行预测时，对新样本观测 $\boldsymbol{X}_0$，只需计算 $b + \boldsymbol{w}^{\mathrm{T}}\boldsymbol{X}_0$ 并判断计算结果的正负符号。若 $b + \boldsymbol{w}^{\mathrm{T}}\boldsymbol{X}_0 > 0$，则 $\hat{y}_0 = 1$；若 $b + \boldsymbol{w}^{\mathrm{T}}\boldsymbol{X}_0 < 0$，则 $\hat{y}_0 = -1$。

　　最大边界超平面的重要意义如下。

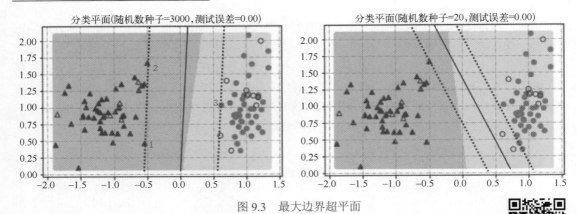

图 9.3　最大边界超平面

二维码 028

（1）有较高的预测置信度

既然最大边界超平面 $b+\boldsymbol{w}^{\mathrm{T}}\boldsymbol{X}=0$ 是距训练集中的边缘点最远的，那么，对任一来自训练集的样本观测 $\boldsymbol{X}_i$ 和一个较小正数 $\varepsilon>0$，若输出变量 $y_i=1$，不仅有 $b+\boldsymbol{w}^{\mathrm{T}}\boldsymbol{X}_i>0$ 成立，也有 $b+\boldsymbol{w}^{\mathrm{T}}\boldsymbol{X}_i\geqslant 0+\varepsilon$ 成立；若输出变量 $y_i=-1$，不仅有 $b+\boldsymbol{w}^{\mathrm{T}}\boldsymbol{X}_i<0$ 成立，也有 $b+\boldsymbol{w}^{\mathrm{T}}\boldsymbol{X}_i\leqslant 0-\varepsilon$ 成立。

既然最大边界超平面 $b+\boldsymbol{w}^{\mathrm{T}}\boldsymbol{X}=0$ 是距训练集中的边缘点最远的，就可以认为测试集中的边缘点也会远离最大边界超平面。对任一来自测试集的样本观测 $\boldsymbol{X}_0$ 和一个较小正数 $\varepsilon>0$，若 $b+\boldsymbol{w}^{\mathrm{T}}\boldsymbol{X}_0>0$，则将有较大信心相信 $b+\boldsymbol{w}^{\mathrm{T}}\boldsymbol{X}_0>0+\varepsilon$ 成立；若 $b+\boldsymbol{w}^{\mathrm{T}}\boldsymbol{X}_0<0$ 成立，则也将有较大信心相信 $b+\boldsymbol{w}^{\mathrm{T}}\boldsymbol{X}_0<0-\varepsilon$ 成立。基于该超平面预测正确的把握程度将高于其他超平面。就如同图 9.2 左侧的两条分类直线，因距训练样本观测点很近，不仅预测把握程度不高也容易导致预测错误。

（2）最大边界超平面仅取决于两类的边缘观测点

图 9.3 左图超平面的位置仅取决于样本观测点 1、2、3，这些样本观测称为支持向量。最大边界超平面对支持向量的位置移动极为敏感，且仅依赖于这些数量较少的支持向量。因此，它能够有效克服模型的过拟合问题，即如果训练集的随机变动没有体现在支持向量上，则超平面就不会随之移动，基于超平面的预测结果也就不会改变。因此，最大边界超平面的预测具有很强的鲁棒性。

9.1.2　支持向量分类的几种情况

确定最大边界超平面时会有如下几种情况出现。

1. 线性可分样本

线性可分样本，即样本观测点可被超平面线性分开的情况。进一步，还需考虑样本完全线性可分和样本广义线性可分两种情况。前者意味着输入变量空间中的两类样本观测点彼此不重合，可以找到一个超平面将两类样本百分之百地正确分开，如图 9.3 所示，这种情况称为完全线性可分问题。后者表示输入变量空间中的两类样本点"你中有我，我中有你"，无法找到一个超平面将两类样本观测点百分之百地正确分开，如图 9.4 左图所示，这种情况称为广义线性可分问题。

图 9.4 中的实心点为训练集，空心点来自测试集。

2. 线性不可分样本

线性不可分样本，即样本观测点无法被超平面线性分开，如图 9.4 右图所示。无论是否允许错分，均无法找到能将两类样本分开的直线，只能是曲线。

以下将就上述几种情况分别讨论。

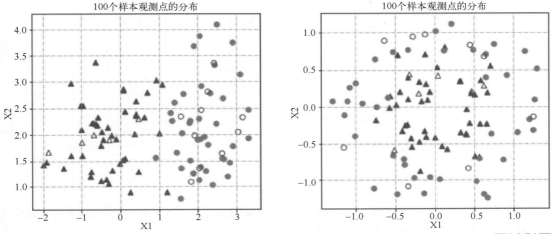

图 9.4 广义线性可分和线性不可分示意图

二维码 029

9.2 完全线性可分下的支持向量分类

完全线性可分下的支持向量分类适用于输入变量空间中的两类样本观测点彼此不重合，可以找到一个超平面将两类样本百分之百地正确分开的情况。以下将介绍获得此超平面的基本思路和具体的求解策略。

9.2.1 如何求解超平面

在完全线性可分的情况下，以二维空间为例，可通过以下途径确定并求解超平面。

首先，分别将两类的最外围的样本观测点连线，形成两个多边形，它们应是关于两类样本点集的凸包（Convex Hull），即最小凸多边形。各自类的样本观测点均在多边形内或边上。然后，以一类的凸包边界为基准线，找到另一类凸包边界上的点，过该点作基准线的平行线，得到一对平行线。

显然，可以有多条这样的基准线和对应的平行线，但应找到能正确划分两类且相距最远的一对平行线。最大边界超平面（线）是该对平行线垂线的垂直平分线，即如图 9.5 所示的实线。

由此可见，找到凸多边形上的点，得到相距最远的一对平行线是关键。

一方面，若以 $y_i = 1$ 类的凸包边界为基准线（其上的样本观测点记为 $\boldsymbol{X}^+$）。令该直线方程为 $b + \boldsymbol{w}^{\mathrm{T}} \boldsymbol{X}^+ = 1$。若超平面方程为 $b + \boldsymbol{w}^{\mathrm{T}} \boldsymbol{X} = 0$，则基准线的并行线方程即为 $b + \boldsymbol{w}^{\mathrm{T}} \boldsymbol{X}^- = -1$，$y_i = -1$ 类的凸包边界上的样本观测点 $\boldsymbol{X}^-$ 在该直线上。于是，两平行直线间的距离为 $\lambda = \dfrac{2}{\|\boldsymbol{w}\|}$，

距离的一半为 $d = \dfrac{1}{\|\boldsymbol{w}\|}$ ， $\|\boldsymbol{w}\| = \sqrt{\boldsymbol{w}^{\mathrm{T}}\boldsymbol{w}}$ 。

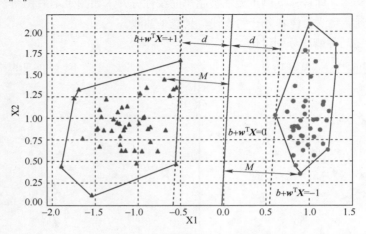

图 9.5　凸包和超平面示意图

另一方面，不仅要找到 d 最大的一对平行线，同时还要求 $b + \boldsymbol{w}^{\mathrm{T}}\boldsymbol{X} = 0$ 能够正确分类，这意味着：对 $y_i = 1$ 的样本观测 $\boldsymbol{X}_i$ ，应有 $b + \boldsymbol{w}^{\mathrm{T}}\boldsymbol{X}_i \geqslant 1$ 成立， $\hat{y}_i = 1$ 且预测正确；对 $y_i = -1$ 的样本观测 $\boldsymbol{X}_i$ ，应有 $b + \boldsymbol{w}^{\mathrm{T}}\boldsymbol{X}_i \leqslant -1$ 成立， $\hat{y}_i = -1$ 且预测正确。于是，对于任意样本观测 $\boldsymbol{X}_i$ 应有下式成立：

$$y_i(b + \boldsymbol{w}^{\mathrm{T}}\boldsymbol{X}_i) \geqslant 1 \tag{9.1}$$

综上所述，由支持向量分类的基本思路可知：超平面参数求解的目标是使 d 最大，且满足式（9.1）的约束条件表述为

$$\begin{cases} \max\limits_{b,\boldsymbol{w}} d \\ \text{s.t.} \quad y_i(b + \boldsymbol{w}^{\mathrm{T}}\boldsymbol{X}_i) \geqslant 1, i = 1, 2, \cdots, N \end{cases} \tag{9.2}$$

从几何角度理解，要求 $b + \boldsymbol{w}^{\mathrm{T}}\boldsymbol{X} = 0$ 能够正确分类意味着：凸多边形内或边上的样本观测点 $\boldsymbol{X}_i$ 到超平面的距离 M_i 应大于等于 d ： $M_i = \dfrac{\left| b + \boldsymbol{w}^{\mathrm{T}}\boldsymbol{X}_i \right|}{\|\boldsymbol{w}\|} \geqslant d$ ，即 $y_i \dfrac{b + \boldsymbol{w}^{\mathrm{T}}\boldsymbol{X}_i}{\|\boldsymbol{w}\|} \geqslant d$ 成立。由于 $\lambda = \dfrac{2}{\|\boldsymbol{w}\|}$ ， $d = \dfrac{1}{\|\boldsymbol{w}\|}$ ，有式（9.1）成立，这意味着：对于来自训练集的任意样本观测 $\boldsymbol{X}_i$ ，有

- 若样本观测 $\boldsymbol{X}_i$ 的输出变量 $y_i = +1$ ，则正确的超平面应使 $b + \boldsymbol{w}^{\mathrm{T}}\boldsymbol{X}_i \geqslant 1$ 成立，观测点落在如图 9.5 所示的边界 $b + \boldsymbol{w}^{\mathrm{T}}\boldsymbol{X}_i = 1$ 的外侧。
- 若样本观测 $\boldsymbol{X}_i$ 的输出变量 $y_i = -1$ ，则正确的超平面应使 $b + \boldsymbol{w}^{\mathrm{T}}\boldsymbol{X}_i \leqslant -1$ 成立，观测点落在如图 9.5 所示的边界 $b + \boldsymbol{w}^{\mathrm{T}}\boldsymbol{X}_i = -1$ 的外侧。

根据支持向量分类的研究思路，使 d 最大，即使 $\|\boldsymbol{w}\|$ 最小。为求解方便，即为求 $\tau(\boldsymbol{w}) = \dfrac{1}{2}\|\boldsymbol{w}\|^2 = \dfrac{1}{2}\boldsymbol{w}^{\mathrm{T}}\boldsymbol{w}$ 最小。所以，超平面参数求解的目标函数为

$$\min_{\boldsymbol{w}} \tau(\boldsymbol{w}) = \frac{1}{2}\|\boldsymbol{w}\|^2 = \frac{1}{2}\boldsymbol{w}^{\mathrm{T}}\boldsymbol{w} \tag{9.3}$$

约束条件为

$$y_i(b + \boldsymbol{w}^{\mathrm{T}}\boldsymbol{X}_i) - 1 \geqslant 0, i = 1, 2, \cdots, N \tag{9.4}$$

该问题是一个典型的凸二次型规划求解问题。

9.2.2　参数求解的拉格朗日乘子法

支持向量机分类超平面的参数求解，是个典型的带约束条件的求目标函数最小值的参数问题。与前面章节讨论的利用梯度下降法求解最小化损失函数参数的目标类似，但不同点在于这里附加了 N 个约束条件 $y_i(b + \boldsymbol{w}^{\mathrm{T}}\boldsymbol{X}_i) - 1 \geqslant 0, i = 1, 2, \cdots, N$。对此，从以下方面对参数求解方法进行简要介绍。

1. 单一等式约束条件下的求解

设目标函数为 $f(\boldsymbol{X})$，单一等式约束条件为 $g(\boldsymbol{X}) = 0$。现希望求得在 $g(\boldsymbol{X}) = 0$ 约束条件下，$f(\boldsymbol{X})$ 取最小值时的 $\boldsymbol{X}$（最优解）。假设 $f(\boldsymbol{X}) = X_1^2 + X_2^2$，$g(\boldsymbol{X}) = X_1 + X_2 - 1 = 0$，$f(\boldsymbol{X})$ 的等高线图和 $g(\boldsymbol{X}) = 0$ 的函数图像如图 9.6 左图所示。

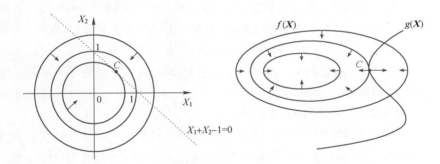

图 9.6　单一等式约束条件下的目标函数和约束条件

图 9.6 中椭圆为 $f(\boldsymbol{X})$ 的等高线图，小箭头所指方向为 $f(\boldsymbol{X})$ 的负梯度方向。在没有约束条件的情况下，$f(\boldsymbol{X})$ 最小在原点处，此时 $\boldsymbol{X}$ 的最优解 $\boldsymbol{X}_{\mathrm{opt}}$ 为 $(X_1 = 0, X_2 = 0)$。现增加约束条件 $g(\boldsymbol{X}) = 0$，表示在 $X_1 + X_2 - 1 = 0$ 的约束条件下，找到使 $f(\boldsymbol{X})$ 取最小值时的 $\boldsymbol{X}_{\mathrm{opt}}$。此时，$f(\boldsymbol{X})$ 的最小值只能出现在 $X_1 + X_2 - 1 = 0$ 对应的直线上（称为可行域在直线上）。显然，在直线与等高线相切的切点 C 处 $f(\boldsymbol{X})$ 取得最小值，此时 $\boldsymbol{X}_{\mathrm{opt}}$ 为 $X_1 = 0.5, X_2 = 0.5$。

当然 $f(\boldsymbol{X})$ 可以是其他更复杂的形式，$g(\boldsymbol{X}) = 0$ 也可以是曲线，如图 9.6 右图所示。最小值出现在 $g(\boldsymbol{X}) = 0$ 与 $f(\boldsymbol{X})$ 等高线的切点 C 处。

2. 单一不等式约束条件下的求解

假设 $f(\boldsymbol{X}) = X_1^2 + X_2^2$，$g(\boldsymbol{X}) = X_1 + X_2 - 1 \leqslant 0$ 或 $g(\boldsymbol{X}) = X_1 + X_2 + 1 \leqslant 0$。$f(\boldsymbol{X})$ 等高线图和 $g(\boldsymbol{X}) \leqslant 0$ 的函数图像如图 9.7 所示。

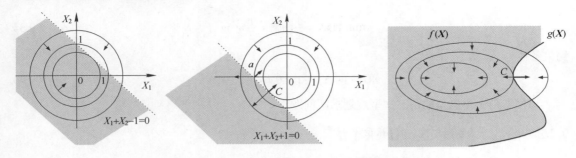

图 9.7　单一不等式约束条件下的目标函数和约束条件

对于不等式约束条件，可行域为图 9.7 所示的灰色阴影区域，应在这个区域中找到 $f(\boldsymbol{X})$ 的最小值。当然，$f(\boldsymbol{X})$ 可以是其他更复杂的形式，$g(\boldsymbol{X}) \leqslant 0$ 也可对应其他规则或不规则的区域，如图 9.7 右图所示。这里有两种情况。

第一种情况：$f(\boldsymbol{X})$ 的最小值在可行域内，如图 9.7 左图所示。此时约束条件没有起作用，等同于没有约束条件。

第二种情况：$f(\boldsymbol{X})$ 的最小值在可行域的边界 $g(\boldsymbol{X}) = 0$ 与 $f(\boldsymbol{X})$ 等高线的相切点 C 处，如图 9.7 中图所示。在 C 点处有这样的特征：$f(\boldsymbol{X})$ 的梯度向量是切线（$g(\boldsymbol{X}) = 0$ 即图中的虚线）的法向量。$f(\boldsymbol{X})$ 梯度（长的细箭头）和 $g(\boldsymbol{X})$ 的梯度（短的粗箭头）共线但方向相反，其他点（如 a 点）都没有这个特点。对此可表示为 $\nabla f(\boldsymbol{X}) = -\alpha \nabla g(\boldsymbol{X})$。因方向相反有 $\alpha > 0$ 成立，整理，得

$$\nabla[f(\boldsymbol{X}) + \alpha g(\boldsymbol{X})] = 0 \tag{9.5}$$

式（9.5）可视为是对函数 $L(\boldsymbol{X}, \alpha) = f(\boldsymbol{X}) + \alpha g(\boldsymbol{X})$ 求导，并令导数等于零的方程。该函数 $L(\boldsymbol{X}, \alpha)$ 称为拉格朗日函数，$\alpha \geqslant 0$ 称拉格朗日乘子。这里，增加 $\alpha = 0$ 的目的是对应第一种情况。于是可将两种情况统一表述为 $\alpha g(\boldsymbol{X}) = 0$。

具体讲，对于第一种最小值在可行域内的情况，尽管 $g(\boldsymbol{X}) \leqslant 0$，但因 $\alpha = 0$，$\alpha g(\boldsymbol{X}) = 0$ 成立。因此，若 $\alpha = 0$，意味着约束条件没有起作用。对于第二种最小值在可行域边界上的情况，尽管 $\alpha > 0$，但因 $g(\boldsymbol{X}) = 0$，$\alpha g(\boldsymbol{X}) = 0$ 也成立。一般将以下条件：

$$\begin{cases} \nabla L(\boldsymbol{X}, \alpha) = \nabla f(\boldsymbol{X}) + \nabla \alpha g(\boldsymbol{X}) = 0 \\ g(\boldsymbol{X}) \leqslant 0 \\ \alpha \geqslant 0 \\ \alpha g(\boldsymbol{X}) = 0 \end{cases} \tag{9.6}$$

合称为 KKT（Karush-Kuhn-Tucker，KKT）条件。

进一步，对参数求偏导并令导数等于 0，并结合 KKT 条件中的其他条件解方程可求得参数。例如，对图 9.7 中图解得：$X_1 = -0.5, X_2 = -0.5, \alpha = 1$。

可将以上情况推广至多个约束等式与约束不等式的情况，无非就是在拉格朗日函数中逐一增加约束条件。

3．支持向量分类超平面参数的求解

首先，构造拉格朗日函数，将目标函数 $\tau(\boldsymbol{w})$ 与 N 个约束条件 $-[y_i(b + \boldsymbol{w}^{\mathrm{T}} \boldsymbol{X}_i) - 1] \leqslant 0, (i = 1,$

$2, \cdots, N$) 连接起来，有

$$L(\boldsymbol{w}, b, \boldsymbol{a}) = \frac{1}{2}\|\boldsymbol{w}\|^2 - \sum_{i=1}^{N} a_i(y_i(b + \boldsymbol{w}^{\mathrm{T}} \boldsymbol{X}_i) - 1) \tag{9.7}$$

这是规划求解的原（primal）问题。其中，$a_i \geqslant 0$。首先，对 $\boldsymbol{w}$ 和 b 求偏导并且令偏导数等于 0，即 $\dfrac{\partial L(\boldsymbol{w}, b, a)}{\partial \boldsymbol{w}} = 0$，$\dfrac{\partial L(\boldsymbol{w}, b, a)}{\partial b} = 0$，整理，有

$$\sum_{i=1}^{N} a_i y_i \boldsymbol{X}_i = \boldsymbol{w} \tag{9.8}$$

$$\sum_{i=1}^{N} a_i y_i = 0 \tag{9.9}$$

式（9.8）表明，超平面的系数向量 $\boldsymbol{w}$ 是所有 $a_i \neq 0$ 的样本观测的 $y_i \boldsymbol{X}_i$ 的线性组合。$a_i = 0$ 的样本观测对超平面不起作用。换言之，只有 $a_i > 0$ 的样本观测点才会对超平面的系数向量产生影响，这样的样本观测点即为前述的支持向量。最大边界超平面由支持向量决定。

进一步，因需满足式（9.6）的 KKT 条件中的 $\alpha g(\boldsymbol{X}) = 0$，对应到这里即应满足：$a_i[y_i(b + \boldsymbol{w}^{\mathrm{T}} \boldsymbol{X}_i) - 1] = 0, i = 1, 2, \cdots, N$。由此可知，对于 $a_i > 0$ 的样本观测点即支持向量，$y_i(b + \boldsymbol{w}^{\mathrm{T}} \boldsymbol{X}_i) - 1 = 0$ 成立，这意味着支持向量均落在两类的边界线上。

为便于求解，通常可将式（9.8）代入拉格朗日函数并依据式（9.9）整理得到原问题的对偶[⊖]（dual）问题：

$$
\begin{aligned}
L &= \frac{1}{2}\left(\sum_{i=1}^{N} a_i y_i \boldsymbol{X}_i\right)^{\mathrm{T}}\left(\sum_{i=1}^{N} a_i y_i \boldsymbol{X}_i\right) - \sum_{i=1}^{N} a_i \left\{ y_i \left[b + \left(\sum_{i=1}^{N} a_i y_i \boldsymbol{X}_i^{\mathrm{T}}\right) \boldsymbol{X}_i \right] - 1 \right\} \\
&= \frac{1}{2}\left(\sum_{i=1}^{N} a_i y_i \boldsymbol{X}_i^{\mathrm{T}}\right)\left(\sum_{i=1}^{N} a_i y_i \boldsymbol{X}_i\right) - b\sum_{i=1}^{N} a_i y_i + \sum_{i=1}^{N} a_i - \sum_{i=1}^{N} a_i y_i \boldsymbol{X}_i^{\mathrm{T}} \sum_{i=1}^{N} a_i y_i \boldsymbol{X}_i \\
&= \sum_{i=1}^{N} a_i - \frac{1}{2}\sum_{i=1}^{N}\sum_{j=1}^{N} a_i a_j y_i y_j \left(\boldsymbol{X}_i^{\mathrm{T}} \boldsymbol{X}_j\right)
\end{aligned}
$$

$$\max L(\boldsymbol{a}) = \sum_{i=1}^{N} a_i - \frac{1}{2}\sum_{i=1}^{N}\sum_{j=1}^{N} a_i a_j y_i y_j (\boldsymbol{X}_i^{\mathrm{T}} \boldsymbol{X}_j) \tag{9.10}$$

进一步，如果有 L 个支持向量，则 $\boldsymbol{w} = \sum_{i=1}^{L} a_i y_i \boldsymbol{X}_i$。可从 L 个支持向量中任选一个 $\boldsymbol{X}_i$，代入边界线方程即可计算得到 $b = y_i - \boldsymbol{w}^{\mathrm{T}} \boldsymbol{X}_i$。为了得到 b 的更稳定的估计值，可随机多选些 $\boldsymbol{X}_i$，用多个 b 的均值作为最终的估计值。

至此，超平面的参数求解过程结束，超平面被确定下来。

综上所述，支持向量是位于两类边界上的样本观测点，它们决定了最大边界超平面。此外，

⊖ 在线性规划的早期发展中，最重要的发现是对偶问题，即每一个线性规划问题（称为原问题），都有一个与它对应的对偶线性规划问题，称为对偶问题。

支持向量分类能够有效避免过拟合问题。过拟合的典型表现是模型"过分依赖"训练样本。训练样本的微小变动，便会导致模型参数的较大变动，在支持向量分类中表现为超平面出现较大移动。由于最大边界超平面仅依赖于少数的支持向量，所以只有当支持向量发生变化时，最大边界超平面才会移动。相对于其他分类预测模型，最大边界超平面的预测稳健性更高。

9.2.3 支持向量分类的预测

依据支持向量分类的超平面对新样本观测 $\boldsymbol{X}_0$ 进行预测时，只需关注 $b + \boldsymbol{w}^{\mathrm{T}} \boldsymbol{X}_0$ 的符号：

$$h(\boldsymbol{X}_0) = \mathrm{Sign}(b + \boldsymbol{w}^{\mathrm{T}} \boldsymbol{X}_0) = \mathrm{Sign}\left[b + \sum_{i=1}^{L}(a_i y_i \boldsymbol{X}_i^{\mathrm{T}}) \boldsymbol{X}_0 \right] = \mathrm{Sign}\left[b + \sum_{i=1}^{L} a_i y_i (\boldsymbol{X}_i^{\mathrm{T}} \boldsymbol{X}_0) \right] \tag{9.11}$$

其中，$\boldsymbol{X}_i$ 为支持向量，共有 L 个支持向量。若 $h(\boldsymbol{X}_0) > 0$，则 $\hat{y}_0 = 1$；若 $h(\boldsymbol{X}_0) < 0$，则 $\hat{y}_0 = -1$。

例如，基于图 9.1 所示的 100 个样本观测点中的训练样本（85 个样本观测），得到如图 9.8 所示的最大边界超平面（Python 代码详见 9.6.2 节）。

正如前文所述，图 9.8 中的超平面确实接近于图 9.2 右图所示的神经网络的分类平面，而非图 9.2 左图的两个平面。图中大圆圈圈住的点为支持向量。两条边界线平行于最大边界分类平面（直线，深色和浅色区域的交接线）。

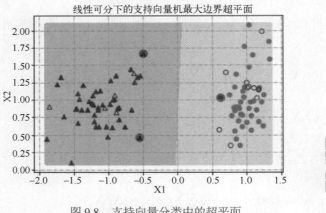

图 9.8 支持向量分类中的超平面   二维码 030

完全线性可分是一种非常理想的情况，更常见的情况是广义线性可分。完全线性可分下的支持向量分类是广义线性可分的基础。

9.3 广义线性可分下的支持向量分类

广义线性可分下的支持向量分类解决了输入变量空间中，两类样本观测点彼此交织在一起，无法找到一个超平面将两类百分之百正确分开的情况。如图 9.4 左图所示。以下将介绍获得此超平面的基本思路和具体的求解策略。

9.3.1　广义线性可分下的超平面

在完全线性可分的情况下，样本观测点是不能进入两类边界内部这个"禁区"的。但在无法完全线性可分的广义线性可分情况下，这种要求是无法实现的，因此只能采用适当的宽松策略，允许部分样本观测点进入"禁区"，如图 9.9 所示。

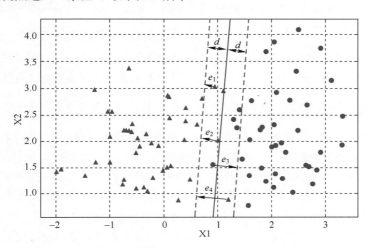

图 9.9　广义线性可分下支持向量分类示意图

图 9.9 中，有少量样本观测点进入两类边界虚线的内部，同时有一些样本观测点不但进入"禁区"而且"跨过"超平面到了超平面的另一侧。这种情况下的支持向量分类称为广义线性支持向量分类，或线性软间隔支持向量分类。

广义线性可分问题不可能要求所有样本观测点均满足完全线性可分下的约束条件 $M_i = \dfrac{\left| b + \boldsymbol{w}^{\mathrm{T}} \boldsymbol{X}_i \right|}{\|\boldsymbol{w}\|} \geqslant d$ ，不得已而为之的做法是允许部分样本观测点进入"禁区"，但需对进入"禁区"的"深度"进行度量。将进入边界内部的样本观测点 $\boldsymbol{X}_i$ 到所属类边界虚线的距离记为 e_i ，如图中的 e_1、e_2、e_3、e_4 等。可见，若 $e_i > d$ 将导致预测结果错误，这种情况是要避免的。但若 $e_i < d$ ，虽然进入"禁区"，但预测结果仍然正确。因此，只要求：凸多边形内或边上的样本观测点 $\boldsymbol{X}_i$ 到超平面的距离 M_i 大于等于 $d - e_i$ ，即 $M_i = \dfrac{\left| b + \boldsymbol{w}^{\mathrm{T}} \boldsymbol{X}_i \right|}{\|\boldsymbol{w}\|} \geqslant (d - e_i)$ ，有 $y_i \dfrac{b + \boldsymbol{w}^{\mathrm{T}} \boldsymbol{X}_i}{\|\boldsymbol{w}\|} \geqslant (d - e_i)$ 成立即可。

进一步，因 $d = \dfrac{1}{\|\boldsymbol{w}\|}$ ，若记 $\xi_i = e_i \|\boldsymbol{w}\| = \dfrac{e_i}{d}$ ，则广义线性可分下的约束条件可表述为

$$y_i (b + \boldsymbol{w}^{\mathrm{T}} \boldsymbol{X}_i) \geqslant 1 - \xi_i (\xi_i \geqslant 0, i = 1, 2, \cdots, N) \tag{9.12}$$

可见，e_i 是宽松策略下对样本观测点 $\boldsymbol{X}_i$ 进入"禁区"的"深度"的绝对度量，而非负值 ξ_i 则是一个相对度量，通常称为松弛变量（Slack Variable）。ξ_i 可度量样本观测点 $\boldsymbol{X}_i$ 与类边界和超平面的位置关系：$\xi_i = 0$ ，意味着样本观测点 $\boldsymbol{X}_i$ 位于所属类别边界的外侧；$0 < \xi_i < 1$ ，意味着点

X_i 进入了"禁区"但并未"跨越"超平面到错误的一侧，预测结果正确；$\xi_i > 1$，意味着点 X_i 不仅进入"禁区"而且"跨越"超平面到了错误的一侧，预测结果错误。

9.3.2 广义线性可分下的错误惩罚和目标函数

广义线性可分的情况下，若目标函数仍为 $\min\limits_{w} \tau(w) = \frac{1}{2}\|w\|^2 = \frac{1}{2}w^{\mathrm{T}}w$，而约束条件调整为 $y_i(b + w^{\mathrm{T}}X_i) \geqslant 1 - \xi_i\ (\xi_i \geqslant 0, i = 1, 2, \cdots, N)$，这种做法是存在一定问题的。其中之一是：因为约束条件可表述为 $y_i(b + w^{\mathrm{T}}X_i) + \xi_i \geqslant 1$，所以只要 ξ_i 足够大就总能满足约束条件，但显然应避免 ξ_i 过大。过大的 ξ_i 意味着允许对 X_i 预测错误，因广义线性可分下本就无法保证百分之百预测正确，所以允许个别样本观测 X_i 的松弛变量 $\xi_i > 1$ 具有合理性，但应限制总松弛度 $\sum\limits_{i}^{N}\xi_i$ 小于一个非负阈值 E。

显然，若阈值 $E = 0$，表示不允许任何一个样本观测点进入"禁区"，等同于完全线性可分下的支持向量分类；若阈值 E 较小，意味着策略"偏紧"，不允许较多的样本观测点进入"禁区"或 ξ_i 较大；若阈值 E 较大，意味着策略"偏松"，允许较多的样本观测点进入"禁区"或 ξ_i 较大。

从另一个角度看，E 较小"偏紧"策略下，因不允许较多的样本观测点进入"禁区"或 ξ_i 较大，所以只能缩小两边界宽度，最终选择边界宽度相对较小的超平面。反之，在 E 较大的"偏松"策略下意味着可以扩大边界宽度，于是最终的超平面为边界宽度相对较大的超平面。因此，阈值 E 的大小与两分类边界间的宽度密切相关。

进一步，通常用对错误分类的惩罚参数 $C > 0$，间接体现阈值 E 的大小。惩罚参数 C 是个根据对预测误差容忍程度而设置的可调参数。惩罚参数 C 越大对误差的容忍度越低，此时只能选择 E 较小下的、边界较窄的超平面。反之，惩罚参数 C 越小对误差的容忍度越高，便可选择 E 较大下的、边界较宽的超平面。如图 9.10 所示（Python 代码详见 9.6.3 节）。

图 9.10 左图中，可调参数 C 较大、边界较窄，进入"禁区"的点较少，不易出现预测错误，训练误差为 2%。图 9.10 右图中，可调参数 C 较小、边界较宽，进入"禁区"的点较多，易出现预测错误，训练误差为 5%。

综上所述，一味追求目标函数 $\min\limits_{w} \tau(w) = \frac{1}{2}\|w\|^2 = \frac{1}{2}w^{\mathrm{T}}w$ 最小，即边界最大化，在广义线性可分下只能得到预测误差较高的分类，适当缩小边界宽度才可降低预测误差，且与对误差的容忍程度或惩罚参数 C 密切相关。对此，将目标函数调整如下：

$$\min\limits_{w,\xi} \tau(w, \xi) = \frac{1}{2}\|w\|^2 + C\sum\limits_{i=1}^{N}\xi_i = \frac{1}{2}w^{\mathrm{T}}w + C\sum\limits_{i=1}^{N}\xi_i \tag{9.13}$$

式（9.13）由两项组成。第二项中的 $\sum\limits_{i=1}^{N}\xi_i$ 为总松弛度，C 为可调惩罚参数。在 C 被指定为一个极小值（极小惩罚）的极端情况下，即 $C \to 0$ 时，最小化目标函数即是最小化第一项，此时得到的是边界最宽的超平面。因对预测误差近是 0 惩罚，所以预测模型等价于随机"猜测"，模型的复杂度是最低的，但该模型没有实际意义。在 C 被指定为一个极大值（极大惩罚）的极端情况下，即 $C \to \infty$ 时，最小化目标函数将主要取决于最小化 $\frac{1}{N}\sum\limits_{i=1}^{N}\xi_i$，此时得到的是边界最窄的超平面，即两个边界与超平面重合。因对预测误差极大惩罚，此时的预测模型是预测精度最高的线性模型（这里仅为直线或超平面，9.4 节将拓展到曲线或曲面的更复杂的非线性模型）。

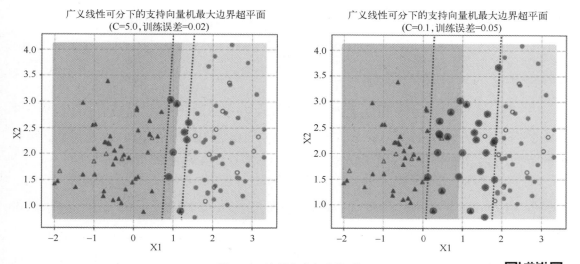

图 9.10　边界宽度与参数 C

从这个角度看，惩罚参数 C 起到了平衡误差和模型复杂度的作用。理想情况是两者都较小。对应到这里，C 较小时模型较简单、超平面较宽，式（9.13）第一项较小，但误差，即式（9.13）第二项较大。反之，C 较大时模型较复杂、超平面较窄，式（9.13）第一项较大，但误差，即式（9.13）第二项较小。因无法确保式（9.13）中的两项同时小，只能要求两项之和最小，这也是式（9.13）目标函数如此设置的原因。显然，过大或过小的 C 都是不恰当的。过大可能导致模型的过拟合，过小则会导致模型的误差高而没有预测价值。一般，可通过 K –折交叉验证来确定惩罚参数 C。

二维码 031

9.3.3　广义线性可分下的超平面参数求解

与完全线性可分下的情况类似，广义线性可分下最小化[式（9.13）]目标函数的同时，还需满足以下约束条件：

$$\begin{cases} y_i(b + \boldsymbol{w}^{\mathrm{T}}\boldsymbol{X}_i) \geqslant 1 - \xi_i & (i = 1, 2, \cdots, N) \\ \xi_i \geqslant 0 \end{cases} \tag{9.14}$$

构造拉格朗日函数：

$$L(\boldsymbol{w}, b, \boldsymbol{a}, \boldsymbol{\xi}) = \frac{1}{2}\|\boldsymbol{w}\|^2 + C\sum_{i=1}^{N}\xi_i - \sum_{i=1}^{N}a_i\big[y_i(b + \boldsymbol{w}^{\mathrm{T}}\boldsymbol{X}_i) - (1 - \xi_i)\big] - \sum_{i=1}^{N}\mu_i\xi_i \tag{9.15}$$

它是规划求解的原问题。其中，$a_i \geqslant 0, \mu_i \geqslant 0$ 为拉格朗日乘子。对参数求偏导并令导数等于 0，有

$$\sum_{i=1}^{N}a_i y_i \boldsymbol{X}_i = \boldsymbol{w} \tag{9.16}$$

241

$$\sum_{i=1}^{N} a_i y_i = 0 \tag{9.17}$$

$$a_i = C - \mu_i \tag{9.18}$$

为便于求解，可将以上式子代入式（9.15）整理，得到原问题的对偶问题：

$$\max \ L(\boldsymbol{a}) = \sum_{i=1}^{N} a_i - \frac{1}{2} \sum_{i=1}^{N} \sum_{j=1}^{N} a_i a_j y_i y_j (\boldsymbol{X}_i^{\mathrm{T}} \boldsymbol{X}_j) \tag{9.19}$$

同式（9.10）。其中，约束条件为 $0 \leqslant a_i \leqslant C$。

进一步，如果有 L 个支持向量，则 $\boldsymbol{w} = \sum_{i=1}^{L} a_i y_i \boldsymbol{X}_i$。可从 L 个支持向量中任选一个 $\boldsymbol{X}_i$，代入边界线方程即可计算得到：$b = y_i - \boldsymbol{w}^{\mathrm{T}} \boldsymbol{X}_i$。为了得到 b 的更稳定的估计值，可随机多选些 $\boldsymbol{X}_i$，用多个 b 的均值作为最终的估计值。至此，超平面的参数求解过程结束，超平面被确定下来。

进一步，关注广义线性可分下的支持向量与完全线性可分下的支持向量有怎样的异同。同 9.2.2 节所述，因 $\sum_{i=1}^{N} a_i y_i \boldsymbol{X}_i = \boldsymbol{w}$，超平面由 $a_i > 0$ 的样本观测点，即支持向量决定。同时，由于需满足前述的 KKT 条件中的 $\alpha g(\boldsymbol{X}) = 0$，对应到这里，即 $i = 1, 2, \cdots, N$ 应满足：$a_i [y_i (b + \boldsymbol{w}^{\mathrm{T}} \boldsymbol{X}_i) - (1 - \xi_i)] = 0$；$\mu_i \xi_i = 0$；$a_i = C - \mu_i$。可知，对于 $a_i > 0$ 即支持向量，$[y_i (b + \boldsymbol{w}^{\mathrm{T}} \boldsymbol{X}_i) - (1 - \xi_i)] = 0$ 成立，这意味着支持向量落在两类边界线上和"禁区"内。落在边界线上的支持向量 $\boldsymbol{X}_i$ 的松弛变量 $\xi_i = 0$。落在"禁区"内的支持向量 $\boldsymbol{X}_i$，因 $\xi_i > 0, \mu_i = 0$，由 $a_i = C - \mu_i$ 可知，它们的 $a_i = C$。

结合惩罚参数 C，C 较大时边界较窄，误差较低，支持向量较少；C 较小时边界较宽，误差较高，支持向量较多。由此导致前者的预测方差相比于对后者要更大些。也印证了复杂模型偏差小、方差大，简单模型偏差大、方差小的基本观点。

同 9.2.2 节所述，广义线性可分问题下，依据支持向量分类的超平面对新样本观测 $\boldsymbol{X}_0$ 进行预测时，只需关注 $b + \boldsymbol{w}^{\mathrm{T}} \boldsymbol{X}_0$ 的符号：

$$h(\boldsymbol{X}) = \mathrm{Sign}(b + \boldsymbol{w}^{\mathrm{T}} \boldsymbol{X}_0) = \mathrm{Sign}\left[b + \sum_{i=1}^{L} (a_i y_i \boldsymbol{X}_i^{\mathrm{T}}) \boldsymbol{X}_0 \right] = \mathrm{Sign}\left[b + \sum_{i=1}^{L} a_i y_i (\boldsymbol{X}_i^{\mathrm{T}} \boldsymbol{X}_0) \right] \tag{9.20}$$

其中，$\boldsymbol{X}_i$ 为支持向量，共有 L 个支持向量。若 $h(\boldsymbol{X}) > 0$，则 $\hat{y}_0 = 1$；若 $h(\boldsymbol{X}) < 0$，则 $\hat{y}_0 = -1$。

例如，图 9.10 所示的 100 样本观测点中的训练样本（85 个样本观测），在惩罚参数分别为 $C = 5$ 和 $C = 0.1$ 下的最大边界超平面。图中大圆圈圈住的点为支持向量。两个边界线平行于分类平面（直线）。

9.4 线性不可分下的支持向量分类

线性不可分样本，即样本观测点无法被超平面线性分开，如图 9.4 右图所示，无论是否允许错分，均无法找到能将两类样本分开的直线（这里只能是个近似圆）。以下将对支持向量分类解决该问题的策略进行说明。

9.4.1 线性不可分问题的一般解决方式

解决线性不可分问题的一般解决方式是进行非线性空间转换。其核心思想为：低维空间中的线性不可分问题，可通过恰当的非线性变换转化为高维空间中的线性可分问题。如图 9.11 所示。

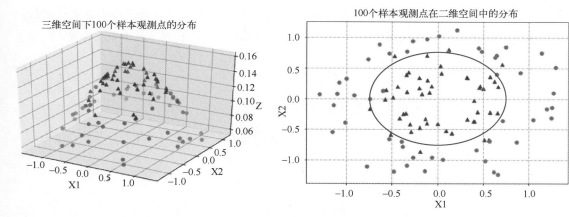

图 9.11　空间变换和分类曲线

图 9.11 左图是对图 9.4 右图中那些在 X_1、X_2 的二维空间中线性不可分的样本观测点，进行非线性变换，转化为 X_1、X_2、Z 三维空间中的分布。显然，在三维空间中是可以找到一个平面将两类分开的，从而使问题变成一个线性可分问题（Python 代码详见 9.6.4 节）。

二维码 032

为此，可首先通过特定的非线性映射函数 $\varphi_M()$，将原来低维空间中的样本观测点 $\boldsymbol{X}_i$，映射到 M 维空间 $\mathbb{R}^M$ 中；然后，沿用前面所述的方法，在空间 $\mathbb{R}^M$ 中寻找最大边界超平面。由于采用了非线性映射函数，空间 $\mathbb{R}^M$ 中的一个超平面，在原空间中看起来可能是一个曲面（线）。如图 9.11 右图所示，三维空间中的平面围绕样本观测点投影到二维空间中，是包含分类曲线在内的一组曲线（这里近似是个圆）。可见，为找到低维空间中可将两类分开的分类曲线（曲面），需到高维空间中寻找与其对应的平面，如图 9.12 所示。

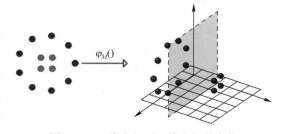

图 9.12　二维空间到三维空间的变换

非线性映射函数 $\varphi_M()$ 有很多形式。常见的是原有输入变量的多项式形式。例如，原有两个输入变量 X_1、X_2，有映射函数 $\varphi_3(X_1, X_2) = (X_1^2, X_2^2, Z)^{\mathrm{T}}$，$Z = \sqrt{2}X_1 X_2$。于是，可首先对训练集中的样本观测 $\boldsymbol{X}_i$，依函数 $\varphi_3(X_1, X_2)$ 计算 $(X_{i1}^2, X_{i2}^2, Z_i)^{\mathrm{T}}$，将其映射到三维空间中。然后，在三维空间中得到超平面 $b + w_1 X_1^2 + w_2 X_2^2 + w_3 Z = 0$ 的参数估计值，方程左侧是一个多项式形式；最后，对新样本观测 $\boldsymbol{X}_0$ 进行预测时，需首先依函数 $\varphi_3(X_1, X_2)$ 计算 $(X_{01}^2, X_{02}^2, Z_0)^{\mathrm{T}}$，然后由 $\mathrm{sign}(b + w_1 X_{01}^2 + w_2 X_{02}^2 + w_3 Z_0)$ 给出 $\boldsymbol{X}_0$ 的预测类别。

上述做法在高维空间中会出现严重的维灾难（Curse of Dimensionality）问题：因超平面待估参数过多而导致的计算问题或无法估计。对原 p 维空间通过 d 阶交乘变换到高维空间后，待估参

数个数为 $\dfrac{(p+d-1)!}{d!(p-1)!}$。例如，原 $p=2$ 维空间的超平面待估参数个数为 2（不考虑常数项）。若多项式阶数为 $d=2$ 时，则超平面待估参数个数增加到 3。若 $p=10, d=3$，则需估计 220 个参数。可见，高维将导致计算的复杂度急剧增加，且模型的参数估计在小样本下几乎无法实现，这就是所谓的维灾难问题。

支持向量分类通过核函数克服维灾难问题。

9.4.2 支持向量分类克服维灾难的途径

线性不可分问题下的支持向量分类，整体解决思路与 9.2 节和 9.3 节相同。其核心技巧是从点积入手解决线性不可分问题。

1. 点积与非线性变换

一方面，由支持向量分类的对偶目标函数 $\max L(\boldsymbol{a})=\sum\limits_{i=1}^{N}a_i-\dfrac{1}{2}\sum\limits_{i=1}^{N}\sum\limits_{j=1}^{N}a_ia_jy_iy_j(\boldsymbol{X}_i^{\mathrm{T}}\boldsymbol{X}_j)$ 可知，样本观测输入变量的点积 $\boldsymbol{X}_i^{\mathrm{T}}\boldsymbol{X}_j$ 决定了超平面的参数。另一方面，从支持向量分类预测 $\mathrm{Sign}\left[b+\sum\limits_{i=1}^{L}a_iy_i(\boldsymbol{X}_i^{\mathrm{T}}\boldsymbol{X}_0)\right]$ 可知，分类预测结果取决于新样本观测 $\boldsymbol{X}_0$ 与 L 个支持向量输入变量的点积。

从点积的数学形式来看，若 $\boldsymbol{X}_i=(X_{1i}, X_{2i}, \cdots, X_{Ni}), \boldsymbol{X}_j=(X_{1j}, X_{2j}, \cdots, X_{Nj})$，且均视为标准化值，点积就是两个变量 $\boldsymbol{X}_i$、$\boldsymbol{X}_j$ 的相关系数。当然，这里 $\boldsymbol{X}_i=(X_{i1}, X_{i2}, \cdots, X_{ip})$ 和 $\boldsymbol{X}_j=(X_{j1}, X_{j2}, \cdots, X_{jp})$ 是两个样本观测点，所以点 $\boldsymbol{X}_i$ 与 $\boldsymbol{X}_j$ 的点积度量的是两个点 $\boldsymbol{X}_i$ 与 $\boldsymbol{X}_j$ 的相似性。

为直观理解，此处举一个通俗的例子。若 $\boldsymbol{X}_i$ 与 $\boldsymbol{X}_j$ 分别代表张三和李四，若张三的身高、体重、体脂率均高于平均水平，且李四也均高于平均水平，则可认为张三和李四具有特征结构上的相似性。反之，若李四的身高高于平均水平，但体重和体脂率均低于平均水平，则可认为张三和李四并不具有特征结构上的相似性。

进一步，若两个点 $\boldsymbol{X}_i$ 与 $\boldsymbol{X}_j$ 具有较高的相似性，则空间上两点的距离较近，反之较远。因此从这个意义上看，可将 $\boldsymbol{X}_i$ 与 $\boldsymbol{X}_j$ 的点积视为对两点空间位置关系的一种度量，而位置关系是建模的关键。

基于非线性映射函数 $\varphi_M()$，对训练集中的样本观测 $\boldsymbol{X}_i$ 和新样本观测 $\boldsymbol{X}_0$ 做非线性变换后，对偶目标函数为 $\max L(\boldsymbol{a})=\sum\limits_{i=1}^{N}a_i-\dfrac{1}{2}\sum\limits_{i=1}^{N}\sum\limits_{j=1}^{N}a_ia_jy_iy_j[[\varphi_M(\boldsymbol{X}_i)]^{\mathrm{T}}\varphi_M(\boldsymbol{X}_j)]$，分类预测函数为 $\mathrm{Sign}\left\{b+\sum\limits_{i=1}^{L}a_iy_i[[\varphi_M(\boldsymbol{X}_i)]^{\mathrm{T}}\varphi_M(\boldsymbol{X}_0)]\right\}$。可知，超平面参数和预测结果取决于数据变换后的点积，即两点在高维空间 $\mathbb{R}^M$ 中位置关系的度量。可见，点积计算是关键。

2. 核函数与非线性变换

非线性可分下支持向量分类的基本思路是：希望找到一个函数 $K(\boldsymbol{X}_i, \boldsymbol{X}_j)$，若它仅基于低维空间的特征就能够度量出两点 $\boldsymbol{X}_i$、$\boldsymbol{X}_j$ 在高维空间 $\mathbb{R}^M$ 中的位置关系，即其函数值恰好等于变换后的点积：$K(\boldsymbol{X}_i, \boldsymbol{X}_j)\equiv[\varphi_M(\boldsymbol{X}_i)]^{\mathrm{T}}\varphi_M(\boldsymbol{X}_j)$，则对偶目标函数有式（9.21）成立：

$$L(a) = \sum_{i=1}^{N} a_i - \frac{1}{2}\sum_{i=1}^{N}\sum_{j=1}^{N} a_i a_j y_i y_j [[\varphi_M(\boldsymbol{X}_i)]^{\mathrm{T}}\varphi_M(\boldsymbol{X}_j)]$$

$$= \sum_{i=1}^{N} a_i - \frac{1}{2}\sum_{i=1}^{N}\sum_{j=1}^{N} a_i a_j y_i y_j K(\boldsymbol{X}_i, \boldsymbol{X}_j) \tag{9.21}$$

对预测决策函数有式（9.22）成立：

$$\mathrm{Sign}\left\{ b + \sum_{i=1}^{L} a_i y_i [[\varphi_M(\boldsymbol{X}_i)]^{\mathrm{T}}\varphi_M(\boldsymbol{X}_{j0})] \right\} = \mathrm{Sign}\left[b + \sum_{i=1}^{L} a_i y_i K(\boldsymbol{X}_i, \boldsymbol{X}_0) \right] \tag{9.22}$$

于是，对超平面的参数估计和预测函数的计算，便可依式（9.21）和式（9.22），在原来的低维空间中进行，而不必将样本观测映射到空间 $\mathbb{R}^M$ 中，从而避免了维灾难问题。

是否真的存在这样的函数 $K(\boldsymbol{X}_i, \boldsymbol{X}_j)$，可看一个简单示例。原有 $p=2$ 的两个输入变量 X_1、X_2，有映射函数 $\varphi_3(X_1, X_2) = (X_1^2, X_2^2, Z)^{\mathrm{T}}, Z = \sqrt{2}X_1 X_2$。存在函数 $K(\boldsymbol{X}_i, \boldsymbol{X}_j) = (\boldsymbol{X}_i^{\mathrm{T}}\boldsymbol{X}_j)^2$。首先，依函数 $\varphi_3(X_1, X_2)$ 对样本观测 $\boldsymbol{X}_i$ 与 $\boldsymbol{X}_j$ 做非线性变换：$\varphi_3(X_{i1}, X_{i2}) = (X_{i1}^2, X_{i2}^2, Z_i)^{\mathrm{T}}, \varphi_3(X_{j1}, X_{j2}) = (X_{j1}^2, X_{j2}^2, Z_j)^{\mathrm{T}}$；然后，计算变换后的点积为

$$(\varphi_3(\boldsymbol{X}_i))^{\mathrm{T}}\varphi_3(\boldsymbol{X}_j) = (X_{i1}^2 X_{j1}^2 + X_{i2}^2 X_{j2}^2 + 2X_{i1}X_{i2}X_{j1}X_{j2}) = (X_{i1}X_{j1} + X_{i2}X_{j2})^2$$

$$= (\boldsymbol{X}_i^{\mathrm{T}}\boldsymbol{X}_j)^2 = K(\boldsymbol{X}_i, \boldsymbol{X}_j)$$

可见，对样本观测 $\boldsymbol{X}_i$、$\boldsymbol{X}_j$ 做非线性变换后，其空间 $\mathbb{R}^3$ 上的点积恰好等于空间 $\mathbb{R}^2$ 上函数 $K(\boldsymbol{X}_i, \boldsymbol{X}_j)$ 的函数值。这样就没有必要通过函数 $\varphi_3(X_1, X_2)$ 进行非线性的空间变换，只需直接在二维空间中计算 $K(\boldsymbol{X}_i, \boldsymbol{X}_j)$ 即可。

函数 $K(\boldsymbol{X}_i, \boldsymbol{X}_j)$ 一般为核函数（Kernel Function）。核函数通常用于测度两个样本观测 $\boldsymbol{X}_i$、$\boldsymbol{X}_j$ 的相似度。例如，最常见的核函数是线性核函数 $K(\boldsymbol{X}_i, \boldsymbol{X}_j) = (\boldsymbol{X}_i^{\mathrm{T}}\boldsymbol{X}_j) = \sum_{p=1}^{P} X_{ip}X_{jp}$，即为两个样本观测 $\boldsymbol{X}_i$、$\boldsymbol{X}_j$ 的简单相关系数（已标准化处理，均值为 0、标准差为 1）。线性核函数 $K(\boldsymbol{X}_i, \boldsymbol{X}_j)$ 就等于原空间中 $\boldsymbol{X}_i$、$\boldsymbol{X}_j$ 的点积。常见的其他核函数如下。

- d 阶-多项式核（Polynomial Kernel）。

$$K(\boldsymbol{X}_i, \boldsymbol{X}_j) = (1 + \gamma \boldsymbol{X}_i^{\mathrm{T}}\boldsymbol{X}_j)^d \tag{9.23}$$

其中，阶数 d 决定了空间 $\mathbb{R}^M$ 的维度 M。一般不超过 10。

- 径向基核（Radial Basis Function，RBF Kernel）。

$$K(\boldsymbol{X}_i, \boldsymbol{X}_j) = \mathrm{e}^{\frac{-\|x_i - x_j\|^2}{2\sigma^2}} = \mathrm{e}^{-\gamma\|x_i - x_j\|^2}, \gamma = \frac{1}{2\sigma^2} \tag{9.24}$$

其中，$\|\boldsymbol{X}_i - \boldsymbol{X}_j\|^2$ 为样本观测 $\boldsymbol{X}_i$ 与 $\boldsymbol{X}_j$ 间的平方欧几里得距离；σ^2 为广义方差；γ 为 RBF 的核宽。

- Sigmoid 核。

$$K(\boldsymbol{X}_i, \boldsymbol{X}_j) = \frac{1}{1 + \mathrm{e}^{-\gamma\|x_i - x_j\|^2}} \tag{9.25}$$

　　总之，支持向量分类中的核函数[⊖]极为关键。一旦核函数确定下来，在参数估计和预测时，就不必事先进行空间变换，更不必关心非线性映射函数 $\varphi_M()$ 的具体形式。只需计算相应的核函数便可完成所有计算，从而实现低维空间向高维空间的"隐式"变换，有效克服维灾难问题。但选择怎样的核函数以及核函数中的参数并没有确定的准则，需要经验和反复尝试。不恰当的核函数可能会将低维空间中原本关系并不复杂的样本"隐式"映射到维度过高的新空间中，从而导致过拟合问题等。

　　图 9.13 为分别采用多项式核和径向基核，在不同惩罚参数 C 下的非线性样本的分类情况（Python 代码详见 9.6.5 节）。

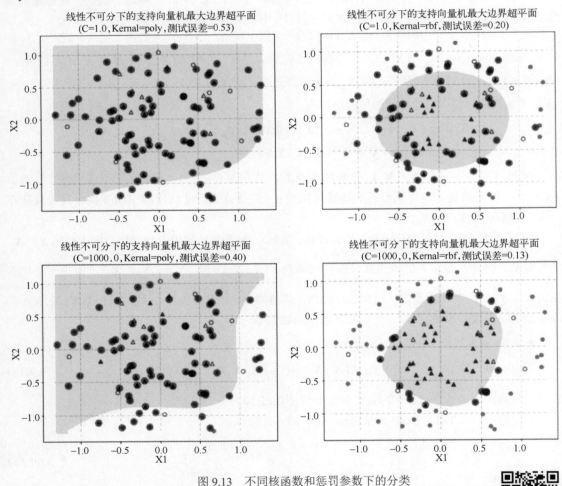

图 9.13　不同核函数和惩罚参数下的分类

　　图 9.13 中的深色和浅色区域分别对应两个预测类别区域。大圆圈圈住的点为

二维码 033

⊖ 理论上，任何一个核函数都隐式地定义了一个空间，称为再生核希尔伯特空间（Reproducing Kernel Hilbert Space，RKHS）。希尔伯特空间是一个点积空间，是欧几里得空间的推广。

支持向量。在惩罚参数 C 分别为 1 和 1000 的情况下，左侧两幅图为采用 3 阶多项式核的最大边界超平面。右侧两幅图为采用径向基核的最大边界超平面。可见，惩罚参数 C 较大，将导致因分类边界"努力"拟合边界点，而呈现更多的弯曲变化。从样本观测点的分布特点以及测试误差来看，该问题适合采用径向基核。

需要说明的是，采用线性核函数 $K(\boldsymbol{X}_i, \boldsymbol{X}_j) = (\boldsymbol{X}_i^{\mathrm{T}} \boldsymbol{X}_j) = \sum_{p=1}^{P} X_{ip} X_{jp}$，点积计算结果等于不采用核函数下的点积结果，等价于广义线性可分的情况。因此，广义线性可分下的支持向量分类是线性不可分下支持向量分类的特例。

9.5　支持向量回归

支持向量回归以训练集为数据对象，通过分析输入变量和数值型输出变量之间的数量关系，找到最大边界回归平面以实现对新观测输出变量值的稳健预测。

9.5.1　支持向量回归的基本思路

由 9.4 节的讨论可知，支持向量机通过核函数可以给出一个弯曲多变的不规则超平面。这个超平面在回归中就是一个会"紧随"其附近样本观测点的弯曲多变的回归曲面，实现的是非线性回归。这里以图 9.14 所示的一元回归为例进行说明。

图 9.14 左图中的弯曲不规则曲线就是回归线，显然它是个很复杂的回归模型。这种复杂模型的最大问题是可能会导致模型过拟合。模型参数对训练集中数据的微小波动极为敏感，随之出现较大变化，预测的鲁棒性差且测试误差较高。为克服这个问题，支持向量回归沿用前述的支持向量分类的基本策略，给出的回归平面是具有最大边界的回归面。在图 9.14 左图中，两条虚线对应着支持向量分类中的两条分类边界，中间的实直线为回归线，回归方程为 $y = \beta_0 + \beta_1 X$。这里回归线是直线而非不规则曲线的原因是：用一条"宽带"代替传统意义上的回归"细线"去贯穿和拟合样本观测点。除非数据轮廓呈现大的规律性变化或者对预测误差要求严格时，这条"宽带"会随样本观测点"上下弯曲"（见图 9.14 右图所示），否则它就是一条扁平化（Flatten）的平整宽带，且具有预测稳健性。

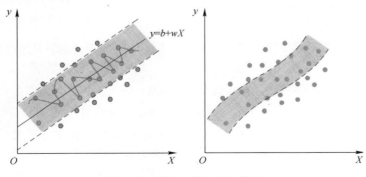

图 9.14　回归曲线和回归直线

1. ε-带和"管道"

支持向量回归的根本是认为"宽带"内样本观测点的变动是微小的，是可以被忽略的。这条"宽带"在支持向量回归中称为 ε-带。

在一般线性回归建模中，回归方程的参数估计采用最小二乘法，以使得输出变量的实际值 y 与预测值 $\hat{y}$ 间的差（即残差 $e_i = y_i - \hat{y}_i$）的平方和最小为原则，求解回归方程的参数：

$$\min_{b,w}\sum_{i=1}^{N}L(y_i,\hat{y}_i) = \sum_{i=1}^{N}(y_i - \hat{y}_i)^2 = \sum_{i=1}^{N}(y_i - b - \boldsymbol{w}_i^{\mathrm{T}}\boldsymbol{X}_i)^2 \tag{9.26}$$

其损失函数 $L(y_i,\hat{y}_i)$ 为平方损失 $(y_i - \hat{y}_i)^2$，且每个样本观测的残差平方都会被计入损失函数。与之不同的是，支持向量回归采用的是 ε-不敏感损失函数（ε-insensitive error function），即：若样本观测 $\boldsymbol{X}_i$ 的残差 $e_i = y_i - (b + \boldsymbol{w}_i^{\mathrm{T}}\boldsymbol{X}_i)$ 不大于事先给定的可调参数 $\varepsilon > 0$，则 e_i 不计入损失函数，损失函数对此呈不敏感"反应"。因此，样本观测点 $\boldsymbol{X}_i$ 对损失函数的贡献定义为

$$V_\varepsilon(e_i) = \begin{cases} 0, |e_i| < \varepsilon \\ |e_i| - \varepsilon, |e_i| \geqslant \varepsilon \end{cases} \tag{9.27}$$

ε-不敏感损失函数的函数图形如图 9.15 所示。

图 9.15 中，当样本观测 $\boldsymbol{X}_i$ 的绝对残差 $|e_i|$ 大于 ε 时，对损失函数的贡献 $V_\varepsilon(e_i)$ 随 $|e_i|$ 线性增加；否则，贡献等于 0。按照这个原则，在由输入变量和输出变量组成的空间中将出现一条 ε-带，如图 9.16 图所示。

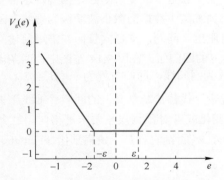

图 9.15 ε-不敏感损失函数的函数图形

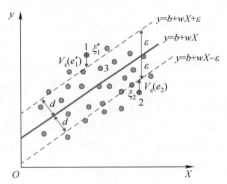

图 9.16 ε-带和损失贡献

图 9.16 图中的实线表示支持向量回归超平面（线）。超平面两侧竖直距离为 2ε 的两平行虚线的中间区域称为 ε-带（与图 9.14 相对应）。图中 1、2 两个样本观测的 $|e_1^*| > \varepsilon$、$|e_2| > \varepsilon$，样本观测点没有落入 ε-带内，其残差通过 $V_\varepsilon(e_i)$ 计入损失函数。落入 ε-带的所有样本观测点（如 3）的残差小于 ε，$V_\varepsilon(e_i) = 0$ 不计入损失函数。可见，ε-带是不贡献损失的区域。落入该区域的样本观测的残差均被忽略，其本质是认为这些点的变动是微小的，是不必被回归线"跟随"的。

推而广之，在多个输入变量的情况下，ε-带会演变为一根直径大于 0 的"管道"，"管道"内样本观测的残差将被忽略或认为是 0 残差。当然，直径趋于 0 的"管道"即为通常意义上的回归"细线"。

2. 决定 "管道" 宽度的可调参数 ε

决定 "管道" 宽度的可调参数 ε 有很重要的作用。一方面，在 9.16 图中，如果 ε 过大，两虚线间的宽度 d 会过大，极端情况是 "管道" 过宽，以致所有样本观测点均位于 "管道" 内。所有样本观测的 $V_\varepsilon(e_i) = 0$，均对损失函数 0 贡献。此时，图 9.16 中的回归直线是不考虑任何输入变量影响下的回归线。它平行于 X 轴并位于输出变量均值的位置上，是一个最简单的、扁平化程度最大（平直）回归线，如图 9.17 左图所示。该情况下无论输入变量如何取值，所有样本的预测值均取训练集输出变量的均值，预测误差大，模型不具有实用价值。

另一方面，如果 ε 过小，两虚线间的宽度 d 会过小，极端情况是 $d \approx 0$ 会导致 "管道" 过窄，以致所有样本观测点均位于 "管道" 之外。此时，所有样本观测的 $V_\varepsilon(e_i) > 0$，均对损失函数有非 0 贡献，均对回归超平面的位置产生影响。由此必然会导致回归曲面 "紧随" 样本观测点，成为一个最复杂的模型，如图 9.17 右图所示。这不仅可能导致模型过拟合，而且也背离了支持向量机实现稳健预测的初衷。因此，应适当增加 "管道" 宽度。

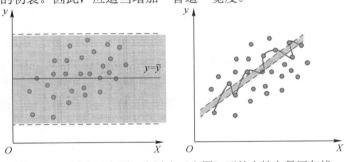

图 9.17　ε 过大（左图）和过小（右图）下的支持向量回归线

总之，可调参数 ε 不能过大也不能过小。可通过 K-折交叉验证确定。

9.5.2　支持向量回归的目标函数和约束条件

支持向量回归沿用 9.4 节支持向量分类的基本策略，对每个样本观测点 X_i 都设置一个非负的松弛变量 ξ_i：$\xi_i = V_\varepsilon(e_i) = V(y_i - (b + w_i^T X_i))$。如图 9.16 所示的 ξ_1^*、ξ_2。将回归超平面上方样本观测点的松弛变量记为 ξ_i^*，下方点的松弛变量记为 ξ_i。同样，"管道" 外的样本观测点 $\xi_i > 0$，"管道" 内的点 $\xi_i = 0$。

1. 支持向量回归的目标函数

在支持向量回归中，若仅以 "管道" 最宽为目标来寻找最大边界下的回归超平面，必然要忽略 "管道" 内大量样本观测的损失贡献，从而导致模型的整体预测误差偏高，这显然是不合理的。故支持向量回归的目标函数设置为

$$\min_{w,\xi,\xi^*} \frac{1}{2}\|w\|^2 + C\sum_{i=1}^{N}(\xi_i + \xi_i^*) \tag{9.28}$$

其中，第二项为样本观测的损失。一方面，从增强模型鲁棒性出发，通常希望第一项较小，即 "管道" 较宽。但若 "管道" 过宽或超平面位置不恰当，第二项的 $\sum_{i=1}^{N}(\xi_i + \xi_i^*)$ 会较大，模型的整体

误差就会偏高。另一方面，从模型的整体误差出发，应希望第二项的 $\sum_{i=1}^{N}(\xi_i + \xi_i^*)$ 较小。可通过两个途径实现：第一，增大第一项，通过减少"管道"宽度来降低 $\sum_{i=1}^{N}(\xi_i + \xi_i^*)$。此时"管道"较窄、模型较复杂，但可能导致模型过拟合；第二，将回归超平面放置在一个最佳位置上，从而降低 $\sum_{i=1}^{N}(\xi_i + \xi_i^*)$。可通过最小化 $\sum_{i=1}^{N}(\xi_i + \xi_i^*)$ 确定超平面位置和角度。当然，为防止过拟合应使"管道"具有一定宽度但不能过宽，即第一项不能太小。

可见，两项同时减小是无法实现的，因此支持向量回归希望找到两者之和最小下的回归超平面，它位于合理宽度的"管道"内且是位置和角度均恰当的超平面。

式（9.28）中的 C 是损失惩罚参数，可依对预测误差的容忍程度调整。在"管道"宽度确定的前提下，当惩罚参数 C 较大（极端情况为 $C \to \infty$）时，为最小化目标函数而倾向最小化 $\sum_{i=1}^{N}(\xi_i + \xi_i^*)$，此时在一定的"管道"宽度约束下，超平面将努力跟随"管道"外部的样本观测点并呈现弯曲多变（复杂模型）的形态。

当惩罚参数 C 较小时，意味着允许"管道"外部观测有较大损失（误差），此时超平面倾向扁平化（简单模型）。极端情况为 $C \to 0$ 时，为最小化目标函数而倾向最小化第一项，此时若没有约束条件，超平面将是位于最大"管道"内的最扁平化的超平面。可见，惩罚参数 C 控制着模型的复杂度，既不能太大也不能太小。可通过 K-折交叉验证确定参数 C。

2. 支持向量回归的约束条件

对每个样本观测 $X_i (i = 1, 2, \cdots, N)$ 的约束条件如下：

$$\begin{cases} b + w^{\mathrm{T}} X_i - y_i \leqslant \varepsilon + \xi_i \\ y_i - b - w^{\mathrm{T}} X_i \leqslant \varepsilon + \xi_i^* \\ \xi_i, \xi_i^* \geqslant 0 \end{cases} \tag{9.29}$$

约束条件的含义是：样本观测 X_i 的预测值可以大于实际值，即 $\hat{y}_i = b + w^{\mathrm{T}} X_i > y_i$，但绝对残差 $e_i = \hat{y}_i - y_i$ 应小于 $\varepsilon + \xi_i$；反之，预测值也可以小于实际值，即 $\hat{y}_i = b + w^{\mathrm{T}} X_i < y_i$，但绝对残差 $e_i = y_i - \hat{y}_i$ 也应小于 $\varepsilon + \xi_i^*$。以上约束是对训练残差上限的限定。一方面，若回归超平面很好地拟合样本观测点 X_i，ξ_i 或 ξ_i^* 很小时就可以满足约束条件。另一方面，若令 ε 较大也可以满足约束条件。虽然满足了约束条件，但预测误差 e_i 还是偏大的。所以，ε 较大意味着所允许的残差上限较大，ε 较小意味着允许的残差上限较小。可见，这里参数 ε 控制着对最大误差的容忍度，与前述 ε 的作用是一致的。可通过 K-折交叉验证等方式确定。

此外，KKT 条件中还包括

$$\begin{cases} \alpha_i [b + w^{\mathrm{T}} X - y_i - (\varepsilon + \xi_i)] = 0 \\ a_i^* [y_i - b - w^{\mathrm{T}} X - (\varepsilon + \xi_i^*)] = 0 \\ \mu_i \xi_i = 0 \\ \mu_i^* \xi_i^* = 0 \end{cases} \tag{9.30}$$

其中，$\alpha_i, a_i^*, \mu_i, \mu_i^* (i=1,2,\cdots,N)$ 均为拉格朗日乘子。由于 $\alpha_i[b+\boldsymbol{w}^{\mathrm{T}}\boldsymbol{X}-y_i-(\varepsilon+\xi_i)]=0$ 和 $a_i^*[y_i-b-\boldsymbol{w}^{\mathrm{T}}\boldsymbol{X}-(\varepsilon+\xi_i^*)]=0$ 不能同时成立，α_i 和 a_i^* 至少有一个等于 0。可见，对支持向量，因 $\alpha_i > 0$ 或 $a_i^* > 0$，分别有 $b+\boldsymbol{w}^{\mathrm{T}}\boldsymbol{X}-y_i=\varepsilon+\xi_i$ 和 $y_i-b-\boldsymbol{w}^{\mathrm{T}}\boldsymbol{X}=\varepsilon+\xi_i^*$ 成立，即支持向量落在"管道"的边缘和外部。

这里略去拉格朗日函数和原问题的对偶问题及其解，仅给出回归超平面系数的解：

$$\boldsymbol{w}=\sum_{i=1}^{N}(a_i^*-\alpha_i)\boldsymbol{X}_i \qquad (9.31)$$

以及对样本观测点 $\boldsymbol{X}_0$ 的回归预测值：

$$\sum_{i=1}^{L}(a_i^*-\alpha_i)\boldsymbol{X}_i^{\mathrm{T}}\boldsymbol{X}_0+b \qquad (9.32)$$

其中，有 L 个支持向量。

需要说明的是，仍然与支持向量分类类似，支持向量回归通过核函数实现非线性回归。此时预测模型为 $\sum_{i=1}^{L}(a_i^*-\alpha_i)K(\boldsymbol{X}_i,\boldsymbol{X}_0)+b$，其中，$K(\boldsymbol{X}_i,\boldsymbol{X}_0)$ 是支持向量 $\boldsymbol{X}_i$ 和新观测 $\boldsymbol{X}_0$ 的核函数。

二维码 034

图 9.18 是支持向量回归的一个示例（Python 代码参见 9.6.6 节）。

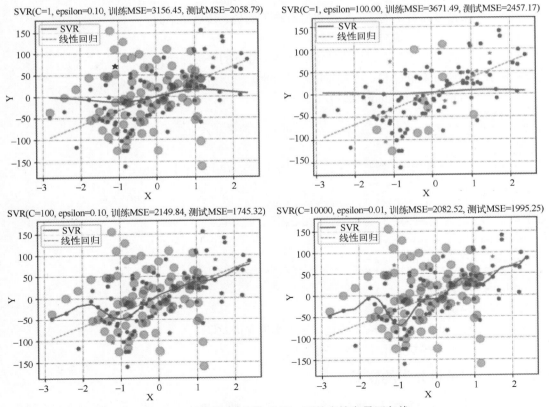

图 9.18　不同惩罚参数 C 和 ε 下的支持向量回归线

图 9.18 中的圆点所代表的样本观测点来自训练集，五角星来自测试集。其中的虚线为线性回归的回归直线，实线为支持向量回归的回归线，显然，支持向量回归可以刻画输入变量和输出变量间的非线性关系。大圆圈住的点为支持向量。

图 9.18 第一行两幅图中的惩罚参数 C 相等，左图 ε 较小，右图 ε 较大。右图的 ε 较大，所允许的误差上限较大，因此回归线比左图简单且更扁平化，训练误差大于左图，且"管道"外的支持向量较少；图 9.18 第一列两幅图中的 ε 相等，上图的惩罚参数 C 小于下图，因而超平面的扁平化程度大于下图。下图的惩罚参数 C 较大因而回归线更复杂，训练误差更低。ε 较小，"管道"外的支持向量较多。图 9.18 右上图中的惩罚参数 C 小且 ε 大，是最简单的模型，训练误差最大。图 9.18 右下图的惩罚参数 C 很大且 ε 很小，模型的复杂度最高，训练误差最小，但测试误差并没有小于图 9.18 左下图，表明出现了模型过拟合。因此，图 9.18 左下图模型是四个中最优的。

9.6 Python 建模实现

为进一步加深对支持向量机的理论理解，本节通过 Python 编程，基于模拟数据对以下几方面进行介绍：

- 展示感知机网络超平面的不确定性，说明支持向量分类的意义。
- 展示完全线性可分下的支持向量和最大边界超平面。
- 展示广义线性可分下的、不同惩罚参数 C 下的最大边界超平面。
- 展示非线性可分下的空间变化思路。
- 展示非线性可分下、不同惩罚参数 C 和核函数下的分类曲面特征。
- 展示不同惩罚参数 C 和 ε 对支持向量回归的影响。

以下是本章需导入的 Python 模块：

```
1  #本章需导入的模块
2  import numpy as np
3  from numpy import random
4  import pandas as pd
5  import matplotlib.pyplot as plt
6  from mpl_toolkits.mplot3d import Axes3D
7  import warnings
8  warnings.filterwarnings(action = 'ignore')
9  %matplotlib inline
10 plt.rcParams['font.sans-serif']=['SimHei']  #解决中文显示乱码问题
11 plt.rcParams['axes.unicode_minus']=False
12 from sklearn.datasets import make_classification,make_circles,make_regression
13 from sklearn.model_selection import train_test_split
14 import sklearn.neural_network as net
15 import sklearn.linear_model as LM
16 from scipy.stats import multivariate_normal
17 from sklearn.metrics import r2_score,mean_squared_error,classification_report
18 from sklearn import svm
19 import os
```

其中新增模块包括：

1）第 18 行：sklearn 的 svm 子模块，用于实现支持向量机。

2）第 19 行：os 模块，用于实现文件管理。

9.6.1 支持向量机分类的意义

本节（文件名：chapter9-1.ipynb）基于模拟数据，通过 Python 编程，采用感知机网络建立分类预测模型，确定分类超平面。可知感知机连接权值的初始值不同，对应的分类超平面也会不同，进而说明支持向量分类的必要性。

以下将首先基于模拟数据，建立包含 10 个隐藏节点的三层感知机网络，并指定基于四个不同随机种子的初始网络权重得到四个感知机网络。然后，绘制四个感知机网络的分类边界。代码如下所示。

```
1  N=100
2  X,Y=make_classification(n_samples=N,n_features=2,n_redundant=0,n_informative=2,class_sep=1,random_state=1,n_clusters_per_class=1)
3  X_train, X_test, Y_train, Y_test = train_test_split(X,Y,train_size=0.85, random_state=123)
4  markers=['^','o']
5  for k,m in zip([1,0],markers):
6      plt.scatter(X_train[Y_train==k,0],X_train[Y_train==k,1],marker=m, s=40)
7  for k,m in zip([1,0],markers):
8      plt.scatter(X_test[Y_test==k,0],X_test[Y_test==k,1],marker=m, s=40,c='',edgecolors='g')
9  plt.title("100个样本观测点的分布")
10 plt.xlabel("X1")
11 plt.ylabel("X2")
12 plt.grid(True,linestyle='-.')
13 plt.show()
```

【代码说明】

1）第 1、2 行：生成用于二分类的、样本量 N＝100 的一组随机样本，其中包括两个输入变量。同时，指定两个分类的样本观测点彼此不相交。

2）第 3 行：利用旁置法按 85%和 15%的比例将数据集划分成训练集和测试集。

3）第 5 至 13 行：分别将训练集和测试集的样本观测，以不同符号和颜色绘制在图上，如图 9.1 所示。

接下来，利用感知机网络建立分类模型，绘制分类边界。代码如下所示。

```
1  X1,X2= np.meshgrid(np.linspace(X_train[:,0].min(),X_train[:,0].max(),300),np.linspace(X_train[:,1].min(),X_train[:,1].max(),300))
2  X0=np.hstack((X1.reshape(len(X1)*len(X2),1),X2.reshape(len(X1)*len(X2),1)))
3
4  fig,axes=plt.subplots(nrows=2,ncols=2,figsize=(12,8))
5  for seed,H,L in [(123,0,0), (3000,0,1), (0,1,0), (20,1,1)]:
6      NeuNet=net.MLPClassifier(activation='logistic',random_state=seed,hidden_layer_sizes=(10,),max_iter=200)
7      NeuNet.fit(X_train,Y_train)
8      #NeuNet.out_activation_  #输出节点的激活函数
9      Y0=NeuNet.predict(X0)
10     axes[H,L].scatter(X0[np.where(Y0==1),0],X0[np.where(Y0==1),1],c='lightgray')
11     axes[H,L].scatter(X0[np.where(Y0==0),0],X0[np.where(Y0==0),1],c='mistyrose')
12     for k,m in [(1,'^'),(0,'o')]:
13         axes[H,L].scatter(X_train[Y_train==k,0],X_train[Y_train==k,1],marker=m,s=40)
14         axes[H,L].scatter(X_test[Y_test==k,0],X_test[Y_test==k,1],marker=m,s=40,c='',edgecolors='g')
15     axes[H,L].grid(True,linestyle='-.')
16     axes[H,L].set_title("分类平面(随机数种子=%d,测试误差=%.2f)"%(seed,1-NeuNet.score(X_test,Y_test)))
```

【代码说明】

1）第 1、2 行：为绘制分类边界准备数据，即在训练集两个输入变量取值范围内的 90000 个样本观测点。

2）第 4 至 16 行：利用 for 循环进行四次感知机网络的训练。

首先，感知机网络是包含 10 个隐藏节点的三层网络。四次感知机训练的初始权重随机数依次由四个随机数种子（123、3000、0、20）确定，且均进行 200 次迭代；然后，依次拟合训练集，并分别对 90000 个样本观测的所属类别进行预测；接下来，绘制两个分类区域。指定深色区域对应 1 类，浅色区域对应 0 类，两个区域的交接处为分类边界（直线）；最后，将训练集和测试集中的样本观测点添加到图中。落入深色区域的样本观测点将被预测为 1 类，其他则被预测为 0 类，所得的四个分类边界如图 9.2 所示。

图 9.2 中的图形显示，四条分类直线的训练误差都等于零。但左侧两条分类直线均距训练集

中的圆点类很近，右侧两条分类直线则距两类点都比较远。从预测置信度以及测试误差上考虑，右侧两条分类直线是比较理想的。支持向量分类正是基于同样的考虑来设计算法。

9.6.2　完全线性可分下的最大边界超平面

完全线性可分下的支持向量分类是支持向量分类的理想场景，探索其基本原理将有助于理解更现实场景下的支持向量分类算法。本节（文件名：chapter9-2.ipynb）基于 9.6.1 节的模拟数据，通过绘制完全线性可分下的支持向量分类边界，说明解决 9.6.1 节中问题的预期思路和结果。具体代码及结果如下所示。

```
1  N=100
2  X, Y=make_classification(n_samples=N, n_features=2, n_redundant=0, n_informative=2, class_sep=1, random_state=1, n_clusters_per_class=1)
3  X_train, X_test, Y_train, Y_test = train_test_split(X, Y, train_size=0.85, random_state=123)
4  X1, X2= np.meshgrid(np.linspace(X_train[:,0].min(), X_train[:,0].max(), 500), np.linspace(X_train[:,1].min(), X_train[:,1].max(), 500))
5  X0=np.hstack((X1.reshape(len(X1)*len(X2), 1), X2.reshape(len(X1)*len(X2), 1)))
6  modelSVC=svm.SVC(kernel='linear', random_state=123, C=2) #modelSVC=svm.LinearSVC(C=2, dual=False)
7  modelSVC.fit(X_train, Y_train)
8  print("超平面的常数项b: ", modelSVC.intercept_)
9  print("超平面系数W: ", modelSVC.coef_)
10 print("支持向量的个数: ", modelSVC.n_support_)
11 Y0=modelSVC.predict(X0)
12 plt.figure(figsize=(6, 4))
13 plt.scatter(X0[np.where(Y0==1), 0], X0[np.where(Y0==1), 1], c='lightgray')
14 plt.scatter(X0[np.where(Y0==0), 0], X0[np.where(Y0==0), 1], c='mistyrose')
15 for k, m in [(1,'^'), (0,'o')]:
16     plt.scatter(X_train[Y_train==k, 0], X_train[Y_train==k, 1], marker=m, s=40)
17     plt.scatter(X_test[Y_test==k, 0], X_test[Y_test==k, 1], marker=m, s=40, c='', edgecolors='g')
18
19 plt.scatter(modelSVC.support_vectors_[:,0], modelSVC.support_vectors_[:,1], marker='o', c='b', s=120, alpha=0.3)
20 plt.xlabel("X1")
21 plt.ylabel("X2")
22 plt.title("线性可分下的支持向量机最大边界超平面")
23 plt.grid(True, linestyle='-.')
24 plt.show()
25
```

```
超平面的常数项b: [0.00427528]
超平面系数: [[-1.75478826  0.07731007]]
支持向量的个数: [1 2]
```

【代码说明】

1）第 1 至 5 行：生成同 9.6.1 节相同的模拟数据。采用旁置法将数据集划分为训练集和测试集。为绘制分类边界准备数据，即位于训练集两个输入变量取值范围内的 250000 个样本观测点。

2）第 6、7 行：建立完全线性可分下的支持向量分类机，并拟合训练数据。

不同场景下的支持向量分类均可通过函数 svm.SVC()实现。其中指定参数 kernel='linear'即为线性可分场景。参数 C 为式（9.13）中的惩罚参数 C。

3）第 8 至 10 行：输出最大边界超平面参数以及支持向量的个数。这里分别在两个类别中找到了 1 和 2 个支持向量（见图 9.8）。最大边界超平面参数以及支持向量的个数依次存储在模型对象的 ".intercept_"".coef_" 和 ".n_support_" 属性中。

4）第 11 行：基于最大边界超平面预测 250000 个样本观测的类别。

5）第 13、14 行：绘制两个类别区域。指定深色为 1 类区域，浅色为 0 类区域。两区域的边界即为最大边界超平面。

6）第 15 至 17 行：将样本观测点添加到图中。落入深色区域内的样本观测点将预测为 1 类，落入浅色区域的样本观测点将预测为 0 类。

7）第 19 行：在图中标记出支持向量。支持向量的坐标存储在模型对象的 ".support_vectors_" 属性中。

所得图形如图 9.8 所示。图形显示，超平面确实如期望的那样接近图 9.2 右图而非图 9.2 左图的两个平面。

9.6.3　不同惩罚参数 C 下的最大边界超平面

广义线性可分下，惩罚参数 C 是一个非常重要的参数。本节（文件名：chapter9-3.ipynb）通过 Python 编程，以图形方式直观展示惩罚参数 C 的大小对支持向量分类的影响。具体代码如下所示。

```
1  N=100
2  X,Y=make_classification(n_samples=N,n_features=2,n_redundant=0,n_informative=2,class_sep=1.2,random_state=1,n_clusters_per_class=1)
3  rng=np.random.RandomState(2)
4  X+=2*rng.uniform(size=X.shape)
5  X_train, X_test, Y_train, Y_test = train_test_split(X,Y,train_size=0.85, random_state=1)
6  X1,X2= np.meshgrid(np.linspace(X_train[:,0].min(),X_train[:,0].max(),500),np.linspace(X_train[:,1].min(),X_train[:,1].max(),500))
7  X0=np.hstack((X1.reshape(len(X1)*len(X2),1),X2.reshape(len(X1)*len(X2),1)))
8  fig,axes=plt.subplots(nrows=1,ncols=2,figsize=(15,6))
9  for C,H in [(5,0),(0.1,1)]:
10     modelSVC=svm.SVC(kernel='linear',random_state=123,C=C)
11     modelSVC.fit(X_train,Y_train)
12     Y0=modelSVC.predict(X0)
13     axes[H].scatter(X0[np.where(Y0==1),0],X0[np.where(Y0==1),1],c='lightgray')
14     axes[H].scatter(X0[np.where(Y0==0),0],X0[np.where(Y0==0),1],c='mistyrose')
15     for k,m in [(1,'*'),(0,'o')]:
16         axes[H].scatter(X_train[Y_train==k,0],X_train[Y_train==k,1],marker=m,s=40)
17         axes[H].scatter(X_test[Y_test==k,0],X_test[Y_test==k,1],marker=m,s=40,c='',edgecolors='g')
18
19     axes[H].scatter(modelSVC.support_vectors_[:,0],modelSVC.support_vectors_[:,1],marker='o',c='b',s=120,alpha=0.3)
20     axes[H].set_xlabel("X1")
21     axes[H].set_ylabel("X2")
22     axes[H].set_title("广义线性可分下的支持向量机最大边界超平面\n(C=%.1f,训练误差=%.2f)"%(C,1-modelSVC.score(X_train,Y_train)))
23     axes[H].grid(True,linestyle='-.')
```

【代码说明】

1）第 1 至 5 行：生成用于二分类的、包含两个输入变量的模拟数据。为方便起见，在原有输入变量的基础上添加随机数，如图 9.4 左图所示。数据中的两个类存在重叠现象。利用旁置法，将数据集按 85% 和 15% 的比例划分成训练集和测试集。

2）第 6、7 行：为绘制分类边界准备数据，即位于两个输入变量取值范围内的 250000 个样本观测点。

3）第 9 至 23 行：利用 for 循环建立惩罚参数 C 取 5 和 0.1 时的支持向量分类机。

其中，指定参数 kernel='linear'，即为线性可分场景。参数 C 为式（9.13）中的惩罚参数。拟合训练数据；预测 250000 个样本观测点的类别。绘制两个类别区域。指定深色为 1 类区域，浅色为 0 类区域。两区域的边界即为惩罚参数 C 下的最大边界超平面；将样本观测点添加到图中，落入深色区域的样本观测点将预测为 1 类，落入浅色区域的将预测为 0 类；标出支持向量并计算训练误差。所得图形如图 9.10 所示。图形显示，参数 C 较大时，边界较窄，进入"禁区"的点较少，训练误差较低。参数 C 较小时，边界较宽，进入"禁区"的点较多，训练误差较高。

9.6.4　非线性可分下的空间变化

对非线性可分样本只能通过曲面来分割。具体实施策略是通过非线性函数实现空间变化，使非线性可分样本转换成高维空间中的线性可分样本，并寻找分割平面。高维空间中的平面与低维空间的曲面相对应。本节（文件名：chapter9-4.ipynb）通过 Python 编程直观展示非线性可分下的空间变化。具体代码如下所示。

```
1   N=100
2   X,Y=make_circles(n_samples=N,noise=0.2,factor=0.5,random_state=123)
3   fig = plt.figure(figsize=(20,6))
4   markers=[' ','o']
5   ax = fig.add_subplot(121, projection='3d')
6   var = multivariate_normal(mean=[0,0], cov=[[1,0],[0,1]])
7   Z=np.zeros((len(X),))
8   for i,x in enumerate(X):
9       Z[i]=var.pdf(x)
10  for k,m in zip([1,0],markers):
11      ax.scatter(X[Y==k,0],X[Y==k,1],Z[Y==k],marker=m,s=40)
12  ax.set_xlabel('X1')
13  ax.set_ylabel('X2')
14  ax.set_zlabel('Z')
15  ax.set_title('三维空间下100个样本观测点的分布')
```

【代码说明】

1）第 1、2 行：生成用于二分类的包含两个输入变量 X_1、X_2 的模拟数据，该数据为非线性样本，如图 9.4 右图所示。

2）第 6 行：定义一个二元高斯分布，均值向量为 $(0,0)^T$，协方差阵为 $\begin{pmatrix} 1 & 0 \\ 0 & 1 \end{pmatrix}$，即 X_1、X_2 的方差等于 1，协方差等于 0（不具有线性相关性）。

3）第 7 至 9 行：对二维空间中的数据点，通过二元高斯分布函数变换映射到三维空间中。第三维（Z）的取值为高斯分布函数的概率密度，完成空间变换。

4）第 10 至 15 行：以不同颜色和形状展示两类样本观测点在三维空间中的分布形态，如图 9.11 左图所示。图形显示，在原来二维输入变量 X_1、X_2 的空间中无法找到一条直线将两类样本分开，但在三维空间中却可以找到一个平面。

以下将展示三维空间中的平面与二维空间的对应关系。

```
17  ax = fig.add_subplot(122)
18  X1,X2= np.meshgrid(np.linspace(X[:,0].min(),X[:,0].max(),500),np.linspace(X[:,1].min(),X[:,1].max(),500))
19  X0=np.hstack((X1.reshape(len(X1)*len(X2),1),X2.reshape(len(X1)*len(X2),1)))
20  Z=np.zeros((len(X0),))
21  for i,x in enumerate(X0):
22      Z[i]=var.pdf(x)
23  for k,m in zip([1,0],markers):
24      ax.scatter(X[Y==k,0],X[Y==k,1],marker=m,s=50)
25  ax.set_title("100个样本观测点在二维空间中的分布")
26  ax.set_xlabel("X1")
27  ax.set_ylabel("X2")
28  ax.grid(True,linestyle='-.')
29  contour = plt.contour(X1,X2,Z.reshape(len(X1),len(X2)),[0.12],colors='k')
```

【代码说明】

1）第 18 至 20 行：为绘图准备数据，即位于输入变量取值范围内的 250000 个样本观测点。

2）第 21、22 行：将 250000 个样本观测映射到三空间中（非线性函数为二元高斯函数）。

3）第 23 至 29 行：在原来的二维空间中展示样本观测的分布特点，并基于三维空间中的 250000 个样本观测点绘制其等高线图，展示三维空间中的点投影到二维平面上的分布特征。如图 9.11 右图所示。图形显示，三维空间中将两类分开的一个平面（横切面）与二维空间中的曲线相对应，可间接实现对二维空间中非线性样本的分割。

9.6.5 不同惩罚参数 *C* 和核函数下的分类曲面

非线性可分下的核函数至关重要，同时分类预测性能与惩罚参数 *C* 密切相关。本节（文件名：chapter9-5.ipynb）通过 Python 编程讲解不同核函数以及惩罚参数 *C* 对分类曲线的影响。

```
1   N=100
2   X,Y=make_circles(n_samples=N,noise=0.2,factor=0.5,random_state=123)
3   X_train, X_test, Y_train, Y_test = train_test_split(X,Y,train_size=0.85, random_state=1)
4   X1,X2= np.meshgrid(np.linspace(X_train[:,0].min(),X_train[:,0].max(),500),np.linspace(X_train[:,1].min(),X_train[:,1].max(),500))
5   X0=np.hstack((X1.reshape(len(X1)*len(X2),1),X2.reshape(len(X1)*len(X2),1)))
6   fig,axes=plt.subplots(nrows=2,ncols=2,figsize=(15,12))
7   for C,ker,H,L in [(1,'poly',0,0),(1,'rbf',0,1),(1000,'poly',1,0),(1000,'rbf',1,1)]:
8       modelSVC=svm.SVC(kernel=ker,random_state=123,C=C)
9       modelSVC.fit(X_train,Y_train)
10      Y0=modelSVC.predict(X0)
11      axes[H,L].scatter(X0[np.where(Y0==1),0],X0[np.where(Y0==1),1],c='lightgray')
12      axes[H,L].scatter(X0[np.where(Y0==0),0],X0[np.where(Y0==0),1],c='mistyrose')
13      for k,m in [(1,'^'),(0,'o')]:
14          axes[H,L].scatter(X_train[Y_train==k,0],X_train[Y_train==k,1],marker=m,s=40)
15          axes[H,L].scatter(X_test[Y_test==k,0],X_test[Y_test==k,1],marker=m,s=40,c='',edgecolors='g')
16
17      axes[H,L].scatter(modelSVC.support_vectors_[:,0],modelSVC.support_vectors_[:,1],marker='o',c='b',s=120,alpha=0.3)
18      axes[H,L].set_xlabel("X1")
19      axes[H,L].set_ylabel("X2")
20      axes[H,L].set_title("线性不可分下的支持向量机最大边界超平面(C=%.1f,Kernal=%s,测试误差=%.2f)"%(C,ker,1-modelSVC.score(X_test,Y_test)))
21      axes[H,L].grid(True,linestyle='-.')
```

【代码说明】

1）第 1 至 3 行：生成与 9.6.4 节相同的模拟数据，其中包含两个输入变量，为非线性可分样本。利用旁置法将数据集划分为训练集和测试集。

2）第 4、5 行：为绘制分类边界准备数据：数据为在输入变量取值范围内的 250000 个样本观测点。

3）第 7 至 21 行：利用 for 循环建立多个支持向量分类机。

支持向量分类机的核函数依次为多项式核函数和径向基核函数，并且惩罚参数 *C* 依次取 1 和 1000。拟合训练集。预测 250000 个样本观测点的类别。绘制两个类别区域。指定深色为 1 类区域，浅色为 0 类区域。两区域的边界即为相应核函数和惩罚参数 *C* 下的最大边界超平面；将样本观测点添加到图中，落入深色区域的样本观测点将预测为 1 类，落入浅色区域的将预测为 0 类；标出支持向量并计算测试误差。所得图形如图 9.13 所示。图形显示，惩罚参数 *C* 较大将导致因分类边界"努力"拟合边界点，而呈现更多的弯曲变化。此外，两个核函数在二维空间中的曲线形态不同。从样本观测点的分布特点以及测试误差看，该问题适合采用径向基核。

9.6.6 不同惩罚参数 *C* 和 ε 对支持向量回归的影响

惩罚参数 *C* 和 ε 是支持向量回归的两个重要参数。本节（文件名：chapter9-6.ipynb）通过 Python 编程说明两个参数对支持向量回归的影响。

```
1   N=100
2   X,Y=make_regression(n_samples=N,n_features=1,random_state=123,noise=50,bias=0)
3   X_train, X_test, Y_train, Y_test = train_test_split(X,Y,train_size=0.85, random_state=123)
4   plt.scatter(X_train,Y_train,s=20)
5   plt.scatter(X_test,Y_test,s=20,marker='*')
6   plt.title("100个样本观测点的SVR和线性回归")
7   plt.xlabel("X")
8   plt.ylabel("Y")
```

【代码说明】

1）第 1 至 3 行：生成用于回归仅包含一个输入变量的模拟数据。样本量等于100。利用旁置法将数据集划分为训练集和测试集。

2）第 4 至 8 行：绘制输入变量和输出变量的散点图，如图 9.19 所示。

图 9.19 中的圆圈表示样本观测来自训练集，五角星表示来自测试集。整体上，输入变量和输出变量呈现一定的线性关系。接下来，利用支持向量回归进行回归预测，并绘制回归线。

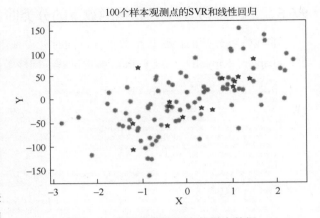

100个样本观测点的SVR和线性回归

图 9.19　支持向量回归中的样本数据

```
10  modelLM=LM.LinearRegression()
11  modelLM.fit(X_train,Y_train)
12  X[:,0].sort()
13  fig,axes=plt.subplots(nrows=2,ncols=2,figsize=(12,9))
14  for C,E,H,L in [(1,0.1,0,0),(1,100,0,1),(100,0.1,1,0),(10000,0.01,1,1)]:
15      modelSVR=svm.SVR(C=C,epsilon=E)
16      modelSVR.fit(X_train,Y_train)
17      axes[H,L].scatter(X_train,Y_train,s=20)
18      axes[H,L].scatter(X_test,Y_test,s=20,marker='*')
19      axes[H,L].scatter(X[modelSVR.support_],Y[modelSVR.support_],marker='o',c='b',s=120,alpha=0.2)
20      axes[H,L].plot(X,modelSVR.predict(X),linestyle='-',label="SVR")
21      axes[H,L].plot(X,modelLM.predict(X),linestyle='—',label="线性回归",linewidth=1)
22      axes[H,L].legend()
23      ytrain=modelSVR.predict(X_train)
24      ytest=modelSVR.predict(X_test)
25      axes[H,L].set_title("SVR(C=%d,epsilon=%.2f,训练误差=%.2f,测试MSE=%.2f)"%(C,E,mean_squared_error(Y_train,ytrain),
26                                                  mean_squared_error(Y_test,ytest)))
27      axes[H,L].set_xlabel("X")
28      axes[H,L].set_ylabel("Y")
29      axes[H,L].grid(True,linestyle='-.')
```

【代码说明】

1）第 10、11 行：建立一般线性回归模型，拟合训练集数据。

2）第 14 至 29 行：利用 for 循环分别建立四个基于支持向量回归的预测模型。

支持向量回归机（默认采用径向基核函数）的惩罚参数 C 依次取 1、1、100、10000，对错误的惩罚越来越大。同时，参数 ε 依次取 0.1、100、0、1、0.01，限定了多个允许的误差上限。拟合训练集数据。绘制样本观测点的散点图。标出支持向量。绘制一般支持向量回归机的回归线和一般线性回归模型的回归线。计算训练误差和测试误差（MSE）。

所得图形如图 9.18 所示。图形显示，在惩罚参数 C 相等的条件下，较大的 ε 将意味着允许较大的误差上限，此时的回归线简单且更扁平化，训练误差较大且"管道"外的支持向量较少。在 ε 相等的条件下，较小的惩罚参数 C 将导致超平面的扁平化程度更大，训练误差较大。惩罚参数 C 小、ε 大将对应简单模型，惩罚参数 C 很大、ε 很小将对应复杂模型，但应注意模型的过拟合问题。图 9.8 左下图模型是四个中最优的。

9.7　Python 实践案例

本节通过两个实践案例，说明如何利用支持向量机解决实际应用中的多分类预测问题和回归预测问题。案例 1 是物联网健康大数据的应用——老年人危险体位预警，在展示支持向量分类算法应用的同时，也关注非平衡样本的分类研究；案例 2 是基于各种汽车的行驶测试数据和客观指标值，对汽车油耗进行回归预测，重点聚焦支持向量回归的预测鲁棒性。

9.7.1　实践案例 1：物联网健康大数据应用——老年人危险体位预警

本案例（文件名：chapter9-7.ipynb）是物联网健康大数据应用中的一个典型案例。医护人员可通过老年人佩戴的无线穿戴设备，依据实时传回的数据，密切关注老年人日常活动过程中的体位变化。依据回传数据和体位状态，建立老年人危险体位预警模型，实时自动地提醒医护人员及时观察和救护老人。

1．背景和数据说明

这里的数据集⊖记录了 27 名 66 岁至 86 岁健康老人，在特定实验环境下 1 个小时内的各种体位状态，及其相应的无线穿戴设备的回传数据。其中，体位变化如图 9.20 所示。

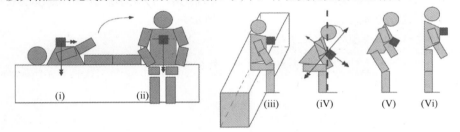

(i)　(ii)　(iii)　(iV)　(V)　(Vi)

图 9.20　体位变化情况示意图

图 9.20 中，实心正方形表示无线穿戴设备。图形从左到右反映了老人从平躺在床上，到坐起、曲身站起并直立过程中的体位（Activity）变化。可以看到，随着体位的实时（TimeStamp，不同时间点）变化，无线穿戴设备的竖直高度（vertical，穿戴设备距地面的高度）数据、水平位置（包括 frontal 和 lateral，即穿戴设备距两个垂直墙体的距离）数据以及倾角数据等都会发生变化。这些数据会通过室内的 3 个射频识别（Radio Frequency Identification，RFID）设备实时采集并传回。其中 2 个 RFID 安装在顶棚上，1 个安装在墙上。此外，老人会在室内走动，所以各穿戴设备（SensorID）所接受的信号强度（RSSI）会不同。数据采集时段内，老人的体位状态包括 1：坐在床上；2：坐在椅子上；3：躺在床上；4：站立或行走。

每个老人的数据会以单个文本文件的形式单独存储，且文件名（如 d2p01F）的最后一个字母为 M 或 F 以标记老人的性别。在无人看护的情况下，对高龄老人来说，躺或坐在床上是最安全的身体状态，离开床起身走动都存在一定的风险。为此，可建立基于上述数据的二分类预测模型，对老人是否处在风险体位进行预警。

2．数据准备和描述性分析

这里，由于各位老人的数据均以单个文本文件的形式集中存储在一个特定目录中，因此应读

⊖ SAMPLE A P, TORRES R S, RANASINGHE D C, et al. Sensor enabled wearable RFID technology for mitigating the risk of falls near beds[C]// IEEE International Conference on Rfid. IEEE, 2013.

取该目录下的所有数据文件，并将其合并到数据框中。同时，还需要依据数据文件名的最后一个字母，确定老人的性别，并存入数据框。具体代码如下。

```
1  path=' 《Python机器学习：数据建模与分析》代码/健康物联网/'
2  filenames=os.listdir(path=path)
3  data=pd.DataFrame(columns=['TimeStamp', 'frontal', 'vertical', 'lateral', 'SensorID', 'RSSI','Phase',
4                             'Frequency', 'Activity', 'ID', 'Gender'])
5  i=1
6  for filename in filenames:
7      tmp=pd.read_csv(path+filename)
8      tmp['ID']=i
9      tmp['Gender']=filename[-5]
10     i+=1
11     data=data.append(tmp)
```

【代码说明】

1）第 1 至 3 行：指定数据文件所在目录；得到该目录下的数据文件名；建立数据框用于存储待分析的数据。

2）第 6 至 11 行：数据整理。依次读入每个老人的数据，获得其性别，添加到数据框中。

对上述数据进行基本的描述性分析，代码如下所示。

```
1  label=[' 坐在床上','坐在椅子上','躺在床上','行走']
2  countskey=data['Activity'].value_counts().index
3  plt.bar(np.unique(data['Activity']), data['Activity'].value_counts())
4  plt.xticks([1,2,3,4], [label[countskey[0]-1], label[countskey[1]-1], label[countskey[2]-1], label[countskey[3]-1]])
5  plt.title("老人的体位状态")
6  plt.show()
7  data['ActivityN']=data['Activity'].map({3:0, 1:0, 2:1, 4:1})
8  plt.bar([1,2], data['ActivityN'].value_counts())
9  plt.xticks([1,2], ['安全体位','风险体位'])
10 plt.title("老人的体位状态")
11 plt.show()
```

【代码说明】

1）第 1、2 行：计算各种体位的频数，并得到按频数降序排列的体位标签值，为后续绘图做准备。

2）第 3 至 6 行：绘制体位频数的柱形图，并给出各柱形对应的体位说明。如图 9.21 左图所示。图形显示，实验过程中老人的绝大多数体位是躺在床上。

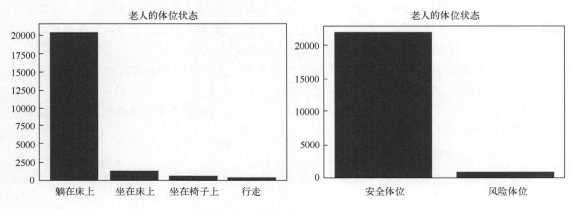

图 9.21　老人体位频数柱形图

3）第 7 至 10 行：数据重编码，将风险体位编码为 1，安全体位编码为 0；重新绘制重编码后的体位频数柱形图。如图 9.21 右图所示。显然，该样本是个典型的非平衡样本。

非平衡样本，是指样本中某一类或者某些类的样本量远远大于其他类的样本量。通常，样本量多的一类或几类样本称为多数类，也称正类。样本量较少的类称为少数类或稀有类，也称负类。例如，这里的风险体位（编码为 1）即为负类。

3．建立老人体位的四分类预测模型

这里，首先对体位的四种状态，建立基于不同核函数的支持向量分类模型。然后，计算各分类模型的测试误差，对模型进行比较。代码和运行结果如下所示。

```
1  Y=data['Activity'].astype(int)
2  X=data[['frontal', 'vertical', 'lateral', 'RSSI']]
3  X_train, X_test, Y_train, Y_test = train_test_split(X, Y, train_size=0.70, random_state=1)
4  for ker in ['poly','rbf']:
5      modelSVC=svm.SVC(kernel=ker,random_state=123)
6      modelSVC.fit(X_train,Y_train)
7      print("测试误差=%f(%s)"%(1-modelSVC.score(X_test,Y_test),ker))
8      print(classification_report(Y_test,modelSVC.predict(X_test)))
```

```
测试误差=0.029143(poly)
              precision    recall  f1-score   support

           1       0.71      0.84      0.77       368
           2       0.79      0.76      0.78       170
           3       0.99      1.00      1.00      6147
           4       0.90      0.17      0.28       109

    accuracy                           0.97      6794
   macro avg       0.85      0.69      0.71      6794
weighted avg       0.97      0.97      0.97      6794

测试误差=0.030321(rbf)
              precision    recall  f1-score   support

           1       0.71      0.77      0.74       368
           2       0.82      0.71      0.76       170
           3       0.99      1.00      0.99      6147
           4       0.94      0.41      0.57       109

    accuracy                           0.97      6794
   macro avg       0.86      0.72      0.77      6794
weighted avg       0.97      0.97      0.97      6794
```

【代码说明】

1）第 1 至 3 行：分别指定输出变量和输入变量；将数据集划分为训练集和测试集。

2）第 4 至 8 行：依次采用多项式核函数和径向基核函数，建立两个支持向量分类机分类模型；拟合数据；计算模型的测试误差；报告模型在测试集上的其他评价指标。结果显示，模型一（多项式核）的测试误差为 2.9%，略低于模型二（径向基核）。同时，两个模型对躺在床上的体位预测，均有很高的查准率和查全率。两个模型对行走体位的预测并不理想，模型一的查全率仅有 17% 且拉低了模型的整体测试查全率。模型二相对较好，但也仅为 41%。从模型的实际应用场景看，查全率是更需关注的。此外，从实际应用角度看，建立危险体位的二分类模型更有意义。

4．对老人是否处在危险体位进行二分类预测

对高龄老人来说，躺或坐在床上是最安全的身体状态，离开床起身走动都存在一定的风险。为此，建立危险体位的二分类预测模型，对老人是否处在风险体位进行预警，会更具现实意义。

以下将首先建立基于径向基核函数的支持向量分类模型，并对模型进行评价。然后，针对样本的非平衡特点，对重抽样样本重新建立模型，以优化模型结果。代码和运行结果如下所示。

```
1  Y=data['ActivityN'].astype(int)
2  X=data[['frontal', 'vertical', 'lateral', 'RSSI']]
3  X_train, X_test, Y_train, Y_test = train_test_split(X, Y, train_size=0.70, random_state=1)
4  modelSVC=svm.SVC(kernel='rbf', random_state=123)
5  modelSVC.fit(X_train, Y_train)
6  print("训练误差=%f"%(1-modelSVC.score(X_train, Y_train)))
7  print("测试误差=%f"%(1-modelSVC.score(X_test, Y_test)))
8  print(classification_report(Y_test, modelSVC.predict(X_test)))
```

```
训练误差=0.020565
测试误差=0.022078
              precision    recall  f1-score   support

           0       0.98      0.99      0.99      6515
           1       0.81      0.61      0.69       279

    accuracy                           0.98      6794
   macro avg       0.90      0.80      0.84      6794
weighted avg       0.98      0.98      0.98      6794
```

输出结果显示，基于径向基核函数的支持向量机的分类模型的训练误差为 2%，测试误差为 2.2%。从测试误差报告看，模型对安全体位的预测非常理想，但对风险体位的预测不甚理想。主要体现为查全率较低（61%），而我们总是希望该值尽可能高些。因为如果模型能够尽可能高地覆盖风险体位（查全率高），就意味着可最大限度地确保老人出现危险时能得到及时救治。虽然由此会导致模型的查准率降低，因预警不正确而使医护人员对老人实施了一些不必要的观察动作，但这个损失相对是较低的。

分析模型不理想的原因之一，是因为该样本是个非平衡样本。非平衡样本上建立的预测模型，尽管整体错判率低，但对负类的预测效果通常并不理想。为提高模型对负类的预测性能，最简单的方式是对数据进行重抽样处理，改变非平衡数据的正负类分布，然后再对重抽样后的样本建模。

重抽样方法大致分为两大类。第一类是随机过抽样，也称向上抽样（Over-sampling 或 Up-sampling）方法，即通过增加负类样本观测来改变样本分布；第二类是随机欠抽样，也称向下抽样（under-sampling 或 down-sampling）方法，即通过减少正类样本观测来改变样本分布。

以下将采用随机欠抽样，并重新建立分类模型。具体代码和运行结果如下所示。

```
1  tmp=data.loc[data['ActivityN']==0,]
2  random.seed(123)
3  ID=random.choice(tmp.shape[0], size=data['ActivityN'].value_counts()[1], replace=False)
4  NewData=tmp.iloc[ID,].append(data.loc[data['ActivityN']==1,])
5  Y0=NewData['ActivityN'].astype(int)
6  X0=NewData[['frontal', 'vertical', 'lateral', 'RSSI']]
7  modelSVC=svm.SVC(kernel='rbf', random_state=123)
8  modelSVC.fit(X0, Y0)
9  print("训练误差=%f"%(1-modelSVC.score(X0, Y0)))
10 print("部分报告:\n", classification_report(Y_test, modelSVC.predict(X_test)))
```

```
训练误差=0.024277
部分报告:
              precision    recall  f1-score   support

           0       1.00      0.95      0.98      6515
           1       0.48      1.00      0.65       279

    accuracy                           0.95      6794
   macro avg       0.74      0.98      0.81      6794
weighted avg       0.98      0.95      0.96      6794
```

【代码说明】

1）第 1 至 4 行：对数据集进行随机欠抽样。

首先，得到正类样本（这里为安全体位）；然后，在正类样本中随机抽取与负类样本（风险体位）同样多的样本观测；最后，得到欠抽样处理后的新数据集。其中正、负两类样本量相同。

2）第 5 至 8 行：建立基于径向基核的支持向量机，拟合新数据集。

3）第 9 行：计算并输出模型的训练误差（结果为 2.4%）。

4）第 10 行：报告模型在原测试集上的表现。结果显示，虽然对非平衡样本进行了简单的重抽样处理，但模型在风险体位上的整体表现仍然欠佳。但模型对风险体位的查全率达到了 1，这恰是我们所期待的。模型在数据集全体上也有着同样的表现，如下所示。

```
1  print("总报告:\n", classification_report(Y, modelSVC.predict(X)))
```

```
总报告:
              precision    recall  f1-score   support

           0       1.00      0.95      0.98     21781
           1       0.45      1.00      0.62       865

    accuracy                           0.95     22646
   macro avg       0.73      0.98      0.80     22646
weighted avg       0.98      0.95      0.96     22646
```

还有很多非平衡样本的分类预测建模方法，有兴趣的读者可参考相关文献。

9.7.2　实践案例 2：汽车油耗的回归预测

油耗是评价汽车性能的一个关键性指标。现有一个来自 UCI 的数据集文件名：汽车 MPG.CSV，记录了不同车型的各种汽车的行驶测试数据和客观指标值，包括汽车在城市道路上每加仑汽油可行驶的英里数（MPG）、气缸数（cylinders）、排气量（displacement，$1in^3=1.638\times10^{-5}m^3$）、发动机马力（horsepower，1 马力=735.5W）、车的自重（weight，1cb=0.454kg）、百公里加速时间（acceleration）以及车名（carname）。现需依据数据集建立油耗（MPG 的值越大表示油耗越低）预测的回归预测模型。

本例（文件名：chapter9-8.ipynb）将分别采用一般线性回归和支持向量回归建立回归预测模型，借助 2-折交叉验证法，对两种预测方法进行比较。

首先，读入数据并做数据预处理：

```
1  data=pd.read_csv('汽车MPG.csv')
2  data=data.dropna()
3  data.head()
```

	MPG	cylinders	displacement	horsepower	weight	acceleration	carname
0	18.0	8	307.0	130.0	3504	12.0	chevrolet chevelle malibu
1	15.0	8	350.0	165.0	3693	11.5	buick skylark 320
2	18.0	8	318.0	150.0	3436	11.0	plymouth satellite
3	16.0	8	304.0	150.0	3433	12.0	amc rebel sst
4	17.0	8	302.0	140.0	3449	10.5	ford torino

根据以上数据，仅选择汽车自重（weight）和马力（horsepower）这两个变量参与预测 MPG 的建模。

```
1   X=data[['weight','horsepower']]
2   X0=[[X.max()[0], X.max()[1]]]
3   Y0=data['MPG'].mean()
4   modelLM=LM.LinearRegression()
5   modelSVR=svm.SVR(C=1000, epsilon=0.01)
6   yhat1=[]
7   yhat2=[]
8   fig, axes=plt.subplots(nrows=2, ncols=2, figsize=(12,10))
9   kf = KFold(n_splits=2, shuffle=True, random_state=123)    # K折交叉验证法
10  H=0
11  for train_index, test_index in kf.split(X):
12      sample=data.iloc[train_index,]
13      X=sample[['weight','horsepower']]
14      #Y=sample['MPG'].map(lambda x:math.log(x))
15      Y=sample['MPG']
16      modelLM.fit(X,Y)
17      modelSVR.fit(X,Y)
18      yhat1.append(modelLM.predict(X0))
19      yhat2.append(modelSVR.predict(X0))
```

【代码说明】

1）第 1 至 3 行：指定输入变量；任意指定一个新的样本观测点 X_0，输入变量分别为自重和马力的最大值，输出变量为 MPG 均值。

2）第 3、4 行：分别建立一般线性回归对象和支持向量回归对象。

3）第 9 行：指定 2-折数据集划分策略。

4）第 11 至 19 行：分别基于两个随机划分的训练集，建立一般线性回归模型和支持向量回归模型，并拟合数据；分别用两个模型预测 X_0 的输出变量取值并保存在 yhat1 和 yhat2 中。尽管两个训练集存在随机性差异，但如果模型具有鲁棒性，则对 X_0 的两次预测值应相等。

接下来，借助散点图对模型的预测效果进行可视化。

```
21      axes[H,0].scatter(sample['weight'], sample['MPG'], s=20, label="训练点")
22      axes[H,0].set_title("MPG与自重(训练集%d)"%(H+1))
23      axes[H,0].set_xlabel("自重")
24      axes[H,0].set_ylabel("MPG")
25      axes[H,0].scatter(X0[0][0], Y0, c='r', s=40, marker='*', label="新数据点")
26      axes[H,0].legend()
27
28      axes[H,1].scatter(sample['weight'], modelLM.predict(X), s=15, marker='*', c='orange', label="线性回归预测")
29      axes[H,1].scatter(sample['weight'], modelSVR.predict(X), s=15, marker='o', c='blue', label="SVR预测")
30      axes[H,1].set_title("MPG与自重(训练集%d)"%(H+1))
31      axes[H,1].set_xlabel("自重")
32      axes[H,1].set_ylabel("MPG")
33      axes[H,1].scatter(X0[0][0], modelLM.predict(X0), c='r', s=40, marker='<', label="新数据点的线性回归预测")
34      axes[H,1].scatter(X0[0][0], modelSVR.predict(X0), c='r', s=40, marker='>', label="新数据点的SVR预测")
35      axes[H,1].legend()
36      H+=1
```

【代码说明】

继续前面的循环：

1）第 21 至 26 行：绘制当前训练集的汽车自重和 MPG 的散点图。将 X_0 添加到图中。

2）第 28 至 32 行：利用汽车自重和 MPG 预测值的散点图，可视化一般线性模型和支持向量回归对当前训练集合的预测结果。

3）第 33、34 行：将建立在当前训练集上的两个模型对 X_0 的预测结果添加到图中。所得图形如图 9.22 所示。

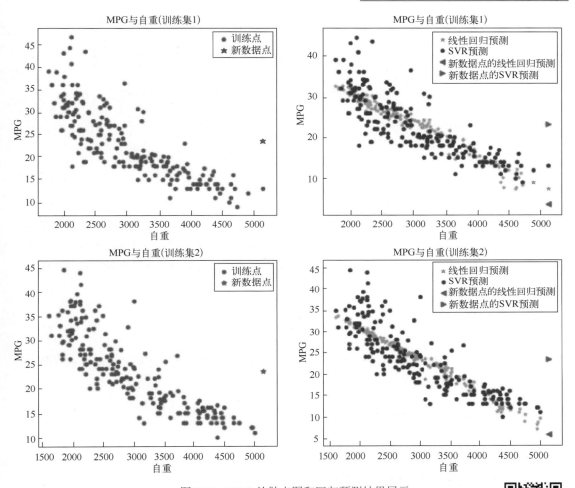

图 9.22　MPG 的散点图和回归预测结果展示

图 9.22 左侧两幅图分别展示了两个训练集的 MPG 和汽车自重的散点图，图形显示，两个训练集存在一定的随机性差异。图中的五角星表示新样本观测 X_0。右侧两幅图分别展示了模型对两个不同训练集的预测情况。其中，五角星对应一般线性回归模型的预测，圆圈对应支持向量回归的预测。向左和向右的三角形分别对应两个模型对 X_0 的预测。两幅图都表现出了类似的特征：首先，回归预测的点大致呈一条直线，而支持向量回归预测的点则更分散，后者对训练集的拟合整体上优于前者；其次，一般线性回归模型对 X_0 的预测大致位于回归直线的延长线上，预测值明显小于支持向量回归的预测结果（约等于 MPG 的均值）。

二维码 035

进一步，度量基于不同训练集的两个模型对 X_0 预测结果的差异。具体代码和结果如下所示。

```
1  print("预测均值:线性回归=%f;SVR=%f"%(np.mean(yhat1),np.mean(yhat2)))
2  print("预测方差:线性回归=%f;SVR=%f"%(np.var(yhat1),np.var(yhat2)))
```

预测均值:线性回归=4.783981;SVR=23.303425)
预测方差:线性回归=1.193018;SVR=0.003944)

以上结果显示，基于两个训练集，一般线性模型对 X_0 的两次预测值的均值为 4.78，方差为 1.19。支持向量回归的预测均值为 23.3，方差为 0.004。后者的变异系数$^{\ominus}$ $\left(\dfrac{\sqrt{0.004}}{23.3} = 0.003 \right)$ 明显小于前者 $\left(\dfrac{\sqrt{1.19}}{4.78} = 0.23 \right)$，既反映出因原理不同所导致两个模型预测结果有较大差异，也表明支持向量回归的预测鲁棒性更高，不易随训练集的随机变化而变化。

【本章总结】

本章介绍了支持向量机的基本原理。首先，说明支持向量分类问题，从完全线性可分，到广义线性可分，再到非线性可分场景，分别论述了算法的基本思路以及参数对模型的影响。然后，讲解了支持向量回归问题的基本思路。最后，基于 Python 编程，通过模拟数据直观展示了不同参数对最大边界超平面的影响。本章的 Python 实践案例，分别说明了支持向量机在多分类、二分类预测以及回归预测场景下的应用。

【本章相关函数】

围绕本章学习，应重点掌握 Python 模块中的以下函数。函数的具体格式参见 Python 帮助。

1．建立用于分类预测的支持向量分类机

```
modelSVC=svm.SVC(); modelSVC.fit(X,Y)
```

2．建立用于回归预测的支持向量回归机

```
modelSVR=svm.SVR(); modelSVR.fit(X,Y)
```

【本章习题】

1．请简述什么是支持向量分类的最大边界超平面。什么是支持向量，它具有怎样的特点？
2．请给出完全线性可分下的支持向量分类的目标函数和约束条件。
3．请简述广义线性可分下的松弛变量的意义。
4．请简述非线性可分下支持向量分类中的核函数具有怎样的意义。
5．请说明什么是支持向量回归中的 ε-带。
6．Python 编程题：数字识别。

基于 8.5.1 节的手写体邮政编码点阵数据（文件名：邮政编码数据.txt），利用支持向量机实现数字的识别分类。

$\ominus$ 变异系数（Coefficient of Variation）：样本标准差除以样本均值 $S / \bar{X}$，用于对比两个在量级上有差异变量的离散程度。

第 10 章
特征选择：过滤、包裹和嵌入策略

特征工程（包括特征选择和特征提取）是数据建模中不可或缺的关键一环。对数据预测建模来说，成功的特征选择和特征提取能够有效剔除数据中的噪声信息，对降低模型的复杂度、减少预测偏差和预测方差都有重要的意义。本章和下章将对特征工程涉及的相关问题和常用方法进行论述。

10.1 特征选择概述

通常认为，收集的数据（变量）越多，对研究问题的描述会越全面，由此建立的预测模型就越能精准反映事物间的相互影响关系，进而会有较高的预测精度。例如，某健身中心为全面刻画会员的身体特征，除收集会员的身高和体重之外，还收集了诸如腿长、臂长、臂围、肩宽、腰围、胸围、臀围、鞋尺码、手掌宽度、性别、年龄、体脂率和训练总时长等指标，并相信基于如此详尽的数据，对体重进行控制和预测，会得到更好的效果。然而，实际情况并非如此，且可能出现如下问题：

1）训练集中的某输入变量，因取值差异不大而对预测建模没有意义。例如，男女体重差异的成因可能不同，若仅基于年轻女性数据，建立年轻女性体重的预测模型。此时因训练集中性别这个输入变量均取值为女性，因而对体重预测没有作用。此外，年轻女性的年龄相近且通常鞋尺码差异不大，所以年龄和鞋尺码对体重预测的作用也是非常有限的。

2）训练集中的某输入变量，因与输出变量没有较强相关性而对预测建模没有意义。例如，手掌宽度和体重的相关性一般比较弱，所以预测体重时可以不考虑手掌宽度。

3）输入变量对输出变量的影响，会因输入变量间存在一定的相关性而具有相互"替代"性。例如，身高和腿长及臂长、肩宽和胸围及臀围，两两之间通常密切相关，成正比例关系。在体重预测的回归模型中，腿长或臂长对体重的影响，很可能完全被身高对体重的影响替代，当身高已作为输入变量进入模型后，就不必再将腿长或臂长引入模型。

综上所述，预测建模中并非输入变量越多越好。这样不仅不能有效降低模型的测试误差，而且还有可能因带来更多的数据噪声而导致模型的过拟合；或者，因输入变量的相关性使得对某因素对输出变量影响效应的估计出现大的偏差和波动；或者，因输入变量过多而增加模型计算的时间复杂度和存储复杂度；或者，因输入变量过多且大于样本量而无法求解模型参数；或者，如前面讨论的那样，样本量为 N 的数据集在高维下的稀疏性远高于低维，因而不利于数据建模，等等。

特征工程的目的之一是服务于数据的预测建模。

一方面，需从众多输入变量中筛选出对输出变量预测具有意义的重要变量，减少输入变量个数，实现输入变量空间的降维。该过程称为特征选择。另一方面，从众多具有相关性的输入变量中提取出较少的综合变量，用综合变量代替原有输入变量，实现输入变量空间的降维。该过程称为特征提取。

本章将围绕特征选择，讨论如何从以下三个角度考察变量的重要性，并实现特征选择。

- 考察变量取值的差异程度。
- 考察输入变量与输出变量的相关性。
- 考察输入变量对测试误差的影响。

具体策略通常包括：

1. 过滤式（filter）策略

即特征选择与预测建模"分而治之"地考察变量取值的差异程度，以及输入变量与输出变量的相关性，筛选出重要变量并由此构建新的训练集，为后续建立基于重要变量的预测模型奠定基础。这里的"过滤"是指以阈值为标准，过滤掉某些指标较高或较低的变量。

2. 包裹式（wrapper）策略

即将特征选择"包裹"到一个指定的预测模型中。它将预测模型作为评价变量重要性的工具，完成重要变量的筛选，并由此构建新的训练集，为后续建立基于重要变量的预测模型奠定基础。

3. 嵌入式（embedding）策略

即把特征选择"嵌入"到整个预测建模中，与预测建模"融为一体"。在预测建模的同时，度量变量的重要性，并最终给出基于重要变量的预测模型。没有进入预测模型的变量其重要性较低。

本章将集中介绍特征选择和相关的 Python 实现。特征提取将在第 11 章论述。

10.2 过滤式策略下的特征选择

过滤式策略下的特征选择，主要从两个方面考察变量的重要性。

第一，考察变量取值的差异程度，即认为只有变量取值差异明显的输入变量才可能是重要的变量。依该思路实施特征选择的方法称为低方差过滤法（Low Variance Filter）。其中涉及的问题是如何度量变量取值的差异性。不同类型的变量，取值差异性的度量指标是不同的。

第二，考察输入变量与输出变量的相关性，即认为只有与输出变量具有较高相关性的变量才可能是重要的变量。依该思路实施特征选择的方法称为高相关过滤法（High Correlation Filter）。

这里的相关性指的是统计相关性，即当变量 X 取某值时，另一变量 y 并不会依确定的函数取唯一确定的值，而是可能取若干个值。例如，月收入 X 和消费水平 y、学历 X 和收入水平 y，家庭收入 X 和支出 y 之间的关系等。统计关系普遍存在，有强有弱，且包括线性相关和非线性相关。其中的核心是如何考察变量之间的相关性。在分类预测和回归预测中，因输出变量的类型不同（分别为分类型和数值型），考察与输入变量的相关性方法也不同。回归预测中的输出变量为数值型，输入变量通常也是数值型。对此有很多方法。例如，计算可度量线性相关性强弱的 Pearson 相关系数，或者利用回归模型等。本节仅论述分类预测中的变量相关性问题。

对于上述两个方面，总会得到一个度量结果。之后会以某个阈值为标准，过滤掉度量结果较高或较低的不重要的变量，筛选出重要变量并由此构建新的训练集。后续将基于新的训练集建立预测模型。

10.2.1　低方差过滤法

从预测建模看，若变量的取值差异很小，意味着该变量不会对预测模型产生任何影响。这点很容易理解。例如，建立年轻女性的体重预测模型时，训练集中每个样本观测的性别变量都为"女"。因性别变量没有其他取值（"男"），因此在预测体重的过程中就不必考虑性别。性别对预测建模没有意义。依照该思路所实施的特征选择方法称为低方差过滤法。变量取值差异性度量是该方法的关键。变量取值差异的度量方法依变量类型不同而不同。

一般，对数值型变量 X 计算方差。若方差小于某阈值 ε，表明取值近乎一致，离散程度很低。变量 X 近似 0 方差，对预测建模没有意义。

对有 K 个类别的分类型变量 X，一般可计算以下两个指标。

第一，计算类别 $k(k=1,2,\cdots,K)$ 的样本量 N_k 与样本量 N 之比 $\frac{N_k}{N}\left(0<\frac{N_k}{N}\leqslant1\right)$。

若最大占比值 $\max\left(\frac{N_k}{N}\right)$ 大于某阈值 ε，即 $\max\left(\frac{N_k}{N}\right)>\varepsilon$，则该变量不重要。例如，前述训练集的年轻女性样本中，女性占比等于 100%。假设全职妈妈的占比等于 98%，非全职为 2%，即 $\max\left(\frac{N_k}{N}\right)=98\%$，这个值很高意味着女性职业变量 X 的取值近乎一致，对预测建模没有意义。

第二，计算类别数 K 与样本量 N 之比 $\frac{K}{N}\left(0<\frac{K}{N}\leqslant1\right)$。

若 $\frac{K}{N}$ 大于某阈值 ε，即 $\frac{K}{N}>\varepsilon$，则该变量不重要。例如，前述训练集的年轻女性样本中，因每个会员都有一个会员号（分类型变量），其类别数 $K=N$，$\frac{K}{N}=1$ 为最大值。$\frac{K}{N}=1$ 时 $P(X=k)=\frac{1}{K}=\frac{1}{N}$，变量 X 的熵（详见 4.2.2 节）取最大值，表明变量 X 有最大的取值不确定性，因而对预测建模同样没有意义。

为直观展示低方差过滤的效果，可观察图 10.1 中手写体邮政编码数字的低方差过滤处理前后的图像（Python 代码详见 10.6.1 节）。

图 10.1 左图是手写体邮政编码数字的 16×16 点阵灰度数据对应的原始图像。其中共涉及 256 个变量。图中黑色（变量）均为数字的背景，不包含对识别数字"3"有用的信息，其余部分（变量）包含了或多或少能够体现数字"3"特点的有用信息。现采用低方差过滤法，过滤掉方差低于 $\varepsilon=0.05$ 的变量，之后剩余了 221 个变量。

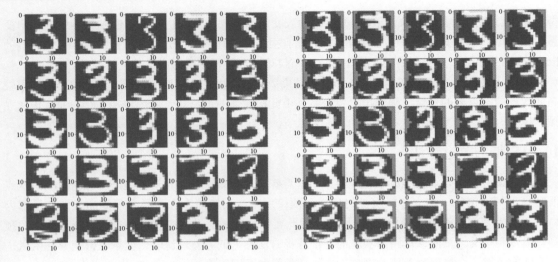

图 10.1　低方差过滤法处理前（左图）后（右图）的数字

　　为直观展示变量过滤效果，将过滤掉的 35 个变量的取值均替换为 0，处理后的图像输出结果如图 10.1 右图所示。右图中每个数字四周的灰色部分对应的变量均替换为 0。直观看，剔除这 35 个变量并没有导致数字"3"关键信息的丢失，不会对数字"3"识别模型的识别精度带来负面影响。

10.2.2　高相关过滤法中的方差分析

　　高相关过滤法认为，只有与输出变量具有较高相关性的变量才可能是重要的变量。分类预测中输出变量为分类型，输入变量可以是数值型也可以是分类型。本节讨论考察单个数值型输入变量 X 与分类型输出变量 y 相关性的方法：涉及 F 统计量的方差分析。

1．方差分析概述

　　方差分析是统计学的经典分析方法，用来研究一个分类型的控制变量，其各类别值是否对数值型的观测变量产生了显著影响。例如，分析不同施肥量级（分类型控制变量）是否会给农作物亩产量（数值型观测变量）带来显著影响；考察地区差异（分类型控制变量）是否会影响多孩生育率（数值型观测变量）；研究学历（分类型控制变量）是否会对工资收入（数值型观测变量）产生影响等。所谓"影响"是指在一定假设条件下，若控制变量在不同类别值（也称水平值）下的输入变量的总体均值存在显著差异，即认为控制变量对观测变量产生了影响，两者具有相关性。

　　因方差分析可用于分析分类型变量和数值型变量之间的相关型，所以可将方差分析应用于分类预测中变量相关性的研究。例如，分析消费水平 y（分类型）是否与月收入 X（数值型）有关。其中的控制变量对应分类型输出变量 y，观测变量对应数值型输入变量 X。后续将采用方差分析的名词术语。此外，需强调的是，统计学研究的出发点是：将训练集的输出变量 y 和输入变量 $X_1, X_2, \cdots, X_p$ 均视为来自各自总体的一个随机样本。

2．方差分析的基本原理

方差分析方法借助统计学中的假设检验进行研究。假设检验是一种基于样本数据以小概率原理为指导的反证方法。小概率原理的核心思想是，发生概率很小的小概率事件在一次特定的观察中是不会出现或发生的。

（1）假设检验：提出假设

假设检验的首要任务是提出原假设（记为 H_0）和备择假设（记为 H_1）。原假设是基于样本数据希望推翻的假设，备择假设是希望证明成立的假设。

在单因素方差分析中，若控制变量 y 有 K 个水平，原假设 H_0 为 $\mu_1 = \mu_2 = \cdots = \mu_k$，备择假设 H_1 为 $\mu_1 \neq \mu_2 \neq \cdots \neq \mu_k$。其中，$\mu_1, \mu_2, \cdots, \mu_k$ 为观测变量 X 在观测变量 K 个水平下的总体均值，如图 10.2 所示。

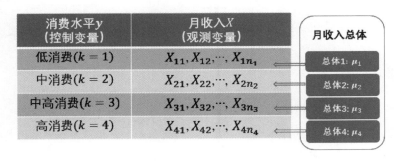

图 10.2　方差分析示意图

图 10.2 中，控制变量 y 为消费水平，观测变量 X 为月收入。数据 $X_{11}, X_{12}, \cdots, X_{1n_1}$ 和 $X_{21}, X_{22}, \cdots, X_{2n_2}$ 等为来自总体且均值分别为 μ_1 和 μ_2（未知）等总体的一组随机样本。可见，原假设意味着，不同水平控制变量未对观测变量产生影响，不能认为 X 与 y 有关。备择假设是相反的结论，即认为 X 与 y 有关。后续需基于样本数据，判定是否可以推翻原假设接受备择假设。

可否推翻原假设接受备择假设的基本依据是：计算在原假设成立的前提下，得到当前样本所反映出的特定特征或更极端特征的概率，称为概率-P 值。

若概率-P 值很小，即原假设成立前提下得到当前样本特征的概率是一个小概率事件，则依据小概率原理，这个小概率事件本应不会出现，而之所以出现的原因是原假设是错误的，应推翻原假设接受备择假设。因此，问题的关键有两个：如何判断是否为小概率事件；如何计算概率-P 值。

（2）假设检验：给出显著性水平

对于上述第一个问题，统计学一般以显著性水平 α 作为小概率的标准，通常取 0.05。

显著性水平 α 是一个概率值，测度的是原假设为真却因拒绝它而犯错误的概率，也称弃真错概率。如果概率-P 值小于显著性水平 α，表明在原假设成立的前提下，获得当前样本特征或更极端特征的概率是一个小概率，依小概率原理可以拒绝原假设接受备择假设，且此时犯弃真错的概率较小且小于 α。反之，如果概率-P 值大于显著性水平 α，则表明原假设成立前提下获得当前样本特征的概率不是个小概率，不能拒绝原假设，因为此时若拒绝原假设犯弃真错的概率较大且大于 α。

（3）假设检验：构造检验统计量，计算概率-P 值

需构造一个检验统计量解决上述概率值的计算问题。

为此，方差分析的出发点是：认为观测变量 X 的取值变动（变差）受到控制变量 y 和随机因素两方面的影响，于是可将观测变量 X 总的离差平方和（用于测度变差）分解为与之对应的两个部分：$SST = SSA + SSE$。其中，SST 为 X 的总离差平方和（Sum Square of Total）；SSA 称为组间（Between Group）离差平方和（Sum Square of factor A），是对不同水平 y（这里称为 A 因素）所导致的 X 取值变差的测度；SSE 称为组内（Within Group）离差平方和（Sum Square of Error），是对抽样随机性导致的 X 取值变差的测度。

具体讲，总离差平方和定义为

$$SST = \sum_{k=1}^{K}\sum_{i=1}^{N_k}(X_{ki} - \overline{X})^2 \tag{10.1}$$

其中，X_{ki} 表示 y 第 k 水平下的第 i 个样本观测值；N_k 为 y 第 k 个水平下的样本量，$\overline{X}$ 为 X 总的样本均值。

组间离差平方和的定义为

$$SSA = \sum_{k=1}^{K}N_k(\overline{X}_k - \overline{X})^2 \tag{10.2}$$

其中，$\overline{X}_k$ 为 y 第 k 水平下 X 的样本均值。可见，组间离差平方和是各水平均值与总均值离差的平方和，反映了不同水平 y 对 X 的影响。

组内离差平方和的定义为

$$SSE = \sum_{k=1}^{K}\sum_{i=1}^{N_k}(X_{ki} - \overline{X}_k)^2 \tag{10.3}$$

可见，组内离差平方和是每个样本观测与本水平样本均值离差的平方和，反映了随机抽样对 X 的影响。

进一步，方差分析研究 SST 与 SSA 和 SSE 的大小比例关系。容易理解：若在 SST 中 SSA 和 SSE 各占近一半，即 $SSA : SSE \approx 1$，则不能说明 X 的变动主要是由 y 的不同水平而引起的；若 $SSA : SSE \gg 1$，则可以说明 X 的变动主要是由 y 的不同水平而导致的，X 与 y 有关。但由于 SSA 和 SSE 的计算结果掺杂了样本量 N_k 和 y 的水平数 K 的大小的影响，所以应剔除这些影响。为此，上述比例计算修正为 $F_{观测值} = \dfrac{SSA/(K-1)}{SSE/(N-K)} = \dfrac{MSA}{MSE}$。其中，$MSA$ 是平均的组间离差平方和，称为组间方差；MSE 是平均的组内离差平方和，称为组内方差。可见，若 $F_{观测值}$ 远远大于 1，即可认为 X 与 y 有关。

判定 $F_{观测值}$ 是否远远大于 1 需要一个公认的标准。理论上 $F_{观测值}$ 在原假设成立条件下恰好服从 $K-1$ 和 $N-K$ 个自由度的 F 分布$^{\ominus}$，因而称之为 F 统计量，它就是方差分析中的检验统计量。知道了分布就可依据分布计算任意 $F \geqslant F_{观测值}$ 的概率，这个概率就是前文所述的概

$\ominus$ 分子和分母均服从卡方分布的统计量服从 F 分布。

率-P 值。

若概率-P 值较大且大于给定的显著性水平 α，则说明在原假设成立的条件下，有较大的概率得到当前样本的特征或更极端的特征，因此无法拒绝原假设，即不能拒绝 X 与 y 无关。反之，若概率-P 值较小且小于显著性水平 α，则说明在原假设成立的条件下，仅有很小的概率得到当前样本的特征或更极端的特征，说明这是个小概率事件，大概率下是无法得到的，因此应推翻原假设接受备择假设，即认为 X 与 y 有关。可见，F 分布起了非常重要的作用。图 10.3 给出了不同自由度下的 F 分布的密度函数曲线（Python 代码详见 10.5.1 节）。

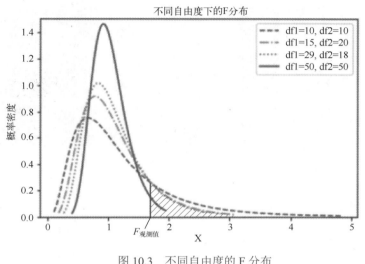

图 10.3　不同自由度的 F 分布

二维码 036

图 10.3 显示，随着两个自由度的不断增大，F 分布逐渐趋于对称分布。$P(F \geqslant F_{观测值})$ 为图中右侧斜线部分的面积。

针对过滤策略下的特征选择，相关性的度量结果就是 $P(F \geqslant F_{观测值})$，阈值 ε 即为显著性水平 α。应过滤掉 $P(F \geqslant F_{观测值}) > \alpha$ 的不重要的变量，筛选出重要变量并由此构建新的训练集。

图 10.4 是对手写体邮政编码数字进行高相关过滤处理前后的图像（Python 代码详见 10.6.1 节）。

图 10.4 左图是手写体邮政编码数字的 16×16 点阵灰度数据所对应的原始图像，其中共涉及 256 个变量。图中黑色（变量）均为数字的背景，不包含对识别数字有用的信息，其余部分（变量）对识别数字有用。现采用高相关过滤法找到有助于识别 1 和 3 的最重要的 100 个输入变量。其中，控制变量 y 取值为数字 3 和 1，观测变量 X 依次为 256 个灰度值数据。为直观展示变量筛选效果，将过滤掉的 156 个变量取值均替换为 0，处理后的图像输出结果如图 10.3 右图所示。

图 10.4 右图中的每个数字四周的灰色部分对应的变量均已被替换为 0，极少包含对识别数字有用的信息。其余非灰色部分都包含有用信息，和输出变量高相关。白色展示原数字，黑色是其余的重要变量。例如，第一行第二列原本是数字 1，处理后，白色部分对应着对识别数字 1 重要

的变量。其余本应均为灰色，之所以留有黑色的原因是，黑色部分对应着对识别数字 3 重要的变量（这些变量是不能替换为 0 的），因而呈现出 1 和 3 叠加的现象。

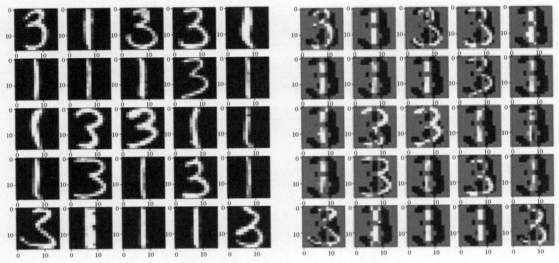

图 10.4　高相关过滤法处理前（左图）后（右图）的数字

10.2.3　高相关过滤法中的卡方检验

高相关过滤法认为，只有与输出变量具有较高相关性的变量才可能是重要的变量。分类预测中输出变量为分类型，输入变量可以是数值型也可以是分类型。本节讨论考察单个分类型输入变量 X 与分类型输出变量 y 相关性的方法，涉及 χ^2 统计量的卡方检验。

1. 卡方检验概述

卡方检验也是统计学中的经典方法，它基于表 10.1 所示的列联表，研究表中两个分类型变量之间的相关性。可将卡方检验应用于分类预测中变量相关性的研究中。例如，分析收入水平 y（分类型）是否与学历水平 X（分类型）相关。

表 10.1　列联表示例

收入水平 y（输出变量）	学历水平 X（输入变量）			
	低学历 1	中学历 2	高学历 3	合计
低收入 1	N_{11}	N_{12}	N_{13}	$N_{1.}$
中收入 2	N_{21}	N_{22}	N_{23}	$N_{2.}$
中高收入 3	N_{31}	N_{32}	N_{33}	$N_{3.}$
高收入 4	N_{41}	N_{42}	N_{43}	$N_{4.}$
合计	$N_{.1}$	$N_{.2}$	$N_{.3}$	N

表 10.1 中涉及两个分类型变量，其中收入水平为输出变量 y，学历水平为输入变量 X。表格单元中的 $N_{11}, N_{12}, \cdots, N_{43}$ 为两变量在各交叉分组水平下的样本量（人数），也称实际频数（人数）。$N_{.1}$、$N_{.2}$ 等

为列合计，$N_{.1}$、$N_{.2}$ 等为行合计。需强调的是，统计学研究的出发点是：将基于训练集生成的上述列联表，视为来自两个总体（y 的总体和 X 的总体）的一个随机样本的随机结果。

2．卡方检验的基本原理

卡方检验以 $N_{11}, N_{12}, \cdots, N_{43}$ 为数据对象，借助统计学中的假设检验，对 y 和 X 的相关性进行研究。与 10.2.2 节类似，首先提出原假设，然后基于列联表数据，考察是否可以推翻原假设接受备择假设。

（1）提出假设

卡方检验的原假设 H_0 为 y 和 X 不相关性，备择假设 H_1 为 y 和 X 相关性。

对于表 10.1，原假设 H_0 中 y 和 X 不相关性的含义是：整体上各学历水平的人数之比等于 $N_{.1} : N_{.2} : N_{.3}$。y 和 X 不相关性意味着，理论上，任意第 $i(i=1,2,3,4)$ 个收入水平组中的各学历水平的理论（或期望）人数 F_{i1}、F_{i2}、F_{i3} 之比，应均等于整体比例 $N_{.1} : N_{.2} : N_{.3}$，即 $F_{i1} : F_{i2} : F_{i3} = N_{.1} : N_{.2} : N_{.3}$，即 $\dfrac{F_{i1}}{N_{i.}} : \dfrac{F_{i2}}{N_{i.}} : \dfrac{F_{i3}}{N_{i.}} = \dfrac{N_{.1}}{N} : \dfrac{N_{.2}}{N} : \dfrac{N_{.3}}{N}$。意味着各期望频数为：$F_{i1} = N_{i.}\dfrac{N_{.1}}{N}, F_{i2} = N_{i.}\dfrac{N_{.2}}{N}, F_{i3} = N_{i.}\dfrac{N_{.3}}{N}$。

（2）构造检验统计量，计算概率-P 值

上述仅是一个假设，需基于实际频数 N_{i1}、N_{i2}、N_{i3} 与原假设成立下的期望频数 F_{i1}、F_{i2}、F_{i3} 的整体差异大小，判断是否可以推翻原假设。度量这个整体差异的统计量定义为

$$\chi^2_{观测值} = \sum_{i=1}^{r}\sum_{j=1}^{c}\frac{(F_{ij} - N_{ij})^2}{F_{ij}} \tag{10.4}$$

其中，r 与 c 分别代表列联表的行数和列数（不包含表格中的合计项）。可见，$\chi^2_{观测值}$ 的大小取决于各单元格的 $(F_{ij} - N_{ij})^2$，若各单元格的实际频数和期望频数均差异较大，进而导致 $\chi^2_{观测值}$ 很大，就不得不推翻原假设。

判断 $\chi^2_{观测值}$ 是否很大同样需要一个公认的标准。理论上，$\chi^2_{观测值}$ 在原假设成立的条件下，恰好服从自由度为 $(r-1)(c-1)$ 的卡方分布[⊖]，因而称之为 χ^2 统计量。它就是卡方检验中检验统计量。知道了分布就可依据分布计算任意 $P(\chi^2 \geqslant \chi^2_{观测值})$ 的概率，这个概率就是 10.2.2 节所述的概率-P 值。

若概率-P 值较大且大于给定的显著性水平 α，则说明在原假设成立的条件下，有很大的概率得到当前的实际频数 $N_{11}, N_{12}, \cdots, N_{43}$，它们与原假设成立下的期望频数 $F_{11}, F_{12}, \cdots, F_{43}$ 的整体差异较小，因此无法拒绝原假设，即不能拒绝 X 与 y 无关。反之，若概率-P 值较小且小于显著性水平 α，则说明在原假设成立的条件下，仅有很小的概率得到当前的实际频数 $N_{11}, N_{12}, \cdots, N_{43}$，说明这是一个小概率事件。在大概率下，实际频数与原假设成立下的期望频数 $F_{11}, F_{12}, \cdots, F_{43}$ 的整体差异较大，所以应推翻原假设接受备择假设，即认为 X 与 y 有关。可见，卡方分布起到了非常重要的作用。图 10.5 给出了不同自由度下的卡方分布的密度函数曲线（Python 代码详见 10.5.1 节）。

⊖ 若随机变量 X 服从正态分布，则 $\sum X^2$ 服从卡方分布。

图 10.5 显示，卡方分布（自由度大于 1 时）是个近似的对称分布。$P(\chi^2 \geqslant \chi^2_{观测值})$ 为图中右侧斜线部分的面积。

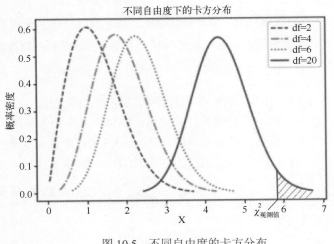

图 10.5　不同自由度的卡方分布　　　　　二维码 037

针对过滤策略下的特征选择，相关性的度量结果就是 $P(\chi^2 \geqslant \chi^2_{观测值})$，阈值 ε 即为显著性水平 α。应过滤掉 $P(\chi^2 \geqslant \chi^2_{观测值}) > \alpha$ 的不重要的变量，筛选出重要变量并由此构建新的训练集。

10.2.4　其他高相关过滤法

还有其他测度输入变量和输出变量相关性的度量。

1. Golub 等提出的相关系数

除 10.2.2 节和 10.2.3 节所述的高相关过滤法之外，其他测度输入变量和输出变量相关性的较为著名的度量，有 1999 年 Golub 等学者在研究基因表达（gene expression）与病患症状关系时提出的相关系数，其定义为 $w_p = \dfrac{\mu_{p(+)} - \mu_{p(-)}}{\sigma_{p(+)} + \sigma_{p(-)}}$。其中，(+) 和 (−) 分别表示病患一组和病患二组；$\mu_{p(+)}$ 和 $\mu_{p(-)}$ 分别表示两组第 p 个基因表达的均值；$\sigma_{p(+)}$ 和 $\sigma_{p(-)}$ 分别为两组第 p 个基因表达的标准差。可见，若系数 $w_p \approx 0$，则表示第 p 个基因表达与病患组的划分不相关。系数 w_p 的绝对值越大，说明第 p 个基因表达与病患组的划分越相关。

依据这个思路，可度量输入变量 X_i 与输出变量 y（二分类型）的相关性强弱：

$$w_{X_i} = \frac{\overline{X}_i^{(1)} - \overline{X}_i^{(2)}}{\sigma_{X_i}^{(1)} + \sigma_{X_i}^{(2)}} \tag{10.5}$$

其中，$\overline{X}_i^{(1)}$、$\overline{X}_i^{(2)}$ 和 $\sigma_{X_i}^{(1)}$、$\sigma_{X_i}^{(2)}$ 分别为 X_i 在两类中的均值和标准差。

2. Pavlidis 等提出的相关系数

2000 年，Pavlidis 等学者将上述相关系数修正为

$$w_{X_i} = \frac{(\bar{X}_i^{(1)} - \bar{X}_i^{(2)})^2}{(\sigma_{X_i}^2)^{(1)} + (\sigma_{X_i}^2)^{(2)}} \tag{10.6}$$

其中，$(\sigma_{X_i}^2)^{(1)}$ 与 $(\sigma_{X_i}^2)^{(2)}$ 分别为 X_i 在两类中的方差。该系数与 1973 年 Duda 提出的 Fisher 判别的思想类似。

Fisher 判别是统计学中经典的分类预测方法。同机器学习的思路相同，也是希望找到一条分类直线（或超平面）将两类有效分开以实现分类预测。Fisher 判别通过建立判别函数 $y = a_1 X_1 + a_2 X_2 + \cdots + a_p X_p$，将 p 个输入变量 X_i 以 a_i 为系数（待估计的）进行线性组合，并得到新特征 y。确定系数 $a_i (i = 1, 2, \cdots p)$ 的原则是：基于以 $\hat{a}_i$ 为系数的线性组合得到新的特征 $\hat{y}$，这样做将更易于区分两个类别，如图 10.6 所示。

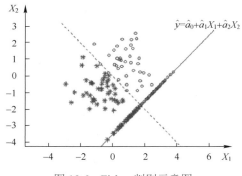

图 10.6　Fisher 判别示意图

对于图 10.6 中以 X_1、X_2 为坐标轴的二维空间，用平行或垂直于坐标轴的直线（即仅关注 X_1 或 X_2），很难有效地将星号和圆圈（两个类别）这两类点分开，而且分类预测时也会有较大的误差。但若将样本数据点投影到从左至右、由下至上的直线 $\hat{a}_0 + \hat{a}_1 X_1 + \hat{a}_2 X_2 = 0$ 上，则仅依据单个 $\hat{y} = \hat{a}_0 + \hat{a}_1 X_1 + \hat{a}_2 X_2$ 的值就可轻松地将两类分开。

那么应如何确定系数 a_i 呢？若将两类别（1 类和 2 类）的样本观测 $\boldsymbol{X}_i^{(1)}(i = 1, 2, \cdots, N_1)$ 和 $\boldsymbol{X}_i^{(2)}(i = 1, 2, \cdots, N_2)$（样本量分别为 N_1 和 N_2）分别代入待估的判别函数，有

$$y_i^{(1)} = a_1 X_{i1}^{(1)} + a_2 X_{i2}^{(1)} + \cdots + X_p X_{ip}^{(1)} \quad (i = 1, 2, \cdots, N_1)$$

$$y_i^{(2)} = a_1 X_{i1}^{(2)} + a_2 X_{i2}^{(2)} + \cdots + a_p X_{ip}^{(2)} \quad (i = 1, 2, \cdots N_2)$$

且两组新特征的均值分别为 $\bar{y}^{(1)} = \sum\limits_{i=1}^{p} a_i \bar{X}_i^{(1)}, \bar{y}^{(2)} = \sum\limits_{i=1}^{p} a_i \bar{X}_i^{(2)}$。可见，为使判别函数（新特征）能够很好地区分两类，应使 $\bar{y}^{(1)}$ 和 $\bar{y}^{(2)}$ 相差越大越好，且两组内的离差平方和越小越好，即

$$I = \frac{(\bar{y}^{(1)} - \bar{y}^{(2)})^2}{\sum\limits_{i=1}^{N_1} (y_i^{(1)} - \bar{y}^{(1)})^2 + \sum\limits_{i=1}^{N_2} (y_i^{(2)} - \bar{y}^{(2)})^2} \tag{10.7}$$

越大越好。应找到 I 最大时的系数 $a_i (i = 1, 2, \cdots, p)$。

类似地，为度量输入变量 X_i 与输出变量 y 的相关性，Pavlidis 将式（10.7）中的 y 替换为输入变量 X_i，将分母中两组的离差平方和替换为方差，分别计算输入变量 X_i 在两个组的均值和方差，得到式（10.6），并依此计算相关系数。显然，相关系数越大表明输入变量 X_i 与输出变量 y 的相关性越高。反之，相关性越弱。

同理，针对过滤策略下的特征选择，若变量 X_i 的上述相关系数大于设定的阈值 ε，则该变量重要，应进入新的训练集。

综上所述，在过滤式策略下可实现对单个变量重要性的逐一判断。当输入变量相互独立时，

这是个不错的策略。但若输入变量 X_i 和输入变量 X_j 存在一定相关性，当变量 X_i 较为重要而进入新的训练集后，与 X_i 同等重要的变量 X_j 会因与 X_i 相关而"显得不再重要"，进而不必再进入训练集。所以，当输入变量存在相关性时应通过以下其他方法进行特征选择。

10.3　包裹式策略下的特征选择

包裹式（wrapper）策略，即将特征选择"包裹"到一个指定的预测模型中。它将预测模型作为评价变量重要性的工具，完成重要变量的筛选，并由此构建新的训练集，为后续建立基于重要变量的预测模型奠定基础。

包裹式策略通常借助一个预测模型，依据变量对预测模型损失函数（或目标函数）影响的大小，给出变量重要性的打分。在全部变量 $X_1, X_2, \cdots, X_p$ 中，若变量 X_i 可以最大程度地减少损失函数值，则变量 X_i 的重要性最大。相反，若变量 X_i 仅能最小程度地减少损失函数值，则变量 X_i 的重要性最低。因此，最终可得到变量重要性的排序结果。可依据排序结果筛选前若干个重要变量构建出新的训练集，为后续基于新训练集建立预测建模奠定变量基础。

事实上，当前较为流行的包裹式策略下的特征选择方法，并不关注变量重要性的得分值，而是希望给出一系列具有嵌套关系的输入变量子集 $F_1 \subset F_2 \subset \cdots \subset F$。其中，$F_1$ 包含重要性最高的前 m 个变量，F_2 包含前 $m+n$ 个变量，通常 $n=1$。依次类推，F 包含了全体共 p 个变量 $X_1, X_2, \cdots, X_p$。可见，输入变量子集同样起到了变量重要性排序的作用。

10.3.1　包裹式策略的基本思路

包裹式策略的基本思路是进行反复迭代。每次迭代均给出剔除当前最不重要变量后的特征（变量）子集。设当前变量集 $S = F = \{X_1, X_2, \cdots, X_p\}$，当前的重要变量集 $r_0 = F$。将进行第 p 次如下迭代过程。

第一步，基于包含 $|S|$ 个输入变量的集合 S，建立预测模型 M_S；计算损失函数（或目标函数）在 M_S 上的值 L_S。

第二步，执行 $|S|$ 次以下循环：

1）剔除 S 中的一个变量 $X_i (i=1,2,\cdots)$，建立预测模型 $M_S^{-\kappa(X_i)}$，其中，$-\kappa(X_i)$ 表示除变量 X_i 之外的变量集合。例如，$-\kappa(X_i) = \{X_1, X_2, \cdots, X_{i-1}, X_{i+1}, \cdots, X_p\}$。

2）计算损失函数（或目标函数）在 $M_S^{-\kappa(X_i)}$ 上的值 $L_S^{-\kappa(X_i)}$，以及 $\Delta L^{-\kappa(X_i)} = \left| L_S^{-\kappa(X_i)} - L_S \right|$。显然，$\Delta L^{-\kappa(X_i)}$ 为剔除 X_i 所导致的损失函数（或目标函数）值的变化量。$\Delta L^{-\kappa(X_i)}$ 越大，意味着 X_i 越重要；$\Delta L^{-\kappa(X_i)}$ 越小，意味着 X_i 越不重要。

第三步，找到满足 $\min(\Delta L^{-\kappa(X_i)})$ 的变量 X_i，将其从 S 中剔除，且 $r_p \leftarrow S$。r_p 为第 p 次迭代后的重要变量子集。

第四步，重复第一至第三步，直到 $S = \{\}$，迭代结束。

迭代结束后将得到若干个重要变量子集：$r_0 \supset r_1 \supset r_2 \supset \cdots r_p$。其中，包含的变量个数依次减少。$r_1$ 为剔除了最不重要变量后的变量子集，r_p 中仅包含最重要的变量。

2007 年，坎宁安（Cunningham）和德拉尼（Delany）提出的特征选择方法就是包裹式策略的具体体现。不同之处在于，以上算法是从当前变量集合 $\mathcal{S}$ 中不断剔除最不重要变量的过程，而坎宁安的算法在迭代开始时的变量集合 $\mathcal{S}$ 是空集，后续将不断从备选变量集中挑选出当前最重要的变量依次进入集合 $\mathcal{S}$。

包裹式策略中的预测模型 $M_{\mathcal{S}}$，理论上可以是包括支持向量机在内的任何模型。例如，贝叶斯分类器、KNN、决策树以及神经网络等。这些预测模型有的以损失函数最小为目标，有的考虑了模型的复杂度，以目标函数最小为目标求解参数。此外，每次迭代均是在控制模型中其他输入变量 $X_j(j \neq i)$ 影响的条件下，判定变量 X_i 的重要性，因此是对 X_i 与输出变量 y 净相关⊖或对 y 净贡献程度的度量，从而很好地排除了输入变量相关性对变量重要性评价的影响。

10.3.2　递归式特征剔除法

包裹式策略下的较为著名的特征选择方法是 Vapnik 等学者在 2002 年提出的递归式特征剔除（Recursive Feature Elimination，RFE）算法⊖，其预测模型为支持向量机。后续，人们也将该算法推广到所有能给出变量系数的其他线性预测模型中。

RFE 算法从计算效率角度对包裹式策略进行了优化，提出可直接依据预测模型中变量 X_i 的系数，从而判断变量的重要性。

例如，一般线性回归方程为 $y = \beta_0 + \beta_1 X_1 + \beta_2 X_2 + \cdots + \beta_p X_p$。若每个输入变量 $X_i(i = 1, 2, \cdots, p)$ 均经过了标准化处理，β_i 和 β_j 就具有可比性。具有较大 $|\beta_i|$ 值的变量 X_i，其重要性较高。反之，$|\beta_i|$ 值越小，变量 X_i 越不重要。

设当前变量集 $\mathcal{S} = \mathbb{F} = \{X_1, X_2, \cdots, X_p\}$，当前的重要变量集 $r_0 = \mathbb{F}$。基于上述思想 RFE 算法进行第 p 次如下迭代过程。

第一步，基于包含 $|\mathcal{S}|$ 个输入变量的集合 $\mathcal{S}$，训练支持向量机 $M_{\mathcal{S}}$。

第二步，计算变量重要性。

由第 9 章的讨论可知，支持向量机 $M_{\mathcal{S}}$ 中超平面的参数为 $\boldsymbol{w}^{(M_{\mathcal{S}})} = \sum_{l=1}^{L} a_l y_l \boldsymbol{X}_l$（有 L 个支持向量）。于是可方便地得到超平面方程中任意输入变量 $X_i \in \mathcal{S}$ 前的系数 $w_i^{(M_{\mathcal{S}})} = \sum_{l=1}^{L} a_l y_l X_{li}$，且以 $[w_i^{(M_{\mathcal{S}})}]^2$ 作为变量 X_i 重要性的度量，绝对值越大，变量越重要。

第三步，找到满足 $\min([w_i^{(M_{\mathcal{S}})}]^2)$ 的变量 X_i，将其从 $\mathcal{S}$ 中剔除，且 $r_p \leftarrow \mathcal{S}$。$r_p$ 为第 p 次迭代后的重要变量子集。

第四步，重复第一至第三步，直到 $\mathcal{S} = \{\}$，迭代结束。

迭代结束后将得到若干个重要变量子集：$r_0 \supset r_1 \supset r_2 \supset \cdots r_p$。其中包含的变量个数依次减少。$r_1$ 为剔除了最不重要变量后的变量子集，r_p 中仅包含最重要的变量。

在后续的 RFE 拓展算法中，预测模型可以是包括支持向量机在内的其他，诸如 Logistic 回归

⊖ X 和 y 的净相关是排除了其他变量与 X 和 y 的相关性之后的 X 和 y 的相关。

⊖ VAPNIK. Gene Selection for Cancer Classification using Support Vector Machines[J]. Machine Learning, 2002(46):389-422.

模型等广义线性模型。只要这些模型能够给出变量 $X_i(i=1,2,\cdots,p)$ 的系数 w_i，就能以 w_i 的函数（如 w_i^2）作为变量重要性的度量。

图 10.7 是对图 10.4 左图中的手写体邮政编码数字，采用 RFE 算法找到最重要的 80 个输入变量后的情况（Python 代码详见 10.6.2 节）。

图 10.7 左图是预测模型为 Logistic 回归模型的情况，右图是预测模型为广义线性可分下的支持向量分类的情况。与图 10.4 类似，不重要的变量取值全部以 0 替换，对应图中灰色区域。其他区域为重要变量对应的区域。可见，Logistic 回归模型与支持向量机给出的特征选择结果有一定差异，主要表现在图像边缘部分。直观上来看，图像左右边缘对识别数字的作用相对较低，支持向量机筛掉了这部分所对应的变量。可基于特征选择结果进行建模，做进一步的验证。

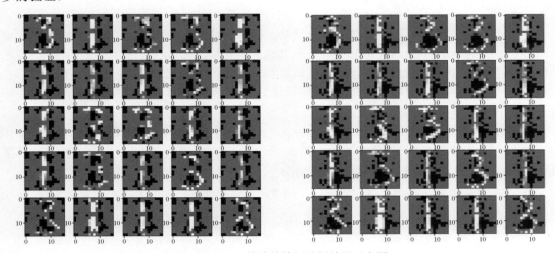

图 10.7　RFE 算法的特征选择结果示意图

10.3.3　基于交叉验证的递归式特征剔除法

基于交叉验证的递归式特征剔除法（Recursive Feature Elimination based on Cross-Validation，RFECV）的基本原理与 RFE 算法相同。不同之处在于，RFECV 算法是以 K-折交叉验证下的测试误差最低为标准来确定预测模型的参数。

设当前变量集 $\mathcal{S} = \mathbb{F} = \{X_1, X_2, \cdots, X_p\}$，当前的重要变量集 $r_0 = \mathbb{F}$。RFECV 算法进行第 p 次如下迭代过程。

第一步，基于包含 $|\mathcal{S}|$ 个输入变量的集合 $\mathcal{S}$，采用 K-折交叉验证法建立 K 个支持向量机 $M_{\mathcal{S}}(k), k = 1,2,\cdots,K$。

第二步，找到 K-折交叉验证下测试误差最低的 $M_{\mathcal{S}}(k)$。

第三步，基于 $M_{\mathcal{S}}(k)$ 计算变量的重要性。

同理，$M_{\mathcal{S}}(k)$ 中的超平面参数为 $w^{(M_{\mathcal{S}}(k))} = \sum_{l=1}^{L} a_l y_l X_l$（有 L 个支持向量）。于是可方便地得到

超平面方程中任意输入变量 $X_i \in \mathcal{S}$ 前的系数 $w_i^{(M_S(k))} = \sum_{l=1}^{L} a_l y_l X_{li}$，且以 $\left[w_i^{(M_S(k))} \right]^2$ 作为变量 X_i 重要性的度量，值越大，变量越重要。

第三步，找到满足 $\min \left(\left[w_i^{(M_S(k))} \right]^2 \right)$ 的变量 X_i，将其从 $\mathcal{S}$ 中剔除，且 $r_p \leftarrow \mathcal{S}$。$r_p$ 为第 p 次迭代后的重要变量子集。

第四步，重复第一至第三步，直到 $\mathcal{S} = \{\}$，迭代结束。

迭代结束后将得到若干个重要变量子集：$r_0 \supset r_1 \supset r_2 \supset \cdots r_p$。其中，包含的变量个数依次减少。$r_1$ 为剔除了最不重要变量后的变量子集，r_p 中仅包含最重要的变量。

RFECV 算法基于测试误差判定变量重要性，并考虑了输入变量对模型泛化性能的影响。

10.4　嵌入式策略下的特征选择

嵌入式策略下的特征选择，就是将特征选择过程嵌套在预测模型的训练中，既能够考察输入变量的重要性，同时也可以给出最终的预测模型。嵌入式策略下的特征选择借助带约束的预测建模实现。

以下重点介绍该策略下的典型代表：岭回归、Lasso 回归和弹性网回归。

10.4.1　岭回归和 Lasso 回归

1. 基本思路

带约束的预测建模与 RFE 算法有相同的设计出发点。以一般线性回归为例，在 $y = \beta_0 + \beta_1 X_1 + \beta_2 X_2 + \cdots + \beta_p X_p$ 中，系数 β_i^2 越大，变量 X_i 越重要；系数 β_i^2 越小，变量 X_i 越不重要。如果回归方程中的 $X_1, X_2, \cdots, X_p$ 均为重要性很高的变量，则 $\sum_{i=1}^{p} \beta_i^2$ 或 $\sum_{i=1}^{p} |\beta_i|$ 应很大。反之，如果回归方程中的 $X_1, X_2, \cdots, X_p$ 均为不重要的变量，则 $\sum_{i=1}^{p} \beta_i^2$ 或 $\sum_{i=1}^{p} |\beta_i|$ 应很小。

应注意的是：若变量均不重要，但也有可能会因 p 很大而导致 $\sum_{i=1}^{p} \beta_i^2$ 或 $\sum_{i=1}^{p} |\beta_i|$ 不是那么小。所以 $\sum_{i=1}^{p} \beta_i^2$ 或 $\sum_{i=1}^{p} |\beta_i|$ 值中"掺杂"了 p 的大小的影响，该值本身"夸大"了输入变量整体的重要性。

进一步，如果模型中包含了少量重要变量和大量不重要变量，则 $\sum_{i=1}^{p} \beta_i^2$ 或 $\sum_{i=1}^{p} |\beta_i|$ 可能并不小，但为了使大量不重要的变量无法进入模型，可指定进入模型的所有变量，当其系数 $\sum_{i=1}^{p} \beta_i^2$ 或 $\sum_{i=1}^{p} |\beta_i|$ 小于某个阈值 s 时，就不能再增加了。

2. 岭回归和 Lasso 回归模型

基于上述设计出发点，在基于平方损失函数估计模型参数时，不仅要求损失函数最小：

Python 机器学习：数据建模与分析

$$\hat{\boldsymbol{\beta}} = \arg\min_{\boldsymbol{\beta}} \sum_{i=1}^{N} L(y_i, \hat{y}_i) = \arg\min_{\boldsymbol{\beta}} \sum_{i=1}^{N} [y_i - (\beta_0 + \beta_1 X_1 + \beta_2 X_2 + \cdots + \beta_p X_p)]^2$$

还需增加约束条件：

$$\sum_{i=1}^{p} \beta_i^2 \leqslant s \tag{10.8}$$

或者

$$\sum_{i=1}^{p} |\beta_i| \leqslant s \tag{10.9}$$

其中，阈值 s 是一个可调参数。增加约束条件之后，可确保回归方程中包含的 $k < p$ 个输入变量 $X_i(i=1,2,\cdots,k)$ 的整体重要性较高。通常，将式（10.8）左侧开根号，$\sqrt{\sum_{i=1}^{p}\beta_i^2}$ 称为 L2 范数，记为 $\|\boldsymbol{\beta}\|_2$，将 $\sum_{i=1}^{p}\beta_i^2$ 记为 $\|\boldsymbol{\beta}\|_2^2$，称为平方 L2 范数。称式（10.9）中的 $\sum_{i=1}^{p}|\beta_i|$ 为 L1 范数，记为 $\|\boldsymbol{\beta}\|_1$。

　　显然，该问题的参数求解应采用 9.2.2 节讨论的不等式约束条件下的求解方法。为便于阐述平方 L2 范数约束和 L1 范数约束的实际意义，下面以仅包含 X_1、X_2 两个变量的二元回归模型为例进行讨论。其中，损失函数为 $\arg\min_{\boldsymbol{\beta}} \sum_{i=1}^{N} L(y_i, \hat{y}_i) = \arg\min_{\boldsymbol{\beta}} \sum_{i=1}^{N} [y_i - (\beta_0 + \beta_1 X_1 + \beta_2 X_2)]^2$，约束条件为 $\sum_{i=1}^{2}\beta_i^2 \leqslant s$，或 $\sum_{i=1}^{2}|\beta_i| \leqslant s$。两者的不同可从图 10.8 中直观看到。

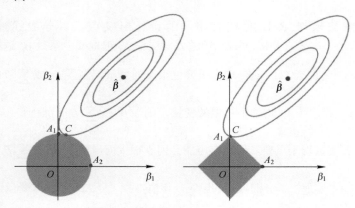

图 10.8　平方 L2 范数约束（左图）和 L1 范数约束（右图）

　　图 10.8 中的椭圆为损失函数的等高线。越接近椭圆内部损失值越小。没有约束条件时，在 $\boldsymbol{\beta} = \hat{\boldsymbol{\beta}}$（椭圆中心位置）时损失函数取得最小值，$\hat{\boldsymbol{\beta}}$ 为参数 $\boldsymbol{\beta}$ 的最优解。当增加约束条件时，对于平方 L2 范数约束：$\beta_1^2 + \beta_2^2 \leqslant s$，对应图 10.8 左图中的圆（$s$ 为圆的半径）。对于 L1 范数约束：$|\beta_1| + |\beta_2| \leqslant s$，对应图 10.8 右图中的菱形（$s$ 为菱形对角线长的 $1/2$）。根据 9.2.2 节讨论的，参数 $\boldsymbol{\beta}$ 的最优解应在等高线与圆或菱形的相切点 C 处。

　　上述规划求解可以等价地表述为以下目标函数：

$$\text{obj}(\boldsymbol{\beta}) = \sum_{i=1}^{N}\left(y_i - \beta_0 - \sum_{j=1}^{p}\beta_j X_{ij}\right)^2 + \alpha\sum_{i=1}^{p}\beta_i^2 \qquad (10.10)$$

$$\text{obj}(\boldsymbol{\beta}) = \sum_{i=1}^{N}\left(y_i - \beta_0 - \sum_{j=1}^{p}\beta_j X_{ij}\right)^2 + \alpha\sum_{i=1}^{p}|\beta_i| \qquad (10.11)$$

式（10.10）就是称为岭回归（Ridge Regression）的目标函数，式（10.11）就是称为最小绝对收缩选择因子（Least Absolute Shrinkage and Selection Operator，Lasso），简称 Lasso 回归的目标函数。其中，α 为一个非负的可调参数，称为收缩参数。

两种回归的目标函数均由两项组成：第一项为平方损失（损失函数），用于度量模型的训练误差；第二项本质度量了模型的复杂度（通常模型的复杂度以待估参数的个数度量），也称为模型的正则化（Regularization）项，两式分别采用 L2 正则化和 L1 正则化。

理想情况下，希望得到训练误差和模型复杂度同时最小时的模型。但由于训练误差低时模型复杂度高，模型复杂度低时训练误差高，两项不能同时最小，因此只能求两者之和最小下的模型，即

$$\hat{\boldsymbol{\beta}} = \min_{\boldsymbol{\beta}}\left[\sum_{i=1}^{N}\left(y_i - \beta_0 - \sum_{j=1}^{p}\beta_j X_{ij}\right)^2 + \alpha\sum_{i=1}^{p}\beta_i^2\right] \qquad (10.12)$$

$$\hat{\boldsymbol{\beta}} = \min_{\boldsymbol{\beta}}\left[\sum_{i=1}^{N}\left(y_i - \beta_0 + \sum_{j=1}^{p}\beta_j X_{ij}\right)^2 + \alpha\sum_{i=1}^{p}|\beta_i|\right] \qquad (10.13)$$

式中，收缩参数 α 本质是个惩罚参数，起到了对模型复杂度的惩罚作用。当 α 较小（极端情况下，$\alpha \to 0$）时，最小化目标函数即为最小化损失函数，它等价于采用最小二乘估计的普通线性回归。此时模型的训练误差最小，复杂度最高（包含 p 个输入变量）；当 α 较大（极端情况下，$\alpha \to \infty$）时，最小化目标函数即为最小化正则项，此时模型为所有系数 $\beta_i = 0$ 的最简单的模型，训练误差最大。可见，α 起到了平衡模型训练误差和复杂度的作用。

3. 收缩参数 α 对回归系数和模型误差的影响

图 10.9 展示了对图 10.4 左图中的手写体邮政编码数字，采用 Lasso 回归识别数字 1 和 3 时，收缩参数 α 变化，给各回归系数以及模型训练误差带来的变化（Python 代码详见 10.6.3 节）。这里，收缩参数 α 从小到大分别取 22 个不同值（$0, 0.052, 0.105, 0.157, \cdots, 1, 2, 3$）。将 $\alpha = 0$（即采用最小二乘估计的普通线性回归）时的 Lasso 回归系数记为 $\beta_i (i = 1, 2, \cdots p)$，将 $\alpha > 0$ 时的 Lasso 回归系数记为 $\beta_i^{(\alpha - Lasso)}$，图 10.9 左图的纵坐标为两种回归系数之比：$\beta_i^{(\alpha - Lasso)} / \beta_i$。比值越接近 0 表明 $\beta_i^{(\alpha - Lasso)}$ 越接近 0。图 10.9 右图为收缩参数 α 从小到大变化过程中的各模型的训练误差。

可见，当 $\alpha = 0.052$ 时，有较多系数 $\beta_i^{(\alpha - Lasso)}$ 与 0 存在较大差异，模型较为复杂但仍低于一般线性模型，相应的图 10.9 右图的模型训练误差接近 0。随着 α 的增大，有大量系数 $\beta_i^{(\alpha - Lasso)}$ 快速近似为 0，因此比值近似等于 0。大约 16 次变化后，几乎所有系数 $\beta_i^{(\alpha - Lasso)} = 0$ 或 $\beta_i^{(\alpha - Lasso)} \to 0$，模型最简单，相应地，图 10.9 右图的模型训练误差很高。

进一步，观察 α 在很小取值范围内更多次变化导致系数 $\beta_i^{(\alpha - Lasso)}$ 变化的情况，如图 10.10 所示（Python 代码详见 10.6.3 节）。

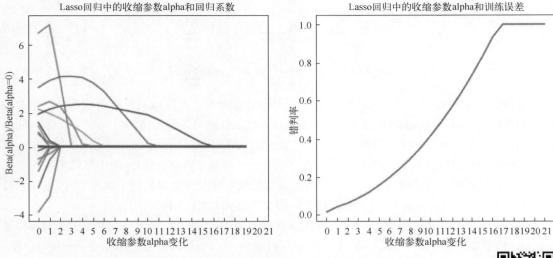

图 10.9　收缩参数 α 与 Lasso 回归系数（左图）和训练误差（右图）的变化

二维码 038

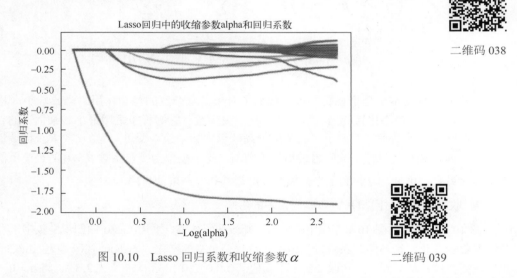

图 10.10　Lasso 回归系数和收缩参数 α

二维码 039

图 10.10 中横坐标为 $-\log_{10}(\alpha)$。从右向左可以看到 α 从小变大（100 次变化）对系数 $\beta_i^{(\alpha-Lasso)}$ 的影响。有很多系数快速收缩为 0 或近似为 0。

通常可采用 K-折交叉验证来确定收缩参数 α。对图 10.4 左图中的手写体邮政编码数字，采用 Lasso 回归识别数字 1 和 3，并用 3-折交叉验证确定 α。图 10.11 为 3-折交叉验证确定 $\alpha = 0.002$ 时，Lasso 回归筛掉 159 个 $\beta_i^{(\alpha-Lasso)} = 0$ 的变量，通过特征选择保留了 97 个变量后的情况。

图 10.11 的含义同图 10.5。其中灰色之外区域对应的变量都是对识别数字 1 和 3 有意义的变量。尽管特征选择仅保留 97 个变量，但最终的训练误差仅为 2%（Python 代码详见 10.6.3 节）。

4. L2 正则化还是 L1 正则化

正则项应采用 L2 正则化还是 L1 正则化？从降低模型复杂度的角度看，总是希望得到有较

多的 $\beta_i = 0$ 下的简单模型。以二元回归模型为例总是希望 $\beta_1 = 0$ 或 $\beta_2 = 0$。由于最优解只能出现在图 10.8 所示的圆周或菱形边上，因此只可能在 A_1、A_2 两个点上得到简单模型。若 $s = 1$，因 L1 正则化 A_1 到 A_2 的直线长 $(\sqrt{2})$ 小于 L2 正则化 A_1 到 A_2 的弧线长（$\pi/2$），所以 L1 正则化较 L2 正则化有更高的概率处于 A_1、A_2 两个点上，即有更多的机会将 β_i 严格约束为 0。可见，从特征选择角度应倾向采用 L1 正则化，而 $\beta_i = 0$ 的变量 X_i 则是不重要的变量。

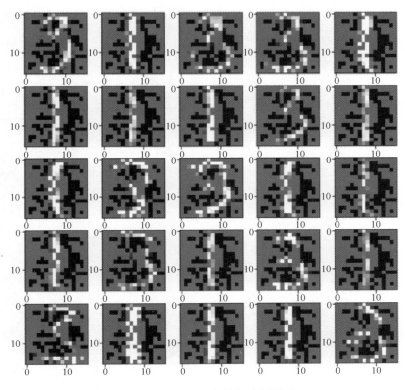

图 10.11　Lasso 回归特征选择展示

例如，对图 10.4 左图中的手写体邮政编码数字，采用岭回归（L2 正则化）识别数字 1 和 3 时，即使不断增加收缩参数 α，也几乎没有使回归系数严格收缩为 0（Python 代码详见 10.6.3 节）。

总之，Lasso 回归是嵌入策略下特征选择的优秀方法，而且可以同时实现预测建模。

10.4.2　弹性网回归

由 10.4.1 节的讨论可知，L1 范数约束（Lasso 回归）更适于进行特征选择。同时，正如图 10.12 左图显示，平方 L2 范数约束（岭回归）最优解下的损失函数小于 L1 范数约束最优解下的损失函数，因此两者各有所长。为此可将其结合，这就是弹性网（ElasticNet）回归。

弹性网回归是对 Lasso 回归和岭回归的结合及拓展，它同时引入 L1 正则化和 L2 正则化，目标函数为

$$\sum_{i=1}^{N}\left(y_i - \beta_0 - \sum_{j=1}^{p}\beta_j X_{ij}\right)^2 + \alpha\sum_{i=1}^{p}\left[\gamma\beta_i^2 + (1-\gamma)|\beta_i|\right] \quad\quad （10.14）$$

其中，α 仍为收缩参数。$0 \leqslant \gamma \leqslant 1$，$\gamma = 0$ 时为 Lasso 回归，$\gamma = 1$ 时为岭回归。该系数可控制岭回归和 Lasso 回归的"贡献"率，称为 L2 范数率。γ 取不同比率值时的约束如图 10.12 右图所示。例如，$\gamma = 0.2$ 时，较偏 Lasso 回归，约束条件不仅保留了 Lasso 回归中的"顶角"（肉眼识别较困难），而且最优解下的损失函数也较小且低于 Lasso 回归（Python 代码详见 10.5.2 节）。

Python 中弹性网回归的目标函数调整为

$$\frac{1}{2N}\sum_{i=1}^{N}\left(y_i - \beta_0 - \sum_{j=1}^{p}\beta_j X_{ij}\right)^2 + \frac{\alpha(1-\gamma)}{2}\sum_{i=1}^{p}\beta_i^2 + \alpha\gamma\sum_{i=1}^{p}|\beta_i| \quad\quad （10.15）$$

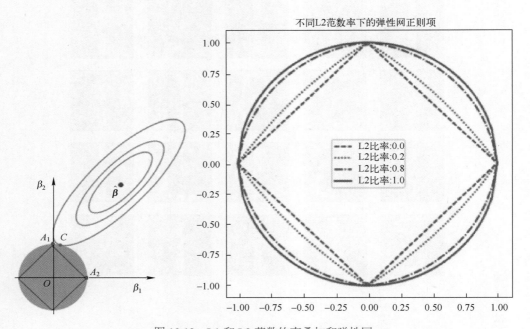

图 10.12　L1 和 L2 范数约束叠加和弹性网

损失函数为均方误差。注意：这里的 $\gamma = 0$ 时为岭回归，$\gamma = 1$ 时为 Lasso 回归，并称 γ 为 L1 范数率。

图 10.13 展示了对图 10.4 左图中的手写体邮政编码数字，采用弹性网回归，L1 范数率分别为 $\gamma = 0.2$、$\gamma = 0.8$ 时，回归系数随收缩参数 α 变化而变化的情况（Python 代码详见 10.6.3 节）。

图 10.13 中从右至左的虚线，为弹性网回归中收缩参数 α 从小到大变化过程中回归系数的变化情况。左图的 L1 范数率 $\gamma = 0.2$，右图的 $\gamma = 0.8$，左图偏岭回归，右图偏 Lasso 回归。Lasso 回归的性质决定了右图与左图相比，不必使 $-\log_{10}(\alpha)$ 取很小值（α 取很大值）就可以将更多回归系数约束为 0，更利于特征选择。目标函数最小时，偏岭回归的最优 α 值为 0.0071，偏 Lasso 回归的最优 α 值为 0.0020。

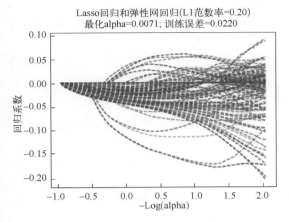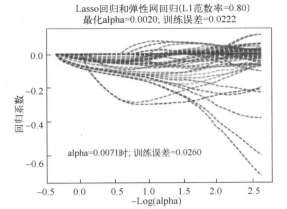

图 10.13　弹性网回归的特征选择

进一步，在最优 α 值下，图 10.13 左图偏岭回归的训练误差（0.0220）略低于右图偏 Lasso 回归的情况（0.0222）。对右图偏 Lasso 的弹性网回归，若令其 α 等于左图的最优 α 值（0.0071）时，即具有相同的复杂度惩罚，其训练误差（0.026）高于偏岭回归的情况，这与岭回归的正则化特点密切相关。

二维码 040

图 10.14 是采用弹性网回归对手写体邮政编码数字特征选择后的直观展示（Python 代码详见 10.6.3 节）。

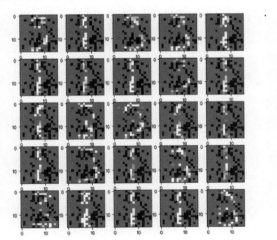

图 10.14　弹性网回归的特征选择

图 10.14 左图的 L1 范数率 $\gamma = 0.2$，右图的 $\gamma = 0.8$，左图偏岭回归，右图偏 Lasso 回归。在最优 α 值下两者分别选择了 93 和 67 个特征，邮政编码数字的直观展示存在一些差别。可进一步对比特征选择后两者的训练误差和测试误差。

总之，弹性网回归是嵌入策略下特征选择的优秀方法，而且可以同时实现预测建模。

至此，嵌入式策略下的特征选择的说明结束。其核心思想是在对模型的复杂度施加约束的条件下进行回归，即在损失函数的基础上增加正则化项构造目标函数，并在最小化目标函数下求得模型参数。

事实上，前面章节已讨论过这类问题。例如，广义线性可分下的支持向量机中，超平面参数求解的目标函数为 $\min\limits_{w,\xi} \tau(w,\xi) = \frac{1}{2}\|w\|^2 + C\sum\limits_{i=1}^{N}\xi_i = \frac{1}{2}w^{\mathrm{T}}w + C\sum\limits_{i=1}^{N}\xi_i$，尽管此处的参数 C 是对损失的惩罚，但其实可等价于 $\min\limits_{w,\xi} \tau(w,\xi) = \frac{1}{2C}w^{\mathrm{T}}w + \sum\limits_{i=1}^{N}\xi_i$，而 $\frac{1}{2C}$ 就是对模型复杂度施加的约束；又如，支持向量回归的目标函数 $\min\limits_{w,\xi,\xi^*}\frac{1}{2}\|w\|^2 + C\sum\limits_{i=1}^{N}(\xi_i + \xi_i^*)$ 也是类似的；再如，多层神经网络中的目标函数 $E(t) + \lambda J(t)$，其中 $E(t) = \sum\limits_{i=1}^{N}\sum\limits_{k=1}^{K}L(y_{ik}, \hat{y}_{ik}(t))$，$J(t) = \sum\limits_{mk}v_{mk}^2(t) + \sum\limits_{pm}w_{pm}^2(t)$，等等。读者可自行回顾和温习。

10.5 Python 建模实现

本节通过 Python 编程，说明以下两方面的内容，以进一步加深对特征选择理论的理解。

- 展示高相关过滤法中的 F 分布和卡方分布的特点。
- 展示弹性网回归中不同 L2 范数率对约束条件的影响。

以下是本章需导入的 Python 模块。

```
1   #本章需导入的模块
2   import numpy as np
3   import pandas as pd
4   import matplotlib.pyplot as plt
5   from pylab import *
6   import matplotlib.cm as cm
7   import warnings
8   warnings.filterwarnings(action = 'ignore')
9   %matplotlib inline
10  plt.rcParams['font.sans-serif']=['SimHei']   #解决中文显示乱码问题
11  plt.rcParams['axes.unicode_minus']=False
12  from sklearn import svm
13  import sklearn.linear_model as LM
14  import scipy.stats as st
15  from scipy.optimize import root,fsolve
16  from sklearn.feature_selection import  VarianceThreshold,SelectKBest,f_classif,chi2
17  from sklearn.feature_selection import RFE,RFECV,SelectFromModel
18  from sklearn.linear_model import Lasso,LassoCV,lasso_path,Ridge,RidgeCV
19  from sklearn.linear_model import enet_path,ElasticNetCV,ElasticNet
```

其中新增的模块如下。

1）第 14 行：scipy.stats 模块，用于计算与 F 分布和卡方分布相关的统计量和概率 P-值等。

2）第 15 行：scipy.optimize 模块中的 root 等函数，用于非线性方程求解等。

3）第 16 行：sklearn.feature_selection 模块中的 VarianceThreshold 等函数，用于实现过滤式策略下的特征选择。

4）第 17 行：sklearn.feature_selection 模块中的 RFE 等函数，用于实现包裹式策略下的特征选择。

5）第 18 行：sklearn.linear_model 模块中的 Lasso 等函数，用于实现嵌入式策略下基于 Lasso 回归和岭回归的特征选择。

6）第 19 行：sklearn.linear_model 模块中的 enet_path 等函数，用于实现嵌入式策略下基于弹性网回归的特征选择。

10.5.1　高相关过滤法中的 F 分布和卡方分布

本节（文件名：chapter10-1-1.ipynb）将通过 Python 编程，说明高相关过滤法中的 F 分布和卡方分布的特点。

1．F 分布的概率密度曲线和 F 分布的特点

以下指定 F 分布中两个自由度的四种不同取值，计算概率密度并绘制概率密度曲线图。代码如下所示。

```
1  plt.figure(figsize=(6,4))
2  for df1,df2,lt in [(10,10,'—'),(15,20,'-.'),(29,18,':'),(50,50,'-')]:
3      x = np.linspace(st.f.ppf(0.001, df1, df2),st.f.ppf(0.99, df1, df2), 100)
4      plt.plot(x, st.f.pdf(x, df1, df2),label='df1=%d,df2=%d'%(df1,df2),linestyle=lt)
5  plt.legend()
6  plt.title("不同自由度下的F分布",fontdict={'fontsize':12})
7  plt.xlabel("X",fontdict={'fontsize':12})
8  plt.ylabel("概率密度",fontdict={'fontsize':12})
9  plt.ylim((0,1.5))
10
```

【代码说明】

第 2 至 4 行：利用 for 循环绘制不同自由度下 F 分布的概率密度曲线。

这里涉及 4 个 F 分布，自由度分别为 (10,10)、(15,20)、(29,18) 和 (50,50)。不同自由度下 F 分布的形态是不同的。概率分布图的横坐标为随机变量 X 的取值 X_0，纵坐标为 X_0 在 F 分布中的概率密度（可直接利用函数 f.ppf() 计算）。为便于展示，这里令 X_0 取值为 $X_L \leqslant X_0 \leqslant X_U$ 范围内的 100 个数。其中，$P(X \leqslant X_L | \mathrm{df}1, \mathrm{df}2) = 0.001$，$P(X \leqslant X_U | \mathrm{df}1, \mathrm{df}2) = 0.99$。可直接利用 f.ppf() 计算 X_L 和 X_U。

所得图形如图 10.3 所示。图形显示，随着两个自由度的不断增大，F 分布逐渐趋于对称分布。$P(X \geqslant X_0 | \mathrm{df}1, \mathrm{df}2)$ 对应图右侧斜线部分的面积。

2．卡方分布的概率密度曲线和卡方分布的特点

以下指定卡方分布中自由度的四种不同取值，计算概率密度并绘制概率密度曲线图。代码如下所示。

```
1  plt.figure(figsize=(6,4))
2  for df,lt in [(2,'—'),(4,'-.'),(6,':'),(20,'-')]:
3      x = np.linspace(st.chi.ppf(0.001, df),st.chi.ppf(0.999, df), 100)
4      plt.plot(x, st.chi.pdf(x, df),label='df=%d'%df,linestyle=lt)
5  plt.legend()
6  plt.title("不同自由度下的卡方分布",fontdict={'fontsize':12})
7  plt.xlabel("X",fontdict={'fontsize':12})
8  plt.ylabel("概率密度",fontdict={'fontsize':12})
```

【代码说明】

第 2 至 4 行：利用 for 循环绘制不同自由度下的卡方分布的概率密度曲线。

这里涉及 4 个卡方分布，自由度分别为 2、4、6 和 20。不同自由度下的卡方分布的形态是不同的。概率分布图的横坐标为随机变量 X 的取值 X_0，纵坐标为 X_0 在卡方分布中的概率密度（可直接利用函数 chi.ppf() 计算）。为便于展示，这里令 X_0 取值为 $X_L \leqslant X_0 \leqslant X_U$ 范围内的 100 个数。其中，$P(X \leqslant X_L | \mathrm{df}) = 0.001$，$P(X \leqslant X_U | \mathrm{df}) = 0.999$。可直接利用 chi.ppf() 函数计算 X_L 和 X_U。

所得图形如图 10.5 所示。图形显示，卡方分布（自由度大于 1 时）是个近似对称分布。

$P(X \geqslant X_0 | \mathrm{df}1, \mathrm{df}2)$ 对应图右侧斜线部分的面积。

10.5.2 不同 L2 范数率下弹性网回归的约束条件特征

弹性网回归是对 Lasso 回归和岭回归的结合及拓展，它同时引入 L1 正则化和 L2 正则化。本节（文件名：chapter10-1-2.ipynb）将直观展示两个输入变量下，弹性网回归中 L2 范数率在不同取值下的约束条件特征。

首先，根据式（10.14）第二项，当且仅当包含两个输入变量时，令弹性网的约束条件为 $[\gamma\beta_1^2 + (1-\gamma)|\beta_1|] + [\gamma\beta_2^2 + (1-\gamma)|\beta_2|] \leqslant 1$。计算当给定 L2 范数率 γ 且 β_1 在 $[-1, +1]$ 内取不同值时 β_2 的取值。然后，绘制关于 β_1、β_2 取值的曲线图，以直观展示弹性网的约束条件特征。具体代码如下所示。

```
1   def fun(x, r, sb1):
2       return np.array(r*(x**2)+(1-r)*abs(x)+sb1-1)
3
4   rs=[0, 0.2, 0.8, 1]
5   b1=np.linspace(-1, 1, 50)
6   y1=np.zeros((len(b1),))
7   y2=np.zeros((len(b1),))
8   ltype=['—', ':', '-.', '--']
9   plt.figure(figsize=(6, 6))
10  for r, lt in zip(rs, ltype):
11      sb1=r*(b1**2)+(1-r)*abs(b1)
12      for i in np.arange(len(b1)):
13          sol=fsolve(fun, [-1, 1], args=(r, sb1[i]))
14          y1[i]=sol[0]
15          y2[i]=sol[1]
16      plt.plot(b1, y1, linestyle=lt, c='b', label='L2比率:%.1f' %r)
17      plt.plot(b1, y2, linestyle=lt, c='b')
18      plt.title("不同L2范数率下的弹性网正则项")
19  plt.legend()
```

【代码说明】

1）第 1、2 行：用名称为 fun 的自定义函数来定义上述计算的方程形式。其中，sb1 相当于 $\gamma\beta_1^2 + (1-\gamma)|\beta_1|$。

2）第 4 至 5 行：指定 L2 范数率依次为 0、0.2、0.8 和 1。指定 β_1 在 $[-1, +1]$ 内均匀取 50 个不同值。

3）第 6、7 行：定义保存方程解的对象。

4）第 10 至 18 行：利用 for 循环，依次令 L2 范数率为 0、0.2、0.8 和 1，并计算不同 L2 范数率和 β_1 下 β_2 的解。

这里，令 sb1 等于 $[\gamma\beta_1^2 + (1-\gamma)|\beta_1|]$，sb1 和 β_1 均为包含 50 个元素的向量。利用函数 fsolve() 得到指定的非线性方程：$[\gamma\beta_1^2 + (1-\gamma)|\beta_1|] + [\gamma\beta_2^2 + (1-\gamma)|\beta_2|] - 1 = 0$ 的解（解的初始猜测值为 $[-1, +1]$）。两组解保存在 y1 和 y2 中。最后，绘图如图 10.12 右图所示，L2 范数率 $\gamma = 0.2$ 较偏 Lasso 回归时，约束条件不仅保留了 Lasso 回归中的"顶角"（肉眼识别较困难），而且最优解下的损失函数值也较小且低于 Lasso 回归。

10.6 Python 实践案例

本节以手写体邮政编码数据（邮政编码数据.txt）的特征提取为例，说明如何采用过滤策略、包裹策略以及嵌入策略，实现有效的特征提取，并对各种策略方法的特点加以说明。

10.6.1 实践案例1：手写体邮政编码数据的特征选择——基于过滤式策略

本节将首先采用低方差过滤法进行特征选择。由 10.2.1 节的论述可知，低方差过滤法的特征选择并不涉及输出变量，从这个意义上看，属无监督算法范畴。然后，再采用高相关过滤法进行特征选择。高相关过滤法涉及输出变量，属有监督算法范畴。

1. 低方差过滤下的数字特征选择

这里（文件名：chapter10-2.ipynb）仅以数字 3 的特征选择为例进行说明。具体代码如下。

```
1  data=pd.read_table('邮政编码数据.txt',sep=' ',header=None)
2  tmp=data.loc[data[0]==3]
3  X=tmp.iloc[:,1:-1]
4  Y=tmp.iloc[:,0]
5  np.random.seed(1)
6  ids=np.random.choice(len(Y),25)
7  plt.figure(figsize=(8,8))
8  for i,item in enumerate(ids):
9      img=np.array(X.iloc[item,]).reshape((16,16))
10     plt.subplot(5,5,i+1)
11     plt.imshow(img,cmap=cm.gray)
12 plt.show()
```

【代码说明】

1）第 1 至 4 行：读入手写体邮政编码数字的点阵数据。仅选择数字 3 作为分析对象。确定输入变量和输出变量（这里可以略去输出变量）。

2）第 5、6 行：随机抽样 25 个手写体数字 3 的点阵数据。

3）第 8 至 11 行：利用 for 循环逐个展示 25 个手写体数字 3。

每个数字都是16×16的灰度点阵数据，对应 256 个变量。通过函数 imshow()转换为图像并显示，如图 10.1 左图所示。其中黑色部分均可视为数字背景，对所有的数字 3 来讲，它们对应的变量取值差异是很小的。

接下来将采用低方差过滤法过滤掉方差较低的变量。具体代码及结果如下所示。

```
1  selector=VarianceThreshold(threshold=0.05)
2  selector.fit(X)
3  print("剩余变量个数：%d"%len(selector.get_support(True)))
4  X=selector.inverse_transform(selector.transform(X))
5  plt.figure(figsize=(8,8))
6  for i,item in enumerate(ids):
7      img=np.array(X[item,]).reshape((16,16))
8      plt.subplot(5,5,i+1)
9      plt.imshow(img,cmap=cm.gray)
10 plt.show()
```

剩余变量个数：221

【代码说明】

1）第 1、2 行：定义低方差过滤法的对象，并拟合数据。

直接利用函数 VarianceThreshold()实现低方差过滤，其中 threshold=0.05 表示指定过滤阈值等于 0.05，即过滤掉方差低于 0.05 的变量。

2）第 3 行：显示特征选择的结果。

利用低方差过滤对象的方法.get_support(True)得到特征选择结果。本例保留了 221 个特征（变量），其余的 35 个变量均为低方差变量（方差值存储在.variances_属性中），对后续研究的意义不大。

3）第 4 行：基于低方差过滤结果，将所有低方差变量的变量值均替换为 0，为后续直观展示低方差变量的具体情况做数据准备。

4）第 6 至 9 行：利用 for 循环再次逐个展示 25 个经低方差过滤处理后的手写体数字 3。图像输出结果如图 10.1 右图所示。图中每个数字四周的灰色部分对应的变量均为低方差过滤处理后变量。从它们在图像中的位置看，剔除的这 35 个变量对识别数字 3 并没有影响。

2．高相关过滤下的数字特征选择

这里（文件名：chapter10-3.ipynb）仅以数字 1 和 3 的特征选择为例进行说明。具体代码如下所示。

```
1   data=pd.read_table('邮政编码数据.txt',sep=' ',header=None)
2   tmp=data.loc[(data[0]==1) | (data[0]==3)]
3   X=tmp.iloc[:,1:-1]
4   Y=tmp.iloc[:,0]
5   np.random.seed(1)
6   ids=np.random.choice(len(Y),25)
7   plt.figure(figsize=(8,8))
8   for i,item in enumerate(ids):
9       img=np.array(X.iloc[item,]).reshape((16,16))
10      plt.subplot(5,5,i+1)
11      plt.imshow(img,cmap=cm.gray)
12  plt.show()
```

【代码说明】

1）第 1、2 行：读入手写体邮政编码数字数据。选择数字 1 和 3 的点阵数据，后续将采用高相关过滤法直接服务与数字 1 和 3 的识别。确定输入变量和输出变量。

2）第 5、6 行：随机抽样 25 个手写体数字 1 和 3 的点阵数据。

3）第 8 至 11 行：利用 for 循环逐个展示 25 个手写体数字 1 和 3。

每个数字都是 16×16 的灰度点阵数据，对应 256 个变量。如图 10.4 左图所示。其中黑色部分均可视为数字背景，直观上对识别 1 和 3 的作用不大。

以下将采用高相关过滤法过滤掉不相关的变量。具体代码及结果如下所示。

```
1   selector=SelectKBest(score_func=f_classif,k=100)
2   selector.fit(X,Y)
3   print("变量重要性评分：",selector.scores_[0:5])
4   print("变量的概率P-值:",selector.pvalues_[0:5])
5   X=selector.inverse_transform(selector.transform(X))
6   plt.figure(figsize=(8,8))
7   for i,item in enumerate(ids):
8       img=np.array(X[item,]).reshape((16,16))
9       plt.subplot(5,5,i+1)
10      plt.imshow(img,cmap=cm.gray)
11  plt.show()
```

变量重要性评分：[5.10898495 21.93357405 82.3841514 282.84509937 719.07806468]
变量的概率P-值:[2.39312394e-002 3.05218712e-006 3.08578340e-019 9.82205018e-059
 6.44143983e-132]

【代码说明】

1）第 1、2 行：定义高相关过滤法对象并拟合数据。

直接利用函数 SelectKBest()实现高相关过滤法。参数 score_func=f_classif 表示指定采用 F 统计量；参数 k=100 表示筛选出最重要的前 100 个变量。

2）第 3、4 行：输出前 5 个变量的特征选择结果，分别为 10.2.2 节的 $F_{观测值}$ 以及相应的概率 P-值：$P(F \geqslant F_{观测值})$，依次存储在高相关过滤对象的.scores_和.pvalues_属性中。

从输出结果看，第 3、4、5 个变量的概率 P-值极小，对识别数字 1 和 3 有重要意义。

3）第 5 行：基于高相关过滤结果，将概率 P-值较大且排在前 156（保留 100 个变量）之前的变量的变量值均替换为 0，为后续直观展示高相关过滤效果做数据准备。

4）第 7 至 10 行：利用 for 循环再次逐个展示 25 个高相关过滤处理后的手写体数字 1 和 3。图像输出结果如图 10.4 右图所示。图中非灰色部分都包含对识别数字 1 和 3 有用信息的变量。灰色部分对应的变量与输出变量没有高相关性，被过滤掉。

10.6.2　实践案例 2：手写体邮政编码数据的特征选择——基于包裹式策略

本节（文件名：chapter10-4.ipynb）将采用包裹式策略进行特征选择。具体代码及结果如下。

```
1   data=pd.read_table('邮政编码数据.txt',sep=' ',header=None)
2   tmp=data.loc[(data[0]==1) | (data[0]==3)]
3   X=tmp.iloc[:,1:-1]
4   Y=tmp.iloc[:,0]
5   np.random.seed(1)
6   ids=np.random.choice(len(Y),25)
7   estimators=[LM.LogisticRegression(),svm.SVC(kernel='linear',random_state=1)]
8   for estimator in estimators:
9       selector=RFE(estimator=estimator,n_features_to_select=80)
10      selector.fit(X,Y)
11      #print("N_features %s"%selector.n_features_)
12      print("变量重要性排名 %s"%selector.ranking_[0:5])
13      Xtmp=selector.inverse_transform(selector.transform(X))
14      plt.figure(figsize=(8,8))
15      for i,item in enumerate(ids):
16          img=np.array(Xtmp[item,]).reshape((16,16))
17          plt.subplot(5,5,i+1)
18          plt.imshow(img,cmap=cm.gray)
19      plt.show()
```

变量重要性排名 [1   1 35 140 123]
变量重要性排名 [177 176 110 69   7]

【代码说明】

1）第 1 至 4 行：读入手写体邮政编码数字数据。选择数字 1 和 3 的点阵数据，后续将采用包裹式策略中的 RFE 算法找到对识别数字 1 和 3 有重要作用的变量。确定输入变量和输出变量。

2）第 7 行：指定 RFE 算法中的预测模型分别为 Logistic 回归和广义线性可分下的支持向量分类机，后续将依据预测模型给出的变量系数判断变量重要性。

3）第 8 至 18 行：分别借助 Logistic 回归和广义线性可分下的支持向量分类机进行特征选择，以及结果的可视化。

直接利用函数 RFE()实现包裹式策略的特征选择，这里定义了 RFE 对象并指定选出最重要的 80 个特征，将不重要变量的变量值均替换为 0。可视化的特征提取对识别数字 1 和 3 的影响如图 10.7 所示，Logistic 回归与支持向量机特征选择结果的不同，主要体现在对图像边缘部分对应变量的评价上。例如，RFE 对象的.ranking_属性中存储着变量重要性的排名。Logistic 回归认为，变量 1 和 2 是同等重要的变量（第 1 名），但支持向量机所给出的排名顺序则较靠后（177 名和 176 名）。直观上图像左右边缘对识别数字的作用相对较低，支持向量机筛掉了这部分所对应的变量，可基于特征选择结果进行建模，做进一步的验证。

10.6.3　实践案例 3：手写体邮政编码数据的特征选择——基于嵌入式策略

本节将采用嵌入式策略进行特征选择。重点聚焦以下两个方面：

第一、基于 Lasso 回归的特征选择，展示 Lasso 回归中收缩参数 α 的变化对特征选择的影响以及 α 的优化过程。最后，结合高相关过滤法完成特征选择。

第二、基于弹性网回归的特征选择，展示回归系数随收缩参数 α 变化的情况，并结合高相关过滤法完成特征选择。

1．基于 Lasso 回归的特征选择

本节（文件名：chapter10-5.ipynb）采用 Lasso 回归进行特征选择。首先，观察收缩参数 α 的变化对特征选择的影响，然后基于最优参数 α，结合高相关过滤法完成特征选择。

（1）收缩参数 α 变化对特征选择的影响

以下将指定收缩参数 α 的取值范围，并直观展示在不同收缩参数 α 取值下模型系数的变化特点。具体代码及结果如下所示。

```
1   data=pd.read_table('邮政编码数据.txt',sep=' ',header=None)
2   tmp=data.loc[(data[0]==1) | (data[0]==3)]
3   X=tmp.iloc[:,1:-1]
4   Y=tmp.iloc[:,0]
5   fig,axes=plt.subplots(nrows=1,ncols=2,figsize=(12,5))
6   alphas=list(np.linspace(0,1,20))
7   alphas.extend([2,3])
8   coef=np.zeros((len(alphas),X.shape[1]))
9   err=[]
10  for i,alpha in enumerate(alphas):
11      modelLasso = Lasso(alpha=alpha)
12      modelLasso.fit(X,Y)
13      if i==0:
14          coef[i]=modelLasso.coef_
15      else:
16          coef[i]=(modelLasso.coef_/coef[0])
17      err.append(1-modelLasso.score(X,Y))
18  print('前5个变量的回归系数(alpha=0):%s'%coef[0,][0:5])
19  for i in np.arange(0,X.shape[1]):
20      axes[0].plot(coef[1:-1,i])
21  axes[0].set_title("Lasso回归中的收缩参数alpha和回归系数")
22  axes[0].set_xlabel("收缩参数alpha变化")
23  axes[0].set_xticks(np.arange(len(alphas)))
24  axes[0].set_ylabel("Beta(alpha)/Beta(alpha=0)")
25
26  axes[1].plot(err)
27  axes[1].set_title("Lasso回归中的收缩参数alpha和训练误差")
28  axes[1].set_xlabel("收缩参数alpha变化")
29  axes[1].set_xticks(np.arange(len(alphas)))
30  axes[1].set_ylabel("错判率")
31
```

前5个变量的回归系数(alpha=0):[0.10647164 0.08368913 -0.04294124 0.00500405 -0.03054124]

【代码说明】

1）第 1 至 4 行：读入手写体邮政编码数字数据。选择数字 1 和 3 的点阵数据，后续将采用嵌入式策略，在 256 个变量中找到对识别数字 1 和 3 有重要作用的变量。确定输入变量和输出变量。

2）第 6、7 行：给定收缩参数 α 的取值范围：$[0, 0.052, 0.105, 0.157, \cdots, 1, 2, 3]$。

3）第 8、9 行：准备。coef 的第一行存储 $\alpha = 0$（即一般线性回归）下的各回归系数。之后各行存储 α 从小到大取值下，Lasso 回归系数与一般线性回归系数的比值，即 10.4.1 节的 $\beta_i^{(\alpha-Lasso)} / \beta_i$ $(i = 1, 2, \cdots, 256)$。

4）第 10 至 17 行：利用 for 循环建立不同收缩参数 α 下的 Lasso 回归模型，并计算 $\beta_i^{(\alpha-Lasso)} / \beta_i$，以及模型的训练误差。

5）第 18 行：输出 $\alpha = 0$ 时前 5 个变量的回归系数。回归系数表明，相应变量对识别数字 1 和 3 都有一定作用。

6）第 19 至 24 行：绘制 $\beta_i^{(\alpha-Lasso)} / \beta_i$ $(i = 1, 2, \cdots, 256)$ 随 $\alpha > 0$ 增加而变化的曲线图，如图 10.9 左图所示。

图形显示，当 $\alpha = 0.052$ 时，有较多系数 $\beta_i^{(\alpha-Lasso)}$ 与 0 存在较大差异，模型较为复杂但复杂度低于一般线性模型。后续随着 α 的增大，有大量系数 $\beta_i^{(\alpha-Lasso)}$ 快速近似为 0，因此比值近似等于 0。大约 16 次变化后，几乎所有系数 $\beta_i^{(\alpha-Lasso)} = 0$ 或 $\beta_i^{(\alpha-Lasso)} \to 0$，模型最简单。

7）第 26 至 30 行：绘制不同收缩参数 α 下模型的训练误差曲线，如图 10.9 右图所示。

图形显示，$\alpha = 0.052$ 时模型较为复杂，训练误差接近 0。随着 α 的增大，模型复杂度降低，训练误差快速升高。

（2）细致观察收缩参数 α 变化对特征选择的影响

以下直接利用函数 lasso_path() 计算不同收缩参数 α 取值下的模型系数，并以 $\log_{10}(\alpha)$ 为横坐标，旨在更加细致地展示模型系数的变化特征。代码如下所示。

```
1  alphas_lasso, coefs_lasso, _ = lasso_path(X, Y)
2  l1 = plt.plot(-np.log10(alphas_lasso), coefs_lasso.T)
3  plt.xlabel('-Log(alpha)')
4  plt.ylabel('回归系数')
5  plt.title('Lasso回归中的收缩参数alpha和回归系数')
6  plt.show()
```

【代码说明】

1）第 1 行：直接利用函数 lasso_path() 计算不同收缩参数 α 下的各个回归系数。

函数 lasso_path() 将返回 α 的取值以及对应的回归系数。

2）第 2 行：绘制不同收缩参数 α 下回归系数的变化曲线图。

为便于展示，图中横坐标为 $-\log_{10}(\alpha)$，值越大，α 越小。纵坐标为回归系数。所得图形如图 10.10 所示。该图更为细致地刻画了随着 α 增大回归系数逐渐收缩为 0 的过程。

（3）基于最优参数 α，结合高相关过滤法完成特征选择

收缩参数 α 不能过大也不能过小。以下将首先采用 K-折交叉验证法来确定 Lasso 回归和岭回归中的最优收缩参数 α，并结合高相关过滤法实现特征选择。然后，利用 Lasso 回归建立手写邮政编码数字识别的分类模型，并与岭回归进行比较。具体代码及结果如下。

```
1    model = LassoCV()  #默认采用3-折交叉验证确定的alpha
2    model.fit(X, Y)
3    print('Lasso剔除的变量:%d'%sum(model.coef_==0))
4    print('Lasso的最佳的alpha: ', model.alpha_)   # 只有在使用LassoCV有效
5    lassoAlpha=model.alpha_
6
7    estimator = Lasso(alpha=lassoAlpha)
8    selector=SelectFromModel(estimator=estimator)
9    selector.fit(X, Y)
10   print("阈值: %s"%selector.threshold_)
11   print("保留的特征个数: %d"%len(selector.get_support(indices=True)))
12   Xtmp=selector.inverse_transform(selector.transform(X))
13   plt.figure(figsize=(8, 8))
14   np.random.seed(1)
15   ids=np.random.choice(len(Y), 25)
16   for i, item in enumerate(ids):
17       img=np.array(Xtmp[item, ]).reshape((16, 16))
18       plt.subplot(5, 5, i+1)
19       plt.imshow(img, cmap=cm.gray)
20   plt.show()
21
```

```
Lasso剔除的变量:159
Lasso的最佳的alpha:  0.0016385673057918155
阈值: 1e-05
保留的特征个数: 97
```

【代码说明】

1）第1、2行：采用默认3-折交叉验证确定 Lasso 回归中的最优收缩参数 α，并拟合数据。

2）第 3 至 5 行：输出最优收缩参数 α 值以及剔除的变量个数。这里最优收缩参数 $\alpha = 0.0016$，总共剔除了 159 个变量。保存最优参数值。

3）第 7 至 9 行：结合高相关过滤法，借助最优收缩参数 α 下的 Lasso 回归完成特征选择。这里给出的变量重要性阈值为 1×10^{-5} 且仅保留了 97 个变量。

4）第 12 至 20 行：将被剔除变量的变量值均替换为 0。可视化特征选择后数字 1 和 3 的图像。如图 10.11 所示，图形中灰色之外区域对应的变量都是对识别数字 1 和 3 有意义的变量。

进一步，基于特征选择后的重要变量，分别采用 Lasso 回归建立识别数字 1 和 3 的分类模型，并与岭回归结果进行比较。代码和运行结果如下所示。

```
1    modelLasso = Lasso(alpha=lassoAlpha)
2    modelLasso.fit(X, Y)
3    print("lasso训练误差: %.2f"%(1-modelLasso.score(X, Y)))
4    modelRidge = RidgeCV()   # RidgeCV自动调节alpha可以实现选择最佳的alpha。
5    modelRidge.fit(X, Y)
6    print('岭回归剔除的变量:%d'%sum(modelRidge.coef_==0))
7    print('岭回归最优alpha: ', modelRidge.alpha_)
8    print("岭回归训练误差: %.2f"%(1-modelRidge.score(X, Y)))
```

```
lasso训练误差: 0.02
岭回归剔除的变量:0
岭回归最优alpha:  10.0
岭回归训练误差: 0.02
```

【代码说明】

1）第 1 至 3 行：仍采用基于最优收缩参数的 Lasso 回归进行分类预测。模型的训练误差为 2%。

2）第 4 至 5 行：直接利用函数 RidgeCV()确定岭回归的最优收缩参数 α 并拟合数据。

结果显示，在最优收缩参数 $\alpha = 10$ 下，岭回归的训练误差也可到达 2%，但此时没有变量的回归系数等于 0。在相同训练误差下，岭回归模型的复杂度高于 Lasso 回归。

2. 基于弹性网回归的特征选择

本节（文件名：chapter10-6.ipynb）采用弹性网回归进行特征选择。首先，确定不同 L1 范数率下的最优收缩参数 α；然后，基于最优参数 α，结合高相关过滤法完成特征选择。

（1）确定不同 L1 范数率下的最优收缩参数 α

首先，令 L1 范数率分别为 $\gamma = 0.2$、$\gamma = 0.8$。然后，观察回归系数随收缩参数 α 变化的情况，确定最优收缩参数 α。最后，建立不同 L1 范数率下基于最优收缩参数 α 的弹性网分类模型，并对两个模型进行比较。代码如下所示。

```
1   data=pd.read_table('邮政编码数据.txt',sep=' ',header=None)
2   tmp=data.loc[(data[0]==1) | (data[0]==3)]
3   X=tmp.iloc[:,1:-1]
4   Y=tmp.iloc[:,0]
5
6   fig,axes=plt.subplots(nrows=1,ncols=2,figsize=(15,5))
7   ratios=[0.2,0.8]
8   bestalpha=[]
9   for i,ratio in enumerate(ratios):
10      alphas_enet, coefs_enet, _ = enet_path(X,Y,l1_ratio=ratio)
11      axes[i].plot(-np.log10(alphas_enet), coefs_enet.T, linestyle='--')
12      model=ElasticNetCV(l1_ratio=ratio)
13      model.fit(X,Y)
14      bestalpha.append(model.alpha_)
15      axes[i].set_xlabel('-Log(alpha)')
16      axes[i].set_ylabel('回归系数')
17      axes[i].set_title('Lasso回归和弹性网回归(L1范数率=%.2f)\n最优alpha=%.4f;训练误差=%.4f'
18              %(ratio,model.alpha_,1-model.score(X,Y)))
19      axes[i].axis('tight')
20  model=ElasticNet(l1_ratio=0.8,alpha=bestalpha[0])
21  model.fit(X,Y)
22  axes[1].text(0,-0.6,"alpha=%.4f时:训练误差=%.4f"%(bestalpha[0],1-model.score(X,Y)),
23              fontdict={'size':'12','color':'b'})
```

【代码说明】

1）第 1 至 4 行：读入手写体邮政编码数据。仅分析数字 1 和 3。确定输入变量和输出变量。

2）第 7 行：令 L1 范数率分别取 0.2（偏岭回归）和 0.8（偏 Lasso 回归）。

3）第 9 至 19 行：利用 for 循环，计算并展示 L1 范数率分别取 0.2 和 0.8 时，弹性网回归系数随收缩参数 α 变化而变化的情况。

直接利用 ElasticNetCV()找到指定 L1 范数率下的收缩参数 α 的最优取值。enet_path()函数将返回不同收缩参数下的回归系数。画图展示收缩参数变化过程中各回归系数的变化曲线，如图 10.13 所示。图形显示，偏 Lasso 的弹性网回归可将更多回归系数快速约束为 0，更利于特征选择。

4）第 20 至 22 行：建立偏 Lasso 的弹性网回归模型，且强制收缩参数等于偏岭回归下的最优收缩参数。拟合数据。计算训练误差，并显示在图 10.13 右图中。结果表明，本例中偏 Lasso 的弹性网回归，当与岭回归有相等的复杂度惩罚时，其训练误差高于偏岭回归，这与岭回归的正则化特点密切相关。

（2）结合高相关过滤法完成特征选择

以下基于弹性网回归结合高相关过滤法完成特征选择。代码和结果如下所示。

```
1   np. random. seed(1)
2   ids=np. random. choice(len(Y), 25)
3   for ratio, alpha in [(0.2, bestalpha[0]), (0.8, bestalpha[1])]:
4       estimator = ElasticNet(l1_ratio=ratio, alpha=alpha)
5       selector=SelectFromModel(estimator=estimator)
6       selector. fit(X, Y)
7       #print("阈值(%f, %f): %s"%(ratio, alpha, selector. threshold_))
8       print("保留的特征个数(%f,%f): %d"%(ratio, alpha, len(selector. get_support(indices=True))))
9       Xtmp=selector. inverse_transform(selector. transform(X))
10      plt. figure(figsize=(8, 8))
11      for i, item in enumerate(ids):
12          img=np. array(Xtmp[item, ]). reshape((16, 16))
13          plt. subplot(5, 5, i+1)
14          plt. imshow(img, cmap=cm. gray)
15      plt. show()
```

保留的特征个数(0.200000, 0.007126)：73
保留的特征个数(0.800000, 0.002048)：67

【代码说明】

1）第 1、2 行：随机抽取 25 个数字 1 和 3 以直观展示特征选择结果。

2）第 3 至 14 行：利用 for 循环，分别基于最优收缩参数下的两个弹性网模型，结合高相关过滤法完成特征选择。

偏岭回归的弹性网（L1 范数率等于 0.2，最优收缩参数等于 0.007）选择了 73 个重要变量，偏 Lasso 回归的弹性网（L1 范数率等于 0.8，最优收缩参数等于 0.002）选择了 67 个重要变量。不同特征选择方案下的可视化结果如图 10.14 所示。

【本章总结】

本章重点介绍了几种常见的特征选择策略和方法。首先，介绍了过滤式策略下的低方差和高相关过滤法。然后，说明了包裹式策略的基本思路和具体方法。后续对嵌入式策略下的岭回归、LASSO 回归以及弹性网回归的特点进行了论述和比较。最后，基于 Python 编程，直观展示了 F 分布和卡方分布的特点，以及不同 L2 范数率下弹性网回归约束条件的特点。本章的 Python 实践案例，以手写体邮政编码数据的特征选择为例，展示了各种特性选择策略的特点和应用价值。

【本章相关函数】

围绕本章学习，应重点掌握 Python 模块中的以下函数。函数的具体格式参见 Python 帮助。

1. 过滤策略下的特征选择

低方差过滤法：

```
VarianceThreshold(threshold=);
```

高相关过滤法：

```
SelectKBest(score_func=,k=)
```

2．包裹策略下的特征选择

```
selector=RFE(estimator=,n_features_to_select=)；selector.fit(X,Y)
```

3．嵌入策略下的特征选择

Lasso 回归：

```
modelLasso = Lasso(alpha=)；modelLasso.fit(X,Y)；lasso_path(X, Y)；LassoCV()
```

岭回归：

```
modelRidge=Ridger(alpha=),RidgeCVRidgeCV()
```

弹性网回归：

```
model=ElasticNet(l1_ratio=,alpha=);model.fit(X,Y)；enet_path();ElasticNetCV()
```

【本章习题】

1．请简述低方差过滤法和高相关过滤法的基本原理。

2．请简述包裹式策略下特征选择的基本思路。

3．请简述嵌入式策略中具有 Lasso 回归和岭回归特点的正则化项有怎样的不同，对特征选择有怎样的影响？

4．请简述基于弹性网络回归的特征选择和分类建模有怎样的优势。

5．Python 编程题：植物叶片的特征选择。

第 7 章的习题 6 给出了植物叶片的数据集（文件名：叶子形状.csv），描述植物叶片的边缘（margin）、形状（shape）、纹理（texture）这三个特征的数值型变量各有 64 个（共 192 个变量）。此外，还有 1 个记录每片叶片所属植物物种（species）的分类型变量。总共有 193 个变量。请采用本章的特征选择方法进行特征选择，并比较各特征选择结果的异同。

第 11 章
特征提取：空间变换策略

正如第 10 章介绍的，特征工程包括特征选择和特征提取，是数据建模中不可或缺的关键一环。预测建模中并非输入变量越多越好。应通过特征选择，从众多输入变量中筛选出对输出变量预测有意义的重要变量，减少输入变量个数。减少输入变量意味着降低输入变量空间的维度，进而降低模型的复杂度。输入变量空间降维还可以通过基于空间变换的特征提取来实现，本章将对此问题进行深入讲解。

本章将围绕空间变换，对以下特征提取方法进行说明：
- 主成分分析；
- 奇异值分解；
- 核主成分分析；
- 因子分析；
- 特征提取的 Python 应用实践。

11.1 特征提取概述

利用特征选择实现输入变量空间降维存在的问题是：直接从众多变量中简单剔除某些变量，必然会不同程度地导致数据信息丢失。所以，探索一种既能有效减少变量个数又不会导致数据信息大量丢失的降维策略是极为必要的。特征提取是解决该类问题的有效途径。

特征提取，即从众多具有相关性的输入变量中提取出较少的综合变量，再用综合变量代替原有输入变量，从而实现输入变量空间的降维。

特征提取的基本策略是基于空间变换。空间变换可从图 11.1 和图 11.2 中得到直观理解。

图 11.1 左上图是二维平面上的字母呈现。经过空间变换可得到诸如其他三幅图的呈现。

图 11.2 中的两个椭圆表示两个变量散点图的轮宽。既可以通过空间变换得到左图虚线所示的两个变量的分布，也可以得到右图虚线所示的两个分布。

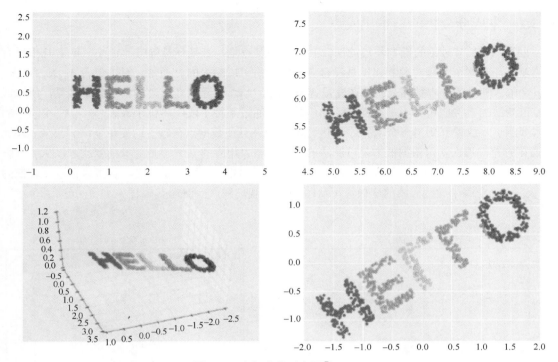

图 11.1　空间变换示意图[一]（一）

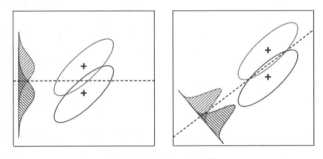

图 11.2　空间变换示意图[二]（二）

11.2　主成分分析

主成分分析（Principal Component Analysis，PCA）是一种通过坐标变换实现特征提取的经典统计分析方法。特征提取中为什么需要坐标变换，如何实现变换等问题，是本节要说明的主要问题。

[一] 出自 Jake VanderPlas 所著的 *Python Data Science Handbook: Essential Tools for Working with Data* 中的图 5-94、图 5-95、图 5-98 和图 5-99。

[二] 出自 Trevor Hastie 所著的 *The Elements of Statistical Learning* 中的图 9.4。

11.2.1　主成分分析的基本出发点

回顾 10.2 节讨论的低方差过滤法，其基本出发点是：若某变量的方差很小，或者几乎没有取值差异，则这个变量对预测建模是没有意义的，是可以略去的。通常，对于包含 $X_1, X_2, \cdots, X_p$ 共 p 个输入变量的样本数据来讲，在变量 $X_i(i=1,2,\cdots,p)$ 上近似 0 方差的情况并不多见，所以低方差过滤法的直接应用并不是非常广泛。但若能够通过某种手段，将位于 $X_1, X_2, \cdots, X_p$ 空间中的样本观测点"放置"到另一个 $y_1, y_2, \cdots, y_p$ 空间中，并且使数据点在较多的变量 $y_i(i=1,2,\cdots,p)$ 上近似 0 方差，那么就可依据低方差过滤法的思想，略去相应的 y_i。于是变量维度就可以从 p 维降低到 $k(k \ll p)$ 维。进一步，如果能够确保样本观测点的相对位置关系不变，就可以在维度较低的 $y_1, y_2, \cdots, y_k$ 空间中继续后续的建模。可从图 11.3 直观理解（Python 代码详见 11.6.1 节）。

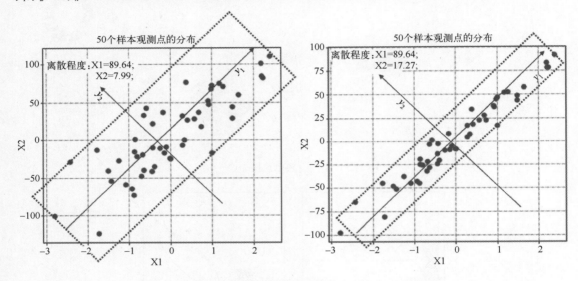

图 11.3　空间变换示意图

图 11.3 左图是 50 个样本观测点在以 X_1、X_2 为坐标轴所构成的空间中的散点图。散点图表明，X_1 与 X_2 具有一定的线性相关性（X_2 随 X_1 的增大而增大）。数据在变量 X_1、X_2 上的离散程度用变异系数（样本标准差除以样本均值 $S/\bar{X}$）度量，分别为 89.64 和 7.99。同理，右图类似，但 X_1 与 X_2 具有更强的线性相关性，且在变量 X_2 上的离散程度较左图更大些（17.27）。基于低方差过滤法，X_1、X_2 都不能忽略。

现分别将两幅图中的样本观测点"放置"到以 y_1、y_2 为坐标轴构成的空间中。观察图中两对虚线间的宽度可知，两图中样本观测点在 y_1 上有很高的离散性，但在 y_2 上的离散程度均远小于在 y_1 上的。依据低方差过滤法的思想，y_2 是可以忽略的。但左图被忽略的方差较高，右图的较低，所以忽略右图的 y_2 是"划算"的，因此空间维度可从 2 降到 1。

进一步，在 y_1、y_2 空间中观察样本观测点的散点图发现，样本观测点在 X_1、X_2 上的高度线性相关性，在 y_1、y_2 上消失了，呈现出了没有线性相关性（y_2 不随 y_1 的增大而增大）的特点。

同理，还可以拓展到三维空间中，如图 11.4 所示。

图 11.4 中样本观测点的散点图大致呈橄榄球形状。三个方向上数据的离散程度不尽相同，在长轴上离散性最大，其他两个轴依次减少。按照上述逻辑，数据在底面阴影方向 y_1 的离散性最高，其次是背面 y_2 和侧立面 y_3 的阴影方向。因数据在侧立面 y_3 方向上仅有较小的离散性，所以可以忽略 y_3。

主成分分析法的基本出发点就在于此，关键是如何确定 y_1、y_2、y_3 等。

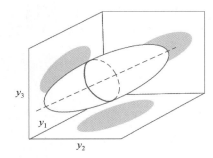

图 11.4　三维空间下的样本
观测散点图示意图

11.2.2　主成分分析的基本原理

1. 主成分分析的数学模型

为准确度量图 11.3 中样本数据在 y_1、y_2 上的离散程度，需已知每个样本观测点在 y_1、y_2 上的坐标（取值）。为此，可将坐标轴 y_1、y_2 视为坐标轴 X_1、X_2 沿逆时针方向旋转一个 θ 角后的结果。于是，各样本观测点在 y_1、y_2 上的坐标为

$$\begin{cases} y_1 = \cos\theta \cdot X_1 + \sin\theta \cdot X_2 \\ y_2 = -\sin\theta \cdot X_1 + \cos\theta \cdot X_2 \end{cases}$$

若将各个系数分别记为 $\mu_{11} = \cos\theta, \mu_{12} = \sin\theta; \mu_{21} = -\sin\theta, \mu_{22} = \cos\theta$。显然，$\mu_{11}^2 + \mu_{12}^2 = 1$，$\mu_{21}^2 + \mu_{22}^2 = 1$。由此可见，$y_1$ 是以 μ_{11}、μ_{12} 为系数的关于 X_1 与 X_2 的一个线性组合，y_2 是以 μ_{21}、μ_{22} 为系数的关于 X_1 与 X_2 的另一个线性组合。

若记 $\boldsymbol{X} = (X_1, X_2)$，$\boldsymbol{\mu}_1 = (\mu_{11}, \mu_{12})^{\mathrm{T}}$，$\boldsymbol{\mu}_2 = (\mu_{21}, \mu_{22})^{\mathrm{T}}$，以上式子可表示为 $y_1 = \boldsymbol{X}\boldsymbol{\mu}_1, y_2 = \boldsymbol{X}\boldsymbol{\mu}_2$，即通过行向量 $\boldsymbol{X}$ 乘以列向量 $\boldsymbol{\mu}_1$（或 $\boldsymbol{\mu}_2$），将样本观测点投影到 y_1、y_2 上，其方向分别由 $\boldsymbol{\mu}_1$ 和 $\boldsymbol{\mu}_2$ 决定。

通常情况下，若样本数据有 p 个输入变量 $X_1, X_2, \cdots, X_p$，推而广之就需要有关于 $X_1, X_2, \cdots X_p$ 的 p 个线性组合，并且分别与 $y_1, y_2, \cdots, y_p$ 对应。数学表述为

$$\begin{cases} y_1 = \mu_{11}X_1 + \mu_{12}X_2 + \cdots + \mu_{1p}X_p \\ y_2 = \mu_{21}X_1 + \mu_{22}X_2 + \cdots + \mu_{2p}X_p \\ y_3 = \mu_{31}X_1 + \mu_{32}X_2 + \cdots + \mu_{3p}X_p \\ \quad\vdots \\ y_p = \mu_{p1}X_1 + \mu_{p2}X_2 + \cdots + \mu_{pp}X_p \end{cases} \quad (11.1)$$

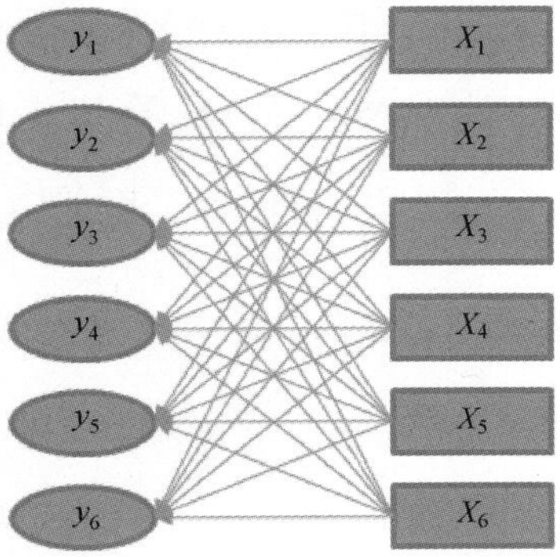

其中要求：

1）X_i 是经过标准化处理的，即 $E(X_i) = 0, \mathrm{Var}(X_i) = 1$（$E$ 和 Var 分别表示期望和方差）。

2）$\mu_{i1}^2 + \mu_{i2}^2 + \mu_{i3}^2 + \cdots + \mu_{ip}^2 = 1 (i = 1, 2, \cdots, p)$。

3）$y_1, y_2, \cdots, y_p$ 两两不相关。

这就是主成分分析的数学模型，其图形化表示如图 11.5 所示。

图 11.5　主成分分析数学模型示意图

总之，主成分分析法通过坐标变换，将 p 个具有相关性的变量 X_i（标准化处理后）进行线性组合，变换成另一组不相关的变量 y_i，用矩阵表示为

$$y = X\mu \tag{11.2}$$

其中，$\boldsymbol{y}_{(1\times p)} = (y_1, y_2, \cdots, y_p)$；$\boldsymbol{X}_{(1\times p)} = (X_1, X_2, \cdots, X_p)$ 是个行向量；$\boldsymbol{\mu}_{(p \times p)} = \begin{pmatrix} \mu_{11} & \mu_{21} & \cdots & \mu_{p1} \\ \mu_{12} & \mu_{22} & \cdots & \mu_{p2} \\ \vdots & \vdots & & \vdots \\ \mu_{1p} & \mu_{2p} & \cdots & \mu_{pp} \end{pmatrix}$

$= (\boldsymbol{\mu}_1, \boldsymbol{\mu}_2, \cdots, \boldsymbol{\mu}_p)$。

2．主成分分析中的参数求解

求解主成分分析中的系数矩阵 $\boldsymbol{\mu}$ 是关键，有如下步骤。

1）y_i 与 $y_j (i \neq j; i, j = 1, 2, \cdots, p)$ 两两不相关；

2）y_1 是 $X_1, X_2, \cdots, X_p$ 的一切线性组合（系数满足上述方程组）中方差最大的；

3）y_2 是与 y_1 不相关的 $X_1, X_2, \cdots, X_p$ 的一切线性组合中方差次最大的；

4）y_p 是与 $y_1, y_2, y_3, \cdots, y_{p-1}$ 都不相关的 $X_1, X_2, \cdots, X_p$ 的一切线性组合中方差最小的。

由于 $y_1, y_2, \cdots, y_p$ 的方差依次减少，故依次称其是原有变量 $X_1, X_2, \cdots, X_p$ 的第 1 主成分，第 2 主成分，第 3 主成分，$\cdots$，第 p 主成分。高方差是变量重要性的关键特征。由于 y_1 的方差最大，包含变量 $X_1, X_2, \cdots, X_p$ 的"信息"最多，所以最重要。后续其他主成分 $y_2, \cdots, y_p$ 的方差依次递减，包含变量 $X_1, X_2, \cdots, X_p$ 的"信息"也依次递减。由于低方差的变量重要性低，所以即使略去这些变量，后果也就是损失了很少的本就可以忽略的方差（信息）而已。因此，主成分分析中一般会略去最后若干个方差很小的主成分，用极少的方差损失来换取变量的降维。

可见，主成分分析中系数矩阵 $\boldsymbol{\mu}$ 的求解以最大化 $\boldsymbol{y}$ 的方差为目标。为便于理解，首先对仅有 X_1、X_2 两个变量的最简单的情况进行说明。y_1 的方差 $\mathrm{Var}(y_1)$ 和 y_2 的方差 $\mathrm{Var}(y_2)$ 分别为

$$\begin{cases} \mathrm{Var}(y_1) = \mathrm{Var}(\mu_{11}X_1 + \mu_{12}X_2) = \mu_{11}^2 \mathrm{Var}(X_1) + \mu_{12}^2 \mathrm{Var}(X_2) + 2\mu_{11}\mu_{12}\mathrm{Cov}(X_1, X_2) \\ \mathrm{Var}(y_2) = \mathrm{Var}(\mu_{21}X_1 + \mu_{22}X_2) = \mu_{21}^2 \mathrm{Var}(X_1) + \mu_{22}^2 \mathrm{Var}(X_2) + 2\mu_{21}\mu_{22}\mathrm{Cov}(X_1, X_2) \end{cases} \tag{11.3}$$

其中，$\mathrm{Cov}(X_1, X_2)$ 是 X_1 与 X_2 的协方差$^{\ominus}$。

进一步，将 X_1 与 X_2 的协方差矩阵记为 $\boldsymbol{\Sigma}_{(X_1, X_2)} = \begin{pmatrix} \mathrm{Var}(X_1) & \mathrm{Cov}(X_1, X_2) \\ \mathrm{Cov}(X_1, X_2) & \mathrm{Var}(X_2) \end{pmatrix}$。因 X_i 是经过标准化处理的，X_i 的标准差 $\sigma_{X_i} = 1$，因此有 $\boldsymbol{\Sigma}_{(X_1, X_2)} = \boldsymbol{R}_{(X_1, X_2)} = \begin{pmatrix} 1 & \mathrm{corr}(X_1, X_2) \\ \mathrm{corr}(X_1, X_2) & 1 \end{pmatrix}$。其

$\ominus$ $\mathrm{Cov}(X_j, X_k) = \dfrac{\sum\limits_{i=1}^{N}(X_{ij} - \bar{X}_j)(X_{ik} - \bar{X}_k)}{N}$。

中，$\text{corr}(X_1, X_2)$ 是 X_1 与 X_2 的简单相关系数$\ominus$，$\boldsymbol{R}_{(X_1, X_2)}$ 为 X_1 与 X_2 的相关系数矩阵。

由此，式（11.3）可等价地写为 $\begin{cases} \text{Var}(y_1) = (\mu_{11}, \mu_{12})\boldsymbol{R}_{(X_1, X_2)}(\mu_{11}, \mu_{12})^{\text{T}} \\ \text{Var}(y_2) = (\mu_{21}, \mu_{22})\boldsymbol{R}_{(X_1, X_2)}(\mu_{21}, \mu_{22})^{\text{T}} \end{cases}$。因 $\boldsymbol{\mu}_1^{\text{T}} = (\mu_{11}, \mu_{12})$，

$\boldsymbol{\mu}_2^{\text{T}} = (\mu_{21}, \mu_{22})$，有 $\begin{cases} \text{Var}(y_1) = \boldsymbol{\mu}_1^{\text{T}} \boldsymbol{R}_{(X_1, X_2)} \boldsymbol{\mu}_1 \\ \text{Var}(y_2) = \boldsymbol{\mu}_2^{\text{T}} \boldsymbol{R}_{(X_1, X_2)} \boldsymbol{\mu}_2 \end{cases}$ 当然，同时还需满足：$\boldsymbol{\mu}_1^{\text{T}} \boldsymbol{\mu}_1 = (\mu_{11}, \mu_{12}) \cdot (\mu_{11}, \mu_{12})^{\text{T}} = 1$，

$\boldsymbol{\mu}_2^{\text{T}} \boldsymbol{\mu}_2 = (\mu_{21}, \mu_{22}) \cdot (\mu_{21}, \mu_{22})^{\text{T}} = 1$。

推而广之，当有 $X_1, X_2, \cdots, X_p$ 共 p 个变量时，$\boldsymbol{y}_{(1 \times p)} = (y_1, y_2, \cdots, y_p)$ 的方差 $\text{Var}(\boldsymbol{y})$ 即为

$$\text{Var}(\boldsymbol{y}) = \boldsymbol{\mu}^{\text{T}} \boldsymbol{R} \boldsymbol{\mu} \tag{11.4}$$

其中，$\boldsymbol{R}$ 为 $\boldsymbol{X} = (X_1, X_2, \cdots, X_p)$ 的相关系数矩阵。

式（11.4）是主成分分析系数 $\boldsymbol{\mu}$ 求解的目标函数，希望得到式（11.4）取最大值时的系数 $\hat{\boldsymbol{\mu}}$。进一步，因对 $\boldsymbol{\mu}$ 有约束：$\boldsymbol{\mu}^{\text{T}} \boldsymbol{\mu} = \boldsymbol{I}$（$\boldsymbol{I}$ 为单位阵），所有行向量和列向量都是单位正交向量，所以这是个带等式约束的规划求解问题：$\begin{cases} \max \text{Var}(\boldsymbol{y}) = \boldsymbol{\mu}^{\text{T}} \boldsymbol{R} \boldsymbol{\mu} \\ \text{s.t.} \quad \boldsymbol{\mu}^{\text{T}} \boldsymbol{\mu} = \boldsymbol{I} \end{cases}$。为此，构造拉格朗日函数：

$$\boldsymbol{L} = \boldsymbol{\mu}^{\text{T}} \boldsymbol{R} \boldsymbol{\mu} - \lambda(\boldsymbol{\mu}^{\text{T}} \boldsymbol{\mu} - \boldsymbol{I}) \tag{11.5}$$

其中，$\lambda = \{\lambda_1, \lambda_2, \cdots, \lambda_p\}$ 为一组值大于零的拉格朗日乘子。进一步，求 $\boldsymbol{L}$ 关于 $\boldsymbol{\mu}$ 的偏导数且令导数等于 0，即 $\dfrac{\partial \boldsymbol{L}}{\partial \boldsymbol{\mu}} = 2\boldsymbol{R}\boldsymbol{\mu} - 2\lambda\boldsymbol{\mu} = 0$，有

$$\boldsymbol{R}\boldsymbol{\mu} = \lambda\boldsymbol{\mu} \tag{11.6}$$

可见，主成分分析的参数求解问题即为：求相关系数矩阵 $\boldsymbol{R}$ 的特征值 $\lambda_1 \geqslant \lambda_2 \geqslant \lambda_3 \geqslant \cdots \geqslant \lambda_p > 0$ 及对应的单位特征向量 $\boldsymbol{\mu}_1, \boldsymbol{\mu}_2, \boldsymbol{\mu}_3, \cdots, \boldsymbol{\mu}_p$。

最后，只需计算 $y_i = \boldsymbol{X}\boldsymbol{\mu}_i (i = 1, 2, \cdots, p)$ 便得到主成分 y_i。

11.2.3　确定主成分

确定可以被忽略的主成分以及应保留的主成分，这是本节讨论的重点。

1. 确定可以忽略的主成分

被忽略的主成分应是低方差的主成分。为此，应首先度量各个主成分 y_i 上的方差。

在式（11.4）的基础上结合式（11.6）重写 y_i 的方差：

$$\text{Var}(y_i) = \boldsymbol{\mu}_i^{\text{T}} \boldsymbol{R} \boldsymbol{\mu}_i = \boldsymbol{\mu}_i^{\text{T}} \lambda_i \boldsymbol{\mu}_i = \lambda_i \tag{11.7}$$

可见，主成分 y_i 的方差等于特征值 λ_i。也正是这个原因，加之 $\lambda_1 \geqslant \lambda_2 \geqslant \lambda_3 \geqslant \cdots \geqslant \lambda_p > 0$，所以

$\ominus$　$\text{corr}(X_j, X_k) = \dfrac{\sum\limits_{i=1}^{N}(X_{ij} - \bar{X}_j)(X_{ik} - \bar{X}_k)}{N\sqrt{\sum\limits_{i=1}^{N}(X_{ij} - \bar{X}_j)^2(X_{ik} - \bar{X}_k)^2}} = \dfrac{1}{N}\sum\limits_{i=1}^{N}\dfrac{(X_{ij} - \bar{X}_j)}{\sigma_{X_j}}\dfrac{(X_{ik} - \bar{X}_k)}{\sigma_{X_k}} = \dfrac{\text{Cov}(X_j, X_k)}{\sigma_{X_j}\sigma_{X_k}}$。

第 1 主成分，第 2 主成分，第 3 主成分，…，第 p 主成分上的方差依次递减：$\mathrm{Var}(y_1) \geqslant \mathrm{Var}(y_2) \geqslant \cdots \geqslant \mathrm{Var}(y_p)$。显然，后几个主成分是可以被忽略的。

2．确定保留几个主成分

从特征降维角度看，只需保留前 k 个大方差的主成分即可。确定 k 一般有以下两个标准。

（1）根据特征值 λ_i 确定 k

一般选取大于 $\lambda_i > 1$ 的特征值，表示该主成分应至少能够包含 $X_1, X_2, \cdots, X_p$ 的"平均信息"，即至少能包含 $X_1, X_2, \cdots, X_p$ 总共 p 个方差中的 1 个（平均方差）。

（2）根据累计方差贡献率确定 k

第 i 个主成分的方差贡献率定义为 $R_i = \lambda_i / \sum\limits_{i=1}^{p} \lambda_i$。于是，前 k 个主成分的累计方差贡献率为 $cR_k = \sum\limits_{i=1}^{k} \lambda_i / \sum\limits_{i=1}^{p} \lambda_i$。通常，可选择累计方差贡献率大于 0.80 时的 k。

对于图 11.3 中的样本数据，进行主成分分析的结果如图 11.6 所示（Python 代码详见 11.6.1 节）。

图 11.6 分别是对图 11.3 左图和右图中的两份样本数据做主成分分析（提取两个主成分），并将样本观测点"放置"到主成分 y_1、y_2 空间中的情况。观察可见：

首先，样本观测原本在 X_1、X_2 上的高度线性相关在 y_1、y_2 上呈现出没有线性相关的特点。

其次，左图中第 1 主成分 y_1 的方差贡献率为 98.8%，右图为 99.4%。两个第 1 主成分均几乎包含了 X_1 与 X_2 的绝大部分方差信息，两个第 2 主成分的方差信息很少，其实是可以忽略的。忽略后特征空间从二维降至一维。最终，两个主成分分析的数学模型分别为 $y_1 = -0.019X_1 - 0.999X_2$ 和 $y_1 = -0.027X_1 - 0.999X_2$。从系数绝对值的大小看，两个主成分均分别是对原变量 X_2 的体现。

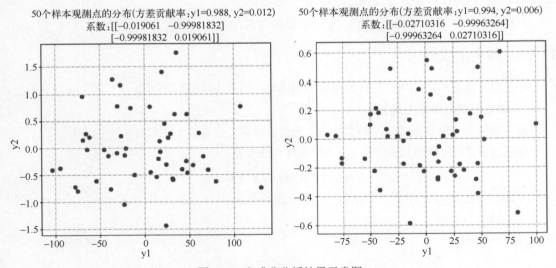

图 11.6　主成分分析结果示意图

至此，关于主成分分析基本原理的介绍告一段落。需要说明的是，主成分分析中的 p 个变量

X_i 通常是无量纲的标准化值，原因是：系数矩阵 $\boldsymbol{\mu}$ 的求解原本是基于 $\boldsymbol{X}$ 的协方差阵 $\boldsymbol{\varSigma}$ 的，在标准化值下，$\boldsymbol{\varSigma}$ 即为无量纲的相关系数矩阵 $\boldsymbol{R}$。基于相关系数矩阵 $\boldsymbol{R}$ 求解，可有效避免不同量级的变量 X_i 的方差量级对系数矩阵 $\boldsymbol{\mu}$ 的影响。当然，若要强调高方差的变量重要性高，且要体现在主成分分析中，也可以直接基于 $\boldsymbol{X}$ 的协方差阵 $\boldsymbol{\varSigma}$ 来求解系数矩阵 $\boldsymbol{\mu}$。

11.3　矩阵的奇异值分解

11.3.1　奇异值分解的基本思路

可以主成分分析为"源头"讨论奇异值分解。主成分分析的本质是：对图 11.3 中的坐标 X_1、X_2 沿逆时针正交旋转一个角度，即通过两个矩阵的乘积 $\boldsymbol{X}_{(N\times2)}\boldsymbol{\mu}_{(2\times2)}$ 实现坐标变换，得到如图 11.7 所示的大致呈长椭圆的轮廓。其中的样本观测记为 $\boldsymbol{Y}_{(N\times2)}=\boldsymbol{X}_{(N\times2)}\boldsymbol{\mu}_{(2\times2)}$。

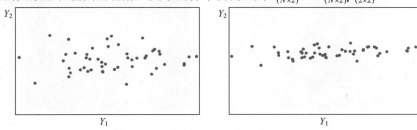

图 11.7　图 11.3 坐标旋转后的结果

其实，由于 y_1、y_2 这两个维上的方差可能存在较大的量级差异，为得到一个标准化（方差等于 1）的变量 $\boldsymbol{Z}_{(N\times2)}$，可对此再乘以一个矩阵 $\boldsymbol{D}^{-1}_{(2\times2)}=\begin{pmatrix}\dfrac{1}{\sqrt{\lambda_1}}&0\\[2mm]0&\dfrac{1}{\sqrt{\lambda_2}}\end{pmatrix}$，其中，$\lambda_1$、$\lambda_2$ 分别为 y_1、y_2 的方差；$\boldsymbol{D}^{-1}$ 为矩阵 $\boldsymbol{D}=\begin{pmatrix}\sqrt{\lambda_1}&0\\0&\sqrt{\lambda_2}\end{pmatrix}$ 的逆。于是有 $\boldsymbol{Z}_{(N\times2)}=\boldsymbol{Y}_{(N\times2)}\boldsymbol{D}^{-1}_{(2\times2)}$，本质实现的是对长椭圆做"伸缩"处理，使其呈一个近似圆。

所以，上述过程可综合表示为 $\boldsymbol{Z}=\boldsymbol{X}\boldsymbol{\mu}\boldsymbol{D}^{-1}$，其中，$\boldsymbol{\mu}$ 为正交矩阵，可以实现正交旋转；$\boldsymbol{D}^{-1}$ 是个对角阵，可实现"伸缩"处理。经简单变换后，有 $\boldsymbol{Z}\boldsymbol{D}=\boldsymbol{X}\boldsymbol{\mu}$。进一步，因为 $\boldsymbol{\mu}\boldsymbol{\mu}^{\mathrm{T}}=\boldsymbol{\mu}^{\mathrm{T}}\boldsymbol{\mu}=\boldsymbol{I}$，所以有 $\boldsymbol{X}=\boldsymbol{Z}\boldsymbol{D}\boldsymbol{\mu}^{\mathrm{T}}$。这就是最基本的奇异值分解（Singular Value Decomposition，SVD）的思路和目标：分解数据矩阵 $\boldsymbol{X}$。

奇异值分解，将任意 $M\times N$ 的数据矩阵 $\boldsymbol{X}$ 分解为三个成分：第一，具有单位方差（方差等于 1）的正交矩阵 $\boldsymbol{Z}$；第二，包含对数据矩阵"伸缩"信息的 $\boldsymbol{D}$；第三，实现正交旋转的矩阵 $\boldsymbol{\mu}^{\mathrm{T}}$。由于数据矩阵 $\boldsymbol{X}$ 可以为任意 $M\times N$ 的矩阵，因此三个成分应分别为 $\boldsymbol{Z}_{(M\times M)}$、$\boldsymbol{D}_{(M\times N)}$ 和 $\boldsymbol{\mu}^{\mathrm{T}}_{(N\times N)}$。

这里略去计算三个成分的证明细节，仅给出奇异值分解的常规记法和计算结论：

$$X = UDV^{\mathrm{T}} \tag{11.8}$$

其中，U 是具有单位方差的 $M \times M$ 的正交矩阵，每列由 XX^{T} 的特征向量组成；D 为对角矩阵，对角元素为 XX^{T} 中从大到小的 M 个特征值；V 是 $M \times M$ 的正交矩阵，每行由 XX^{T} 中的特征向量组成。若仅选择前若干个较大特征值对应的特征向量，则 $X \approx UDV^{\mathrm{T}}$。

11.3.2 基于奇异值分解的特征提取

以下给出利用奇异值分解实现特征提取和数据降维的一个典型应用。

图 11.8 中的数据是来自 www.kaggle.com 的公开数据集，图中是 96×96 的人脸点阵灰度数据的图像展示（Python 代码详见 11.7.1 节）。

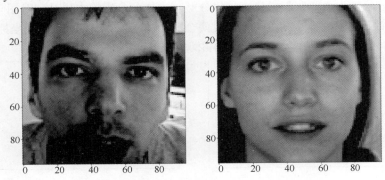

图 11.8　基于点阵灰度数据的人脸图像

现对 96×96 的点阵灰度数据矩阵 X 进行奇异值分解。分别选取 D 中的前 5、10、15、20 个最大特征值，以及 U 和 V^{T} 中对应的特征向量，且强制令其余的特征值和对应的特征向量均等于 0。重新绘制人脸图像，如图 11.9 所示（Python 代码详见 11.7.1 节）。

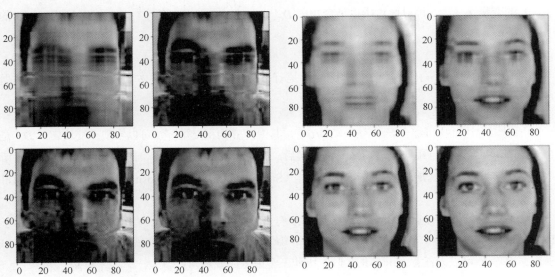

图 11.9　人脸灰度数据的奇异值分解结果

对于图 11.9 中的两张人脸图像，先从左至右再从上至下观察可以发现，当仅选取前 5 和前 10 个最大特征值及其对应的特征向量时，奇异值分解后人脸灰度数据的信息丢失较为严重，图像失真。当选取前 15 个最大特征值时，人脸图像的清晰度明显改善。当选取前 20 个最大特征值时，人脸的基本特征已经比较清晰。这意味着后面剩余的 76 个特征值，以及对应的特征向量均是可以忽略的。从数据存储角度看，原本一张脸的灰度数据要用 $96 \times 96 = 9216$ 个变量来存储，但经过奇异值分解后，仅需要 $96 \times 20 \times 2 + 20 = 3860$ 个变量来存储。同时，后续也可仅依据 3860 个变量进行分类建模，从而有效实现了服务于建模的特征提取和变量降维。

11.4　核主成分分析

核主成分分析（Kernelized Principal Component Analysis，KPCA）是对主成分分析的非线性拓展，其基本思路是先通过一个非线性映射函数将输入变量空间转换到一个更高维的特征空间中，然后通过引入核函数解决高维空间可能存在的"维灾难"问题，并在高维特征空间中进行主成分分析。

11.4.1　核主成分分析的出发点

事物具有复杂性，数据集中的若干变量数据可能只反映了事物某个侧面的特征轮廓，更完整的特征轮廓需要通过更多的变量数据去丰富和完善。当然，增加变量的同时也可能带来数据噪声，从而会扭曲数据真实的特征轮廓。

例如，图 11.10 左图是数据集中两个变量所展示的数据特征。图中不同颜色和形状的点表示样本观测来自两个不同的类别，这里的两类呈现出近似的"圆环包围"特征。但若增加变量信息，会发现两类在三维下的关系则近似为一个"倒扣的碗"，如图 11.10 右图所示（Python 代码详见 11.6.2 节）。这里的问题是，所增加的变量究竟是更利于体现事物的完整关系，还是增加了负面的数据噪声？这是需要不断探索和研究的。

二维码 041

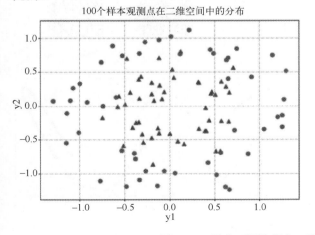

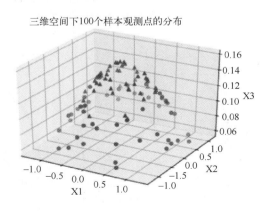

图 11.10　样本观测数据在二维和三维空间中的形态

主成分分析的本质是，希望通过尽量少的变量展示事物最核心的特征轮廓。若对图 11.10 右图中的数据进行主成分分析，提取两个主成分之后所展示出的特征轮廓（见图 11.11）与图 11.10 左图类似，则可相信样本观测数据的核心特征就是图 11.10 左图，人们看到的就是最核心的特征轮廓。

事实上，更丰富的外在数据信息永远都是无穷尽和未知的，人们永远无法拥有"上帝"的视角。数据在低维空间中所展现出的特征可能是核心本质，也可能仅是一个局部侧面。如图 11.12 和图 11.13 所示。

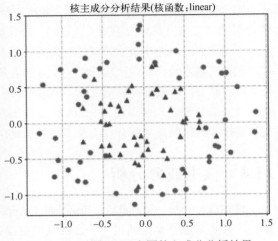

图 11.11 对图 11.10 右图的主成分分析结果

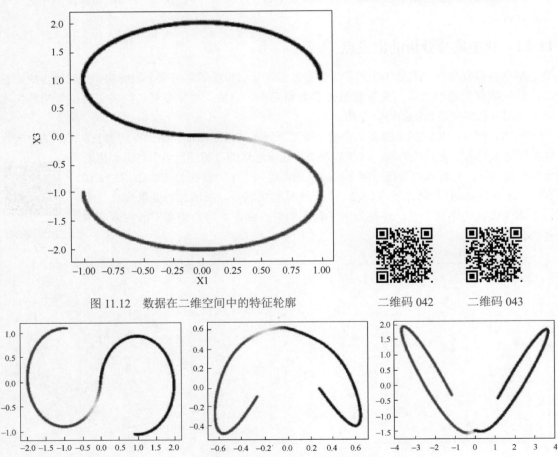

图 11.12 数据在二维空间中的特征轮廓

二维码 042　　二维码 043

图 11.13 不同外部信息下的特征轮廓

图 11.12 是数据集中样本观测点在两个变量上的散点图（非线性关系），特征轮廓是字母 S。若增加变量（即获取更多的信息），并进行主成分分析提取两个主成分。此时，在二维空间中表现出了不同形态的核心特征轮廓，如图 11.13 所示（Python 代码详见 11.6.2 节）。其中，图 11.13 的第一幅图就是图 11.12 的转置，对此可认为人们看到的图 11.12 就是数据的核心特征轮廓。而基于图 11.3 其余的两幅图，则只能认为图 11.12 仅是一个局部侧面的体现。当然，这里核心特征不同是由于所增加的变量不同而导致的。

核主成分分析希望在更丰富的变量或更高维度的基础上，帮助人们不断探究数据的核心特征轮廓。

11.4.2　核主成分分析的基本原理

核主成分分析是对主成分分析的非线性拓展。先通过一个非线性映射函数将输入变量空间转换到一个更高维的特征空间中，然后通过引入核函数解决高维空间可能存在的"维灾难"问题，并在高维特征空间中实施主成分分析。具体过程如下。

首先，对以 $\boldsymbol{X} = (X_1, X_2, \cdots, X_p)$ 为坐标轴构成的输入变量空间 $\boldsymbol{X}$ 中的任意样本观测点 $\boldsymbol{X}_i \in \mathbb{R}^p$，通过一个非线性函数映射函数 $\varphi(\boldsymbol{X})$，将其映射到以 $\boldsymbol{F} = (F_1, F_2, \cdots, F_M)$ 为坐标轴构成的一个极大 M 维特征空间 $\mathcal{F}$ 中：$\boldsymbol{F}_i = \varphi(\boldsymbol{X}_i)$，$\boldsymbol{F}_i \in \mathbb{R}^M$。

然后，在 $\mathcal{F}$ 空间中进行主成分分析，并提取 m 个主成分。具体讲，在 $\mathcal{F}$ 空间中通过正交矩阵 $\boldsymbol{b}(\boldsymbol{b}^\mathrm{T}\boldsymbol{b} = \boldsymbol{I})$ 实施坐标变换：

$$\boldsymbol{y} = \boldsymbol{F}\boldsymbol{b} \tag{11.9}$$

其中，$\boldsymbol{y}_{(1 \times m)} = (y_1, y_2, \cdots, y_m)$；$\boldsymbol{F}_{(1 \times m)} = (F_1, F_2, \cdots, F_m)$ 是个行向量；$\boldsymbol{b}_{(m \times m)} = \begin{pmatrix} b_{11} & b_{21} & \cdots & b_{m1} \\ b_{12} & b_{22} & \cdots & b_{m2} \\ \vdots & \vdots & & \vdots \\ b_{1m} & b_{2m} & \cdots & b_{mm} \end{pmatrix} =$

$(\boldsymbol{b}_1, \boldsymbol{b}_2, \cdots, \boldsymbol{b}_m)$，即将 $\mathcal{F}$ 空间中的样本观测点 $\boldsymbol{F}_i$（等价写为 $\varphi(\boldsymbol{X}_i)$）投影到由 $(\boldsymbol{b}_1, \boldsymbol{b}_2, \cdots, \boldsymbol{b}_m)$ 所决定的 m 个方向上，y_i 就是 $\varphi(\boldsymbol{X}_i)$ 在 $\boldsymbol{y}$ 上的坐标。$y_1, y_2, \cdots, y_m$ 依次为第 1 主成分，第 2 主成分，$\cdots$，第 m 主成分。

接下来，与 11.2 节类似求解主成分分析的参数矩阵，但应注意这里的主成分分析是在 $\mathcal{F}$ 空间中进行的。系数矩阵 $\boldsymbol{b}$ 的求解仍以最大化 $\boldsymbol{y}$ 的方差为目标。此时，$\mathrm{Var}(\boldsymbol{y})$ 的表达为

$$\mathrm{Var}(\boldsymbol{y}) = \boldsymbol{b}^\mathrm{T}\boldsymbol{\Sigma}^{(F)}\boldsymbol{b} \tag{11.10}$$

其中，$\boldsymbol{\Sigma}^{(F)}$ 为 $\boldsymbol{F}$ 的协方差矩阵，且希望得到式（11.10）最大时的系数 $\hat{\boldsymbol{b}}$。同时，结合 $\boldsymbol{b}^\mathrm{T}\boldsymbol{b} = \boldsymbol{I}$ 的约束条件，构造拉格朗日函数：

$$L = \boldsymbol{b}^\mathrm{T}\boldsymbol{\Sigma}^{(F)}\boldsymbol{b} - \lambda^{(F)}(\boldsymbol{b}^\mathrm{T}\boldsymbol{b} - \boldsymbol{I}) \tag{11.11}$$

其中，$\lambda^{(F)} = \left\{\lambda_1^{(F)}, \lambda_2^{(F)}, \cdots, \lambda_m^{(F)}\right\}^\mathrm{T}$ 为一组值大于 0 的拉格朗日乘子。

进一步，求 L 关于 $\boldsymbol{b}$ 的偏导数且令导数等于 0，即：$\dfrac{\partial L}{\partial \boldsymbol{b}} = 2\boldsymbol{\Sigma}^{(F)}\boldsymbol{b} - 2\lambda^{(F)}\boldsymbol{b} = 0$，有

$$\boldsymbol{\Sigma}^{(F)}\boldsymbol{b} = \lambda^{(F)}\boldsymbol{b} \tag{11.12}$$

可见，该问题即为求协方差矩阵 $\boldsymbol{\Sigma}^{(F)}$ 的特征值 $\lambda_1^{(F)} \geqslant \lambda_2^{(F)}, \cdots, \lambda_m^{(F)} > 0$，以及对应的单位特征向量 $\boldsymbol{b}_1, \boldsymbol{b}_2, \boldsymbol{b}_3, \cdots, \boldsymbol{b}_m$，且 $\lambda_1^{(F)}, \lambda_2^{(F)}, \cdots, \lambda_m^{(F)}$ 依次为 $y_1, y_2, \cdots, y_m$ 的方差。

这里，需要重点说明 $\boldsymbol{\Sigma}^{(F)}$。

11.4.3 核主成分分析中的核函数

以下重点讨论协方差矩阵 $\boldsymbol{\Sigma}^{(F)}$。由统计学的基本理论可知，$\boldsymbol{F}$ 的协方差矩阵的定义为

$$\boldsymbol{\Sigma}^{(F)} = \begin{pmatrix} \mathrm{Var}(F_1) & \mathrm{Cov}(F_1, F_2) & \cdots & \mathrm{Cov}(F_1, F_m) \\ \mathrm{Cov}(F_2, F_1) & \mathrm{Var}(F_2) & \cdots & \mathrm{Cov}(F_2, F_m) \\ \vdots & \vdots & & \vdots \\ \mathrm{Cov}(F_m, F_1) & \mathrm{Cov}(F_m, F_2) & \cdots & \mathrm{Var}(F_m) \end{pmatrix} \tag{11.13}$$

其中，第 j 行的对角元素为 $\mathrm{Var}(F_j) = \dfrac{1}{N}\sum_{i=1}^{N}(F_{ij} - \bar{F}_j)^2$；第 j 行第 k 列的元素为 $\mathrm{Cov}(F_i, F_k) = \dfrac{1}{N}\sum_{i=1}^{N}$ $(F_{ij} - \bar{F}_j)(F_{ik} - \bar{F}_k)$。$F_{ij} - \bar{F}_j$（以及 $F_{ik} - \bar{F}_k$）是在进行中心化处理，即坐标平移。若记 $\tilde{F}_{ij} = F_{ij} - \bar{F}_j$，式（11.13）可等价地表示为

$$\boldsymbol{\Sigma}^{(\tilde{F})} = \begin{pmatrix} \mathrm{Var}(\tilde{F}_1) & \mathrm{Cov}(\tilde{F}_1, \tilde{F}_2) & \cdots & \mathrm{Cov}(\tilde{F}_1, \tilde{F}_m) \\ \mathrm{Cov}(\tilde{F}_2, \tilde{F}_1) & \mathrm{Var}(\tilde{F}_2) & \cdots & \mathrm{Cov}(\tilde{F}_2, \tilde{F}_m) \\ \vdots & \vdots & & \vdots \\ \mathrm{Cov}(\tilde{F}_m, \tilde{F}_1) & \mathrm{Cov}(\tilde{F}_m, \tilde{F}_2) & \cdots & \mathrm{Var}(\tilde{F}_m) \end{pmatrix}$$

样本观测点 $\boldsymbol{F}_i$ 经坐标平移后记为 $\tilde{\boldsymbol{F}}_i = (\tilde{F}_{i1}, \tilde{F}_{i2}, \cdots, \tilde{F}_{im})$。$\boldsymbol{\Sigma}^{(\tilde{F})}$ 也可以表示为多个矩阵和的形式：

$$\boldsymbol{\Sigma}^{(\tilde{F})} = \frac{1}{N}\sum_{i=1}^{N}\tilde{\boldsymbol{F}}_i^{\mathrm{T}}\tilde{\boldsymbol{F}}_i \tag{11.14}$$

上式矩阵中各元素可视为一种点积，度量了变量和变量的相关性。事实上，因为 $\boldsymbol{F}_i = \varphi(\boldsymbol{X}_i)$，相应地，$\tilde{\boldsymbol{F}}_i = \varphi(\boldsymbol{X}_i) - \dfrac{1}{N}\sum_{j=1}^{N}\varphi(\boldsymbol{X}_j)$。为方便叙述，记 $\varphi(\boldsymbol{X}_i) - \dfrac{1}{N}\sum_{j=1}^{N}\varphi(\boldsymbol{X}_j)$ 为 $\Psi(\boldsymbol{X}_i)$，于是 $\boldsymbol{\Sigma}^{(\tilde{F})}$ 可等价地写为如下形式：

$$\boldsymbol{\Sigma}^{(\tilde{F})} = \frac{1}{N}\sum_{i=1}^{N}\tilde{\boldsymbol{F}}_i^{\mathrm{T}}\tilde{\boldsymbol{F}}_i = \frac{1}{N}\sum_{i=1}^{N}[\Psi(\boldsymbol{X}_i)]^{\mathrm{T}}\Psi(\boldsymbol{X}_i) \tag{11.15}$$

式（11.15）中的最大的难点是：仅假设可通过一个非线性映射函数得到 $\boldsymbol{F}_i = \varphi(\boldsymbol{X}_i)$，但并不知道 $\varphi()$ 的具体形式，也就无法计算 $\Psi(\boldsymbol{X}_i)$ 和 $\Psi(\boldsymbol{X}_i)$ 的点积。

核主成分分析引入核函数解决这个问题。其基本思路是：虽然因 $\varphi()$ 的具体形式未知而无法直接计算高维特征空间 $\mathcal{F}$ 中的点积，但若能基于低维的输入变量空间，找到一个函数 $K(\boldsymbol{X}_i, \boldsymbol{X}_j)$ 等于 $\Psi(\boldsymbol{X}_i)$ 和 $\Psi(\boldsymbol{X}_j)$ 的点积：$K(\boldsymbol{X}_i, \boldsymbol{X}_j) \equiv [\Psi(\boldsymbol{X}_i)]^{\mathrm{T}}\Psi(\boldsymbol{X}_i)$，则不必关心 $\varphi()$ 的具体形式，因为只要能够度量出 $[\Psi(\boldsymbol{X}_i)]^{\mathrm{T}}\Psi(\boldsymbol{X}_i)$，就可以确定矩阵 $\boldsymbol{\Sigma}^{(\tilde{F})}$，所以 $\varphi()$ 的具体形式已经无关紧要了。这就是核主成分分析的核心观点。相关内容在 9.4.2 节的支持向量机中曾经讨论过。

将 $\boldsymbol{\Sigma}^{(\tilde{F})}$ 矩阵等价记为 $\boldsymbol{K}$，称为核矩阵。进一步，依据式（11.12）的思路，应计算 $\boldsymbol{K}$ 的特征

值和对应的特征向量，即

$$\boldsymbol{K}\tilde{\boldsymbol{b}} = \lambda^{(\tilde{F})}\tilde{\boldsymbol{b}}$$

可计算核矩阵 $\boldsymbol{K}$ 的一组特征值 $\lambda^{(\tilde{F})}$ 和对应的特征向量 $\tilde{\boldsymbol{b}}$，最终确定得到 $\mathcal{F}$ 空间的若干个主成分。当然，其中还涉及许多诸如如何具体计算 $\boldsymbol{K}$，如何分解 $\tilde{\boldsymbol{b}}$ 等相关细节问题，这里不做详细介绍⊖。

常用的核函数一般有线性核函数 $K(\boldsymbol{X}_i, \boldsymbol{X}_j) = \boldsymbol{X}_i^{\mathrm{T}}\boldsymbol{X}_j$，它等于输入变量空间中 $\boldsymbol{X}_i$ 与 $\boldsymbol{X}_j$ 的点积，这意味着特征空间就是输入变量空间，等同于 11.2 节介绍的常规主成分分析。其他常见的核函数如下。

- d 阶-多项式核（Polynomial Kernel）：

$$K(\boldsymbol{X}_i, \boldsymbol{X}_j) = (1 + \gamma\boldsymbol{X}_i^{\mathrm{T}}\boldsymbol{X}_j)^d \tag{11.16}$$

其中，阶数 d 决定了特征空间 $\mathcal{F}$ 的维度，一般不超过 10。

- 径向基核（Radial Basis Function Kernel）：

$$K(\boldsymbol{X}_i, \boldsymbol{X}_j) = \mathrm{e}^{\frac{-\|\boldsymbol{X}_i - \boldsymbol{X}_j\|^2}{2\sigma^2}} = \mathrm{e}^{-\gamma\|\boldsymbol{X}_i - \boldsymbol{X}_j\|^2}, \gamma = \frac{1}{2\sigma^2} \tag{11.17}$$

其中，$\|\boldsymbol{X}_i - \boldsymbol{X}_j\|^2$ 是样本观测 $\boldsymbol{X}_i$ 与 $\boldsymbol{X}_j$ 间的平方欧几里得距离；σ^2 为广义方差；γ 为径向基核的核宽。

- Sigmoid 核：

$$K(\boldsymbol{X}_i, \boldsymbol{X}_j) = \frac{1}{1 + \mathrm{e}^{-\gamma\|\boldsymbol{X}_i - \boldsymbol{X}_j\|^2}} \tag{11.18}$$

核函数的选择具有很强的主观性。不同的核函数"隐式"对应着增加若干不同变量的特征空间。对不同特征空间的主成分分析结果可能存在较大差异。

例如，图 11.14 左上图是数据集中样本观测点在三维空间 X_1、X_2、X_3 中的散点图，特征轮廓大致为一个立体的字母 S。

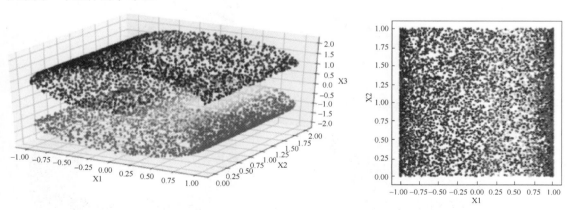

图 11.14　观测点在三维空间中的特征轮廓

⊖ 感兴趣的读者可参考 Bernhard Scholkopf 等学者 1999 年发表的文章"Kernel principal component analysis"中的相关内容。

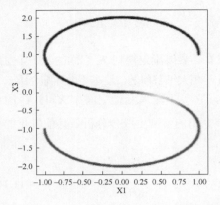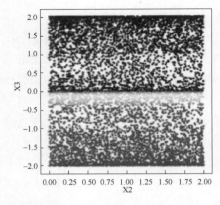

图 11.14　观测点在三维空间中的特征轮廓（续）　　　　二维码 044

图 11.14 第二、三、四幅图分别是 X_1 与 X_2、X_1 与 X_3 和 X_2 与 X_3 的两两变量的散点图。现基于输入变量 X_1、X_2、X_3，利用核主成分分析，并采用不同的核函数在更高维度上寻找两个主成分。图 11.15 是基于两个主成分的散点图（Python 代码详见 11.6.2 节）。

二维码 045

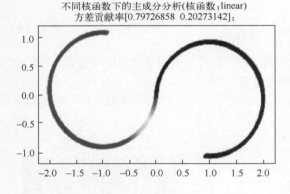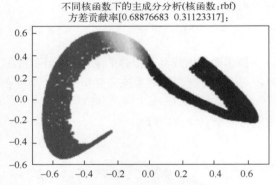

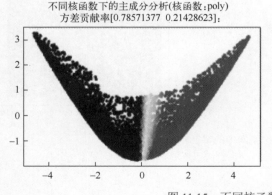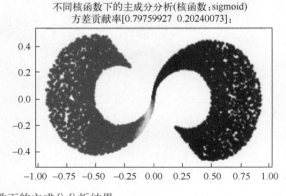

图 11.15　不同核函数下的主成分分析结果

图 11.15 中各主成分分析的累计方差贡献率均近似 99%，信息丢失很少，对数据特征的展示是较为全面的。图 11.15 左上图是采用线性核函数的情况，意味着是在输入变量空间上进行主成分分析。结果与图 11.14 中的第三幅图（转置后）类似，表明输入变量 X_2 并没有提供更有效的信息。其余三幅图分别采用了径向基核、多项式核以及 Sigmoid 核，可以看到不同核函数下的主成分分析体现了近似但又不同的核心特征轮廓，表明不同的外在信息会对事物本质特征产生不同的影响。

11.5　因子分析

因子分析也是一种常用的通过空间变换策略实施特征提取的经典统计方法，其核心目的是将众多具有相关性的输入变量综合成较少的综合变量，用综合变量代替原有输入变量，实现输入变量空间的降维。

11.5.1　因子分析的基本出发点

因子分析起源于 1904 年，斯皮尔曼在研究一个班级学生的课程成绩相关性时提出了该方法。斯皮尔曼研究的数据对象是 33 名学生六门课程成绩的相关系数矩阵。

$$\begin{pmatrix} 1.00 & 0.83 & 0.78 & 0.70 & 0.66 & 0.63 \\ 0.83 & 1.00 & 0.67 & 0.67 & 0.65 & 0.57 \\ 0.78 & 0.67 & 1.00 & 0.64 & 0.54 & 0.51 \\ 0.70 & 0.67 & 0.64 & 1.00 & 0.45 & 0.51 \\ 0.66 & 0.65 & 0.54 & 0.45 & 1.00 & 0.40 \\ 0.63 & 0.57 & 0.51 & 0.51 & 0.40 & 1.00 \end{pmatrix}$$

斯皮尔曼发现，若不考虑相关系数矩阵的对角元素，任意两列的各行元素均大致成一定的比例。例如，第一门课程成绩和其他成绩的相关系数，与第三门课程成绩和其他成绩的相关系数之比 $\dfrac{0.83}{0.67} \approx \dfrac{0.66}{0.54} \approx \dfrac{0.63}{0.51} \approx 1.2$，近似为一个常量。

斯皮尔曼希望从理论上对该现象做出解释。他认为，学习成绩一定受某种潜在的共性因素影响，它可能是班级整体某方面的学习能力或者智力水平等。此外，还可能受其他未知的独立因素影响，如图 11.16 所示。

图 11.16 中，椭圆 f 表示某一个潜在共性因素，方框为观测到的原有变量 $X_1, X_2, \cdots, X_p$（这里为各门课程的成绩）。椭圆 ε 表示其他未知的独立因素影响。

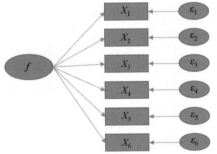

图 11.16　因子分析数学模型示意图

斯皮尔曼指出，对任意课程成绩 X_i 做标准化 $[E(X_i) = 0, \mathrm{Var}(X_i) = 1]$ 处理后，均可表示为 $X_i = af + \varepsilon_i$。其中，f 表示标准化 $[E(f) = 0, \mathrm{Var}(f) = 1]$ 的潜在因素，ε_i 是与 f 无关 $[\mathrm{Cov}(\varepsilon_i, f) = 0$，$E(\varepsilon_i) = 0]$ 的其他因素。

在此基础上，计算成绩 X_i 和成绩 X_j 的协方差 $\mathrm{Cov}(X_i, X_j) = E\{[X_i - E(X_i)][X_j - E(X_j)]\} =$

$E[(a_i f + \varepsilon_i)(a_j f + \varepsilon_j)] = a_i a_j E(f^2) = a_i a_j \mathrm{Var}(f) = a_i a_j$ ⊖。同理，计算成绩 X_k 和成绩 X_j 的协方差 $\mathrm{Cov}(X_k, X_j) = a_k a_j$。进一步，计算两个成绩协方差之比 $\dfrac{\mathrm{Cov}(X_i, X_j)}{\mathrm{Cov}(X_k, X_j)} = \dfrac{a_i}{a_k}$。可见，两成绩协方差之比（即相关系数之比）与成绩 X_j 无关，比值只取决于潜在共性因素对不同课程 X_i、X_k 成绩影响的程度 a_i 和 a_k。至此，给出了上述现象的理论解释。

因子分析是对上述研究的拓展，提出潜在的共性因素可以是多个互不相关的 f，并通过尽可能多地找到变量 $X_1, X_2, \cdots, X_p$ 的潜在因素（也称潜在的一组结构特征），来解释已观测到的变量 $X_1, X_2, \cdots, X_p$ 间的相关性。

11.5.2 因子分析的基本原理

1. 因子分析的数学模型

设有 p 个原有变量 $X_1, X_2, \cdots, X_p$，且每个变量 X_i 均为标准化值 $[E(X_i)=0, \mathrm{Var}(X_i)=1]$。现将每个原有变量 X_i 用 $k(k<p)$ 个变量 $f_1, f_2, f_3, \cdots, f_k$ 的线性组合来表示：

$$\begin{cases} X_1 = a_{11}f_1 + a_{12}f_2 + a_{13}f_3 + \cdots + a_{1k}f_k + \varepsilon_1 \\ X_2 = a_{21}f_1 + a_{22}f_2 + a_{23}f_3 + \cdots + a_{2k}f_k + \varepsilon_2 \\ X_3 = a_{31}f_1 + a_{32}f_2 + a_{33}f_3 + \cdots + a_{3k}f_k + \varepsilon_3 \\ \qquad\vdots \\ X_p = a_{p1}f_1 + a_{p2}f_2 + a_{p3}f_3 + \cdots + a_{pk}f_k + \varepsilon_p \end{cases} \tag{11.19}$$

这就是因子分析的数学模型。

用矩阵的形式表示为 $\boldsymbol{X} = \boldsymbol{AF} + \boldsymbol{\varepsilon}$。其中，$\boldsymbol{X} = (X_1, X_2, \cdots, X_p)^{\mathrm{T}}$ 是原有变量。$\boldsymbol{F} = (f_1, f_2, \cdots, f_k)^{\mathrm{T}}$ 称为因子。因其出现在每个原有变量 X_i 的线性组合中，因此又称为公共因子，它是潜在因素的测度，是不可见的；$\boldsymbol{A} = (\boldsymbol{a}_1, \boldsymbol{a}_2, \cdots, \boldsymbol{a}_p)^{\mathrm{T}}$ 称为因子载荷矩阵，$\boldsymbol{a}_i = (a_{i1}, a_{i2}, \cdots, a_{ik})$。其中元素 $a_{ij}(i=1,2,\cdots,p; j=1,2,\cdots,k)$ 称为因子载荷，是 X_i 在 f_j 上的载荷；$\boldsymbol{\varepsilon}$ 称为特殊因子，即其他未知的独立因素影响，$E(\varepsilon_i)=0, \mathrm{Cov}(\varepsilon_i, f)=0, \mathrm{Cov}(\varepsilon_i, \varepsilon_j)=0$，表示了原有变量 X_i 尚未被因子全体 $\boldsymbol{F}$ 解释的部分。

因子分析的核心是因子载荷 a_{ij}。在因子不相关的条件下，由于

$$\mathrm{corr}(X_i, f_j) = \mathrm{Cov}(X_i, f_j) = \mathrm{Cov}\left(\sum_{q=1}^{k} a_{iq}f_q + \varepsilon_i, f_j\right)$$
$$= \mathrm{Cov}\left(\sum_{q=1}^{k} a_{iq}f_q, f_j\right) + \mathrm{Cov}(\varepsilon_i, f_j) = a_{ij} \tag{11.20}$$

所以 a_{ij} 为 X_i 与 f_j 的相关系数。绝对值越接近 1，表明因子 f_j 与变量 X_i 的相关性越强。进一步，a_{ij}^2 反映了因子 f_j 对变量 X_i 方差的解释程度，取值在 0～1 之间。

对于特殊因子 ε_i，因 $\mathrm{Var}(X_i)=1$，所以

⊖ $\mathrm{Var}(X) = E(X^2) - [E(X)]^2$

$$\text{Var}(X_i) = \text{Var}\left(\sum_{j=1}^{k} a_{ij} f_j + \varepsilon_i\right) = \text{Var}\left(\sum_{j=1}^{k} a_{ij} f_j\right) + \text{Var}(\varepsilon_i)$$

$$= \sum_{j=1}^{k} a_{ij}^2 \text{Var}(f_j) + \text{Var}(\varepsilon_i) = \sum_{j=1}^{k} a_{ij}^2 + \text{Var}(\varepsilon_i) = \sum_{j=1}^{k} a_{ij}^2 + \varepsilon_i^2 = 1 \tag{11.21}$$

即 $\text{Var}(\varepsilon_i) = \varepsilon_i^2 = 1 - \sum_{j=1}^{k} a_{ij}^2$。所以，特殊因子的方差 ε_i^2 等于原有变量 X_i 方差中因子全体 F 无法解释的部分，也称为剩余方差。ε_i^2 越小，表明因子全体 F 对原有变量 X_i 方差的解释越充分，原有变量 X_i 的信息丢失越少，这是因子分析所希望的。

那么，应如何评价因子分析的效果呢？

2．因子分析模型的评价

事实上，因子分析的核心是以最少的信息丢失（ε_i^2）为前提，找到众多原有变量 $X_1, X_2, \cdots, X_p$ 中共有的少量潜在因素 F（因子）。因此，因子分析的模型评价应以信息丢失为重要依据，涉及度量每个变量 X_i 的信息丢失和测度变量全体的信息丢失。

（1）度量单个变量 X_i 的信息丢失

变量共同度，也称变量方差，它是对原有变量 X_i 信息保留程度的测度。变量 X_i 的共同度的数学定义为

$$h_i^2 = \sum_{j=1}^{k} a_{ij}^2 \tag{11.22}$$

可见，变量 X_i 的共同度是因子载荷阵 A 中第 i 行元素的平方和。由式（11.21）知，因变量 X_i 的方差 $\text{Var}(X_i) = h_i^2 + \varepsilon_i^2 = 1$。于是，原有变量 X_i 的方差由两个部分解释：第一部分为变量共同度 h_i^2，它是全部因子 F 对变量 X_i 方差解释程度的度量。变量共同度 h_i^2 越接近 1，说明因子全体 F 解释了变量 X_i 的较大部分方差；第二部分 ε_i^2 为特殊因子的方差，它是变量 X_i 方差中不能由因子全体 F 解释程度的度量。ε_i^2 越接近 0，说明用因子全体 F 刻画变量 X_i 时其信息丢失越少。

总之，变量 X_i 的共同度 h_i^2 刻画了因子全体 F 对变量 X_i 信息解释的程度，是评价原有变量 X_i 信息保留程度的重要指标。如果大多数原有变量的变量共同度 h_i^2 均较高（如高于 0.8），说明因子能够反映原有变量的大部分（如 80%以上）信息，仅有较少的信息丢失，因子分析较为理想。

（2）度量变量全体的信息丢失

显然，p 个原有变量全体 X 的信息保留为

$$\sum_{i=1}^{p} h_i^2 = (a_{11}^2 + a_{12}^2 + \cdots + a_{1k}^2) + (a_{21}^2 + a_{22}^2 + \cdots + a_{2k}^2) + \cdots + (a_{p1}^2 + a_{p2}^2 + \cdots + a_{pk}^2)$$

$$= (a_{11}^2 + a_{21}^2 + \cdots + a_{p1}^2) + (a_{12}^2 + a_{22}^2 + \cdots + a_{p2}^2) + \cdots + (a_{1k}^2 + a_{2k}^2 + \cdots + a_{pk}^2) \tag{11.23}$$

$$= \sum_{i=1}^{p} a_{i1}^2 + \sum_{i=1}^{p} a_{i2}^2 + \cdots + \sum_{i=1}^{p} a_{ik}^2$$

$\sum_{i=1}^{p} h_i^2$ 越大越接近 p（p 个原有变量方差之和等于 p），表明变量全体的信息丢失越小，因子

分析越理想。通常因 $\sum\limits_{i=1}^{p} h_i^2$ 为绝对指标不方便应用，可采用相对指标 $\left(\sum\limits_{i=1}^{p} h_i^2\right) / p$ 进行评价，该值越接近 1 越好。

从另一个角度看，也可将式（11.23）中的各项表示为 $S_j^2 = \sum\limits_{i=1}^{p} a_{ij}^2$ $(j = 1, 2, \cdots, k)$，称 S_j^2 为因子 f_j 的方差贡献，则 $R_j = \dfrac{S_j^2}{p}$ 为因子 f_j 的方差贡献率。因此，可用 k 个因子的方差贡献 S_j^2 之和，或 k 个因子的累计方差贡献率，度量变量全体 $\boldsymbol{X}$ 的信息保留。累计方差贡献率越大，越接近 1 说明总量信息丢失越少，因子分析越理想。通常累计方差贡献率应大于 80%。

此外，由于因子 f_j 的方差贡献 S_j^2 是因子载荷阵 $\boldsymbol{A}$ 中第 j 列元素的平方和，恰好反映了因子 f_j 对原有变量总方差的解释能力。该值越高，说明相应因子越重要。同理，因子 f_j 的方差贡献率 R_j 率越高，越接近 1，说明因子 f_j 越重要。

11.5.3　因子载荷矩阵的求解

因子分析的关键是如何求解因子载荷矩阵。有很多求解方法，其中主成分分析法是应用最为普遍的。11.2 节中已讨论了主成分分析，并得到了系数矩阵 $\boldsymbol{\mu}_{(p \times p)} = \begin{pmatrix} \mu_{11} & \mu_{21} & \cdots & \mu_{p1} \\ \mu_{12} & \mu_{22} & \cdots & \mu_{p2} \\ \vdots & \vdots & & \vdots \\ \mu_{1p} & \mu_{2p} & \cdots & \mu_{pp} \end{pmatrix} = (\boldsymbol{\mu}_1, \boldsymbol{\mu}_2, \cdots, \boldsymbol{\mu}_p)$。

尽管因子分析的数学模型不同于主成分分析，但两者之间存在如下关系。主成分分析中的特征向量正交，$\boldsymbol{X}$ 到 $\boldsymbol{y}$ 的转换关系可逆。因此，基于第 i 个主成分 $y_i = \mu_{i1} X_1 + \mu_{i2} X_2 + \cdots + \mu_{ip} X_p$，有

$$X_i = \mu_{1i} y_1 + \mu_{2i} y_2 + \cdots + \mu_{pi} y_p \tag{11.24}$$

进一步，还需满足因子的单位方差要求。为此，对 $y_j (j = 1, 2, \cdots, p)$ 进行标准化处理使其方差等于 1，标准化值记为 $f_j = \dfrac{y_j}{\sqrt{\lambda_j}}$（11.2.3 节已证明 $\mathrm{Var}(y_j) = \lambda_j$），代入式（11.24），令 $\alpha_{ij} = \mu_{ji} \sqrt{\lambda_j}$，便得到因子分析模型：$X_i = a_{i1} f_1 + a_{i2} f_2 + a_{i3} f_3 + \cdots + a_{ik} f_p + \varepsilon_i$。

所以，因子载荷矩阵为

$$\boldsymbol{A} = \begin{pmatrix} a_{11} & a_{12} & \cdots & a_{1p} \\ a_{21} & a_{22} & \cdots & a_{2p} \\ \vdots & \vdots & & \vdots \\ a_{p1} & a_{p2} & \cdots & a_{pp} \end{pmatrix} = \begin{pmatrix} \mu_{11} \sqrt{\lambda_1} & \mu_{21} \sqrt{\lambda_2} & \cdots & \mu_{p1} \sqrt{\lambda_p} \\ \mu_{12} \sqrt{\lambda_1} & \mu_{22} \sqrt{\lambda_2} & \cdots & \mu_{p2} \sqrt{\lambda_p} \\ \vdots & \vdots & & \vdots \\ \mu_{1p} \sqrt{\lambda_1} & \mu_{2p} \sqrt{\lambda_2} & \cdots & \mu_{pp} \sqrt{\lambda_p} \end{pmatrix} \tag{11.25}$$

进一步，由于因子个数 k 小于原有变量个数 p，所以只需对因子载荷矩阵选取前 k 列，即前 k 个重要的因子即可。与主成分分析类似，确定 k 通常有以下两个标准。

（1）根据特征值 λ_i 确定因子个数 k

一般选取大于 1 的特征值。原因是：特征值 λ_i 即为依据因子载荷矩阵 $\boldsymbol{A}$ 计算出的因子 f_i 的

方差贡献。应根据因子的方差贡献来判断因子的重要性。若因子 f_i 是不应略去的重要因子，则它至少应能够解释 p 个原有变量总方差 p 中的 1 个。

（2）根据因子的累计方差贡献率确定因子个数 k

根据因子的方差贡献率的定义，前 k 个因子的累计方差贡献率为 $cR_k = \sum_{i=1}^{k} R_i = \sum_{i=1}^{k} S_i^2 / p = \sum_{i=1}^{k} \lambda_i / \sum_{i=1}^{p} \lambda_i$。通常，累计方差贡献率大于 0.80 时的 k 即为因子个数 k。

11.5.4 因子得分的计算

因子得分是因子分析的最终体现。在因子分析的实际应用中，为实现变量降维和简化问题，求解因子载荷矩阵并确定因子之后，还需确定各个样本观测点在已降维的因子空间（以 $\boldsymbol{F} = (f_1, f_2, \cdots, f_k)$ 为坐标轴）上的位置坐标，称为因子得分 $\boldsymbol{F}$（$N \times k$ 的矩阵）。接下来将用因子得分 $\boldsymbol{F}$ 代替原有变量 $\boldsymbol{X}$（$N \times p$ 的矩阵）进行后续建模。

希望通过以下形式计算样本观测 $\boldsymbol{X}_i$ 在 f_j 上的得分：

$$f_{ij} = w_{j1}X_{i1} + w_{j2}X_{i2} + \cdots + w_{jp}X_{ip} \ (j = 1, 2, \cdots, k; i = 1, 2, \cdots, N) \tag{11.26a}$$

其中，$w_{j1}, w_{j2}, w_{j3}, \cdots, w_{jp}$ 称为因子值系数，分别度量了原有变量 $X_1, X_2, \cdots, X_p$ 对 f_j 的权重贡献。

一个自然的想法是基于式（11.19）的因子分析模型，将 f_j 写成 $X_1, X_2, \cdots, X_p$ 的函数形式。但由于 $\varepsilon_i (i = 1, 2, \cdots, p)$ 未知，所以无法实现。为此，一般的做法是利用以下线性组合去近似计算因子得分：

$$\boldsymbol{F} = \boldsymbol{Xw} \tag{11.26b}$$

其中，$\boldsymbol{w}_{(p \times k)} = (\boldsymbol{w}_1, \boldsymbol{w}_2, \cdots, \boldsymbol{w}_k)$ 为因子值系数矩阵，$\boldsymbol{w}_j = (w_{1j}, w_{2j}, \cdots, w_{pj})^{\mathrm{T}}$（$j = 1, 2, \cdots, k$）。

因为因子分析中的 $\boldsymbol{F}$ 是观测不到的，所以不能采用一般的最小二乘来估计系数矩阵 $\boldsymbol{w}$。为此，在式（11.26b）两边同时左乘 $\frac{1}{N} \sum_{i=1}^{N} \boldsymbol{X}^{\mathrm{T}}$，即

$$\frac{1}{N} \sum_{i=1}^{N} \boldsymbol{X}^{\mathrm{T}} \boldsymbol{F} = \frac{1}{N} \sum_{i=1}^{N} \boldsymbol{X}^{\mathrm{T}} \boldsymbol{Xw} \tag{11.27}$$

因数据均是标准化值，所以上式即为 $\boldsymbol{A} = \boldsymbol{Rw}$，其中，$\boldsymbol{R}$ 为输入变量 $\boldsymbol{X}$ 的相关系数矩阵；$\boldsymbol{A}$ 为因子载荷矩阵。进一步，因为 $\boldsymbol{w} = \boldsymbol{R}^{-1} \boldsymbol{A}$，将其代入式（11.26b），有

$$\boldsymbol{F} = \boldsymbol{XR}^{-1}\boldsymbol{A} \tag{11.28}$$

即可依式（11.28）计算 N 个样本观测的因子得分。

图 11.17 为对图 11.14 中的数据进行因子分析的结果（Python 代码详见 11.6.3 节）。

图 11.17 为指定因子个数 $k = 2$ 计算两个因子的得分，并基于因子得分绘制的散点图。它与图 11.14 的右下图较为接近。

对因子分析的讨论到此告一段落，还需对以下方面做必要说明。

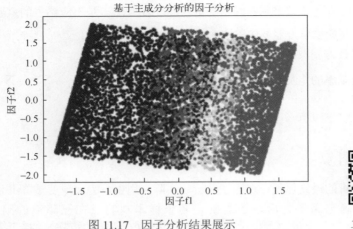

图 11.17　因子分析结果展示

二维码 046

11.5.5　因子分析的其他问题

1．因子分析的适用性问题

基于主成分分析的因子分析，通常适合原有变量 $X_1, X_2, \cdots, X_p$ 具有中度以上相关性的情况。直观讲，基于斯皮尔曼最初的研究，若各门课程之间没有相关性，也就无从提取潜在的共性因素。当然，在弱相关下尽管也可以得到分析结果，但实际解释意义不大，而且也无法真正实现降维目的（Python 代码详见 11.6.3 节）。

2．因子的可解释性问题

在因子分析的很多实际应用中，通常希望因子具有一定的实际意义。例如，在图 11.17 所示的因子分析中，其因子载荷矩阵如表 11.1 所示。

表 11.1　因子载荷矩阵示例

因子载荷	因子载荷矩阵 因子 F		旋转后的因子载荷矩阵 因子 F	
原有变量 X	$\begin{pmatrix} 0.73408195 & -0.16654497 \\ 0.1772608 & 0.98206173 \\ -0.74247119 & 0.06979852 \end{pmatrix}$		$\begin{pmatrix} 0.75119892 & -0.04810104 \\ 0.019381 & 0.99774295 \\ -0.74414953 & -0.04875225 \end{pmatrix}$	

表 11.1 各单元格为相应原有变量与因子的相关系数。可以看到，第一列中因子 f_1 与 X_1、X_3 的相关系数绝对值较大，因子 f_2 与 X_2 的相关系数较大。于是可以认为，f_1 主要解释 X_1、X_3 的信息，f_2 主要解释 X_2。从这个角度看，因子就有一定的实际含义。

但如果某一个因子 f_i 与所有 X_i 均有较高的相关系数，或者，某一个 X_i 与所有 f_i 均有较高的相关系数，那么因子的实际含义就比较模糊。此时，可以通过旋转因子载荷矩阵使某一个因子 f_i 仅与少数 X_i 有较高的相关系数，或者，某一个 X_i 仅与少数 f_i 有较高的相关系数，以清晰因子的实际含义，如图 11.18 所示。

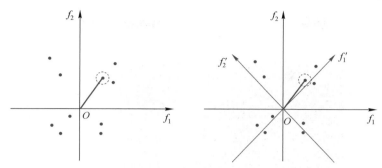

图 11.18　因子载荷与旋转后的因子载荷

图 11.18 中，以因子 f_1、f_2 为坐标轴，基于因子载荷矩阵绘制散点图，称为因子载荷图。图中 10 个点代表 10 个原有变量。每个点的横纵坐标分别为因子载荷矩阵中的因子载荷 a_{ij}，刻画了相应原有变量与因子 f_1、f_2 的相关性。左图中 10 个原有变量在因子 f_1、f_2 上均有一定的相关性，因子含义不清。现在将坐标 f_1、f_2 逆时针旋转至右图所示的 f_1'、f_2' 位置上。在 f_1'、f_2' 坐标下，10 个原有变量中的 6 个在 f_1' 上有较高的载荷，在 f_2' 上的载荷几乎为 0；其余 4 个在因子 f_2' 上有较高的载荷，在因子 f_1' 上的载荷几乎为 0。此时，因子 f_1'、f_2' 的含义就较为清楚，它们分别是对 6 原有个变量和剩余 4 个的综合。

进一步，计算图 11.18 左右两图中虚线圆圈所圈变量 X_i 的变量共同度 h_i^2。对比发现，变量的共同度均等于粗线段长度的平方。可见，因子旋转并不影响原有变量 X_i 的共同度 h_i^2，不会导致变量信息的丢失。改变的仅是因子 f_i 的方差贡献 S_j^2，即重新分配各因子 f_i 解释原有变量 X_i 方差的比例，旨在使因子的实际意义更明确。

实现因子矩阵旋转的途径是将因子载荷矩阵 $\boldsymbol{A}$ 右乘一个正交矩阵 $\boldsymbol{\tau}$ 后得到一个新矩阵 $\boldsymbol{B}$。有很多求解正交矩阵 $\boldsymbol{\tau}$ 的方法，其中应用较为普遍的是方差极大法（Varimax）。对只包含两个因子的因子载荷矩阵 $\boldsymbol{A}$ 右乘一个正交矩阵 $\boldsymbol{\tau}$，将计算结果矩阵 $\boldsymbol{B}$ 表示为 $\boldsymbol{B} = \begin{pmatrix} b_{11} & b_{12} \\ b_{21} & b_{22} \\ \vdots & \vdots \\ b_{p1} & b_{p2} \end{pmatrix}$。为达到因子旋转的目标，极端情况下希望使因子 f_1 仅与某些变量 X_i（例如 $X_1, X_2, \cdots, X_k$）相关，因子 f_2 仅与其他变量 X_j（例如 $X_{k+1}, X_{k+2}, \cdots, X_p$）相关，表现为矩阵 $\boldsymbol{B}$ 的第一列第 $k+1$ 行至第 p 行的元素等于 0，第二列第 1 行至第 k 行的元素等于 0。此时，两列元素的方差 V_1、V_2 是最大的，$V_k = \dfrac{1}{p} \sum_{i=1}^{p} (b_{ik}^2)^2 - \dfrac{1}{p^2} \left(\sum_{i=1}^{p} b_{ik}^2 \right)^2$（$k = 1, 2$）。因此，求解正交矩阵 $\boldsymbol{\tau}$ 的目标就是最大化 $V_1 + V_2$。一般目标函数为 $V = p(V_1 + V_2) = \sum_{j=1}^{k} \sum_{i=1}^{p} (b_{ij}^2)^2 - \dfrac{1}{p} \sum_{j=1}^{k} \left(\sum_{i=1}^{p} b_{ij}^2 \right)^2$（$k = 1, 2$）。进一步，为消除变量共同度量级对计算结果造成的影响，可将目标函数调整为 $V = \sum_{j=1}^{k} \sum_{i=1}^{p} \left(\dfrac{b_{ij}^2}{h_i^2} \right)^2 - \dfrac{1}{p} \sum_{j=1}^{k} \left(\sum_{i=1}^{p} \dfrac{b_{ij}^2}{h_i^2} \right)^2$。

例如，表 11.1 中的第三列就是旋转后的因子载荷矩阵（因本例旋转前因子的含义就比较清楚，所以旋转后变化不大），结果的直观展示如图 11.19 所示（Python 代码详见 11.6.3 节）。

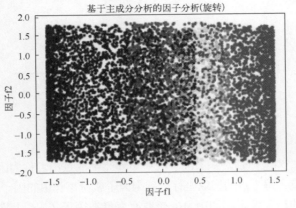

图 11.19 旋转后的因子分析结果展示　　　　　二维码 047

图 11.19 与图 11.17 相比可知，图 11.19 是将图 11.17 旋转了一个角度的结果，这对直观理解因子载荷矩阵旋转的实际含义较有帮助。

3. Python 的没有内置基于主成分的因子分析模块

Python 只是内置了基于数据矩阵 X 的奇异值分解的因子分析。其中，因子载荷矩阵中的特征值和特征向量为 XX^T 的前 k 个最大特征值及其所对应的特征向量。

例如，图 11.20 是对图 11.14 左上图数据，基于奇异值分解进行因子分析的结果（Python 代码详见 11.6.3 节）。

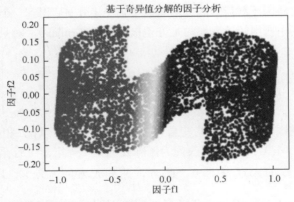

图 11.20 基于奇异值分解的因子分析结果　　　　二维码 048

与图 11.17 的基于主成分分析的因子分析结果相比，基于奇异值分解的降维更接近其原本三维下的特征轮廓，并更多体现了空间变换的特点。

至此，基于空间变化策略的特征提取的内容告一段落。目前，还有很多较为流行的特征提取方法。例如，t-SNE（t-distributed Stochastic Neighbor Embedding）算法、流形学习（Manifold Learning）以及度量学习（Metric Learning）算法等。有兴趣的读者可以参考相关资料。

11.6　Python 建模实现

为进一步加深基于空间变化的特征提取理论的理解，本节将通过 Python 编程，基于模拟数据说明以下三方面内容。

- 主成分分析的空间变换；
- 核主成分分析的空间变换；
- 因子载荷矩阵的计算过程。

以下是本章需导入的 Python 模块。

```
1   #本章需导入的模块
2   import numpy as np
3   import pandas as pd
4   import matplotlib.pyplot as plt
5   from mpl_toolkits.mplot3d import Axes3D
6   from pylab import *
7   import matplotlib.cm as cm
8   import warnings
9   warnings.filterwarnings(action = 'ignore')
10  %matplotlib inline
11  plt.rcParams['font.sans-serif']=['SimHei']   #解决中文显示乱码问题
12  plt.rcParams['axes.unicode_minus']=False
13  from sklearn.datasets import make_regression, make_circles, make_s_curve
14  from sklearn.model_selection import train_test_split
15  from scipy.stats import multivariate_normal
16  from sklearn import decomposition
17  from factor_analyzer import FactorAnalyzer
```

其中新增模块如下。

1）第 13 行：sklearn.datasets 模块中的 make_s_curve 函数，用于生成本章字母 S 的模拟数据。

2）第 16 行：sklearn 模块中的 decompositon 子模块，用于实现主成分分析和核主成分分析。

3）第 17 行：factor_analyzer 模块中的 FactorAnalyzer 函数，用于实现因子分析。

需要说明的是：基于主成分分析的因子分析目前尚未内置在 Python 的 Scikit-learn 包中，需首先在 Anaconda Prompt 下输入：pip install factor_analyzer 命令进行在线安装，之后方可引用其中的函数实现基于主成分分析的因子分析。当然也可通过自行编写程序实现（Python 代码详见 11.6.3 节）。

11.6.1　主成分分析的空间变换

本节（文件名：chapter11-1.ipynb）基于模拟数据，说明主成分分析的空间变换特点。具体代码如下所示。

```
1   fig, axes=plt.subplots(nrows=1, ncols=2, figsize=(15, 6))
2   N=50
3   for i, noise in enumerate([30, 10]):
4       X, Y=make_regression(n_samples=N, n_features=1, random_state=123, noise=noise, bias=0)
5       X=np.hstack((X, Y.reshape(len(X), 1)))
6       axes[i].scatter(X[:,0], X[:, 1], marker="o", s=50)
7       axes[i].set_title("%d个样本观测点的分布"%N)
8       axes[i].set_xlabel("X1")
9       axes[i].set_ylabel("X2")
10      axes[i].grid(True, linestyle='-.')
11      axes[i].text(-3, 75, "离散程度:X1=%.2f;\n          X2=%.2f;"
12          %(np.std(X[:,0])/np.mean(X[:,0]), np.std(X[:,1])/np.mean(X[:,1])), fontdict={'size':'12', 'color':'b'})
```

【代码说明】

1）第 2 行：给定样本量 N = 50。

2）第 3 至 12 行：利用 for 循环生成两个数据集并绘图和计算描述统计量。

利用函数 make_regression()生成数据集，两个变量 X_1、X_2（程序中的 X 和 Y）具有线性相关性，且两个数据集中变量 X_2 的方差（noise 参数）不同。绘制 X_1、X_2 的散点图，并计算 X_1、X_2 的均值和方差，将计算结果显示在图形上。所得图形如图 11.3 所示。

接下来，对两个数据集进行主成分分析，提取两个主成分。具体代码如下所示。

```
1  fig, axes=plt.subplots(nrows=1, ncols=2, figsize=(15, 6))
2  pca=decomposition.PCA(n_components=2, random_state=1)
3  for i, noise in enumerate([30, 10]):
4      X, Y=make_regression(n_samples=N, n_features=1, random_state=123, noise=noise, bias=0)
5      X=np.hstack((X, Y.reshape(len(X), 1)))
6      pca.fit(X)
7      p1=pca.singular_values_[0]/sum(pca.singular_values_)  #p1=pca.explained_variance_ratio_[0]
8      p2=pca.singular_values_[1]/sum(pca.singular_values_)  #p2=pca.explained_variance_ratio_[1]
9      a=pca.components_
10     y=pca.transform(X)
11     axes[i].scatter(y[:, 0], y[:, 1], marker="o", s=50)
12     axes[i].set_title("%d个样本观测点的分布(方差贡献率:y1=%.3f, y2=%.3f)\n系数:%s"%(N, p1, p2, a))
13     axes[i].set_xlabel("y1")
14     axes[i].set_ylabel("y2")
15     axes[i].grid(True, linestyle='-.')
```

【代码说明】

1）第 2 行：利用函数 decomposition.PCA()定义主成分分析对象，指定提取两个主成分。

2）第 3 至 15 行：生成数据集，进行主成分分析，计算各主成分的方差贡献率，并可视化主成分的分析结果。

用主成分分析对象去拟合数据。主成分分析对象的.singular_values_ 属性中存储着各主成分的方差；.components_ 属性中存储着主成分分析的参数。利用.transform()方法获得各样本观测在各主成分上的取值。绘制关于两个主成分的散点图，如图 11.6 所示。图形显示，变换后，样本观测在 X_1、X_2 上原本的高度线性相关在 y_1、y_2 上呈现出没有线性相关的特点。第一主成分几乎包含了 X_1、X_2 的绝大部分方差信息，因此可以略去第二主成分。

11.6.2 核主成分分析的空间变换

本节（文件名：chapter11-3.ipynb）基于模拟数据，介绍核主成分分析的意义以及空间变换特点。

1. 核主成分分析的示例一

这里，利用模拟数据和对模拟数据的核主成分分析，说明核主成分分析的意义和空间变换特点。具体代码如下所示。

```
1  N=100
2  X, Y=make_circles(n_samples=N, noise=0.2, factor=0.5, random_state=123)
3  fig = plt.figure(figsize=(18, 6))
4  markers=['^', 'o']
5  ax = fig.add_subplot(121)
6  for k, m in zip([1, 0], markers):
7      ax.scatter(X[Y==k, 0], X[Y==k, 1], marker=m, s=50)
8  ax.set_title("100个样本观测点在二维空间中的分布")
9  ax.set_xlabel("y1")
10 ax.set_ylabel("y2")
```

```
11   ax.grid(True,linestyle='-.')
12   ax=fig.add_subplot(122, projection='3d')
13   var = multivariate_normal(mean=[0,0], cov=[[1,0],[0,1]])
14   Z=np.zeros((len(X),))
15   for i,x in enumerate(X):
16       Z[i]=var.pdf(x)
17   X=np.hstack((X,Z.reshape(len(X),1)))
18   for k,m in zip([1,0],markers):
19       ax.scatter(X[Y==k,0],X[Y==k,1],X[Y==k,2],marker=m,s=40)
20   ax.set_xlabel('X1')
21   ax.set_ylabel('X2')
22   ax.set_zlabel('X3')
23   ax.set_title('三维空间下100个样本观测点的分布')
```

【代码说明】

1）第 1、2 行：生成用于二分类的呈圆形（两个输入变量 X_1、X_2）分布，样本量 N = 100 的模拟数据。

2）第 4 至 11 行：可视化二维空间上的模拟数据，如图 11.10 左图所示。

3）第 13 行：对原本二维空间中的 100 个样本观测点，人为指定其在第三个维度上的取值函数为标准二元高斯分布的密度值。

4）第 14 至 17 行：利用 for 循环，对每个样本观测点计算其在第三个维度上的取值，并重新组织三个输入变量 X_1、X_2、X_3 的数据。

5）第 18 至 23 行：可视化 100 个样本观测点在三维空间上的分布，如图 11.10 右图所示。从程序上看，模拟数据的核心特征轮廓应为二维空间中的圆形。

以下利用核主成分分析，基于特征空间 $\mathcal{F}$ 揭示模拟数据的核心特征轮廓。具体代码及结果如下所示。

```
1   plt.figure(figsize=(15,6))
2   kernels=['linear','rbf']
3   for i,kernel in enumerate(kernels):
4       kpca=decomposition.KernelPCA(n_components=2,kernel=kernel)
5       kpca.fit(X)
6       y=kpca.transform(X)
7       print('方差贡献率(%s): %s'%(kernel,kpca.lambdas_/sum(kpca.lambdas_)))
8       plt.subplot(1,2,i+1)
9       for k,m in zip([1,0],markers):
10          plt.scatter(y[Y==k,0],y[Y==k,1],marker=m,s=50)
11          plt.grid(True,linestyle='-.')
12          plt.title('核主成分分析结果(核函数:%s)'%kernel)
13
```

```
方差贡献率(linear): [0.52676938 0.47323062]
方差贡献率(rbf): [0.51813106 0.48186894]
```

【代码说明】

1）第 2 行：指定核主成分分析的核函数依次为线性核函数和径向基核函数。

2）第 3 至 12 行：基于两种核函数进行核主成分分析，提取两个主成分，计算各主成分的方差贡献率，并可视化核主成分分析结果。

第 4 行利用函数 decomposition.KernelPCA()定义核主成分分析的对象，指定核函数和提取的主成分个数。第 5 行，拟合数据。采用线性核函数时，正如 11.4.3 节讨论的，意味着特征空间 $\mathcal{F}$ 就是三维的输入变量空间，主成分分析结果如图 11.11 所示。图形显示，核主成分分析结果与模拟数据在二维空间中的分布之间的差异并不大，说明人为指定的第三个维度并没有对数据的核心特征轮廓产生重要影响。

采用径向基核函数意味着特征空间 $\mathcal{F}$ 为 $M > 3$ （维）。在更高维度下仍提取两个主成分，分析结果如图 11.21 所示。

图 11.21 显示，核主成分分析结果与模拟数据在二维空间中的分布之间的差异仍不大，说明即使增加了更多的非线性信息（更高维上），仍没有破坏数据的核心特征轮廓。模拟数据在二维空间中的分布特征轮廓就是数据的"本真"结构。此外，提取出的两个主成分的方差贡献率之间的差异不大，均不能再略去。

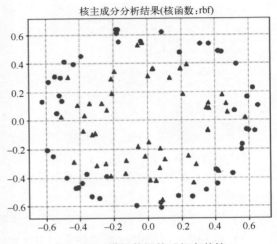

图 11.21　模拟数据基于径向基核函数的核主成分分析结果

2．核主成分分析的示例二

这里，利用更复杂的模拟数据和对模拟数据的核主成分分析，进一步说明核主成分分析的意义和空间变换特点。

```
1  X, t=make_s_curve(n_samples=8000, noise=0, random_state=123)
2  fig = plt.figure(figsize=(12,6))
3  #ax = Axes3D(fig)
4  ax = fig.add_subplot(111, projection='3d')
5  color=np.array(t)
6  ax.scatter(X[:,0],X[:,1],X[:,2],s=8,color=plt.cm.Spectral(color))
7  ax.set_xlabel("X1")
8  ax.set_ylabel("X2")
9  ax.set_zlabel("X3")
```

【代码说明】

1）第 1 行：利用函数 make_s_curve( )生成样本量为8000，包括三个输入变量 X_1、X_2、X_3 （对应程序中的X1、X2 和X3）的模拟数据和一个颜色变量t。

2）第 6 至 9 行：可视化模拟数据，绘制三维散点图，如图 11.14 左上图所示，大致呈一个立体的字母 S。

然后，从各个角度揭示数据的特征轮廓，以下绘制 X_1、X_2、X_3 两两变量的散点图，具体代码如下所示。

```
1   fig,axes=plt.subplots(nrows=1,ncols=3,figsize=(20,6))
2   axes[0].scatter(X[:,0],X[:,1],s=8,color=plt.cm.Spectral(color))
3   axes[0].set_xlabel("X1")
4   axes[0].set_ylabel("X2")
5   axes[1].scatter(X[:,0],X[:,2],s=8,color=plt.cm.Spectral(color))
6   axes[1].set_xlabel("X1")
7   axes[1].set_ylabel("X3")
8   axes[2].scatter(X[:,1],X[:,2],s=8,color=plt.cm.Spectral(color))
9   axes[2].set_xlabel("X2")
10  axes[2].set_ylabel("X3")
```

两两散点图如图 11.14 中的其余三幅图所示。图形显示，三幅图体现了数据不同侧面的局部特征。其中，X_1、X_3 的散点图表现出与三维散点图相同的特征轮廓（字母 S）。

接下来，利用核主成分分析，在 X_1、X_3 的基础上借助更为丰富的信息，探究和展现模拟数据的核心特征轮廓。具体代码及结果如下所示。

```
1   tmp=X[:,[0,2]]
2   kernels=['linear','rbf','poly']
3   plt.figure(figsize=(15,4))
4   for i,kernel in enumerate(kernels):
5       kpca=decomposition.KernelPCA(n_components=2,kernel=kernel)
6       kpca.fit(tmp)
7       y=kpca.transform(tmp)
8       plt.subplot(1,3,i+1)
9       plt.scatter(y[:,0],y[:,1],s=8,color=plt.cm.Spectral(color))
10      plt.title("核主成分分析（核函数=%s)"%kernel)
11      plt.xlabel("第1主成分")
12      plt.ylabel("第2主成分")
13      print('方差贡献率(%s)：%s'%(kernel,kpca.lambdas_/sum(kpca.lambdas_)))
```

方差贡献率(linear)：[0.79726552 0.20273448]
方差贡献率(rbf)：[0.62781743 0.37218257]
方差贡献率(poly)：[0.76436997 0.23563003]

【代码说明】

1）第 1 行：指定核主成分分析的数据对象为 X_1、X_3。

2）第 2 行：指定核主成分分析的核函数依次为线性核函数、径向基核函数以及多项式核函数。

3）第 4 至 13 行：利用 for 循环分别基于不同的核函数，进行核主成分分析，可视化核主成分分析结果，并计算各个主成分的方差贡献率。

不同核函数下的核主成分分析结果如图 11.22 所示。

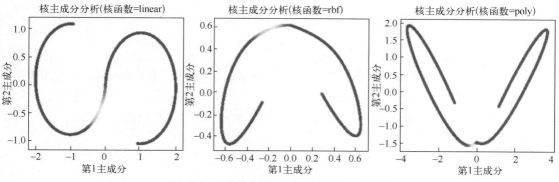

图 11.22　不同核函数下的核主成分分析结果

图 11.22 左图是在没有增加外部信息下的核心特征轮廓。图 11.22 中图和右图均是在更高维度 $M>2$ 的特征空间 $\mathcal{F}$ 上探究数据核心特征轮廓后的结果。图形显示，所增加的外部信息对数据产生了一定程度的影响，还需对数据的"本真"结构做进一步的探索。另外，由主成分的方差贡献率可知，图 11.22 中的第 1 主成分的重要性更高些。

进一步，利用核主成分分析，在 X_1、X_2、X_3 的基础上借助更为丰富的信息，探究和展现模拟数据的核心特征轮廓。具体代码如下所示。

```
1   plt.figure(figsize=(12,8))
2   kernels=['linear','rbf','poly','sigmoid']
3   for i,kernel in enumerate(kernels):
4       kpca=decomposition.KernelPCA(n_components=2,kernel=kernel)
5       kpca.fit(X)
6       y=kpca.transform(X)
7       plt.subplot(2,2,i+1)
8       plt.scatter(y[:,0],y[:,1],s=8,color=plt.cm.Spectral(color))
9       plt.title("不同核函数下的主成分分析（核函数：%s）\n方差贡献率%s："%(kernel,kpca.lambdas_/sum(kpca.lambdas_)))
10      plt.subplots_adjust(hspace=0.5)
```

不同核主成分分析结果的可视化图形，如图 11.15 所示。图形显示了不同核函数下的主成分分析体现了近似但又不同的核心特征轮廓，表明不同的外在信息对事物本质特征会产生不同的影响。

11.6.3　因子分析的计算过程

本节（文件名：chapter11-4.ipynb）基于字母 S 的模拟数据，一方面，通过 Python 编程实现因子分析。另一方面，利用 Python 函数，分别进行基于主成分分析和奇异值分解的因子分析，并直观展示两种方法的特点。

1. 利用编程实现因子分析，详细展示因子分析的计算细节

这里采用自行编程方式，从相关系数矩阵出发，计算其特征值和对应的特征向量，并在此基础上计算因子载荷矩阵以实现因子分析。具体代码如下所示。

```
1   X, t=make_s_curve(n_samples=8000, noise=0, random_state=123)
2   color=np.array(t)
3   X=pd.DataFrame(X)
4   R=X.corr()    #样本相关性矩阵
5   eig_value, eigvector = np.linalg.eig(R) #求矩阵R的全部特征值，特征向量。
6   sortkey,eig=list(eig_value.argsort()),list(eig_value)   #按升序排序
7   eig.sort()
8   eig.reverse()
9   sortkey.reverse()
```

【代码说明】

1）第 1、2 行：生成字母 S 的模拟数据。

2）第 3、4 行：用数据变量 X_1、X_2、X_3 组成 Pandas 的数据框（DataFrame），再利用数据框的 corr( )方法计算数据变量的相关系数矩阵。

3）第 5 行：计算相关系数矩阵的 3 个特征值以及对应的单位特征向量。

4）第 6 行：为便于后续处理，获得各特征值升序排序后的索引号。

5）第 7 至 9 行：特征值升序排序后反转位置，即降序排序。得到降序索引号。

以下将计算并输出因子载荷矩阵。具体代码及结果如下所示。

```
11   A = np.zeros((eigvector.shape[1], eigvector.shape[1]))
12   for i,e in enumerate(eig):
13       A[i,:]=np.sqrt(e)*eigvector[:,sortkey[i]]
14   factorM=A.T
15   print("因子载荷矩阵：\n{0}".format(factorM))
```

```
因子载荷矩阵：
[[-0.73408195  -0.16654497  -0.65832094]
 [-0.1772608    0.98206173  -0.06429132]
 [ 0.74247119   0.06979852  -0.66623171]]
```

【代码说明】

1）第 11 行：准备因子载荷矩阵，初始时应为 3 行 3 列的矩阵。

2）第 12 至 14 行：依据式（11.25）构造因子载荷矩阵。

3）第 15 行：输出因子载荷矩阵。由因子载荷矩阵可知，因子 f_1 与 X_1、X_3 有较高相关性，因子 f_2 与 X_2 高相关，因子 f_3 也与 X_1、X_3 有一定的相关性。

以下将基于因子载荷矩阵，计算各因子的方差（也即特征值）和方差贡献率。具体代码及结果如下所示。

```
1  lambd=np.zeros((factorM.shape[1],))
2  for i in range(0,factorM.shape[1]):
3      lambd[i]=sum(factorM[:,i]**2)
4  print("因子方差贡献：{0}".format(lambd))
5  print("因子方差贡献率：{0}".format(lambd/sum(lambd)))
```

因子方差贡献：[1.12156117 0.99705429 0.88138454]
因子方差贡献率：[0.37385372 0.33235143 0.29379485]

【代码说明】

1）第 1 行：定义保存各特征值的结果对象。

2）第 2、3 行：基于因子载荷矩阵计算各特征值（因子方差）。

3）第 4、5 行：输出各因子的方差（即特征值）和方差贡献率。从方差贡献率看，第 1 个因子最重要，第 2、3 个因子次之，但各因子重要性的差异不大。

接下来，计算因子值系数。具体代码及结果如下所示。

```
1  score=np.linalg.inv(R)*factorM
2  print("因子值系数：\n{0}".format(score))
```

因子值系数：
[[-0.74449116 0.00109871 -0.07873893]
 [0.00116941 0.98250601 -0.00125123]
 [0.08880377 0.00135841 -0.67590206]]

依据式（11.28）中的 $\boldsymbol{R}^{-1}\boldsymbol{A}$ 计算因子值系数。可见，X_1 对第 1 个因子得分有更大权重，而第 2、3 个因子的得分则分别取决于 X_2 和 X_1。

2. 实现基于主成分分析的因子分析

这里直接利用函数实现因子分析，指定提取两个因子。具体代码及结果如下所示。

```
1  fa = FactorAnalyzer(method='principal',n_factors=2,rotation=None)
2  fa.fit(X)
3  print("因子载荷矩阵:\n", fa.loadings_)
4  print("\n变量共同度:\n", fa.get_communalities())
5  tmp=fa.get_factor_variance()
6  print("因子的方差贡献:{0}".format(tmp[0]))
7  print("因子的方差贡献率:{0}".format(tmp[1]))
8  print("因子的累计方差贡献率:{0}".format(tmp[2]))
9  y=fa.transform(X)
10 plt.scatter(y.T[0],y.T[1],s=8,color=plt.cm.Spectral(color))
11 plt.title("基于主成分分析的因子分析")
12 plt.xlabel("因子f1")
13 plt.ylabel("因子f2")
14 plt.show()
```

因子载荷矩阵：
[[0.73408195 -0.16654497]
 [0.1772608   0.98206173]
 [-0.74247119 0.06979852]]

变量共同度：
[0.56661353 0.99586663 0.55613531]
因子的方差贡献:[1.12156117 0.99705429]
因子的方差贡献率:[0.37385372 0.33235143]
因子的累计方差贡献率:[0.37385372 0.70620515]

【代码说明】

1）第 1、2 行：利用函数 FactorAnalyzer()进行因子分析，指定提取 2 个因子，且不进行因子载荷矩阵的旋转，然后拟合数据。

2）第 3、4 行：输出包含两个因子的因子载荷矩阵，以及基于因子载荷矩阵的各变量的变量共同度。可见，这里的因子载荷矩阵只是前述因子载荷矩阵的前两列。基于该因子载荷矩阵，计算各行的平方和，得到三个变量 X_1、X_2、X_3 的变量共同度。可见 X_2 的信息保留得最多（99.6%），其他两个变量不理想。

3）第 5 至 8 行：输出各个因子的方差贡献、方差贡献率和累计方差贡献率。由于累计方差贡献率仅约 70%，因此提取两个因子会丢失近 30% 的方差，整个因子分析并不理想。究其原因在于：本例中变量 X_1、X_2、X_3 两两之间基本不具有线性相关性。其相关系数矩阵如下：

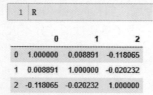

	0	1	2
0	1.000000	0.008891	-0.118065
1	0.008891	1.000000	-0.020232
2	-0.118065	-0.020232	1.000000

4）第 9 行：计算每个样本观测在两个因子上的因子得分。

5）第 10 至 14 行：可视化因子得分结果，在二维（降维后）空间中展现数据的分布特征，如图 11.17 所示。

重新进行因子分析，仍指定提取两个因子，并对采用方差极大法旋转因子载荷矩阵。具体代码及结果如下。

```
1   fa = FactorAnalyzer(method='principal', n_factors=2, rotation='varimax')
2   fa.fit(X)
3   print("\n变量共同度:\n", fa.get_communalities())
4   print("旋转后的因子载荷矩阵:\n", fa.loadings_)
5   tmp=fa.get_factor_variance()
6   print("因子的方差贡献:{0}".format(tmp[0]))
7   print("因子的方差贡献率:{0}".format(tmp[1]))
8   print("因子的累计方差贡献率:{0}".format(tmp[2]))
9   y=fa.transform(X)
10  plt.scatter(y.T[0], y.T[1], s=8, color=plt.cm.Spectral(color))
11  plt.title("基于主成分分析的因子分析（旋转）")
12  plt.xlabel("因子f1")
13  plt.ylabel("因子f2")
14  plt.show()
```

```
变量共同度:
 [0.56661353 0.99586663 0.55613531]
旋转后的因子载荷矩阵:
 [[ 0.75119892 -0.04810104]
 [ 0.019381    0.99774295]
 [-0.74414953 -0.04875225]]
因子的方差贡献:[1.11843397 1.00018149]
因子的方差贡献率:[0.37281132 0.33339383]
因子的累计方差贡献率:[0.37281132 0.70620515]
```

与前述分析结果对比可以发现，旋转因子载荷矩阵并不会影响变量的共同度，仅仅是重新调整了各个因子的方差贡献率。因子旋转的可视化结果如图 11.19 所示。

3. 基于奇异值分解的因子分析

为对比不同因子分析的异同，这里进行基于奇异值分解的因子分析。具体代码如下。

```
1  Fac=decomposition.FactorAnalysis(n_components=2)
2  Fac.fit(X)
3  y=Fac.transform(X)
4  plt.scatter(y[:,0],y[:,1],s=8,color=plt.cm.Spectral(color))
5  plt.title("基于奇异值分解的因子分析")
6  plt.xlabel("因子f1")
7  plt.ylabel("因子f2")
```

这里直接利用函数 decomposition.FactorAnalysis( )进行基于奇异值分解的因子分析。可视化结果如图 11.20 所示。

11.7　Python 实践案例

本节通过两个实践案例，在展示基于空间变换实现特征提取的同时，进一步突出特征提取对解决实际问题的重要作用。其中一个案例是人脸识别中的特征提取。另一个案例是基于空气质量监测数据，利用因子分析，对各年的空气质量整体情况做出综合评价。

11.7.1　实践案例 1：采用奇异值分解实现人脸特征提取

本节（文件名：chapter11-2.ipynb）基于脸部点阵灰度数据，采用奇异值分解实现人脸特征提取。

这里，首先显示脸部点阵灰度数据对应的人脸图像，然后仅对随机抽取的两张脸部图像数据，实施基于奇异值分解的特征提取。代码如下所示。

```
1  data=pd.read_csv('脸部数据.txt',header=0)   #第30列为像素数据
2  tmp=data.iloc[0:10,30]
3  X=[]
4  for i in np.arange(len(tmp)):
5      Xstr=tmp[i].split(" ")
6      X.append(np.array([int(x) for x in Xstr]))
7
8  np.random.seed(1)
9  ids=np.random.choice(len(X),2)
10 plt.figure(figsize=(16,8))
11 for i,item in enumerate(ids):
12     img=np.array(X[item].reshape((96,96)))
13     plt.subplot(1,2,i+1)
14     plt.imshow(img,cmap=cm.gray)
15 plt.show()
```

【代码说明】

1）第 1、2 行：读入人脸灰度点阵数据。数据文件的第 30 列为96×96的灰度点阵数据，仅读取前 10 张脸部数据。

2）第 3 至 6 行：整理点阵数据。

利用 for 循环整理每张脸部图像的点阵数据。原始数据以字符串形式存储96×96个灰度值，各个灰度值以空格分割。依据空格拆分字符串得到96×96个灰度值存储于列表中。

3）第 8、9 行：随机抽取两张脸的点阵数据。

4）第 11 至 14 行：可视化两张脸的点阵数据，如图 11.8 所示。

接下来，分别对两张脸的96×96灰度矩阵进行奇异值分解。具体代码与结果如下所示。

```
1   for i,item in enumerate(ids):
2       U, D,Vt=np.linalg.svd(X[item].reshape((96,96)),full_matrices=True)
3       print(U.shape,D.shape,Vt.shape)
4       plt.figure(figsize=(8,8))
5       ks=[5,10,15,20]
6       for i,k in enumerate(ks):
7           D0=np.mat(diag(D[0:k]))
8           img=U[:,:k]*D0*Vt[:k,:]
9           plt.subplot(2,2,i+1)
10          plt.imshow(img,cmap=cm.gray)
11      plt.show()
12
```

(96, 96) (96,) (96, 96)

【代码说明】

1）第 2 行：利用函数 np.linalg.svd( )对当前脸部灰度矩阵 X 进行奇异值分解，分解所得三个成分依次存储于 U、D、Vt 中。

2）第 3 行：输出 U、D、Vt 的形状（维度）。结果显示，U 和 Vt 均为 96×96 的矩阵。Python 以一维数组（包含 96 个元素）形式存储矩阵 D 的对角元素。

3）第 5 行：指定选取前 5、10、15、20 个最大特征值。

4）第 6 至 10 行：利用 for 循环，依次可视化选取前 5、10、15、20 个最大特征值时的奇异值分析结果。

第 7 行生成奇异值分解中的对角矩阵 D；第 8 行依据式（11.8）得到脸部灰度矩阵 X 的近似分解结果。可视化结果如图 11.9 所示。图形显示，当选取前 20 个最大特征值时，X 的奇异值分解结果已接近真实图像，可有效实现服务于人脸识别建模的特征提取和变量降维。

11.7.2　实践案例 2：利用因子分析进行空气质量的综合评价

本节（文件名：chapter11-5.ipynb）基于北京市 2014 年 1 月 1 日至 2019 年 11 月 26 日的 PM2.5、PM10、SO_2、CO、NO_2 浓度监测数据，利用因子分析综合评测空气质量，并直观刻画和展示 2014 年至 2019 年空气质量评测结果的变化情况。

1. 基于 PM2.5、PM10、SO_2、CO、NO_2 浓度监测数据进行因子分析

以下对 PM2.5、PM10、SO_2、CO、NO_2 实施基于主成分的因子分析。代码及结果如下所示。

```
1   data=pd.read_excel('北京市空气质量数据.xlsx')
2   data=data.replace(0,np.NaN)
3   data=data.dropna()
4   X=data.iloc[:,3:-1]
5   print(X.columns)
6   fa = FactorAnalyzer(method='principal',n_factors=2,rotation='varimax')
7   fa.fit(X)
8   print("因子载荷矩阵\n",fa.loadings_)
9   print("变量共同度:\n", fa.get_communalities())
10  tmp=fa.get_factor_variance()
11  print("因子的方差贡献:{0}".format(tmp[0]))
12  print("因子的方差贡献率:{0}".format(tmp[1]))
13  print("因子的累计方差贡献率:{0}".format(tmp[2]))
```

Index(['PM2.5', 'PM10', 'SO2', 'CO', 'NO2'], dtype='object')
因子载荷矩阵

```
[[0.92306469 0.26660449]
 [0.90247854 0.2290372 ]
 [0.30642648 0.9405462 ]
 [0.80663485 0.4434194 ]
 [0.78510676 0.44600552]]
变量共同度:
 [0.92312638 0.86692555 0.97852435 0.84728055 0.81531355]
因子的方差贡献:[3.02746554 1.40370484]
因子的方差贡献率:[0.60549311 0.28074097]
因子的累计方差贡献率:[0.60549311 0.88623408]
```

【代码说明】

1）第 1 至 3 行：读入空气质量监测数据，对数据进行预处理。

2）第 4、5 行：确定和输出参与因子分析的变量，即 PM2.5、PM10、SO$_2$、CO 和 NO$_2$ 的浓度数据。

3）第 6、7 行：采用基于主成分分析的因子分析，提取两个因子并利用方差极大法旋转因子载荷矩阵。

4）第 8、9 行：输出旋转后的因子载荷矩阵和 5 种污染物浓度变量的变量共同度。

结果表明：因子 f_1 与 PM2.5、PM10、CO、NO$_2$ 有较高的相关性，因子 f_2 与 SO$_2$ 高相关。变量的共同度均高于 0.82，整体上各变量的信息丢失较少。

5）第 10 至 13 行：输出因子方差贡献、方差贡献率和累计方差贡献率。累计方差贡献率达到 88%，因子分析效果比较理想。

2. 空气质量综合评测

这里基于因子得分对空气质量进行综合评测，具体为：评测值＝$w_1 F_1 + w_2 F_2$，其中，F_1、F_2 分别为两个因子的得分；w_1、w_2 为权重，分别是两个因子方差贡献率的归一化结果。评测值越高，空气质量越差。由于因子不相关，所以将加权平均作为综合评测结果是具有合理性的。具体代码及结果如下所示。

```
1  y=fa.transform(X)
2  data['score']=y[:,0]*tmp[2][0]/sum(tmp[2])+y[:,1]*tmp[2][1]/sum(tmp[2])
3  plt.figure(figsize=(20,6))
4  plt.plot(data['score'])
5  plt.title("空气质量综合评测时间序列图",fontsize=18)
6  plt.xlabel("日期",fontsize=15)
7  plt.ylabel("综合评测得分",fontsize=15)
8  plt.xticks([1,365,365*2,365*3,365*4,365*5],['2014','2015','2016','2017','2018','2019'])
9  id=argsort(data['score'])
10 data.iloc[id[::-1][0:5],]
```

	日期	AQI	质量等级	PM2.5	PM10	SO2	CO	NO2	O3	score
54	2014-02-24	310.0	严重污染	260.0	327.0	133.0	4.7	119.0	19.0	5.520231
53	2014-02-23	261.0	重度污染	211.0	246.0	130.0	3.6	92.0	14.0	5.028838
22	2014-01-23	271.0	重度污染	221.0	263.0	118.0	4.0	125.0	8.0	4.889097
15	2014-01-16	402.0	严重污染	353.0	384.0	109.0	4.6	123.0	20.0	4.726350
45	2014-02-15	428.0	严重污染	393.0	449.0	100.0	3.8	110.0	25.0	4.215185

【代码说明】

1）第 1 行：得到因子得分。

2）第 2 行：计算空气质量综合评测结果。

3）第 3 至 8 行：绘制空气质量综合评测结果的时间序列图，如图 11.23 所示。

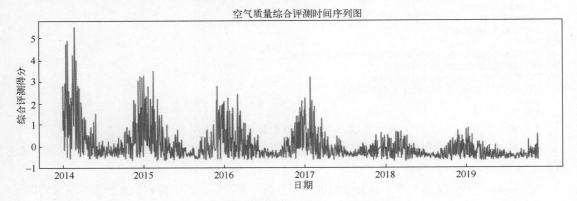

空气质量综合评测时间序列图

图 11.23　空气质量综合评测结果时序图

图 11.23 显示，2014 年至 2019 年，空气质量综合评测值整体上呈波动性下降，尤其是 2017 年下半年至 2019 年年底的整体水平较低，较 2014 年和 2015 年空气质量有了明显改善。此外，每年年底和来年年初的综合评测值相对较高，这与冬季供暖密切相关。

4）第 9、10 行：找到并输出综合评测结果最高（即空气质量最差）的 5 天。它们是 2014 年 1 月和 2 月中的 5 天。可以看到，空气质量最差的 2014 年 2 月 24 日，这天的 AQI 并非是最高的。综合评测结果与 AQI 并不完全一致。事实上，AQI 大小与 PM2.5 值密切相关，而综合评测结果不仅与 PM2.5 等有关，且 SO_2 也有较大权重。2014 年 2 月 24 日的 SO_2 浓度很高因而导致这天的综合评测值较大。2014 年 2 月 23 日也有类似特点。尽管 2014 年 2 月 15 日这天的 AQI 和 PM2.5 都很高，但 SO_2 相对低些，因此综合评测结果并不是最高的。

【本章总结】

本章重点介绍了几种常见的特征提取方法。首先，介绍了特征提取中最常用的主成分分析法，直观展示了空间变换对特征提取的意义。然后，说明了矩阵的奇异值分解问题及其对数据降维的作用。接下来介绍了核主成分分析的基本思路以及应用意义。后续对因子分析的原理进行了较为详细的讲解。最后，利用 Python 编程，在模拟数据的基础上直观展示了主成分分析的特点、核主成分分析的必要性，以及因子分析的计算过程。本章的 Python 实践案例，以人脸识别中的特征提取以及空气质量的综合评价为例，展示了特征提取的实际应用价值。

【本章相关函数】

围绕本章学习，应重点掌握 Python 模块中的以下函数。函数的具体格式参见 Python 帮助。

1. 主成分分析

```
pca=decomposition.PCA(n_components=); pca.fix(X)
```

2．矩阵的奇异值分解

```
np.linalg.svd()
```

3．核主成分分析

```
kpca=decomposition.KernelPCA(n_components=,kernel=); kpca.fix(X)
```

4．基于主成分分析的因子分析

```
fa = FactorAnalyzer(method='principal',n_factors=,rotation='varimax'); fa.fit(X)
```

5．基于奇异值分解的因子分析

```
Fac=decomposition.FactorAnalysis(n_components=); Fac.fit(X)
```

【本章习题】

1．请简述主成分分析的基本原理。
2．请简述矩阵的奇异值分解的基本思路。
3．请说明核主成分分析与主成分分析之间的联系。
4．请给出因子分析的数学模型，并说明主成分分析和因子分析的异同。
5．Python 编程题：植物叶片的特征提取。

第 7 章习题 6 给出了植物叶片的数据集（文件名：叶子形状.csv），描述植物叶片的边缘（margin）、形状（shape）、纹理（texture）这三个特征的数值型变量各有 64 个（共 192 个输入变量）。此外，还有 1 个记录每张叶片所属的植物物种（species）的分类型变量。总共有 193 个变量。请采用主成分分析和因子分析进行特征提取。然后，建立一个恰当的植物物种的分类模型，并比较不同特征提取方法对分类模型的影响。

第 12 章
揭示数据内在结构：聚类分析

聚类分析是机器学习的重要组成部分，能够客观有效地揭示数据的内在结构，实际应用极为广泛。本章将首先对聚类分析进行概述，然后分别对几种经典的聚类算法进行论述。具体如下。

- 聚类分析概述。聚类分析概述将涉及聚类的概念、特点、算法类型以及聚类评价等多个方面，是理解和应用聚类算法的基础。
- K-均值聚类。K-均值聚类是应用最为广泛的聚类算法之一。其基本原理、算法特点以及如何评价，是需要重点关注的问题。
- 系统聚类。系统聚类是可以与 K-均值聚类相媲美的优秀聚类算法，两种算法具有重要的互补意义。
- EM 聚类。EM 聚类在坚实的统计分布理论基础上设计算法，优秀的聚类效果使 EM 聚类名副其实地成为聚类算法中的佼佼者。
- 还将各聚类算法的 Python 应用实践。

因聚类算法丰富多样，第 12 章还会继续讨论一些极具特色的聚类算法。

12.1 聚类分析概述

12.1.1 聚类分析的目的

数据集中蕴含着非常多的信息，其中较为典型的是数据集可能由若干个小的数据子集组成。例如，对于顾客特征和消费记录的数据集，依据经验通常认为，具有相同特征的顾客群（如相同性别、年龄、收入等）其消费偏好会较为相似。不同特征的顾客群（如男性和女性等）其消费偏好可能不尽相同。客观上存在着属性和消费偏好等总体特征差异较大的若干个顾客群。

发现不同的顾客群，进行市场细分是实施精细化营销的前提。实际应用中有很多市场细分方法，比较典型的是 RFM 分析。RFM 是最近一次消费（Recency）、消费频率（Frequency）、消费金额（Monetary）这三个词的英文缩写，也是市场细分的最重要的三个方面。最近一次消费 R 是客户前一次消费距某时间点的时间间隔。理论上，最近一次消费越近的客户应该是比较优质的客户，是对新的商品或服务最有可能做出反应的客户。从企业角度看，最近一次消费很近的客户数量，及其随时间推移的变化趋势，能够有效揭示企业成长的稳健程度；消费频率 F 是客户在限定期间内消费的次数。消费频率较高的客户，通常对企业的满意度和忠诚度较高。从企业角度看，有效的营销手段应能够大幅提高消费频率，进而争夺更多的市场占有率；消费金额 M 是客户在限定期间内的消费总金额，是客户盈利能力的表现。可依据 R、F、M，分别指定 R、F、M 的组限，对客户进行三个维度的交叉分组。如图 12.1 所示，将客户划分成 8 个小类。

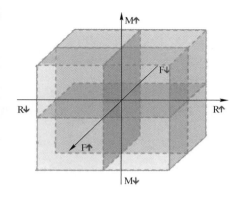

图 12.1　RFM 顾客分组示意图

根据营销理论，图 12.1 中属于左上角前侧类的顾客是较为理想的 VIP 顾客，右下角后侧类的顾客是极易流失的。应注意到，市场细分结果的合理性依赖于管理者对实际问题的正确理解，更依赖于对营销数据的全面把握。如果组限值设定不合理，"中间地带"的顾客就可能进入不合理的小类，进而无法享受到与其匹配的精细化营销服务，从而导致营销失效。

所以，从数据的多个维度出发，找到其中客观存在的"自然小类"是必要的，这就是聚类分析的意义所在。

数据聚类的目的是基于 p 个聚类变量，发现数据中可能存在的小类，并通过小类来刻画和揭示数据的内在结构。下面以图 12.2 为例进行说明（Python 代码详见 12.5.1 节）。

图 12.2 第一行中的两幅图分别为 100 个样本观测点在两个变量 X_1、X_2 和三个变量 X_1、X_2、X_3 空间中的分布。这里 X_1、X_2、X_3 在聚类中称为聚类变量。聚类分析能够找到数据中客观存在的小类，如第二行的两幅图所示。其中不同颜色和形状展示了数据聚类的结果，也称聚类解。叉子表示小类的中心点。可以看到每个样本观测点都被分别归入了不同的小类中。

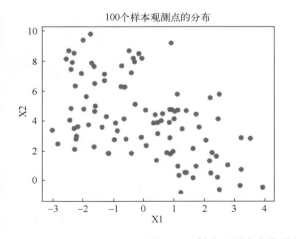

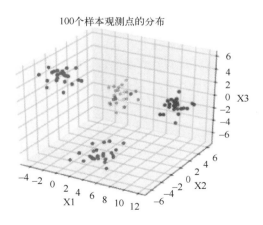

图 12.2　样本观测点在聚类变量空间中的分布和聚类解

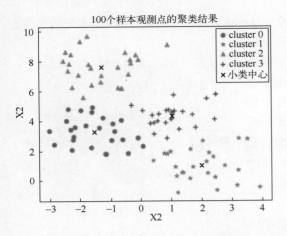
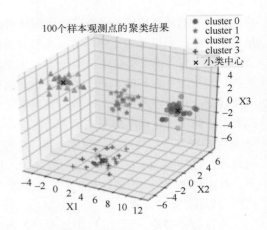

图 12.2　样本观测点在聚类变量空间中的分布和聚类解（续）

二维码 049

数据聚类和数据预测中的分类问题有联系更有区别。联系在于：数据聚类会给每个样本观测一个聚类解，即属于哪个小类的标签，且聚类解将保存在一个新生成的聚类解变量中，并记为 C（分类型）。分类问题是给输出变量一个分类预测值，记为 $\hat{y}$，本质也是给每个样本观测一个标签。区别在于：分类问题中的变量有输入变量和输出变量之分，且分类标签 $\hat{y}$（如空气质量等级、顾客买或不买）的真实值是已知的。但数据聚类中的变量都没有输入变量和输出变量之分，所有变量均视为聚类变量参与分析，且小类标签 C 的真实值是未知的。

如果说数据分类是在带标签的输出变量 y "参与" 下的 "有监督" 的机器学习算法，那么数据聚类就是在无输出变量（无标签）"参与" 下的 "无监督" 的机器学习算法。正是如此，数据聚类有不同于数据分类的算法策略。

12.1.2　聚类算法概述

聚类分析作为探索式数据分析的重要手段，已广泛应用于机器学习、模式识别、图像分析、信息检索、生物信息学（Bioinformatics）等众多领域。目前，聚类算法（也称聚类模型）有上百种之多。不同算法对类的定义有所不同，聚类策略也各有千秋。这里仅从类的含义、聚类结果的差异以及聚类算法这三个方面做简单概括。

1. 类的定义

类是一组样本观测的集合，主要包括以下三种情况：

- 聚类变量空间中距离较近的各样本观测点，可形成一个小类。如图 12.2 第二列所示。
- 聚类变量空间中样本观测点分布较为密集的区域，可视为一个小类。如图 12.2 第一列所示。
- 来自某特定统计分布的一组样本观测，可视为一个小类。

2. 聚类结果

从聚类结果角度，主要包括以下两种情况：

- 确定性聚类和模糊聚类。如果任意两个小类的交集为空，一个样本观测点最多只确定性地属于一个小类，称为确定性聚类（或硬聚类）。否则，如果一个样本观测点以不同概率水平属于所有的小类，称为模糊聚类（或软聚类）。

- 基于层次的聚类和非层次的聚类。如果小类之间存在一个类是另一个类的子集的情况，称为层次聚类，或系统聚类。否则，为非层次聚类。

3．聚类模型

从聚类模型角度，主要包括以下几种情况。

（1）基于质心的聚类模型（Centroid Models）

从反复寻找类质心角度设计算法。这类算法以质心为核心，视聚类变量空间中距质心较近的多个样本观测点为一个小类。得到的聚类结果一般为确定性的，且不具有层次关系。

（2）基于连通性的聚类模型（Connectivity Models）

从距离和连通性角度设计算法。这类算法视聚类变量空间中距离较近的多个样本观测点为一个小类，并基于连通性完成最终的聚类。得到的聚类结果一般为确定性的，且具有层次关系。

（3）基于统计分布的聚类模型（Distribution Models）

从统计分布角度设计算法。这类算法视来自某特定统计分布的多个样本观测为一个小类，认为一个小类是来自一个统计分布的随机样本。得到的聚类结果一般具有不确定性，且不具有层次关系。

（4）基于密度的聚类模型（Density Models）

从密度的可达性角度设计算法。这类算法视聚类变量空间中样本观测点分布较为密集的区域为一个小类。以距离阈值为密度可达性定义。得到的聚类结果一般为确定性的，且不具有层次关系。适合于"自然小类"的、形状复杂而且不规则的情况。

（5）其他聚类模型

其他聚类模型，如动态聚类、自组织映射（Self-Organizing Mapping, SOM）聚类、基于图的聚类模型（Graph-based Models）等。

除上述三个方面之外，有些聚类算法要求事先确定聚类数目 K，有些则不需要。

本章将重点讨论常用的基于质心的聚类模型、基于连通性的聚类模型和基于统计分布的聚类模型。

12.1.3　聚类解的评价

数据聚类是无输出变量（无标签）"参与"下的"无监督"的机器学习算法，通常不能像数据预测建模那样，通过计算实际标签值与聚类解 C 间的差异程度（如错判率等）来评价聚类解的合理性，因为实际标签值是未知的。聚类解的评价测策略通常包括两类：内部度量法和外部度量法。

1．内部度量法

内部度量法的核心出发点是：合理的聚类解，应确保小类内部差异小而小类之间差异大。这通常依赖于小类数目（也称聚类数目 K）的大或小。对样本量为 N 的数据集，在聚类数目较大的极端情况下（聚类数目 $K = N$），每个样本观测自成一类。此时，类内部零差异，但类间差异不一定大，意味着应将某些样本观测聚成若干小类，减少聚类数目 K。相反地，在聚类数目较小的极端情况下（聚类数目 $K=1$），所有样本观测聚成一个大类。此时，类间零差异，但类内部的差异可能很大，意味着应将某些样本观测从大类中分离出去，单独聚成若干小类，增加聚类数目 K。所以，聚类解评价的核心是判断聚类数目是否合理。

判断聚类数目的合理性还有更深层的意义。事实上，尽管聚类分析的本意是发现数据中的"自然小类"，但后续可基于聚类模型，对新的样本观测所应归属的小类进行判定，从而将聚类分析推广到分类预测中。所以，从这个角度看，聚类模型也是一种特殊的分类模型。本书前面章节反复提及，分类模型需要兼顾预测精度和模型复杂度。对于聚类来说，模型的复杂度就是聚类数目 K。不合理的 K 一方面会导致预测精度低下，另一方面也会导致模型过拟合。

这里涉及的首要问题是：如何度量小类内部和小类之间的差异性。常用的度量指标如下。

（1）类内离差平方和以及类间离差平方和

类内离差平方和、类间离差平方和的定义，分别与 10.2.2 节的组内离差平方和、组间离差平方和相同。

首先，聚类变量 X_j 的总的离差平方和定义为 $SST(X_j)=\sum_{i=1}^{N}(X_{ij}-\bar{X}_j)^2$。$\bar{X}_j$ 为 X_j 的总样本均值。若将样本观测聚成 K 类，变量 X_j 的类内离差平方和定义为 $SSE(X_{j(within)})=\sum_{k=1}^{K}\sum_{i=1}^{N_k}(X_{ij}^k-\bar{X}_j^k)^2$。其中，$N_k$ 和 $\bar{X}_j^k$ 分别为第 $k(k=1,2,\cdots,K)$ 小类的样本量和样本均值，X_{ij}^k 表示 X_j 在第 k 小类第 i 个样本观测上的取值。类内离差平方和是各个小类内部离差平方和的总和，它度量了小类内部总的离差程度，应越小越好。

变量 X_j 的类间离差平方和定义为 $SSA(X_{j(between)})=\sum_{k=1}^{K}N_k(\bar{X}_j^k-\bar{X}_j)^2$。类间离差平方和是各小类的样本均值与总样本均值的离差平方和之和，它度量了小类间总的离散程度，应越大越好。

其次，上述仅是单个变量 X_j 的各种离差平方和。聚类分析中聚类变量个数 p 至少大于等于 2。所以离差平方和应是 p 个变量离差平方和之和。于是，总的离差平方和为

$$SST=\sum_{j=1}^{p}\sum_{i=1}^{N}(X_{ij}-\bar{X}_j)^2 \tag{12.1}$$

类内离差平方和为

$$SSE=\sum_{j=1}^{p}\sum_{k=1}^{K}\sum_{i=1}^{N_k}(X_{ij}^k-\bar{X}_j^k)^2 \tag{12.2}$$

类间离差平方和为

$$SSA=\sum_{j=1}^{p}\sum_{k=1}^{K}N_k(\bar{X}_j^k-\bar{X}_j)^2 \tag{12.3}$$

进一步，可定义一个比值 $F=SSA/SSE$。显然，比值 F 越大，表明聚类数目 K 越合理。此外，为消除样本量 N 和聚类数目 K 大小对比值 F 计算结果的影响，通常也将比值 F 调整为 $F=\dfrac{SSA/(K-1)}{SSE/(N-K)}$，分子和分母都是均方（方差）。此即为 10.2.2 节的 F 统计量简单拓展到多变量的情况。

（2）CH（Calinski-Harabaz，CH）指数

CH 指数与比值 F 的思想类似，优势在于将计算直接拓展到 p 维聚类变量空间中。

首先，度量小类内部的总的差异性：

$$D^2_{(\text{within})} = \frac{1}{N-K} \sum_{k=1}^{K} \sum_{i=1}^{N_k} \left\| \boldsymbol{X}_i^k - \bar{\boldsymbol{X}}^k \right\|^2 \tag{12.4}$$

其中，$\left\| \boldsymbol{X}_i^k - \bar{\boldsymbol{X}}^k \right\|^2$ 表示第 k 个小类中第 i 个样本观测点 $\boldsymbol{X}_i^k \in \mathbb{R}^p$ 到本小类中心点 $\bar{\boldsymbol{X}}^k \in \mathbb{R}^p$ 距离的平方。$\frac{1}{N-K}$ 用于消除样本量 N 和聚类数目 K 的大小对计算结果的影响。可见，$D^2_{(\text{within})}$ 越小，表明小类内的差异性越小。

然后，度量小类之间的总的差异性：

$$D^2_{(\text{between})} = \frac{1}{K-1} \sum_{k=1}^{K} N_k \left\| \bar{\boldsymbol{X}}^k - \bar{\boldsymbol{X}} \right\|^2 \tag{12.5}$$

其中，$\left\| \bar{\boldsymbol{X}}^k - \bar{\boldsymbol{X}} \right\|^2$ 表示第 k 个小类的中心点 $\bar{\boldsymbol{X}}^k$ 到全体数据的中心点 $\bar{\boldsymbol{X}} \in \mathbb{R}^p$ 距离的平方。$\frac{1}{K-1}$ 用于消除聚类数目 K 的大小对计算结果的影响。可见，$D^2_{(\text{between})}$ 越大，表明小类间的差异性越大。

最后，计算 CH 指数：

$$CH = \frac{D^2_{(\text{between})}}{D^2_{(\text{within})}} \tag{12.6}$$

显然，CH 指数越大，表明聚类数目 K 越合理。

（3）轮宽（Silhouette）

轮宽是个常用的可直接度量聚类解合理性的指标。

首先，轮宽是针对样本观测点 $\boldsymbol{X}_0 \in \mathbb{R}^p$ 的。样本观测点 $\boldsymbol{X}_0$ 的轮宽定义为

$$s(\boldsymbol{X}_0) = \frac{b(\boldsymbol{X}_0) - a(\boldsymbol{X}_0)}{\max(a(\boldsymbol{X}_0), b(\boldsymbol{X}_0))} \tag{12.7}$$

其中，$a(\boldsymbol{X}_0)$ 是样本观测 $\boldsymbol{X}_0$ 在其所属小类 k（聚类指派的小类）的总代价；$b(\boldsymbol{X}_0)$ 是样本观测 $\boldsymbol{X}_0$ 在其他小类[如 $[-\kappa(k)]$]的总代价的最小值。这里，总代价定义类似 $\sum_{j=1}^{p} \sum_{i=1}^{N_k} (X_{ij}^k - X_{0j})^2$，即以 $\boldsymbol{X}_0$ 为中心点，计算类内部其他样本观测点与中心点的离散程度。显然，若经聚类 $\boldsymbol{X}_0$ 被指派到一个合理的小类 k 中，则 $a(\boldsymbol{X}_0)$ 应较小且 $b(\boldsymbol{X}_0)$ 会较大，$s(\boldsymbol{X}_0) \to 1$。反之，若经聚类 $\boldsymbol{X}_0$ 被指派到一个不合理的小类 k 中，则 $a(\boldsymbol{X}_0)$ 应较大且 $b(\boldsymbol{X}_0)$ 会较小，$s(\boldsymbol{X}_0) \to -1$。因此，轮宽 $s(\boldsymbol{X}_0)$ 越大越接近 1，表明 $\boldsymbol{X}_0$ 的聚类解越合理。反之，轮宽 $s(\boldsymbol{X}_0)$ 越小越接近 -1，表明 $\boldsymbol{X}_0$ 越可能被归入错误的小类。

然后，计算样本观测全体的平均轮宽 $\bar{s}(\boldsymbol{X}) = \frac{1}{N} \sum_{i=1}^{N} s(\boldsymbol{X}_i)$。平均轮宽 $\bar{s}(\boldsymbol{X})$ 越大越接近 1，表明整体上聚类解越合理。反之，平均轮宽 $\bar{s}(\boldsymbol{X})$ 越小越接近 -1，表明整体上聚类解越不合理。

2. 外部度量法

外部度量法的核心出发点是：默认存在一个与聚类解 C 高度相关的外部变量 Z（不是聚类变量且不参与聚类）。例如，假设某类市场细分中的 VIP 顾客通常是活跃型顾客。在该默认前提

下，可计算样本观测 $X_i(i=1,2,\cdots,N)$ 的聚类解 C_i 与 Z_i 的一致程度。例如，借用分类建模中的错判率等指标。一致程度越高，聚类解越合理。

在解决实际应用问题时，外部度量法并不常用。因为若能够默认 C 与 Z 高度相关，就不必进行聚类分析，直接将 Z 作为小类标签即可。或者，基于聚类变量和 Z 建立分类模型，采用有监督的学习方式探索聚类变量和 Z 之间的关系。

外部度量法主要用于评价某个新开发的聚类算法的聚类性能，探索新算法能否达到预期的聚类目标，因此多适用于聚类算法的性能对比和新算法的研发场景。

12.1.4 聚类解的可视化

聚类解的可视化是指，利用二维散点图直观展示小类内部样本观测点的分布，以及小类间的相对位置。聚类解的可视化在聚类变量 $p > 3$ 的高维情况下是非常必要的，不仅能够形象刻画聚类解的情况，而且也可作为直观评价聚类解的图形化手段。

将位于高维聚类变量空间中的样本观测点展示到二维平面上的关键任务是降维。对此，可利用 11.2 节介绍的主成分分析等方法实现。图 12.3 是对图 12.2 第二行中聚类解的直观展示（Python 代码详见 12.5.1 节）。

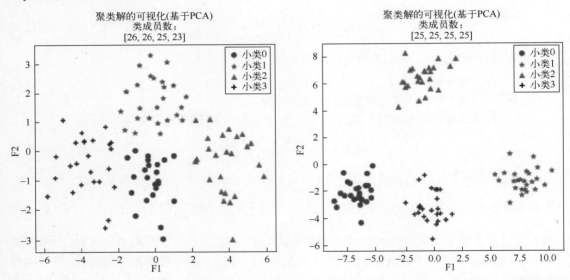

图 12.3 聚类解的可视化

图 12.3 是采用主成分分析，提取两个主成分后绘制的基于主成分的散点图。不同颜色和形状表示不同的聚类解。右图中小类内的样本观测点很集中，且类之间的距离相对较大，表明聚类效果比较理想。相对而言，左图的聚类效果略逊一筹。

二维码 050

综上所述，基于不同的小类定义，聚类分析有不同的算法策略。对聚类解的评价是聚类分析的重要内容。可视化能够更直观地展示聚类解，在聚类分析的实际应用中是不可或缺的。

以下几节将基于上述方面，分别说明基于质心的聚类模型、基于连通性的聚类模型和基于统计分布的聚类模型。

12.2 基于质心的聚类模型：K-均值聚类

K-均值聚类也称快速聚类，是机器学习中的经典聚类方法。K-均值聚类中小类的定义是：聚类变量空间中距离较近的样本观测点为一个小类。该算法以小类的质心点为核心，视距小类质心点较近的样本观测为一个小类，给出的聚类解为确定性的且不具有层次关系。同时，需事先确定聚类数目 K。

因以距离作为聚类依据，所以样本观测点 X_i 和 X_j 间的距离定义是关键。这与 5.1.1 中的距离定义是一致的，这里不再赘述。但仍需强调的是，距离是 K-均值聚类的基础，将直接影响最终的聚类解。聚类前应努力消除影响距离"客观性"的因素。

例如，应消除数量级对距离计算结果的影响。应努力避免聚类变量高相关性而导致的距离"重心偏颇"。如第 10 章开篇提及的，某健身中心收集了会员的身高、体重、腿长、臂长、臂围等数据。若基于这些数据进行会员身形的聚类，由于身高、腿长和臂长等通常高度相关，计算距离时将会重复贡献"长度"，使得距离计算结果出现"重心"偏颇至"长度"的现象。所以，可通过恰当的变量筛选避免聚类变量间高相关性。

以下将重点介绍 K-均值聚类过程。

12.2.1 K-均值聚类的基本过程

在距离定义下，K-均值聚类算法要求事先确定聚类数目 K，并采用分割方式实现聚类。

所谓分割是指：首先，将聚类变量空间随意分割成 K 个区域，对应 K 个小类，并确定 K 个小类的中心位置，即质心点；然后，计算各个样本观测点与 K 个质心点间的距离，将所有样本观测点指派到与之距离最近的小类中，形成初始的聚类解。由于初始聚类解是在聚类变量空间随意分割的基础上产生的，无法确保给出的 K 个小类就是客观存在的"自然小类"，所以需多次迭代。

在这样的设计思路下，K-均值聚类算法的具体过程如下。

第一步，指定聚类数目 K。

在 K-均值聚类中，应首先给出希望聚成多少类。确定聚类数目 K 并非易事，既要考虑最终的聚类效果，也要符合所研究问题的实际情况。聚类数目 K 太大或太小都将失去聚类的意义。

第二步，确定 K 个小类的初始质心。

小类质心是各小类特征的典型代表。指定聚类数目 K 后，还应指定 K 个小类的初始类质心点。初始类质心点指定的合理性，将直接影响聚类算法的收敛速度。常用的初始类质心的指定方法如下。

- 经验选择法：根据以往经验大致了解样本应聚成几类以及小类的大致分布，只需要选择每个小类中具有代表性的样本观测点作为初始类质心即可。
- 随机选择法：随机指定 K 个样本观测点作为初始类质心。
- 最大值法：先选择所有样本观测点中相距最远的两个点作为初始类质心。然后，选择第三个观测点，使它与已确定的类质心的距离是其余点中最大的。接下来按照同样的原则选择其他类质心。

第三步，根据最近原则进行聚类。

依次计算每个样本观测点 $X_i(i=1,2,\cdots,N)$ 到 K 个小类质心的距离，并按照距 K 个小类质心点距离最近的原则，将所有样本观测分派到距离最近的小类中，形成 K 个小类。

第四步，重新确定 K 个类的质心。

重新计算 K 个小类的质心点。质心点的确定原则是：依次计算各小类中所有样本观测点在各个聚类变量 $X_i(i=1,2,\cdots,p)$ 上的均值，并以均值点作为新类的质心点，完成一次迭代过程。

第五步，判断是否满足终止聚类算法的条件。

如果没有满足则返回到第三步，不断反复上述过程，直到满足迭代终止条件。

聚类算法终止的条件通常有两个：第一，迭代次数。当目前的迭代次数等于指定的迭代次数时，终止聚类算法；第二，小类质心点偏移程度。若新确定的小类质心点与上次迭代确定的小类质心点的最大偏移量，小于某阈值 $\varepsilon > 0$ 时，终止聚类算法。上述两个条件中任意一个满足则结束算法。适当增加迭代次数或设置合理的阈值 ε，能够有效克服初始类质心点的随意性给聚类解带来的负面影响。

可见，K-均值聚类是一个反复迭代的过程。在聚类过程中，样本观测点的聚类解会不断调整，直到最终小类基本不变，聚类解达到稳定为止。图 12.4 直观反映了 K-均值聚类的过程。

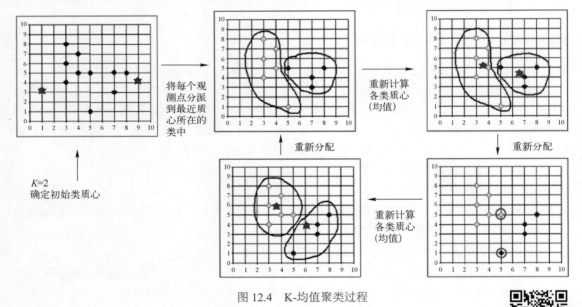

图 12.4　K-均值聚类过程

图 12.4 中，首先，指定聚成 $K = 2$ 类，第一幅图中的五角星（★）为初始类质心。第一次迭代结束时，得到第二幅图中浅色点和深色点分属的两个小类。然后，重新计算两个小类的质心，如第三幅图中的五角星所示，完成第一次迭代。对比发现第一次迭代后两个质心点的位置均发生了较大偏移，可见初始的类质心是不恰当的。

接下来进入第二次迭代，聚类解如第二行的右图所示。其中，圆圈圈住的两个点的颜色发生

二维码 051

了变化，意味着它们的聚类解发生了变化。再次计算两个小类的质心，为第二行左图中的五角星，完成第二次迭代。同样，与第一次迭代对比，当前两个质心点的位置也发生了偏移，尽管偏移幅度小于第一迭代，但第二次迭代是必要的。按照这种思路，迭代会继续下去，质心的偏移幅度会越来越小，直到满足迭代终止条件为止。如果迭代是充分的，迭代结束时的聚类解将不再随迭代的继续而变化。

进一步，K-均值聚类过程本质是一个优化求解过程。若将数据集中的 N 个样本观测记为 $(X_1, X_2, \cdots, X_N)$，K 个小类记为 $(S_1, S_2, \cdots, S_K)$，则 K-均值聚类即是要找到小类内离差平方和最小下的聚类解，即 $\arg\min\limits_{S_1, S_2, \cdots, S_K} \sum\limits_{k=1}^{K} \sum\limits_{X \in S_k} \|X - u_k\|^2$，$u_k$ 是 S_k 类的质心；$\|X - u_k\|$ 表示样本观测 X 与质心 u_k 的距离。在预设的聚类数目 K 下，K-均值聚类算法不必再关注小类间的离散性。

12.2.2 K-均值聚类中的聚类数目

K-均值聚类中的难点是需事先确定聚类数目 K。不同的 K 值将给出不同的聚类解。

例如，对图 12.2 左上图中的数据采用 K-均值聚类，聚类数目 $K = 2 \sim 7$ 时的聚类解如图 12.5 所示（Python 代码详见 12.5.1 节）。

二维码 052

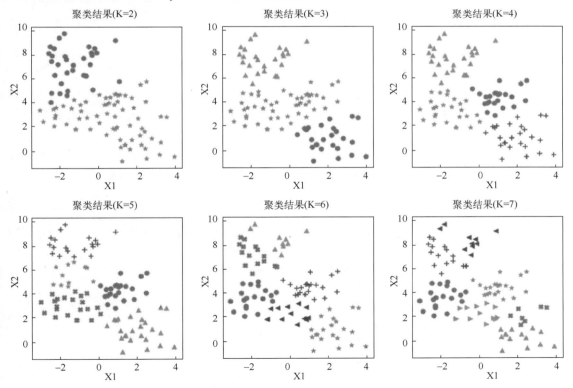

图 12.5　不同聚类数目 K 下的聚类解（均值聚类）

图 12.5 第一幅图，因聚成两类（圆和五角星）时类内差异较大，可考虑进一步考虑聚成 3 类、4 类等。当从 4 类聚成 5 类或更多类时，类内差异是否显著缩小以及类间差异是否显著增加是需要关注的。因为如 12.1.3 节讨论，增加聚类数目 K 意味着增加模型复杂度，但若没有显著减少类内差异和增大类间差异，则意味着预测精度没有明显改善，此时增加聚类数目 K 就没有意义。

为此，可将 12.1.3 节中讨论的比值 F、CH 指数和轮宽作为确定 K 的依据（Python 代码详见 12.5.1 节）。如图 12.6 所示。

图 12.6 表明，聚类数目 $K = 4$ 时的各项度量指标达到次大或最大。本例聚成 4 类是比较恰当的。聚成 4 类的聚类解可视化如图 12.3 左图所示。

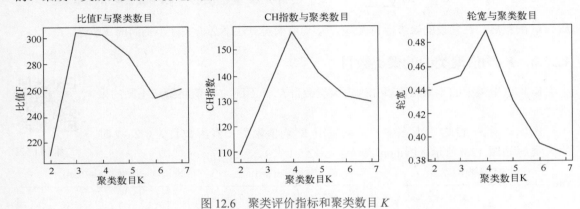

图 12.6 聚类评价指标和聚类数目 K

12.2.3 基于 K-均值聚类的预测

K-均值聚类的核心是质心。基于迭代结束后的聚类解，可计算出各小类最终的质心 $\boldsymbol{C}^1, \boldsymbol{C}^2, \cdots, \boldsymbol{C}^K$。如图 12.2 第二行两幅图中标记的叉子。

对 p 维聚类变量空间中的任意新的样本观测点 $\boldsymbol{X}_0 \in \mathbb{R}^p$，若预测其所属的小类，只需计算 $\boldsymbol{X}_0$ 与各个小类质心的距离：$\|\boldsymbol{X}_0 - \boldsymbol{C}^j\|, j = 1, 2, \cdots, K$。$\boldsymbol{X}_0$ 的聚类解为距离最小的类：$C_0 = \underset{j}{\arg\min} \|\boldsymbol{X}_0 - \boldsymbol{C}^j\|$。

K-均值聚类分析的讨论至此结束。需补充说明的是：K-均值聚类过程中，K 个小类的初始类质心具有随机性。若大数据集下的迭代不充分，则初始类质心的随机性会对聚类解产生影响。为此通常的做法是多次"重启动"，即多次执行 K-均值聚类过程，最终给出稳定的聚类解。

12.3 基于连通性的聚类模型：系统聚类

系统聚类也称层次聚类，从距离和连通性角度设计算法。这类算法视聚类变量空间中距离较近的多个样本观测点为一个小类，并基于连通性完成最终的聚类。得到的聚类结果一般为确定性的且具有层次关系。

12.3.1　系统聚类的基本过程

系统聚类是将各个样本观测点逐步合并成小类，再将小类逐步合并成中类乃至大类的过程。具体过程如下：

第一步，每个样本观测点自成一类。

第二步，计算所有样本观测点彼此间的距离，并将其中距离最近的点聚成一个小类，得到 $N-1$ 个小类。

第三步，度量剩余样本观测点和小类间的距离，并将当前距离最近的点或小类再聚成一个类。

重复上述过程，不断将所有样本观测点和小类聚集成越来越大的类，直到所有点"凝聚"到一起，形成一个最大的类为止。对 N 个样本观测，需经 $N-1$ 次"凝聚"形成一个大类。

如图 12.7 所示，开始阶段 a,b,c,d,e 五个样本观测点各自成一类 {a},{b},{c},{d},{e}。第 1 步中，a 与 b 间的距离最近，首先合并成一个小类 {a,b}；第 2 步中，d 与 e 合并为一个小类 {d,e}；之后 c 并入 {d,e} 小类中形成 {c,d,e}；最后，第 4 步中，{a,b} 小类与 {c,d,e} 小类合并，所有观测成为一个大类。可见，小类（如 {a},{b}）是中类（如 {a,b}）的子类，中类（如 {d,e}）又是大类（如 {c,d,e}）的子类。类之间具有从属或层次包含关系。此外，随着聚类的进行，类内的差异性在逐渐增加。

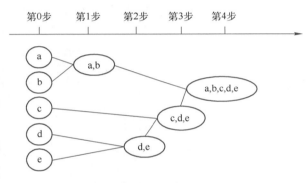

图 12.7　系统聚类过程示例

12.3.2　系统聚类中距离的连通性测度

从系统聚类过程看，涉及以下两个方面的距离测度。

第一，样本观测点间距离的测度。测度方法同 K-均值聚类，不再赘述。

第二，样本观测点和小类间、小类和小类间距离的测度。

K-均值聚类中的距离测度不再适用于样本观测点与小类、小类与小类间距离的测度。此时，需从连通性角度度量。

所谓连通性也是一种距离的定义，它测度的是聚类变量空间中，样本观测点连通一个小类或一个小类连通另一个小类，所需的距离长度。主要有如下连通性测度方法：

（1）最近邻法

最近邻法，也叫单链法（single linkage）。最近邻法中，样本观测点连通一个小类间所需的距离长度，是该点与小类中所有点距离中的最小值。

（2）最远距离法

最远距离（maximum linkage）法中，样本观测点连通一个小类间所需的距离长度，是该点与小类中所有点距离中的最大值。

（3）组间平均链锁法

组间平均链锁（average linkage）法中，样本观测点连通一个小类间所需的距离长度，是该点与小类中所有点距离的平均值。

（4）类内方差 Ward 法

Ward 法中，样本观测点连通一个小类间所需的距离长度，是将该点合并到小类后的方差。

12.3.3　系统聚类中的聚类数目

从聚类过程看，系统聚类的优势在于，可以给出聚类数目 $K = 1, 2, \cdots, N$ 时的所有聚类解，这为确定合理的聚类数目 K 提供了直接依据。以下通过两个示例说明确定合理聚类数目 K 的角度和方法。

二维码 053

1．示例一

本例为一个小样本量下的系统聚类示例，如图 12.8 所示（Python 代码详见12.5.2 节）。

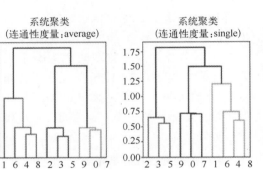

图 12.8　系统聚类的树形图

图 12.8 中，第一幅图展示了 10 个样本观测点在二维聚类变量空间中的分布。现通过系统聚类并分别采用 Ward 法、组间平均链锁法和最近邻法这三种连通性度量来实施聚类。聚类解如后三幅图所示。其中，纵坐标为点和点之间的距离或联通性测度结果，横坐标为样本观测点编号。图通过倒置的树形结构展示了全部聚类解，相同颜色表示同一个类。例如，第二幅图中，样本观测点 3 和 5 首先聚成一个小类（其间距离最小），后续又和 2 聚在一起成为一个中类。本例中不同连通性测度下的聚类解均相等。

树形图为确定合理的聚类数目 K_{opt} 提供了直接依据。例如，在第二幅图中，$K_{opt} \geqslant 4$，以最下方的虚线为标准，如聚成 4 类：$\{1, \{6,4,8\}, \{9,0,7\}, \{2,3,5\}\}$，显然是不恰当的，因为类间差异过小（虚线位置较低）。$K_{opt} \leqslant 2$，以最上方的虚线为标准，如聚成两类：$\{\{1,6,4,8\}, \{9,0,7,2,3,5\}\}$，也不恰当，因为类内差异过大（虚线位置较高）。$K_{opt} = 3$，以中间的虚线为标准 $\{\{1,6,4,8\}, \{9,0,7\}, \{2,3,5\}\}$，则较为合理。

2．示例二

本例为一个大样本量下的系统聚类示例。图 12.9 是系统聚类对样本容量 $N = 3000$ 的数据集，分别聚成 15、10、5、3 类时的聚类效果图。不同颜色的点属于不同的小类（Python 代码详见 12.5.3 节）。由此可知，确定合理的聚类数目 K 是关键。

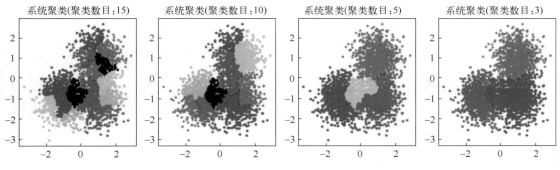

图 12.9　不同聚类数目 K 下的聚类解（系统聚类）

当样本量较大时，可以利用碎石图帮助确定合理的聚类数目 K（Python 代码详见 12.5.3 节），如图 12.10 所示。

图 12.10 中，横坐标为小类间的距离（或连通性度量），纵坐标为聚类数目 K。该图是聚类过程中小类距离关于聚类数目 K 的散点图。对于上述样本量等于 $N = 3000$ 的数据集需 2999 次"凝聚"才能形成一个大类。当数据聚成 2999 个小类时，小类内的差异很小，如图 12.10 所示距离近似等于 0。后续聚成 2998、2997、2996 等小类时，小类内的距离均增加很少，表现为图中许多点连成一条由上而下的近似竖直的"线"。之后，当聚类

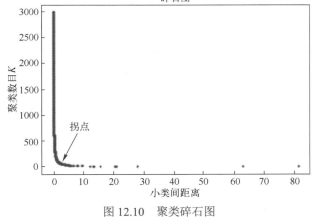

图 12.10　聚类碎石图

数目 K 减少至图中箭头所指位置时，若继续减少 K，小类内部的差异性增加幅度将变大。当 K 从 9 减少到 8、7、6 等时，小类内部的差异性显著增加，表现为图中若干点连成一条由左至右的近似水平的"线"。图形整体上类似"陡峭山峰的断崖"和"山脚下的碎石路"，因此得名"碎石图"。

合理的聚类数目 K 应为碎石图中箭头所指"拐点"处的 K。原因是若后续再继续"凝聚"，小类内部的差异性就会过大，所以 K 不能再继续减少了。因此，本例大致聚成 10 类（$K = 10$）是比较恰当。

应注意的是：由于系统聚类可以给出全部聚类解，所以大数据集下的系统聚类的计算成本很高。实际应用中，通常可首先基于随机抽取的小数据集，利用系统聚类进行"预聚类"。目的是了解数据的内在"自然结构"，从而确定合理的聚类数目 $K = K_{opt}$。后续在大规模数据集上聚类时，指定系统聚类仅给出 $K = K_{opt}$ 下的聚类解，以提高算法效率。

12.3.4　系统聚类中的其他问题

1. 系统聚类解和 K-均值聚类解的对比

系统聚类过程不同于 K-均值聚类，这决定了两者的聚类解有时并不完全一致。如图 12.11 所示，该图展示了我国某年各省市环境污染数据的聚类结果（Python 代码详见 12.6.1 节）。

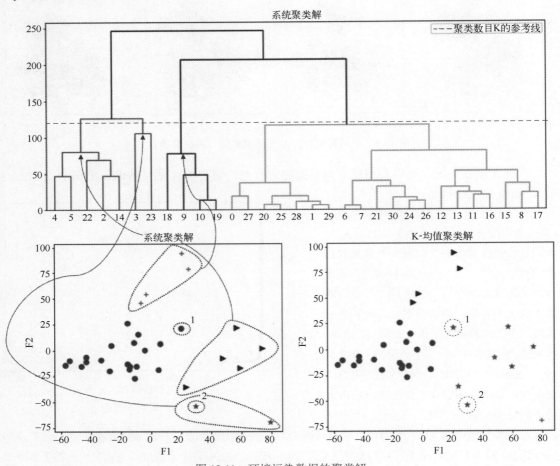

图 12.11　环境污染数据的聚类解

图 12.11 第一行给出了对 30 个地区的系统聚类的所有聚类解。第二行左图展示了聚成四类的情况（采用主成分分析提取两个主成分的散点图），相同颜色和形状表示同一小类。右图为 K-均值的聚类解。

观察发现，K-均值的聚类解与系统聚类解并不完全一致，如图中虚线圆圈圈住的 1、2 两点。在第二行右图的 K-均值聚类中，1、2 两个点均与五角星小类的质心更近，被归入该小类。但在系统聚类中，当确定聚成 4 类时，第一行的树形图显示，第二行左图的 2 号点对应第 3 号样本观测，它与第 23 号样本观测更近，而非左侧的小类 {4,5,22,2,14}。同理，第二行左图的 1 号点对应第 15 号样本观测，也远离小类 {4,5,22,2,14} ，被归入了最大的一个小类中。

系统聚类是一个"逐层递进"的聚类过程。同时，系统聚类不会像 K-均值聚类那样受迭代次数和不同初始类质心的影响，且聚类解具有确定性，但计算效率低于 K-均值聚类。

2．系统聚类对离群点的探索

系统聚类可用于探测离群点。离群点，简单来说就是远离大多数样本观测点的点。系统聚类中，在聚类数目 K 确定的条件下，离群点 X_i 因与其他小类的距离均较远而最终自成一类，如图 12.12 所示（Python 代码详见 12.5.3 节）。

图 12.12 是对图 12.9 所示的数据人为设定 3 个离群点后的系统聚类结果。3 个离群点能够被算法探测出来并自成一类。与图 12.11 第二行右图中的 K-均值聚类对比，虽然其右下角也有一个样本观测点（下方十

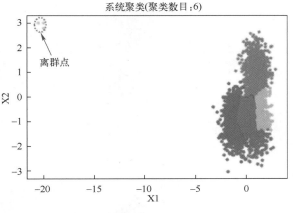

图 12.12　系统聚类中的离群点

字）自成一类，但从量级上看，该点尚未达到远离大多数点（异常点）的标准。与 K-均值聚类相比，系统聚类更适合探测异常点。

12.4　基于高斯分布的聚类模型：EM 聚类

12.4.1　基于高斯分布聚类的出发点：有限混合分布

12.2 节和 12.3 节讨论的 K-均值聚类和系统聚类都有一个共同特点，即适合小类形状大致为圆形或球形下的聚类。如图 12.13 所示（Python 代码详见 12.5.4 节）。

图 12.13 左上图中各颜色表示模拟数据的真实类，各小类大致呈圆形。右上图为 K-均值聚类解的情况，与真实类完全吻合，聚类效果非常理想，能够很好地聚类。左下图同样为模拟数据的真实类分布，各小类大致呈长轴较长的椭圆状。右下图为 K-均值聚类解的情况，显然与真实类差异明显，聚类效果不理想。可见，以距离作为聚类依据的聚类算法，通常适合于小类且较为规则的圆形或球形的情况。当小类大致呈长轴较长的椭圆（椭球）状时，应采用其他聚类算法。其中，基于高斯分布的 EM 聚类就是一个理想选择。

基于高斯分布的聚类模型从统计分布的角度设计算法。这类算法的核心出发点是：如果样本数据存在"自然小类"，那么某小类中的样本观测一定来自一个高斯分布。换言之，一个"自然小类"是来自一个高斯分布的随机样本。于是，数据集全体即是来自多个高斯分布的有限混合分布的随机样本，如图 12.14 所示（Python 代码详见 12.5.4 节）。

图 12.14 左图为样本量 $N = 1500$ 的数据集在 X_1、X_2 二维聚类变量空间中的分布，直观上存在两个小类。从基于统计分布的聚类角度看，两个小类分别来自两个高斯分布。若将数据集视为两个高斯分布的混合分布，则分布如图 12.14 右图所示。两个"峰"分别对应左图中的两个小类。

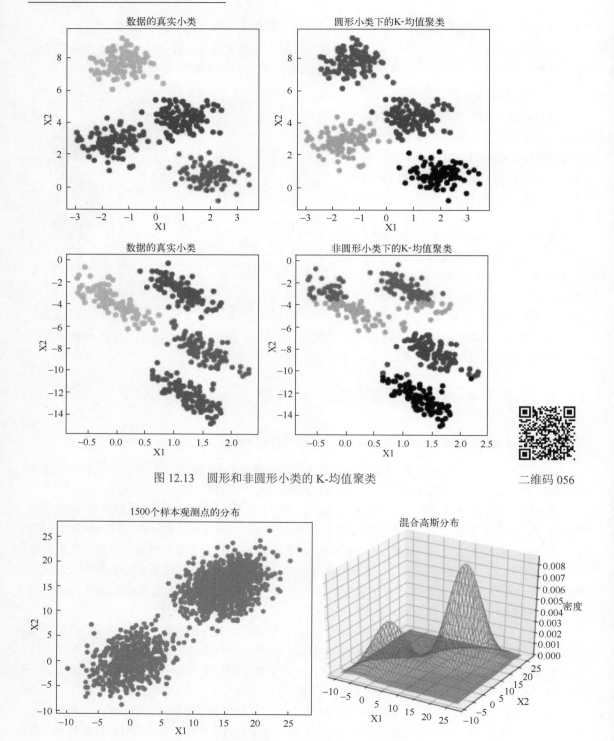

图 12.13　圆形和非圆形小类的 K-均值聚类

二维码 056

图 12.14　混合高斯分布的散点图和核密度估计曲面图

进一步，一方面，若数据集是包含 K 个高斯分布的有限混合分布，则应将数据聚成 K 类。另一方面，若能将数据聚成 K 类且聚类数目合理，则数据应服从包含 K 个高斯分布的有限混合分布。其中 K 个高斯分布称为混合分布的 K 个成分，通常待估的参数值不尽相同。设数据集包含 p 个聚类变量 $X_1, X_2, \cdots, X_p$。若能聚成 K 个小类，则有如下有限混合分布的概率密度函数：

$$f(X_1, X_2, \cdots, X_p \mid \boldsymbol{\theta}) = \sum_{k=1}^{K} \lambda_k f_k(X_1, X_2, \cdots, X_p \mid \boldsymbol{\theta}_k) \tag{12.8}$$

其中，λ_k 为第 k 个成分的先验概率，满足 $\lambda_k \geq 0, \sum_{k=1}^{K} \lambda_k = 1$，一般可指定为 $\lambda_k = \dfrac{N_k}{N}$，$N_k$ 为来自第 k 个成分的样本的样本量；$f_k(X_1, X_2, \cdots, X_p \mid \boldsymbol{\theta}_k)$ 是第 k 个成分的高斯分布密度函数，$\boldsymbol{\theta}_k$ 是待估的分布参数，包括均值（E）向量、方差（Var）向量、协方差（Cov）矩阵。

基于上述观点，可从另一个视角重新审视图 12.13 第一列两幅图中的小类：它们都是来自各个成分（参数值不尽相同的高斯分布）的随机样本。第一幅图中各个小类呈圆形，可认为任意小类 $\boldsymbol{S}_k$ 均服从：$\mathrm{Cov}(X_1^k, X_2^k) = 0, \mathrm{Var}(X_1^k) = \mathrm{Var}(X_2^k), E(X_1^k) \neq E(X_2^k)$ 的高斯分布。第二幅图中各个小类呈长轴较长的椭圆形，可认为任意小类 $\boldsymbol{S}_k$ 均服从：$\mathrm{Cov}(X_1^k, X_2^k) \neq 0, \mathrm{Var}(X_1^k) \neq \mathrm{Var}(X_2^k)$，$E(X_1^k) \neq E(X_2^k)$ 的高斯分布。X_1^k、X_2^k 分别表示小类 $\boldsymbol{S}_k$ 的 X_1、X_2。因此，圆形小类是椭圆形小类的特殊情况，K-均值聚类是在默认小类圆形下进行的聚类。

对图 12.13 第一列两幅图中的图数据以及图 12.14 左图中的数据，进行基于高斯分布的 EM 聚类，估计各小类的高斯分布参数 $\boldsymbol{\theta}_k$，并将小类的高斯分布轮廓描绘出来，如图 12.15 所示（Python 代码详见 12.5.4 节）。

图 12.15 表明，基于高斯分布的 EM 聚类能够得到正确的聚类结果。

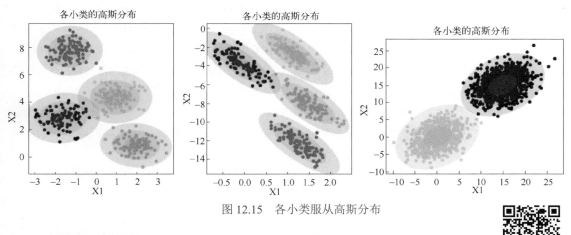

图 12.15　各小类服从高斯分布

12.4.2　EM 聚类算法

1. EM 聚类算法的基本思路

二维码 057

以有限混合分布为出发点，基于统计分布的聚类模型的目标是：找到各样本观测最可能属于的"自然小类"。若将样本观测 $\boldsymbol{X}_i(i = 1, 2, \cdots, N)$ 所属的小类记为 $C_i(i = 1, 2, \cdots, N)$，且 $C_i = \{1, 2, \cdots, K\}$。找到

最有可能属于的小类，即是在已知各成分参数的条件下，使得各样本观测取 C_i 时的联合概率最大，即 $\prod_{i=1}^{N} f(\boldsymbol{X}_i, C_i | \boldsymbol{\theta})$ 最大。等价于在已知数据集 $\boldsymbol{X}$ 和假设小类 $\tilde{C}$ 的条件下，找到在似然函数或对数似然函数到达最大时的成分参数值 $\hat{\boldsymbol{\theta}}$：

$$LL(\boldsymbol{\theta} | \boldsymbol{X}, \tilde{C}) = \sum_{k=1}^{K} \lambda_k \sum_{i=1}^{N} \log[f(\boldsymbol{X}_i, \tilde{C} | \boldsymbol{\theta}_k)] \qquad (12.9)$$

其中，$LL(\cdot)$ 表示对数似然函数。该问题貌似是个极大似然估计问题。

这里通过一个简单的例子来直观理解极大似然估计。例如，收集到 N 名顾客购买某软饮料意向的数据，并希望利用样本数据对顾客有购买意向的概率进行估计。由于顾客的购买意向服从参数为（有购买意向的概率）的二项分布，似然函数为 $L(\theta | y, N) = C_N^y \theta^y (1-\theta)^{N-y}$，其中，$y$ 是观测到有购买意向的顾客人数；θ 为待估参数。现假设 θ 有且仅有 $\boldsymbol{\Theta} = \{0.2, 0.6\}$ 中的两个可能取值，样本量 $N = 5$，有购买意向的人数 $y = 4$。于是，计算在 $\theta = 0.2$ 和 $\theta = 0.6$ 下，观测到 $y = 4$ 的概率分别为

$$P(N = 5, y = 4 | \theta = 0.2) = C_5^4 0.2^4 (1-0.2)^{5-4} = 0.006$$

$$P(N = 5, y = 4 | \theta = 0.6) = C_5^4 0.6^4 (1-0.6)^{5-4} = 0.259$$

显然，因 $0.259 > 0.006$，$\theta = 0.6$ 时的似然函数 $L(\theta | y, N) = C_N^y \theta^y (1-\theta)^{N-y}$ 达到最大，所以 $\hat{\theta} = 0.6$，即顾客有购买意向概率的估计值为 0.6。为方便数学上的处理，通常将似然函数取自然对数，得到对数似然函数。求似然函数最大的过程也就是求对数似然函数最大的过程。

总之，极大似然估计是一种在已知总体概率密度函数 $f(\boldsymbol{X}_i, C_i | \boldsymbol{\theta})$ 和完整样本信息 $\boldsymbol{X}_i$、C_i 的基础上，求解概率密度函数中未知参数 $\boldsymbol{\theta}$ 估计值的方法。一般思路是：在概率密度函数的基础上，构造一个包含未知参数的似然函数，并求解在似然函数值最大时未知参数的值。从另一个角度看，该原则下得到的参数估计值，在其所决定的总体中将以最大的概率观测到当下的样本观测数据。因此，似然函数值实际是一种概率值，取值在 0 至 1 之间。

EM 聚类的难点在于：不仅各成分参数 $\boldsymbol{\theta}$ 未知需要估计，而且各样本观测 $\boldsymbol{X}_i$ 的所属小类标签 C_i 也未知，样本信息不完整，因此无法直接采用极大似然估计。对此，将采用 EM 算法。

EM 算法是 Expectation-Maximization 的英文缩写，称为期望-最大值法。EM 算法在潜变量（如聚类解 C）和分布函数参数（如这里的成分参数 $\boldsymbol{\theta}$）均未知的条件下，通过多次迭代的方式最大化似然函数。

为有助于直观理解 EM 算法在聚类中迭代计算的原理和意义，以下引用 Jake VanderPlas 著作[○]中的相关图形进行说明。

图 12.16 形象地展示了 K-均值聚类的过程，该过程也是 EM 算法核心思想的具体体现。

首先，K-均值聚类开始时需指定将数据聚成 $K = 4$ 类并随机指定初始类质心，如左侧大图所示，然后进行如下步骤的多次迭代。

第一步，根据距离最近原则，将所有样本观测指派到各自小类中，如中图第一行第一幅图所示（不同颜色代表不同小类）。

○ 出自 Jake VanderPlas 所著 *Python Data Science Handbook Essential Tools for Working with Data* 一书中的图 5-112。

第二步，重新计算各个小类的质心，小类质心发生偏移，完成一次迭代，如中图第二行第一幅图所示。

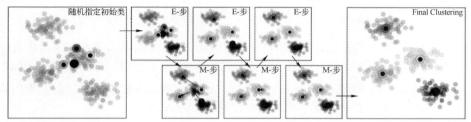

图 12.16 EM 算法示意图

反复次执行第一步和第二步，如中图第一行和第二行的第二、三幅图所示。直到满足迭代结束条件为止。聚类解如右侧大图所示。

这里，第一步是将样本观测点指派到当前"最应属于的期望"小类中，简称为 E（Expectation）步；第二步确定的小类质心是当前"最大可能性"的小类质心，简称为 M（Maximization）步。E 步和 M 步依次交替进行，直到迭代结束。这就是 EM 算法的基本思想。

二维码 058

2. EM 聚类算法的理论表述

基于上述基本思想，EM 聚类算法的理论表述为：有关于聚类解 C（小类标签）和各成分参数 θ 的两个参数值集合 $C \in \boldsymbol{C} = \{1, 2, \cdots, K\}, \theta \in \boldsymbol{\Theta} = \{\boldsymbol{\mu}^k, \boldsymbol{\Sigma}^k\}, k = 1, 2, \cdots, K$。 $\boldsymbol{\mu}^k$ 与 $\boldsymbol{\Sigma}^k$ 分别表示第 k 个小类的中心点（均值向量）和聚类变量的协方差矩阵。迭代开始时，从集合 $\boldsymbol{\Theta}$ 中随机指定一个值（即为 K-均值聚类中的初始类质心）作为 $t = 0$ 时刻参数 θ 的估计值，记作 $\theta^{(t=0)} = \{\boldsymbol{\mu}^k(0), \boldsymbol{\Sigma}^k(0)\}$, $k = 1, 2, \cdots, K$。然后开始如下迭代：

第一步，在 $\theta^{(t)}$ 基础上给出 t 时刻最应取得的小类标签 $C^{(t)} \in \boldsymbol{C}$，该步为 E 步。

具体讲，依据高斯分布函数：

$$f(\boldsymbol{X}_i | \boldsymbol{\mu}^k, \boldsymbol{\Sigma}^k) = \frac{1}{\sqrt[p]{2\pi} \cdot \sqrt{|\boldsymbol{\Sigma}^k|}} \exp\left(-\frac{1}{2}(\boldsymbol{X}_i - \boldsymbol{\mu}^k)^{\mathrm{T}}(\boldsymbol{\Sigma}^k)^{-1}(\boldsymbol{X}_i - \boldsymbol{\mu}^k)\right) \tag{12.10}$$

其中，有 $X_1, X_1, \cdots, X_p$ 共 p 个聚类变量；$\left|\boldsymbol{\Sigma}^k\right|$ 为协方差矩阵的行列式。计算样本观测 $\boldsymbol{X}_i$ 属于 $C_i^{(t)} = k, (k = 1, 2, \cdots, K)$ 小类的概率：

$$P(C_i^{(t)} = k | \boldsymbol{X}_i) = \frac{f(\boldsymbol{X}_i | \boldsymbol{\mu}^k(t), \boldsymbol{\Sigma}^k(t))}{\sum_{j=1}^{K} f(\boldsymbol{X}_i | \boldsymbol{\mu}^j(t), \boldsymbol{\Sigma}^j(t))} \tag{12.11}$$

然后，将样本观测 $\boldsymbol{X}_i$ 重新指派到概率 P 最大的小类 $C_i^{(t)} = \underset{k}{\arg\max}\, P(C_i^{(t)} = k | \boldsymbol{X}_i)$ 中。

第二步，在 $C^{(t)}$ 基础上计算成分参数 θ，记作 $\theta^{(t+1)}$。该步为 M 步。

具体讲，基于当前的小类标签 $C^{(t)}$ 计算各成分（小类）参数：

$$\boldsymbol{\mu}^k(t+1) = \frac{\sum_{i=1}^{N} P(C_i^{(t)} = k | \boldsymbol{X}_i)\boldsymbol{X}_i}{\sum_{i=1}^{N} P(C_i^{(t)} = k | \boldsymbol{X}_i)} \tag{12.12}$$

$$\boldsymbol{\Sigma}^k(t+1) = \frac{\sum_{i=1}^{N} P(C_i^{(t)} = k|\boldsymbol{X}_i)(\boldsymbol{X}_i^{\mathrm{T}}\boldsymbol{X}_i)}{\sum_{i=1}^{N} P(C_i^{(t)} = k|\boldsymbol{X}_i)} \tag{12.13}$$

从统计角度看，由于数据集是一个随机样本，因此这一步的实质是利用样本给出各小类参数真实值 $\boldsymbol{\theta}$ 的一个估计。有很多估计的方法，式（12.12）和式（12.13）分别是对 $\boldsymbol{\mu}^k$ 和 $\boldsymbol{\Sigma}^k$ 的极大似然估计，所以本步得名 M 步。此外应注意，式（12.12）和式（12.13）的计算结果均是加权意义上的，权重为样本观测 $\boldsymbol{X}_i$ 属于 k 小类的概率：$P(C_i^{(t)} = k|\boldsymbol{X}_i)$。

重复上述 E 步和 M 步，直到小类标签 C 和成分参数 $\boldsymbol{\theta}$ 均收敛到某值为止。

对比 EM 聚类过程和 K-均值聚类过程可以发现，两者的不同在于：K-均值聚类依距离"硬性"指派样本观测点 $\boldsymbol{X}_i$ 到某个小类，EM 聚类中 $\boldsymbol{X}_i$ 以不同的概率属于不同的小类，且最终依最大概率"软性"指派观测点 $\boldsymbol{X}_i$ 到某个小类。从这个角度讲，EM 聚类算法是一种聚类的"软算法"，可以给出样本观测点 $\boldsymbol{X}_i$ 属于 $k(k=1,2,\cdots,K)$ 小类的概率。K-均值聚类则是一种聚类的"硬算法"，只能给出确定性的聚类解。

3．EM 聚类算法的参数预设

通常，为提高算法计算效率，可预设成分参数。例如：可假设各成分均有各自的协方差矩阵；或者，各成分有"公共"（合并）的协方差矩阵；或者，各成分的方差不等但协方差相等，等等。

12.5　Python 建模实现

为进一步加深对聚类分析原理的理解，接下来通过 Python 编程，基于模拟数据，对以下几项内容进行深入讲解。

- 如何确定 K-均值聚类中的聚类数目 K。
- 系统聚类的特点和可视化工具。
- 如何借助碎石图确定大样本下的系统聚类数目 K。
- EM 聚类的特点和适用性。

以下是本章需导入的 Python 模块：

```
1   #本章需导入的模块
2   import numpy as np
3   import pandas as pd
4   import matplotlib.pyplot as plt
5   from mpl_toolkits.mplot3d import Axes3D
6   import warnings
7   warnings.filterwarnings(action = 'ignore')
8   %matplotlib inline
9   plt.rcParams['font.sans-serif']=['SimHei']  #解决中文显示乱码问题
10  plt.rcParams['axes.unicode_minus']=False
11  from sklearn.datasets import make_blobs
12  from sklearn.feature_selection import  f_classif
13  from sklearn import decomposition
14  from sklearn.cluster import KMeans, AgglomerativeClustering
15  from sklearn.metrics import silhouette_score, calinski_harabasz_score
16  import scipy.cluster.hierarchy as sch
17  from itertools import cycle
18  from matplotlib.patches import Ellipse
19  from sklearn.mixture import GaussianMixture
```

其中新增模块如下：

1）第 14 行：sklearn.cluster 模块中的 KMeans 等函数，用于实现 K-均值聚类和系统聚类。

2）第 15 行：sklearn.metrics 模块中的 silhouette_score 等函数，用于计算聚类分析的各种评价指标。

3）第 16 行：scipy.cluster.hierarchy 模块，用于绘制系统聚类分析的树形图。

4）第 17 行：itertools 模型，用于实现 Python 的迭代。

5）第 18 行：matplotlib.patches 模块，用于绘制椭圆形。

6）第 19 行：sklearn.mixture 中的 GaussianMixture 函数，用于实现基于高斯分布的 EM 聚类。

12.5.1　K-均值聚类和聚类数目 *K*

本节（文件名：chapter12-1.ipynb）基于模拟数据进行 K-均值聚类，旨在展示 K-均值聚类的特点，并说明如何利用聚类分析的评价指标来确定聚类数目 K。

1. 生成并展示模拟数据

以下将随机生成两组样本量均等于 100 的数据集，并对数据的分布特点进行可视化处理。具体代码如下所示。

```
1  N=100
2  X1, y1 = make_blobs(n_samples=N, centers=4, n_features=2,random_state=0)
3  X2, y2 = make_blobs(n_samples=N, centers=4, n_features=3,random_state=123)
4  plt.figure(figsize=(15,12))
5  plt.subplot(221)
6  plt.scatter(X1[:,0],X1[:,1],c='blue',s=50)
7  plt.xlabel("X1")
8  plt.ylabel("X2")
9  plt.title("%d个样本观测点的分布"%N)
10 ax=plt.subplot(222, projection='3d')
11 ax.scatter(X2[:,0],X2[:,1],X2[:,2],c='blue')
12 ax.set_xlabel("X1")
13 ax.set_ylabel("X2")
14 ax.set_zlabel("X3")
15 ax.set_title("%d个样本观测点的分布"%N)
```

【代码说明】

1）第 1 至 3 行：利用函数 make_blobs()生成两组样本量为100、真实聚类数目为4的聚类模拟数据。其中一组样本数据包含两个聚类变量 X_1、X_2，另一组包含三个聚类变量 X_1、X_2 和 X_3。

2）第 5 至 9 行：绘制第一组聚类模拟数据的散点图（二维）。

3）第 10 至 15 行：绘制第一组聚类模拟数据的散点图（三维）。

所得图形如图 12.2 第一行的两幅图所示。

2. 采用 K-均值聚类算法对两组数据进行聚类分析

以下采用 K-均值聚类算法分别对两个数据集进行聚类分析，并可视化聚类解。代码如下所示。

```
17  KM= KMeans(n_clusters=4, n_jobs = 4, max_iter = 500)
18  KM.fit(X1)
19  labels=np.unique(KM.labels_)
20  plt.subplot(223)
21  markers='o*^+'
22  for i,label in enumerate(labels):
23      plt.scatter(X1[KM.labels_==label, 0], X1[KM.labels_==label, 1], label="cluster %d"%label, marker=markers[i], s=50)
24  plt.scatter(KM.cluster_centers_[:,0], KM.cluster_centers_[:,1], marker='X', s=60, c='r', label="小类中心")
25  #plt.legend(loc="best", framealpha=0.5)
26  plt.xlabel("X1")
27  plt.ylabel("X2")
28  plt.title("%d个样本观测点的聚类结果"%N)
29
30  KM= KMeans(n_clusters=4, n_jobs = 4, max_iter = 500)
31  KM.fit(X2)
32  ax=plt.subplot(224, projection='3d')
33  labels=np.unique(KM.labels_)
34  markers='o*^+'
35  for i,label in enumerate(labels):
36      ax.scatter(X2[KM.labels_==label, 0], X2[KM.labels_==label, 1], X2[KM.labels_==label, 2],
37              label="cluster %d"%label, marker=markers[i], s=50)
38  ax.scatter(KM.cluster_centers_[:,0], KM.cluster_centers_[:,1], KM.cluster_centers_[:,2],
39          marker='X', s=60, c='r', label="小类中心")
40  #ax.legend(loc="best", framealpha=0.5)
41  ax.set_xlabel("X1")
42  ax.set_ylabel("X2")
43  ax.set_zlabel("X3")
44  ax.set_title("%d个样本观测点的聚类结果"%N)
45  plt.show()
```

【代码说明】

1）第 17、18 行：定义 K-均值聚类对象，指定将数据聚成 4 类。最大迭代次数等于 500。并发处理（提高计算效率）数等于 4。拟合第一组数据。

2）第 19 行：获得聚类解标签，聚类解存储在 K-均值聚类对象的 .labels_ 属性中。

3）第 20 至 23 行：利用 for 循环实现聚类解的可视化，即以不同颜色和形状的符号分别绘制各小类的散点图。

4）第 24 行：将各个小类的类质心添加到图中。

小类的类质心坐标存储在 K-均值对象的 cluster_centers_ 属性中。

5）第 30 至 45 行：对第二组数据聚类和绘图，代码含义同上。

所得图形如图 12.2 第二行两幅图所示。可见，当指定聚类数目 K 等于实际聚类数目时，聚类效果非常理想。

3．利用聚类评价指标确定聚类数目 K

实际聚类分析中的聚类数目 K 是未知的，需根据实际问题和聚类评价指标确定。这里对上述第一个数据仅进行聚类分析，并通过对比不同聚类数目 K 下的聚类解的情况来直观展示聚类评价指标的有效性。代码如下所示。

```
1   plt.figure(figsize=(15,15))
2   K=[2, 3, 4, 5, 6, 7]
3   markers='o*^+X<>'
4   Fvalue=[]
5   silhouettescore=[]
6   chscore=[]
7   i=0
8   for k in K:
9       KM= KMeans(n_clusters=k, n_jobs = 4, init='k-means++', random_state=1, max_iter = 500)
10      KM.fit(X1)
```

```
11      tmp=f_classif(X1, KM.labels_)
12      Fvalue.append(sum(tmp[0]))
13      score=calinski_harabasz_score(X1,KM.labels_)
14      chscore.append(score)
15      score=silhouette_score(X1,KM.labels_)
16      silhouettescore.append(score)
17      labels=np.unique(KM.labels_)
18      plt.subplot(3,3,i+1)
19      i+=1
20      for j,label in enumerate(labels):
21          plt.scatter(X1[KM.labels_==label,0],X1[KM.labels_==label,1],label="cluster %d"%label,
22                      marker=markers[j],s=50)
23      #plt.legend(loc="best",framealpha=0.5)
24      plt.xlabel("X1")
25      plt.ylabel("X2")
26      plt.title("聚类结果(K=%d)"%k)
```

【代码说明】

1）第 2 行：尝试将数据聚成 2～7 个小类，这是实际聚类分析中不可或缺的环节。

2）第 4 至 6 行：定义存储不同聚类数目 K 下不同聚类评价指标的计算结果。评价指标依次为比值 F、CH 系数和轮宽。

3）第 8 至 26 行：利用 for 循环将数据聚成预设的 K 个小类。计算不同聚类数目 K 下各个聚类评价指标值。可视化聚类解。

其中，第 9 行在函数 KMeans( ) 中指定参数 init='k-means++'，表示小类初始类质心的选择方式采用 12.2.1 节介绍的最大值法；第 11 行采用函数 f_classif( ) 计算聚类数目 K 下，聚类变量 X_1、X_2 的 F 统计量并简单加总，近似计算比值 F；第 13 行利用函数 calinski_harabasz_score( ) 计算 CH 系数；第 15 行利用函数 silhouette_score( ) 计算平均轮宽；第 20 至 22 行可视化聚类解，如图 12.5 所示。图形显示，聚成两类时类内差异较大，后续聚成 3 类、4 类，之后有些小类又被划分成更小的类。

以下将通过绘制聚类评价指标的折线图，帮助确定合理的聚类数目 K，代码如下所示。

```
28  plt.subplot(3,3,i+1)
29  plt.plot(K,Fvalue)
30  plt.xlabel("聚类数目K")
31  plt.ylabel("比值F")
32  plt.title("比值F与聚类数目")
33  plt.subplot(3,3,i+2)
34  plt.plot(K,chscore)
35  plt.xlabel("聚类数目K")
36  plt.ylabel("CH指数")
37  plt.title("CH指数与聚类数目")
38  plt.subplot(3,3,i+3)
39  plt.plot(K,silhouettescore)
40  plt.xlabel("聚类数目K")
41  plt.ylabel("轮宽")
42  plt.title("轮宽与聚类数目")
43  plt.subplots_adjust(hspace=0.3)
44  plt.subplots_adjust(wspace=0.3)
```

分别绘制各聚类评价指标值随聚类数目 K 变化的折线图如图 12.6 所示。图形显示，聚类数目 $K=4$ 时各度量指标达到次大或最大，所以本例聚成 4 类是比较恰当的。可见，当聚类数目 K 等于真实的聚类数目时，度量值也达到最大，说明它们是评价聚类效果的有效性指标。

以下将数据聚成 4 类，并绘制聚成 4 类下的聚类解可视化图，代码及结果如下所示。

```
1    fig=plt.figure(figsize=(12,5))
2    pca=decomposition.PCA(n_components=2,random_state=1)
3    dataname=[X1,X2]
4    for i,X in enumerate(dataname):
5        KM = KMeans(n_clusters=4, n_jobs = 4,init='k-means++',random_state=1,max_iter = 500)
6        KM.fit(X)
7        y=pca.fit(X).transform(X)
8        labels=np.unique(KM.labels_)
9        ax = fig.add_subplot(1,2,i+1)
10       for i,label in enumerate(labels):
11           ax.scatter(y[KM.labels_==label,0], y[KM.labels_==label,1], marker=markers[i],label="小类%d"%label)
12           n1,n2,n3,n4=pd.Series(KM.labels_).value_counts()
13       ax.set_title("聚类解的可视化(基于PCA)\n类成员数:\n%s"%([n1,n2,n3,n4]),fontdict={'size':'13','color':'black'})
14       ax.set_xlabel("F1")
15       ax.set_ylabel("F2")
16       ax.legend()
17   plt.show()
18
19   ##利用聚类模型（三维）预测X0的小类
20   X0=[[5,5,5]]
21   print("X0的预测类别为：%s"%KM.predict(X0))
```

X0的预测类别为：[3]

【代码说明】

1）第2行：借助主成分分析提取两个主成分以展示聚类解的情况。

2）第4至16行：分别将第一组和第二组数据聚成4类。

其中，第7行对数据进行主成分分析并得到2个主成分；第10、11行绘制两个主成分关于聚类解的散点图，不同颜色和形状的符号表示分属不同的小类；第12行计算各小类的类成员个数，即小类的样本量。所得图形如图12.3所示。当聚类变量个数 $p > 2$ 时，主成分分析可视化聚类解是一种简单且有效的方式。

3）第20、21行：给出一个新的样本观测 X_0，预测其所属的小类。预测结果为小类3（索引号等于3）。可直接利用聚类对象的.predict()方法进行预测。

12.5.2　系统聚类和可视化工具

本节（文件名：chapter12-2-1.ipynb）对模拟数据进行系统聚类，旨在展示系统聚类的特点和可视化工具，并说明聚类树形图的意义。

以下首先随机生成数据集，然后进行系统聚类并通过树形图可视化系统聚类解。代码如下所示。

```
1    N=10
2    centers = [[1, 1], [-1, -1], [1, -1]]
3    X, lables_true = make_blobs(n_samples=N, centers= centers, cluster_std=0.6,random_state = 0)
4    fig=plt.figure(figsize=(16,4))
5    plt.subplot(1,4,1)
6    plt.plot(X[:,0], X[:,1],'r.')
7    plt.title("%d个样本观测点的分布"%N)
8    plt.xlabel("X1")
9    plt.ylabel("X2")
10
11   linkages = ['ward', 'average', 'single']
12   for i,method in enumerate(linkages):
13       plt.subplot(1,4,i+2)
14       sch.dendrogram(sch.linkage(X, method=method))
15       if i==0:
16           plt.axhline(y=1.5,color='red', linestyle='—',linewidth=1)
17           plt.axhline(y=2.5,color='red', linestyle='—',linewidth=1)
18           plt.axhline(y=4.5,color='red', linestyle='—',linewidth=1)
19       plt.title('系统聚类(连通性度量:%s)' % method)
20   plt.show()
```

【代码说明】

1）第 1 至 3 行：生成样本量 $N = 10$ 的聚类模拟数据。该数据包含三个小类，各小类的质心依次为 (1,1)、(−1,−1) 和 (1,−1)。后续将验证系统聚类是否可以将数据正确聚成三个小类。

2）第 4 至 9 行：绘制模拟聚类数据的散点图，如图 12.8 左图所示。

3）第 11 行：指定系统聚类中的连通性度量，这里将依次采用 Ward 方法、组间平均链锁法和最近邻法。

4）第 12 至 19 行：利用 for 循环分别采用三种连通性度量，对模拟数据进行系统聚类并绘制聚类树形图。

其中，第 14 行首先利用函数 linkage( ) 并指定联通性度量进行系统聚类。然后，利用函数 dendrogram( ) 绘制聚类树形图；第 15 至 18 行是在采用 Ward 连通性度量的系统聚类的树形图上，添加辅助确定聚类数目 K 的参考线。所得图形如图 12.8 右侧的三幅图所示。这三幅图形详尽显示了系统聚类过程中，各样本观测点或小类的"凝聚"过程。同时，可依据纵坐标（连通性测度结果）值帮助确定合理的聚类数目 K。可见，数据聚成 3 类 $\{\{1,6,4,8\},\{9,0,7\},\{2,3,5\}\}$ 是比较合理的。

正如 12.3.3 节指出的，因系统聚类计算成本很高，实际应用中通常可首先基于随机抽取的小数据集，利用系统聚类进行"预聚类"以确定合理的聚类数目 $K = K_{opt}$。之后，再在大规模数据集上直接指定将数据聚成 $K = K_{opt}$ 类，以便于提高大数据集的聚类效率。对此，Python 提供了函数 AgglomerativeClustering( )，可直接将数据聚成指定的类。代码及结果如下所述。

```
1  AC = AgglomerativeClustering(linkage='ward', n_clusters =3)
2  AC.fit(X)
3  AC.children_
```

```
array([[ 3,  5],
       [ 4,  8],
       [ 0,  7],
       [ 9, 12],
       [ 2, 10],
       [ 6, 11],
       [ 1, 15],
       [13, 14],
       [16, 17]], dtype=int64)
```

【代码说明】

1）第 1 行：利用函数 AgglomerativeClustering( ) 并指定聚类数目 K 实现系统聚类。

2）第 2 行：拟合数据，得到聚类解。

3）第 3 行：函数 AgglomerativeClustering( ) 结果对象的 .children_ 属性中，存储着当前小类的两个成员信息，它是一个形状为 $[N-1,2]$ 的 Pandas 数组（$N=10$）。例如，输出结果中的 [3,5]、[9,12] 等。当索引值如 3 时，因 3<(N=10)，所以如 [3,5] 均为样本观测的索引号，分别对应两个样本观测。如本小类的两个成员是索引号为 3 和 5 的样本观测；当索引值如 12 时，因 12>(N=10)，所以如 [9,12] 表示本小类的成员为 [9,12−10]，是索引号为 9 的样本观测和第 2（索引号）步的聚类结果 [0,7]，共包含三个成员。

12.5.3　碎石图的应用和离群点探测

本节（文件名：chapter12-2-2.ipynb）对模拟数据进行系统聚类，旨在展示如何利用碎石图帮

助确定聚类数目 K ，以及系统聚类检测离群点的能力。

1. 大样本下的系统聚类和碎石图

以下首先随机生成样本量为 3000 的数据集，然后将数据聚成指定的若干个小类。之后，对所有可能的聚类解绘制碎石图，帮助确定合理的聚类数目 K 。代码如下所示。

```
1   N=3000
2   centers = [[1, 1], [-1, -1], [1, -1]]
3   X, lables_true = make_blobs(n_samples=N, centers= centers, cluster_std=0.6, random_state=0)
4   fig=plt.figure(figsize=(16,4))
5   clusters=[15,10,5,3]
6   for i,n_clusters_ in enumerate(clusters):
7       AC = AgglomerativeClustering(linkage='ward', n_clusters = n_clusters_)
8       AC.fit(X)
9       lables = AC.labels_
10      plt.subplot(1,4,i+1)
11      colors = cycle('bgrcmyk')
12      for k, col in zip(range(n_clusters_), colors):
13          plt.plot(X[lables == k, 0], X[lables == k,1], col + '.')
14      plt.title('系统聚类(聚类数目:%d)' % n_clusters_)
15  plt.show()
```

【代码说明】

1）第 1 至 3 行：生成样本量为 3000 的聚类模拟数据。该数据包含三个小类，各小类的质心依次为 (1,1)、(-1,-1) 和 (1,-1) 。后续将验证碎石图中点间的距离是否在聚类数目 $K \leqslant 3$ 后明显增大。

2）第 5 行：预设聚类数目 K 依次等于 15、10、5、3 。

3）第 6 至 14 行：利用 for 循环，采用 Ward 连通性度量，分别将数据聚成 15、10、5、3 类，并可视化聚类结果。

其中，因聚类数目较多，第 11 行采用 Python 内置的迭代器在指定的颜色集中循环选择小类的颜色。聚类可视化结果如图 12.9 所示。

接下来绘制碎石图，帮助确定合理的聚类数目 K 。代码如下所示。

```
1   tmp=sch.linkage(X, method='ward')
2   gData=list(tmp[:,2])
3   gData.reverse()
4   fig=plt.figure(figsize=(6,4))
5   plt.scatter(gData, range(1,N), c='r', s=1)
6   plt.xlabel("小类间距离")
7   plt.ylabel("聚类数目K")
8   plt.title("碎石图")
```

【代码说明】

1）第 1 行：利用函数 linkage( ) 得到所有聚类数目 K 下的所有聚类解。

2）第 2 行：聚类解的第 3 列存储着"凝聚"成 $K = 1,2,\cdots,N-1$ 时的类间距离。距离越小，"凝聚"在一起越合理。

3）第 3 行：将第 2 行代码得到的距离结果倒排成"凝聚"成 $K = N-1, N-2, \cdots, 1$ 时的类间距离，为绘制碎石图做准备。

4）第 4 至 8 行：绘制碎石图，横坐标为距离，纵坐标为聚类数目 K 。所得图形如图 12.10 所示。图形显示，当 K 从 9 减小到 8，7，6，…时，小类内部的差异性显著增加。合理的聚类数目 K 应为碎石图中箭头所指"拐点"处的 K 。本例大致聚成 10 类是比较恰当。$K \leqslant 3$ 时横坐标变化很大，意味着继续"凝聚"将导致类内距离大幅度增加，因此是不合理的。

2．利用系统聚类探测离群点

这里人为添加三个离群点，验证系统聚类是否可以探测到它们。代码如下所示。

```
1  outs=[[-20, 3], [-20, 2.8], [-20.5, 3]]
2  T=np.vstack((X, outs))   #探索异常点
3  K=6
4  AC = AgglomerativeClustering(linkage='ward', n_clusters = K)
5  AC.fit(T)
6  lables = AC.labels_
7  fig=plt.figure(figsize=(6, 4))
8  colors = cycle('bgrcmyk')
9  for k, col in zip(range(K), colors):
10     plt.plot(T[lables == k, 0], T[lables == k, 1], col + '.')
11 plt.title('系统聚类(聚类数目:%d)' % K)
12 plt.xlabel("X1")
13 plt.ylabel("X2")
```

【代码说明】

1）第 1 行：设置 3 个离群点的坐标。

2）第 2 行：将 3 个离群点添加到数据集中。

3）第 3 至 5 行：利用系统聚类将数据聚成 6 类。

4）第 8 至 13 行：可视化系统聚类结果，如图 12.12 所示。图形显示，3 个离群点能够被算法探测出来并自成一类。

12.5.4　EM 聚类的特点和适用性

本节（文件名：chapter12-4.ipynb）基于模拟数据进行基于高斯分布的 EM 聚类，说明 EM 聚类的意义、特点、适用性和实现。

1．EM 聚类的意义：克服 K-均值聚类等聚类算法的局限性

以下首先随机生成包含四个圆形分布特征小类的数据集，并采用 K-均值聚类方法对其进行聚类。然后，经过随机变换改变前述四个小类的分布特征，使其呈长椭圆形，并再次采用 K-均值聚类方法对其进行聚类。最后，通过数据可视化聚类解，直观展示 K-均值聚类的特点和局限性。具体代码如下所示。

```
1  fig=plt.figure(figsize=(10, 10))
2  N=400
3  K=4
4  X, y = make_blobs(n_samples=N, centers=K, cluster_std=0.60, random_state=0)
5  colors = cycle('bgrcmyk')
6  ax=plt.subplot(221)
7  for k, col in zip(range(K), colors):
8      plt.scatter(X[y == k, 0], X[y == k, 1], c=col)
9  ax.set_title('数据的真实小类')
10 ax.set_xlabel("X1")
11 ax.set_ylabel("X2")
12
13 KM= KMeans(n_clusters=K, n_jobs = 4, max_iter = 500)
14 KM.fit(X)
15 lables = KM.labels_
16 ax=plt.subplot(222)
17 for k, col in zip(range(K), colors):
18     ax.scatter(X[lables == k, 0], X[lables == k, 1], c=col)
19 ax.set_title('圆形小类下的K-均值聚类')
20 ax.set_xlabel("X1")
21 ax.set_ylabel("X2")
```

【代码说明】

1）第 2 至 4 行：生成聚类模拟数据，其中包含 4 个小类，样本量为400 。

2）第 7 至 11 行：以不同颜色展示数据中真实小类的构成情况。

3）第 13 至 15 行：采用 K-均值聚类，将数据聚成 4 类，并获得聚类解。

4）第 17 至 21 行：可视化 K-均值聚类的聚类解，如图 12.13 第一行中的两幅图所示。图形显示，当小类大致呈圆形时，K-均值聚类的聚类效果非常理想。

以下人为拉伸各小类的形状，并再次进行 K-均值聚类。代码如下所示。

```
23  rng = np.random.RandomState(12)
24  X_stretched = np.dot(X, rng.randn(2, 2))
25  ax=plt.subplot(223)
26  for k, col in zip(range(K),colors):
27      plt.scatter(X_stretched[y == k, 0], X_stretched[y == k,1], c=col)
28  ax.set_title('数据的真实小类')
29  ax.set_xlabel("X1")
30  ax.set_ylabel("X2")
31
32  KM= KMeans(n_clusters=K, n_jobs = 4 , max_iter = 500)
33  KM.fit(X_stretched)
34  lables = KM.labels_
35  ax=plt.subplot(224)
36  for k, col in zip(range(K),colors):
37      plt.scatter(X_stretched[lables == k, 0], X_stretched[lables == k,1], c=col)
38  ax.set_title('非圆形小类下的K-均值聚类')
39  ax.set_xlabel("X1")
40  ax.set_ylabel("X2")
```

【代码说明】

1）第 23 行：定义一个伪随机数生成器对象，后续将用于生成随机数。

2）第 24 行：利用伪随机数生成器对象，生成两个来自二元标准高斯分布的随机数：$\begin{pmatrix} X_{11} & X_{12} \\ X_{21} & X_{22} \end{pmatrix}$。计算聚类变量 X 和 $\begin{pmatrix} X_{11} & X_{12} \\ X_{21} & X_{22} \end{pmatrix}$ 的点积，对矩阵 X 进行坐标旋转进而拉伸各小类的形状。

3）第 26 至 30 行：以不同颜色展示数据中真实小类的构成情况。

4）第 32 至 34 行：采用 K-均值聚类，将数据聚成 4 类，并获得聚类解。

5）第 36 至 40 行：可视化 K-均值聚类的聚类解，如图 12.13 第二行中的两幅图所示。

图形显示，当各小类大致呈长轴较长的椭圆状时，K-均值聚类算法失效。可见，以距离作为聚类依据的聚类算法，通常适合于小类且较为规则的圆形或球形的情况。当小类大致呈长轴较长的椭圆（椭球）状时，可采用基于高斯分布的 EM 聚类。

2. 理解基于高斯分布的 EM 聚类中的小类：有限混合分布

以下将生成两组服从二元高斯分布的随机数，将作为有限混合分布的两个成分。代码如下所示。

```
1  fig=plt.figure(figsize=(15,6))
2  np.random.seed(123)
3  N1,N2=500,1000
4  mu1,cov1,y1=[0,0], [[10,3],[3,10]], np.array([0]*N1)
5  set1= np.random.multivariate_normal(mu1,cov1,N1) #set1 = multivariate_normal(mean=mu1, cov=cov1,size=N1)
6  mu2,cov2,y2=[15,15], [[10,3],[3,10]], np.array([1]*N2)
7  set2=np.random.multivariate_normal(mu2,cov2,N2) #set2 = multivariate_normal(mean=mu2, cov=cov2,size=N2)
8
9  X=np.vstack([set1, set2])
```

```
10  y=np.vstack([y1.reshape(N1,1),y2.reshape(N2,1)])
11  ax=plt.subplot(121)
12  ax.scatter(X[:,0],X[:,1],s=40)
13  ax.set_title("%d个样本观测点的分布"%(N1+N2))
14  ax.set_xlabel("X1")
15  ax.set_ylabel("X2")
```

【代码说明】

1）第 2 行：指定随机数种子以再现随机化结果。

2）第 3 行：指定两组随机数的样本量分别为 $N_1 = 500, N_2 = 1000$。

3）第 4 行：指定第一组随机数所服从的高斯分布的参数，均值向量为 $\boldsymbol{\mu}_1 = (0,0)^{\mathrm{T}}$，两个聚类变量 X_1 与 X_2 的均值相等，协方差矩阵为 $\boldsymbol{\Sigma}_1 = \begin{pmatrix} 10 & 3 \\ 3 & 10 \end{pmatrix}$，两个聚类变量 X_1 与 X_2 的方差相等，协方差不等于 0，且存在正的线性关系。指定第一组随机数均属于第 0 小类。

4）第 5 行：生成来自上述高斯分布的样本量 $N_1 = 500$ 的一组随机数。

可以利用 Pandas 的函数 random.multivariate_normal( )或 SciPy 中的函数 multivariate_normal( )生成随机数。

5）第 6、7 行：含义同第 4、5 行。但成分参数不尽不同。

6）第 9、10 行：将两组随机数以及小类标签合并，形成由两个高斯分布成分组成的混合高斯分布。

7）第 11 至 15 行：展示模拟数据的混合分布特点，如图 12.14 左图所示。图形显示，数据大致包含两个小类。

以下将绘制混合分布的概率密度图。代码如下所示。

```
17  X1,X2=np.meshgrid(np.linspace(X[:,0].min(),X[:,0].max(),100), np.linspace(X[:,1].min(),X[:,1].max(),100))
18  X0=np.hstack((X1.reshape(len(X1)*len(X2),1), X2.reshape(len(X1)*len(X2),1)))
19  kernel = gaussian_kde(X.T)        #要求为p*N形状 高斯核密度估计
20  Z = np.reshape(kernel(X0.T).T, X1.shape)   #得到指定点的密度值
21  ax = fig.add_subplot(122, projection='3d')
22  ax.plot_wireframe(X1,X2,Z.reshape(len(X1),len(X2)),linewidth=0.5)
23  ax.plot_surface(X1,X2,Z.reshape(len(X1),len(X2)),alpha=0.3,rstride =50, cstride = 50)
24  ax.set_xlabel("X1")
25  ax.set_ylabel("X2")
26  ax.set_zlabel("密度")
27  ax.set_title("混合高斯分布")
```

【代码说明】

1）第 17、18 行：为绘制混合分布的概率密度图准备数据，数据 X0 为两个聚类变量取值范围内的 10000 个样本观测点。

2）第 19 行：对混合分布数据集进行基于高斯分布的核密度估计。

3）第 20 行：基于第 19 行代码得到的核密度估计结果，计算 X0 中 10000 个样本观测点的核密度值。

4）第 22 至 27 行：绘制混合分布的概率密度图，包括网格图和表面图，如图 12.14 右图所示。图形显示，数据由两个高斯分布混合而成，两个小类分别对应两个高斯分布成分。

3. 采用基于高斯分布的 EM 聚类对数据聚类，并绘制各小类的椭圆

以下采用 EM 聚类对非圆形分布数据进行聚类，具体代码及结果如下所示。

```
1   gmm = GaussianMixture(n_components=2,covariance_type='full').fit(X)
2   labels = gmm.predict(X)
3   fig=plt.figure(figsize=(8,6))
4   plt.scatter(X[:,0], X[:,1], c=labels, s=40)
5   w_factor = 0.2 / gmm.weights_.max()
6   for i in np.unique(labels):
7       covar=gmm.covariances_[i]
8       pos=gmm.means_[i]
9       w=gmm.weights_[i]
10      draw_ellipse(pos, covar, alpha=w * w_factor)
11  plt.xlabel("X1")
12  plt.ylabel("X2")
13  plt.title("各小类的高斯分布")
14  probs = gmm.predict_proba(X)
15  print("前五个样本观测分属于两类的概率：\n{0}".format(probs[:5].round(3)))
```

前五个样本观测分属于两类的概率：
```
[[0.    1.   ]
 [0.    1.   ]
 [0.    1.   ]
 [0.066 0.934]
 [0.    1.   ]]
```

【代码说明】

1）第 1、2 行：利用函数 GaussianMixture( )实现基于高斯分布的 EM 聚类，指定聚成两类，且两个成分的协方差矩阵不相等（covariance_type='full'），得到聚类解。

2）第 4 行：可视化聚类解，不同颜色表示不同小类。

3）第 5 至 10 行：直观展示 12.4.1 节提及的椭圆形状的小类。

这里利用绘制椭圆的自定义函数，绘制由 3 个小椭圆组成的小类椭圆，以刻画每个小类的大致形状。其中，各个小类椭圆的透明度取决于式（12.8）中 λ_k，透明度等于 $0.2\lambda_k / \max(\lambda_k)$。椭圆的位置由均值向量决定，椭圆的长短轴和方向取决于协方差矩阵。

4）第 14、15 行：计算每个样本观测属于各个小类的概率，并输出前 5 个样本观测的概率值。例如，输出结果中，第 4 个样本观测以 6.6%的概率属于 0 小类，以 93.4%的概率属于 1 小类。因后者大于前者，所以第 4 个样本观测的最终聚类解为 1 类。

以下给出绘制椭圆的用户自定义函数。代码如下所示。

```
1   def draw_ellipse(position, covariance, ax=None, **kwargs):
2       """用给定的位置和协方差画一个椭圆"""
3       ax = ax or plt.gca()
4       if covariance.shape == (2, 2):
5           U, s, Vt = np.linalg.svd(covariance)
6           angle = np.degrees(np.arctan2(U[1, 0], U[0, 0]))
7           width, height = 2 * np.sqrt(s)
8       else:
9           angle = 0
10          width, height = 2 * np.sqrt(covariance)
11      #画出椭圆
12      for nsig in range(1, 4):
13          ax.add_patch(Ellipse(position, nsig * width, nsig * height,angle, **kwargs))
```

【代码说明】

1）第 1 行：定义用户自定义函数的函数名（draw_ellipse）和形式参数。主要包括椭圆的位置，以及由协方差矩阵决定的椭圆的长短轴和方向。

2）第 4 至 7 行：指定协方差矩阵与椭圆的对应关系。

如果协方差矩阵为 2×2 的矩阵（即指定聚类变量 X_1、X_2 的协方差不等于 0），对协方差矩阵进行奇异值分解。基于 U 成分计算反正切函数值并转换为度数，作为椭圆方向的角度。基于特征值计算椭圆的长短轴，分别为两个特征值的平方根。

3）第 8 至 10 行：如果协方差矩阵不是 2×2 的矩阵，即聚类变量 X_1、X_2 的协方差等于 0，则椭圆为水平方向放置，且椭圆的长短轴分别为两个聚类变量的标准差。

4）第 12、13 行：利用 for 循环和函数 Ellipse() 依次绘制并叠加三个小椭圆，最终得到各小类的椭圆形状。如图 12.15 右图所示。

4. 采用基于高斯的 EM 聚类对图 12.13 中的模拟数据聚类

以下采用 EM 聚类对另一个非圆形分布数据进行聚类，旨在再次展示 EM 聚类算法的特点。具体代码如下所示。

```
1   N=400
2   K=4
3   X, y = make_blobs(n_samples=N, centers=K, cluster_std=0.60, random_state=0)
4   gmm = GaussianMixture(n_components=K, covariance_type='full').fit(X)
5   labels = gmm.predict(X)
6   fig=plt.figure(figsize=(12,6))
7   ax=plt.subplot(121)
8   ax.scatter(X[:, 0], X[:, 1], c=labels, s=40)
9   w_factor = 0.2 / gmm.weights_.max()
10  for pos, covar, w in zip(gmm.means_, gmm.covariances_, gmm.weights_):
11      draw_ellipse(pos, covar, alpha=w * w_factor)
12  ax.set_title("各小类的高斯分布")
13  ax.set_xlabel("X1")
14  ax.set_ylabel("X2")
15
16  var='tied'
17  gmm = GaussianMixture(n_components=K, covariance_type=var).fit(X_stretched)
18  labels = gmm.predict(X_stretched)
19  ax=plt.subplot(122)
20  ax.scatter(X_stretched[:, 0], X_stretched[:, 1], c=labels, s=40)
21  w_factor = 0.2 / gmm.weights_.max()
22  if var=='tied':    #四个分布共享合并的协方差阵
23      gmm.covariances_=[gmm.covariances_]*K
24  for pos, covar, w in zip(gmm.means_, gmm.covariances_, gmm.weights_):
25      draw_ellipse(pos, covar, alpha=w * w_factor)
26  ax.set_title("各小类的高斯分布")
27  ax.set_xlabel("X1")
28  ax.set_ylabel("X2")
```

【代码说明】

1）第 4 至 14 行：对前述的第一组模拟数据（图 12.13 左上图数据）进行基于高斯分布的 EM 聚类，并绘制各小类的椭圆。这里指定 4 个小类的聚类变量 X_1、X_2 的协方差矩阵不相等。

2）第 16、17 行：对前述的第二组模拟数据（图 12.13 左下图数据）进行基于高斯分布的 EM 聚类，这里指定 4 个小类共享"公共"的协方差矩阵。

3）第 22、23 行：为便于程序统一处理，将"公共"的协方差矩阵复制 K 份。

最终聚类解的可视化结果，如图 12.15 的左图和中图所示。图形显示，基于高斯分布的 EM 聚类能够很好地解决非圆形小类的聚类问题。

12.6　Python 实践案例：各地区环境污染的特征的对比分析

本节通过一个 Python 实践案例，利用聚类分析对我国各地区环境污染的特征进行对比分析，在展示聚类方法特点的同时，进一步说明聚类方法的实际应用价值。

本节（文件名：chapter12-3.ipynb）从聚类分析角度，对我国各地区环境污染的特征进行对比分析。数据为某年我国各省市自治区环境污染状况的数据（文件名：环境污染数据.txt）。包括生活污水排放量（x_1）、生活二氧化硫排放量（x_2）、生活烟尘排放量（x_3）、工业固体废物排放量（x_4）、工业废气排放总量（x_5）、工业废水排放量（x_6）等。为了对各省市环境污染源进行对比，将分别采用 K-均值聚类和系统聚类，对各省市的环境污染状况进行分组。一方面，可通过对比两个聚类解，进一步理解两种聚类算法的特点。另一方面，展示聚类分析的实际应用意义。

首先，采用系统聚类得到所有可能的聚类解。然后，基于树形图确定合理的聚类数目，并得到其对应的系统聚类解和 K-均值聚类解。最后，通过描述性分析直观对比各类地区环境污染的不同特点。具体代码如下所示。

```
1   data=pd.read_csv('环境污染数据.txt',header=0)
2   X=data[['x1','x2','x3','x4','x5','x6']]
3   pca=decomposition.PCA(n_components=2,random_state=1)
4   pca.fit(X)
5   y=pca.transform(X)
6   fig=plt.figure(figsize=(15,6))
7   sch.dendrogram(sch.linkage(X, method='ward'),leaf_font_size=15,leaf_rotation=False)
8   plt.axhline(y=120,color='red', linestyle='-.',linewidth=1,label='聚类数目K的参考线')
9   plt.title('系统聚类解')
10  plt.legend()
```

【代码说明】

1）第 1、2 行：读入环境污染数据，确定聚类变量。

2）第 3 至 5 行：定义主成分分析对象，指定提取两个主成分，为后续高维聚类解的可视化做准备。

3）第 7 行：采用基于 Ward 连通性度量的系统聚类方法对数据进行聚类，并绘制聚类树形图。

4）第 8 行：绘制确定聚类数目 K 的参考线。所得图形如图 12.11 上图所示。图形显示，聚成 4 类是比较合适的。

接下来，获得将数据聚成 4 类时的聚类解。具体代码如下所示。

```
12  K=4
13  AC = AgglomerativeClustering(linkage='ward',n_clusters = K)
14  AC.fit(X)
15  lables = AC.labels_
16  fig=plt.figure(figsize=(15,6))
17  ax=plt.subplot(121)
18  markers=['o','*','+','>']
19  for k, m in zip(range(K),markers):
20      ax.scatter(y[lables == k, 0], y[lables == k,1], marker=m,s=80)
21  ax.set_title('系统聚类解')
22  ax.set_xlabel("F1")
23  ax.set_ylabel("F2")
```

【代码说明】

1）第 12 行：指定聚类数目为 K = 4 。

2）第 13 至 15 行：对数据进行系统聚类，并获得聚类解对象。

3）第 19 至 23 行：借助主成分分析可视化聚类解，绘制关于两个主成分的散点图，不同颜色和形状的符号表示不同的小类，所得图形如图 12.11 左下图所示。

以下采用 K-均值聚类进行数据聚类。具体代码如下所示。

```
25  KM= KMeans(n_clusters=K, random_state=1)
26  KM.fit(X)
27  lables = KM.labels_
28  ax=plt.subplot(122)
29  for k, m in zip(range(K), markers):
30      ax.scatter(y[lables == k, 0], y[lables == k, 1], marker=m, s=60)
31  ax.set_title('K-均值聚类解')
32  ax.set_xlabel("F1")
33  ax.set_ylabel("F2")
34  plt.show()
```

【代码说明】

1）第 25 至 27 行：采用 K-均值聚类，将数据聚成 4 类，并获得聚类解。

2）第 29 至 34 行：借助主成分分析可视化聚类解，绘制关于两个主成分的散点图，不同颜色和形状的符号表示不同的小类，所得图形如图 12.11 右下图所示。

通过图形可以发现，K-均值的聚类解与系统聚类解并不完全一致。这与两种聚类算法的聚类过程不同有密切关系。正如 12.3.4 节所述，系统聚类是一个"逐层递进"的聚类过程。同时，系统聚类不会像 K-均值聚类那样受迭代次数和不同初始类质心的影响，且聚类解具有确定性，但计算效率低于 K-均值聚类。

本例采用系统聚类解，对各类的环境污染情况进行对比分析。具体代码如下所示。

```
1   groupMean=X.iloc[:,:].groupby(AC.labels_).mean()
2   plt.figure(figsize=(9,6))
3   labels=["生活污水","SO2","生活烟尘","工业固体废物","工业排气","工业废水"]
4   for i in np.arange(4):
5       plt.bar(range(0,6), groupMean.iloc[i], bottom=groupMean.iloc[0:i].sum(), label='第%d类(%d)'%(i, AC.labels_.tolist().count(i)),
6               tick_label = labels)
7   plt.title("各省各小类的环境污染情况")
8   plt.xlabel("各污染源")
9   plt.ylabel("排放量（均值）")
10  plt.legend()
```

【代码说明】

1）第 1 行：计算各聚类变量在各小类上的平均值。

2）第 4 至 10 行：分别计算各小类的成员个数，绘制各小类的聚类变量均值的堆积柱形图，如图 12.17 所示。

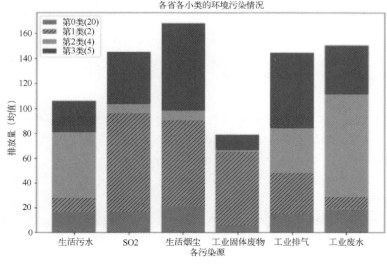

图 12.17 各地区环境污染的特征

二维码 059

图 12.17 直观展现了 4 类地区环境污染来源的结构特征。例如，第 0 类地区（包含 20 个省市）的各类污染物排放均不高。第 1 类地区（斜线阴影区域）的二氧化硫、生活烟尘和工业固体废物的排放量较高，生活污水和工业废水的排放量较低，等等。

【本章总结】

本章重点介绍了几种常见的聚类算法。聚类概述之后，首先说明了基于质心 K-均值聚类的基本原理，阐述了聚类数目 K 的确定方法以及迭代的意义。然后，对基于连通性的系统聚类原理进行了较为详尽的讲解。接下来介绍了基于高斯分布的 EM 聚类，说明了算法在非球形聚类方面的优势。最后，利用 Python 编程，在模拟数据的基础上直观展示了各种算法的特点。本章通过各地区环境污染特征的对比分析的 Python 实践案例，展示了聚类分析的实际应用价值。

【本章相关函数】

围绕本章学习，应重点掌握 Python 模块中的以下函数。函数的具体格式参见 Python 帮助。

1. K-均值聚类

```
KM= KMeans(n_clusters=, max_iter = ); KM.fit(X)
```

2. 系统聚类

```
sch.linkage(X, method=); sch.dendrogram();
AC = AgglomerativeClustering(linkage=,n_clusters =); AC.fit(X)
```

3. 基于高斯分布的 EM 聚类

```
gmm = GaussianMixture(n_components=,covariance_type=); gmm.fit(X)
```

【本章习题】

1. 请简述 K-均值聚类的基本原理和聚类过程。
2. 请简述 K-均值聚类中迭代的意义。
3. 请简述系统聚类过程，说明其算法优势，以及碎石图对确定聚类数目 K 有怎样的作用。
4. 请说明为什么基于高斯分布的 EM 聚类可以解决非球形聚类问题。
5. Python 编程题：基于购买行为数据对超市顾客进行市场细分。

现有超市顾客购买行为的 RFM 数据集（数据文件名：RFM 数据.txt），请利用各种聚类算法实现顾客群细分。请关注如下方面：

第一，分析顾客购买行为的 RFM 数据集中，R、F、M 这三个变量有怎样的分布特征？

第二，尝试将顾客分成 4 类，并分析各类顾客的购买行为特征。

第三，评价模型，并分析聚成 4 类是否恰当。

第 13 章
揭示数据内在结构：特色聚类

本章重点说明机器学习中应用较为广泛的特色聚类方法，主要包括基于密度的 DBSCAN 算法、Mean-Shift 聚类和 BIRCH 聚类算法。这些算法在传统聚类思想的基础上，各自针对某个方面努力提升算法的聚类效果，优化聚类的计算效率，通过有效途径确定合理的聚类数目，每个算法都有各自的优势和特色。本章最后还会给出特色聚类算法的 Python 实践案例。

13.1 基于密度的聚类：DBSCAN 聚类

基于密度的聚类，从密度可达性角度设计算法。这类算法视聚类变量空间中，样本观测点分布较为密集的区域为一个小类。以距离（一般为欧几里得距离）阈值作为密度可达性的定义。得到的聚类解为确定性的，不具有层次关系。基于密度的聚类特别适合"自然小类"的形状复杂且不规则的情况，这是第 12 章讨论的聚类算法很难实现的。

具有噪声点的基于密度的聚类（Density Based Spatial Clustering of Applications with Noise，DBSCAN）算法（以下简称 DBSCAN 聚类）是一种基于密度聚类的经典算法。其突出特色在于：
- 利用小类的密度可达性（或称连通性），可发现任意形状的小类。
- 聚类的同时可以发现数据中的噪声（即离群点）。

可从以下两个方面理解 DBSCAN 聚类：密度等相关概念的含义；DBSCAN 聚类的实现步骤。

13.1.1 DBSCAN 聚类中的相关概念

与基于质心和连通性的聚类算法类似，DBSCAN 聚类也将样本观测点视为聚类变量空间中的点。其特色在于：以任意样本观测点 O 的邻域内的邻居个数，作为 O 所在区域的密度测度。其中，有两个重要参数：第一，邻域半径 ε；第二，邻域半径 ε 范围内包含样本观测点的最少个数，记为 $minPts$。基于这两个参数，DBSCAN 聚类将样本观测点分成以下 4 类。

1. 核心点 P

若任意样本观测点 O 的邻域半径 ε 内的邻居个数不少于 $minPts$，则称观测点 O 为核心点，记作 P。

若样本观测点 O 的邻域半径 ε 内的邻居个数少于 $minPts$，且位于核心点 P 邻域半径 ε 的边缘线上，则称点 O 是核心点 P 的边缘点。

如图 13.1 所示，假设虚线圆为单位圆。若指定邻域半径等于 $\varepsilon=1, minPts=6$ 时，p_1、p_2 均为核心点 P。O_1 是 p_1 的边缘点（O_1 不是核心点）。

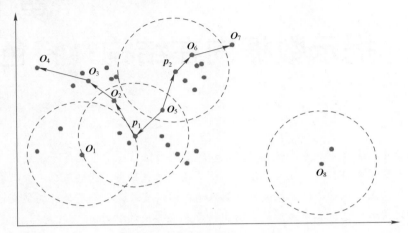

图 13.1　DBSCAN 聚类中的各类点

2. 核心点 P 的直接密度可达点 Q

若任意样本观测点 Q 在核心点 P 的邻域半径 ε 范围内，则称样本观测点 Q 为核心点 P 的直接密度可达点，也称从点 P 直接密度可达 Q。

图 13.1 中，$\varepsilon=1, minPts=6$ 时，O_5 是核心点 p_1、p_2 的直接密度可达点，O_3 既不是 p_1 也不是 p_2 的直接密度可达点。

3. 核心点 P 的密度可达点 Q

若存在一系列样本观测点 $O_1, O_2, \cdots, O_n$，且 $O_{i+1}(i=1,2,\cdots,n-1)$ 是 O_i 的直接密度可达点，且 $O_1=P, O_n=Q$，则称点 Q 是点 P 的密度可达点，也称从点 P 密度可达点 Q。

可见，直接密度可达的传递性会导致密度可达。但这种关系不具有对称性，即点 P 不一定是点 Q 的密度可达点，因为点 Q 不一定是核心点。

图 13.1 中，$\varepsilon=1, minPts=6$ 时，O_4 是 p_1 的密度可达点。原因是：p_1 与 O_4 间的多条连线距离均小于 ε，且路径上的 O_2 与 O_3 均为核心点。所以，p_1 直接密度可达 O_2，O_2 直接密度可达 O_3，O_3 直接密度可达 O_4，即 p_1 密度可达 O_4。应注意的是：p_1 不是 O_4 的密度可达点，因为 O_4 不是核心点。

若存在任意样本观测点 O，同时密度可达点 O_1 和点 O_2，则称点 O_1 和点 O_2 是密度相连的。样本观测点 O 是一个"桥梁"点。

图 13.1 中，$\varepsilon=1, minPts=6$ 时，O_4 和 O_7 是密度相连的，O_5 就是"桥梁"点之一。可见，尽管聚类变量空间上 O_4 和 O_7 相距较远，但它们之间存在"畅通的连接通道"，在基于密度的聚类中可聚成一个小类。

4．噪声点

除上述类型的点之外的其他样本观测点，均定义为噪声点。图 13.1 中，$\varepsilon = 1, minPts = 6$ 时，O_8 是噪声点。可见，DBSCAN 的噪声点是那些在邻域半径 ε 范围内没有足够邻居，且无法通过其他样本观测点实现直接密度可达，或者密度可达，或者密度相连的样本观测点。

13.1.2　DBSCAN 聚类过程

设置邻域半径 ε 和邻域半径 ε 范围内包含的最少观测点个数 $minPts$。在参数设定的条件下，DBSCAN 聚类过程大致包括形成小类和合并小类两个阶段。

1．第一阶段：形成小类

从任意一个样本观测点 O_i 开始，在参数限定的条件下判断 O_i 是否为核心点。

情况一：若 O_i 是核心点，首先标记该点为核心点。然后，找到 O_i 的所有（如 m 个）直接密度可达点（包括边缘点），并形成一个以 O_i 为"核心"的小类，记作 C_i。m 个直接密度可达点（尚无小类标签）和样本观测点 O_i 的小类标签均为 C_i。

情况二：若 O_i 不是核心点，那么 O_i 可能是其他核心点的直接密度可达点，或密度可达点，亦或噪声点。若 O_i 是直接密度可达点或密度可达点，则一定会在后续的处理中被归到某个小类，从而带有小类标签 C_j。若是噪声点，则不会被归到任何小类中，且始终不带有小类标签。

接下来，读取下一个没有小类标签的样本观测点 O_k，判断其是否为核心点，并做以上相同的处理。该过程不断重复，直到所有样本观测点都被处理过为止。此时，除噪声点之外的其他样本观测点均带有小类标签。

2．第二阶段：合并小类

判断带有核心点标签的所有核心点之间，是否存在密度可达和密度相连关系。若存在，则将相应的小类合并起来，并修改相应样本观测点的小类标签。

综上所述，直接密度可达形成的小类形状是球形的。依据密度可达和密度相连，若干个球形小类后续会被"连接"在一起，从而形成任意形状的小类。这是 DBSCAN 聚类的重要特征。此外，DBSCAN 聚类能够发现噪声数据，始终没有小类标签的样本观测点即为噪声点。

13.1.3　DBSCAN 的异形聚类特点

DBSCAN 聚类的最大特点是能够发现任意形状的类。

例如，图 13.2 第一行左图是样本观测点（样本量 $N = 3950$）在聚类变量 X_1、X_2 二维空间中的分布情况，其分布形状并非圆形而是不规则的带状。从 DBSCAN 聚类角度看，样本观测点分布密集的区域应属于同一小类，这里客观上存在 5 个"自然小类"（Python 代码详见 13.4.1 节）。

DBSCAN 算法对参数 ε 和 $minPts$ 极为敏感。为此，做如下参数设置试验。

（1）邻域半径 ε 较小，且邻域范围内的最少观测点个数 $minPts$ 较多

令 $\varepsilon = 0.2, minPts = 200$。这种参数设置是较为严苛的，因为其确定核心点的条件要求较高。只有那些在很小邻域半径范围内且有很多点的样本观测点 O_i，才可能成为核心点 P。若没有任何一个样本观测点满足核心点的要求，就无法聚类并给出小类标签（或者说每个样本观测自成一

个小类）。此时所有点均为噪声点。如图 13.2 第一行的中图所示。这里五角星代表噪声点。

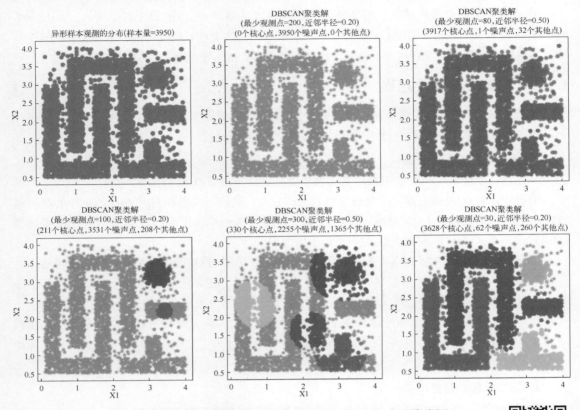

图 13.2　样本观测点的分布及不同参数下的 DBSCAN 聚类解

（2）邻域半径 ε 较大，且邻域范围内的最少观测点个数 $minPts$ 较少

令 $\varepsilon=0.5, minPts=80$。这种参数设置是较为宽松的，因为其确定核心点的条件要求较低。通常可能有很多的样本观测点都能够满足在较大的邻域半径范围内有较少点的要求，因此会有很多的核心点 P。同时，正是因为条件要求较低，很多核心点之间存在直接密度可达或密度可达的关系，在聚类的第二阶段可能所有小类均合并成一个大类。如图 13.2 第一行的右图所示。除了左上角存在一个五角星的噪声点之外，其他点都有相同的颜色均属一类（见相应二维码中的彩图）。

二维码 060

（3）适中的参数设置

对上述第一种参数设置做适当调整。一方面，保持邻域半径不变但降低对最低样本量的要求，令 $\varepsilon=0.2, minPts=100$，聚类解如图 13.2 第二行左图所示。此时数据被聚类为两个小类，但仍存在大量噪声点。对此，可进一步扩大邻域半径并同时适当提高对最低样本量的要求，以避免条件过于宽松。令 $\varepsilon=0.5, minPts=300$，聚类解如图 13.2 第二行中图所示。数据被聚成了 4 个小类，且每个小类的形状均大致呈圆形。

为获得更好的聚类效果，令 $\varepsilon=0.2, minPts=30$，聚类解如图 13.2 第二行右图所示。数据被聚成 5 个小类，小类为带状或倒 T 字形或圆形，形状不规则。此外，仍存在五角星所示的噪声点。

综上所述，DBSCAN 聚类可以实现异形聚类，且具有较高的参数敏感性，这与算法设计思路密切相关。

DBSCAN 聚类通常适于有 12.1.3 节提及的外部度量指标的情况，旨在希望借助外部度量指标帮助确定合理的参数，从而可进一步将聚类模型应用于对新数据集的小类预测中。当存在不规则形状的小类时，基于 DBSCAN 聚类的预测，比直接建立聚类变量和外部度量的分类模型，有更好的小类预测效果。

13.2　Mean-Shift 聚类

Mean-Shift 聚类[⊖]是 Dorin Comaniciu 等学者在 2002 年提出的一种基于密度的聚类算法。它与 DBSCAN 聚类的相同点是：对小类的定义相同，即一个小类对应着样本观测点分布的一个高密度区域。不同点在于：Mean-Shift 聚类基于统计分布定义密度，即：若 p 维聚类变量空间中的区域 $S_k(k=1,2,\cdots,K)\subset\mathbb{R}^p$，对应一个小类（为一个高密度区域），那么意味着 S_k 区域中的样本观测 $X_i\in S_k(i=1,2,\cdots,N_k)$，在以区域中心点 $C^{S_k}=(C_1^{S_k},C_2^{S_k},\cdots,C_p^{S_k})$ 为均值向量、指定广义方差的多元径向基核密度估计中，均有较大的核密度估计值。此外，Mean-Shift 聚类的另一个重要特点是不需要事先指定聚类数目 K。以下将介绍三方面内容：

- 什么是核密度估计。
- 核密度估计在 Mean-Shift 聚类中的意义。
- Mean-Shift 聚类的过程。

13.2.1　什么是核密度估计

核密度估计（Kernel Density Estimation）是一种仅从样本数据自身出发，估计其密度函数以准确刻画其统计分布特征的非参数统计方法。这里以单个变量的核密度估计为例进行讨论。

核密度估计的基本设计思想与绘制关于单个变量 X 的概率分布图有内在联系。图 13.3 为 X 的带核密度估计曲线的直方图，它很好地展示了 X 的分布特征（Python 代码详见 13.4.2 节）。

图 13.3 中的多个灰色矩形条，俗称为"直方桶"记为 S_k，构成了变量 X 的直方图。其中每个 S_k 的宽度相等（均等于 h），中心点为 C^{S_k}。横坐标为变量 X 的取值，纵坐标为概率密度值。第 k 个"直方桶" S_k 的中心点 C^{S_k} 的概率密度定义为 $f(C^{S_k})=\dfrac{N_k/N}{h}$，其中 N_k 为落入 S_k 的样本量（即频数），N 为总样本量，N_k/N 为频率。当 S_k 的宽度 h 都相等时，各"直方桶"的概率密度之比等于频率之比，这也正是直方图的纵坐标通常为频率的原因。

上述计算过程可规范表述如下。

⊖ COMANICIU D, MEER P, Mean Shift: A robust approach toward feature space analysis[J]. IEEE Transactions on Pattern Analysis and Machine Intelligence, 2002: 603-619.

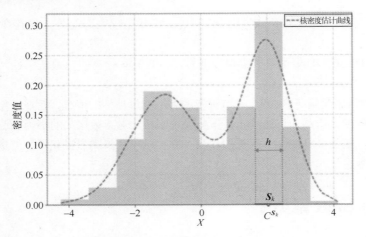

图 13.3　带核密度估计曲线的直方图

首先，定义一个非负的距离函数：

$$K\left(\left\|C^{S_k}-X_i\right\|\right)=\begin{cases}1,\left\|C^{S_k}-X_i\right\|\leqslant\dfrac{h}{2},i=1,2,\cdots,N,\\[2mm]0,\left\|C^{S_k}-X_i\right\|>\dfrac{h}{2},i=1,2,\cdots,N\end{cases}\tag{13.1}$$

其中，$\left\|C^{S_k}-X_i\right\|$ 记为 d_{X_i}，表示样本观测点 X_i 与 C^{S_k} 的距离。式（13.1）中，若样本观测 X_i 落入 $\boldsymbol{S}_k$ 中（即在 C^{S_k} 的附近），则距离函数等于 1。反之，若 X_i 远离 C^{S_k}，则距离函数等于 0。这里，距离函数 $K(\left\|C^{S_k}-X_i\right\|)$ 称为核函数，其中 h 称为核宽。

然后，基于对样本量为 N 的数据集，计算落入 $\boldsymbol{S}_k$ 的样本频率：$\dfrac{N_k}{N}=\dfrac{1}{N}\sum\limits_{i=1}^{N}K(\left\|C^{S_k}-X_i\right\|)$。最后，计算 C^{S_k} 处的概率密度：

$$\hat{f}_{h,K}(C^{S_k})=\frac{N_k/N}{h}=\frac{1}{hN}\sum_{i=1}^{N}K(\left\|C^{S_k}-X_i\right\|)=\frac{1}{N}\sum_{i=1}^{N}K\left(\left\|\frac{C^{S_k}-X_i}{h}\right\|\right)\tag{13.2}$$

这就是点 C^{S_k} 处的核密度估计值。将所有 $C^{S_k}(k=1,2,\cdots,K)$ 的核密度估计值连线并平滑，便可得到如图 13.3 中虚线所示的核密度曲线。

式（13.2）中的核函数 $K\left(\left\|\dfrac{C^{S_k}-X_i}{h}\right\|\right)$ 等同于式（13.1）的定义，称为均匀核函数。特点是：无论 X_i 与 C^{S_k} 的距离具体值是大或是小，只要满足 $d_{X_i}=\left\|C^{S_k}-X_i\right\|\leqslant\dfrac{h}{2}$，核函数均等于 1，即以核函数值等于 1 的"权重"落入 $\boldsymbol{S}_k$ 中。同样，只要满足 $d_{X_i}=\left\|C^{S_k}-X_i\right\|>\dfrac{h}{2}$，核函数均等于 0，即以核函数值等于 0 的"权重"落入 $\boldsymbol{S}_k$ 中。可见，均匀核函数忽略了 d_{X_i} 值大小的信息。

为充分利用 d_{X_i} 的计算结果，更细致地描述样本观测点以怎样的"权重"落入 $\boldsymbol{S}_k$ 中，通常可选择径向基核函数：

$$K(\|C^{s_k} - X_i\|) = \frac{1}{\sqrt{2\pi}h} e^{-\frac{\|C^{s_k} - X_i\|^2}{2h^2}} \tag{13.3}$$

其中，h 为核宽。径向基核函数是关于 $d_{X_i}^2$ 的非线性函数。距离 $d_{X_i}^2$ 值越小，核函数 $K(\|C^{s_k} - X_i\|)$ 值越大。反之，距离 $d_{X_i}^2$ 值越大，核函数 $K(\|C^{s_k} - X_i\|)$ 值越小。此时，点 C^{s_k} 的核密度估计可表述为

$$\hat{f}_{h,K}(C^{s_k}) = \frac{c}{Nh} \sum_{i=1}^{N} K\left\|\frac{C^{s_k} - X_i}{h}\right\|^2 \tag{13.4}$$

其中，c 为式（13.3）中的其他常数项。

　　总之，核密度曲线完全是"多点平滑"的结果，仅基于数据本身，并不对数据的理论分布做任何假定。此外，均匀核函数中的核宽 h 会影响核密度曲线的光滑程度。h 越小曲线越平滑，反之，h 越大曲线越不平滑。径向基核函数中的核宽 h 同样也会影响核函数值。h 较大时，即分布的标准差较大，其分布曲线呈"平峰"分布。反之，h 较小时的分布曲线呈"尖峰"分布。在给定 $d_{X_i}^2$ 的条件下，减少 Δd^2 时，前者的核函数值变化小于后者。可采用不同的方法确定核宽 h。

　　可以有很多将单变量的核密度估计推广到多变量下的方法。这里仅给出 Mean-Shift 聚类中，聚类变量空间 $S_k \subset \mathbb{R}^p$ 的中心点 C^{s_k} 的核密度估计：

$$\hat{f}_{h,K}(C^{s_k}) = \frac{c_k}{Nh^p} \sum_{i=1}^{N} K\left\|\frac{C^{s_k} - X_i}{h}\right\|^2 \tag{13.5}$$

c_k 为其他常数项。

13.2.2　核密度估计在 Mean-Shift 聚类中的意义

　　利用核密度估计可以方便地找到聚类变量空间中的高密度区域。式（13.5）中的 $\hat{f}_{h,K}(C^{s_k})$ 越大，表明以 C^{s_k} 为中心的 S_k 空间内聚集了较多的样本观测点。显然，C^{s_k} 在式（13.5）$\hat{f}_{h,K}(C^{s_k})$ 的导数等于 0，即 $\nabla\hat{f}_{h,K}(C^{s_k}) = 0$ 处取最大值。

　　核密度估计在 Mean-Shift 聚类中的意义在于：Mean-Shift 聚类通过 $\nabla\hat{f}_{h,K}(C^{s_k}) = 0$ 找到高密度区域的中心点 C^{s_k}，即小类 S_k 的中心点 C^{s_k}。

　　在 Mean-Shift 聚类的初始阶段，任意样本观测点 X_i 都可作为初始的 C^{s_k}（$t = 0$）。为快速找到合理的 C^{s_k}，计算核密度的梯估计（Density Gradient Estimation）。对式（13.5）求导：

$$\hat{\nabla}f_{h,K}(C^{s_k}) = \frac{2c_k}{Nh^{p+2}} \sum_{i=1}^{N} (C^{s_k} - X_i)K'\left\|\frac{C^{s_k} - X_i}{h}\right\|^2 \tag{13.6}$$

其中，C^{s_k} 为当前小类中心 $C^{s_k}(t)$。为便于后续讨论，设：

$$g(X) = -K'(X) \tag{13.7}$$

并定义核函数：$G(X) = c_g g(\|X\|^2)$。将式（13.7）代入式（13.6），有

$$\hat{\nabla}f_{h,K}(\boldsymbol{C}^{S_k}) = \frac{2c_k}{Nh^{p+2}}\sum_{i=1}^{N}\left(\boldsymbol{X}_i - \boldsymbol{C}^{S_k}\right)g\left(\left\|\frac{\boldsymbol{C}^{S_k} - \boldsymbol{X}_i}{h}\right\|^2\right)$$

$$= \frac{2c_k}{Nh^{p+2}}\left[\sum_{i=1}^{N}g\left(\left\|\frac{\boldsymbol{C}^{S_k} - \boldsymbol{X}_i}{h}\right\|^2\right)\right]\left[\frac{\sum_{i=1}^{N}\boldsymbol{X}_i g\left(\left\|\frac{\boldsymbol{C}^{S_k} - \boldsymbol{X}_i}{h}\right\|^2\right)}{\sum_{i=1}^{N}g\left(\left\|\frac{\boldsymbol{C}^{S_k} - \boldsymbol{X}_i}{h}\right\|^2\right)} - \boldsymbol{C}^{S_k}\right] \tag{13.8}$$

式（13.8）中，第一项：

$$\hat{f}_{h,G}(\boldsymbol{C}^{S_k}) = \frac{c_g}{Nh^p}\left[\sum_{i=1}^{N}g\left(\left\|\frac{\boldsymbol{C}^{S_k} - \boldsymbol{X}_i}{h}\right\|^2\right)\right] \tag{13.9}$$

恰好为采用 $G(\cdot)$ 核函数时 $\boldsymbol{C}^{S_k}$ 的核密度估计的比例。第二项：

$$\boldsymbol{m}_{h,G}(\boldsymbol{C}^{S_k}) = \frac{\sum_{i=1}^{N}\boldsymbol{X}_i g\left(\left\|\frac{\boldsymbol{C}^{S_k} - \boldsymbol{X}_i}{h}\right\|^2\right)}{\sum_{i=1}^{N}g\left(\left\|\frac{\boldsymbol{C}^{S_k} - \boldsymbol{X}_i}{h}\right\|^2\right)} - \boldsymbol{C}^{S_k} \tag{13.10}$$

称为均值偏移（Mean-Shift），Mean-Shift 聚类也因此得名。$\boldsymbol{m}_{h,G}(\boldsymbol{C}^{S_k})$ 是一个 p 维向量也称为均

值偏移向量，给出了每个维上的偏移。从这个角度看，$\dfrac{\sum_{i=1}^{N}\boldsymbol{X}_i g\left(\left\|\frac{\boldsymbol{C}^{S_k} - \boldsymbol{X}_i}{h}\right\|^2\right)}{\sum_{i=1}^{N}g\left(\left\|\frac{\boldsymbol{C}^{S_k} - \boldsymbol{X}_i}{h}\right\|^2\right)}$ 就是 p 维聚类空间中

的一个点，将成为 $t+1$ 时刻的小类中心点 $\boldsymbol{C}^{S_k}(t+1)$。

$t+1$ 时刻的小类中心点 $\boldsymbol{C}^{S_k}(t+1)$ 的位置坐标由 N 个样本观测 $\boldsymbol{X}_i(i=1,2,\cdots,N)$ 的加权平均值

决定。事实上，可将 $\dfrac{g\left(\left\|\frac{\boldsymbol{C}^{S_k} - \boldsymbol{X}_i}{h}\right\|^2\right)}{\sum_{i=1}^{N}g\left(\left\|\frac{\boldsymbol{C}^{S_k} - \boldsymbol{X}_i}{h}\right\|^2\right)}$ 视为样本观测点 $\boldsymbol{X}_i$ 的权重。距当前小类中心 $\boldsymbol{C}^{S_k}(t)$ 越近

的样本观测点，核密度值 $g\left(\left\|\frac{\boldsymbol{C}^{S_k} - \boldsymbol{X}_i}{h}\right\|^2\right)$ 越大，权重也就越大。所以，小类中心点 $\boldsymbol{C}^{S_k}(t+1)$ 是所

有 $\boldsymbol{X}_i(i=1,2,\cdots,N)$ 的加权平均值对应的点。于是，有

$$\hat{\nabla}f_{h,K}(\boldsymbol{C}^{S_k}) = \hat{f}_{h,G}(\boldsymbol{C}^{S_k})\frac{2c_k}{c_g h^2}\boldsymbol{m}_{h,G}(\boldsymbol{C}^{S_k}) \tag{13.11}$$

和

$$\boldsymbol{m}_{h,G}(\boldsymbol{C}^{S_k}) = \frac{1}{2}h^2 c \frac{\hat{\nabla}f_{h,K}(\boldsymbol{C}^{S_k})}{\hat{f}_{h,G}(\boldsymbol{C}^{S_k})} \tag{13.12}$$

其中，$c = \dfrac{c_g}{c_k}$。所以，均值偏移向量取决当前小类中心 $\boldsymbol{C}^{S_k}(t)$ 的核密度的梯估计（以 $K(\cdot)$ 为核函数）与核密度估计（以 $G(\cdot)$ 为核函数）之比，且总是向着当前密度增加最大的方向偏移。

当 $\boldsymbol{m}_{h,G}(\boldsymbol{C}^{S_k}) \approx 0$，极端情况下：$\boldsymbol{m}_{h,G}(\boldsymbol{C}^{S_k}) = \boldsymbol{C}^{S_k}(t+1) - \boldsymbol{C}^{S_k}(t) = \boldsymbol{C}^{S_k}(t) - \boldsymbol{C}^{S_k}(t) = \boldsymbol{0}^{\ominus}$，即零梯度时，表示找到了高密度区域的一个稳定的中心点 $\boldsymbol{C}^{S_k}(t)$。

13.2.3　Mean-Shift 聚类过程

Mean-Shift 聚类采用不断迭代的方式确定 K 个小类的类中心 $\boldsymbol{C}^{S_k}$。首先，指定核宽 h，然后进行 N 次迭代。对于第 i 次迭代，执行以下两步。

第一步，令样本观测点 $\boldsymbol{X}_i$ 作为小类初始类中心 $\boldsymbol{C}^{S_k}(0) = \boldsymbol{X}_i$，然后进行如下次数的迭代。对第 t 次迭代：

① 计算 $\boldsymbol{m}_{h,G}(\boldsymbol{C}^{S_k}) = \dfrac{1}{2}h^2 c \dfrac{\hat{\nabla}f_{h,K}(\boldsymbol{C}^{S_k}(t))}{\hat{f}_{h,G}(\boldsymbol{C}^{S_k}(t))}$。

② 若 $\boldsymbol{m}_{h,G}(\boldsymbol{C}^{S_k}) > \varepsilon$，$\boldsymbol{C}^{S_k}(t+1) = \dfrac{\sum\limits_{i=1}^{N} \boldsymbol{X}_i g\left(\left\|\dfrac{\boldsymbol{C}^{S_k}(t) - \boldsymbol{X}_i}{h}\right\|^2\right)}{\sum\limits_{i=1}^{N} g\left(\left\|\dfrac{\boldsymbol{C}^{S_k}(t) - \boldsymbol{X}_i}{h}\right\|^2\right)}$，将小类心移至 $\boldsymbol{C}^{S_k}(t+1)$ 处。

重复①、②，直到 $\boldsymbol{m}_{h,G}(\boldsymbol{C}^{S_k}) \leqslant \varepsilon$ 迭代结束，从而确定出一个高密度区域的稳定的小类中心点 $\boldsymbol{T}$。

第二步，判断本次小类中心点 $\boldsymbol{T}$ 是否与已有小类中心点 $\boldsymbol{C}^{S_j}$ 重合。若不重合则得到一个新的小类中心点 $\boldsymbol{C}^{S_k} = \boldsymbol{T}$。

经过上述 N 次迭代，将找到 K 个不重合的小类中心点 $\boldsymbol{C}^{S_k}, k = 1, 2, \cdots, K$。可通过减少迭代次数的方式提高算法效率。例如，将样本数据分箱为 $M < N$ 个组后再迭代（小类初始中心为组的中心点），此时只需迭代 M 次。

当 K 个小类的类中心 $\boldsymbol{C}^{S_k}$ 确定后，样本观测点 $\boldsymbol{X}_i$ 所属的小类应为 $C_i = \underset{k}{\arg\max}\left(\left\|\boldsymbol{X}_i - \boldsymbol{C}^{S_k}\right\|\right)$，即属于距 $\boldsymbol{X}_i$ 最近的小类中心所在的小类。

需要说明的是，Mean-Shift 聚类的不必事先指定聚类数目 K，但 K 与核宽 h 有关。通常核宽 h 越小，聚类数目 K 越大。如图 13.4 所示（Python 代码详见 13.4.3 节）。

$\ominus$ p 维向量 $(0, 0, \cdots, 0)^{\mathsf{T}}$。

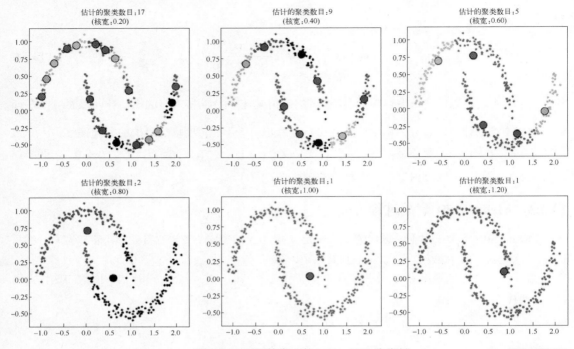

图 13.4　不同核宽下的 Mean-Shift 聚类解

图 13.4 第一行左图中，核宽 $h = 0.2$，聚成 17 类。图 13.4 第二行右图中，核宽 $h = 1.2$ 聚成 1 类。

确定核宽 h 有许多策略。从聚类角度看，可依据 12.1.3 节讨论的聚类解的评价指标，找到 CH 指数或轮宽最大时的核宽 h。

二维码 061

13.3　BIRCH 聚类

BIRCH（Balanced Iterative Reducing and Clustering using Hierarchies）聚类⊖是一种适合超大数据集的在线动态聚类算法，这是 BIRCH 聚类算法的最大特色和亮点。

13.3.1　BIRCH 聚类的特点

借鉴 K-均值聚类和系统聚类中距离的度量，BIRCH 聚类仍采用欧几里得距离、组间平均链锁法以及类内方差等指标，度量样本观测之间以及样本观测与小类之间的距离，并依距离最近原则指派样本观测到相应的小类中。BIRCH 算法的特色如下。

第一，有效解决了计算资源。尤其是内存空间有限条件下的高维大数据集的聚类问题。

当样本量非常大时，系统聚类过程中计算的距离矩阵会极为庞大，很可能超出内存容量。所

⊖ 1996 年，Zhang、Ramakrishnan 和 Livny 在他们的论文 "BIRCH: An Efficient Data Clustering Method for Very Large Database" 中提出的聚类算法。

以，尽管聚类算法本身有充分的合理性，但却很可能因计算资源的限制而无法付诸实践。

第二，能够实现在线数据的动态聚类。系统聚类方法要求数据应事先存于数据集中。对于大量的在线数据来讲，它们是随时间推移而不断动态生成并加入数据集的，不可能事先静置在数据集中。所以，系统聚类不可能实现对在线动态数据的聚类。BIRCH 算法每次只随机读入一个样本观测数据，并根据距离判断该样本观测应自成一类，还是应合并到已有的某个小类中。这个过程将反复进行，直到读入所有的数据，使每个样本观测都有其所属的小类为止。在样本观测的小类指派过程中不必扫描所有样本观测数据，即并不要求所有数据已事先存在。这不但提高了算法效率，也有效解决了动态聚类问题。这样的聚类算法也称为增量聚类（Incremental Clustering）算法。

13.3.2　BIRCH 算法中的聚类特征树

BIRCH 算法解决大数据集聚类的主要策略是引入了基于聚类特征（Clustering Feature，CF）的聚类特征树（CF 树）。

1．聚类特征树

聚类特征树是关于聚类特征的一棵倒置的树，以便直观展示聚类过程和聚类解，如图 13.5 所示。这里首先对树结构做简要说明。

首先，尽管从外观上看，图 13.5 中的树形结构与 12.3.2 节系统聚类中的图 12.8 类似，但最大不同在于：图 13.5 中的每个叶节点（A1、A2、B1、B2、C1、C2）均代表一个子类，而不是代表系统聚类树中的一个样本观测。图 13.5 中的数据集被聚成了 6 个小类。

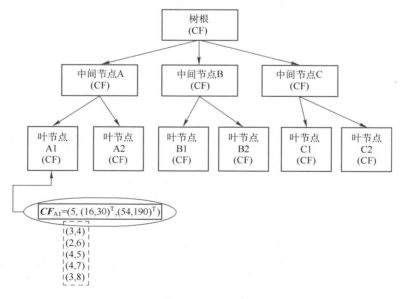

图 13.5　聚类特征树图示意图（一）

其次，具有同一父节点的若干小类可合并成一个中类，以树的中间节点（A、B、C）表示。

A1 与 A2 为兄弟节点，它们有共同的父节点 A，是 A 的子类。B1 与 B2 为兄弟节点，它们有共同的父节点 B，是 B 的子类等。若干中类还可继续合并成更大的中类（这里略去了），直到包含根节点在内的所有数据形成一个大类。

此外，聚类特征树的本质是以树的形式，实现对数据集的高度压缩表示。这一点主要体现在：每个节点中并不会存储属于该小类（或中类或大类）的样本观测的全部信息，而是相应小类的聚类特征。

2．聚类特征

第 k 个小类（树节点）的聚类特征一般由三组数值组成：第一，节点 k 的样本量 N_k；第二，p 维数值向量，它存储着节点 k 的 p 个聚类变量的线性和；第三，p 维数值向量，它存储着节点 k 的 p 个聚类变量的平方和。表示为

$$\boldsymbol{CF}_k = \left(N_k, \left(\sum_{i=1}^{N_k} X_{i1}, \sum_{i=1}^{N_k} X_{i2}, \cdots, \sum_{i=1}^{N_k} X_{ip} \right), \left(\sum_{i=1}^{N_k} X_{i1}^2, \sum_{i=1}^{N_k} X_{i2}^2, \cdots, \sum_{i=1}^{N_k} X_{ip}^2 \right) \right) \tag{13.13}$$
$$= (N_k, \boldsymbol{LS}_k, \boldsymbol{SS}_k)$$

例如，图 13.5 中，叶节点 A1 中包含 5 个样本观测 $\{(X_1=3, X_2=4), (X_1=2, X_2=6), (X_1=4, X_2=5), (X_1=4, X_2=7), (X_1=3, X_2=8)\}$，聚类变量 X_1 的线性和为 16，X_2 的线性和为 30。聚类变量 X_1 的平方和为 54，X_2 的平方和为 190。所以，$\boldsymbol{CF}_{A1} = (5, (16,30)^{\mathrm{T}}, (54,190)^{\mathrm{T}})$。

对多个不相交的小类 k 和小类 j，聚类特征具有可加性，即：

$$\boldsymbol{CF}_k + \boldsymbol{CF}_j = \left(N_k + N_j, \left(\sum_{i=1}^{N_k} X_{i1} + \sum_{i=1}^{N_j} X_{i1}, \sum_{i=1}^{N_k} X_{i2} + \sum_{i=1}^{N_j} X_{i2}, \cdots, \sum_{i=1}^{N_k} X_{ip} + \sum_{i=1}^{N_j} X_{ip} \right), \right.$$

$$\left. \left(\sum_{i=1}^{N_k} X_{i1}^2 + \sum_{i=1}^{N_j} X_{i1}^2, \sum_{i=1}^{N_k} X_{i2}^2 + \sum_{i=1}^{N_j} X_{i2}^2, \cdots, \sum_{i=1}^{N_k} X_{ip}^2 + \sum_{i=1}^{N_j} X_{ip}^2 \right) \right) = (N_k + N_j, \boldsymbol{LS}_k + \boldsymbol{LS}_j, \boldsymbol{SS}_k + \boldsymbol{SS}_j) \tag{13.14}$$

这种可加性意味着，可基于子节点 k 与 j 的聚类特征，直接计算得到其父节点的聚类特征。

引入聚类特征的原因是：一方面，只需根据聚类特征，便可方便地得到诸如小类质心、小类内样本观测的离散程度等信息。例如，第 k 个小类的质心为 $\left(\dfrac{\sum_{i=1}^{N_k} X_{i1}}{N_k}, \dfrac{\sum_{i=1}^{N_k} X_{i2}}{N_k}, \cdots, \dfrac{\sum_{i=1}^{N_k} X_{ip}}{N_k} \right)$。第 k 个

小类在各维上的方差为 $\left(\dfrac{\sum_{i=1}^{N_k} X_{i1}^2}{N_k} - \left(\dfrac{\sum_{i=1}^{N_k} X_{i1}}{N_k} \right)^2 \right), \left(\dfrac{\sum_{i=1}^{N_k} X_{i2}^2}{N_k} - \left(\dfrac{\sum_{i=1}^{N_k} X_{i2}}{N_k} \right)^2 \right), \cdots, \left(\dfrac{\sum_{i=1}^{N_k} X_{ip}^2}{N_k} - \left(\dfrac{\sum_{i=1}^{N_k} X_{ip}}{N_k} \right)^2 \right)$。

另一方面，只需依据聚类特征，便可方便地计算出样本观测点 $\boldsymbol{X}_i$ 与小类（如 A 与 A1）间的距离（或类内离差平方）并快速完成小类的指派。

BIRCH 算法中的基于聚类特征的聚类特征树，是实现大数据集在线动态聚类的基础。

3．决定聚类特征树规模的参数

聚类特征树的规模，即树的层数和叶节点的个数，取决于两个参数：分支因子 B 和阈值 T，

它们是后续 BIRCH 聚类的两个非常关键的参数。可从图 13.6 中直观理解。

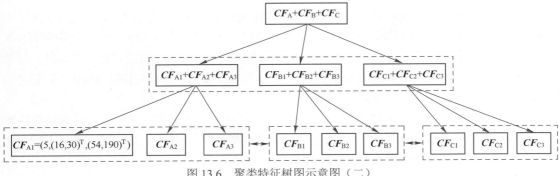

图 13.6　聚类特征树图示意图（二）

图 13.6 中的聚类特征树是对图 13.5 的细化。其中，每个节点中均存储着相应小类的聚类特征。例如，图中第三行左侧的叶节点存储：$CF_{A1} = (5,(16,30)^T,(54,190)^T)$，第二行左侧的中间节点存储其子节点的聚类特征：$CF_{A1} + CF_{A2} + CF_{A3}$。

进一步，图 13.6 中的实线框代表一个节点（包括中间节点和叶节点），对应一个小类的聚类特征。虚线框表示节点空间，节点空间仅能容纳指定个数的节点。若将单个虚线框类比成计算机中的一个数组，实线框则对应数组中的一个数组单元。通常，数组大小（数组单元数）是需预先定义的，数组单元数不能大于预设值。此外，还额外需要内存单元（这里为指针单元）存储各类间的从属关系。如图 13.6 中树的上下层关系、叶节点的左右邻居关系等。

因每个节点和指针均对应一个数据存储单元，所以从计算机内存角度来讲，聚类特征树的规模，即树的层数、中间节点、叶节点的个数以及表示类间从属关系的指针个数等，均与设定的可用内存容量 P 有直接关系。具体讲，将涉及以下两个重要参数。

（1）非叶节点的子类个数

每个非叶节点包含的子类个数不能大于指定的参数：分支因子 B（可对应于前述的数组单元个数）。

首先，根节点包含的子类个数不大于 B 个。如图 13.6 中第二层中间节点空间所包含的实线框个数不大于 B 个（这里 $B = 3$）；每个中间节点包含的子类个数均不大于 B 个。如图 13.6 第三层每个节点空间包含的实线框个数不大于 B 个（这里 $B = 3$）。BIRCH 算法规定，若某非叶节点的子类成员个数大于 B，需将其"一分为二"以减少子类个数。

总之，BIRCH 算法称 B 为分支因子。显然，较大的分支因子 B 意味着允许存在较多的小类。较小的分支因子 B 表示不能将数据聚成较多的小类，此时聚类特征树的层数较大。分支因子 B 的大小取决于内存使用的容量限制 P。

（2）叶节点允许的最大"半径"

通常，将叶节点中样本观测点两两间距离的平均值，定义为叶节点的"半径"，它是判断样本观测点 X_i 能否并入叶节点（小类）的依据：X_i 并入后，叶节点的"半径"不应大于一个指定的阈值 T。原因是，若此时叶节点的"半径"较大且大于阈值 T，意味着样本观测点的并入将导致叶节点（小类）内的差异性过大，并入是不恰当的。显然，指定的阈值 T 越小，小类内的差异性越低，聚类数目 K 会越大。反之，指定的阈值 T 越大，小类内的差异性越高，聚类数目 K 会越小。应在聚类数目 K 和小类内的差异性之间取得平衡。

综上所述，聚类特征树的各个节点并不直接存储数据本身，仅存储聚类特征（如图 13.6 中的 $\boldsymbol{CF}_{A1}$ ），因而要求的存储空间远远小于存储原始数据集的情况。聚类特征实现了对数据的高度压缩存储，旨在确保有限内存的同时保证大数据集聚类的可实施性，以及计算的高效性。尽管 BIRCH 聚类中的 P 是一个客观存在的可调参数，决定着分支因子 B 且间接影响阈值 T。但从操作性上讲，通常会直接设定分支因子 B 和阈值 T。

分支因子 B 和阈值 T 具有内在联系。若阈值 T 较小会导致聚类数目 K 较大。当聚类数目 K 大于分支因子 B 时，会导致聚类特征树结构的调整并对聚类解产生影响。若阈值 T 较大，则聚类数目 K 较少，但会出现小类内差异过大的问题。

13.3.3 BIRCH 聚类的核心步骤

算法提出者 Zhang 等学者指出，BIRCH 聚类过程包含 4 大阶段。这里仅介绍其中的核心步骤。在给定分支因子 B 和阈值 T 的前提下，BIRCH 算法采用随机逐个抽取和处理样本观测数据的方式，建立聚类特征树。

首先，初始化聚类特征树。从数据集中随机抽取若干（小于 B ）个样本观测点作为各子类的初始类中心。然后，依次对每个样本观测 $\boldsymbol{X}_i$ 做如下判断处理。

第一步，沿"最近路径$^{\ominus}$"找到与样本观测点 $\boldsymbol{X}_i$ 距离最近的叶节点，记为 $\boldsymbol{C}_{\min}$。

第二步，判断样本观测点 $\boldsymbol{X}_i$ 并入 $\boldsymbol{C}_{\min}$ 后，叶节点的半径 d 是否仍小于阈值 T。

（1）当 $d < T$ 时

当 $d < T$ 时，样本观测点 $\boldsymbol{X}_i$ 被"吸入" $\boldsymbol{C}_{\min}$，如图 13.7 所示。

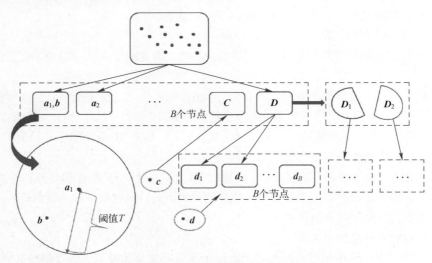

图 13.7 BIRCH 聚类过程示意图

$\ominus$ 从根节点开始逐层找到最近的中间节点直到叶节点。

图 13.7 中，对样本观测点 b，它与 a_1 的距离最近，且因进入 a_1 所在小类后，小类"半径" d 小于阈值 T，而被 a_1"吸入"；对样本观测点 c，它与 a_1 的距离最近，但因进入 a_1 所在小类后，小类"半径" d 大于阈值 T，而不能被 a_1"吸入"。

（2）当 $d > T$ 时

当 $d > T$ 时：样本观测点 X_i 不能被"吸入" $C_{\min}$，此时需判断样本观测点 X_i 能否自成一类"开辟"出一个新的叶节点。

1）若 $C_{\min}$ 所在的节点空间中的节点个数小于 B，即 $C_{\min}$ 的兄弟节点个数小于 B，且其父节点包含的子类个数也小于 B，则样本观测点 X_i 可以自成一类，成为 $C_{\min}$ 的兄弟节点。节点空间中的子类个数增加一个，其父节点包含的子类个数增加 1。如图 13.7 所示，第二层中间节点空间中的节点个数仍小于 B，样本观测点 c 自成一类。

2）若 $C_{\min}$ 的兄弟节点个数已等于 B，也就是说其父节点包含的子类个数已等于 B，需暂将样本观测点 X_i 并入 $C_{\min}$ 的父节点中。然后，再将 $C_{\min}$ 的父节点一分为二"分裂"成两个子节点。如图 13.7 所示，样本观测点 d 距 d_1 最近，但 $d > T$。同时，d_1 的父节点 D 已包含 $d_1, d_2, \cdots, d_B$ 个子类。此时，需暂将 d 并入 D，然后再将 D 一分为二"分裂"成两个半圆所示的两个小类 D_1 与 D_2。

"分裂"时以相距最远的两个样本观测点为类质心，根据距离最近原则，分配 $C_{\min}$ 的父节点中的各观测点到两个新的叶节点中。如图 13.7 中两个小类 D_1、D_2 下的叶节点。特征树的层数将会增加。

第三步，重新计算每个节点的聚类特征 CF，为处理下一个样本观测点 X_j 做好准备。

重复上述步骤，逐个对每个样本观测做一次且仅一次的判断处理。其间，聚类数目将不断增加，聚类特征树也将愈发茂盛。

图 13.8 为 BIRCH 聚类解的一个示例（Python 代码详见 13.4.4 节）。

图 13.8 左上图为样本量 $N = 2000$ 的数据集在二维聚类变量 X_1、X_2 空间中的分布情况。右上图为 $B = 50$、$T = 0.5$ 时的 BIRCH 聚类解。图中不同颜色代表不同小类。可见小类很多，即聚类特征树有很多叶节点，表明阈值 T 的设置值偏小。可尝试适当增大参数值。左下图和右下图分别为 $B = 100$、$T = 1$ 以及 $B = 100$、$T = 1.5$ 时的 BIRCH 聚类解。可见，随着参数值的增大，聚类特征树的叶节点个数明显减少。最终，数据被聚成 6 个小类。

二维码 062

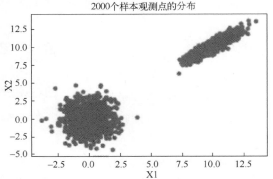
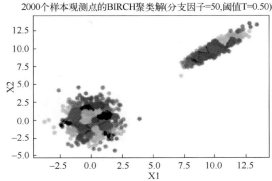

图 13.8　BIRCH 聚类解

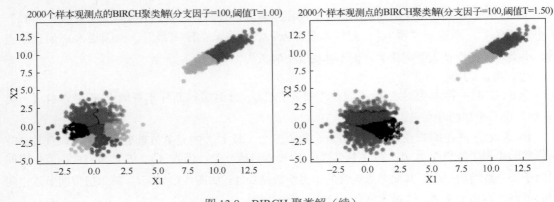

图 13.8 BIRCH 聚类解（续）

13.3.4 BIRCH 聚类的在线动态聚类

由 13.3.3 节介绍的 BIRCH 聚类过程可知，一方面，BIRCH 算法不再依赖数据集已处理过的数据，仅基于聚类特征树，这样就可将样本观测 X_i 归到相应的小类中。与 K-均值聚类和系统聚类相比，BIRCH 算法尤其适合大数据集的聚类。另一方面，对于新的样本观测 X_0，BIRCH 算法沿聚类特征树的"最近路径"总可以找到距 X_0 最近的叶节点并将其归入相应的小类或自成一类。BIRCH 算法可快速完成对在线新数据的动态聚类，不必像 K-均值聚类和系统聚类那样，每次都要基于所有数据重新计算质心和距离矩阵。因此，BIRCH 聚类非常适合对大数据集进行动态的在线数据聚类。如图 13.9 所示（Python 代码详见 13.4.4 节）。

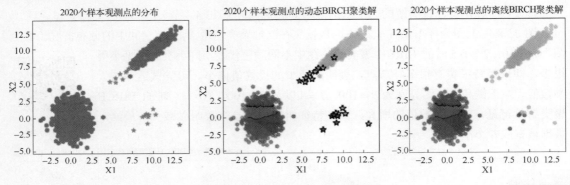

图 13.9 BIRCH 的动态聚类解

图 13.9 左图是展示了在图 13.8 中新增 20 个样本观测数据（五角星）后的分布情况。中图给出了基于 $B=100$、$T=1.5$ 参数的 BIRCH 动态聚类解。不同颜色仍代表不同小类（见相应二维码中的彩图）。可见，20 个新增样本观测被分别归入三种颜色的小类中。

对于在线动态聚类过程，BIRCH 算法始终不会对聚类特征树做任何更新，旨在快速得到新数据的聚类解。但大量新出现的在线数据积累到一定程度后，为确保后续在线动态聚类解的准确性，需适时再次进行基于全数据集的聚类，重新更新聚类特征树并调整聚类解（如图 13.9 右图所示），旨在校正新数据的动态变化对聚类解的影响。这个过程的计算成本相对较高，但如果说在线动态聚类是一个"实时的线上"过程，那么更新聚类特征树就是一个"非实时的离线"过程，实际应用中可以有充足的时间进行离线更新。

13.3.5　BIRCH 聚类解的优化

在 BIRCH 聚类的后期，尤其是在离线更新阶段，通常还会借助系统聚类，判断哪些叶节点（小类）可以继续合并，旨在克服样本观测抽取顺序的随机性对聚类解的影响。或者，会继续借助 K-均值聚类，以各个叶节点的中心点为初始类中心，通过多次迭代进一步优化聚类解。如图 13.10 所示（Python 代码详见 13.4.4 节）。

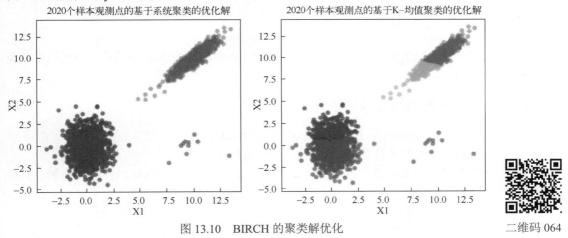

图 13.10　BIRCH 的聚类解优化

二维码 064

图 13.10 左、右两图分别为采用系统聚类聚成 3 类，以及采用 K-均值聚类聚成 5 类时的聚类解情况，它是图 13.9 中 BIRCH 聚类解的优化结果。

至此，BIRCH 聚类的介绍告一段落。需要补充的是，一般认为 BIRCH 算法适合样本观测在聚类变量空间分布不均匀，稠密和稀疏区域共存情况下的聚类。BIRCH 聚类可从聚类角度进行噪声数据的识别。其基本观点是：聚类中不应忽略有些小类的样本观测点分布较为稠密，有些分布较为稀疏的现象。分布于稠密区域中的样本观测为一个小类，将对聚类结果产生影响。而分布在稀疏区域的样本观测应视为离群点，不会对聚类解产生影响。BIRCH 称包含较多样本观测点的叶节点为大叶节点，对应着一个点分布的稠密区域。称包含较少样本观测点的叶节点为小叶节点，对应着一个点分布的稀疏区域。当小叶节点的样本量与大叶节点的样本量之比小于 $\varepsilon > 0$ 时，BIRCH 将视小叶节点中的样本观测点为离群点。

13.4　Python 建模实现

为进一步加深对特色聚类的理解，本节通过 Python 编程，基于模拟数据，对以下三方面做直观展示：

- DBSCAN 聚类算法具有异形聚类以及参数敏感性的特点。
- 单变量的核密度估计，从而进一步加深对 Mean-Shift 聚类算法的理解。
- BIRCH 聚类具有在线动态性特点。

本章需导入的 Python 模块如下。

```
1   #本章需导入的模块
2   import numpy as np
3   import pandas as pd
4   import matplotlib.pyplot as plt
5   from mpl_toolkits.mplot3d import Axes3D
6   from itertools import cycle
7   import warnings
8   warnings.filterwarnings(action = 'ignore')
9   %matplotlib inline
10  plt.rcParams['font.sans-serif']=['SimHei']    #解决中文显示乱码问题
11  plt.rcParams['axes.unicode_minus']=False
12  from scipy.stats.kde import gaussian_kde,multivariate_normal
13  from scipy.stats import norm
14  from sklearn.datasets import make_moons
15  from sklearn.cluster import DBSCAN,Birch,KMeans,estimate_bandwidth,MeanShift
```

其中，第 15 行为新增模块——sklearn.cluster 模块中的 DBSCAN 等函数，分别用于实现 DBSCAN 聚类、Mean-Shift 聚类和 BIRCH 聚类。

13.4.1　DBSCAN 聚类的参数敏感性

本节（文件名：chapter13-1.ipynb）将采用 DBSCAN 聚类方法实施聚类，旨在展示 DBSCAN 聚类算法的异形聚类特点，以及算法的参数敏感性特征。

首先读入异形数据到数据框，然后采用基于不同参数下的 DBSCAN 算法进行聚类。具体代码如下所示。

```
1   X=pd.read_csv('异形聚类数据.txt',header=0)
2   fig=plt.figure(figsize=(15,10))
3   plt.subplot(231)
4   plt.scatter(X['x1'],X['x2'])
5   plt.title("异形样本观测的分布(样本量=%d)"%len(X))
6   plt.xlabel("X1")
7   plt.ylabel("X2")
```

【代码说明】

1）第 1 行：读入异形聚类数据。

2）第 4 至 7 行：绘制异形聚类数据的散点图，如图 13.2 第一行左图所示。图形显示，样本观测点在聚类变量 X_1、X_2 二维空间中呈不规则的带状分布。从点的连续性看，数据大致可聚成 5 个异形小类。

接下来采用 DBSCAN 算法进行聚类，具体代码如下所示。

```
9    colors = 'bgrcmyk'
10   EPS=[0.2,0.5,0.2,0.5,0.2]
11   MinS=[200,80,100,300,30]
12   Gid=1
13   for eps,mins in zip(EPS,MinS):
14       DBS=DBSCAN(min_samples=mins,eps=eps)
15       DBS.fit(X)
16       labels=np.unique(DBS.labels_)
17       Gid+=1
18       plt.subplot(2,3,Gid)
19       for i,k in enumerate(labels):
20           if k==-1:    #噪声点
21               c='darkorange'
22               m='*'
```

```
23              else:
24                  c=colors[i]
25                  m='o'
26              plt.scatter(X.iloc[DBS.labels_==k,0],X.iloc[DBS.labels_==k,1],c=c,s=30,alpha=0.8,marker=m)
27
28          plt.title("DBSCAN聚类解\n(最少观测点=%d,近邻半径=%.2f)\n (%d个核心点,%d个噪声点,%d个边缘点)"%(mins,eps,len(DBS.components_),
29                                          sum(DBS.labels_==-1),len(X)-len(DBS.components_)-sum(DBS.labels_==-1)))
30          plt.xlabel("X1")
31          plt.ylabel("X2")
32  fig.subplots_adjust(hspace=0.3)
33  fig.subplots_adjust(wspace=0.2)
```

【代码说明】

1）第 10 行：指定 DBSCAN 聚类参数——邻域半径 ε（对应程序中的 EPS）的若干取值。

2）第 11 行：指定 DBSCAN 聚类参数——邻域半径范围内包含的最少观测点个数 $minPts$（对应程序中的 MinS）的若干取值。

3）第 13 至 29 行：利用 for 循环进行 5 种不同参数下的 DBSCAN 聚类：$\varepsilon = 0.2, minPts = 200; \varepsilon = 0.5, minPts = 80; \varepsilon = 0.2, minPts = 100; \varepsilon = 0.5, minPts = 300; \varepsilon = 0.2, minPts = 30$。

其中，第 14、15 行直接利用函数 DBSCAN()实现指定参数的 DBSCAN 聚类，并获得聚类解；第 19 至 26 行绘制散点图，指定用五角星表示噪声点，其他小类分别以不同颜色的圆圈表示；第 28 行分别计算核心点、噪声点和其他点（包括直接密度可达点和密度可达点）的个数。所得图形如图 13.2 图所示。图形显示了大致三种情况下的聚类效果：邻域半径 ε 较小，且邻域范围内的最少观测点个数 $minPts$ 较多的情况（条件严苛）；邻域半径 ε 较大，且邻域范围内的最少观测点个数 $minPts$ 较少（条件宽松）的情况；适中参数设置的情况。可见，参数设置恰当时，DBSCAN 可以将数据聚成期望的类数和形状，展现了 DBSCAN 算法的异形聚类能力，以及参数敏感性的特点。

13.4.2　单变量的核密度估计

本节（文件名：chapter13-2.ipynb）基于模拟数据，说明单变量的核密度估计的实现。

首先生成由两个正态分布组成的混合分布的随机数据集。然后，基于径向基核函数进行核密度估计。具体代码如下所示。

```
1   np.random.seed(123)
2   X1 = norm.rvs(loc=-1.0, scale=1, size=500)
3   X2 = norm.rvs(loc=2.0, scale=0.6, size=500)
4   X = np.hstack([X1, X2])
5   fig=plt.figure(figsize=(9,6))
6   plt.hist(X, normed=True, alpha=0.45, color='gray')
7   probDensityFun = gaussian_kde(X)
8   plt.title("带核密度估计曲线的直方图", fontsize=15)
9   plt.plot(np.sort(X), probDensityFun(np.sort(X)),c='r',linestyle='--',label="核密度估计曲线")
10  plt.xlabel("X")
11  plt.ylabel("密度值")
12  plt.legend()
13  plt.grid(True, linestyle='-.')
14  plt.show()
```

【代码说明】

1）第 2 行：生成 500 个服从均值为 –1、标准差为 1 的正态分布随机数。

2）第 3 行：生成 500 个服从均值为 2、标准差为 0.6 的正态分布随机数。

3）第 4 行：将以上两组数据合并构成仅包含单个变量 X、样本量为1000 的数据集。

4）第 6 行：绘制变量 X 的直方图，其中纵坐标为概率密度（normed=True）。

5）第 7 行：定义基于径向基核函数的用于估计变量 X 核密度值的对象。

6）第 8 至 14 行：利用以上核密度估计对象，计算变量 X 在所有不同取值下的核密度值，并绘制核密度估计曲线，所得图形如图 13.3 所示。核密度是在不对变量 X 的分布做任何假定的情况下，仅基于数据所进行的概率密度估计。

13.4.3 Mean-Shift 聚类的特点

本节（文件名：chapter13-3.ipynb）基于模拟数据，说明 Mean-Shift 聚类的特点。

首先生成一组随机数集合，然后采用 Mean_Shift 聚类基于不同核宽，对数据进行聚类。代码如下所示。

```
1   X, ymoon = make_moons(300, noise=0.05, random_state=0)
2   fig=plt.figure(figsize=(10,4))
3   plt.figure(figsize=(6,4))
4   plt.scatter(X[:, 0], X[:, 1])
5
6   fig=plt.figure(figsize=(18,10))
7   bandwidths=np.linspace(0.2,1.2,6)
8   colors = cycle('bgrcmyk')
9   i=0
10  for bandwidth in bandwidths:
11      MS = MeanShift(bandwidth=bandwidth, bin_seeding=True)
12      MS.fit(X)
13      cluster_centers = MS.cluster_centers_
14      labels = np.unique(MS.labels_)
15      n_clusters_ = len(labels)
16      i+=1
17      plt.subplot(2,3,i)
18      for k, col in zip(range(n_clusters_), colors):
19          cluster_center = cluster_centers[k]
20          plt.plot(X[MS.labels_==k, 0], X[MS.labels_==k, 1], col + '.')
21          plt.plot(cluster_center[0], cluster_center[1], 'o', markerfacecolor=col,
22              markeredgecolor='k', markersize=14)
23      plt.title('估计的聚类数目: %d\n(核宽:%.2f)' % (n_clusters_, bandwidth))
24  plt.show()
```

【代码说明】

1）第 1 行：生成包含两个聚类变量 X_1、X_2，样本量 $N = 300$，且外观大致呈"半月"形分布的模拟数据。

2）第 4 行：绘制模拟数据的散点图，如图 13.11 图所示。

3）第 7 行：指定 Mean-Shift 聚类中的核宽 h 分别是在区间 $(0.2,1.2)$ 内均匀选取的 6 个值。

4）第 10 至 23 行：利用 for 循环在不同核宽 h 下进行 Mean-Shift 聚类，并将聚类结果可视化。

其中，第 11、12 行利用 MeanShift()函数实现 Mean-Shift 聚类。为提高算法计算效率需要指定将数据分组，以便得到聚类解。结果对象的.cluster_centers_和.labels_属性中存储着各个小类的中心位置以及每个样本观测的聚类解；第 19 行取得指定小类的类中心；第 20 行将不同小类以不同颜色的散点图显示；第 21 行在图中标出小类中心。所得图形如图 13.4 所示。图形显示，当核宽 h 较小时，聚类数目 K 较大。聚类数目 K 随核宽 h 增大而减少。核宽 $h = 1.2$ 时，聚成 1 类。

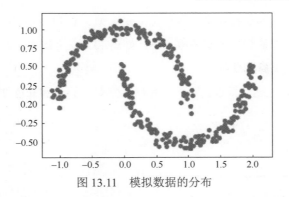

图 13.11　模拟数据的分布

尽管 Mean-Shift 聚类算法不必指定聚类数目 K，但核宽 h 值的设置是比较重要的。此外，默认基于具有对称性的径向基核函数，且对小类形状不加限制。

13.4.4　BIRCH 聚类与动态性特征

本节（文件名：chapter13-4.ipynb）基于模拟数据，说明 BIRCH 聚类的动态性特点。

首先生成模拟数据，然后采用 BIRCH 算法对数据进行聚类。然后，向数据集中添加新数据，模拟在线新数据的动态加入，并再次进行聚类。最后，对聚类解进行优化。

1．生成和可视化模拟数据

随机生成一组由两个二元高斯分布组成的混合分布的随机数，并绘制散点图可视化数据分布的特点。代码如下所示。

```
1   fig=plt.figure(figsize=(15,20))
2   np.random.seed(12345)
3   N1,N2=1000,1000
4   mu1,cov1=[0,0],[[1,0],[0,2]]
5   set1=np.random.multivariate_normal(mu1,cov1,N1)    #set1 = multivariate_normal(mean=mu1, cov=cov1,N1)
6   mu2,cov2=[10,10],[[1,0.9],[0.9,1]]
7   set2=np.random.multivariate_normal(mu2,cov2,N2)    #set2 = multivariate_normal(mean=mu2, cov=cov2,N2)
8
9   X=np.vstack([set1,set2])
10  ax=plt.subplot(421)
11  ax.scatter(X[:,0],X[:,1],s=40)
12  ax.set_title("%d个样本观测点的分布"%(N1+N2))
13  ax.set_xlabel("X1")
14  ax.set_ylabel("X2")
```

【代码说明】

1）第 3 行：指定两个样本的样本量均为 1000。

2）第 4、5 行：指定一组来自随机数据的分布：两个聚类变量 X_1、X_2 的均值向量为 $\boldsymbol{\mu} = (0,0)^T$，协方差矩阵为 $\boldsymbol{\Sigma} = \begin{pmatrix} 1 & 0 \\ 0 & 2 \end{pmatrix}$，$X_1$、$X_2$ 的协方差等于 0，没有线性关系。生成来自二元高斯分布（指定分布参数）的随机数。

3）第 6、7 行：指定另一组来自随机数据的分布：两个聚类变量 X_1、X_2 的均值向量为 $\boldsymbol{\mu} = (10,10)^T$，协方差矩阵为 $\boldsymbol{\Sigma} = \begin{pmatrix} 1 & 0.9 \\ 0.9 & 1 \end{pmatrix}$，$X_1$、$X_2$ 的协方差等于 0.9，具有线性相关性。生成来自二元高斯分布（指定分布参数）的随机数。

4）第 9 行：合并上述两组随机数，包括聚类变量 X_1、X_2 以及小类标签变量 y。

5）第 11 至 14 行：绘制模拟数据的散点图，如图 13.8 左上图所示。

2. 利用 BIRCH 聚类算法聚类

利用 BIRCH 算法对上述数据进行聚类，并探讨分支因子 B 和阈值 T 对聚类结果的影响。代码及结果如下所示。

```
16  B=[50, 100, 100]
17  T=[0.5, 1, 1.5]
18  i=1
19  colors=cycle('bgrcmyk')
20  for b, tau in zip(B, T):
21      Bi=Birch(n_clusters=None, threshold=tau, branching_factor=b)
22      Bi.fit(X)
23      labels=np.unique(Bi.labels_)
24      print(len(labels))
25      i+=1
26      ax=plt.subplot(4, 2, i)
27      for color, k in zip(colors, labels):
28          ax.scatter(X[Bi.labels_==k, 0], X[Bi.labels_==k, 1], c=color, s=30, alpha=0.5)
29      ax.set_title("%d个样本观测点的BIRCH聚类解(分支因子=%d, 阈值T=%.2f)"%(N1+N2, b, tau))
30      ax.set_xlabel("X1")
31      ax.set_ylabel("X2")
32
```

```
55
12
6
```

【代码说明】

1）第 16、17 行：分别指定 BIRCH 聚类中的分支因子 B 和叶节点允许的最大"半径" T 的不同取值。

2）第 20 至 31 行：利用 for 循环进行三种不同参数下的 BIRCH 聚类：$B=50, T=0.5$；$B=100$, $T=1$；$B=100, T=1.5$。

其中，第 21、22 行利用 Birch() 函数实现 BIRCH 聚类，指定分支因子 B 和阈值 T。n_clusters=None 表示不进行前述的聚类优化，直接给出聚类特征树的聚类解（叶节点）。第 27 至 31 行可视化聚类结果，不同类用不同颜色表示。如图 13.8 所示。图形显示，当 $B=50$、$T=0.5$ 时，BIRCH 算法给出的聚类数目 K 较大（55 个小类）。适当增大参数值后，聚类特征树的叶节点个数将会明显减少（12 个小类），最终数据被聚成 6 个小类。

3. 探讨 BIRCH 聚类的动态性特点

首先模拟生成在线新数据，然后对新数据进行动态聚类。最后，模拟数据的离线聚类更新过程。代码如下所示。

```
1   np.random.seed(12345)      #新增数据
2   mu3, cov3, N3=[7, 7], [[1, 0.9], [0.9, 1]], 10
3   mu4, cov4, N4=[10, 0], [[1, 0], [0, 1]], 10
4   NewX=np.random.multivariate_normal(mu3, cov3, N3)
5   NewX=np.vstack((NewX, np.random.multivariate_normal(mu4, cov4, N4)))
6   fig=plt.figure(figsize=(15, 4))
7   ax=plt.subplot(131)
8   ax.scatter(X[:, 0], X[:, 1], s=40)
9   ax.scatter(NewX[:, 0], NewX[:, 1], marker='*', s=50)
10  ax.set_title("%d个样本观测点的分布"%(N1+N2+N3+N4))
11  ax.set_xlabel("X1")
12  ax.set_ylabel("X2")
```

【代码说明】

1）第 2 至 5 行：指定共新增 20 个新数据，分别来自两个二元高斯分布，其中一个二元高斯分布的均值向量是 $\boldsymbol{\mu}=(7,7)^{\mathrm{T}}$，协方差矩阵是 $\boldsymbol{\Sigma}=\begin{pmatrix}1 & 0.9 \\ 0.9 & 1\end{pmatrix}$；另一个二元高斯分布的均值向量是 $\boldsymbol{\mu}=(10,0)^{\mathrm{T}}$，协方差矩阵是 $\boldsymbol{\Sigma}=\begin{pmatrix}1 & 0 \\ 0 & 1\end{pmatrix}$。

2）第 8 至 12 行：绘制原模拟数据的散点图，将新增数据添加到图中。所得图形如图 13.9 左图所示。新增的 20 个样本观测数据用五角星表示。

接下来，进行数据聚类和对新数据的动态聚类。具体代码如下所示。

```
14  b=100
15  tau=1.5
16  Bi=Birch(n_clusters=None, threshold=tau, branching_factor=b)
17  ylabel=Bi.fit_predict(X)
18  labels=np.unique(Bi.labels_)
19  ax=plt.subplot(132)
20  colors ='bgrmyck'
21  for color,k in zip(colors, labels):
22          ax.scatter(X[Bi.labels_==k,0],X[Bi.labels_==k,1],c=color,s=30,alpha=0.5)
23  Bi.partial_fit(NewX)
24  for i,k in enumerate(Bi.labels_):
25      ax.plot(NewX[Bi.labels_==k,0],NewX[Bi.labels_==k,1],'*', markerfacecolor=colors[k],
26              markeredgecolor='k', markersize=10)
27  ax.set_title("%d个样本观测点的动态BIRCH聚类解"%(N1+N2+N3+N4))
28  ax.set_xlabel("X1")
29  ax.set_ylabel("X2")
30
31  D=np.vstack((X, NewX))   #离线更新
32  Bi.fit(D)
33  ax=plt.subplot(133)
34  for color,k in zip(colors, labels):
35          ax.scatter(D[Bi.labels_==k,0],D[Bi.labels_==k,1],c=color,s=30,alpha=0.5)
36  ax.set_title("%d个样本观测点的离线BIRCH聚类解"%(N1+N2+N3+N4))
37  ax.set_xlabel("X1")
38  ax.set_ylabel("X2")
```

【代码说明】

1）第 14、15 行：指定 BIRCH 聚类的分支因子 B 和阈值 T。

2）第 16 行：利用函数 Birch( ) 定义 BIRCH 聚类对象。

3）第 17 行：基于定义的 BIRCH 对象对聚类数据进行聚类，并获得各样本观测的聚类解。完成数据聚类。

4）第 21、22 行：实现数据聚类的可视化，不同小类以不同颜色表示。

5）第 23 行：利用 BIRCH 对象的 partial_fit( ) 方法对新数据进行动态聚类。

6）第 24 至 26 行：将新数据的聚类解添加到图中，如图 13.9 中图所示。图形显示，20 个新增样本观测被分别归入三种颜色的小类中。

7）第 31 至 38 行：模拟 BIRCH 聚类解的离线更新过程，并可视化更新结果，如图 13.9 右图所示。图形显示，20 个新增样本观测仍然被分别归入三种颜色的小类中。

4．BIRCH 聚类解的优化

以下将采用两种策略对 BIRCH 的聚类解进行优化。代码如下所示。

```
1   Bi=Birch(n_clusters=3)    #默认采用系统聚类且默认聚成3类
2   Bi.fit(D)
3   labels=np.unique(Bi.labels_)
4   colors ='bgrmyck'
5   fig=plt.figure(figsize=(10,5))
6   ax=plt.subplot(121)
7   for color,k in zip(colors,labels):
8          ax.scatter(D[Bi.labels_==k,0],D[Bi.labels_==k,1],c=color,s=30,alpha=0.5)
9   ax.set_title("%d个样本观测点的基于系统聚类的优化解"%(N1+N2+N3+N4))
10  ax.set_xlabel("X1")
11  ax.set_ylabel("X2")
12
13  KM=KMeans(random_state=1,n_clusters=5)
14  Bi=Birch(n_clusters=KM)
15  Bi.fit(D)
16  labels=np.unique(Bi.labels_)
17  ax=plt.subplot(122)
18  for color,k in zip(colors,labels):
19         ax.scatter(D[Bi.labels_==k,0],D[Bi.labels_==k,1],c=color,s=30,alpha=0.5)
20  ax.set_title("%d个样本观测点的基于K-均值聚类的优化解"%(N1+N2+N3+N4))
21  ax.set_xlabel("X1")
22  ax.set_ylabel("X2")
```

【代码说明】

1）第 1、2 行：利用函数 Birch( ) 指定 n_clusters=3，表示采用系统聚类优化聚类解，且聚类数目 $K=3$。拟合全体数据，模拟实现离线优化。

2）第 7 至 11 行：可视化基于系统聚类优化的优化解。

3）第 13 行：定义 K-均值聚类对象，指定聚类数目 $K=5$。

4）第 14 行：利用函数 Birch( ) 为上述聚类对象指定 n_clusters，表示依据聚类对象数目优化聚类解。

5）第 18 至 22 行：可视化基于 K-均值聚类优化的优化解。

所得图形如图 13.10 图所示。

13.5 Python 实践案例：商品批发商的市场细分

本节将通过采用聚类分析对商品批发商进行市场细分的 Python 实践案例，说明聚类方法的特点，体现聚类方法的实际应用价值。

本节（文件名：chapter13-5.ipynb）采用聚类分析对商品批发商进行市场细分。数据（来自 UCI 的 Wholesale 数据集）是关于荷兰商品批发市场中的 440 个批发商，某年在各类商品的年批发销售额。商品类别包括生鲜（Fresh）、奶制品（Milk）、杂货类（Grocery）、冷冻食品（Frozen）、洗涤用品和纸类（Detergents_paper）、熟食类（Delicatessen）。这些批发商分别位于三个不同的区域（Region）且其销售渠道（Channel）主要包括餐饮类（包括酒店、餐厅和咖啡店等）和零售店两类。

现希望采用 Mean-Shift 聚类和 BIRCH 聚类对批发商进行市场细分。一方面，由于各类批发商的主要特征是销售渠道不同，因此以销售渠道作为市场细分的评价依据⊖，对比两种算法。另

⊖ BAUDRY J P, Cardoso M, CELEUX G, et al. Enhancing the selection of a model-based clustering with external qualitative variables[J]. Advances in Data Analysis and Classification. 2012,9(02):177–196.

一方面，对两种算法的执行效率进行对比。

以下是数据集中的部分数据情况：

```
1  data=pd.read_csv("批发商数据.csv")
2  data
```

	Channel	Region	Fresh	Milk	Grocery	Frozen	Detergents_Paper	Delicassen
0	2	3	12669	9656	7561	214	2674	1338
1	2	3	7057	9810	9568	1762	3293	1776
2	2	3	6353	8808	7684	2405	3516	7844
3	1	3	13265	1196	4221	6404	507	1788
4	2	3	22615	5410	7198	3915	1777	5185
...	...	...	...	...	...	...	...	...
435	1	3	29703	12051	16027	13135	182	2204
436	1	3	39228	1431	764	4510	93	2346
437	2	3	14531	15488	30243	437	14841	1867
438	1	3	10290	1981	2232	1038	168	2125
439	1	3	2787	1698	2510	65	477	52

440 rows × 8 columns

以下将首先对聚类变量进行对数变换，然后进行主成分分析，并绘制两个主成分的散点图，且以不同颜色和符号标记各批发商的销售渠道和区域，旨在观察批发商的销售渠道和区域分布特点。代码及结果如下所示。

```
1   logX=data.iloc[:,range(2,8)].apply(lambda x:np.log(x))
2   pca =decomposition.PCA(n_components=2)
3   pca.fit(logX)
4   print('主成分系数',pca.components_)
5   Xtmp = pca.fit_transform(logX)
6   fig,axes=plt.subplots(nrows=1,ncols=2,figsize=(12,5))
7   channels=np.unique(data['Channel'])
8   regions=np.unique(data['Region'])
9   markers=['+','*','.']
10  colors=['r','g','b','y']
11  for channel in channels:
12      axes[0].plot(Xtmp[data['Channel']==channel,0],Xtmp[data['Channel']==channel,1],colors[channel-1]+markers[channel-1],
13              label='渠道'+str(channel))
14  axes[0].set_title("主成分散点图(渠道)")
15  axes[0].set_xlabel("主成分1")
16  axes[0].set_ylabel("主成分2")
17  axes[0].legend(loc='lower right')
18  for region in regions:
19      axes[1].plot(Xtmp[data['Region']==region,0],Xtmp[data['Region']==region,1],colors[region-1]+markers[region-1],
20              label='区域'+str(region))
21  axes[1].set_title("主成分散点图(区域)")
22  axes[1].set_xlabel("主成分1")
23  axes[1].set_ylabel("主成分2")
24  axes[1].legend(loc='lower right')
```

主成分系数 [[0.17371704 -0.394463   -0.45436364 0.17219603 -0.74551495 -0.1494356]
 [-0.68513571 -0.16239926 -0.06937908 -0.487691   -0.04191162 -0.50970874]]

【代码说明】

1）第 1 行：Mean-Shift 聚类通常采用具有对称性的径向基核函数，因此首先对数据进行对数变换以更好地满足算法要求。

2）第 2 至 4 行：对数据进行主成分分析，提取两个主成分并输出主成分系数。结果表明，第 1 主成分主要受杂货类、洗涤用品和纸类销售额的影响。生鲜、冷冻食品和熟食类的销售额是影响第 2 主成分的重要因素。

3）第 11 至 17 行：绘制两个主成分的散点图，不同颜色和形状表示不同的销售渠道，如图 13.13 左图所示。

4）第 18 至 24 行：绘制两个主成分的散点图，不同颜色和形状表示不同的区域，如果图 13.12 右图所示。

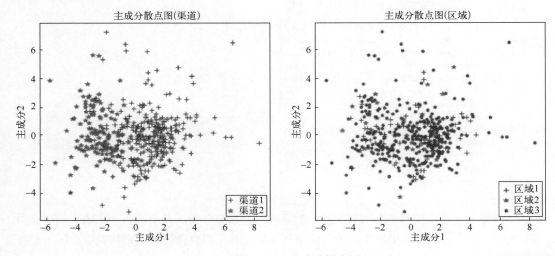

图 13.12　主成分散点图

图 13.12 左图显示，批发商在销售渠道上具有明显的聚集性。通过渠道 1 销售的批发商其在杂货类、洗涤用品和纸类上的销售额大多高于渠道 2 的。生鲜和熟食类销售额的大小在两个销售渠道上未表现出差异。图 13.12 右图显示各类商品的销售额在区域分布上并没有明显的不同。

二维码 065

接下来采用 Mean-Shift 和 BIRCH 算法分别对数据进行聚类，对比两种算法的执行效率。代码如下所示。

```
1   import time
2   start1 = time.clock()
3   #bandwidth = estimate_bandwidth(logX, quantile=0.1, random_state=1)
4   MS = MeanShift(bandwidth=2, bin_seeding=False)
5   MS.fit(logX)
6   end1 = time.clock()
7   labels1=np.unique(MS.labels_)
8
9   start2=time.clock()
10  Bi=Birch(n_clusters=2)    #默认采用系统聚类
11  Bi.fit(logX)
12  end2 = time.clock()
13  labels2=np.unique(Bi.labels_)
```

【代码说明】

1）第 1 行：引用 time 模块用于统计函数的 CPU 运行时间。

2）第 4 至 8 行：采用 Mean-Shift 算法，指定核宽等于 2 进行聚类。保存 CPU 运行的起始和终止时间。保存聚类解。

3）第 10 至 13 行：采用 BIRCH 算法聚类，并采用系统聚类对 BIRCH 聚类解进行优化，得到聚成两类时的聚类解。保存 CPU 运行的起始和终止时间。

接下来，绘制上述两种聚类算法聚类解的可视化图形，并计算两种算法的 CPU 运行时间。

```
15  fig,axes=plt.subplots(nrows=1,ncols=2,figsize=(12,5))
16  markers=['*','+','.','<','>','v','s']
17  colors=['g','r','b','y','c','m','k']
18  for k, col,m in zip(range(len(labels1)), colors, markers):
19      axes[0].scatter(Xtmp[MS.labels_ == k, 0], Xtmp[MS.labels_ == k, 1], c=col, marker=m)
20  axes[0].set_title("Mean-Shift聚类解(运行时间:%.3f秒)"%(end1-start1))
21  axes[0].set_xlabel("主成分1")
22  axes[0].set_ylabel("主成分2")
23
24  for k, col,m in zip(range(len(labels2)), colors, markers):
25      axes[1].scatter(Xtmp[Bi.labels_ == k, 0], Xtmp[Bi.labels_ == k, 1], c=col, marker=m)
26  axes[1].set_title("BIRCH聚类解(运行时间:%.3f秒)"%(end2-start2))
27  axes[1].set_xlabel("主成分1")
28  axes[1].set_ylabel("主成分2")
```

【代码说明】

1）第 18 至 22 行：可视化 Mean-Shift 聚类解。不同颜色和形状表示不同的小类，如图 13.13 左图所示。

2）第 24 至 28 行：可视化 BIRCH 聚类解。不同颜色和形状表示不同的小类，如图 13.13 右图所示。

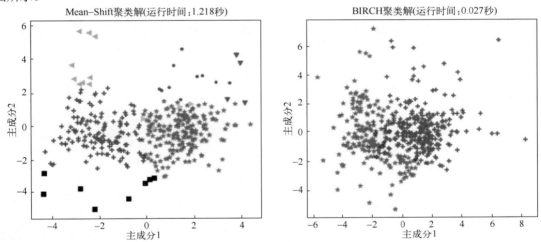

图 13.13　两种算法的聚类解

图 13.13 左图显示，Mean-Shift 聚类将数据聚成了多个小类，两个类成员较多的小类表现出与图 13.12 左图类似的情况，即在杂货类、洗涤用品和纸类上的销售额较高和较低的批发商分别构成两个小类。此外，Mean-Shift 聚类还依生鲜和熟食类销售额的大小，对批发商进行了更细致的市场细分。图 13.13 右图显示，BIRCH 聚类形成的两个小类也表现出与图 13.12 左图类似的情况，且算法的计算效率较高。

二维码 066

【本章总结】

本章重点介绍了几种常见的特色聚类算法。首先，介绍了基于密度聚类的经典 DBSCAN 算法，着重讲解了其异形聚类和参数敏感性的特点。然后，对基于密度聚类的 Mean-Shift 算法的基本原理进行了论述。接下来介绍了 BIRCH 聚类算法，说明了其动态聚类的特点。最后，利用 Python 编程，在模拟数据的基础上直观展示了各种算法的特点。本章的 Python 实践案例，通过对批发商进行市场细分，说明了特色聚类算法的实际应用价值。

【本章相关函数】

围绕本章学习，应重点掌握 Python 模块中的以下函数。函数的具体格式参见 Python 帮助。

1. DBSCAN 聚类

```
DBS=DBSCAN(min_samples=,eps=);DBS.fit(X)
```

2. Mean-Shift 聚类

```
MS = MeanShift(bandwidth=);MS.fit(X)
```

3. BIRCH 聚类

```
Bi=Birch(n_clusters=,threshold=,branching_factor=);Bi.fit(X)
Bi.fit_predict(X);Bi.partial_fit(NewX)
```

【本章习题】

1. 请说明 DBSCAN 聚类中有几种类型的点，并说明为什么 DBSCAN 可以实现异形聚类。

2. 简述 Mean-Shift 聚类的基本思路。

3. 请说明为什么 BIRCH 聚类可以实现数据的动态聚类，且具有较高的计算效率。

4. Python 编程：广告受众群的市场细分。

现有关于广告受众人群点击浏览各类广告的行为数据（数据来源：https://algo.qq.com/，2020 腾讯广告算法大赛）。包括三个数据集（用户.csv、广告.csv、浏览记录.csv）分别记录了受众人群的人口学特征、广告类型以及广告浏览情况等，如下三张表所示。

	A	B	C
1	user_id	age	gender
2	1	4	1
3	2	10	1
4	3	7	2
5	4	5	1
6	5	4	1
7	6	6	1
8	7	6	2
9	8	5	2
10	9	5	1
11	10	9	2
12	11	8	2

	A	B	C	D	E	F
1	creative_id	ad_id	product_id	product_category	advertiser_id	industry
2	1	1	\N	5	381	78
3	4	4	\N	5	108	202
4	7	7	\N	5	148	297
5	8	8	\N	5	713	213
6	9	9	\N	5	695	213
7	10	10	\N	5	100	73
8	12	12	\N	5	765	6
9	13	13	\N	5	113	267
10	16	16	\N	5	623	1
11	20	20	34647	5	312	267
12	21	21	\N	5	108	202

	A	B	C	D
1	time	user_id	creative_id	click_times
2	9	30920	567330	1
3	65	30920	3072255	1
4	56	30920	2361327	1
5	6	309204	325532	1
6	59	309204	2746730	1
7	12	309204	726402	1
8	79	309204	2851451	1
9	32	309204	1569716	1
10	5	309204	71956	1
11	8	309204	322354	1
12	8	309204	118351	1

（1）用户.csv 表中：user_id 为用户 id；age 为用户年龄段分组，取值范围[1,10]；gender 为用户性别，取值范围[1,2]。

（2）广告.csv 表中：creative_id 为广告素材 id；ad_id 为该素材所归属的广告的 id（每个广告可能包含多个可展示的素材）；product_id 为该广告所宣传的产品 id；product_category 为该广告所宣传的产品的类别 id；advertiser_id 为广告主 id；industry 为广告主所属行业 id。

（3）浏览记录.csv 表中：time 是以天为单位的时间，整数值，取值范围[1, 91]；user_id 为用户 id；creative_id 为用户点击的广告素材 id；click_times 为当天该用户点击该广告素材的次数。

请采用聚类分析方法，依据广告受众人群的年龄段、浏览时间和浏览次数等进行受众人群的市场细分。自行确定评价指标（例如行业等），并分析不同人群的广告偏好倾向，以及不同广告的受众群特征等。